W0256196

Teubner-Ingenieurmathematik

Burg/Haf/Wille
Höhere Mathematik für Ingenieure

Band 1: Analysis
2. Aufl. 732 Seiten. DM 46,–

Band 2: Lineare Algebra
448 Seiten. DM 44,–

Band 3: Gewöhnliche Differentialgleichungen, Distributionen,
Integraltransformationen
405 Seiten. DM 42,–

Band 4: Vektoranalysis und Funktionentheorie
ca. 280 Seiten. ca. DM 42,–

Dorninger/Müller
Allgemeine Algebra und Anwendungen
324 Seiten. DM 48,–

v. Finckenstein
Grundkurs Mathematik für Ingenieure
461 Seiten. DM 48,–

Heuser/Wolf
Algebra, Funktionalanalysis und Codierung
168 Seiten. DM 36,–

Kamke
Differentialgleichungen
Lösungsmethoden und Lösungen

Band 1: Gewöhnliche Differentialgleichungen
10. Aufl. 694 Seiten. DM 88,–

Band 2: Partielle Differentialgleichungen erster Ordnung
für eine gesuchte Funktion
6. Aufl. 255 Seiten. DM 68,–

Krabs
Einführung in die lineare und nichtlineare
Optimierung für Ingenieure
232 Seiten. DM 38,–

Schwarz
Numerische Mathematik
2. Aufl. 496 Seiten. DM 48,–

Preisänderungen vorbehalten

Springer Fachmedien Wiesbaden GmbH

Burg / Haf / Wille

Höhere Mathematik
für Ingenieure

Band II Lineare Algebra

Von Dr. rer. nat. Friedrich Wille,
Dr. rer. nat. Herbert Haf
und Dr. rer. nat. Klemens Burg

Professoren an der Universität Kassel, Gesamthochschule

2., durchgesehene Auflage
Mit 123 Figuren, zahlreichen Beispielen
und 150 Übungen, zum Teil mit Lösungen

 Springer Fachmedien Wiesbaden GmbH

Prof. Dr. rer. nat. Klemens Burg

Geboren 1934 in Bochum. Von 1954 bis 1956 Tätigkeit in der Industrie. Von 1956 bis 1961 Studium der Mathematik und Physik an der Technischen Hochschule Aachen und 1961 Diplom-Prüfung in Mathematik. 1964 Promotion, von 1961 bis 1973 Wiss. Assistent und Akad. Rat/Oberrat, 1970 Habilitation und von 1973 bis 1975 Wiss. Rat und Professor an der Universität Karlsruhe. Seit 1975 Professor für Ingenieurmathematik an der Universität Kassel, Gesamthochschule.
Arbeitsgebiete: Mathematische Physik, Ingenieurmathematik.

Prof. Dr. rer. nat. Herbert Haf

Geboren 1938 in Pfronten/Allgäu. Von 1956 bis 1960 Studium der Feinwerktechnik-Optik am Oskar-von-Miller-Polytechnikum München. Von 1960 bis 1966 Studium der Mathematik und Physik an der Technischen Hochschule Aachen und 1966 Diplomprüfung in Mathematik. Von 1966 bis 1970 Wiss. Assistent, 1968 Promotion und von 1970 bis 1974 Akad. Rat/Oberrat an der Universität Stuttgart. Von 1968 bis 1974 Lehraufträge an der Universität Stuttgart und seit 1974 Professor für Mathematik (Analysis) an der Universität Kassel. Seit 1985 Vorsitzender der Naturwissenschaftlich-Medizinischen Gesellschaft Kassel.
Arbeitsgebiete: Funktionalanalysis, Verzweigungs-Theorie, Approximationstheorie.

Prof. Dr. rer. nat. Friedrich Wille

Geboren 1935 in Bremen. Von 1955 bis 1961 Studium der Mathematik und Physik an den Universitäten in Marburg, Berlin und Göttingen, 1961 Diplom und anschließend Industriepraxis. Von 1963 bis 1968 Wiss. Mitarbeiter der Aerodynamischen Versuchsanstalt (AVA) Göttingen, 1965 Promotion, Leiter des Rechenzentrums Göttingen. Von 1968 bis 1971 Wiss. Assistent an den Universitäten Freiburg und Düsseldorf und freier Wiss. Mitarbeiter der Deutschen Forschungs- u. Versuchsanstalt für Luft- u. Raumfahrt (DFVLR). 1970 Battelle-Institut Genf. 1971 Habilitation, 1972 Wiss. Rat und Professor in Düsseldorf. Seit 1973 Professor für Angewandte Mathematik an der Universität Kassel.
Arbeitsgebiete: Aeroelastik, Nichtlineare Analysis, math. Modellierung.

CIP-Titelaufnahme der Deutschen Bibliothek

Höhere Mathematik für Ingenieure / Burg; Haf; Wille. –
Stuttgart: Teubner.
NE: Burg, Klemens [Mitverf.]; Haf, Herbert [Mitverf.];
   Wille, Friedrich [Mitverf.]
Bd. 2 Lineare Algebra / von Friedrich Wille ... –
2., durchges. Aufl. 1990
   ISBN 978-3-519-12956-1   ISBN 978-3-322-91888-8 (eBook)
   DOI 10.1007/978-3-322-91888-8

© Springer Fachmedien Wiesbaden 1987
Ursprünglich erschienen bei B.G. Teubner Stuttgart 1987
Gesamtherstellung: Zechnersche Buchdruckerei GmbH, Speyer

Vorwort

Der vorliegende Band II der Höheren Mathematik für Ingenieure enthält eine in sich geschlossene Darstellung der „Linearen Algebra" mit vielfältigen Bezügen zur Technik und Naturwissenschaft.

Adressaten sind in erster Linie Ingenieurstudenten, aber auch Studenten der Angewandten Mathematik und Physik, etwa der Richtungen Technomathematik, mathematische Informatik, theoretische Physik. Sicherlich wird auch der „reine" Mathematiker für ihn Interessantes in dem Buch finden.

Der Band ist – bis auf wenige Querverbindungen – unabhängig vom Band I „Analysis" gestaltet, so daß man einen Kursus über Ingenieurmathematik auch mit dem vorliegenden Buch beginnen kann. (Beim Studium der Elektrotechnik wird z. B. gerne mit Linearer Algebra begonnen.) Vorausgesetzt werden lediglich Kenntnisse aus der Schulmathematik.

Auch die einzelnen Abschnitte des Buches sind mit einer gewissen Unabhängigkeit voneinander konzipiert, so daß Quereinstiege möglich sind. Dem Leser, der schon einen ersten Kursus über Lineare Algebra absolviert hat, steht in diesem Bande ein Nachschlagewerk zur Verfügung, welches ihm in der Praxis oder beim Examen eine Hilfe ist.

Die Bedeutung der Linearen Algebra für Technik und Naturwissenschaft ist in diesem Jahrhundert stark gestiegen. Insbesondere ist die Matrizen-Rechnung, die sich erst in den dreißiger Jahren in Physik und Technik durchzusetzen begann, heute ein starkes Hilfsmittel in der Hand des Ingenieurs. Darüber hinaus führt die Synthese von Linearer Algebra und Analysis zur Funktionsanalysis, die gerade in den letzten Jahrzehnten zu einem leistungsfähigen theoretischen Instrumentarium für Naturwissenschaft und Technik geworden ist.

Im ganzen erweist sich die Lineare Algebra – abgesehen von der elementaren Vektorrechnung – als ein Stoff mit höherem Abstraktionsgrad als er bei der Analysis auftritt. Obwohl dies dem Ingenieurstudenten zu Anfang gewisse Schwierigkeiten bereiten kann, so entspricht es doch der Entwicklung unserer heutigen Technik, die nach immer effektiveren mathematischen Methoden verlangt.

Zum **Inhalt:** Im Abschnitt 1 wird die Vektorrechnung in der Ebene und im dreidimensionalen Raum ausführlich entwickelt. Ihre Verwendbarkeit wird an vielen Anwendungsbeispielen aus dem Ingenieurbereich gezeigt.

Im Abschnitt 2 werden endlichdimensionale Vektorräume behandelt, wobei mit dem Spezialfall des $\mathbb{R}^n$ begonnen wird, sowie dem Gaußschen Algorithmus zur Lösung linearer Gleichungssysteme. Der Gaußsche Algorithmus zieht sich dann als Schlüsselmethode sowohl bei praktischen wie bei theoretischen Folgerungen durch das ganze Buch. Im zweiten Teil des Abschnittes 2 werden algebraische Grundstrukturen (Gruppen, Körper) sowie Vektorräume in moderner abstrakter Form eingeführt. Diesen Teil mag der Ingenieurstudent beim ersten Durchgang überspringen, wenngleich die algebraischen Strukturen für ein späteres tieferes Verständnis notwendig sind.

Der Abschnitt 3 enthält dann in ausführlicher Form die Theorie der Matrizen, verbunden mit linearen Gleichungssystemen, Eigenwertproblemen und geometrischen Anwendungen im dreidimensionalen Raum. Zu diesem mächtigen Instrument für Theorie und Anwendung werden überdies numerische Verfahren für den Computereinsatz angegeben, und zwar bei linearen Gleichungssystemen mit kleinen und großen (schwach besetzten) Matrizen, sowie bei Eigenwertproblemen.

Der vierte Abschnitt behandelt in exemplarischer Weise aktuelle Anwendungen der Linearen Algebra auf die Theorie der Stabwerke, der elektrischen Netzwerke, sowie der Robotik. Hier wird insbesondere ein Einblick in die Kinematik technischer Roboter gegeben.

Da der Band weit mehr Stoff enthält, als man in einer Vorlesung unterbringen kann, ließe sich ein Kursus für Anfänger an Hand des folgenden „Fahrplans" zusammenstellen:

Vektorrechnung im $\mathbb{R}^2$ und $\mathbb{R}^3$ (Auswahl aus Abschnitt 1)
Vektorräume $\mathbb{R}^n$ und $\mathbb{C}^n$, lineare Gleichungssysteme, Gaußscher Algorithmus (Abschnitte 2.1 und 2.2 bis 2.2.4)
Matrizenrechnung (Auswahl aus 3.1–3.3, dazu 3.5.1)
Determinanten (Auswahl aus 3.4, Schwerpunkt 3.4.9)
Lineare Gleichungssysteme (Abschnitte 3.6.1 und 3.6.3)
Eigenwerte und Eigenvektoren (3.7.1, 3.7.2, 3.7.5; Auswahl aus 3.7.3 und 3.7.4)
Matrix-Polynome (Auswahl aus 3.8.1–3.8.3)
Drehungen, Koordinatentransformationen (Abschnitte 3.9.1, 3.9.3, 3.9.6 und 3.9.8: Satz über Hauptachsentransformation ohne Beweis)
Kegelschnitte und Flächen 2. Ordnung (Abschnitte 3.9.9, 3.9.10, zur Erholung, falls noch Zeit bleibt)

Durch eingestreute Anwendungen, insbesondere aus dem Abschnitt 4, läßt sich der Stoff anreichern.

Das Buch ist in Zusammenarbeit aller drei Verfasser entstanden. Die Abschnitte 1 bis 3 wurden hauptsächlich von Friedrich Wille verfaßt. Der Anwendungsabschnitt 4, Abschnitt 3.8 und mehrere weitere Teile stammen von Herbert Haf. Dabei wurden beide Autoren durch ein Skriptum von Klemens Burg unterstützt.

Die Autoren danken Herrn Doz. Dr. W. Strampp, Herrn Dr. B. Billhardt und Herrn F. Renner für geleistete Korrekturarbeiten und Aufgabenlösungen. Herrn K. Strube gilt unser Dank für das sorgfältige Anfertigen der Bilder und Frau E. Münstedt für begleitende Schreibarbeiten. Unser besonderer Dank gilt Frau F. Ritter, die mit äußerster Sorgfalt den allergrößten Teil der Reinschrift erstellt hat. Schließlich danken wir dem Teubner-Verlag für geduldige und hilfreiche Zusammenarbeit in allen Phasen.

Die günstige Aufnahme dieses Bandes erfordert schon nach kurzer Zeit eine Neuauflage. Der Text ist gegenüber der Erstauflage unverändert geblieben. Es wurden lediglich einige Figuren verbessert und Druckfehler ausgemerzt. Die Verfasser erhoffen ein weiterhin positives Echo auch dieser Auflage durch den Leser.

September 1989   Die Verfasser

Inhalt

1 Vektorrechnung in zwei und drei Dimensionen

1.1 Vektoren in der Ebene 1
   1.1.1 Kartesische Koordinaten und Zahlenmengen 2
   1.1.2 Winkelfunktionen und Polarkoordinaten 4
   1.1.3 Vektoren im $\mathbb{R}^2$ 9
   1.1.4 Physikalische und technische Anwendungen 15
   1.1.5 Inneres Produkt (Skalarprodukt) 26
   1.1.6 Parameterform und Hessesche Normalform einer Geraden . 30
   1.1.7 Geometrische Anwendungen 37

1.2 Vektoren im dreidimensionalen Raum 47
   1.2.1 Der Raum $\mathbb{R}^3$ 47
   1.2.2 Inneres Produkt (Skalarprodukt) 51
   1.2.3 Dreireihige Determinanten 54
   1.2.4 Äußeres Produkt (Vektorprodukt) 56
   1.2.5 Physikalische, technische und geometrische Anwendungen . 62
   1.2.6 Spatprodukt, mehrfach Produkte 69
   1.2.7 Lineare Unabhängigkeit 74
   1.2.8 Geraden und Ebenen im $\mathbb{R}^3$ 78

2 Vektorräume beliebiger Dimensionen

2.1 Die Vektorräume $\mathbb{R}^n$ und $\mathbb{C}^n$ 83
   2.1.1 Der Raum $\mathbb{R}^n$ und seine Arithmetik 83
   2.1.2 Inneres Produkt, Beträge von Vektoren 85
   2.1.3 Unterräume, lineare Mannigfaltigkeiten 87
   2.1.4 Geometrie im Raum $\mathbb{R}^n$, Winkel, Orthogonalität 92
   2.1.5 Der Raum $\mathbb{C}^n$ 96

2.2 Lineare Gleichungssysteme, Gauß'scher Algorithmus 97
   2.2.1 Reguläre lineare Gleichungssysteme 98
   2.2.2 Computerprogramm für reguläre lineare Gleichungssysteme 102
   2.2.3 Singuläre lineare Gleichungssysteme 106
   2.2.4 Allgemeiner Satz über quadratische lineare Gleichungssysteme 112
   2.2.5 Rechteckige Systeme, Rangkriterium 116

2.3 Algebraische Strukturen: Gruppen und Körper 120
   2.3.1 Einführung: Beispiel einer Gruppe 120
   2.3.2 Gruppen 123

2.3.3 Permutationsgruppen 128
2.3.4 Homomorphismen, Nebenklassen 131
2.3.5 Körper 133

2.4 Vektorräume über beliebigen Körpern 137
2.4.1 Definition und Grundeigenschaften 137
2.4.2 Beispiele für Vektorräume 139
2.4.3 Unterräume, Basis, Dimension 141
2.4.4 Direkte und freie Summen 147
2.4.5 Lineare Abbildungen: Definition und Beispiele 151
2.4.6 Isomorphismen, Konstruktion linearer Abbildungen 155
2.4.7 Kern, Bild, Rang 158
2.4.8 Euklidische Vektorräume, Orthogonalität 162
2.4.9 Ausblick auf die Funktionalanalysis 164

3 Matrizen

3.1 Definition, Addition, s-Multiplikation 168
3.1.1 Motivation 168
3.1.2 Grundlegende Begriffsbildung 169
3.1.3 Addition, Subtraktion, s-Multiplikation 171
3.1.4 Transposition, Spalten und Zeilenmatrizen 175

3.2 Matrizenmultiplikation 177
3.2.1 Matrix-Produkt 177
3.2.2 Produkte mit Vektoren 181
3.2.3 Matrizen und lineare Abbildungen 182
3.2.4 Blockzerlegung 187

3.3 Reguläre und inverse Matrizen 190
3.3.1 Reguläre Matrizen 190
3.3.2 Inverse Matrizen 192

3.4 Determinanten 196
3.4.1 Definition, Transpositionsregel 196
3.4.2 Regeln für Determinanten 199
3.4.3 Berechnung von Determinanten mit dem Gauß'schen Algorithmus 203
3.4.4 Matrix-Rang und Determinanten 207
3.4.5 Der Determinanten-Multiplikationssatz 210
3.4.6 Lineare Gleichungssysteme: die Cramersche Regel 211
3.4.7 Inversenformel 213
3.4.8 Entwicklungssatz 216
3.4.9 Zusammenstellung der wichtigsten Regeln über Determinanten 220

3.5 Spezielle Matrizen 223

   3.5.1 Definition der wichtigsten speziellen Matrizen 223

   3.5.2 Algebraische Strukturen von Mengen spezieller Matrizen . . 228

   3.5.3 Orthogonale und unitäre Matrizen 230

   3.5.4 Symmetrische Matrizen und quadratische Formen 233

   3.5.5 Zerlegung und Transformationen symmetrischer Matrizen . 234

   3.5.6 Positiv definierte Matrizen und Bilinearformen 238

   3.5.7 Kriterien für positiv definite Matrizen 239

   3.5.8 Direkte Summe und direktes Produkt von Matrizen 242

3.6 Lineare Gleichungssysteme und Matrizen 245

   3.6.1 Rangkriterium 245

   3.6.2 Quadratische Systeme, Fredholmsche Alternative 248

   3.6.3 Dreieckszerlegung von Matrizen durch den Gauß'schen Algorithmus, Cholesky-Verfahren 250

   3.6.4 Große Gleichungssysteme, Gesamtschrittverfahren 253

   3.6.5 Einzelschrittverfahren 258

3.7 Eigenwerte und Eigenvektoren 262

   3.7.1 Definition von Eigenwerten und Eigenvektoren 262

   3.7.2 Anwendung: Schwingungen 265

   3.7.3 Eigenschaften des charakteristischen Polynoms 268

   3.7.4 Eigenvektoren und Eigenräume 275

   3.7.5 Symmetrische Matrizen und ihre Eigenwerte 282

   3.7.6 Die Jordansche Normalform 290

   3.7.7 Praktische Durchführung der Transformation auf Jordansche Normalform 295

   3.7.8 Berechnung des charakteristischen Polynoms und der Eigenwerte mit dem Krylov-Verfahren 304

   3.7.9 Das Jacobi-Verfahren zur Berechnung von Eigenwerten und Eigenvektoren symmetrischer Matrizen 306

   3.7.10 Von-Mises-Iteration, Deflation und inverse Iteration zur numerischen Eigenwert- und Eigenvektorberechnung. Ausblick 309

3.8 Matrix-Funktionen 315

   3.8.1 Matrix-Potenzen 315

   3.8.2 Matrix-Polynome 317

   3.8.3 Annullierende Polynome, Satz von Cayley-Hamilton 319

   3.8.4 Das Minimalpolynom einer Matrix 325

   3.8.5 Folgen und Reihen von Matrizen 327

   3.8.6 Potenzreihen von Matrizen 330

   3.8.7 Matrix-Exponentialfunktion, Matrix-Sinus- und Matrix-Cosinusfunktion 334

3.9 Drehungen, Spiegelungen, Koordinatentransformationen 339
   3.9.1 Drehungen und Spiegelungen in der Ebene 339
   3.9.2 Spiegelungen im $\mathbb{R}^n$, QR-Zerlegungen 342
   3.9.3 Drehungen im dreidimensionalen Raum 344
   3.9.4 Spiegelungen und Drehspiegelungen im dreidimensionalen Raum 351
   3.9.5 Basiswechsel und Koordinatentransformation 353
   3.9.6 Transformation bei kartesischen Koordinaten 357
   3.9.7 Affine Abbildungen und affine Koordinatentransformationen 358
   3.9.8 Hauptachsentransformation von Quadriken 361
   3.9.9 Kegelschnitte 367
   3.9.10 Flächen zweiten Grades: Ellipsoide, Hyperboloide, Paraboloide 371

4 Anwendungen

4.1 Technische Strukturen 374
   4.1.1 Ebene Stabwerke 374
   4.1.2 Elektrische Netzwerke 384

4.2 Roboter-Bewegungen 397
   4.2.1 Einführende Betrachtungen 397
   4.2.2 Kinematik eines (n + 1)-gliedrigen Roboters 399

Symbole 410

Lösungen zu den Übungen[1]) 412

Literatur 418

Sachverzeichnis 430

---

[1]) Zu den mit * versehenen Übungen sind Lösungen oder Lösungswege angegeben.

Band I: Analysis (F. Wille)

1 Grundlagen

1.1 Reelle Zahlen
1.2 Elementare Kombinatorik
1.3 Funktionen
1.4 Unendliche Folgen reeller Zahlen
1.5 Unendliche Reihen reeller Zahlen
1.6 Stetige Funktionen

2 Elementare Funktionen

2.1 Polynome
2.2 Rationale und algebraische Funktionen
2.3 Trigonometrische Funktionen
2.4 Exponentialfunktion, Logarithmus, Hyperbelfunktionen
2.5 Komplexe Zahlen

3 Differentialrechnung einer reellen Variablen

3.1 Grundlagen der Differentialrechnung
3.2 Ausbau der Differentialrechnung
3.3 Anwendungen

4 Integralrechnung einer Variablen

4.1 Grundlagen der Integralrechnung
4.2 Berechnung von Integralen
4.3 Uneigentliche Integrale
4.4 Anwendung: Wechselstromrechnung

5 Folgen und Reihen von Funktionen

5.1 Gleichmäßige Konvergenz von Funktionenfolgen und -Reihen
5.2 Potenzreihen
5.3 Fourier-Reihen

6 Differentialrechnung mehrerer reeller Variabler

6.1 Der n-dimensionale Raum $\mathbb{R}^n$
6.2 Abbildungen im $\mathbb{R}^n$
6.3 Differenzierbare Abbildungen von mehreren Variablen
6.4 Gleichungssysteme, Extremalprobleme

7 Integralrechnung mehrerer reeller Variabler

7.1 Integration bei zwei Variablen
7.2 Allgemeinfall: Integration bei mehreren Variablen
7.3 Parameterabhängige Integrale

Band III: Gewöhnliche Differentialgleichungen, Distributionen, Integraltransformationen (H. Haf)

Gewöhnliche Differentialgleichungen

1 Einführung in die gewöhnlichen Differentialgleichungen

1.1 Was ist eine Differentialgleichung?
1.2 Differentialgleichungen 1-ter Ordnung
1.3 Differentialgleichungen höherer Ordnung und Systeme 1-ter Ordnung

2 Lineare Differentialgleichungen

2.1 Lösungsverhalten
2.2 Homogene lineare Systeme 1-ter Ordnung
2.3 Inhomogene lineare Systeme 1-ter Ordnung
2.4 Lineare Differentialgleichungen n-ter Ordnung

3 Lineare Differentialgleichungen mit konstanten Koeffizienten

3.1 Lineare Differentialgleichungen höherer Ordnung
3.2 Lineare Systeme 1-ter Ordnung

4 Potenzreihensätze und Anwendungen

4.1 Potenzreihenansätze
4.2 Verallgemeinerte Potenzreihenansätze

5 Rand- und Eigenwertprobleme. Anwendungen

5.1 Rand- und Eigenwertprobleme
5.2 Anwendung auf eine partielle Differentialgleichung
5.3 Anwendung auf ein nichtlineares Problem (Stabknickung)

Distributionen

6 Verallgemeinerung des klassischen Funktionsbegriffs

6.1 Motivierung und Definition
6.2 Distributionen als Erweiterung der klassischen Funktionen

7 Rechnen mit Distributionen. Anwendungen

7.1 Rechnen mit Distributionen
7.2 Anwendungen

Integraltransformationen

8 Fouriertransformation

8.1 Motivierung und Definition
8.2 Umkehrung der Fouriertransformation
8.3 Eigenschaften der Fouriertransformation
8.4 Anwendungen auf partielle Differentialgleichungsprobleme

9 Laplacetransformation

9.1 Motivierung und Definition
9.2 Umkehrung der Laplacetransformation
9.3 Eigenschaften der Laplacetransformation
9.4 Anwendungen auf gewöhnliche lineare Differentialgleichungen

Band IV: Vektoranalysis und Funktionentheorie (H. Haf, F. Wille)

Vektoranalysis (F. Wille)

1 Kurven

1.1 Wege, Kurven, Bogenlängen
1.2 Theorie ebener Kurven
1.3 Beispiele ebener Kurven I: Kegelschnitte
1.4 Beispiele ebener Kurven II: Rollkurven, Blätter, Spiralen
1.5 Theorie räumlicher Kurven
1.6 Vektorfelder, Potentiale, Kurvenintegrale

2 Flächen

2.1 Flächenstücke und Flächen
2.2 Flächenintegrale

3 Integralsätze

3.1 Der Gaußsche Integralsatz
3.2 Der Stokessche Integralsatz

XII

3.3 Weitere Differential- und Integralformeln
3.4 Wirbelfreiheit, Quellfreiheit, Potentiale

4 Alternierende Differentialformen
4.1 Alternierende Differentialformen im $\mathbb{R}^3$
4.2 Alternierende Differentialformen im $\mathbb{R}^n$

5 Kartesische Tensoren
5.1 Tensoralgebra
5.2 Tensoranalysis

Funktionentheorie (H. Haf)

6 Grundlagen
6.1 Komplexe Zahlen
6.2 Funktionen einer komplexen Variablen

7 Holomorphe Funktionen
7.1 Differenzierbarkeit im Komplexen. Holomorphie
7.2 Komplexe Integration
7.3 Erzeugung holomorpher Funktionen durch Grenzprozesse
7.4 Asymptotische Abschätzungen

8 Isolierte Singularitäten. Laurententwicklung
8.1 Laurentreihen
8.2 Residuensatz und Anwendungen

9 Konforme Abbildungen
9.1 Einführung in die Theorie konformer Abbildungen
9.2 Anwendungen auf die Potentialtheorie

10 Anwendungen der Funktionentheorie auf die Besselsche Differentialgleichung
10.1 Die Besselsche Differentialgleichung
10.2 Die Besselschen und Neumannschen Funktionen
10.3 Anwendungen

1 VEKTORRECHNUNG IN ZWEI UND DREI DIMENSIONEN

In Physik und Technik hat man es oft mit Größen zu tun, die durch einen
positiven Zahlenbetrag und eine Richtung gekennzeichnet sind. Dazu gehören Kräfte, Verschiebungen, Geschwindigkeiten, Beschleunigungen, Impulse,
Feldstärken u.a.

Größen dieser Art nennt man <u>Vektoren</u>.
Sie werden durch Pfeile dargestellt.
Die Pfeillänge entspricht dabei dem
Betrag des dargestellten Vektors,
während die Pfeilspitze in die
Richtung des Vektors weist. (In
Fig. 1.1 ist z.B. ein Kraftvektor
dargestellt.)

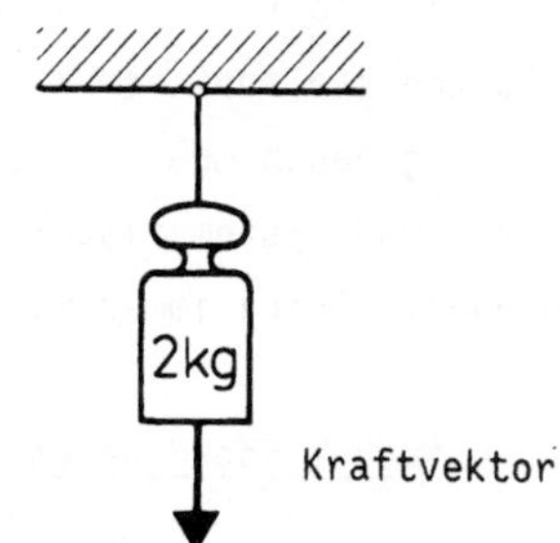

<u>Fig. 1.1</u>: Gewichtskraft,
als Vektor dargestellt

Um mit Vektoren rechnen zu können,
werden Koordinatensysteme verwen-
det. Vektoren in der Ebene und im dreidimensionalen Raum sind dabei besonders wichtig, da wir mit ihnen Vorgänge im realen Raum, in dem wir
leben, beschreiben können.

Aber auch Vektoren in höherdimensionalen Räumen haben große Bedeutung
Ab vier Dimensionen sind sie zwar nur noch algebraische Objekte, doch
schreiben wir ihnen trotzdem geometrische Eigenschaften zu, wie Längen,
Winkel usw., in Analogie zum dreidimensionalen Fall. Bei der Lösung
linearer Gleichungssysteme und anderer Probleme sind die höherdimensio-
ralen Vektoren von größtem Nutzen. Man wird staunen!

1.1 VEKTOREN IN DER EBENE

Wir beginnen mit Vektoren in der Ebene. In anschaulicher Weise werden
hier viele allgemeine Gesetzmäßigkeiten der Vektorrechnung deutlich, wie

sie auch in höherdimensionalen Räumen gelten. Überdies gibt es für ebene
Vektoren viele technische Anwendungen.

1.1.1.   Kartesische Koordinaten und Zahlenmengen

Rechtwinklige Koordinaten in der Ebene sind dem Leser sicherlich bekannt.
Wir erläuten sie trotzdem kurz, und zwar hauptsächlich, weil jedes Kapitel
einen Anfang haben muß, und zweitens, weil die Analytische Geometrie
historisch und systematisch mit dem Koordinatenkreuz beginnt. Außerdem
werden dabei einige immer wiederkehrende Bezeichnungen eingeführt.

Ein kartesisches Koordinatensystem [1] in der Ebene wird aus zwei Geraden
gebildet, die sich rechtwinklig kreuzen. Eine der Geraden heißt Abszisse
oder x-Achse (Sie wird üblicherweise waagerecht skizziert.), die andere
Gerade heißt Ordinate oder y-Achse (s. Fig. 1.2). Die beiden Achsen sind
wie die reelle Zahlenachse ska-
liert, und zwar beide im gleichen
Maßstab. Sie schneiden sich in
ihren Skalenpunkten Null. Die
Skalenwerte auf der Abszisse
nennt man x-Werte und auf der
Ordinate (na, wie wohl? -
Richtig:) y-Werte. Der Kreuzungspunkt der Achsen heißt Ursprung
oder Nullpunkt O des Koordinatensystems.

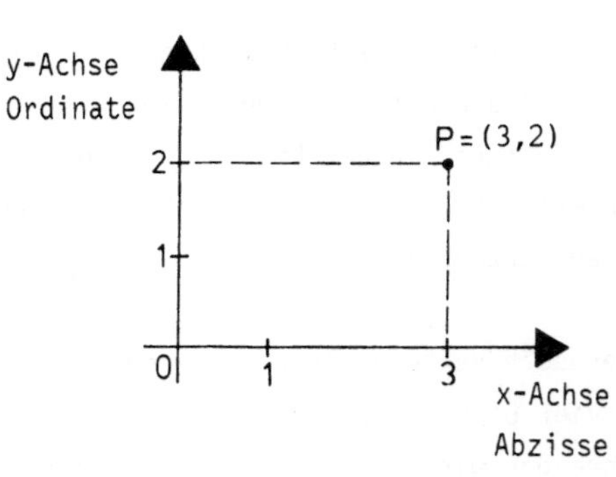

Fig. 1.2: Kartesisches Koordinatensystem

Jedem Punkt P der Ebene wird
umkehrbar eindeutig ein Zahlenpaar (x,y) zugeordnet, indem man durch P
die Parallelen zu den Achsen zieht. Sie schneiden Abszisse und Ordinate
in den Skalenwerten x bzw. y . Wir identifizieren P mit dem Zahlenpaar

$$P = (x,y)$$

x und y heißen die kartesischen Koordinaten[2] des Punkts P .

---

[1] Nach René Descartes (1596-1650), franz. Philosoph, Mathematiker und
Physiker.

[2] Auch der Ausdruck "kartesische Komponenten" ist gebräuchlich

In allen Teilen der Mathematik, also auch in der Vektorrechnung, dient
die Mengennotation der Klarheit und Kürze. Es sei daher an die folgenden
Schreibweisen erinnert:

$x \in M$ bedeutet: x ist Element der Menge M , und $x \notin M$ das Gegen-
teil davon.

Eine endliche Menge aus den Elementen $x_1, x_2, \ldots x_n$ kann man in der Form
$\{x_1, x_2, \ldots, x_n\}$ angeben. Dagegen bedeutet $\{x \mid A(x)\}$ die Menge der Elemente x , für die die Aussage $A(x)$ zutrifft, und $\{x \in M \mid A(x)\}$ die
Menge aller Elemente x aus M , für die die Aussage $A(x)$ zutrifft.

Im folgenden sind die Bezeichnungen einiger gebräuchlicher Zahlenmengen
notiert.

$\mathbb{N}$ = Menge der natürlichen Zahlen 1, 2, 3, 4, ...

$\mathbb{Z}$ = Menge der ganzen Zahlen ..., -3, -2, -1, 0, 1, 2, 3, ...

$\mathbb{Q}$ = Menge der rationalen Zahlen a/b ($a \in \mathbb{Z}$, $b \in \mathbb{N}$)

$\mathbb{R}$ = Menge der reellen Zahlen (alle Dezimalzahlen, abbrechende und
 nichtabbrechende)

$\mathbb{C}$ = Menge der komplexen Zahlen (s. Bd. I, Abschn. 2.5. Die komplexen
 Zahlen werden in den ersten Abschnitten dieses Buches nicht gebraucht.)

Es seien a und b , $a < b$, zwei reelle Zahlen. Damit werden die folgenden Mengen definiert, die alle als Intervalle bezeichnet werden.

$[a,b] = \{x \in \mathbb{R} \mid a \leq x \leq b\}$ abgeschlossenes beschränktes Intervall

$(a,b) = \{x \in \mathbb{R} \mid a < x < b\}$ offenes beschränktes Intervall [1]

$(a,b] = \{x \in \mathbb{R} \mid a < x \leq b\}$ $\left.\begin{array}{l} \\ \end{array}\right\}$ halboffene beschränkte Intervalle
$[a,b) = \{x \in \mathbb{R} \mid a \leq x < b\}$

Ferner definiert man die folgenden unbeschränkten Intervalle:

---

[1] Aus dem Zusammenhang muß jeweils hervorgehen, ob mit (a,b) ein
 offenes Intervall oder ein Paar aus den Elementen a und b
 gemeint ist.

4

$$[a,\infty) = \{x \in \mathbb{R} \mid a \leq x\} \quad , \quad (-\infty,a] = \{x \in \mathbb{R} \mid x \leq a\}$$
$$(a,\infty) = \{x \in \mathbb{R} \mid a < x\} \quad , \quad (-\infty,a) = \{x \in \mathbb{R} \mid x < a\} \ , \ (-\infty,\infty) = \mathbb{R} \ .$$

<u>Übungen</u>

1.1 Berechne den Abstand der Punkte $P = (-3,1)$ und $Q = (9,6)$!

1.2* Berechne den Flächeninhalt des Dreieckes Δ mit den Eckpunkten
$A = (1,2)$, $B = (6,-1)$, $C = (8,7)$.
<u>Hinweis</u>: Umschreibe das Dreieck Δ mit dem kleinstmöglichen Rechteck R,
dessen Seiten zu den Koordinatenachsen parallel sind, und berechne zuerst
den Flächeninhalt von $R \setminus \Delta$ (R "ohne" Δ)!

<u>1.1.2   Winkelfunktionen und Polarkoordinaten</u>

Über die Winkelfunktionen Sinus, Cosinus, Tangens und Cotangens fassen
wir kurz das Wichtigste zusammen. Ausführlicher sind sie in Band I,
Abschnitt 2.3. erörtert.

Wir legen wieder ein kartesisches Koordinatensystem in der Ebene zu
Grunde. Man erkennt: Die Menge der Punkte (x,y) mit $x^2 + y^2 = 1$
(x,y reell) bildet eine Kreislinie in der Ebene (nach Pythagoras,
s. Fig. 1.3a) Man nennt sie die <u>Einheitskreislinie</u>.

<u>Sinus und Cosinus</u>. Es sei $P = (x,y)$ ein beliebiger Punkt auf der Ein-
heitskreislinie und α der <u>zugehörige Winkel</u>. Man versteht darunter
den Winkel zwischen der Strecke $\overline{OP}$ und der positiven x-Achse, der durch
Drehung <u>gegen den Uhrzeigersinn</u>, ausgehend von der positiven x-Achse,
bestimmt ist (s. Fig. 1.3.).

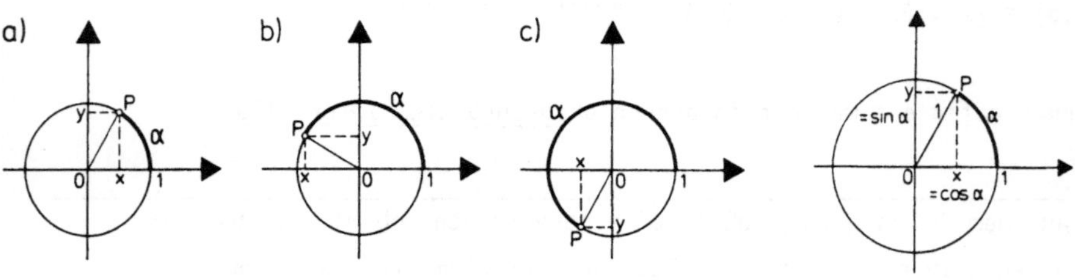

Fig. 1.3: Zu P gehörender Winkel α Fig. 1.4: $\sin \alpha$ und $\cos \alpha$

Damit definiert man S̲i̲n̲u̲s̲ (sin) und C̲o̲s̲i̲n̲u̲s̲ (cos) wie folgt:

$$x =: \cos \alpha \qquad y =: \sin \alpha \tag{1.1}$$

$\cos \alpha$ und $\sin \alpha$ sind also die Koordinaten eines Punktes der Einheits-kreislinie.

B̲e̲m̲e̲r̲k̲u̲n̲g̲: Winkel werden, wenn nichts anderes gesagt ist, im B̲o̲g̲e̲n̲m̲a̲ß̲ gemessen. Darunter verstehen wir die Länge des Einheitskreisbogens (um den Scheitelpunkt des Winkels), der im zugehörigen Winkelbereich liegt und dessen Endpunkte auf den Schenkeln des Winkelbereiches liegen (In Fig. 1.3 und 1.4 ist dieser Bogen durch stärkeren Strich hervorgehoben). Gradmaß und Bogenmaß eines Winkels hängen dabei folgendermaßen zusammen:

$$\frac{\text{Gradmaß}}{180} = \frac{\text{Bogenmaß}}{\pi} \tag{1.2}$$

mit der Kreiszahl π = 3,141 592 653 589 793 ... [1]. Die Bedeutung von π liegt bekanntlich darin, daß die Länge einer Kreislinie mit Radius r gleich $2\pi r$ ist.

In (1.1) sind $\cos \alpha$ und $\sin \alpha$ für $0 \leq \alpha \leq 2\pi$ (d.h. von 0° bis 360°) erklärt. Man definiert weiterhin:

$$\begin{array}{ll} \cos (\alpha + k2\pi) := \cos \alpha & \quad \text{für } 0 \leq \alpha < 2\pi \\ \sin (\alpha + k2\pi) := \sin \alpha & \quad \text{und ganzes } k \end{array}$$

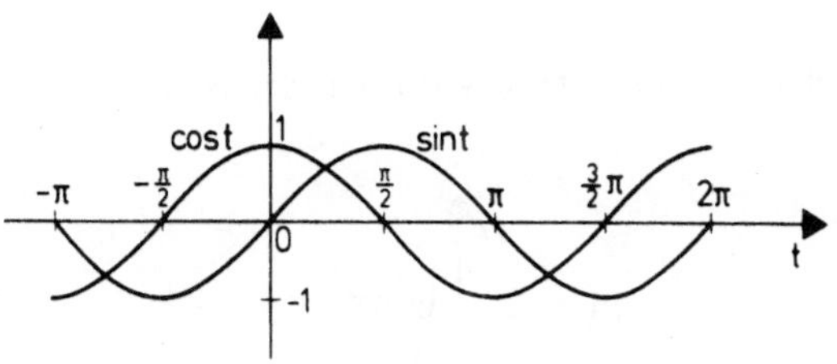

Fig. 1.5: Sinus- und Cosinusfunktion

Da alle reellen Zahlen t in der Form $t = \alpha + k2\pi$ dargestellt werden können, sind damit $\cos t$ und $\sin t$ f̲ü̲r̲ ̲a̲l̲l̲e̲ ̲r̲e̲e̲l̲l̲e̲n̲ Z̲a̲h̲l̲e̲n̲ t erklärt (s. Funktionsdiagramme in Fig. 1.5.).

---

[1] Zur Berechnung von π s. Bd. I, Abschn. 3.2.5 .

<u>Folgerung 1.1</u> Für alle reellen Zahlen α, β gilt:

$$\sin^2\alpha \quad + \quad \cos^2\alpha = 1 \qquad (1.3)$$

$$\sin(-\alpha) \quad = \quad -\sin\alpha \qquad\qquad \cos(-\alpha) \quad = \cos\alpha \qquad (1.4)$$

$$\sin(\pi-\alpha) \quad = \quad \sin\alpha \qquad\qquad \cos(\pi-\alpha) \quad = -\cos\alpha \qquad (1.5)$$

$$\sin(\alpha \pm \tfrac{\pi}{2}) \quad = \pm \cos\alpha \qquad\qquad \cos(\alpha \pm \tfrac{\pi}{2}) \quad = \mp\sin\alpha \qquad (1.6)$$

$$\sin(\alpha + 2k t) = \sin\alpha \qquad\qquad \cos(\alpha + 2k\pi) = \cos\alpha \qquad (1.7)$$

$$(\text{k ganz}) \qquad\qquad\qquad (\text{k ganz})$$

<u>Additionstheoreme für Sinus und Cosinus</u>:

$$\sin(\alpha \pm \beta) = \sin\alpha \cos\beta \pm \cos\alpha \sin\beta \qquad (1.8)$$
$$\cos(\alpha \pm \beta) = \cos\alpha \cos\beta \mp \sin\alpha \sin\beta \qquad (1.9)$$

(Die Gesetze (1.3) bis (1.7) folgen unmittelbar aus der Definition von
sin und cos. Die Additionstheoreme werden in Bd. I, Abschn. 3.1.7,
Satz 3.10 bewiesen.)

<u>Tangens und Cotangens</u>. Die Funktionen <u>Tangens</u> (tan) und <u>Cotangens</u> (cot)
werden folgendermaßen erklärt:

$$\tan\alpha := \frac{\sin\alpha}{\cos\alpha} \qquad\qquad \text{für alle}\ \ \alpha \neq \tfrac{\pi}{2} + k\pi \qquad (1.10)$$
$$\cot\alpha := \frac{\cos\alpha}{\sin\alpha} \qquad\qquad \text{für alle}\ \ \alpha \neq k\pi \qquad\qquad k\ \text{ganz} \qquad (1.11)$$

(s. Fig. 1.6, 1.7). Es folgt aus den Additionstheoremen von Sinus und
Cosinus:

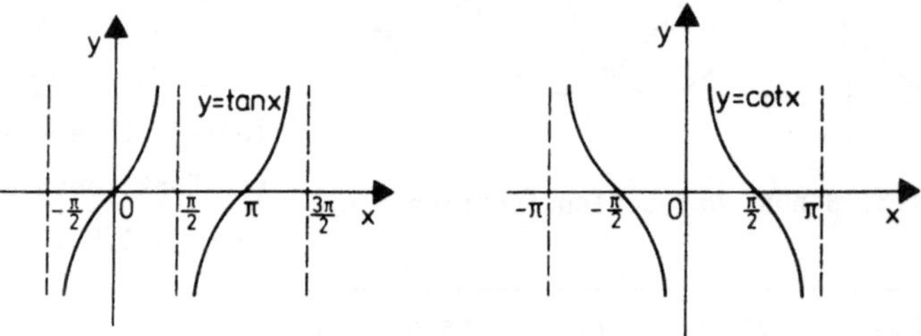

<u>Fig. 1.6</u>: Tangensfunktion   <u>Fig. 1.7</u>: Cotangensfunktion

<u>Folgerung 1.2</u> <u>Additionstheoreme für Tangens und Cotangens</u>:

$$\tan(\alpha \pm \beta) \;=\; \frac{\tan\alpha \pm \tan\beta}{1 \mp \tan\alpha\,\tan\beta} \tag{1.12}$$

$$\cot(\alpha \pm \beta) \;=\; \frac{\cot\alpha\,\cot\beta \mp 1}{\cot\beta \pm \cot\alpha} \tag{1.13}$$

<u>Winkelfunktionen am rechtwinkligen Dreieck</u>. An einem rechtwinkligen Dreieck [A,B,C] mit dem rechten Winkel bei C , dem Winkel α bei A und den Seitenlängen a,b,c gilt (s. Fig. 1.8):

$$\sin\alpha = \frac{a}{c} \;,\; \cos\alpha = \frac{b}{c} \tag{1.14}$$

$$\tan\alpha = \frac{a}{b} \;,\; \cot\alpha = \frac{b}{a} \tag{1.15}$$

Man gewinnt die Gleichungen (1.14) durch Vergleich mit dem Dreieck in Fig. 1.4. (Dort ist $\sin\alpha = y/1$, $\cos\alpha = x/1$, wobei die Seitenlängen x,y,1 den Seitenlängen a,b,c in Fig. 1.5 entsprechen). (1.15) folgt aus $\tan\alpha = \sin\alpha/\cos\alpha$, $\cot\alpha = \cos\alpha/\sin\alpha$.

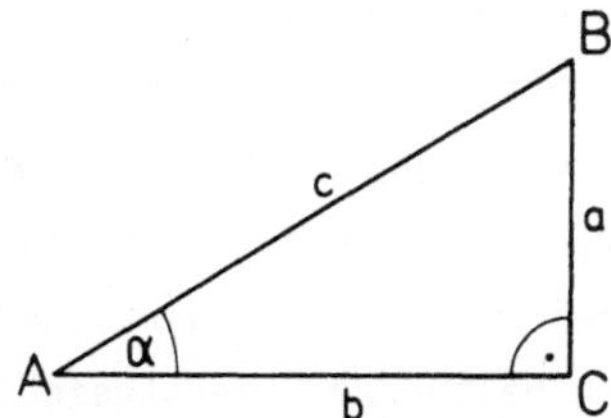

<u>Fig. 1.8</u>: Winkelfunktionen am rechtwinkligen Dreieck

<u>Arcus-Funktionen</u>. Die Funktionen arcsin (<u>Arcussinus</u>), arccos (<u>Arcuscosinus</u>), arctan (<u>Arcustangens</u>), arccot (<u>Arcuscotangens</u>) sind die Umkehrfunktionen von sin, cos, tan und cot , definiert auf den im folgenden notierten Intervallen:

$$t = \arcsin x \;,\; x \in [-1,1] \quad \text{bedeutet:} \quad x = \sin t \;,\; t \in \left[-\tfrac{\pi}{2},\tfrac{\pi}{2}\right]$$

$$t = \arccos x \;,\; x \in [-1,1] \quad \text{bedeutet:} \quad x = \cos t \;,\; t \in [0,\pi]$$

$$t = \arctan x \;,\; x \in \mathbb{R} \qquad \text{bedeutet:} \quad x = \tan t \;,\; t \in \left(-\tfrac{\pi}{2},\tfrac{\pi}{2}\right)$$

$$t = \operatorname{arccot} x \;,\; x \in \mathbb{R} \qquad \text{bedeutet:} \quad x = \cot t \;,\; t \in (0,\pi) \tag{1.16}$$

Fig. 1.9 zeigt <u>Diagramme</u> der Arcusfunktionen.

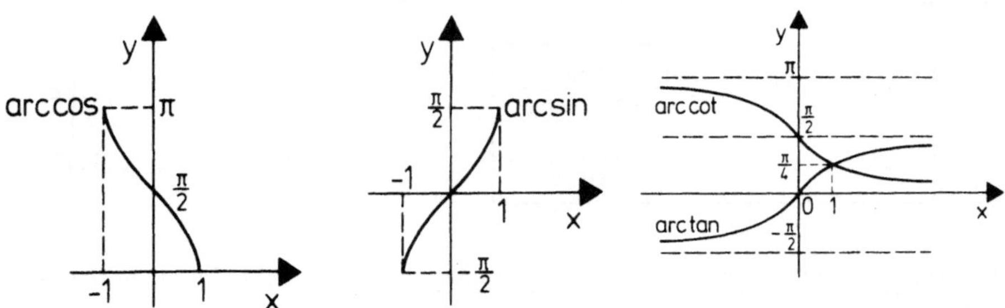

Fig. 1.9: Arcusfunktionen

<u>Polarkoordinaten</u>. Jeder Punkt
$P = (x,y) \neq 0$ der Ebene ist eindeutig
festgelegt durch seinen Abstand r
vom Ursprung 0 des Koordinatensystems,
und durch den Winkel φ zwischen der
Strecke $\overline{OP}$ und der positiven x-Achse.
Dabei mißt φ den Winkelbereich, den
eine Halbgerade überstreicht, die man
gegen den Uhrzeigersinn um 0 dreht,
und zwar ausgehend von der positiven
x-Achse bis zur Halbgeraden durch P
(mit Anfangspunkt 0), s. Fig. 1.10.

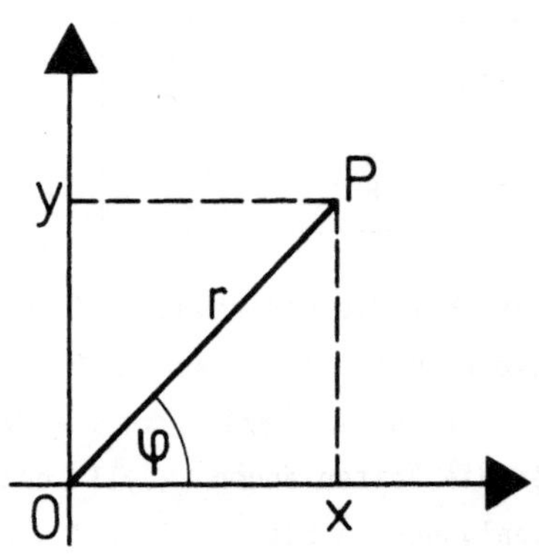

Fig. 1.10: Polarkoordinaten

r und φ heißen die <u>Polarkoordinaten</u> von P . Jedem Punkt $P = (x,y) \neq 0$
ist auf diese Weise umkehrbar eindeutig ein Paar (r,φ) von Polarkoordinaten zugeordnet, wobei

$$0 < r \quad \text{und} \quad 0 \leq \varphi < 2\pi$$

gilt.

Dem Ursprung 0 werden alle Paare (r,φ) mit $r = 0$, φ beliebig
reell, als Polarkoordinaten zugeordnet (Hier ist die umkehrbare Eindeutigkeit verletzt).

Zwischen den kartesischen Koordinaten x,y und den Polarkoordinaten
r,φ eines Punktes $P \neq 0$ besteht folgender Zusammenhang (s. Fig. 1.10).

$$\boxed{\begin{array}{l} x = r \cos \varphi \;, \quad y = r \sin \varphi \\[2mm] r = \sqrt{x^2+y^2} \;, \quad \varphi = \begin{cases} \arccos \dfrac{x}{r} & \text{falls } \; y \geq 0 \\[2mm] 2\pi - \arccos \dfrac{x}{r} & \text{falls } \; y < 0 \end{cases} \end{array}} \quad 1)$$

$$(1.17)$$
$$(1.18)$$

Im Bereich $x > 0$ ist $\varphi = \begin{cases} \arctan(y/x) & \text{, falls } \; y \geq 0 \\ 2\pi + \arctan(y/x) & \text{, falls } \; y < 0 \end{cases}$.

Formel (1.17) gilt auch für $P = (0,0)$, d.h. $r = 0$.

<u>Übungen</u>

<u>1.3</u> Berechne die Polarkoordinaten der Punkte $P = (1,3)$, $Q = (-3,-1)$, $S = (-4,-5)$.

<u>1.4</u> Berechne die kartesischen Koordinaten der Punkte $T(r = 3, \varphi = 70°)$, $U(r = 1, \varphi = \frac{4}{3}\pi)$, $V(r = 2, \varphi = 2,34)$.

<u>1.5*</u> $y = -\frac{1}{2}x + 2$ beschreibt eine Gerade. Wie lautet die zugehörige Geradengleichung $r = f(\varphi)$ in Polarkoordinaten? In welchem Intervall variiert φ dabei?

<u>1.1.3   Vektoren im</u> $\mathbb{R}^2$

Unter einem zweidimensionalen Vektor $\vec{v}$ verstehen wir ein Zahlenpaar, das wir senkrecht anordnen wollen:

$$\vec{v} = \begin{bmatrix} v_x \\ v_y \end{bmatrix} \;, \quad v_x, v_y \in \mathbb{R} \; . \quad 2)$$

v_x und v_y heißen die <u>Koordinaten</u> (oder <u>Komponenten</u>) des Vektors. Die Menge aller dieser Vektoren wird $\mathbb{R}^2$ genannt.

---

1) Gelegentlich wird auch $\varphi = \begin{cases} \arccos(x/r) & \text{falls } \; y \geq 0 \\ -\arccos(x/r) & \text{falls } \; y < 0 \end{cases}$ gesetzt, wobei dann $-\pi < \varphi \leq \pi$ ist, (s.Bd. I, Abschn. 7.1.6).

2) Handschriftlich wird der Pfeil $\longrightarrow$ häufig so skizziert: $\longrightarrow$.

Man stellt die Vektoren des $\mathbb{R}^2$ anschaulich als Pfeile dar. Unter einem
Pfeil $\overrightarrow{AB}$ in der Ebene versteht man dabei ein Paar (A,B) aus verschiedenen Punkten der Ebene, die durch eine Strecke verbunden sind.[1] A heißt
Aufpunkt (oder Fußpunkt) des Pfeils und B Spitze (markiert durch eine
Pfeilspitze). Sonderfall: Unter einem Pfeil $\overrightarrow{AA}$ versteht man einfach den
Punkt A .

Definition 1.1 Ein Pfeil $\overrightarrow{AB}$, mit
$A =(a_x,a_y)$, $B = (b_x,b_y)$, stellt
genau dann den Vektor

$$\vec{v} = \begin{bmatrix} v_x \\ v_y \end{bmatrix}$$

dar, wenn die Koordinaten von $\vec{v}$ die
Differenzen entsprechender Koordinaten von B und A sind:

$$v_x = b_x - a_x$$
$$v_y = b_y - a_y$$

$$(1.19)$$

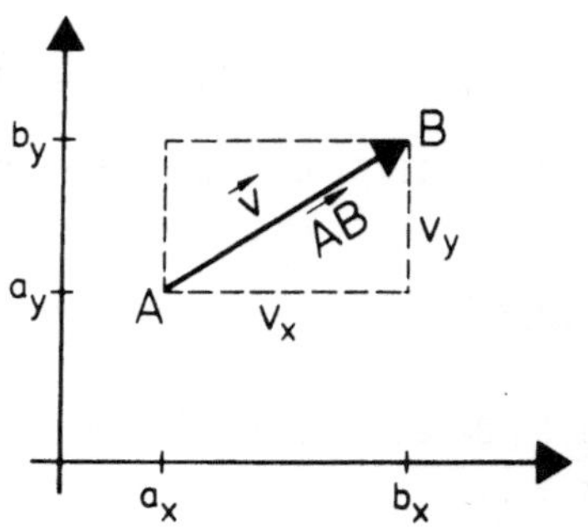

Fig. 1.11: Vektor $\vec{v}$,
dargestellt durch einen
Pfeil $\overrightarrow{AB}$

(Dabei liegt ein kartesisches Koordinatensystem zugrunde.)

Fig. 1.11 macht den Zusammenhang anschaulich. Man sieht sofort: Es gibt
viele Pfeile, die ein- und denselben Vektor darstellen. Sie gehen alle
durch Parallelverschiebung auseinander hervor.[2] Wir können dies so ausdrücken: Alle Pfeile, die parallel und gleichlang sind und in die gleiche
Richtung weisen, stellen denselben Vektor dar.

Zwei Pfeile, die nicht durch Parallelverschiebung ineinander zu überführen
sind, stellen verschiedene Vektoren dar.

---

[1] Man beachte: $(A,B) \neq (B,A) \Rightarrow \boxed{\overrightarrow{AB} \neq \overrightarrow{BA}}$ (unter Voraussetzung $A \neq B$) .

[2] Dies ist vergleichbar mit der Situation, daß ein Gegenstand mehrere
Schatten werfen kann: Der Vektor - das Zahlenpaar - ist der Gegenstand,
und die ihn darstellenden Pfeile sind gleichsam seine Schatten.

<u>Sonderfall</u>: Der <u>Nullvektor</u>

$$\vec{0} = \begin{bmatrix} 0 \\ 0 \end{bmatrix}$$

wird durch die <u>Punkte</u> der Ebene dargestellt.

Ein Pfeil $\overrightarrow{OB}$, dessen Fußpunkt O der
Ursprung des Koordinatensystems ist, heißt
ein <u>Ortspfeil</u> (oder <u>Ortsvektor</u>). Der durch
den Ortspfeil dargestellte Vektor $\vec{v}$ hat
zweifellos dieselben Koordinaten wie B .
Die <u>Ortspfeile</u> der Ebene sind also den
<u>Vektoren</u> des $\mathbb{R}^2$ umkehrbar eindeutig
zugeordnet.

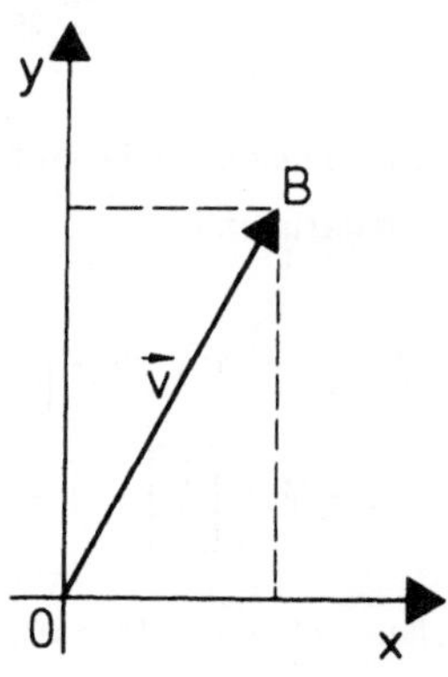

<u>Fig. 1.12</u>: Ortspfeil

<u>Arithmetik im $\mathbb{R}^2$</u>.

<u>Definition 1.2</u> Es seien

$$\vec{u} = \begin{bmatrix} u_x \\ u_y \end{bmatrix} \quad , \quad \vec{v} = \begin{bmatrix} v_x \\ v_y \end{bmatrix}$$

zwei beliebige Vektoren des $\mathbb{R}^2$. Damit werden die folgenden Rechenoperationen erklärt:

<u>Addition</u> $\qquad \vec{u} + \vec{v} := \begin{bmatrix} u_x + v_x \\ u_y + v_y \end{bmatrix}$

<u>Subtraktion</u> $\qquad \vec{u} - \vec{v} := \begin{bmatrix} u_x - v_x \\ u_y - v_y \end{bmatrix}$

<u>Multiplikation</u>
<u>mit einem Skalar</u>[1] $\left.\right\}$ $\lambda\vec{u} := \begin{bmatrix} \lambda u_x \\ \lambda u_y \end{bmatrix}$ $(\lambda \in \mathbb{R})$.

Man vereinbart:

$$\vec{u}\lambda := \lambda\vec{u} \quad .$$

---

[1] Reelle Zahlen werden in der Vektorrechnung auch Skalare genannt (ein
   Brauch, der von den Physikern kommt.)

12

Der <u>negative</u> <u>Vektor</u> zu $\vec{u}$ ist definiert durch

$$-\vec{u} := (-1)\vec{u} = \begin{bmatrix} -u_x \\ -u_y \end{bmatrix} \, .$$

Die beschriebenen Rechenarten werden also - kurz gesprochen - "zeilenweise" ausgeführt.

<u>Beispiele 1.1</u>   Mit $\vec{u} = \begin{bmatrix} 3 \\ 5 \end{bmatrix}$, $\vec{v} = \begin{bmatrix} 4 \\ -2 \end{bmatrix}$ gilt:

$$\vec{u} + \vec{v} = \begin{bmatrix} 7 \\ 3 \end{bmatrix} , \ \vec{u} - \vec{v} = \begin{bmatrix} -1 \\ 7 \end{bmatrix} , \ 2\vec{u} = \begin{bmatrix} 6 \\ 10 \end{bmatrix} , \ -\vec{u} = \begin{bmatrix} -3 \\ -5 \end{bmatrix} \, .$$

<u>Veranschaulichung</u>. In Fig. 1.13 sind die
Rechenoperationen durch Pfeilkonstruktionen
veranschaulicht. Man sieht insbesondere,
daß Addition und Subtraktion von Vektoren
durch Dreieckskonstruktionen widerge-
spiegelt werden. Multiplikation mit
Skalaren $\lambda \in \mathbb{R}$ bewirkt dagegen Ver-
längerungen oder Verkürzungen der Pfeile,
bzw. eine Richtungsumkehr im Falle
$\lambda < 0$. (Der Leser mache sich dies alles
an Beispielen klar, indem er Pfeile auf
Millimeterpapier oder Karopapier zeichnet.)

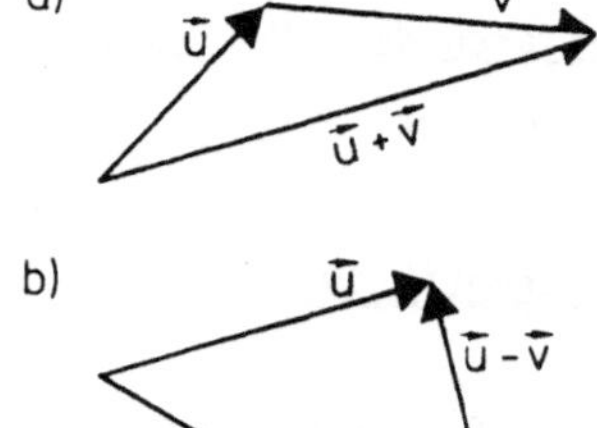

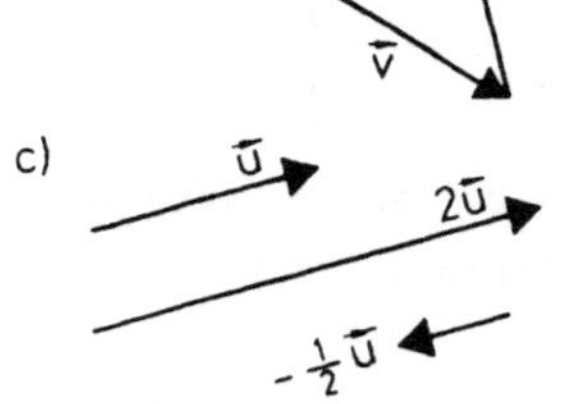

<u>Fig. 1.13</u>: Rechnen mit Vektoren

Bei der Darstellung
der Rechenoperationen
durch <u>Ortspfeile</u>
gelangt man zu den
Bildern in Fig. 1.14.
Summe $\vec{u} + \vec{v}$ und
Differenz $\vec{u} - \vec{v} = \vec{u} + (-\vec{v})$
von Vektoren werden
hier durch Parallelo-
grammkonstruktion
gewonnen.

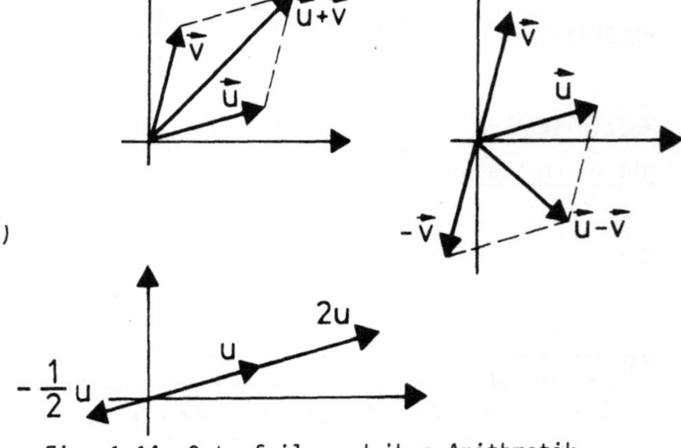

<u>Fig. 1.14</u>: Ortspfeile und ihre Arithmetik

Die folgenden Rechenregeln weist der Leser leicht nach, indem er die folgenden Gleichungen ausführlich in Koordinaten hinschreibt.

<u>Satz 1.1</u> Für alle $\vec{u},\vec{v},\vec{w}$ aus $\mathbb{R}^2$ gilt:

(I) $(\vec{u} + \vec{v}) + \vec{w} = \vec{u} + (\vec{v} + \vec{w})$ <u>Assoziativgesetz</u> für +

(II) $\vec{u} + \vec{v} = \vec{v} + \vec{u}$ <u>Kommutativgesetz</u> für +

(III) Zu beliebigen $\vec{u},\vec{v} \in \mathbb{R}^2$ gibt

      es stets ein $\vec{x} \in \mathbb{R}^2$ mit   <u>Gleichungslösung</u>

      $\vec{u} + \vec{x} = \vec{v}$ (nämlich $\vec{x} = \vec{v} - \vec{u}$)

Für alle $\vec{u},\vec{v} \in \mathbb{R}^2$ und alle reellen λ und μ gilt:

(IV) $(\lambda\mu)\vec{u} = \lambda(\mu\vec{u})$ <u>Assoziativgesetz für die</u>

                 <u>Multiplikation mit Skalaren</u>

(V) $\lambda(\vec{u} + \vec{v}) = \lambda\vec{u} + \lambda\vec{v}$

(VI) $(\lambda + \mu)\vec{u} = \lambda\vec{u} + \mu\vec{u}$ <u>Distributivgesetze</u>

(VII) $1\vec{u} = \vec{u}$.

<u>Bemerkung</u> a) Eine algebraische Struktur, die diese Gesetze erfüllt, heißt ein <u>Vektorraum</u> (über $\mathbb{R}$). Aus diesem Grunde sprechen wir im folgenden auch vom <u>Vektorraum</u> $\mathbb{R}^2$.

b) Statt $\frac{1}{\lambda}\vec{v}$ schreibt man auch kurz $\frac{\vec{v}}{\lambda}$.

c) Aufgrund der Assoziativgesetze (I) bzw. (IV) werden Summen $\vec{u} + \vec{v} + \vec{w}$ und Produkte $\lambda\mu\vec{x}$ auch ohne Klammern geschrieben. Es kann kein Irrtum dabei auftreten. Dasselbe gilt auch für längere Summen und Produkte. Eine Summe von 5 Vektoren wird z.B. so geschrieben:

$$\vec{u} + \vec{v} + \vec{w} + \vec{x} + \vec{y} .$$

Zur Veranschaulichung werden ihre Pfeile einfach kettenartig aneinandergehängt, s. Fig. 1.15. Die Summe wird dann durch einen Pfeil

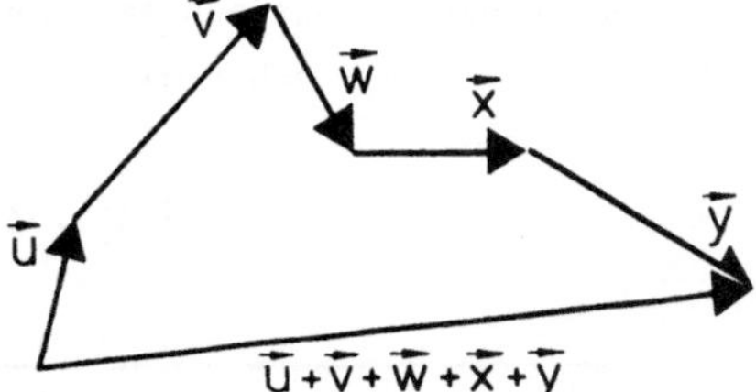

Fig. 1.15: Summe mehrerer Vektoren

repräsentiert, der vom Anfangspunkt bis zum Endpunkt der Kette reicht.

14

<u>Definition 1.3</u> Als <u>Länge</u> oder <u>Betrag</u> eines Vektors $\vec{v} = \begin{bmatrix} v_x \\ v_y \end{bmatrix}$
bezeichnet man die Zahl

$$|\vec{v}| = \sqrt{v_x^2 + v_y^2} \qquad \text{(Kurzschreibweise: } v := |\vec{v}| \text{).} \qquad (1.20)$$

$|\vec{v}|$ ist gleich der Länge der Pfeile, die $\vec{v}$ darstellen. Man erkennt
dies (mit Pythagoras) aus Fig. 1.11 unmittelbar.[1] Die Beträge der
Vektoren erfüllen folgende Gesetze:

<u>Folgerung 1.2</u> Für alle $\vec{u},\vec{v} \in \mathbb{R}^2$ und alle reellen Zahlen λ gilt

$$|\lambda\vec{u}| = |\lambda||\vec{u}| \qquad (1.21)$$

$$|\vec{u}| = 0 \;\leftrightarrow\; \vec{u} = \vec{0} \qquad (1.22)$$

$$|\vec{u} + \vec{v}| \leq |\vec{u}| + |\vec{v}| \qquad \underline{\text{Dreiecksungleichung}} \qquad (1.23)$$

$$|\vec{u} - \vec{v}| \geq \left| |\vec{u}| - |\vec{v}| \right| . \qquad (1.24)$$

<u>Beweis</u>: Die ersten beiden Regeln sieht man unmittelbar ein, wenn man
Koordinaten einsetzt.

Die Dreiecksungleichung (1.23) folgt aus der geometrischen Darstellung
der Addition in Fig. 1.13a). Man sieht, daß sich dabei folgender Sach-
verhalt am Dreieck widerspiegelt: Die Länge $|\vec{u} + \vec{v}|$ einer Dreieck-
seite ist niemals größer als die Summe der Längen $|\vec{u}|$ und $|\vec{v}|$. der
beiden übrigen Seiten.

Die Ungleichung (1.24) - auch <u>zweite Dreiecksungleichung</u> genannt -
ergibt sich unmittelbar aus der "ersten" Dreiecksungleichung (1.23).
Im Falle $|\vec{u}| \geq |\vec{v}|$ gehen wir so vor: Es gilt

$$|\vec{u} - \vec{v}| + |\vec{v}| \geq |(\vec{u}-\vec{v}) + \vec{v}|$$

---

[1] $|\vec{v}|$ wird auch als <u>Euklidische Norm</u> von $\vec{v}$ bezeichnet, wahrscheinlich
sehr zur Erheiterung von Euklid im Hades, der ja zu Lebzeiten noch
nichts von Vektoren wußte.

Die rechte Seite ist gleich $|\vec{u}|$, woraus (1.24) folgt. Im Falle $|\vec{u}| \le |\vec{v}|$ tauschen $\vec{u}$ und $\vec{v}$ einfach die Rollen. □

<u>Übungen</u>

<u>1.6</u> Gegeben sind $\vec{u} = \begin{bmatrix} 3 \\ -4 \end{bmatrix}$, $\vec{v} = \begin{bmatrix} 6 \\ 11 \end{bmatrix}$, $\vec{w} = \begin{bmatrix} -0,5 \\ -5,7 \end{bmatrix}$.

a) Berechne: $\vec{u} + \vec{v}$, $\vec{u} - \vec{v}$, $3\vec{u} - 7\vec{w}$, $|\vec{v}|$, $|2\vec{v} - \vec{w}|$,
b) Skizziere $\vec{u}, \vec{v}, \vec{w}$ und $\vec{u} + \vec{v} + \vec{w}$.

<u>1.7</u> Beweise

$$\left| \sum_{i=1}^{N} \vec{u}_i \right| \le \sum_{i=1}^{N} |\vec{u}_i|$$

durch vollständige Induktion.

<u>1.8</u>* Es seien $A = (4,3)$, $B = (1,6)$ gegeben. Welche Entfernung hat der Mittelpunkt der Strecke $\overline{AB}$ vom Nullpunkt?

<u>1.1.4   Physikalische und technische Anwendungen</u>

In diesem Abschnitt werden Anwendungen beschrieben, die die Brauchbarkeit der ebenen Vektoren zeigen. Wer mehr am systematischen Aufbau der Vektorrechnung interessiert ist, kann gleich mit Abschnitt 1.1.5 fortfahren.

<u>Kraftvektoren</u>. <u>Kräfte</u> lassen sich als Vektoren deuten, da sie durch Betrag und Richtung charakterisiert sind. Greifen zwei Kräfte $\vec{F}_1$ und $\vec{F}_2$ an einem Punkt P an, so heißt $\vec{F} = \vec{F}_1 + \vec{F}_2$ die daraus <u>Resultierende</u>. Sie übt die gleiche Wirkung auf den Punkt P aus wie die beiden Kräfte $\vec{F}_1$ und $\vec{F}_2$ zusammen. $\vec{F}_1$, $\vec{F}_2$ und $\vec{F}$ bilden ein sogenanntes <u>Kräfteparallelogramm</u>, s. Fig. 1.16 .

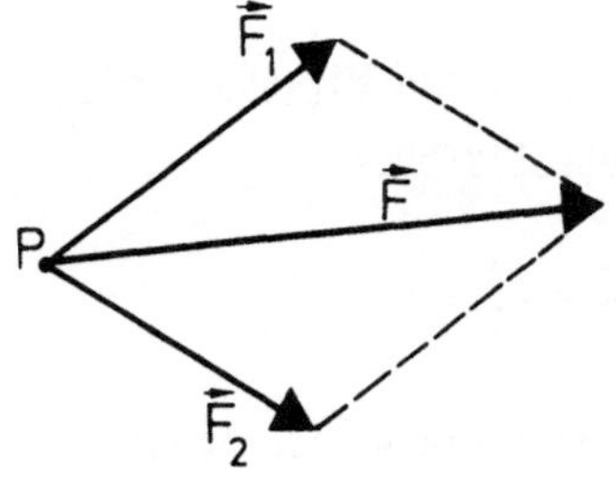

<u>Fig. 1.16</u>: Kräfteparallelogramm

Es folgt analog: Greifen mehrere Kräfte $\vec{F_1},\ldots,\vec{F_n}$ in P an, so wirken sie genauso wie ihre <u>Resultierende</u>

$$\vec{F} = \vec{F_1} + \vec{F_2} + \ldots + \vec{F_n}$$

auf P . Ist die Resultierende insbesondere gleich $\vec{0}$, so befindet sich der Punkt "im Gleichgewicht".

Beispiel 1.1 Mit welcher Kraft $\vec{F}$ drückt eine <u>Walze</u> der Masse m = 50 kg auf eine <u>schiefe Ebene</u> mit einem Neigungswinkel von $\alpha = 23°$? Die Rolle hat das Gewicht $|\vec{G}| = mg$. (g = 9,81 m/s^2 = Erdbeschleunigung). Figur 1.17 liefert $|\vec{F}| = mg\cos\alpha = 451,5$ N.

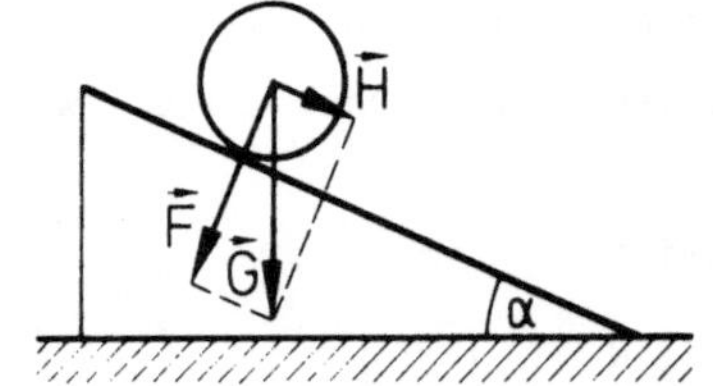

Fig. 1.17: Walze auf schiefer Ebene

Mit der "Hangkraft" $\vec{H}$ ($|\vec{H}| = mg\sin\alpha = 191,7$ N) ist $\vec{G} = \vec{F} + \vec{H}$.

Beispiel 1.2 <u>Krafteck</u>: An einem Körper greifen drei Kräfte $\vec{F_1},\vec{F_2},\vec{F_3}$ an, und zwar in den Punkten P_1,P_2,P_3 . Die Kräfte wirken alle in einer Ebene (s. Fig. 1.18a). Die Geraden durch P_1,P_2,P_3 in Richtung der dort angreifenden Kräfte heißen die <u>Wirkungslinien</u> der Kräfte.

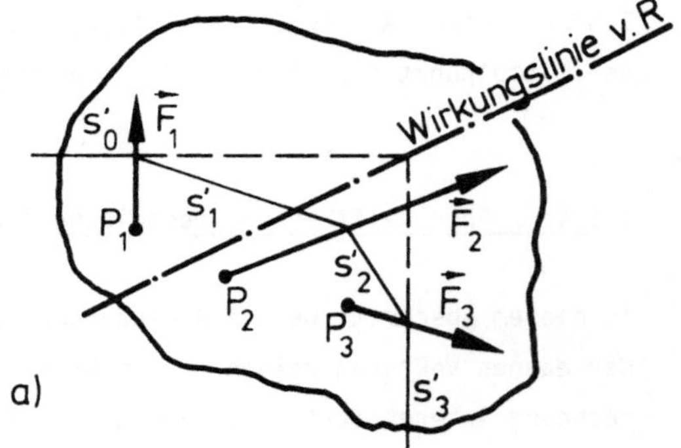

Gesucht ist die <u>Wirkungslinie</u> <u>der Resultierenden</u>

$$\vec{R} = \vec{F_1} + \vec{F_2} + \vec{F_3} .$$

Man findet sie so: Zunächst bilde man aus den Pfeilen von $\vec{F_1}$, $\vec{F_2}$, $\vec{F_3}$ einen Streckenzug und konstruiere so $\vec{R}$, s. Fig. 1.18b.

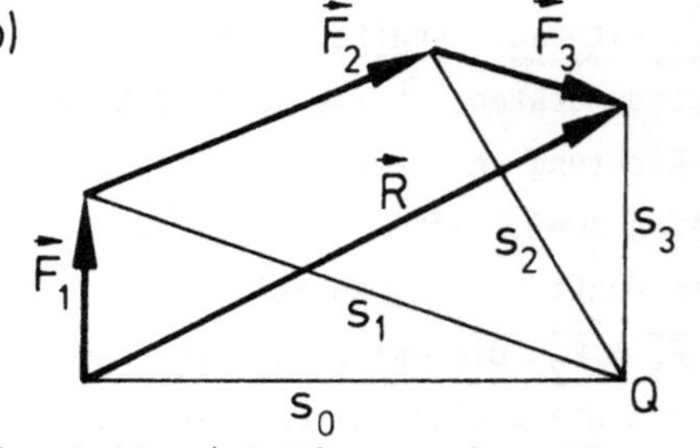

Fig. 1.18: a) Kräfte an einem Körper, b) Krafteck dazu

Von einem beliebigen Punkt Q aus ziehe man dann Strecken s_0, s_1, s_2, s_3
zu den Ecken des Streckenzuges. Anschließend lege man in Fig. 1.18a
eine Parallele s_0' zu s_0. Durch ihren Schnittpunkt mit der Wirkungslinie
von $\vec{F}_1$ aus trage man eine Parallele s_1' von s_1 ab, durch den Schnittpunkt von s_1' mit der Wirkungslinie von $\vec{F}_2$ dann eine Parallele s_2'
zu s_2 usw. Die Geraden s_0' und s_3' , also die erste und letzte der
Parallelen, bringe man zum Schnitt. Durch diesen Schnittpunkt S verläuft dann die Wirkungslinie der Resultanten, natürlich in Richtung von
$\vec{R}$. (Zahlenbeispiel in Üb. 1.10).

<u>Zerlegung von Kräften</u>. In der Mechanik
tritt oft das Problem auf, einen Kraftvektor $\vec{F}$ in zwei <u>Komponenten</u> zu zerlegen, deren Richtungen vorgegeben sind,
etwa durch Einheitsvektoren $\vec{e}_1$, $\vec{e}_2$.
D.h., man möchte $\vec{F}$ so darstellen

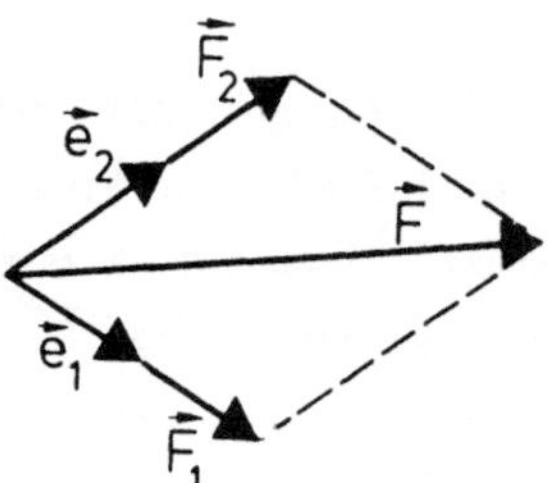

Fig. 1.19: Zerlegung
einer Kraft in zwei
Komponenten

$$\vec{F} = \lambda\vec{e}_1 + \mu\vec{e}_2 \ , \ \lambda,\mu \in \mathbb{R} \qquad (1.25)$$

Dabei sind $\vec{F}_1 = \lambda\vec{e}_1$, $\vec{F}_2 = \mu\vec{e}_2$ die gesuchten
Komponenten (s. Fig. 1.19). Schreibt man (1.25) in Koordinaten hin, so
entstehen zwei Gleichungen für die zwei Unbekannten λ,μ . Daraus sind
λ und μ leicht zu gewinnen, womit das Problem gelöst ist.

In Einzelfällen führen auch einfache
geometrische Überlegungen zum Ziel.

<u>Beispiel 1.3</u>: Eine Straßenlampe der
Masse m = 2,446 kg hängt in der Mitte
eines Haltedrahtes, der an den Straßen-
seiten in gleicher Höhe an Masten be-
festigt ist (s. Fig. 1.20a). Die
Masten sind 15 m von einander entfernt,
und die Lampe hängt 0,6 m durch. Wie
groß sind die Spannkräfte in den
Drähten?

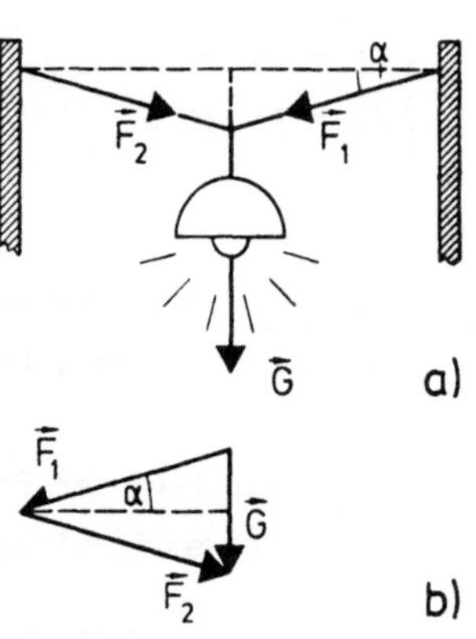

Fig. 1.20: Spannkräfte
bei einer Lampe

Antwort: In Fig. 1.20b sind die Kraftvektoren zu einem Additionsdreieck zusammengesetzt: $\vec{F_1} + \vec{F_2} = \vec{G}$. Man erkennt, daß die Koordinaten x_1, y_1 von $\vec{F_1}$ der Gleichung $\dfrac{|x_1|}{|y_1|} = \dfrac{7,5}{0,6} = 12,5$ genügen. Wegen $|y_1| = G/2 =$ = $(2,446\cdot9,81)/2$ N $\doteq 12,000$ N folgt

$$\vec{F_1} = \begin{bmatrix} x_1 \\ y_1 \end{bmatrix} = \begin{bmatrix} 12,5 \cdot G/2 \\ -\ G/2 \end{bmatrix} \doteq \begin{bmatrix} 150 \\ -12 \end{bmatrix} \text{N} \ \ ^{1)} \Rightarrow |\vec{F_1}| \doteq 150,48 \text{ N} \ .$$

Die Spannkräfte haben also die Beträge   150,48 N .

Beispiel 1.4   An einem Kran (s. Fig. 1.21a) hänge eine Last, die die Kraft $\vec{F}$ ausübt. Wie groß sind die Beträge der Kräfte $\vec{F_1}$, $\vec{F_2}$ in den Streben s_1, s_2 (Schließe und Strebe)? Dabei seien   F = 20 000 N $^{2)}$ $\alpha = 40°$, $\beta = 30°$ gegeben.

Zur Beantwortung errechnet man $\gamma = 180° - \alpha - \beta = 110°$ (s. Fig. 1.21b) und erhält mit dem Sinussatz:

$$\frac{F_1}{F} = \frac{\sin\alpha}{\sin\beta} \ , \ \frac{F_2}{F} = \frac{\sin\gamma}{\sin\beta} \Rightarrow$$

$$\Rightarrow \begin{cases} F_1 = 25\ 712 \text{ N} \\ F_2 = 37\ 588 \text{ N} \end{cases}$$

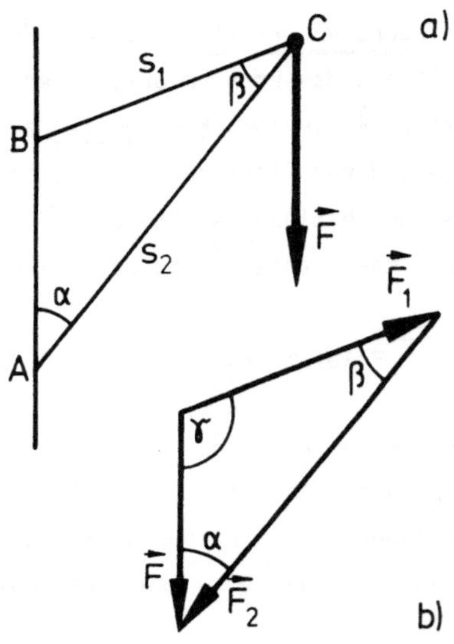

Fig. 1.21: Kran

Geschwindigkeit.   Da Geschwindigkeiten durch Betrag und Richtung bestimmt sind, lassen sie sich als Vektoren auffassen.

Beispiel 1.5   Ein Fluß der Breite b (mit geradlinigen parallelen Ufern) wird von einem Schwimmer rechtwinklig zu den Ufern durchquert.

$^{1)}$ Maßeinheiten hinter einem Vektor (hier N = Newton) beziehen sich auf jede Koordinate.

$^{2)}$ Wir benutzen hier die praktische Kurznotation: $F = |\vec{F}|$, $F_1 = |\vec{F_1}|$, $F_2 = |\vec{F_2}|$.

Die Geschwindigkeit des Flußwassers
ist konstant gleich $\vec{v}$. Der Schwimmer schwimmt mit der Geschwindigkeit $\vec{c}$ durchs Wasser. Dieser Ge-
schwindigkeitsvektor ist schräg
stromaufwärts gerichtet, da der
Schwimmer sich rechtwinklig zum
Ufer bewegen möchte (s. Fig. 1.22).

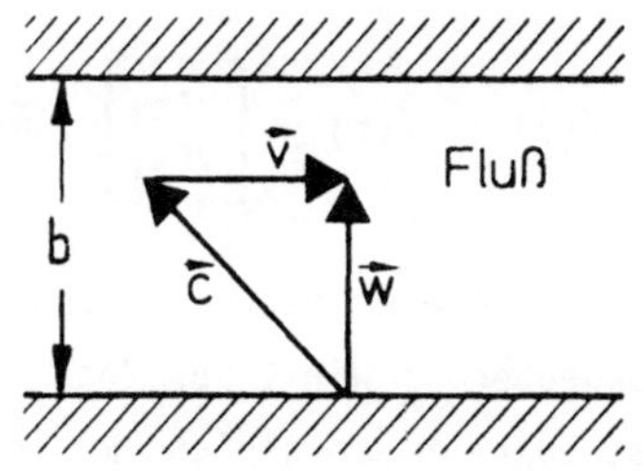

Fig. 1.22: Schwimmer im Fluß

Frage: Wie lange Zeit benötigt der
Schwimmer für die Überquerung des
Flusses?

Antwort: Sind c, v, w die Beträge der Vektoren $\vec{c}$, $\vec{v}$, $\vec{w}$ (d.h. die
zugehörigen Pfeillängen), so folgt aus Fig. 1.15 nach Pythagoras:
$w^2 = c^2 - v^2$. Für die gesuchte Zeitdauer t gilt w = b/t , also

$$t = \frac{b}{w} = \frac{b}{\sqrt{c^2-v^2}} = \frac{b}{c\sqrt{1-(v/c)^2}} \quad .$$

(Dazu sei folgendes bemerkt: Diese Formel spielt in der Relativitätstheorie beim Michelson-Versuch eine Rolle, mit dem die Nichtexistenz
des "Äthers" gezeigt wird. Hierbei bedeutet $\vec{c}$ die Lichtgeschwindigkeit,
$\vec{v}$ die Geschwindigkeit der Erde im hypothetisch angenommenen Äther und
b die Länge des Lichtweges in der Versuchsapparatur).

Beschleunigung, Fliehkraft, Coriolis-Kraft.[1] Die Bewegung eines
Massenpunkts in einer Ebene mit kartesischen Koordinaten kann durch

$$\vec{r}(t) = \begin{bmatrix} x(t) \\ y(t) \end{bmatrix} \quad , \quad t \text{ aus einem Intervall,}$$

beschrieben werden, wobei x(t) , y(t) die Koordinaten des Massenpunktes
zur Zeit t sind. Man denkt sich $\vec{r}(t)$ durch einen Ortspfeil repräsentiert, an dessen Spitze sich der Massenpunkt befindet. x(t) und y(t)
werden als zweimal stetig differenzierbar vorausgesetzt.

---

[1] Hierfür sind elementare Kenntnisse der Differentialrechnung notwendig.

20

Die Geschwindigkeit $\vec{v}(t)$ und die Beschleunigung $\vec{a}(t)$ des Punktes zur Zeit t ergeben sich aus

$$\vec{v}(t) := \dot{\vec{r}}(t) := \begin{bmatrix} \dot{x}(t) \\ \dot{y}(t) \end{bmatrix} \, , \quad \vec{a}(t) := \ddot{\vec{r}}(t) := \begin{bmatrix} \ddot{x}(t) \\ \ddot{y}(t) \end{bmatrix} \, , \tag{1.26}$$

wobei $\dot{x}, \dot{y}$ die ersten Ableitungen und $\ddot{x}, \ddot{y}$ die zweiten Ableitungen von x, y bedeuten.[1] Wirkt zur Zeit t die Kraft $\vec{F}(t)$ auf den Massenpunkt, und ist seine Masse gleich m , so gilt das Newtonsche Grundgesetz der Mechanik

$$\vec{F}(t) = m\,\vec{a}(t) \quad , \quad \text{kurz:} \quad \boxed{\vec{F} = m\,\vec{a}} \tag{1.27}$$

Ein oft vorkommender Fall ebener Bewegungen ist die Rotation auf einer Kreisbahn.

<u>Beispiel 1.6</u> <u>Gleichförmige Drehbewegung</u>: Bewegt sich ein Massenpunkt der Masse m auf einer Kreisbahn mit konstanter Winkelgeschwindigkeit $\omega = 2\pi/T$ (T = Umlaufzeit), so kann seine Bewegung durch

$$\vec{r}(t) = \begin{bmatrix} \rho \cos(\omega t) \\ \rho \sin(\omega t) \end{bmatrix} \, , \quad t \in \mathbb{R} \, , \, \rho > 0 \, ,$$

beschrieben werden (Kreisbahn um den Nullpunkt mit Radius ρ). Man errechnet durch zweimaliges Differenzieren der Koordinaten

$$\vec{a}(t) = -\omega^2 \vec{r}(t) \quad , \quad \text{kurz} \quad \boxed{\vec{a} = -\omega^2 \vec{r}} \tag{1.28}$$

Die Beschleunigung - <u>Zentripetalbeschleunigung</u> genannt - hat also den konstanten Betrag $\omega^2 |\vec{r}| = \omega^2 \rho$ und die gleiche Richtung wie $-\vec{r}$.
Auf den Massenpunkt wirkt daher die Kraft

$$\vec{F} = -m\omega^2 \vec{r} \quad \text{mit dem Betrag} \quad |\vec{F}| = m\omega^2 \rho \, . \tag{1.29}$$

$\vec{F}$ heißt <u>Zentripetalkraft</u>. Der Massenpunkt übt seinerseits auf den Nullpunkt die Gegenkraft

---

[1] Ableitungen nach der Zeit werden gerne durch Punkte markiert.

$$\boxed{\vec{Z} = m\omega^2\vec{r}} \qquad\qquad (1.30)$$

aus. Sie heißt <u>Zentrifugalkraft</u> oder <u>Fliehkraft</u>.

<u>Beispiel 1.7</u>   <u>Corioliskraft im drehenden Koordinatensystem</u>: Gegenüber einem festen kartesischen x,y-System in der Ebene drehe sich ein rechtwinkliges ξ,η-Koordinatensystem mit konstanter Winkelgeschwindigkeit ω s. Fig. 1.23a. $\vec{u}(t)$ und $\vec{w}(t)$ seien Vektoren der Länge 1 , die in Richtung der ξ- bzw. η-Achse weisen (t = Zeit). $\vec{u}(t)$ und $\vec{w}(t)$ lassen sich so beschreiben:

$$\vec{u}(t) = \begin{bmatrix} \cos(\omega t) \\ \sin(\omega t) \end{bmatrix}, \quad \vec{w}(t) = \begin{bmatrix} -\sin(\omega t) \\ \cos(\omega t) \end{bmatrix}, \quad t \in \mathbb{R}\ .$$

Hat ein Punkt $\vec{r} = \begin{bmatrix} x \\ y \end{bmatrix}$ zur Zeit t im drehenden Koordinatensystem die Koordinaten $\xi(t),\eta(t)$, so läßt er sich durch

$$\vec{r} = \xi\vec{u} + \eta\vec{w} \qquad (1.23)$$

ausdrücken. (Die Abhängigkeit von t wurde der Übersichtlichkeit halber nicht hingeschrieben.)

Der Punkt möge sich frei bewegen, d.h. $\xi(t)$ und $\eta(t)$ seien beliebige zweimal stetig differenzierbare Funktionen der Zeit t . Differenziert man nun $\vec{r} = \xi\vec{u} + \eta\vec{w}$ koordinatenweise zweimal nach t , so erhält man

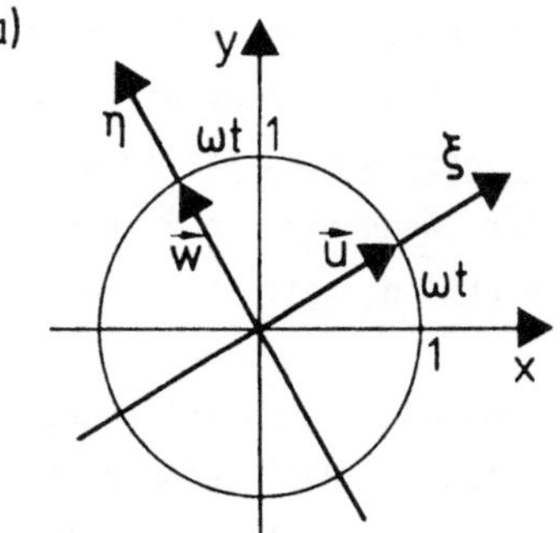

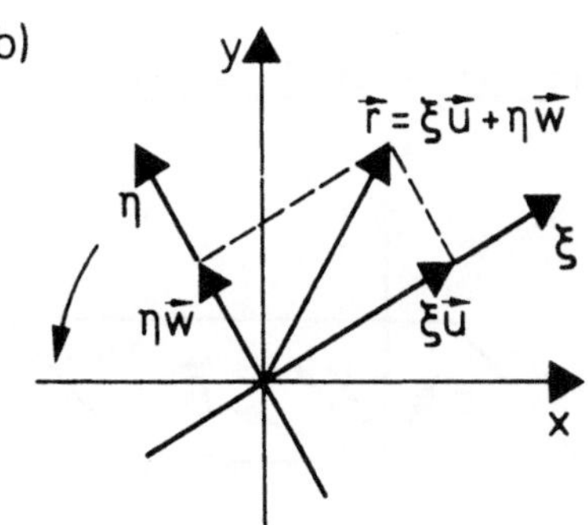

Fig. 1.23: Drehendes ξ-η- Koordinatensystem

$$\ddot{\vec{r}} = (\ddot{\xi}\vec{u} + \ddot{\eta}\vec{w}) - 2\omega(\dot{\eta}\vec{u} - \dot{\xi}\vec{w}) - \omega^2\vec{r} \qquad (1.31)$$

22

(Der Leser führe diese Zwischenrechnung aus.) $\dot{\xi}\vec{u} + \dot{\eta}\vec{w}$ ist dabei die
Relativ-Beschleunigung bez. des drehenden Systems, $-2\omega(\dot{\eta}\vec{u} - \dot{\xi}\vec{w})$ heißt
Coriolis-Beschleunigung, und $-\omega^2\vec{r}$ ist die wohlbekannte Zentripetal-
beschleunigung.

Ist der Punkt mit der Masse m behaftet, so wirkt auf ihn die Kraft

$$\vec{F} = m\ddot{\vec{r}} = m(\ddot{\xi}\vec{u} + \ddot{\eta}\vec{w}) - 2m\omega(\dot{\eta}\vec{u} - \dot{\xi}\vec{w}) - m\omega^2\vec{r} \ .$$

Die Kraft setzt sich also aus drei Anteilen zusammen: $m(\ddot{\xi}\vec{u} + \ddot{\eta}\vec{w})$
heißt die relative Trägheitskraft, $-2m\omega(\dot{\eta}\vec{u} - \dot{\xi}\vec{w})$ die Corioliskraft,
und $-m\omega^2\vec{r}$, wie schon erläutert, die Zentripetalkraft.

Als neuer Kraftanteil tritt hier die Corioliskraft auf. Wir sehen, daß
sie verschwindet, wenn sich der Massenpunkt gegenüber dem drehenden
System nicht bewegt. Andernfalls wirkt die Corioliskraft rechtwinklig
zur Relativgeschwindigkeit im drehenden System. (Man macht sich dies
leicht klar, wenn man den Faktor $\dot{\eta}\vec{u} - \dot{\xi}\vec{w}$ in der Corioliskraft mit der
Relativgeschwindigkeit $\dot{\xi}\vec{u} + \dot{\eta}\vec{w}$ vergleicht.)

Es ist schon eine merkwürdige Kraft, die der Franzose Gaspard Gustave
Coriolis (1792 - 1843) seinerzeit entdeckt hat. Sie ist z.B. wichtig zum
Verständnis der Luftströmungen in der Erdatmosphäre, aber selbstverständ-
lich auch in allen drehenden technischen Systemen.

Elektrischer Leiter im Magnetfeld.

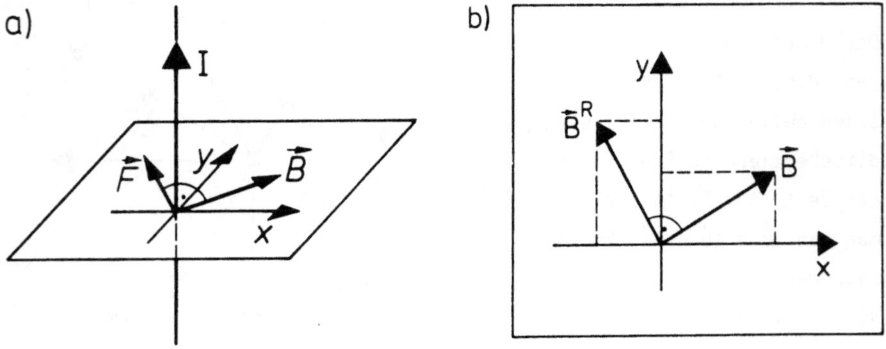

Fig. 1.24: a) Elektrischer Leiter im Magnetfeld,
b) Koordinatenebene, rechtwinklig zum Leiter

Beispiel 1.8 Ein gradliniger elektrischer Leiter befindet sich in einem Magnetfeld mit konstanter Kraftflußdichte $\vec{B}$. Die Richtung des Vektors $\vec{B}$ steht rechtwinklig zum Leiter. Der Vektor $\vec{B}$ hat in einer Ebene, die zum Leiter rechtwinklig liegt, die Koordinatendarstellung

$$\vec{B} = 10^{-2} \begin{bmatrix} 4 \\ 1 \end{bmatrix} \frac{Vs}{m^2} \quad .$$

Durch den Leiter fließt ein Strom der Stärke I = 20 A.

Frage: Welche Kraft übt das Magnetfeld auf ein Leiterstück von 1 cm Länge aus?

Antwort: Die Kraft $\vec{F}$ auf ein Leiterstück von der Länge L hat den Betrag F = I · L · B [1]. $\vec{F}$ steht rechtwinklig auf $\vec{B}$ und auf dem Leiter, und zwar so, wie es die Fig. 1.24a) zeigt: Stromrichtung, $\vec{B}$ und $\vec{F}$ bilden ein "Rechtssystem". (D.h. es gilt die Korkenzieherregel: Ein zum Leiter paralleler Korkenzieher mit Rechtsgewinde bewegt sich in Stromrichtung, wenn man seinen Griff aus der Richtung von $\vec{B}$ in die Richtung von $\vec{F}$ um 90° dreht.) Dies alles lehrt die Physik.

Um die Koordinaten von $\vec{F}$ in der x-y-Ebene zu bekommen (s. Fig. 1.24b), drehen wir zunächst $\vec{B} = \begin{bmatrix} x \\ y \end{bmatrix}$ um 90° gegen den Uhrzeigersinn. Es entsteht der Vektor $\vec{B}^R = \begin{bmatrix} -y \\ x \end{bmatrix}$, wie man aus Fig. 1.24b erkennt. Damit ist

$$\vec{F} = \lambda\vec{B}^R \quad \text{mit} \quad \lambda = \frac{F}{B} = \frac{I \cdot L \cdot B}{B} = I \cdot L \ , \ \text{also} \quad \boxed{\vec{F} = IL\vec{B}^R} \quad .$$

Setzt man die angegebenen Zahlenwerte ein, so erhält man die gesuchte Kraft als Vektor in der angegebenen Weise

$$\vec{F} = 20 \cdot 10^{-2} \begin{bmatrix} -1 \\ 4 \end{bmatrix} 10^{-2} \ N = 10^{-3} \begin{bmatrix} -2 \\ 8 \end{bmatrix} N \quad .$$

---

[1] $F = |\vec{F}| \ , \ B = |\vec{B}| \ .$

Übungen

1.9* Eine Fabrikhalle habe
einen Querschnitt, wie in
Fig. 1.25 (α = 60°, β = 40°).
Unter dem Dachfirst soll ein
Laufkran angebracht werden,
der mit der maximalen Masse
von m = 3 t = 3000 kg be-
lastet werden soll. Diese
Last muß vom Dach aufgefan-
gen werden, d.h. entlang der
Dachschrägen treten die Belastungskräfte $\vec{F_1}$ und $\vec{F_2}$ auf (s.Fig. 1.25).
Berechne $\vec{F_1}$ und $\vec{F_2}$, sowie sich daraus ergebende Querkäfte $\vec{Q_1}$, $\vec{Q_2}$,
die rechtwinklig auf den Wänden stehen.

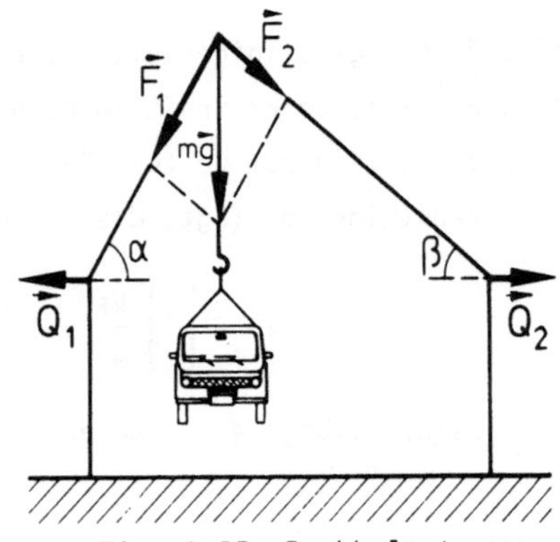

Fig. 1.25: Dachbelastung

1.10 Knüpfe an das Beispiel 1.2 mit dem Krafteck an. Es sei dort

$$\vec{F_1} = \begin{bmatrix} 0 \\ 20 \end{bmatrix} N \;,\; \vec{F_2} = \begin{bmatrix} 17 \\ 25 \end{bmatrix} N \;,\; \vec{F_3} = \begin{bmatrix} 28 \\ -4 \end{bmatrix} N \;,$$

$$P_1 = (-2,2) \;,\; P_2 = (1,1) \;\;,\; P_3 = (2,-1)$$

Berechne die Resultante $\vec{R}$ und bestimme graphisch die Wirkungslinie
von $\vec{R}$.

1.11* Betrachte eine Straßenlampe ähnlich wie in Beisiel 1.3. Die Masten
haben wieder die Entfernung 15 m voneinander und die Lampe hat die
Masse 2,446 kg. Wie groß muß der Durchhang mindenstens sein, wenn die
Beträge der Spannkräfte 100 N nicht übersteigen dürfen?

1.12* Beim Kran in Beispiel 1.4, Fig. 21a, denken wir uns den Punkt B
senkrecht verschiebbar, während A und C fest bleiben. Wo muß B
liegen, wenn die Kraft $\vec{F_1}$ längs der Strebe s_1 den kleinsten Betrag
haben soll? Gib die Lage von B durch Angabe des Winkels β an!

1.13 * In Beispiel 1.5 habe die Geschwindigkeit $\vec{c}$ des Schwimmers den
Betrag c = 0,4 m/s und die Strömungsgeschwindigkeit $\vec{v}$ des Flusses

den Betrag v = 0,23 m/s . Gib $\vec{c}$ und $\vec{v}$ in einem Koordinatensystem
an, dessen x-Achse parallel zum Ufer verläuft. Wie groß ist die Zeitdauer t der Flußüberquerung (b = 50 m)?

1.14* Ein Kettenkarussell habe
eine Tragstange der Länge
r = 2,1 m, eine Kettenlänge
von ℓ = 3,7 m, und eine
Belastung am Ende der Kette
von m = 90 kg. Bei einer bestimmten Umdrehungszeit sei
der Auslenkungswinkel α
gleich 21° .

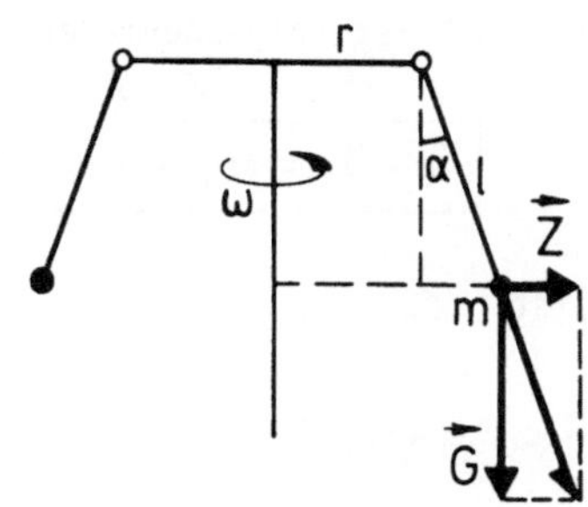

Fig. 1.26: Kettenkarussell

Frage: Wie groß ist die Umdrehungszeit T ?

Anleitung: Berechne zuerst die Fliehkraft $\vec{Z}$ aus dem Gewicnt $\vec{G}$ mit
$|\vec{G}|$ = mg (g = 9,81 m/s^2) und dem Rechteck aus $\vec{G}$ und $\vec{Z}$. Aus $\vec{Z}$ gewinnt man T (s. Beisp. 1.6).

1.15* Im Beispiel 1.7 bewege sich ein Massenpunkt der Masse m = 2 kg
auf einer Geraden im drehenden System mit $\omega = 2,1 \cdot 10^{-2} s^{-1}$. Die
Bewegung des Punktes wird beschrieben durch

$$\xi(t) = 1 + 0,25t \quad , \quad \eta(t) = 0,11t$$

wobei t in Sekunden und ξ,η in Metern angegeben sind. Berechne
a) die Kraft $\vec{F}(t)$, die zur Zeit t auf den Massenpunkt wirkt und
b) insbesondere die Corioliskraft zur Zeit t .

1.16 * Zu Beispiel 1.8: Berechne die Kraft $\vec{F}$ auf ein Stück von 1 cm
Länge des elektrischen Leiters, wenn I = 14 A , $B = 10^{-2} \begin{bmatrix} 3 \\ -2 \end{bmatrix} \frac{Vs}{m^2}$ ist,
und wenn der Strom in entgegengesetzter Richtung fließt. (Also von
oben nach unten in Fig. 1.17a).

26

1.1.5 Inneres Produkt (Skalarprodukt)

__Definition 1.4__ Das __innere Produkt__ (oder __Skalarprodukt__) zweier Vektoren $\vec{u},\vec{v}$ aus $\mathbb{R}^2$ ist folgendermaßen definiert

$$\boxed{\vec{u} \cdot \vec{v} := |\vec{u}| \cdot |\vec{v}| \cdot \cos\varphi} \qquad (1.32)$$

Dabei ist

$$\varphi = \sphericalangle(\vec{u},\vec{v})$$

der __Zwischenwinkel__ der Vektoren $\vec{u},\vec{v}$. Man
versteht darunter das Bogenmaß $\varphi \in [0,\pi]$
des (kleineren) Winkels zwischen zwei Pfeilen,
die $\vec{u}$ und $\vec{v}$ darstellen. Die Pfeile
haben dabei den gleichen Fußpunkt, s. Fig. 1.27.

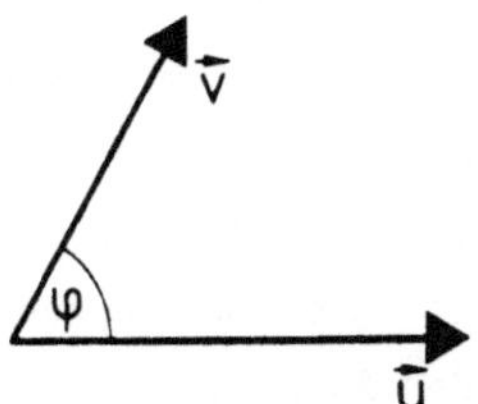

Fig. 1.27: Zum inneren Produkt

Das innere Produkt $\vec{u} \cdot \vec{v}$ läßt sich
geometrisch auf folgende Weise verdeutlichen: Man projiziert den Pfeil
von $\vec{v}$ senkrecht auf die Gerade,
die durch den Pfeil von $\vec{u}$ bestimmt
ist, und erhält als Projektion einen
Vektor $\vec{p}$. $\vec{p}$ wird kurz die
__Projektion von__ $\vec{v}$ __auf__ $\vec{u}$ genannt,
s. Fig. 1.28.

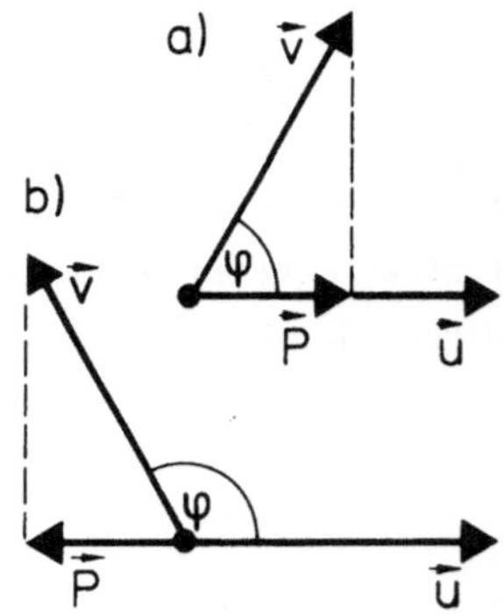

Fig. 1.28: Projektion $\vec{p}$ von $\vec{v}$ auf $\vec{u}$

$\vec{p}$ weist in die gleiche Richtung wie
$\vec{u}$, wenn $\varphi < \frac{\pi}{2}$ ist, in die entge-
gengesetzte Richtung, wenn $\varphi > \frac{\pi}{2}$, und ist $\vec{0}$, falls $\varphi = \pi/2$ ist.

Wegen $|\vec{p}| = |\vec{v}|\cos\varphi$, falls $0 \le \varphi \le \frac{\pi}{2}$, und $|\vec{p}| = -|\vec{v}|\cos\varphi$, falls
$\frac{\pi}{2} < \varphi \le \pi$, gilt

$$\boxed{\vec{u} \cdot \vec{v} = \begin{cases} |\vec{u}| \cdot |\vec{p}| & \text{falls } 0 \le \varphi \le \frac{\pi}{2} \\[2mm] -|\vec{u}| \cdot |\vec{p}| & \text{falls } \frac{\pi}{2} < \varphi \le \pi \end{cases}} \qquad (1.33)$$

oder kürzer:

$$\boxed{\vec{u} \cdot \vec{v} = \vec{u} \cdot \vec{p}}$$
(1.34)

Folgerung 1.3 (a) Der Betrag des inneren Produktes $\vec{u} \cdot \vec{v}$ ist gleich dem Produkt aus der Länge des Vektors $\vec{u}$ und der Länge der Projektion $\vec{p}$ von $\vec{v}$ auf $\vec{u}$. (Natürlich können $\vec{u}$ und $\vec{v}$ dabei auch ihre Rollen tauschen.)

(b) $\vec{u}\cdot\vec{v}$ ist positiv, falls der Zwischenwinkel von $\vec{u}$ und $\vec{v}$ kleiner als der rechte Winkel ist, und negativ, falls er größer ist.

Stehen zwei Vektoren $\vec{u}$ und $\vec{v}$ rechtwinklig aufeinander, d.h. $\sphericalangle(\vec{u},\vec{v}) = \pi/2$, so beschreibt man dies kurz durch $\vec{u} \perp \vec{v}$. Man sagt auch, sie stehen senkrecht (oder orthogonal) aufeinander. Mit dem inneren Produkt ist dies folgendermaßen verknüpft:

Merke: Zwei Vektoren stehen genau dann rechtwinklig aufeinander, wenn ihr inneres Produkt Null ist:

$$\boxed{\vec{u} \perp \vec{v} \;\leftrightarrow\; \vec{u} \cdot \vec{v} = 0}$$

Physikalische Anwendung des inneren Produktes.

Eine konstante Kraft $\vec{F}$ bewege einen Massenpunkt von P nach Q , wobei $\vec{F}$ nicht notwendig in Richtung von $\overrightarrow{PQ}$ wirke. $\vec{s}$ sei der Vektor, den $\overrightarrow{PQ}$ darstellt. Dann ist die geleistete Arbeit

$$A = \vec{F} \cdot \vec{s} ,$$

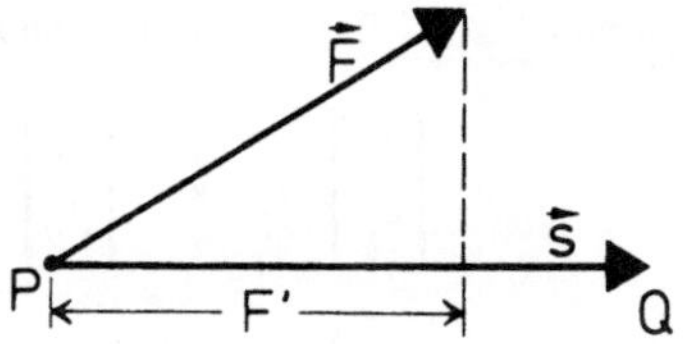

Fig. 1.29: Arbeit

denn es kommt ja nur der Kraftbetrag F' der Projektion von $\vec{F}$ auf $\overrightarrow{PQ}$ zur Wirkung (s. Fig. 1.29).

Man kann diesen physikalischen Sachverhalt als Motivation des inneren
Produktes auffassen.

Satz 1.2 Regeln für das innere Produkt: Für alle Vektoren $\vec{u},\vec{v},\vec{w} \in \mathbb{R}^2$
und alle $\lambda \in \mathbb{R}$ gilt

(I) $\qquad \vec{u} \cdot \vec{v} = \vec{v} \cdot \vec{u}$ $\qquad\qquad\qquad$ Kommutativgesetz

(II) $\qquad (\vec{u} + \vec{v}) \cdot \vec{w} = \vec{u} \cdot \vec{w} + \vec{v} \cdot \vec{w}$ $\qquad$ Distributivgesetz

(III) $\qquad \lambda(\vec{u} \cdot \vec{v}) = (\lambda\vec{u}) \cdot \vec{v} = \vec{u} \cdot (\lambda\vec{v})$ $\qquad$ Assoziativgesetz

(IV) $\qquad \vec{u} \cdot \vec{u} = |\vec{u}|^2$ $\qquad\qquad\qquad$ inneres Produkt
$\qquad\qquad\qquad\qquad\qquad\qquad\qquad\qquad\quad$ und Betrag

Beweis: Die Gesetze (I), (III), (IV)
sieht man unmittelbar ein. Das Distributivgesetz (II) gilt zweifellos für
den Spezialfall, daß alle Vektoren
$\vec{u}$, $\vec{v}$, $\vec{w}$ parallel sind [1]. Sind
$\vec{u}$, $\vec{v}$, $\vec{w}$ nicht parallel, so folgt (II)
mit Fig. 1.30 folgendermaßen:

$$(\vec{u}+\vec{v}) \cdot \vec{w} = (\vec{u}'+\vec{v}') \cdot \vec{w} =$$
$$= \vec{u}' \cdot \vec{w} + \vec{v}' \cdot \vec{w} = \vec{u} \cdot \vec{w} + \vec{v} \cdot \vec{w} \ . \ \square$$

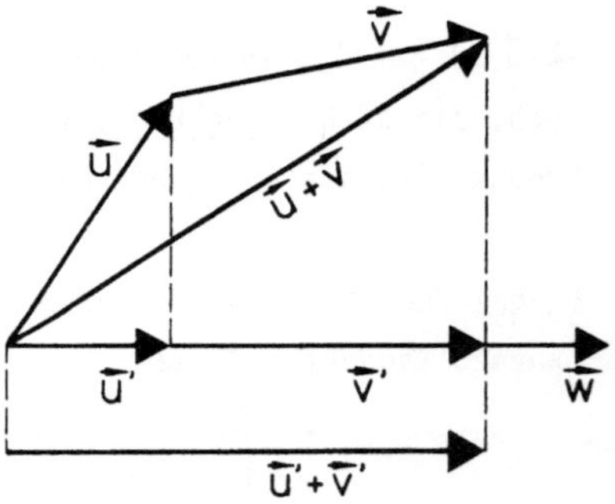

Achtung: Allgemein gilt nicht
$\vec{u}(\vec{v} \cdot \vec{w}) = (\vec{u} \cdot \vec{v})\vec{w}$! Suche Gegenbeispiele!

Fig. 1.30: Zum
Distributivgesetz

Folgerung 1.4 Das innere Produkt zweier Vektoren

$$\vec{u} = \begin{bmatrix} u_x \\ u_y \end{bmatrix} \ , \quad \vec{v} = \begin{bmatrix} v_x \\ v_y \end{bmatrix}$$

läßt sich in kartesischen Koordinaten so ausdrücken:

$$\boxed{\vec{u} \cdot \vec{v} = u_x v_x + u_y v_y} \qquad . \qquad\qquad (1.35)$$

---

[1] D.h. durch parallele Pfeile dargestellt werden.

<u>Merke</u>: *Das innere Produkt zweier Vektoren ergibt sich als Summe der Produkte entsprechender Koordinaten.*

<u>Beweis</u>: Für die <u>Koordinateneinheitsvektoren</u>

$$\vec{\imath} = \begin{bmatrix} 1 \\ 0 \end{bmatrix} , \quad \vec{\jmath} = \begin{bmatrix} 0 \\ 1 \end{bmatrix} \quad \text{gilt} \quad \vec{\imath} \cdot \vec{\imath} = 1 , \quad \vec{\jmath} \cdot \vec{\jmath} = 1 , \quad \vec{\imath} \cdot \vec{\jmath} = 0$$

da $\vec{\imath}, \vec{\jmath}$ die Länge 1 haben und rechtwinklig aufeinander stehen. Für

$$\vec{u} = u_x \vec{\imath} + u_y \vec{\jmath} \quad , \quad \vec{v} = v_x \vec{\imath} + v_y \vec{\jmath}$$

folgt damit durch "Ausmultiplizieren", was nach (II) erlaubt ist:

$$\vec{u} \cdot \vec{v} = u_x v_x \underbrace{\vec{\imath} \cdot \vec{\imath}}_{1} + u_x v_y \underbrace{\vec{\imath} \cdot \vec{\jmath}}_{0} + u_y v_x \underbrace{\vec{\jmath} \cdot \vec{\imath}}_{0} + u_y v_y \underbrace{\vec{\jmath} \cdot \vec{\jmath}}_{1}$$

$$= u_x v_x + u_y v_y \ .$$

Der Zwischenwinkel $\varphi = \sphericalangle (\underline{\vec{u}}, \underline{\vec{v}})$ zweier Vektoren

$$\vec{u} = \begin{bmatrix} u_x \\ u_y \end{bmatrix} \quad , \quad \vec{v} = \begin{bmatrix} v_x \\ v_y \end{bmatrix} \qquad (\vec{u}, \vec{v} \neq 0)$$

läßt sich nun leicht aus $\vec{u} \cdot \vec{v} = |\vec{u}||\vec{v}| \cos\varphi$ berechnen. Es folgt $\cos\varphi = (\vec{u} \cdot \vec{v})/(|\vec{u}| \cdot |\vec{v}|)$, also <u>Zwischenwinkel</u>:

$$\boxed{\ \varphi = \arccos \frac{\vec{u} \cdot \vec{v}}{|\vec{u}| \cdot |\vec{v}|} = \arccos \frac{u_x v_x + u_y v_y}{\sqrt{(u_x^2 + u_y^2)(v_x^2 + v_y^2)}}\ } \qquad (1.36)$$

<u>Beispiel 1.9</u>   Gegeben sind $\vec{u} = \begin{bmatrix} 5 \\ 2 \end{bmatrix} , \quad \vec{v} = \begin{bmatrix} -1 \\ 6 \end{bmatrix}$

Rechnung: $\vec{u} \cdot \vec{v} = 5 \cdot (-1) + 2 \cdot 6 = 7$,

$$|\vec{u}|^2 = 5^2 + 2^2 = 29 , \quad |\vec{v}|^2 = (-1)^2 + 6^2 = 37 \ .$$

Daraus ergibt sich

$$\varphi = \arccos \frac{7}{\sqrt{29 \cdot 37}} \doteq 1{,}3554 \doteq 77{,}66°$$

30

<u>Quadrat eines Vektors</u> $\vec{v}$: Man setzt zur Abkürzung

$$\vec{v}^2 = \vec{v} \cdot \vec{v} \; .$$

(Dies ist überdies gleich $|\vec{v}|^2$). Beachte: Andere Potenzen von $\vec{v}$ (außer $\vec{v}^2$ und $\vec{v}^1 = \vec{v}$) sind <u>nicht erklärt</u>! Z.B. ergibt $\vec{v}^3$ keinen Sinn! - Mit der Quadratschreibweise erhält man durch explizites Ausrechnen sofort die <u>binomischen Formeln</u>:

$$\boxed{(\vec{a} \pm \vec{b})^2 = \vec{a}^2 \pm 2\vec{a}\cdot\vec{b} + \vec{b}^2} \quad , \quad \boxed{(\vec{a} + \vec{b}) \cdot (\vec{a} - \vec{b}) = \vec{a}^2 - \vec{b}^2} \; . \quad (1.37)$$

<u>Übungen</u>

<u>1.17</u>   A = (-2,-1) , B = (5,1) , C = (1,6) seien die Ecken eines Dreiecks. Berechne die drei Winkel des Dreiecks.

<u>1.18</u>* Ein Wagen von 2500 kg soll auf einer schiefen Ebene mit 7° Steigungswinkel 20 m weit hinaufgezogen werden. Die ihn ziehende konstante Motorkraft betrage 4000 N. Wie groß ist die aufzuwendende Arbeit? - Beachte, daß auf den Wagen zusätzlich die Schwerkraft wirkt!

<u>1.1.6</u>   Parameterform und Hessesche Normalform einer Geraden

Bei der Behandlung geometrischer Themen werden Ortspfeile $\overrightarrow{OP}$ gerne mit den dargestellten Vektoren $\vec{r}$ gleichgesetzt. Um diese Verschmelzung zu verdeutlichen, spricht man von "Ortsvektoren". D.h.:

Unter dem <u>Ortsvektor</u> $\vec{r} = \begin{bmatrix} x \\ y \end{bmatrix}$ *des <u>Punktes</u>* P = (x,y) *verstehen wir den Ortspfeil* $\overrightarrow{OP}$.

Alle eingeführten Rechenoperationen lassen sich mit Ortsvektoren unverändert ausführen, alle Rechenregeln bleiben dabei erhalten. Wen wundert's?

Parameterform einer Geraden

Wir betrachten eine Gerade in einer Ebene
mit kartesischem Koordinatensystem. Es
sei $\vec{r}_0$ der Ortsvektor eines Punktes P_0
der Geraden, und $\vec{s} \neq \vec{0}$ ein Vektor, der
zur Geraden parallel liegt. Dann werden
alle Geradenpunkte P - und nur diese -
durch Ortsvektoren der Form

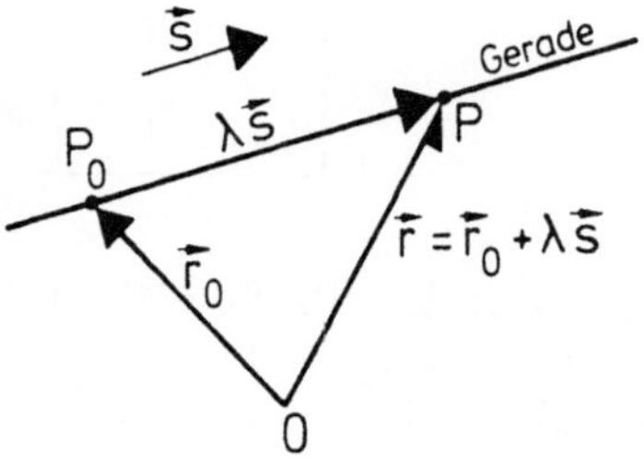

$$\boxed{\vec{r} = \vec{r}_0 + \lambda\vec{s}} \quad , \text{ mit } \quad \lambda \in \mathbb{R} \qquad (1.38)$$

Fig. 1.31: Zur Parameterform
einer Geraden

dargestellt. Man macht sich dies an Fig. 1.31 klar. Die Gleichung (1.38)
heißt Parameterform der Geraden.

Mit $\vec{r} = \begin{bmatrix} x \\ y \end{bmatrix}$, $\vec{r}_0 = \begin{bmatrix} x_0 \\ y_0 \end{bmatrix}$, $\vec{s} = \begin{bmatrix} s_x \\ s_y \end{bmatrix}$ erhalten wir die Koordinatendar-

stellung der Parameterform der Geraden:

$$\boxed{\begin{aligned} x &= x_0 + \lambda s_x \\ y &= y_0 + \lambda s_y \end{aligned}} \quad , \quad \lambda \in \mathbb{R}$$

Jeder reelle Wert λ (genannt Parameter) ergibt dabei genau einen Punkt
der Geraden. Alle reellen λ zusammen liefern die gesamte Gerade.

Sind zwei Punkte $\vec{r}_0, \vec{r}_1$ einer Geraden gegeben [1], so ist $\vec{r}_1 - \vec{r}_0 = \vec{s}$
zweifellos zur Geraden parallel, und die Parameterform der Geraden
bekommt die Gestalt

$$\boxed{\vec{r} = \vec{r}_0 + \lambda(\vec{r}_1 - \vec{r}_0)} \quad , \quad \lambda \in \mathbb{R} \qquad (1.39)$$

Mit $\vec{r} = \begin{bmatrix} x \\ y \end{bmatrix}$, $\vec{r}_0 = \begin{bmatrix} x_0 \\ y_0 \end{bmatrix}$, $\vec{r}_1 = \begin{bmatrix} x_1 \\ y_1 \end{bmatrix}$ lautet die zugehörige

---

[1] Genauer gesagt: Es sind die Ortsvektoren $\vec{r}_0, \vec{r}_1$ zweier Punkte gegeben.
Wir werden die hier benutzte vereinfachte Sprechweise aber auch in
Zukunft benutzen, um sprachliche Überladung zu vermeiden.

Koordinatendarstellung:

$$\begin{aligned} x &= x_0 + \lambda(x_1 - x_0) \\ y &= y_0 + \lambda(y_1 - y_0) \end{aligned}$$

Beispiel 1.10 Die Parameterform der Geraden durch die Punkte

$\vec{r_0} = \begin{bmatrix} 3 \\ 1 \end{bmatrix}$, $\vec{r_1} = \begin{bmatrix} -1 \\ 6 \end{bmatrix}$ lautet $\vec{r} = \vec{r_0} + \lambda(\vec{r_1} - \vec{r_0})$, mit

$$\vec{r} = \begin{bmatrix} x \\ y \end{bmatrix} , \quad \vec{s} = \vec{r_1} - \vec{r_0} = \begin{bmatrix} -4 \\ 5 \end{bmatrix} , \text{ also}$$

$$\begin{bmatrix} x \\ y \end{bmatrix} = \begin{bmatrix} 3 \\ 1 \end{bmatrix} + \lambda \begin{bmatrix} -4 \\ 5 \end{bmatrix} , \text{ oder:} \quad \begin{aligned} x &= 3 - \lambda 4 \\ y &= 1 + \lambda 5 \end{aligned}$$

Hessesche[1] Normalform einer Geraden. Eine Gerade habe vom Ursprung 0
den Abstand $\rho \geq 0$. Der Vektor $\vec{n}$
mit Länge 1 stehe rechtwinklig zur
Geraden, wobei $\rho\vec{n}$ der Ortsvektor
eines Geradenpunktes ist. Für den
Ortsvektor $\vec{r}$ eines beliebigen
Geradenpunktes gilt damit

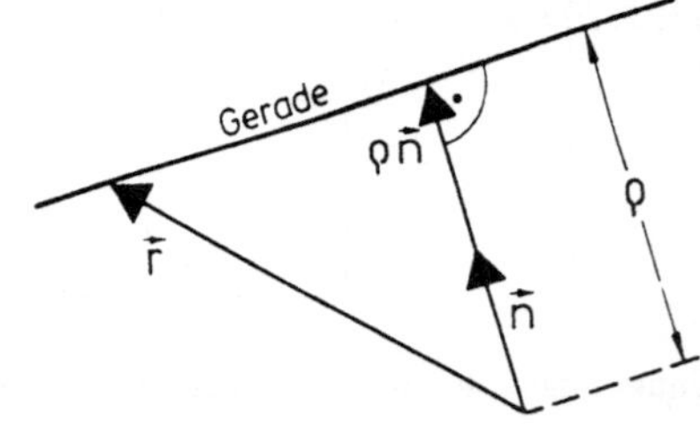

$$\boxed{\vec{n} \cdot \vec{r} = \rho}$$

Hessesche Normalform
einer Geraden im $\mathbb{R}^2$

(1.40)

Fig. 1.32: Zur Hesseschen
Normalform einer Geraden

Wir erkennen dies aus Figur 1.32.
Denn das innere Produkt $\vec{r} \cdot \vec{n}$ ist gleich dem Produkt aus $|\vec{n}| = 1$ und
der Länge der Projektion von $\vec{r}$ auf die Gerade in Richtung von $\vec{n}$. Diese
Projektionslänge ist aber gleich ρ . Also $\vec{n} \cdot \vec{r} = 1 \cdot \rho = \rho$. Andere
als die Geradenpunkte erfüllen (1.40) offenbar nicht.

Die Hessesche Normalform (1.40) einer Geraden ist im Falle $\rho > 0$ eindeutig bestimmt. Im Falle $\rho = 0$ gibt es für $\vec{n}$ offenbar genau zwei
Möglichkeiten.

---

[1] Nach Ludwig Otto Hesse (1811-1874), Prof. f. Math. in Heidelberg und
München, Mitbegründer der modernen analytischen Geometrie.

<u>Koordinatendarstellung</u>: Mit $\vec{r} = \begin{bmatrix} x \\ y \end{bmatrix}$ und $\vec{n} = \begin{bmatrix} n_x \\ n_y \end{bmatrix}$ erhält die Hessesche Normalform der Geraden die Gestalt

$$n_x x + n_y y = \rho \; . \tag{1.41}$$

Ist hierbei $n_y \neq 0$, so folgt

$$y = -\frac{n_x}{n_y} \, x + \frac{\rho}{n_y} \quad . \tag{1.43}$$

Dies ist die eine Geradengleichung, wie sie dem Leser sicherlich bekannt ist.

Es sei nun umgekehrt eine Gerade durch die Gleichung

$$y = mx + b \quad (m,b,x \in \mathbb{R}) \tag{1.44}$$

gegeben, oder allgemeiner durch

$$ay + bx = c \quad , \quad \text{mit} \quad c \geq 0 \; . \tag{1.45}$$

Dabei sind a und b nicht beide Null. Wie gewinnen wir die zugehörige Hessesche Normalform?

Der Vergleich von $ay + bx = c$ mit $n_x x + n_y y = \rho$ zeigt, daß der einzige Unterschied darin besteht, daß $n_x^2 + n_y^2 = |\vec{n}|^2 = 1$ gilt. Man erzwingt dies für die Koeffizienten der ersten Gleichung offenbar, wenn man die ganze Gleichung durch $\sqrt{a^2+b^2}$ dividiert. Also

<u>Folgerung 1.4</u> Die <u>Hessesche Normalform</u> der durch

$$ax + by = c \; , \quad \text{mit} \quad c \geq 0 \, , \; a^2 + b^2 > 0 \, ,$$

gegebenen Geraden lautet

$$\boxed{\frac{a}{\sqrt{a^2+b^2}} \, x + \frac{b}{\sqrt{a^2+b^2}} \, y = \frac{c}{\sqrt{a^2+b^2}}} \quad . \tag{1.46}$$

34

Mit

$$n_x = \frac{a}{\sqrt{a^2+b^2}} \; , \; n_y = \frac{b}{\sqrt{a^2+b^2}} \; , \quad \rho = \frac{c}{\sqrt{a^2+b^2}} \; , \; \vec{n} = \begin{bmatrix} n_x \\ n_y \end{bmatrix} \qquad (1.47)$$

erhält (1.46) die vektorielle Gestalt $\vec{n} \cdot \vec{r} = \rho$, womit sich der Kreis schließt. Wir haben dabei als Nebenergebnis bewiesen:

<u>Folgerung 1.5</u>   Der <u>Abstand einer Geraden</u> ax + by = c von 0 ist gleich

$$\rho = \frac{|c|}{\sqrt{a^2+b^2}} \; . \qquad (1.48)$$

<u>Rechtwinkliges Komplement eines Vektors</u>. Oft wird zu einem Vektor

$\vec{v} = \begin{bmatrix} v_x \\ v_y \end{bmatrix} \neq \vec{0}$ ein dazu rechtwinkliger Vektor benötigt.

Aus Fig. 1.33 erkennt man, daß
der Vektor

$$\boxed{\; \vec{v}^R := \begin{bmatrix} -v_y \\ v_x \end{bmatrix} \;} \qquad (1.49)$$

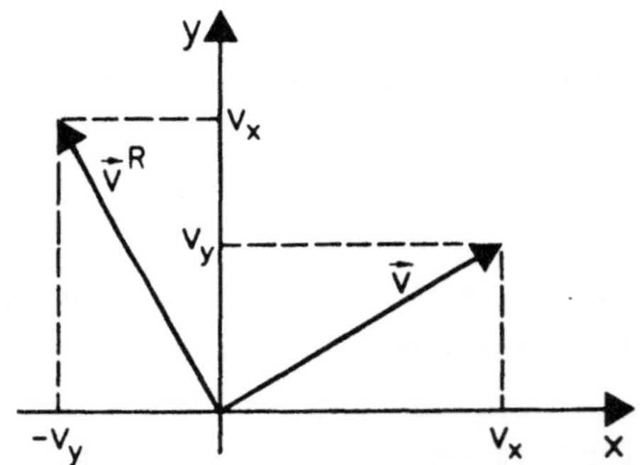

zu $\vec{v}$ rechtwinklig steht und die
gleiche Länge wie $\vec{v}$ hat. Wir
nennen $\vec{v}^R$ das <u>rechtwinklige
Komplement</u> von $\vec{v}$. Der Vektor $\vec{v}^R$
geht aus $\vec{v}$ durch Drehung um 90°
gegen den Uhrzeigersinn hervor.

Fig. 1.33: Rechtwinkliges
Komplement eines Vektors

<u>Umwandlung der Parameterform einer Geraden in die Hessesche Normalform</u>.

Es sei eine Gerade in der Parameterform

$$\vec{r} = \vec{r}_0 + \lambda \vec{s} \; , \; \vec{s} \neq 0 \; , \; \lambda \in \mathbb{R} \; , \qquad (1.50)$$

gegeben. Man bildet mit dem rechtwinkligen Komplement $\vec{s}^R$ von $\vec{s}$ daraus

$$\vec{n}' := \frac{\vec{s}^R}{|\vec{s}|} \; , \; \rho' = \vec{r}_0 \cdot \vec{n}' \; , \; \rho := |\rho'| , \; \text{und} \begin{cases} \vec{n} := \vec{n}', \text{ falls } \rho' \geq 0 \; , \\ \vec{n} := -\vec{n}', \text{ falls } \rho' < 0 \; . \end{cases}$$

$$(1.51)$$

Damit ist $\vec{n} \cdot \vec{r} = \rho$ die Hessesche Normalform der Geraden.

__Beispiel 1.11__   Eine Gerade habe die Parameterform

$$\boxed{\begin{array}{l} x = \;\;\;5 + \lambda 3 \\ y = -10 + \lambda 4 \end{array}} \;,\; \text{mit}\; \vec{r} = \begin{bmatrix} x \\ y \end{bmatrix},\; \vec{r_0} = \begin{bmatrix} 5 \\ -10 \end{bmatrix},\; \vec{s} = \begin{bmatrix} 3 \\ 4 \end{bmatrix},\; \text{also}\; \vec{r} = \vec{r_0} + \lambda\vec{s}\;.$$

Es folgt:

$$\vec{n}' = \frac{1}{|\vec{s}|}\; \vec{s}^{R} = \frac{1}{5}\begin{bmatrix} -4 \\ 3 \end{bmatrix},\; \rho' = \vec{r_0} \cdot \vec{n}' = -10 \Rightarrow \rho = 10,\; \vec{n} = -\vec{n}' = \frac{1}{5}\begin{bmatrix} 4 \\ -3 \end{bmatrix}\;.$$

Die Hessesche Normalform $\vec{n} \cdot \vec{r} = \rho$ lautet damit explizit:

$$\boxed{\frac{4}{5}\,x - \frac{3}{5}\,y = 10}\;\; .\; \text{Aufgelöst nach}\; y:\; y = \frac{4}{3}\,x - \frac{50}{3}\;.\; -$$

Es gibt noch eine zweite Methode: Man geht dabei von dem Ansatz
$\rho\vec{n} = \vec{r_0} + \lambda_0\vec{s}$ aus, da $\rho\vec{n}$ Ortsvektor eines Geradenpunktes sein muß.
Da $\vec{n}$ und $\vec{s}$ rechtwinklig zueinander stehen, gilt $0 = \rho\vec{n} \cdot \vec{s} =$
$= (\vec{r_0} + \lambda_0\vec{s}) \cdot \vec{s} = \vec{r_0} \cdot \vec{s} + \lambda_0\vec{s} \cdot \vec{s}$, woraus

$$\lambda_0 = - \frac{\vec{r_0}\cdot\vec{s}}{|\vec{s}|^2}\;,\; \vec{n} = \frac{\vec{r_0} + \lambda_0\vec{s}}{|\vec{r_0}+\lambda_0\vec{s}|}\;,\; \rho = \vec{r_0}\vec{n} \tag{1.52}$$

folgt, und damit die Hessesche Normalform $\vec{n} \cdot \vec{r} = \rho$.

Der Rechenaufwand ist hier ein wenig größer. Für praktische Rechnungen ist
daher die erste Methode vorzuziehen. Für theoretische Zwecke kann (1.52)
gelegentlich nützlich sein, da $\vec{n}$ hier in einer geschlossenen Formel
ohne Fallunterscheidung und ohne Rückgriff auf $\vec{s}^{R}$ vorliegt.

__Umwandlung der Hesseschen Normalform einer Geraden in die Parameterform.__

Aus der Hesseschen Normalform $\vec{n} \cdot \vec{r} = \rho$ gewinnt man sofort eine Parameterform:

$$\vec{r} = \rho\vec{n} + \lambda\vec{n}^{R}\;,\;\;\; \lambda \in \mathbb{R}\;. \tag{1.53}$$

Dies ist natürlich nicht die einzige, denn die Parameterform einer Geraden
ist nicht eindeutig bestimmt. Man kann z.B. zwei beliebige Punkte $\vec{r_0}, \vec{r_1}$

der Geraden auswählen (ausgerechnet aus $\vec{n} \cdot \vec{r} = \rho$) und daraus die Parameterdarstellung

$$\vec{r} = \vec{r_0} + \lambda(\vec{r_1} - \vec{r_0})$$

bilden. —

Liegt dagegen eine Gerade in der allgemeinen Gestalt

$$\boxed{ax + by = c} \quad (a,b \quad \text{nicht beide} \quad 0)$$

vor, so ist es nicht nötig, die Gleichung zuerst in eine Hessesche Normalform zu verwandeln. Man erhält eine Parameterform $\vec{r} = \vec{r_0} + \lambda\vec{s}$ mit

$$\vec{s} = \begin{bmatrix} -b \\ a \end{bmatrix} , \quad \vec{r_0} = \begin{bmatrix} x_0 \\ y_0 \end{bmatrix} , \qquad (1.54)$$

wobei x_0, y_0 die Koordinaten irgendeines Punktes der Geraden sind (z.B. $x_0 = 0$, $y_0 = c/b$, falls $b \neq 0$, und $x_0 = c/a$, $y_0 = 0$, falls $b = 0$).

<u>Beispiel 1.12</u> Gegeben sei die Geradengleichung

$$12x - 5y = 26 . \qquad (1.55)$$

Hessesche Normalform dazu: $\frac{12}{13} x - \frac{5}{13} y = 2$, mit

$$\vec{n} = \frac{1}{13} \begin{bmatrix} 12 \\ -5 \end{bmatrix} , \quad \vec{r} = \begin{bmatrix} x \\ y \end{bmatrix} , \text{ also: } \vec{n} \cdot \vec{r} = 2 \quad (\rho = 2)$$

Daraus gewinnt man eine Parameterform   (nach (1.53))

$$\vec{r} = \frac{2}{13} \begin{bmatrix} 12 \\ -5 \end{bmatrix} + \lambda\frac{1}{13} \begin{bmatrix} 5 \\ 12 \end{bmatrix} , \quad \lambda \in \mathbb{R} .$$

Wir können aber auch einen beliebigen Punkt $\vec{r_0} = \begin{bmatrix} x_0 \\ y_0 \end{bmatrix}$ wählen, der die Geradengleichung (1.55) erfüllt; z.B. errechnet man mit $x_0 = 0$ aus (1.55): $y_0 = -26/5$. Ferner erhält man $\vec{s} = \begin{bmatrix} 5 \\ 12 \end{bmatrix}$ nach (1.54). Zusammen ergibt sich die Parameterform

$$\vec{r} = \begin{bmatrix} 0 \\ -26/5 \end{bmatrix} + \lambda \begin{bmatrix} 5 \\ 12 \end{bmatrix} \ , \quad \lambda \in \mathbb{R} \ . \tag{1.56}$$

(1.55) und (1.56) beschreiben beide die gleiche Gerade!

<u>Übungen</u>

<u>1.19</u> a) Gib die Hessesche Normalform und eine Parameterform der Geraden
y = x + 1 an!

b) Wie lautet die Hessesche Normalform der Geraden

$$\vec{r} = \begin{bmatrix} 1 \\ 1 \end{bmatrix} + \lambda \begin{bmatrix} -2 \\ 1 \end{bmatrix}$$

Welchen Abstand hat die Gerade vom Nullpunkt?

<u>1.20</u> Beweise für die rechtwinkligen Komplemente von Vektoren die folgenden
Rechenregeln. Dabei sei $\vec{v}^{RR} := (\vec{v}^{R})^{R}$.

a) $\vec{v}^{RR} = -\vec{v}$, b) $(\vec{v} + \vec{u})^{R} = \vec{v}^{R} + \vec{u}^{R}$,

c) $(\lambda\vec{v})^{R} = \lambda\vec{v}^{R}$, d) $\vec{v}^{R} \cdot \vec{u}^{R} = \vec{v} \cdot \vec{u}$, e) $\vec{v}^{R} \cdot \vec{u} = -\vec{v} \cdot \vec{u}^{R}$,

f) $\xi\vec{a} + \eta\vec{b} = \vec{c}$, $\vec{a}^{R} \cdot \vec{b} \neq 0 \ \Rightarrow \ \xi = \dfrac{\vec{c}^{R} \cdot \vec{b}}{\vec{a}^{R} \cdot \vec{b}}$, $\eta = \dfrac{\vec{a}^{R} \cdot \vec{c}}{\vec{a}^{R} \cdot \vec{b}}$.

1.1.7   Geometrische Anwendungen

<u>Schnittwinkel zweier Geraden</u>. Zwei Geraden
bilden zwei Winkel φ und ψ miteinander,
deren Summe π ist, s. Fig. 1.34. Der
"kleinere der beiden Winkel sei φ ,
d.h. $0 \leq \varphi \leq \dfrac{\pi}{2}$ [1). Seine Berechnung
geht aus nachfolgender Tabelle hervor.

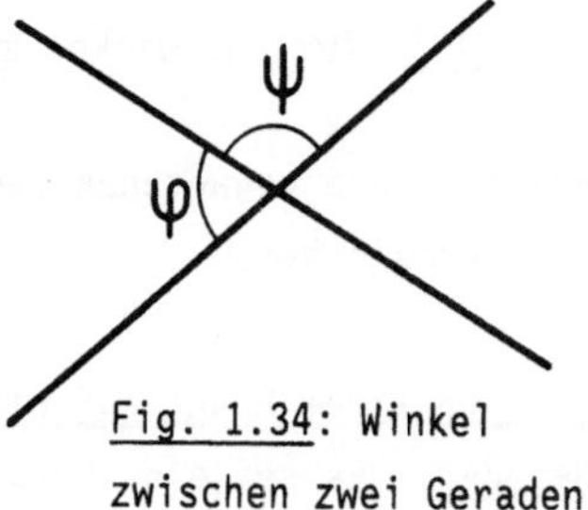

<u>Fig. 1.34</u>: Winkel
zwischen zwei Geraden

[1) Im Falle paralleler Geraden ist $\varphi = 0$, $\psi = \pi$.

Geraden, gegeben durch	Zwischenwinkel $\varphi \in \left[0, \frac{\pi}{2}\right]$	
Parameterformen $\vec{r} = \vec{r_1} + \lambda \vec{s_1}$ $\vec{r} = \vec{r_2} + \lambda \vec{s_2}$	$\varphi = \arccos \dfrac{\lvert \vec{s_1} \cdot \vec{s_2} \rvert}{\lvert \vec{s_1} \rvert \cdot \lvert \vec{s_2} \rvert}$	(1.57)
Hess. Normalformen $\vec{n_1} \cdot \vec{r} = \rho_1$ $\vec{n_2} \cdot \vec{r} = \rho_2$	$\varphi = \arccos \lvert \vec{n_1} \cdot \vec{n_2} \rvert$	(1.58)
Parameterform $\vec{r} = \vec{r_0} + \lambda \vec{s}$ und Hess. Normalf. $\vec{n} \cdot \vec{r} = \rho$	$\varphi = \arccos \dfrac{\lvert \vec{s_1} \cdot \vec{n}^R \rvert}{\lvert \vec{s_1} \rvert}$	(1.59)
allgemeine Geradengleichungen $a_1 x + b_1 y = c_1$ $a_2 x + b_2 y = c_2$	$\varphi = \arccos \dfrac{\lvert a_1 b_1 + a_2 b_2 \rvert}{\sqrt{(a_1^2 + b_1^2)(a_2^2 + b_2^2)}}$	(1.60)

<u>Tab. 1.1</u> Zwischenwinkel zweier Geraden.

Aus den vorangegangenen geometrischen Überlegungen leitet der Leser leicht die Formeln her.

<u>Lot von einem Punkt auf eine Gerade, Abstand eines Punktes von einer Geraden</u>. Es sei eine Gerade durch die <u>Parameterform</u>

$$\vec{r} = \vec{r_0} + \lambda \vec{s} \quad , \quad \lambda \in \mathbb{R} \quad ,$$

gegeben, sowie ein beliebiger Punkt der Ebene mit Ortsvektor $\vec{r_1}$.

Das L̲o̲t̲ des Punktes ist die kürzeste Strecke, die Punkt und Gerade verbindet. Das Lot steht rechtwinklig auf der Geraden. Der Schnittpunkt des Lotes mit der Geraden heißt der F̲u̲ß̲p̲u̲n̲k̲t̲ des Lotes auf die Gerade. Er wird durch den Ortsvektor $\vec{r}*$ markiert, s. Fig. 1.35

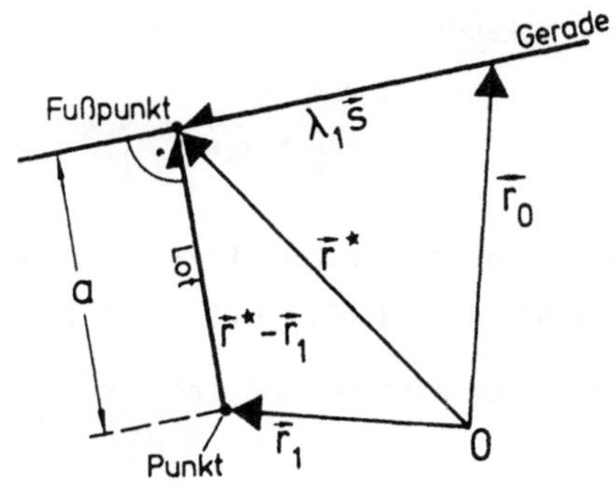

Fig. 1.35: Lot von einem Punkt auf eine Gerade

Damit gelten folgende Formeln:

Geraden-form ↓	F̲u̲ß̲p̲u̲n̲k̲t̲ $\vec{r}*$ d̲e̲s̲ L̲o̲t̲e̲s̲ von einem Punkt $\vec{r}_1$ auf die Gerade	A̲b̲s̲t̲a̲n̲d̲ a des Punktes $\vec{r}_1$ von der Geraden
Parameter-form: $\vec{r} = \vec{r}_0 + \lambda\vec{s}$	$\vec{r}* = \vec{r}_0 + \lambda_1\vec{s}$ mit $\lambda_1 = \dfrac{(\vec{r}_1-\vec{r}_0)\cdot\vec{s}}{\vec{s}^2}$	$a = \|\vec{r}* - \vec{r}_1\|$ $= \|\vec{r}_0-\vec{r}_1+\lambda_1\vec{s}\|$, λ_1 wie links
Hessesche Normal-form $\vec{n}\cdot\vec{r} = \rho$	$\vec{r}* = \rho\vec{n} + \lambda\vec{n}^R$ mit $\lambda = \vec{r}_1\cdot\vec{n}^R$	$a = \|\vec{n}\cdot\vec{r}_1 - \rho\|$
	Die Punkte $\vec{0}$ und $\vec{r}_1$ liegen auf - verschiedenen Seiten d. Geraden, wenn $\vec{n}\cdot\vec{r}_1 > \rho$ - der gleichen Seite d. Geraden, wenn $\vec{n}\cdot\vec{r}_1 < \rho$	

T̲a̲b̲e̲l̲l̲e̲ ̲1̲.̲2̲   Lot auf Gerade, Abstand Punkt-Gerade

N̲a̲c̲h̲w̲e̲i̲s̲ der Formeln in Tabelle 1.2: Die Gerade sei in Parameterform $\vec{r} = \vec{r}_0 + \lambda\vec{s}$ gegeben. Da der Fußpunkt $\vec{r}*$ des Lotes Geradenpunkt ist, gilt

$$\vec{r}* = \vec{r}_0 + \lambda_1\vec{s} \qquad (1.61)$$

mit noch unbekanntem λ_1 . Man errechnet λ_1 aus der Bedingung

$$(\vec{r}* - \vec{r_1})\vec{s} = (\vec{r_0} + \lambda_1\vec{s} - \vec{r_1})\vec{s} = 0 \; ; \qquad\qquad (1.62)$$

dies besagt, daß der Vektor $\vec{r}* - \vec{r_1}$ rechtwinklig zu $\vec{s}$ steht
(s. Fig. 1.8). Aus (1.62) folgt $\lambda_1 = \left[(\vec{r_1} - \vec{r_0})\cdot\vec{s}\right]/\vec{s}^2$, wie in der Tabelle
angegeben. - Der Abstand $a = |\vec{r}* - \vec{r_1}|$ ist klar.

Ist die Gerade in <u>Hessescher Normalform</u> $\vec{n}\cdot\vec{r} = \rho$ gegeben, so ist eine
zugehörige Parameterform $\vec{r} = \rho\vec{n} + \lambda\vec{n}^R$. Setzen wir $\rho\vec{n}$ statt $\vec{r_0}$ und
$\vec{n}^R$ statt $\vec{s}$ in die Gleichung (1.61) ein, so folgt für den Fußpunkt des
Lotes $\vec{r}* = \rho\vec{n} + (\vec{r_1}\vec{n}^R)\vec{n}^R$, wie in der Tabelle notiert.

Der <u>Abstand</u> a des Punktes $\vec{r_1}$ von der Geraden in Hessescher Normalform ergibt sich besonders einfach. Man erkennt aus Fig. 1.36

$$\vec{n}\cdot\vec{r_1} = \tau$$

(Der Betrag von τ ist die Länge der
Projektion von $\vec{r_1}$ auf eine zu $\vec{n}$ paralle-
le Gerade, da $\vec{n}\cdot\vec{r_1} = |\vec{n}|\cdot\tau = 1\cdot\tau = \tau$).
Der gesuchte Abstand ist damit gleich

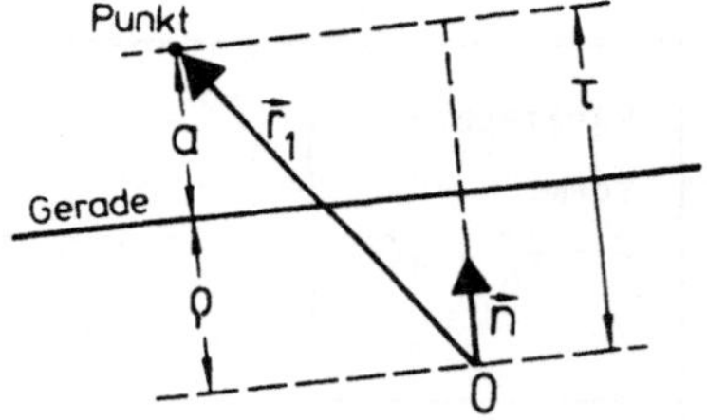

$$a = |\tau-\rho| = |\vec{n}\cdot\vec{r_1} - \rho| \; .$$

Fig. 1.36: Abstand Punkt - Gerade

Die Behauptung über die Lage der Punkte $\vec{0}$ und $\vec{r_1}$ zur Geraden
(in Tab. 1.2) macht sich der Leser leicht selbst klar. □

<u>Beispiel 1.13</u> Eine Gerade $\vec{r} = \vec{r_0} + \lambda\vec{s}$ und ein Punkt $\vec{r_1}$ seien durch
folgende Vektoren gegeben:

$$\vec{r_0} = \begin{bmatrix} 2 \\ -4 \end{bmatrix} \; , \; \vec{s} = \begin{bmatrix} 2 \\ 5 \end{bmatrix} , \; \vec{r_1} = \begin{bmatrix} -4 \\ 10 \end{bmatrix}$$

Damit ist der <u>Fußpunkt</u> des Lotes von $\vec{r_1}$ auf die Gerade nach Tab. 1.2:

$$\vec{r}* = \begin{bmatrix} 2 \\ -4 \end{bmatrix} + \frac{\begin{bmatrix} -4-2 \\ 10+4 \end{bmatrix}\cdot\begin{bmatrix} 2 \\ 5 \end{bmatrix}}{2^2 + 5^2}\begin{bmatrix} 2 \\ 5 \end{bmatrix} = \begin{bmatrix} 2 \\ -4 \end{bmatrix} + \frac{58}{29}\begin{bmatrix} 2 \\ 5 \end{bmatrix} = \begin{bmatrix} 6 \\ 6 \end{bmatrix} \; .$$

Der Abstand der Geraden vom Punkt $\vec{r_1}$ ist

$$a = |\vec{r}^* - \vec{r_1}| = \left|\begin{bmatrix} 6-(-4) \\ 6-10 \end{bmatrix}\right| = \sqrt{10^2+4^2} = \sqrt{16} \doteq \underline{10{,}7703}.$$

__Beispiel 1.14__ Wie groß ist der Abstand des Punktes P = (-8, 5) von der Geraden mit der Gleichung y = 3x - 1 ?

Zur __Beantwortung__ bilden wir die zugehörige Hessesche Normalform $\vec{n}\cdot\vec{r} = \rho$, d.h. wir formen um in 3x - y = 1 und dividieren durch $\sqrt{3^2+1^2} = \sqrt{10}$. Somit ergibt sich die Hessesche Normalform

$$\frac{3}{\sqrt{10}}\, x - \frac{1}{\sqrt{10}}\, y = \frac{1}{\sqrt{10}} \quad .$$

Wir setzen $\vec{n} = \dfrac{1}{\sqrt{10}} \begin{bmatrix} 3 \\ -1 \end{bmatrix}$, $\rho = \dfrac{1}{\sqrt{10}}$ und $\vec{r_1} = \begin{bmatrix} -8 \\ 5 \end{bmatrix}$.

Aus $a = |\vec{n}\cdot\vec{r_1} - \rho|$ gewinnt man den gesuchten Abstand:

$$a = \left|\frac{1}{\sqrt{10}} \begin{bmatrix} 3 \\ -1 \end{bmatrix} \cdot \begin{bmatrix} -8 \\ 5 \end{bmatrix} - \frac{1}{\sqrt{10}}\right| = \frac{1}{\sqrt{10}} \left| -3\cdot 8 - 1\cdot 5 - 1 \right| \doteq \underline{9{,}48683} \quad .$$

Aus $\vec{n}\cdot\vec{r_1} = -29 / \sqrt{10} < 0$ entnehmen wir, daß die Punkte P und 0 auf der gleichen Seite der Geraden liegen.

__Zweireihige Determinanten__. Ein Zahlenschema der Form

$$\begin{bmatrix} a_{11} & a_{12} \\ a_{21} & a_{22} \end{bmatrix} \quad , \text{ z.B. } \begin{bmatrix} 3 & 2 \\ 4 & 7 \end{bmatrix}$$

nennen wir eine zweireihige quadratische __Matrix__. Unter der Determinante der Matrix verstehen wir den Zahlenwert $a_{11}a_{22} - a_{21}a_{12}$. Wir beschreiben diese "__zweireihige Determinante__" durch

$$\left|\begin{matrix} a_{11} & a_{12} \\ a_{21} & a_{22} \end{matrix}\right| := a_{11}a_{22} - a_{21}a_{12} \cdot \tag{1.63}$$

Zum Beispiel

$$\left|\begin{matrix} 3 & 2 \\ 4 & 7 \end{matrix}\right| = 3\cdot 7 - 4\cdot 2 = 13 \quad .$$

42

Die Zahlen werden also "über Kreuz" multipliziert und die Produkte voneinander subtrahiert. Was ist die geometrische Bedeutung dieser Determinante?

Flächeninhalte von Parallelogramm und Dreieck.

Satz 1.3   Sind $\vec{a} = \begin{bmatrix} a_1 \\ a_2 \end{bmatrix}$, $\vec{b} = \begin{bmatrix} b_1 \\ b_2 \end{bmatrix}$

zwei Vektoren des $\mathbb{R}^2$, so ist der Absolutbetrag der daraus gebildeten Determinante

$$\begin{vmatrix} a_1 & b_1 \\ a_2 & b_2 \end{vmatrix} = a_1 b_2 - a_2 b_1$$

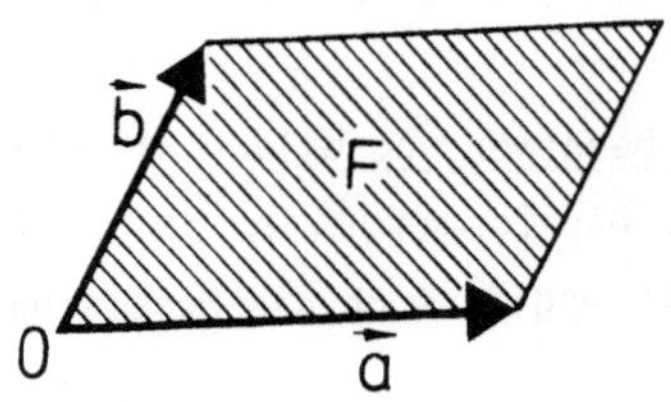

Fig. 1.37 a): Flächeninhalt F
eines Parallelogramms

gleich dem Flächeninhalt des von $\vec{a},\vec{b}$
aufgespannten Parallelogramms.

(Darunter verstehen wir das Parallelogramm, bei dem zwei Seiten von den
Ortsvektoren $\vec{a},\vec{b}$ gebildet werden, s. Fig. 1.37a).

Beweis: (s. Fig. 1.37b). Der Flächeninhalt F des Parallelogramms
ist mit der Projektion $\vec{b}'$ von $\vec{b}$
auf $\vec{a}^R$ gleich

$$F = |\vec{a}| \cdot |\vec{b}'| = |\vec{a}^R| \cdot |\vec{b}'| =$$

$$= |\vec{a}^R \cdot \vec{b}| = \left| \begin{bmatrix} -a_2 \\ a_1 \end{bmatrix} \cdot \begin{bmatrix} b_1 \\ b_2 \end{bmatrix} \right|$$

$$= |-a_2 b_1 + a_1 b_2| \ .$$

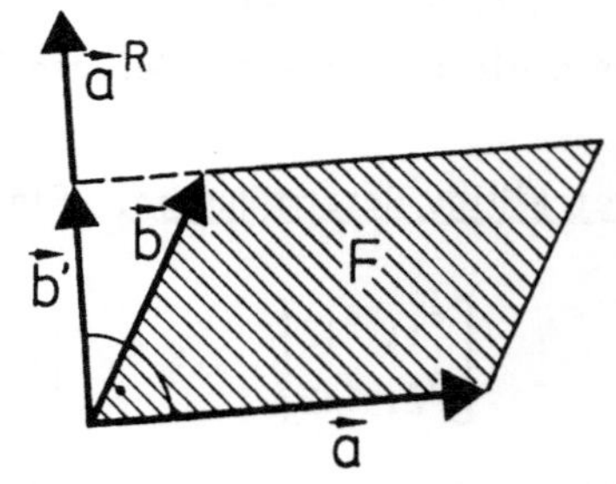

Fig. 1.37 b): Berechnung von F

Das ist der Absolutbetrag der Determinante in (1.63).   □

Die Determinante $\begin{vmatrix} a_1 & b_1 \\ a_2 & b_2 \end{vmatrix}$ aus zwei Vektoren $\vec{a} = \begin{bmatrix} a_1 \\ a_2 \end{bmatrix}$, $\vec{b} = \begin{bmatrix} b_1 \\ b_2 \end{bmatrix}$ wird

auch durch

$$\det(\vec{a},\vec{b})$$

symbolisiert. Z.B.: $\vec{a} = \begin{bmatrix} 4 \\ 2 \end{bmatrix}$, $\vec{b} = \begin{bmatrix} 9 \\ 3 \end{bmatrix}$ liefert

$$\det(\vec{a},\vec{b}) = \begin{vmatrix} 4 & 9 \\ 2 & 3 \end{vmatrix} = 4 \cdot 3 - 2 \cdot 9 = -6 \ .$$

Folgerung 1.6 Flächeninhalt eines Dreiecks: Sind die Ecken eines Drei-
ecks durch die Ortsvektoren $\vec{r_0}, \vec{r_1}, \vec{r_2} \in \mathbb{R}^2$ markiert, so ist der Flächeninhalt des Dreiecks gleich

$$\left| \tfrac{1}{2} \det(\vec{r_1} - \vec{r_0} , \vec{r_2} - \vec{r_0}) \right| \ . \tag{1.64}$$

Der <u>Schwerpunkt</u> des Dreiecks ist gegeben durch

$$\vec{s} = \tfrac{1}{3} (\vec{r_0} + \vec{r_1} + \vec{r_2}) \ . \tag{1.65}$$

Beweis der Schwerpunktgleichung: Ein Vektor in Richtung der Seitenhalbie-
renden durch $\vec{r_0}$ ist $\vec{t} = \tfrac{1}{2}((\vec{r_1}-\vec{r_0})+(\vec{r_2}-\vec{r_0}))$. Der Schwerpunkt teilt die
Seitenhalbierende im Verhältnis $2:3$, also ist $\vec{s} = \vec{r_0} + \tfrac{2}{3}\vec{t} = \tfrac{1}{3}(\vec{r_0}+\vec{r_1}+\vec{r_2})$
der Ortsvektor des Schwerpunktes. $\qquad\qquad\qquad\qquad\qquad\qquad$ □

Beispiel 1.12 Das Dreieck mit den Ecken

$$\vec{r_0} = \begin{bmatrix} 1 \\ 2 \end{bmatrix} , \ \vec{r_1} = \begin{bmatrix} 3 \\ 5 \end{bmatrix} , \ \vec{r_2} = \begin{bmatrix} 4 \\ -6 \end{bmatrix}$$

hat den Flächeninhalt

$$\left| \tfrac{1}{2} \det \left(\begin{bmatrix} 3 - 1 \\ 5 - 2 \end{bmatrix} , \begin{bmatrix} 4 - 1 \\ -6 - 2 \end{bmatrix} \right) \right| = \left| \tfrac{1}{2} \begin{vmatrix} 2 & 3 \\ 3 & -8 \end{vmatrix} \right| = \underline{12{,}5} \ .$$

und den Schwerpunkt $\vec{s} = \tfrac{1}{3}(\vec{r_0} + \vec{r_1} + \vec{r_2}) = \begin{bmatrix} 8/3 \\ 1/3 \end{bmatrix}$. –

Zum Schluß leiten wir mit der Vektorrechnung zwei geometrische Formeln her.

Satz 1.4 <u>Cosinus-Satz</u>. Im Dreieck
$[A,B,C]$ mit den Seitenlängen a,b,c
und dem Winkel γ bei C (s.Fig.1.38)
gilt

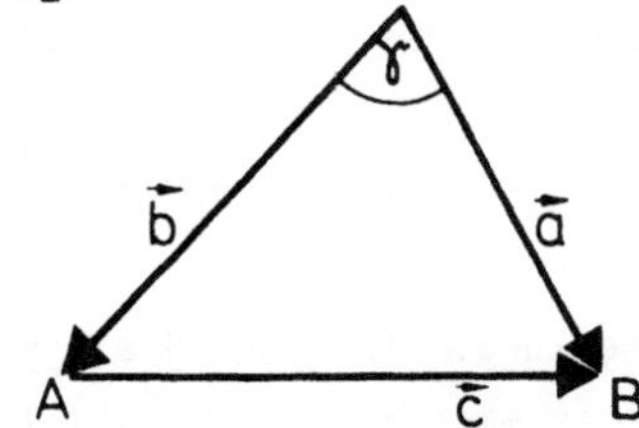

Fig. 1.38: Zum Cosinus-Satz

$$\boxed{c^2 = a^2 + b^2 - 2ab \cos \gamma} \tag{1.66}$$

44

<u>Beweis</u>: Die Pfeile $\vec{CA}$, $\vec{CB}$ und $\vec{AB}$ stellen Vektoren $\vec{a}, \vec{b}$ und $\vec{c} = \vec{a} - \vec{b}$ dar. Ihre Längen sind a, b und c. Damit folgt

$$c^2 = \vec{c}^{\,2} = (\vec{a} - \vec{b})^2 = \vec{a}^{\,2} + \vec{b}^{\,2} - 2\vec{a}\cdot\vec{b}$$
$$= a^2 + b^2 - 2ab\cos\varphi \,. \qquad\qquad \square$$

<u>Satz 1.5</u> <u>Parallelogrammgleichung</u>.
Sind a,b die Längen zweier anlie-
gender Seiten eines Parallelogramms,
und sind d_1,d_2 die Längen der
Diagonalen, so gilt

$$\boxed{a^2 + b^2 = \frac{d_1^2 + d_2^2}{2}}$$

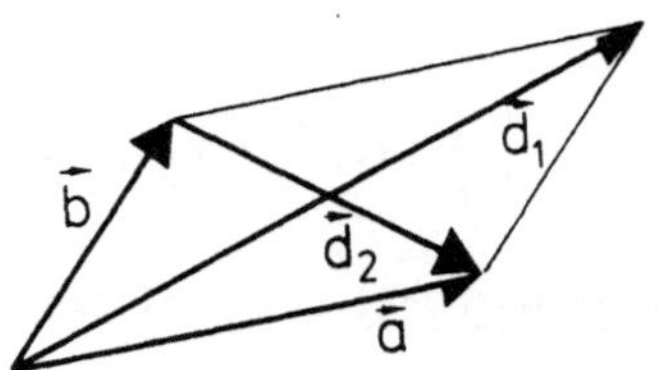

Fig. 1.39: Zur
Parallelogrammgleichung

Wir bemerken dazu: Die Diagonalen $\vec{d_1},\vec{d_2}$ (als Vektoren aufgefaßt) errechnen sich aus den Seiten $\vec{a},\vec{b}$ durch

$$\vec{d_1} = \vec{a} + \vec{b} \quad , \quad \vec{d_2} = \vec{a} - \vec{b} \qquad\qquad (1.67)$$

(s. Fig. 1.40). Umgekehrt erhält man durch Addition bzw. Subtraktion dieser Gleichungen

$$\vec{a} = \tfrac{1}{2}(\vec{d_1} + \vec{d_2}) \quad , \quad \vec{b} = \tfrac{1}{2}(\vec{d_1} - \vec{d_2}) \,.$$

Aus (1.67) folgt nun erstaunlich leicht der

<u>Beweis</u> des Satzes 1.5: d_1,d_2,a,b seien die Längen von $\vec{d_1},\vec{d_2},\vec{a},\vec{b}$:

$$d_1^2 + d_2^2 = \vec{d_1}^{\,2} + \vec{d_2}^{\,2} = (\vec{a}+\vec{b})^2 + (\vec{a}-\vec{b})^2 = 2(\vec{a}^{\,2}+\vec{b}^{\,2}) \,. \qquad \square$$

<u>Bemerkung</u>: In einem <u>Dreieck</u> seien die Seitenlängen a,b,c bekannt.
Lassen sich aus der Parallelogrammgleichung Formeln für die Längen
s_a,s_b,s_c der <u>Seitenhalbierenden</u> herleiten? Natürlich ja! (Dumme Frage)
Der Leser entwickle diese Formeln!

Lineares Gleichungssystem mit zwei Unbekannten. Ein Gleichungssystem der Form

$$\begin{array}{l} \xi a_1 + \eta b_1 = c_1 \\ \xi a_2 + \eta b_2 = c_2 \end{array} \qquad \text{wird mit} \quad \vec{a} = \begin{bmatrix} a_1 \\ a_2 \end{bmatrix}, \ \vec{b} = \begin{bmatrix} b_1 \\ b_2 \end{bmatrix}, \ \vec{c} = \begin{bmatrix} c_1 \\ c_2 \end{bmatrix} \ \text{zu}$$

$$\xi\vec{a} + \eta\vec{b} = \vec{c} \qquad\qquad\qquad (1.68)$$

$\vec{a},\vec{b},\vec{c}$ sind gegeben, ξ,η gesucht. Dabei seien $\vec{a}$ und $\vec{b}$ nicht parallel, d.h. $\vec{a}^R\cdot\vec{b} \neq 0$. Aus geometrischen Gründen existieren reelle ξ,η , die (1.68) erfüllen. Man errechnet sie, indem man (1.68) mit $\vec{a}^R$ bzw. $\vec{b}^R$ durchmultipliziert. Wegen $\vec{a}^R\cdot\vec{a} = \vec{b}^R\cdot\vec{b} = 0$ erhält man $\eta\vec{a}^R\cdot\vec{b} = \vec{a}^R\cdot\vec{c}$ bzw. $\xi\vec{b}^R\cdot\vec{a} = \vec{b}^R\cdot\vec{c}$. Auflösen nach η und ξ , unter Benutzung von $\det(\vec{a},\vec{b}) = \vec{a}^R\cdot\vec{b} = -\vec{b}^R\cdot\vec{a}$, liefert die

Lösung:
$$\xi = \frac{\det(\vec{c},\vec{b})}{\det(\vec{a},\vec{b})} \ , \quad \eta = \frac{\det(\vec{a},\vec{c})}{\det(\vec{a},\vec{b})} \quad , \quad \text{Cramersche Regel.}[1] \qquad (1.69)$$

Beispiel:
$$\left.\begin{array}{l} 4\xi - 2\eta = 14 \\ 7\xi + 3\eta = -8 \end{array}\right\} \Rightarrow \xi = \frac{\begin{vmatrix} 14 & -2 \\ -8 & 3 \end{vmatrix}}{\begin{vmatrix} 4 & -2 \\ 7 & 3 \end{vmatrix}} = 1 \ , \quad \eta = \frac{\begin{vmatrix} 4 & 14 \\ 7 & -8 \end{vmatrix}}{\begin{vmatrix} 4 & -2 \\ 7 & 3 \end{vmatrix}} = -5 \ .$$

Übungen

__1.21*__ Berechne die Winkel zwischen den Geraden

a) $\quad 3x + 5y = 4 \ , \ 2x - 6y = 9$.

b) $\quad \vec{r} = \begin{bmatrix} 2 \\ 9 \end{bmatrix} + \lambda\begin{bmatrix} -8 \\ 1 \end{bmatrix}, \ \vec{r} = \begin{bmatrix} 6,73 \\ -5,94 \end{bmatrix} + \lambda\begin{bmatrix} 3 \\ 4 \end{bmatrix}$.

c) $\quad \vec{r} = \begin{bmatrix} 2 \\ 9 \end{bmatrix} + \lambda\begin{bmatrix} -8 \\ 1 \end{bmatrix}, \ 3x + 5y = 4$.

d) $\quad y = 6x - 100 \ , \ y = -5x + 1,9$.

__1.22__ Berechne den Abstand des Punktes $P = (6,10)$ von den im folgenden angegebenen Geraden a), b), c), sowie die Fußpunkte der Lote vom Punkt P auf die Geraden. Skizziere Punkt, Geraden und Lote!

a) $\quad \vec{r} = \begin{bmatrix} 2 \\ -6 \end{bmatrix} + \lambda\begin{bmatrix} 1 \\ 1 \end{bmatrix}$, $\quad$ b) $y = -\frac{1}{2}x + 1,$ $\quad$ c) $6x - 8y = 20$.

---

[1] Gabriel Cramer (1704-1752), schweizerischer Mathematiker

<u>1.23</u>* Berechne zwei Vektoren in Richtung der Winkelhalbierenden der beiden
Geraden a) und b) aus Übung 1.22. Die Vektoren sollen die Länge 1 haben.
Bilde das innere Produkt dieser Vektoren!

<u>1.24</u>* a) Berechne Flächeninhalt und Schwerpunkt des Dreiecks mit den Ecken
$A = (-1,-2)$, $B = (5,1)$, $C = (7,-3)$.

b) Berechne die Längen der drei Höhen des Dreiecks. (Die Höhen sind Lote
von den Eckpunkten auf die gegenüberliegenden Seiten).

<u>1.25</u>* Die Seitenlängen eines Parallelogramms sind a = 8 cm , b = 13 cm .
Eine der Diagonalen hat die Länge d_1 = 10 cm . Wie weit sind die Ecken
des Parallelogramms vom Mittelpunkt des Parallelogramms entfernt?

<u>1.26</u>* Ein Dreieck hat die Seitenlängen a = 5 cm , b = 3 cm, c = 6 cm .
Berechne die Winkel des Dreiecks und die Längen der Seitenhalbierenden!

<u>1.27</u>* Berechne den Flächeninhalt des Fünfeckes [A,B,C,D,E] mit den Ecken

$$A = (-2,-2) , B = (2,-3) , C = (5,1) , D = (1,5) , E = (-3,4) .$$

<u>1.28</u>* Eine waagerechte dreieckige Platte wird in ihrem Schwerpunkt
(= Schnittpunkt der Seitenhalbierenden) unterstützt. Die Platte rotiert
um eine senkrechte Achse durch den Schwerpunkt. (Es kann sich um einen
modernen Aussichtsturm handeln.) Die Seitenlängen des Dreiecks seien
a = 10 m, b = 7 m , c = 9 m . Welchen Radius hat der kleinste Kreis, in
dem das Dreieck um die Achse rotieren kann? (Hinweis: Der Schwerpunkt
teilt jede Seitenhalbierende im Verhältnis 2 : 3).

<u>1.29</u>* a) Löse folgendes Gleichungssystem
mit der Cramerschen Regel:

$$5\xi + 3\eta = 11 , \quad -4\xi + \eta = 15 .$$

b) In Fig. 1.40 ist U_1 = 20 V, U_2 = 10 V ,
R_1 = 150 Ω , R_2 = 280 Ω . Es gilt:

$$U_1 = U + R_1 I , \quad U_2 = U + R_2 I .$$

Berechne Spannung U und Strom I !

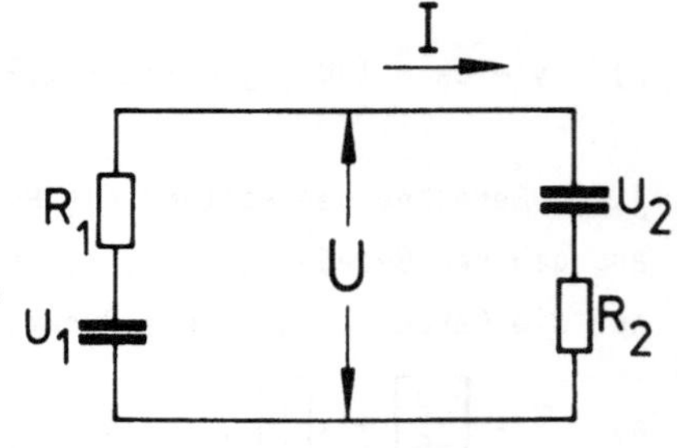

Fig. 1.40: Schaltkreis

1.2 VEKTOREN IM DREIDIMENSIONALEN RAUM

1.2.1 Der Raum $\mathbb{R}^3$

Der Raum $\mathbb{R}^3$ ist die Menge aller Zahlentripel

$$\vec{v} = \begin{bmatrix} v_x \\ v_y \\ v_z \end{bmatrix} \quad (v_x, v_y, v_z \in \mathbb{R}) \ ,$$

die wir __räumliche__ oder __dreidimensionale Vektoren__ nennen. v_x, v_y, v_z
heißen die Koordinaten von $\vec{v}$. Zwei Vektoren

$$\vec{u} = \begin{bmatrix} u_x \\ u_y \\ u_z \end{bmatrix} \ , \quad \vec{v} = \begin{bmatrix} v_x \\ v_y \\ v_z \end{bmatrix}$$

aus $\mathbb{R}^3$ sind genau dann gleich: $\vec{u} = \vec{v}$, wenn $u_x = v_x$, $u_y = v_y$ und
$u_z = v_z$ gilt, kurz, wenn sie "zeilenweise" übereinstimmen.

__Bemerkung:__ Ganz analog zum $\mathbb{R}^2$ werden Addition, Subtraktion, Multiplikation mit einem Skalar und inneres Produkt im $\mathbb{R}^3$ eingeführt und behandelt. Der eilige Leser kann daher diesen und den nächsten Abschnitt
ohne Schaden überschlagen. Wer trotzdem weiterliest, hat den Trost, daß
er alles wiedererkennt (Wiedersehensfreude!) und sein räumliches Vor-
stellungsvermögen trainiert wird.

__Pfeildarstellung:__ Räumliche Vektoren werden - wie im ebenen Fall - durch
Pfeile dargestellt. Dabei liegt ein räum-
liches rechtwinkliges Koordinatensystem
zu Grunde, bestehend aus x-, y- und z-Achse,
s. Fig. 1.41. Jedem Punkt P des Raumes
ist umkehrbar eindeutig das Zahlentripel
(x,y,z) seiner Koordinaten x,y,z zugeordnet. Man schreibt: P = (x,y,z) .

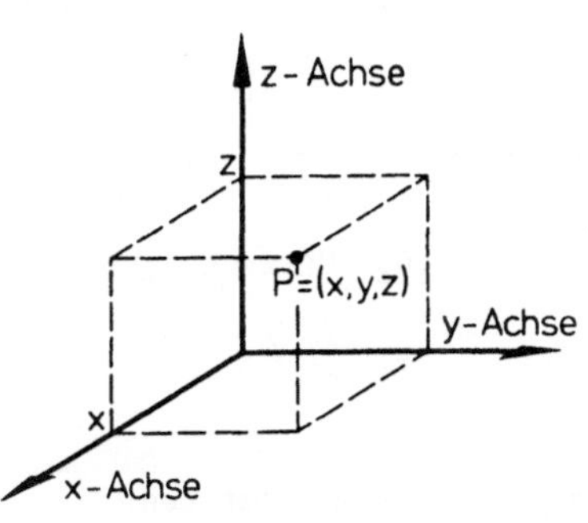

__Fig. 1.41:__ Raumpunkt P

---

1) Ein __Pfeil__ $\overrightarrow{AB}$ ist ein Paar (A,B) von
Punkten A,B , die durch eine Strecke ver-
bunden sind. A heißt __Fußpunkt__ und B
__Spitze__ des Pfeils.

<u>Definition 1.4</u> Ein Pfeil
$\overrightarrow{AB}$ mit $A = (a_x, a_y, a_z)$,
$B = (b_x, b_y, b_z)$ stellt
genau dann den Vektor

$$\vec{v} = \begin{bmatrix} v_x \\ v_y \\ v_z \end{bmatrix}$$

dar, wenn

$$v_x = b_x - a_x$$
$$v_y = b_y - a_y$$
$$v_z = b_z - a_z$$

gilt (s. Fig. 1.42)

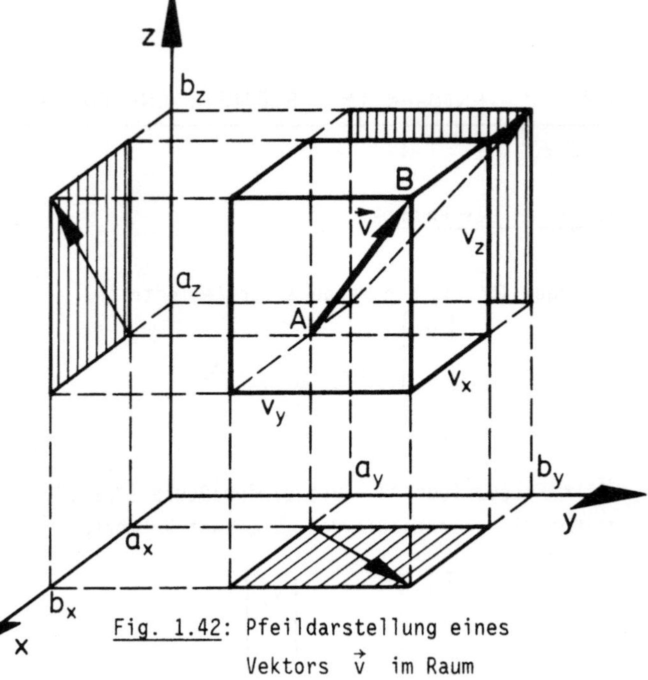

Fig. 1.42: Pfeildarstellung eines Vektors $\vec{v}$ im Raum

Alle Pfeile, die aus einem durch Parallelverschiebung hervorgehen, stellen denselben Vektor dar.
Lassen sich zwei Pfeile nicht durch Parallelverschiebung zur Deckung brin-
gen, so repräsentieren sie verschiedene Vektoren.

<u>Ortsvektoren</u>. Die Pfeile $\overrightarrow{OP}$ mit Fußpunkt im Koordinatenursprung O
heißen <u>Ortspfeile</u>. Der durch $\overrightarrow{OP}$ dargestellte Vektor $\vec{r}$ hat die gleichen
Koordinaten wie P :

$$P = (x, y, z) \quad , \quad \vec{r} = \begin{bmatrix} x \\ y \\ z \end{bmatrix} .$$

Vektoren und die sie darstellenden Ortspfeile
sind daher umkehrbar eindeutig einander zugeordnet, s. Fig. 1.43. Was liegt nun näher,
als sie einfach zu identifizieren?

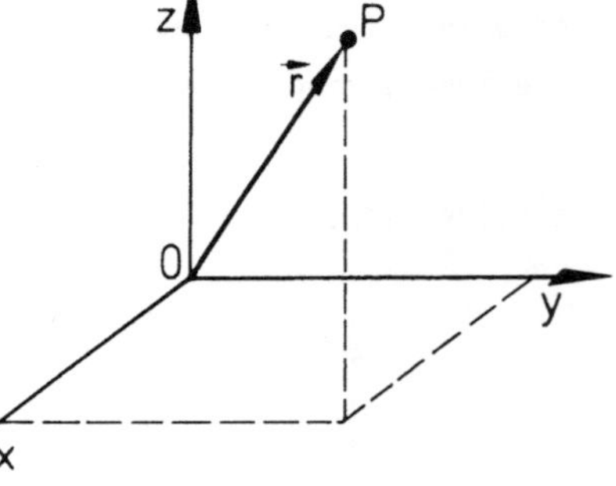

Bei der Beschreibung geometrischer Figuren -
wie Geraden, Ebenen, Kugelflächen usw. - ist

Fig. 1.43: Ortsvektor

dies zweckmäßig. Will man ausdrücken, daß man
mit dieser <u>Gleichsetzung</u> arbeitet, so spricht
man von "Ortsvektoren": Unter dem <u>Ortsvektor</u> $\vec{r} = \begin{bmatrix} x \\ y \\ z \end{bmatrix}$ versteht man den
Ortspfeil $\overrightarrow{OP}$ mit $P = (x, y, z)$.

$\underline{Bemerkung}$: Arbeitet man nicht mit Ortsvektoren, sondern läßt, wie bisher, unendlich viele Pfeildarstellungen - parallel und gleichgerichtet - für einen Vektor zu, so spricht man zur Unterscheidung von Ortsvektoren auch von $\underline{verschieblichen}$ $\underline{Vektoren}$.

Die Rechenoperationen für verschiebliche Vektoren und Ortsvektoren sind aber gleich, da es sich ja in beiden Fällen um Zahlentripel handelt. Man vereinbart:

$\underline{Definition\ 1.5}$ Sind

$$\vec{u} = \begin{bmatrix} u_x \\ u_y \\ u_z \end{bmatrix} \ , \quad \vec{v} = \begin{bmatrix} v_x \\ v_y \\ v_z \end{bmatrix}$$

zwei beliebige Vektoren aus $\mathbb{R}^3$, definiert man

$$\vec{u} \pm \vec{v} := \begin{bmatrix} u_x \pm v_x \\ u_y \pm v_y \\ u_z \pm v_z \end{bmatrix} \qquad \underline{Addition} \text{ und } \underline{Subtraktion} \ ,$$

$$\lambda\vec{u} \quad := \begin{bmatrix} \lambda u_x \\ \lambda u_y \\ \lambda u_z \end{bmatrix} \qquad \underline{Multiplikation\ mit\ einem\ "Skalar"} \ \lambda \in \mathbb{R} \ .$$

Zur Bezeichnung: $\vec{u}\lambda := \lambda\vec{u}$, $\dfrac{\vec{u}}{\lambda} := \dfrac{1}{\lambda} \vec{u}$ $(\lambda \neq 0)$.

$$-\vec{u} := \begin{bmatrix} -u_x \\ -u_y \\ -u_z \end{bmatrix} , \qquad \vec{0} := \begin{bmatrix} 0 \\ 0 \\ 0 \end{bmatrix} \ ,$$

$$|\vec{v}| := \sqrt{v_x^2 + v_y^2 + v_z^2} \qquad \underline{Betrag\ (Länge)} \text{ von } \vec{v} \ ^{1)} \ .$$

$|\vec{v}|$ ist die Länge eines Pfeiles, der $\vec{v}$ darstellt. Man sieht das an Hand von Fig. 1.42 geometrisch leicht ein (sogenannter räumlicher Pythagoras). Die Pfeildarstellungen der Rechenoperationen sind die gleichen wie im $\mathbb{R}^2$, s. Fig. 1.13, 1.14 in Abschnitt 1.1.3.

$\underline{Beispiele\ 1.13}$ Mit $\vec{u} = \begin{bmatrix} 3 \\ 1 \\ 7 \end{bmatrix}$, $\vec{v} = \begin{bmatrix} 4 \\ -2 \\ 9 \end{bmatrix}$ ist $\vec{u} + \vec{v} = \begin{bmatrix} 7 \\ -1 \\ 16 \end{bmatrix}$, $\vec{u} - \vec{v} = \begin{bmatrix} -1 \\ 3 \\ -2 \end{bmatrix}$,

---

$^{1)}$ Der Betrag $|\vec{v}|$ wird auch einfach durch v bezeichnet.

$$3\vec{u} = \begin{bmatrix} 9 \\ 3 \\ 21 \end{bmatrix} , \quad -\vec{u} = \begin{bmatrix} -3 \\ -1 \\ -7 \end{bmatrix} .$$

$$|\vec{u}| = \sqrt{3^2+1^2+7^2} \doteq 7{,}681146 .$$

Die Rechenregeln aus Satz 1.1 (Abschnitt 1.1.3) gelten auch hier (Assoziativgesetz für + , Kommutativgesetz für + , usw.), wie auch die Gesetze über die Beträge in Folgerung 1.2 (Abschnitt 1.1.3). Insbesondere gilt die Dreiecksungleichung

$$|\vec{u} + \vec{v}| \leq |\vec{u}| + |\vec{v}| , \text{ nebst } |\vec{u} - \vec{v}| \geq ||\vec{u}| - |\vec{v}|| .$$

Anwendungen: Die physikalischen und technischen Anwendungen des Abschnittes 1.1.4 lassen sich sinngemäß ins Dreidimensionale übertragen: Kräfte mit Resultierenden, Kraftfelder, Verschiebungen usw.. Die Bewegung eines Massenpunktes der Masse m im Raum ist durch

$$\vec{r}(t) = \begin{bmatrix} x(t) \\ y(t) \\ z(t) \end{bmatrix}$$

gegeben, wobei x(t),y(t),z(t) zweimal stetig differenzierbare reellwertige Funktionen auf einem Intervall sind. $\vec{r}(t)$ ist dabei der Ortsvektor des Massenpunktes zur Zeit t (d.h.: Der Massenpunkt befindet sich an der Spitze des Ortsvektors $\vec{r}(t)$). Geschwindigkeit $\vec{v}(t)$ und Beschleunigung $\vec{a}(t)$ erhält man durch ein- bzw. zweimaliges Differenzieren der Koordinatenfunktionen:

$$\vec{v}(t) = \dot{\vec{r}}(t) = \begin{bmatrix} \dot{x}(t) \\ \dot{y}(t) \\ \dot{z}(t) \end{bmatrix} , \quad \vec{a}(t) = \ddot{\vec{r}}(t) = \begin{bmatrix} \ddot{x}(t) \\ \ddot{y}(t) \\ \ddot{z}(t) \end{bmatrix} .$$

Die Kraft $\vec{F}(t)$, die zur Zeit t auf den Massenpunkt wirkt, ist dann $\vec{F}(t) = m\vec{a}(t)$.

Übungen

1.30* Zerlege die Kraft $\vec{F}$ in drei Kraftkomponenten, die in Richtung der Vektoren $\vec{a}$, $\vec{b}$, $\vec{c}$ liegen. Dabei sei

$$\vec{F} = \begin{bmatrix} 16 \\ 3 \\ -6 \end{bmatrix} N , \quad \vec{a} = \begin{bmatrix} 5 \\ 2 \\ -1 \end{bmatrix} , \quad \vec{b} = \begin{bmatrix} -3 \\ -7 \\ 1 \end{bmatrix} , \quad \vec{c} = \begin{bmatrix} 4 \\ 8 \\ -2 \end{bmatrix}$$

<u>Anleitung</u>: Setze $\vec{F} = \lambda\vec{a} + \mu\vec{b} + \nu\vec{c}$ und berechne daraus λ,μ und ν .

<u>1.31</u> Zeige, daß die Mittelpunkte der Seiten eines Vierecks stets die Eckpunkte eines Parallelogramms sind. Dabei brauchen die Ecken des Vierecks noch nicht einmal in einer Ebene zu liegen.

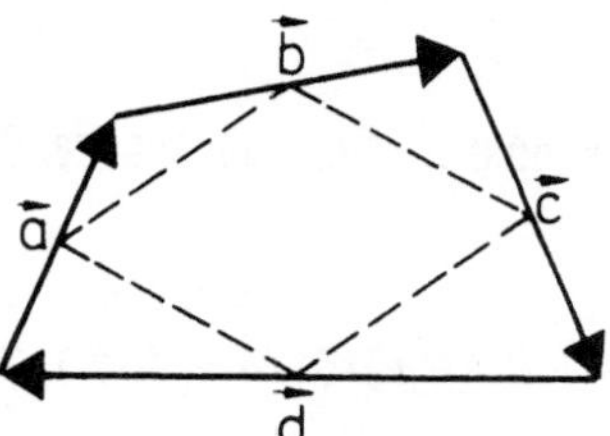

Fig. 1.44: Parallelogramm aus Seitenmittelpunkten

<u>Anleitung</u>: Fasse die Seiten des Vierecks als Pfeile von Vektoren $\vec{a},\vec{b},\vec{c},\vec{d}$ auf, wie es die Figur 1.44 zeigt und lege eine Ecke des Vierecks in den Ursprung 0 . Berechne dann die Ortsvektoren der Seitenmitten.

<u>1.32*</u> Es sei $\vec{u} = \begin{bmatrix} 1 \\ 2 \\ -1 \end{bmatrix}$. Berechne $\vec{v} \in \mathbb{R}^3$ aus den Gleichungen

$|\vec{u} - \vec{v}| = 15$, $|\vec{u} + \vec{v}| = |\vec{u}| + |\vec{v}|$.

1.2.2   Inneres Produkt (Skalarprodukt)

Wie im $\mathbb{R}^2$ definiert man den <u>Zwischenwinkel</u> $\varphi = \sphericalangle(\vec{u},\vec{v})$ zweier Vektoren $\vec{u} \neq 0$, $\vec{v} \neq 0$, durch den "kleineren" Winkel (d.h. $0 \leq \varphi \leq \pi$) zwischen zwei Pfeilen, die $\vec{u}$ und $\vec{v}$ darstellen. Die Pfeile haben dabei den gleichen Fußpunkt. $\vec{v} = \vec{0}$ bildet jeden Winkel $\varphi \in [0,\pi]$ mit $\vec{u} \in \mathbb{R}^3$.

<u>Definition 1.6</u> Das <u>innere Produkt</u> (oder <u>Skalarprodukt</u>) zweier Vektoren $\vec{u},\vec{v} \in \mathbb{R}^3$ ist

$$\boxed{\vec{u}\cdot\vec{v} := |\vec{u}||\vec{v}| \cos\varphi} \qquad (1.70)$$

Wie in der Ebene überlegt man sich, daß

$$|\vec{u}\cdot\vec{v}| = |\vec{u}|\cdot|\vec{p}| \;,\quad \vec{u}\cdot\vec{v} \begin{cases} \geq 0 \text{ falls } 0 \leq \varphi \leq \frac{\pi}{2} \\ \leq 0 \text{ falls } \frac{\pi}{2} \leq \varphi \leq \pi \end{cases} \quad (1.71)$$

Fig. 1.45: $\sphericalangle(\vec{u},\vec{v})$

wobei $\vec{u} \neq 0$ vorausgesetzt ist, und $\vec{p}$ der <u>Projektionsvektor</u> von $\vec{v}$ auf $\vec{u}$ ist (s. Fig. 1.28, Abschn. 1.1.5). Speziell gilt

$$\boxed{\vec{u} \perp \vec{v} \;\leftrightarrow\; \vec{u}\cdot\vec{v} = 0} \quad {}^{1)} \qquad\qquad (1.72)$$

Die R̲e̲g̲e̲l̲n̲ f̲ü̲r̲ d̲a̲s̲ i̲n̲n̲e̲r̲e̲ P̲r̲o̲d̲u̲k̲t̲,

$$\vec{u}\cdot\vec{v} = \vec{v}\cdot\vec{u} \qquad\qquad \text{K̲o̲m̲m̲u̲t̲a̲t̲i̲v̲g̲e̲s̲e̲t̲z̲}$$
$$(\vec{u}+\vec{v})\cdot\vec{w} = \vec{u}\cdot\vec{w} + \vec{v}\cdot\vec{w} \qquad \text{D̲i̲s̲t̲r̲i̲b̲u̲t̲i̲v̲g̲e̲s̲e̲t̲z̲}$$
$$\lambda(\vec{u}\cdot\vec{v}) = (\lambda\vec{u})\cdot\vec{v} = \vec{u}\cdot(\lambda\vec{v}) \qquad \text{A̲s̲s̲o̲z̲i̲a̲t̲i̲v̲g̲e̲s̲e̲t̲z̲}$$
$$\vec{u}^2 := \vec{u}\cdot\vec{u} = |\vec{u}|^2 \qquad\qquad \text{B̲e̲t̲r̲a̲g̲s̲q̲u̲a̲d̲r̲a̲t̲}$$

gelten für alle $\vec{u},\vec{v},\vec{w} \in \mathbb{R}^3$ und $\lambda \in \mathbb{R}$ wie im $\mathbb{R}^2$. (Sie werden genauso wie im Satz 1.2, Abschn. 1.1.5 bewiesen).

Die K̲o̲o̲r̲d̲i̲n̲a̲t̲e̲n̲e̲i̲n̲h̲e̲i̲t̲s̲v̲e̲k̲t̲o̲r̲e̲n̲ im $\mathbb{R}^3$ sind

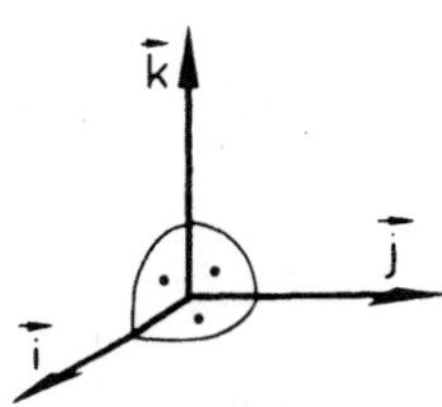

$$\vec{\imath} = \begin{bmatrix} 1 \\ 0 \\ 0 \end{bmatrix}, \quad \vec{\jmath} = \begin{bmatrix} 0 \\ 1 \\ 0 \end{bmatrix}, \quad \vec{k} = \begin{bmatrix} 0 \\ 0 \\ 1 \end{bmatrix}.$$

Um zur algebraischen Darstellung des inneren Produkts zu gelangen, stellen wir zwei Vektoren

$$\vec{u} = \begin{bmatrix} u_x \\ u_y \\ u_z \end{bmatrix}, \quad \vec{v} = \begin{bmatrix} v_x \\ v_y \\ v_z \end{bmatrix}$$

F̲i̲g̲.̲ 1.46:
Koordinaten-
einheitsvektoren

als L̲i̲n̲e̲a̲r̲k̲o̲m̲b̲i̲n̲a̲t̲i̲o̲n̲e̲n̲ von $\vec{\imath},\vec{\jmath},\vec{k}$ dar:

$$\vec{u} = u_x\vec{\imath} + u_y\vec{\jmath} + u_z\vec{k} , \qquad\qquad \vec{v} = v_x\vec{\imath} + v_y\vec{\jmath} + v_z\vec{k} .$$

Multiplikation dieser Ausdrücke nebst "Ausmultiplizieren" (nach Distributivgesetz) und Verwendung von

$$\vec{\imath}^2 = \vec{\jmath}^2 = \vec{k}^2 = 1 , \; \vec{\imath}\cdot\vec{\jmath} = \vec{\jmath}\cdot\vec{k} = \vec{k}\cdot\vec{\imath} = 0$$

ergibt die

${}^{1)}$ $\vec{u} \perp \vec{v}$ bedeutet: $\vec{u}$ r̲e̲c̲h̲t̲w̲i̲n̲k̲l̲i̲g̲ zu $\vec{v}$ ($\sphericalangle(\vec{u},\vec{v}) = \frac{\pi}{2}$). Der Nullvektor $\vec{0}$ steht rechtwinklig zu jedem Vektor.

<u>Folgerung 1.6</u> <u>Algebraische Form des inneren Produkts</u>:

$$\vec{u}\cdot\vec{v} = u_x v_x + u_y v_y + u_z v_z \qquad (1.73)$$

Aus $\cos\varphi = (\vec{u}\cdot\vec{v})/(|\vec{u}|\cdot|\vec{v}|)$, wobei $\varphi = \sphericalangle(\vec{u},\vec{v})$, gewinnt man damit die <u>Formel für den Zwischenwinkel</u> der Vektoren $\vec{u} \neq \vec{0}$, $\vec{v} \neq \vec{0}$:

$$\varphi = \arccos \frac{u_x v_x + u_y v_y + u_z v_z}{\sqrt{(u_x^2 + u_y^2 + u_z^2)(v_x^2 + v_y^2 + v_z^2)}} \qquad (1.74)$$

<u>Bemerkung</u>: Legt man ein anderes rechtwinkliges Koordinatensystem im Raum zugrunde, so erhält man in den zugehörigen Koordinaten die gleiche algebraische Form, da alle Rechnungen dabei genauso verlaufen wie oben.

<u>Richtungscosinus</u>. Einen Vektor $\vec{e}$ der Länge $|\vec{e}| = 1$ nennt man einen <u>Einheitsvektor</u> oder eine <u>Richtung</u>. Setzt man

$$\vec{e} = e_x \vec{i} + e_y \vec{j} + e_z \vec{k}$$

wobei e_x, e_y, e_z die Komponenten von $\vec{e}$ sind, so folgt durch Multiplikation mit $\vec{i}$, $\vec{j}$ oder $\vec{k}$:

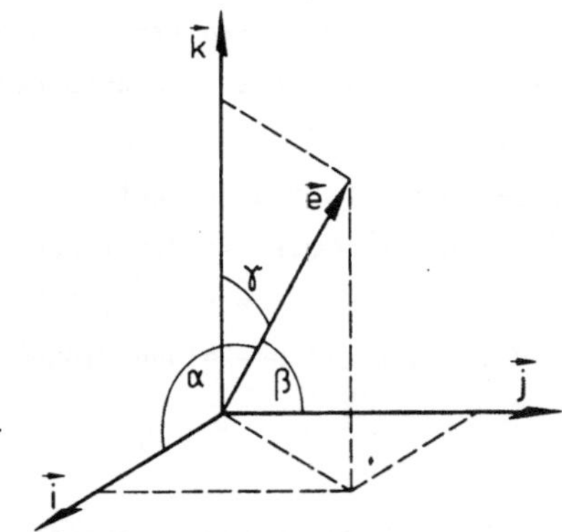

Fig. 1.47: Richtungwinkel α, β, γ

$$\vec{e}\cdot\vec{i} = e_x \ , \ \vec{e}\cdot\vec{j} = e_y \ , \ \vec{e}\cdot\vec{k} = e_z$$

also nach Definition des inneren Produktes

$$e_x = \cos\alpha \ , \quad e_y = \cos\beta \ , \quad e_z = \cos\gamma \qquad (1.75)$$

wobei α, β, γ die <u>Winkel</u> sind, die $\vec{e}$ mit den Koordinatenrichtungen bildet, s. Fig. 1.47. Wegen $|\vec{e}| = 1$ folgt

$$\cos^2\alpha + \cos^2\beta + \cos^2\gamma = 1 \qquad . \qquad (1.76)$$

Ist $\vec{a} \neq \vec{0}$ ein beliebiger Vektor aus $\mathbb{R}^3$, so kann man aus ihm den Einheitsvektor $\vec{e} = \vec{a}/|\vec{a}|$ bilden. Die Komponenten e_x, e_y, e_z von $\vec{e}$ heißen - wegen (1.75) - die <u>Richtungskosinus</u> von $\vec{a}$.

<u>Projektion eines Vektors in bestimmter Richtung</u>. Die <u>Projektion von</u> $\vec{v}$ <u>in Richtung</u> $\vec{e}$ ($|\vec{e}| = 1$) ist der Vektor

$$\vec{v}' = (\vec{v}\cdot\vec{e})\vec{e} \quad . \tag{1.77}$$

(Es handelt sich um die Projektion von $\vec{v}$ auf $\vec{e}$, wie in Abschn. 1.1.5 beschrieben). Man erkennt übrigens, daß $\vec{v}'$ vom Vorzeichen von $\vec{e}$ nicht abhängt: Für $-\vec{e}$ statt $\vec{e}$ erhält man die gleiche Projektion $\vec{v}'$.

<u>Übungen</u>

<u>1.33</u>* Welche Winkel bildet der Vektor $\vec{r} = 5{,}32\vec{i} + 7{,}98\vec{j} - 2{,}56\vec{k}$ mit den Koordinatenachsen (x-, y- und z-Achse) und mit den Koordinatenebenen (x-y-Ebene, y-z-Ebene, z-x-Ebene) ?

<u>1.34</u>* Berechne die Projektion $\vec{F}'$ der Kraft $\vec{F} = [2,9,-1]^T$ in einer Richtung $\vec{e}$, die mit der x-Achse den Winkel $\alpha = 60°$ bildet,

mit der y-Achse den Winkel $\beta = 75°$

und mit der z-Achse einen Winkel γ zwischen $0°$ und $70°$.

1.2.3 Dreireihige Determinanten

Ein Zahlenschema der Form

$$A = \begin{bmatrix} a_{11} & a_{12} & a_{13} \\ a_{21} & a_{22} & a_{23} \\ a_{31} & a_{32} & a_{33} \end{bmatrix}$$

heißt eine (3,3)-Matrix. Die (dreireihige) <u>Determinante</u> dieser Matrix ist definiert durch

$$\det A := \begin{vmatrix} a_{11} & a_{12} & a_{13} \\ a_{21} & a_{22} & a_{23} \\ a_{31} & a_{32} & a_{33} \end{vmatrix} = \begin{cases} a_{11}a_{22}a_{33} - a_{31}a_{22}a_{13} \\ +a_{21}a_{32}a_{13} - a_{11}a_{32}a_{23} \\ +a_{31}a_{12}a_{23} - a_{21}a_{12}a_{33} \end{cases} \tag{1.78}$$

Als Merkhilfe ist die Sarrussche Regel[1] praktisch. Man schreibt dazu die ersten beiden Matrixzeilen unter die Determinante

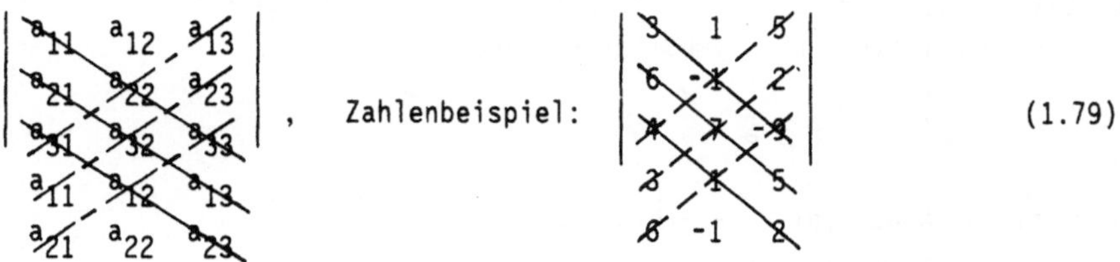

$$\text{Zahlenbeispiel:} \qquad\qquad\qquad\qquad (1.79)$$

Dann zieht man die sechs skizzierten schrägen Linien. Die durchgezogenen Linien kennzeichnen Dreierprodukte, die addiert werden, und die gestrichelten Dreierprodukte, die subtrahiert werden. Man erhält auf diese Weise gerade (1.78). Das Zahlenbeispiel (1.79) ergibt damit:

$$\begin{vmatrix} 3 & 1 & 5 \\ 6 & -1 & 2 \\ 4 & 7 & -9 \end{vmatrix} = \left\{ \begin{array}{l} 3(-1)(-9) - 3{\cdot}7{\cdot}2 + \\ + 6{\cdot}7{\cdot}5 \quad - 6{\cdot}1(-9) + \\ + 4{\cdot}1{\cdot}2 \quad - 4(-1){\cdot}5 \end{array} \right\} = 277 \ .$$

Da dreireihige Determinanten im Zusammenhang mit dem Spatprodukt in Abschn. 1.1.6 näher betrachtet werden, brechen wir ihre Erörterung hier ab.

<u>Übungen</u>

<u>1.35</u>* Berechne folgende Determinanten:

$$\begin{vmatrix} 3 & 1 & 9 \\ -1 & 6 & 1 \\ 5 & -2 & 0 \end{vmatrix} , \qquad \begin{vmatrix} 3 & 5 & 1 \\ 6 & 10 & 2 \\ 9 & 8 & 4 \end{vmatrix} , \qquad \begin{vmatrix} 4 & 8 & 3 \\ 9 & 5 & 0 \\ 2 & 0 & 0 \end{vmatrix} \ .$$

<u>1.36</u> Zeige:

$$\begin{vmatrix} a_{11} & a_{12} & a_{13} \\ 0 & a_{22} & a_{23} \\ 0 & 0 & a_{33} \end{vmatrix} = a_{11}a_{22}a_{33} \ ,$$

$$\begin{vmatrix} a_{11} & a_{12} & a_{13} \\ a_{21} & a_{22} & a_{23} \\ a_{31} & a_{32} & a_{33} \end{vmatrix} = a_{11} \begin{vmatrix} a_{22} & a_{23} \\ a_{32} & a_{33} \end{vmatrix} - a_{12} \begin{vmatrix} a_{21} & a_{23} \\ a_{31} & a_{33} \end{vmatrix} + a_{13} \begin{vmatrix} a_{21} & a_{22} \\ a_{31} & a_{32} \end{vmatrix}$$

Man nennt dies die <u>Entwicklung der Determinante</u> nach der ersten Zeile.

---

[1] Die Sarrussche Regel gilt <u>nur</u> für dreireihige Determinanten.

1.2.4. Äußeres Produkt (Vektorprodukt)

__Definition 1.7__   Das __äußere__ __Produkt__ (oder __Vektorprodukt__) zweier Vektoren $\vec{a},\vec{b}$ ist ein Vektor $\vec{p}$, symbolisiert durch

$$\vec{p} = \vec{a} \times \vec{b} \; ,$$

(I) dessen Länge $|\vec{p}| = |\vec{a}| \cdot |\vec{b}| \sin \varphi$ ist, ($\varphi = \sphericalangle(\vec{a},\vec{b})$)
(II) der rechtwinklig auf $\vec{a}$ und $\vec{b}$ steht,
(III)der mit $\vec{a},\vec{b}$ im Falle $|\vec{p}| \neq 0$ ein Rechtssystem $(\vec{a},\vec{b},\vec{p})$ bildet.[1]

Dabei bilden die drei Vektoren $(\vec{a},\vec{b},\vec{p})$ ein __Rechtssystem__, wenn sie der __Rechte-Hand-Regel__ folgen: Man spreize die rechte Hand so, daß der Daumen in Richtung von $\vec{a}$ weist, der Zeigefinger in Richtung von $\vec{b}$, und der Mittelfinger rechtwinklig zu Daumen und Zeigefinger steht (s. Fig. 1.49). Dann weist der Mittelfinger in Richtung von $\vec{p}$.

Vorausgesetzt wird dabei, daß auch die Koordinateneinheitsvektoren ein Rechtssystem $(\vec{i},\vec{j},\vec{k})$ bilden, wie es allgemein üblich ist.

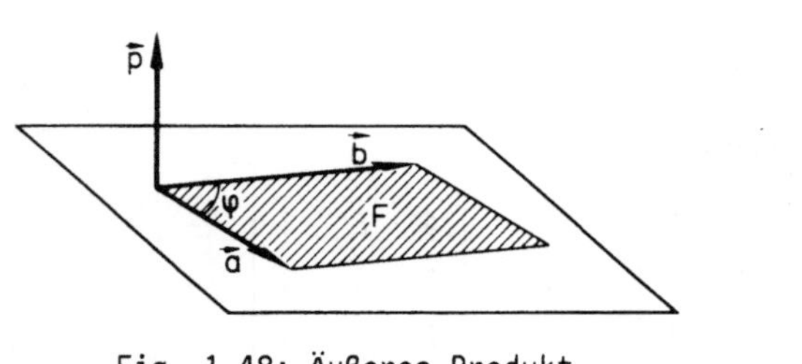

Fig. 1.48: Äußeres Produkt

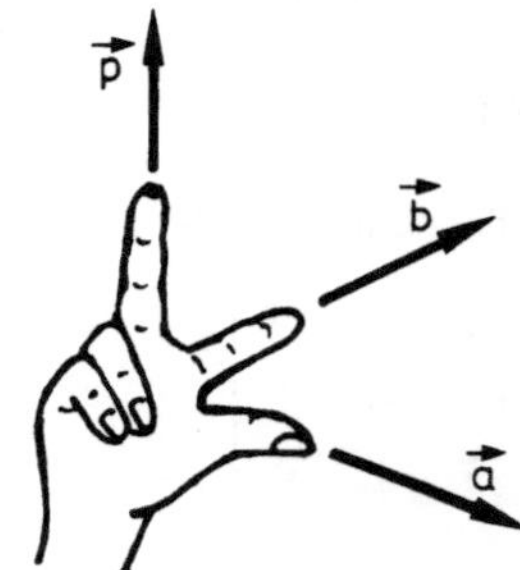

Fig. 1.49: Rechte-Hand-Regel

__Bemerkung:__ Beim Nachweis von Rechtssystemen kann man auch die __Korken-__ __zieherregel__ benutzen, die bequem zu handhaben ist: Man denkt sich einen Korkenzieher, dessen Achse rechtwinklig zu $\vec{a}$ und $\vec{b}$ steht, s. Fig.1.50, Der Griff habe die Richtung von $\vec{a}$. Dreht man nun den Griff um den Winkel

---

[1] Als Motivation kann das __Moment__ __einer__ __Kraft__ angesehen werden (Beisp. 1.16, Abschn. 1.2.4). Aber auch bei elektromagnetischen, strömungsmechanischen oder geometrischen Zusammenhängen erweist sich die hohe Nützlichkeit des äußeren Produktes, s. nächster Abschnitt.

$\varphi = \sphericalangle(\vec{a},\vec{b})$ in die Richtung von $\vec{b}$, so bewegt sich die Korkenzieherachse in die Richtung von $\vec{p}$. –

Die L̲ä̲n̲g̲e̲ $|\vec{p}|$ des Produktes $\vec{p} = \vec{a} \times \vec{b}$ ist der Flächeninhalt F des "v̲o̲n̲ $\vec{a}$ u̲n̲d̲ $\vec{b}$ a̲u̲f̲-g̲e̲s̲p̲a̲n̲n̲t̲e̲n̲_̲P̲a̲r̲a̲l̲l̲e̲l̲o̲g̲r̲a̲m̲m̲s̲", wie in Fig. 1.51 skizziert:

$$F = |\vec{a}|\ h = |\vec{a}|\,|\vec{b}|\ \sin\varphi\ .$$

Im Falle $\vec{b} = \lambda\vec{a}$ oder $\vec{a} = \vec{0}$ verkümmert das Parallelogramm zu einer Linie oder gar zu einem Punkt, denen man den Flächeninhalt 0 zuschreibt.

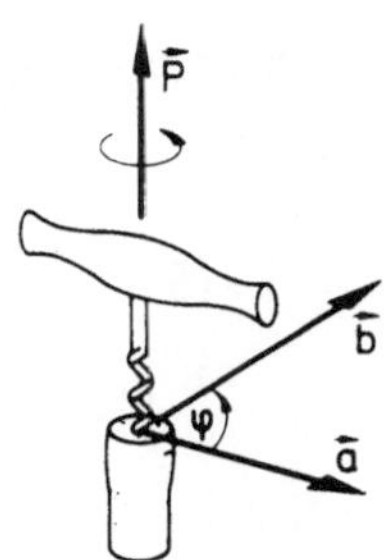

Fig. 1.50: Korken-zieher-Regel

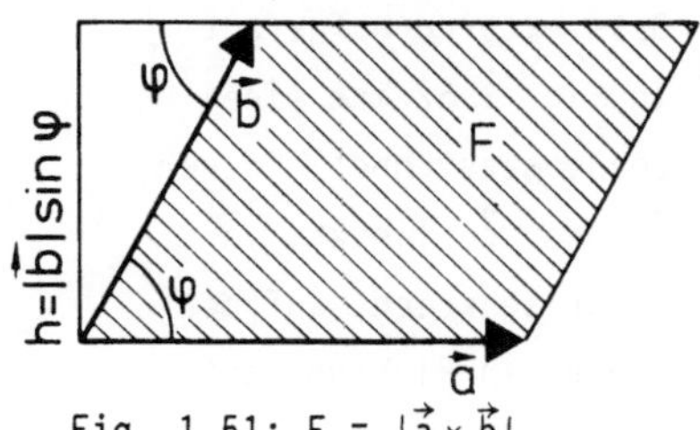

Fig. 1.51: $F = |\vec{a} \times \vec{b}|$

S̲a̲t̲z̲_̲1̲.̲6̲ Für alle $\vec{a},\vec{b},\vec{c} \in \mathbb{R}^3$ und $\lambda \in \mathbb{R}$ gilt:

(a) $\quad \vec{a} \times \vec{b} = -\vec{b} \times \vec{a}$ $\qquad$ A̲n̲t̲i̲k̲o̲m̲m̲u̲t̲a̲t̲i̲v̲g̲e̲s̲e̲t̲z̲

(b) $\quad \vec{a} \times (\vec{b}+\vec{c}) = \vec{a} \times \vec{b} + \vec{a} \times \vec{c}$ $\qquad$ D̲i̲s̲t̲r̲i̲b̲u̲t̲i̲v̲g̲e̲s̲e̲t̲z̲

(c) $\quad \lambda(\vec{a} \times \vec{b}) = (\lambda\vec{a}) \times \vec{b} = \vec{a} \times (\lambda\vec{b})$ $\qquad$ A̲s̲s̲o̲z̲i̲a̲t̲i̲v̲g̲e̲s̲e̲t̲z̲

Wegen dieser Regel läßt man die Klammern auch weg und schreibt einfach $\lambda\vec{a} \times b$.

(d) $\quad \vec{a} \times \vec{a} = \vec{0}$

(e) $\quad |\vec{a} \times \vec{b}|^2 = \vec{a}^2\vec{b}^2 - (\vec{a}\cdot\vec{b})^2$

B̲e̲w̲e̲i̲s̲ (a), (c), (d) folgen unmittelbar aus der Definition des äußeren Produkts. Zu (e):

$$|\vec{a} \times \vec{b}|^2 = \vec{a}^2\vec{b}^2\sin^2\varphi = \vec{a}^2\cdot\vec{b}^2(1 - \cos^2\varphi) = \vec{a}^2\vec{b}^2 - \vec{a}^2\vec{b}^2\cos^2\varphi =$$
$$= \vec{a}^2\vec{b}^2 - (\vec{a}\cdot\vec{b})^2\ .$$

Zum Nachweis des D̲i̲s̲t̲r̲i̲b̲u̲t̲i̲v̲g̲e̲s̲e̲t̲z̲e̲s̲ (b) beginnen wir mit einem einfachen Fall:

58

<u>1. Fall</u>: $\vec{c} = \lambda\vec{a}$. Mit Hilfe der Flächeninhaltsinterpretation von $|\vec{a} \times \vec{b}|$ erkennt man:

$$\vec{a} \times (\vec{b} + \lambda\vec{a}) = \vec{a} \times \vec{b} = \vec{a} \times \vec{b} + \underbrace{\vec{a} \times (\lambda\vec{a})}_{\vec{0}} .$$

<u>2. Fall</u>: $\vec{a} \perp \vec{b}$, $\vec{a} \perp \vec{c}$ und $|\vec{a}| = 1$.

Alle Vektoren werden als
Ortsvektoren aufgefaßt.
In Fig. 1.52 ist eine
Ebene gezeichnet, in der
$\vec{b}$ und $\vec{c}$ liegen. $\vec{a}$
steht senkrecht auf der
Ebene, in Richtung auf
den Beschauer zu (durch
⊙ angedeutet; man stelle
hier einen Bleistift
senkrecht aufs Papier).

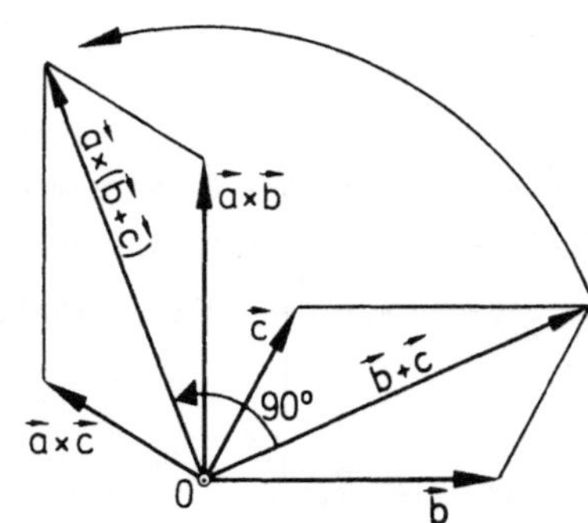

Fig. 1.52: Zum Distributivgesetz
für das äußere Produkt

Das von $\vec{b},\vec{c}$ aufgespannte Parallelogramm wird durch Mulitplikation mit $\vec{a}$ um 90° gedreht. (Dies folgt aus der Definition des äußeren Produktes.) Aus dem gedrehten Parallelogramm erhält man sofort:

$$\vec{a} \times (\vec{b} + \vec{c}) = \vec{a} \times \vec{b} + \vec{a} \times \vec{c} .$$

<u>3. Fall</u>: $\vec{a} \neq \vec{0}$, $\vec{b},\vec{c}$ beliebig. (Der Fall $\vec{a} = \vec{0}$ ist unmittelbar klar.) Wir setzen

$$\vec{a}' = \lambda\vec{a} \ , \quad \vec{b}' = \vec{b} - \mu\vec{a} \ , \quad \vec{c}' = \vec{c} - \nu\vec{a} \ ,$$

wobei $\lambda,\mu,\nu \in \mathbb{R}$ so gewählt werden, daß $|\vec{a}'| = 1$, $\vec{a}\cdot\vec{b}' = 0$, $\vec{a}\cdot\vec{c}' = 0$ erfüllt ist. Damit folgt mit $\tilde{\lambda} = 1/\lambda$:

$$
\begin{aligned}
\vec{a} \times (\vec{b} + \vec{c}) &= \tilde{\lambda}\vec{a}' \times (\vec{b}' + c' + \mu\vec{a} + \nu\vec{a}) \ , && \text{Fall 1} \Rightarrow \\
&= \tilde{\lambda}\vec{a}' \times (\vec{b}' + \vec{c}') \ , && \text{Fall 2} \Rightarrow \\
&= \tilde{\lambda}(\vec{a}' \times \vec{b}' + \vec{a}' \times \vec{c}') \\
&= \tilde{\lambda}\vec{a}' \times \vec{b}' + \tilde{\lambda}\vec{a}' \times \vec{c}' \ , && \text{Fall 1} \Rightarrow \\
&= \vec{a} \times \vec{b} + \vec{a} \times \vec{c} \ . && \square
\end{aligned}
$$

Folgerung 1.7 Algebraische Form des äußeren Produktes: Es gilt für beliebige Vektoren

$$\vec{a} = \begin{bmatrix} a_x \\ a_y \\ a_z \end{bmatrix}, \ \vec{b} = \begin{bmatrix} b_x \\ b_y \\ b_z \end{bmatrix} : \quad \vec{a} \times \vec{b} = \begin{bmatrix} \begin{vmatrix} a_y & b_y \\ a_z & b_z \end{vmatrix} \\[2ex] \begin{vmatrix} a_z & b_z \\ a_x & b_x \end{vmatrix} \\[2ex] \begin{vmatrix} a_x & b_x \\ a_y & b_y \end{vmatrix} \end{bmatrix} = \begin{bmatrix} a_y b_z - a_z b_y \\[1ex] a_z b_x - a_x b_z \\[1ex] a_x b_y - a_y b_x \end{bmatrix}$$

Beweis: Für die Koordinateneinheitsvektoren $\vec{i}, \vec{j}, \vec{k}$ gilt auf Grund der Definition des äußeren Produktes:

$$\vec{i} \times \vec{j} = \vec{k} \ , \ \vec{k} \times \vec{i} = \vec{j} \ , \ \vec{j} \times \vec{k} = \vec{i} \ .$$

Unter Verwendung der Regeln aus Satz 1.6 folgt damit durch "Ausmultiplizieren":

$$\vec{a} \times \vec{b} = (a_x \vec{i} + a_y \vec{j} + a_z \vec{k}) \times (b_x \vec{i} + b_y \vec{j} + b_z \vec{k}) =$$
$$= (a_y b_z - a_z b_y)\vec{i} + (a_z b_x - a_x b_z)\vec{j} + (a_x b_y - a_y b_x)\vec{k} \ . \qquad \square$$

Bemerkung: Man erkennt, daß man in jedem rechtwinkligen Koordinatensystem die gleiche algebraische Form herausbekommt, sofern die Koordinateneinheitsvektoren $\vec{e_1}, \vec{e_2}, \vec{e_3}$ nur die Gleichungen $\vec{e_1} \times \vec{e_2} = \vec{e_3}$, $\vec{e_2} \times \vec{e_3} = \vec{e_1}$, $\vec{e_3} \times \vec{e_1} = \vec{e_2}$ erfüllen. Denn die Rechnung im obigen Beweis verläuft für $\vec{a} = \sum\limits_{i=1}^{3} a_i \vec{e_i}$, $\vec{b} = \sum\limits_{i=1}^{3} b_i \vec{e_i}$ ganz analog.

Merkregel zur Berechnung: Die algebraische Darstellung des äußeren Produktes läßt sich gut merken, wenn man das Produkt in folgender Weise als "symbolische Determinante" schreibt:

$$\vec{a} \times \vec{b} = \begin{vmatrix} a_x & b_x & \vec{i} \\ a_y & b_y & \vec{j} \\ a_z & b_z & \vec{k} \end{vmatrix} \ . \qquad\qquad \text{Zur Sarrus-schen Regel:} \qquad\qquad (1.80)$$

Zur Auswertung wird wieder die $\underline{\text{Sarrussche Regel}}$ verwendet: Man schreibt
die ersten beiden Zeilen der Determinante noch einmal darunter. Anschlies-
send zieht man sechs Schräglinien, wie in (1.80) dargestellt. Die durchgezogenen Linien kennzeichnen dabei Produkte, die addiert werden, die gestrichelten Produkte, die subtrahiert werden, also:

$$\vec{a} \times \vec{b} = a_x b_y \vec{k} + a_y b_z \vec{i} + a_z b_x \vec{j}$$
$$- a_z b_z \vec{i} - a_x b_z \vec{j} - a_y b_x \vec{k}$$

Umordnen und Ausklammern der $\vec{i}, \vec{j}, \vec{k}$ ergibt die algebraische Form des
äußeren Produktes.

$\underline{\text{Beispiel 1.14}}$

$$\begin{bmatrix} 5 \\ 7 \\ 9 \end{bmatrix} \times \begin{bmatrix} 6 \\ 1 \\ -3 \end{bmatrix} = \begin{vmatrix} 5 & 6 & \vec{i} \\ 7 & 1 & \vec{j} \\ 9 & -3 & \vec{k} \\ 5 & 6 & \vec{i} \\ 7 & 1 & \vec{j} \end{vmatrix} = \left\{ \begin{array}{l} 5\vec{k} - 21\vec{i} + 54\vec{j} \\ -9\vec{i} + 15\vec{j} - 42\vec{k} \end{array} \right\} = \begin{bmatrix} -30 \\ 69 \\ -37 \end{bmatrix}$$

$\underline{\text{Schnelle Berechnungsmethode}}$: Eine besonders schnelle Berechnungsvorschrift für das $\underline{\text{äußere Produkt}}$ beruht auf der Darstellung durch zweireihige Determinanten (s. Folgerung 1.7). Wir erläutern dies am folgenden
Zahlenbeispiel: Zunächst schreibt man die zu multiplizierenden Vektoren
mit ihren Koordinaten hin. Dann $\underline{\text{denkt}}$ $\underline{\text{man}}$ $\underline{\text{sich}}$ $\underline{\text{die}}$ $\underline{\text{erste}}$ $\underline{\text{Zeile}}$ $\underline{\text{herausge-}}$
$\underline{\text{strichen}}$. Die Determinante aus den verbleibenden vier Zahlen ist die
erste Koordinate des Produktes. Dann $\underline{\text{streicht}}$ $\underline{\text{man}}$ in Gedanken $\underline{\text{die}}$ $\underline{\text{zweite}}$
$\underline{\text{Zeile}}$ $\underline{\text{heraus}}$. Die verbleibenden Zahlen formen eine Determinante, deren
$\underline{\text{Negatives}}$ die zweite Koordinate des Produktes ist. $\underline{\text{Streichung der dritten}}$
$\underline{\text{Zeile}}$ liefert schließlich eine Determinante, die die dritte Ergebniskoor-
dinate ist.

$\underline{\text{Beispiel 1.15}}$

$$\begin{bmatrix} 2 \\ 5 \\ 7 \end{bmatrix} \times \begin{bmatrix} 4 \\ 1 \\ 6 \end{bmatrix} \quad \begin{array}{l} \longrightarrow \begin{vmatrix} 5 & 1 \\ 7 & 6 \end{vmatrix} \longrightarrow \\[1em] \longrightarrow -\begin{vmatrix} 2 & 4 \\ 7 & 6 \end{vmatrix} \longrightarrow \\[1em] \longrightarrow \begin{vmatrix} 2 & 4 \\ 5 & 1 \end{vmatrix} \longrightarrow \end{array} = \begin{bmatrix} 23 \\ 16 \\ -18 \end{bmatrix}$$

Die Pfeile und die Determinanten in der Mitte schreibt man dabei nicht
wirklich hin, da man die Determinanten am linken Produkt "mit bloßem Auge"
sieht. - Der Leser übe die Methode an Beispiel 1.14 und einigen selbst
gewählten Vektoren (s. auch Übung 1.37).

Bemerkung: Es sei besonders darauf hingewiesen, daß das Assoziativgesetz
$\vec{a} \times (\vec{b} \times \vec{c}) = (\vec{a} \times \vec{b}) \times \vec{c}$ nicht allgemein gilt! Für dreifache Produkte
$\vec{a} \times (\vec{b} \times \vec{c})$ ist statt dessen folgendes erfüllt.

Satz 1.7   Graßmannscher Entwicklungssatz im $\mathbb{R}^3$. Für alle $\vec{a}, \vec{b}, \vec{c} \in \mathbb{R}^3$
gilt:

$$\vec{a} \times (\vec{b} \times \vec{c}) = (\vec{a} \cdot \vec{c})\vec{b} - (\vec{a} \cdot \vec{b})\vec{c} \qquad\qquad (1.81)$$

Beweis: Man wählt das Koordinatensystem so, daß $\vec{a}, \vec{b}, \vec{c}$ folgende spezielle
Gestalten haben

$$\vec{a} = \begin{bmatrix} a_x \\ 0 \\ 0 \end{bmatrix} \;,\quad \vec{b} = \begin{bmatrix} b_x \\ b_y \\ 0 \end{bmatrix} \;,\quad \vec{c} = \begin{bmatrix} c_x \\ c_y \\ c_z \end{bmatrix} \;.$$

Das ist immer möglich. Man rechnet nun leicht die algebraischen Darstellungen der rechten und linken Seite von (1.81) aus und stellt fest, daß
sie gleich sind. (Der Leser führe dies durch).   □

Übungen

1.37 Berechne die Produkte $\vec{a} \times \vec{b}$, $\vec{b} \times \vec{c}$, $\vec{c} \times \vec{a}$, $\vec{a} \times (\vec{b} \times \vec{c})$, $(\vec{b} \times \vec{a}) \times \vec{c}$,
$(\vec{a} \times \vec{b}) \times (\vec{c} - 3\vec{a})$, $(\vec{a} + \vec{b}) \times \vec{a}$ der folgenden Vektoren

$$\vec{a} = \begin{bmatrix} 5 \\ 1 \\ -1 \end{bmatrix} \;,\quad \vec{b} = \begin{bmatrix} 2 \\ -7 \\ 1 \end{bmatrix} \;,\quad \vec{c} = \begin{bmatrix} 3 \\ 0 \\ 8 \end{bmatrix} \;.$$

1.38* A = (7,1,0) , B = (2,8,-1) , C = (0,2,5) , D = (-5,0,-1) sind vier
Punkte im Raum. Berechne den (kleineren) Winkel zwischen der Ebene durch
A,B,C und der Ebene durch B,C,D ! (Hinweis: Man berechne zunächst für
jede Ebene einen Vektor, der auf ihr rechtwinklig steht!)

__1.39__ Zeige: $\vec{a} \times \vec{b} = \vec{0}$ gilt genau dann, wenn $\vec{a} = \lambda\vec{b}$ oder $\vec{b} = \mu\vec{a}$
$(\lambda, \mu \in \mathbb{R})$ ist.

__1.40__*Wie schon erwähnt, ist $\vec{a} \times (\vec{b} \times \vec{c}) = (\vec{a} \times \vec{b}) \times \vec{c}$ __nicht__ für alle
$\vec{a}, \vec{b}, \vec{c} \in \mathbb{R}^3$ richtig. Die Gleichung kann also als Rechenregel nicht verwendet werden! Trotzdem trifft sie für spezielle $\vec{a}, \vec{b}, \vec{c}$ zu. Zeige:

$$\vec{a} \times (\vec{b} \times \vec{c}) = (\vec{a} \times \vec{b}) \times \vec{c} \quad \underline{\text{gilt genau dann, wenn}} \quad (\vec{b} \cdot \vec{c})\vec{a} = (\vec{a} \cdot \vec{b})\vec{c} \quad \underline{\text{ist}}!$$

1.2.5   Physikalische, technische und geometrische Anwendungen

Viele Anwendungen des äußeren Produktes findet der Leser in Physikbüchern
beschrieben, z.B. in JOOS [73], Kap. II, § 2 (Mechanik); Kap. VII § 3
(Elektrodynamik). GERTHSEN-KNESER-VOGEL [63], Kap. 2 (Mechanik),
BECKER-SAUTER [37], Kap. C, G (Formelsammlung zur Elektrodynamik). Aus
diesem Grunde begnügen wir uns mit Stichproben typischer Anwendungen.

__Mechanik.__

__Beispiel 1.16__ __Moment einer Kraft__. An einem starren oder elastischen
Körper [1] im Raum greife im Punkt P eine Kraft $\vec{F}$ an. A sei ein
weiterer Punkt inner- oder außerhalb des Körpers. Wir nennen ihn __Be-
zugspunkt__. Der Vektor $\vec{r}$ stelle den Pfeil $\overrightarrow{AP}$ dar. Dann ist

$$\vec{M} = \vec{r} \times \vec{F}$$

das __Moment der Kraft__ $\vec{F}$ in P bezüglich des Punktes   A .

Nehmen wir an, daß der Körper drehbar gelagert ist, mit einer Drehachse
durch A , die rechtwinklig zu $\vec{F}$ steht, so heißt $\vec{M}$ das __Drehmoment__, das
von $\vec{F}$ erzeugt wird. Steht $\vec{F}$ nicht rechtwinklig zur Achse, so ist das
bewirkte __Drehmoment__ die Projektion von $\vec{M}$ in Richtung der Achse.

---

[1] Unter einem __Körper__ verstehen wir einen Gegenstand, der im dreidimensionalen Raum eine beschränkte Punktmenge mit Volumen > 0 ausfüllt.
(Zum Volumenbegriff s. Bd. I, Abschn. 7.1.1, Def. 7.7.)

$\underline{\text{Zahlenbeispiel}}$: $A = (1,1,0)m$, $P = (4,-1,3)m$

$$\vec{F} = \begin{bmatrix} 6 \\ -5 \\ 1 \end{bmatrix} N \text{ , Achsenrichtung: } \vec{e} = \frac{1}{7}\begin{bmatrix} 2 \\ 6 \\ 3 \end{bmatrix} ,$$

$$\Rightarrow \quad \overrightarrow{AP} : \quad \vec{r} = \begin{bmatrix} 3 \\ -2 \\ 3 \end{bmatrix} m \text{ , } \quad \vec{M} = \vec{r} \times \vec{F} = \begin{bmatrix} 13 \\ 15 \\ -3 \end{bmatrix} Nm .$$

$\underline{\text{Drehmoment}}$: $\vec{D} = (\vec{M} \cdot \vec{e})\vec{e} = \frac{107}{7} \cdot \frac{1}{7} \begin{bmatrix} 2 \\ 6 \\ 3 \end{bmatrix} Nm \doteq \begin{bmatrix} 4{,}367 \\ 13{,}102 \\ 6{,}551 \end{bmatrix} Nm .$

Der $\underline{\text{Betrag}}$ $\underline{\text{des}}$ $\underline{\text{Drehmoments}}$ ist $|\vec{D}| \doteq 15{,}286$ Nm . □

Greifen an einem räumlichen Körper mehrere Kräfte $\overrightarrow{F_1},\dots,\overrightarrow{F_n}$ in den entsprechenden Punkten $P_1,\dots,P_n$ an, und repräsentieren die Pfeile $\overrightarrow{AP_1},\dots,\overrightarrow{AP_2}$ (A Bezugspunkt) die Vektoren $\overrightarrow{r_1},\dots,\overrightarrow{r_n}$, so ist das $\underline{\text{Moment}}$ $\underline{\text{der}}$ $\underline{\text{Kräfte}}$ $\overrightarrow{F_1},\dots,\overrightarrow{F_n}$ $\underline{\text{bez}}$. A gleich der Summe

$$\vec{M} = \sum_{k=1}^{n} \overrightarrow{r_k} \times \overrightarrow{F_k} .$$

$\underline{\text{Beispiel 1.17}}$ $\underline{\text{Drehimpuls bei einer Zentralkraft}}$:[1] Auf einen Massenpunkt der Masse m wirke eine Kraft $\vec{F}$, die vom Massenpunkt stets in Richtung des Nullpunkts weist oder in die entgegengesetzte Richtung, d.h. $\vec{F} = \lambda\vec{r}$, wenn $\vec{r}$ der Ortsvektor des Massenpunktes ist. $\vec{F}$ heißt eine $\underline{\text{Zentralkraft}}$ $\underline{\text{bez}}$. O (Beispiele: Gravitationskraft der Sonne auf einen Planeten, elastische Drehbewegung).

Bewegt sich der Massenpunkt, so wird sein Ort durch $\vec{r}(t)$ beschrieben (t Zeit), wobei $\vec{r}(t)$ koordinatenweise 2 mal stetig differenzierbar sei. Aus dem Newtonschen Bewegungsgesetz $\vec{F}(t) = m\ddot{\vec{r}}(t)$ folgt durch äußere Multiplikation mit $\vec{r}(t)$: $\vec{F}(t) \times \vec{r}(t) = \vec{0}$ (da $\vec{F}$ und $\vec{r}$ parallel), also

$$m\vec{r}(t) \times \ddot{\vec{r}}(t) = \vec{0}$$

Dies ist die Ableitung von

$$\boxed{m\vec{r}(t) \times \dot{\vec{r}}(t) = \vec{c}} \qquad (\text{= konstant}), \qquad\qquad (1.82)$$

---

[1] Hier wird elementare Differentialrechnung verwendet.

wie man durch Differenzieren nach Produktregel feststellt. (Der Leser
rechne nach, daß die Produktregel des Differenzierens beim äußeren Produkt
gilt.)

Die linke Seite von (1.82) heißt der $\underline{Drehimpuls}$ $\vec{p}$ des Massenpunktes
bez. des Nullpunktes. Aus (1.82) zieht man die Folgerungen :

(a) Der $\underline{Drehimpuls}$ des Massenpunktes bez. 0 ist $\underline{konstant}$.
(b) Die $\underline{Bahn}$ des Massenpunktes liegt $\underline{in\ einer\ Ebene}$, denn $\vec{r}(t)$ steht
rechtwinklig auf dem konstanten Vektor $\vec{c}$.
(c) Die $\underline{Flächengeschwindigkeit}$ $|\frac{1}{2}\vec{r}(t) \times \dot{\vec{r}}(t)|$ ist konstant (2. $\underline{Keplersches}$[1]
$\underline{Gesetz}$). Denn ist $\Delta\vec{r}$ die in der Zeit Δt erfolgte Verschiebung des Massenpunktes, so hat der Ortsvektor des Punktes ein Dreieck mit (ungefährem)
Flächeninhalt $|\frac{1}{2}(\vec{r} \times \Delta\vec{r})|$ überstrichen. Division durch Δt und Grenzüber-
gang $\Delta t \to 0$ liefert die Flächengeschwindigkeit, die nach (1.81) konstant
ist.

$\underline{Beispiel\ 1.18}$ $\underline{Gesamt\text{-}Drehimpuls}$. Ein System von Punkten mit den Massen
$m_1,\ldots,m_n$ mit den Ortsvektoren $\vec{r}(t)$ zur Zeit t hat den $\underline{Gesamt\text{-}Dreh\text{-}}$
$\underline{impuls}$

$$\vec{p} := \sum_k m_k(\vec{r}_k \times \dot{\vec{r}}_k) \quad (bez. \ 0).$$

(Die Variable t wurde der Übersichtlichkeit wegen weggelassen.) Die Bewegung der Massenpunkte wird durch äußere Kräfte $\vec{F}_k$ auf den jeweils k-ten
Massenpunkt und innere Kräfte der Massenpunkte untereinander bewirkt.
Letztere heben sich weg, da sie in Richtung der Verbindungslinien der Punkte
wirken (aktio gleich reaktio). Differenzieren und Verwenden von
$\vec{F}_k = m_k\ddot{\vec{r}}_k$ liefert

$$\boxed{\frac{d}{dt}\vec{p} = \vec{M}} \qquad mit \quad \vec{M} = \sum_k \vec{r}_k \times \vec{F}_k \qquad (1.83)$$

Dies ist der bekannte $\underline{Drehimpulssatz}$:

*Für ein System von Massenpunkten ist die zeitliche Änderung des Gesamt-
Drehimpulses bez. eines Punktes gleich dem Gesamt-Moment aller äußeren
Kräfte, wieder bezogen auf den genannten Punkt.*

---

[1] Johannes Kepler (1571-1630), deutscher Astronom.

Beispiel 1.19 **Drehbewegung, Winkelgeschwindigkeitsvektor.** Die Rotation eines starren Körpers um eine Achse können wir durch einen Vektor $\vec{\omega}$ beschreiben, dessen Betrag $\omega = |\vec{\omega}|$ die zugehörige Winkelgeschwindigkeit ist, und dessen Richtung in Achsenrichtung weist, wobei die Rotation im Uhrzeigersinn erfolgt, wenn man in Richtung $\vec{\omega}$ sieht (Drehachse als Korkenzieher).

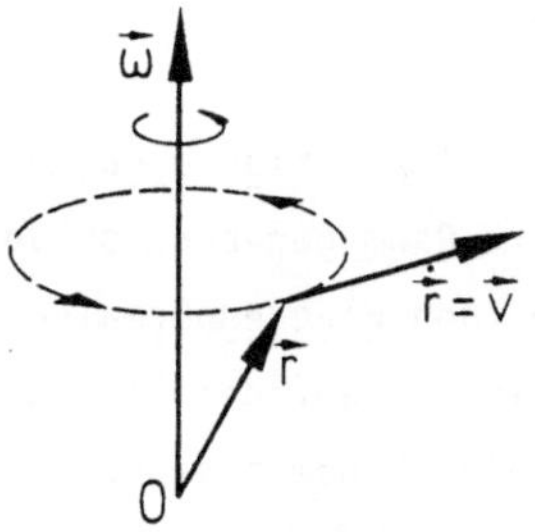

Beschreibt der Ortsvektor $\vec{r}(t)$ die Drehbewegung eines Punktes P des rotierenden Körpers, wobei die Drehachse durch O geht, so gilt für seine Geschwindigkeit $\vec{v}(t) = \dot{\vec{r}}(t)$:

$$\boxed{\vec{v}(t) = \vec{\omega} \times \vec{r}(t)}$$

(1.84)

Fig. 1.53: Winkelgeschwindigkeitsvektor $\vec{\omega}$

Man erkennt dies leicht, wenn man die z-Achse eines rechtwinkligen Koordinatensystems zur Drehachse macht: Ist ρ der Abstand zwischen P und der Achse und z_0 = const. seine z-Koordinate, so folgt:

$$\vec{r}(t) = \begin{bmatrix} \rho\,\cos(\omega t) \\ \rho\,\sin(\omega t) \\ z_0 \end{bmatrix}, \quad \vec{\omega} = \begin{bmatrix} 0 \\ 0 \\ \omega \end{bmatrix} \Rightarrow \vec{v}(t) = \dot{\vec{r}}(t) = \omega \begin{bmatrix} -\rho\,\sin(\omega t) \\ \rho\,\cos(\omega t) \\ 0 \end{bmatrix} = \vec{\omega} \times \vec{r}(t) \ .$$

Wir denken uns eine zweite Drehachse durch O - fest verbunden mit unserem rotierenden Körper - um die ein aufgesetzter zweiter Körper rotiert (wie bei einem Karussell, auf dem zusätzlich eine Gondel rotiert). Die Drehung bezüglich der zweiten Achse wird relativ zum rotierenden Grundkörper durch $\omega_0(t)$ beschrieben. Die Relativgeschwindigkeit eines Punktes P des aufgesetzten Körpers bez. des Grundkörpers ist also $\vec{v}_0(t) = \vec{r}(t) \times \vec{\omega_0}(t)$, wobei $\vec{r}(t)$ der Ortsvektor von P ist. Will man die Geschwindigkeit von P im Raum haben, so ist $\vec{v}(t) = \vec{r}(t) \times \vec{\omega}$ zu addieren. Wir lassen die Variable t zur Übersicht weg, und erhalten die Geschwindigkeit* des Punktes P zur Zeit t :

$$\vec{v}^* = \vec{\omega} \times \vec{r} + \vec{\omega_0} \times \vec{r} = \underbrace{(\vec{\omega} + \vec{\omega_0})}_{} \times \vec{r}$$

(1.85)

$$= \vec{\omega}^* \times \vec{r} \ .$$

Die G̲e̲s̲c̲h̲w̲i̲n̲d̲i̲g̲k̲e̲i̲t̲ $\vec{v}$ bei zusammengesetzter Drehung gewinnt man also
aus einer e̲i̲n̲f̲a̲c̲h̲e̲n̲ Drehung, beschrieben durch den Summen-Drehvektor
$\vec{\omega}^* = \vec{\omega} + \vec{\omega_0}$.

Geometrie

B̲e̲i̲s̲p̲i̲e̲l̲ ̲1̲.̲2̲0̲ F̲l̲ä̲c̲h̲e̲n̲n̲o̲r̲m̲a̲l̲e̲: Ist ein ebenes Flächenstück im Raum gegeben, so versteht man unter einer
zugehörigen F̲l̲ä̲c̲h̲e̲n̲n̲o̲r̲m̲a̲l̲e̲n̲ $\vec{n}$ einen Vektor, der
rechtwinklig auf dem Flächenstück steht und dessen
Länge gleich dem zugehörigen Flächeninhalt ist.

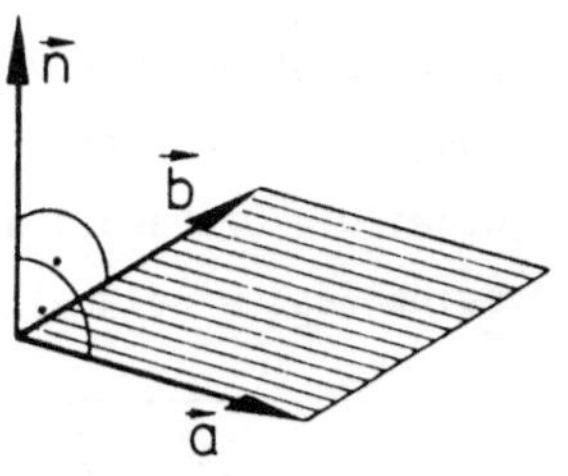

Fig. 1.54:
Flächennormale

Beispielsweise hat ein Parallelogramm, das von den
Vektoren $\vec{a}, \vec{b} \in \mathbb{R}^3$ aufgespannt wird, die Normalen-
vektoren $\vec{n} = \vec{a} \times \vec{b}$ und $-(\vec{a} \times \vec{b})$. Entsprechend hat
ein von $\vec{a}, \vec{b}$ aufgespanntes Dreieck (s. Fig. 1.55) die Flächennormale
$\vec{n} = \frac{1}{2}(\vec{a} \times \vec{b})$, wie auch den dazu negativen Vektor.

Bei Körpern, die von endlich vielen ebenen Flächenstücken berandet werden,
gilt, daß die S̲u̲m̲m̲e̲ ̲d̲e̲r̲ ̲n̲a̲c̲h̲ ̲a̲u̲ß̲e̲n̲ ̲w̲e̲i̲s̲e̲n̲d̲e̲n̲ ̲F̲l̲ä̲c̲h̲e̲n̲n̲o̲r̲m̲a̲l̲e̲n̲ ̲N̲u̲l̲l̲ ist.

Man beweist diese Aussage zuerst für Tetraeder (s. Üb. 1.45). Daraus folgt
die Aussage für die beschriebenen Körper durch Zusammenfügen der Körper
aus Tetraedern, da die innen liegenden Flächennormalen der Tetraeder sich
in der Summe aller Flächennormalen gegenseitig wegheben. - Hierbei benutzt
man die Tatsache, daß die genannten Körper sich in endlich viele Tetraeder
zerlegen lassen, wobei je zwei solcher Tetraeder entweder eine Seite gemeinsam haben, oder eine Kante, oder eine Ecke, oder nichts. (Auf einen Beweis
dieses anschaulichen Sachverhaltes wird verzichtet.)

B̲e̲i̲s̲p̲i̲e̲l̲ ̲1̲.̲2̲1̲ F̲l̲ä̲c̲h̲e̲n̲i̲n̲h̲a̲l̲t̲ ̲e̲i̲n̲e̲s̲ ̲D̲r̲e̲i̲e̲c̲k̲e̲s̲: Die
Eckpunkte eines Dreiecks im Raum seien $A = (-1,6,2)$,
$B = (-6,-2,4)$, $C = (1,3,9)$. Wie groß ist der
Flächeninhalt des Dreiecks?

A̲n̲t̲w̲o̲r̲t̲: Die Kanten des Dreiecks, als Pfeile aufgefaßt, repräsentieren folgende Vektoren

Fig. 1.55: Flächeninhalt
eines Dreiecks

$$\vec{CB} : \vec{a} = \begin{bmatrix} -7 \\ -5 \\ -5 \end{bmatrix} \quad , \quad \vec{CA} : \vec{b} = \begin{bmatrix} -2 \\ 3 \\ -7 \end{bmatrix}$$

und $\vec{c} = \vec{a} - \vec{b}$. Man sagt, die Vektoren $\vec{a},\vec{b}$ spannen das Dreieck auf.

Da das Dreieck ein halbes Parallelogramm ist, folgt für den Flächeninhalt:

$$F = \tfrac{1}{2}|\vec{a} \times \vec{b}| = \tfrac{1}{2}\left| \begin{bmatrix} 50 \\ -39 \\ -31 \end{bmatrix} \right| = \tfrac{1}{2}\sqrt{50^2+39^2+31^2} \doteq \underline{35,2916} \ .$$

Elektrodynamik

Bei der Behandlung elektromagnetischer Felder treten äußere Produkte vielfach auf. Wir erwähnen

<table>
<tr><td>Kraftwirkung
auf eine bewegte Ladung</td><td>$\vec{F} = e(\vec{E} + \vec{v} \times \vec{B})$,</td></tr>
<tr><td>Poyntingscher Vektor</td><td>$\vec{S} = \vec{E} \times \vec{H}$</td></tr>
</table>

mit folgenden Größen:

$\vec{E}$ elektrische Feldstärke , e = elektrische Ladung
$\vec{H}$ magnetische Feldstärke , $\vec{v}$ = Geschwindigkeit der Ladung
$\vec{B}$ magnetische Flußdichte .

Für die Umwandlung von elektrischer Energie in mechanische ist folgendes Beispiel grundlegend:

Beispiel 1.22 Kraft auf elektrischen Leiter: In einem geraden elektrischen Leiter fließe der Strom I . Der Leiter befinde sich in einem Magnetfeld mit konstanter magnetischer Feldstärke $\vec{B}$. Ist $\vec{e}$ ein Einheitsvektor in Richtung des Stromes, so wirkt auf ein Leiterstück der Länge s die Kraft

$$\boxed{\vec{F} = Is\vec{e} \times \vec{B}} \tag{1.86}$$

68

<u>Übungen</u>

<u>1.41</u> An einem starren Körper greifen zwei Kräfte an:

$$\vec{F_1} = \begin{bmatrix} 5 \\ -1 \\ -2 \end{bmatrix} N \quad , \quad \vec{F_2} = \begin{bmatrix} 3 \\ 2 \\ 1 \end{bmatrix} N \quad ,$$

und zwar $\vec{F_1}$ im Punkt $A = (1,2,1)$ m [1] und $\vec{F_2}$ in $B = (-2,1,-1)$ m .
Wie groß ist das Moment dieser Kräfte bez. $\vec{O}$?

<u>1.42</u>* Ein starrer Körper sei drehbar um eine Achse durch die Punkte
$A = (1,3,0)$ m , $B = (7,2,5)$ m gelagert. Am Punkt $P = (5,6,5)$ m greife
eine Kraft $\vec{F} = \begin{bmatrix} 3 \\ -5 \\ 3 \end{bmatrix} N$ an. Wie groß ist das Moment $\vec{M}$ der Kraft in P

bez. A ? Wie groß ist das erzeugte Drehmoment bez. der Achse?

<u>1.43</u>* Durch $\vec{r}(t) = \begin{bmatrix} 3\cos t \\ 5\sin t \\ 1 \end{bmatrix}$ m ist der Ortsvektor einer ebenen Bewegung

gegeben. Berechne die Flächengeschwindigkeit bez. des Zentrums O .

<u>1.44</u> Berechne die Geschwindigkeit $\vec{v}$ eines Punktes P , der sich auf
einer Kreisbahn um eine Achse durch O bewegt. Dabei seien der Dreh-
vektor $\vec{\omega}$ und der momentane Ort des Punktes durch

$$\vec{\omega} = \begin{bmatrix} 3 \\ 1 \\ -2 \end{bmatrix} s^{-1} \quad , \quad \vec{r} = \begin{bmatrix} -1 \\ 4 \\ 0 \end{bmatrix} m$$

gegeben.

<u>1.45</u> Zeige, daß die nach außen weisenden 4 Flächennormalen auf den Seiten
eines Tetraeders die Summe O ergeben. <u>Hinweis</u>: Nimm an, daß eine Ecke
des Tetraeders im Punkt O liegt, und daß die übrigen drei Ecken A,B,C
des Tetraeders die Ortsvektoren $\vec{a},\vec{b},\vec{c}$ haben. Aus diesen lassen sich die
Flächennormalen gewinnen.

<u>1.46</u>* Welchen Flächeninhalt hat das Dreieck mit den Ecken $A = (-2,3,0)$,
$B = (5,1,2)$, $C = (-1,0,6)$?

---

[1] m = Meter bezieht sich auf alle Koordinaten

1.47*[1] Eine Drahtschleife (<u>Leiter-schleife</u>) liegt so im Raum, wie es die Fig. 1.56 zeigt. Sie ist um die z-Achse drehbar gelagert. Sie befindet sich in einem Magnetfeld mit der magnetischen Flußdichte

$$\vec{B} = \begin{bmatrix} 4 \\ 4 \\ 3 \end{bmatrix} 10^{-2} \frac{Vs}{m^2} \quad .$$

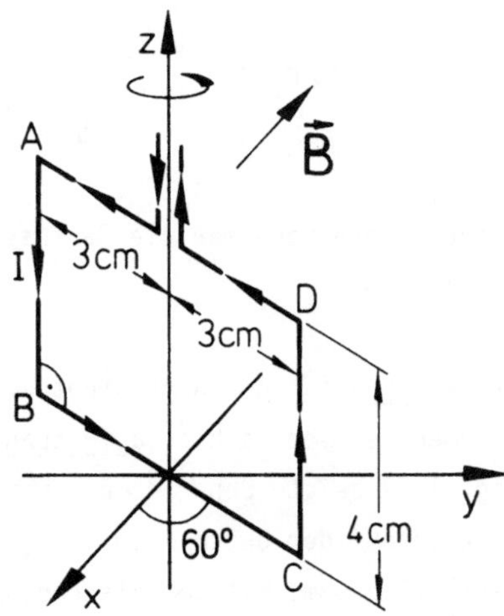

Fig. 1.56: Leiterschleife

Durch die Leiterschleife fließt der Strom $I = 15$ A in Richtung der skiz-zierten Pfeile. a) Berechne die vier Kräfte $\vec{F}_{AB}$, $\vec{F}_{BC}$, $\vec{F}_{CD}$, $\vec{F}_{DA}$, die auf die vier Leiterstücke AB, BC, CD, DA wirken!

b) Wie groß ist das zugehörige Drehmoment $\vec{M}$ bez. der z-Achse auf die gesamte Leiterschleife?

<u>1.1.6   Spatprodukt, mehrfache Produkte</u>

<u>Definition 1.8</u> Für je drei Vektoren $\vec{a},\vec{b},\vec{c}$ aus $\mathbb{R}^3$ ist das <u>Spatprodukt</u> definiert durch

$$\boxed{[\vec{a},\vec{b},\vec{c}] := (\vec{a} \times \vec{b}) \cdot \vec{c}} \quad \text{2)} \tag{1.87}$$

Es handelt sich also um ein Dreierprodukt aus Vektoren, dessen Wert eine reelle Zahl ist. Mit den Koordinatendarstellungen

$$\vec{a} = \begin{bmatrix} a_1 \\ a_2 \\ a_3 \end{bmatrix} , \quad \vec{b} = \begin{bmatrix} b_1 \\ b_2 \\ b_3 \end{bmatrix} , \quad \vec{c} = \begin{bmatrix} c_1 \\ c_2 \\ c_3 \end{bmatrix}$$

ist das Spatprodukt gleich dem Wert der Determinante aus diesen Vektoren, wie man leicht nachrechnet

---

[1] nach Wörle-Rumpf, Bd. I, S. 24 [27]

[2] Auch die einfache Schreibweise $\vec{a}\,\vec{b}\,\vec{c}$ ist für das Spatprodukt gebräuch-lich.

$$(\vec{a} \times \vec{b}) \cdot \vec{c} = \begin{vmatrix} a_1 & b_1 & c_1 \\ a_2 & b_2 & c_2 \\ a_3 & b_3 & c_3 \end{vmatrix} = \left\{ \begin{array}{l} a_1 b_2 c_3 - a_1 b_3 c_2 \\ +a_2 b_3 c_1 - a_2 b_1 c_3 \\ +a_3 b_1 c_2 - a_3 b_2 c_1 \end{array} \right\} \ . \qquad (1.88)$$

Insbesondere kann man die Sarrussche Regel zur praktischen Berechnung heranziehen.

Geometrisch ist der Absolutbetrag $|[\vec{a},\vec{b},\vec{c}]|$ des Spatprodukts gleich dem Volumen des von $\vec{a},\vec{b},\vec{c}$ aufgespannten Parallelflaches (Spats), wie die Fig. 1.57 zeigt. Denn $\vec{a} \times \vec{b}$ steht recht- winklig auf dem durch $\vec{a},\vec{b}$ aufgespannten Parallelogramm. Mit dem Flächeninhalt F dieses Parallelogramms und der "Höhe" h (s. Fig. 1.57) ist also das Volumen V des Parallelflaches

$$V = F \cdot h = |\vec{a} \times \vec{b}| \cdot h = |(\vec{a} \times \vec{b}) \cdot \vec{c}| \ .$$

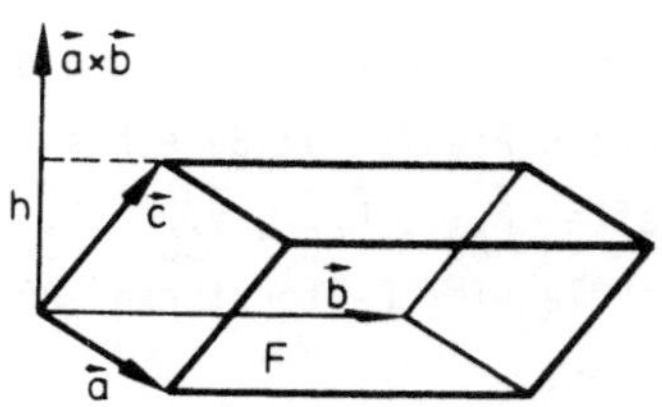

Fig. 1.57: Spat = Parallelflach

Satz 1.8 Rechenregeln für das Spatprodukt:
Für alle $\vec{a},\vec{b},\vec{c},\vec{d} \in \mathbb{R}^3$ und alle $\lambda \in \mathbb{R}$ gilt:

(a) Bei zyklischer Umordnung der Faktoren $\vec{a},\vec{b},\vec{c}$ bleibt das Spatprodukt erhalten:

$$[\vec{a},\vec{b},\vec{c}] = [\vec{b},\vec{c},\vec{a}] = [\vec{c},\vec{a},\vec{b}]$$

(b) Bei Vertauschung zweier Faktoren ändert das Spatprodukt sein Vorzeichen

$$[\vec{a},\vec{b},\vec{c}] = -[\vec{b},\vec{a},\vec{c}] = -[\vec{a},\vec{c},\vec{b}] = -[\vec{c},\vec{b},\vec{a}] \ .$$

(c) Distributivgesetz:

$$[\vec{a} + \vec{d},\vec{b},\vec{c}] = [\vec{a},\vec{b},\vec{c}] + [\vec{d},\vec{b},\vec{c}]$$

Entsprechendes gilt für den 2. und 3. Faktor.

(d) $\qquad \lambda[\vec{a},\vec{b},\vec{c}] = [\lambda\vec{a},\vec{b},\vec{c}] = [\vec{a},\lambda\vec{b},\vec{c}] = [\vec{a},\vec{b},\lambda\vec{c}]$

(e) $\qquad [\vec{i},\vec{j},\vec{k}] = 1$

Ferner:

(f) Sind zwei Faktoren gleich, so ist das Spatprodukt 0 .

$$[\vec{a},\vec{a},\vec{b}] = 0$$

(g) Addiert man ein Vielfaches eines Faktors zu einem anderen, so ändert sich der Wert des Spatproduktes nicht:

$$[\vec{a} + \lambda\vec{b},\vec{b},\vec{c}] = [\vec{a},\vec{b},\vec{c}] \qquad \text{(entsprechend für die übrigen Faktoren).}$$

(h) Gilt $\alpha\vec{a} + \beta\vec{b} + \gamma\vec{c} = \vec{0}$ mit gewissen $\alpha,\beta,\gamma \in \mathbb{R}$, die nicht alle 0 sind, so folgt

$$[\vec{a},\vec{b},\vec{c}] = 0$$

(i) $\qquad \vec{a}\cdot\vec{b} = \vec{b}\cdot\vec{c} = \vec{c}\cdot\vec{a} = 0 \;\Rightarrow\; [\vec{a},\vec{b},\vec{c}] = |\vec{a}||\vec{b}||\vec{c}|$.

Zum <u>Beweis</u>: (a) folgt aus der Determinantendarstellung des Spatproduktes, (b) bis (g) und (i) ergeben sich aus der Definition 1.8, und (h) folgt so: Da α,β,γ nicht alle 0 sind, nehmen wir ohne Beschränkung der Allgemeinheit $\alpha \neq 0$ an. Damit ist

$$[\vec{a},\vec{b},\vec{c}] = \frac{1}{\alpha}[\alpha\vec{a},\vec{b},\vec{c}] = \frac{1}{\alpha}[\alpha\vec{a} + \beta\vec{b} + \gamma\vec{c},\vec{b},\vec{c}] = \frac{1}{\alpha}[\vec{0},\vec{b},\vec{c}] = 0 \qquad \square$$

Regel (a) liefert die Formel

$$\boxed{(\vec{a} \times \vec{b})\cdot\vec{c} = \vec{a}\cdot(\vec{b} \times \vec{c})} \tag{1.89}$$

denn die linke Seite ist gleich

$$[\vec{a},\vec{b},\vec{c}] = [\vec{b},\vec{c},\vec{a}] = (\vec{b} \times \vec{c})\cdot\vec{a} = \vec{a}\cdot(\vec{b} \times \vec{c}) \; .$$

72

<u>Mehrfache Produkte</u>. Produkte aus mehreren Vektoren, wobei innere und
äußere Produkte beliebig kombiniert werden, lassen sich mit Hilfe der
Formel (1.89) über das <u>Spatprodukt</u> und mit dem <u>Graßmannschen Entwicklungs-
satz</u> (Satz 1.7, Abschn. 1.2.4)

$$\boxed{\vec{a} \times (\vec{b} \times \vec{c}) = (\vec{a} \cdot \vec{c})\vec{b} - (\vec{a} \cdot \vec{b})\vec{c}} \tag{1.90}$$

vereinfachen. Weitere Hilfsmittel sind nicht nötig! Zur Demonstration
zunächst:

<u>Folgerung 1.8</u> <u>Lagrange-Identität</u>: Für alle $\vec{a}, \vec{b}, \vec{c}, \vec{d}$ aus $\mathbb{R}^3$ gilt:

$$\boxed{(\vec{a} \times \vec{b}) \cdot (\vec{c} \times \vec{d}) = (\vec{a} \cdot \vec{c})(\vec{b} \cdot \vec{d}) - (\vec{a} \cdot \vec{d})(\vec{b} \cdot \vec{c})} \tag{1.91}$$

<u>Beweis</u>: Mit $\vec{u} := \vec{c} \times \vec{d}$ ist

$$(\vec{a} \times \vec{b}) \cdot (\vec{c} \times \vec{d}) = (\vec{a} \times \vec{b}) \cdot \vec{u} = \vec{a} \cdot (\vec{b} \times \vec{u}) = \vec{a} \cdot (\vec{b} \times (\vec{c} \times \vec{d})) \ .$$

Der Graßmannsche Entwicklungssatz angewandt auf $\vec{b} \times (\vec{c} \times \vec{d})$, liefert
damit Gleichung (1.91).   □

Weitere Mehrfachprodukte:

$$(\vec{a} \times \vec{b}) \times (\vec{c} \times \vec{d}) = (\vec{a} \times \vec{b}) \times \vec{u} = (\vec{a} \cdot \vec{u})\vec{b} - (\vec{b} \cdot \vec{u})\vec{a}$$
$$= [\vec{a}, \vec{c}, \vec{d}]\vec{b} - [\vec{b}, \vec{c}, \vec{d}]\vec{a} \ , \text{ analog} \tag{1.92}$$
$$= [\vec{a}, \vec{b}, \vec{d}]\vec{c} - [\vec{a}, \vec{b}, \vec{c}]\vec{d}$$

$$(\vec{a} \times \vec{b}) \cdot ((\vec{b} \times \vec{c}) \times (\vec{c} \times \vec{a})) = [\vec{a}, \vec{b}, \vec{c}]^2 \tag{1.93}$$

Der Leser beweise die letzte Gleichung.

<u>Rauminhalte von Prisma und Tetraeder</u>

Wir denken uns ein <u>Prisma</u> so von den Vektoren $\vec{a}, \vec{b}, \vec{c}$ aufgespannt, wie es
die Figur 1.58a zeigt. Da das Prisma ein halbes Parallelflach ist, folgt
für sein Volumen:

$$\boxed{V_P := \tfrac{1}{2}\,|\,[\vec{a},\vec{b},\vec{c}]\,|}$$

<u>Prisma-Volumen</u>   (1.94)

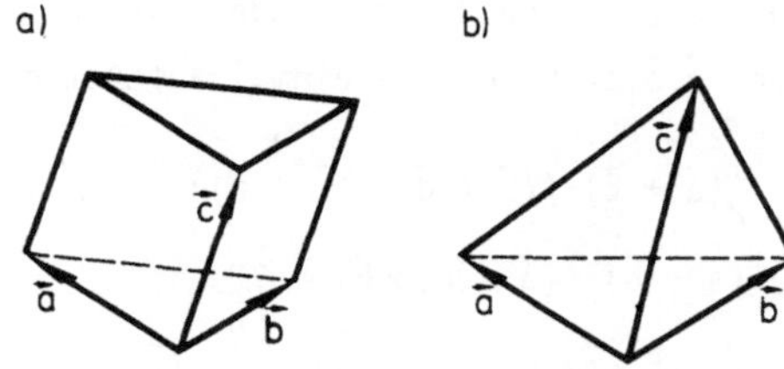

Fig. 1.58: Prisma und Tetraeder

Ein <u>Tetraeder</u>, aufgespannt von $\vec{a},\vec{b},\vec{c}$ (s.Fig. 1.58b) hat ein Volumen V_T , welches ein Drittel des entsprechenden Prisma-Volumens ist (denn V_T = Grundflächeninhalt × Höhe/3, V_P = Grundflächeninhalt × Höhe). Somit folgt

$$\boxed{V_T := \tfrac{1}{6}\,|\,[\vec{a},\vec{b},\vec{c}]\,|}$$ <u>Tetraeder-Volumen</u>   (1.95)

Anwendungen

<u>Beispiel 1.23</u> Eine Flüssigkeit fließt mit konstanter Geschwindigkeit $\vec{v}$ durch eine Parallelogramm-Fläche, die von $\vec{a},\vec{b}$ aufgespannt wird. Wie groß ist die Flüssigkeitsmenge, die in einer Sekunde durch die Fläche strömt? Dabei wird $\vec{v}$ in m/s gemessen.

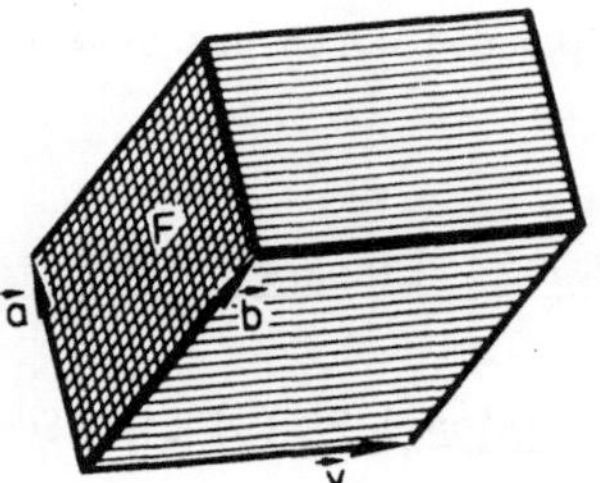

Fig. 1.59: Strömung durch eine Parallelogrammfläche

<u>Antwort</u>: Die Flüssigkeitsmenge hat das Volumen $V = |[\vec{a},\vec{b},\vec{v}]|$, da in einer Sekunde sich das in Fig. 1.59 skizzierte Parallelflach durch die Fläche geschoben hat.

Übungen

<u>1.48</u>*Welche der folgenden Ausdrücke sind sinnvoll und welche sinnlos?

(a) $(\vec{a} + \vec{b})\cdot\vec{c} + \vec{d}$; (b) $(\vec{a} \times \vec{b})\cdot\vec{c} + 5{,}3$;

(c) $\dfrac{\vec{a} \times \vec{b}}{\vec{b}} \cdot \vec{b}$ $(\vec{b} \neq \vec{0})$; (d) $\dfrac{\vec{a} \times \vec{b}}{\vec{b}^2}\,\vec{b}^2$; (e) $(\vec{a} \times \vec{b})\cdot(\vec{c} \times \vec{d}) + \vec{f}$;

(f) $6 + \lambda(\vec{a}\cdot\vec{b})\cdot(\vec{c}\cdot\vec{d})(((\vec{p}+\vec{d}) \times \vec{f}) \cdot \vec{a}/8) - |\vec{a} - \vec{b}|$.

74

<u>1.49</u>* Vereinfache die folgenden Ausdrücke so, daß Ausdrücke entstehen, in
denen $\vec{a},\vec{b},\vec{c}$ höchstens einmal auftreten:

(a) $\frac{1}{2}(\vec{a} + \vec{b})\cdot((\vec{b} + \vec{d}) \times (\vec{c} + \vec{a})) = ?$

(b) $(\vec{a} - \vec{c})\cdot((\vec{a} + \vec{c}) \times \vec{b}) = ?$

(c) $\vec{a} \times (\vec{b} \times \vec{c}) + \vec{b} \times (\vec{c} \times \vec{a}) + \vec{c} \times (\vec{a} \times \vec{b}) = ?$

<u>1.50</u>* Ein Dreieck mit den Eckpunkten A $= (2,1,2)$ cm , B $= (5,7,4)$ cm ,
C $= (8,0,1)$ cm wird von einer Flüssigkeit mit konstanter Geschwindigkeit

$$\vec{v} = \begin{bmatrix} -1 \\ -1 \\ 8 \end{bmatrix} \frac{cm}{s}$$

durchströmt. Wie groß ist das Volumen der Flüssigkeitsmenge, die in
7 Sekunden durch das Dreieck fließt?

1.2.7   Lineare Unabhängigkeit

<u>Definition 1.9</u> (a) Eine Summe der Form

$$\lambda_1\vec{a_1} + \lambda_2\vec{a_2} + \ldots + \lambda_k\vec{a_k} \quad (\lambda_i \in \mathbb{R}) \tag{1.96}$$

heißt eine <u>Linearkombination</u> der Vektoren $\vec{a_1},\ldots,\vec{a_k}$ [1].

(b) Die Vektoren $\vec{a_1},\vec{a_2},\ldots,\vec{a_m}$ heißen <u>linear abhängig</u>, wenn wenigstens
einer unter ihnen als Linearkombination der übrigen geschrieben werden
kann, oder wenn einer der Vektoren $\vec{0}$ ist.

Andernfalls heißen die Vektoren $\vec{a_1},\ldots,\vec{a_m}$ <u>linear unabhängig</u>. [2]

<u>Folgerung 1.9</u>. Die Vektoren $\vec{a_1},\ldots,\vec{a_m}$ sind genau dann linear abhängig,
wenn

$$\lambda_1\vec{a_1} + \lambda_2\vec{a_2} + \ldots + \lambda_m\vec{a_m} = \vec{0} \tag{1.97}$$

---

[1] aus $\mathbb{R}^3$ oder $\mathbb{R}^2$ (oder aus $\mathbb{R}^n$, Abschnitt 2)

[2] Für $m = 1$ folgt: $\vec{a} \neq \vec{0}$ ist linear unabhängig; $\vec{0}$ ist linear
abhängig.

erfüllt ist, und zwar mit reellen Zahlen $\lambda_1,\ldots,\lambda_m$, die nicht alle null sind.

__Beweis__: Sei $m \geq 2$. Gilt $\lambda_i \neq 0$, so kann man (1.97) nach $\vec{a_i}$ auflösen, d.h. $\vec{a_i}$ ist Linearkombination der übrigen $\vec{a_k}$, d.h. die $\vec{a_1},\ldots,\vec{a_m}$ sind linear abhängig. Umgekehrt bedeutet lineare Abhängigkeit der $\vec{a_1},\ldots,\vec{a_m}$, daß ein $\vec{a_i}$ Linearkombination der übrigen ist, woraus man eine Gleichung der Form (1.97) gewinnt, mit $\lambda_i = 1$ (m = 1 trivial). - □

__Veranschaulichung__: Zwei linear abhängige Vektoren $\vec{a},\vec{b}$ nennt man __kollinear__, da wegen $\vec{a} = \lambda\vec{b}$ oder $\vec{b} = \mu\vec{a}$ beide Vektoren - als Ortsvektoren aufgefaßt - auf einer Geraden liegen. $\vec{a} \neq 0$, $\vec{b} \neq 0$ sind genau dann linear unabhängig (nicht kollinear), wenn sie nicht parallel sind, d.h. $0 < \sphericalangle(\vec{a},\vec{b}) < \pi$, s. Fig. 1.60.

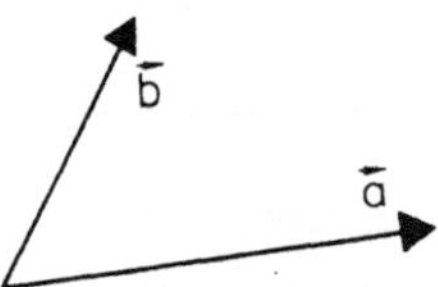

Fig. 1.60: Zwei linear unabhängige Vektoren

Drei Vektoren $\vec{a},\vec{b},\vec{c} \in \mathbb{R}^3$, die linear abhängig sind, werden __komplanar__ genannt, da sie - als Ortsvektoren interpretiert - in einer Ebene liegen, wie man sich leicht klar macht.

Drei Vektoren $\vec{a},\vec{b},\vec{c} \in \mathbb{R}^3$ sind also genau dann __linear unabhängig__, wenn sie nicht in einer Ebene liegen. Dies ist gleichbedeutend damit, daß ihr __Spatprodukt__ nicht 0 ist:

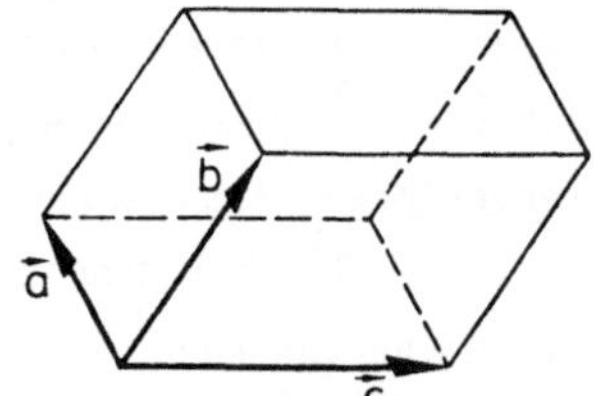

$$[\vec{a},\vec{b},\vec{c}] \neq 0 ,$$

da nur dann das von $\vec{a},\vec{b},\vec{c}$ aufgespannte Parallelflach ein Volumen $\neq 0$ hat.

Fig. 1.61: Drei linear unabhängige Vektoren

__Vier Vektoren__ $\vec{a},\vec{b},\vec{c},\vec{d} \in \mathbb{R}^3$ __sind stets linear abhängig__. Denn wären sie linear unabhängig, dann wären auch $\vec{a},\vec{b},\vec{c}$ linear unabhängig. Dann gäbe es aber eindeutig bestimmte $\xi,\eta,\zeta \in \mathbb{R}$ mit $\vec{d} = \xi\vec{a} + \eta\vec{b} + \zeta\vec{a}$, wie man geometrisch einsieht (oder durch den GAUSSschen Algorithmus, s. Abschn. 2.2.4), d.h. $\vec{d}$ ist Linearkombination der $\vec{a},\vec{b},\vec{c}$ und die vier Vektoren wären doch linear abhängig. - Damit folgt:

<u>Satz 1.9</u> Sind $\vec{a},\vec{b},\vec{c} \in \mathbb{R}^3$ linear unabhängige Vektoren, so läßt sich jeder Vektor $\vec{x} \in \mathbb{R}^3$ aus ihnen linear kombinieren:

$$\boxed{\vec{x} = \xi\vec{a} + \eta\vec{b} + \zeta\vec{c}} \tag{1.98}$$

Die Zahlen ξ,η,ζ sind dabei eindeutig bestimmt. Man berechnet sie aus

$$\boxed{\xi = \frac{[\vec{x},\vec{b},\vec{c}]}{[\vec{a},\vec{b},\vec{c}]} \;,\; \eta = \frac{[\vec{a},\vec{x},\vec{c}]}{[\vec{a},\vec{b},\vec{c}]} \;,\; \zeta = \frac{[\vec{a},\vec{b},\vec{x}]}{[\vec{a},\vec{b},\vec{c}]}} \quad \underline{\text{Cramersche}} \atop \underline{\text{Regel}} \quad \text{1)} \tag{1.99}$$

Zum <u>Beweis</u> von (1.99) hat man (1.98) nur mit $(\vec{b} \times \vec{c})$ bzw. $(\vec{a} \times \vec{b})$ durchzumultiplizieren (beachte $\vec{b} \cdot (\vec{b} \times \vec{c}) = 0$ usw.) und die entstehenden Gleichungen nach ξ, η und ζ aufzulösen. □

<u>Lineares Gleichungssystem mit drei Unbekannten</u>.

(1.98) ist ein solches, und (1.99) ist die Lösung, vorausgesetzt $[\vec{a},\vec{b},\vec{c}] \neq 0$.

<u>Basis</u>. Ein Tripel $(\vec{a},\vec{b},\vec{c})$ aus drei linear unabhängigen Vektoren $\vec{a},\vec{b},\vec{c} \in \mathbb{R}^3$ heißt eine <u>Basis</u> des $\mathbb{R}^3$. Man kann $\vec{a},\vec{b},\vec{c}$ als Koordinatenvektoren eines neuen Koordinatensystems auffassen. Ein beliebiger Vektor $\vec{x} \in \mathbb{R}^3$ hat dann die neuen Koordinaten ξ,η,ζ , die aus (1.98) und (1.99) hervorgehen. Der Übergang von den ursprünglichen Koordinateneinheitsvektoren $\vec{i},\vec{j},\vec{k}$ zu $\vec{a},\vec{b},\vec{c}$ nennt man einen <u>Basiswechsel</u>.2) Als neue Basis verwendet man dabei meistens eine

<u>Orthonormalbasis</u>. Drei Einheitsvektoren $\vec{e_1},\vec{e_2},\vec{e_3} \in \mathbb{R}^3$ bilden eine <u>Orthonormalbasis</u> $(\vec{e_1},\vec{e_2},\vec{e_3})$ im $\mathbb{R}^3$, wenn sie paarweise rechtwinklig aufeinander stehen, d.h.

$$\boxed{\vec{e_i} \cdot \vec{e_k} = \delta_{ik}} \quad \text{für alle } i,k \in \{1,2,3\} .$$

Dabei ist δ_{ik} das <u>Kronecker-Symbol</u>, definiert durch

---

1) $[a,b,c] = (\vec{a} \times \vec{b}) \cdot \vec{c}$ Spatprodukt

2) s. Abschn. 3.9.5

$$\delta_{ik} := \begin{cases} 1 & \text{wenn} \quad i = k \\ 0 & \text{wenn} \quad i \neq k \end{cases} \qquad . \tag{1.100}$$

Natürlich sind $\vec{e_1}, \vec{e_2}, \vec{e_3}$ linear unabhängig, denn es ist ja $[\vec{e_1}, \vec{e_2}, \vec{e_3}] = 1$.

Ist $\vec{x} \in \mathbb{R}^3$ beliebig, so erhält man die Linearkombination

$$\vec{x} = \xi\vec{e_1} + \eta\vec{e_2} + \zeta\vec{e_3} \tag{1.101}$$

einfach durch

$$\xi = \vec{x} \cdot \vec{e_1} \; , \; \eta = \vec{x} \cdot \vec{e_2} \; , \; \zeta = \vec{x} \cdot \vec{e_3} \tag{1.102}$$

Dies folgt aus (1.101), wenn man beide Seiten nacheinander mit $\vec{e_1}, \vec{e_2}, \vec{e_3}$ multipliziert.

Faßt man $\vec{e_1}, \vec{e_2}, \vec{e_3}$ als die Koordinateneinheitsvektoren eines neuen Koordinatensystems auf, so sind darin ξ, η, ζ die Koordinaten von $\vec{x}$. Die Gleichungen (1.101), (1.102) beschreiben also einen Wechsel des Koordinatensystems, oder wie man auch sagt einen <u>orthonormalen</u> <u>Basiswechsel</u>. (Im $\mathbb{R}^2$ verläuft alles analog mit zwei Basisvektoren.)

<u>Übungen</u>

<u>1.51</u> Prüfe nach, ob die folgenden drei Vektoren linear abhängig sind

$$\vec{a} = \begin{bmatrix} 1 \\ -3 \\ 2 \end{bmatrix} \; , \; b = \begin{bmatrix} -2 \\ 5 \\ 1 \end{bmatrix} \; , \; c = \begin{bmatrix} -1 \\ 0 \\ 13 \end{bmatrix}$$

<u>1.52</u> * Auf der Erdoberfläche im Punkt P mit der geographischen Breite $\vartheta = 60°$ und der geographischen Länge $\varphi = 70°$ wird ein ξ-η-ζ-Koordinatensystem errichtet:

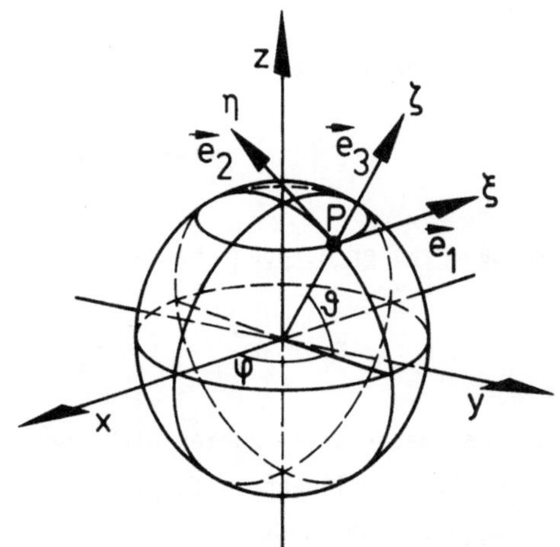

Fig. 1.62: Koordinatenwechsel

ζ-Achse rechtwinklig auf Erdoberfläche nach außen weisend, ξ-Achse nach Osten, η-Achse nach Norden gerichtet.(s. Fig. 1.62)

a) Gib die Koordinateneinheitsvektoren $\vec{e_1}, \vec{e_2}, \vec{e_3}$ des ξ-η-ζ-Koordinatensystems an (in Koordinaten bez. des x-y-z-Systems ausgedrückt, s.Fig.1.62)!

b) Ein Punkt A im Weltraum habe die Koordinaten x = 20 000 km , y = 30 000 km , z = 70 000 km . Gib seine Koordinaten im ξ-η-ζ-System an! Der Erdradius ist R = 6367 km.

1.2.8   Geraden und Ebenen im $\mathbb{R}^3$.

Gerade. Eine Gerade im $\mathbb{R}^3$ wird (wie im $\mathbb{R}^2$) durch folgende Parameterform beschrieben:

$$\boxed{\vec{r} = \vec{r_0} + \lambda\vec{s}} \quad , \ \vec{s} \neq 0 \ , \ \lambda \in \mathbb{R} \qquad (1.103)$$

D.h.: Durchläuft λ alle reellen Zahlen, so durchläuft die Spitze des Ortsvektors $\vec{r}$ alle Punkte der Geraden.

Lot auf eine Gerade. Von einem Punkt $\vec{r_1}$ [1] ziehe man die kürzeste Verbindungsstrecke zur Geraden, das sogenannte Lot. Wie in Abschnitt 1.1.7 erhält man den Fußpunkt des Lotes von $\vec{r_1}$ auf der Geraden als

$$\vec{r}^* = \vec{r_0} + \lambda_1\vec{s} \quad \text{mit} \quad \lambda_1 = \frac{(\vec{r_1}-\vec{r_0})\cdot\vec{s}}{\vec{s}^2} \quad , \qquad (1.104)$$

und den Abstand a des Punktes $\vec{r_1}$ von der Geraden durch

$$a = |\vec{r}^* - \vec{r_1}| \ . \qquad (1.105)$$

Abstand zweier Geraden Es seien

$$\vec{r} = \vec{r_1} + \lambda\vec{s_1} \quad , \quad \vec{r} = \vec{r_2} + \mu\vec{s_2}$$

die Parameterformen zweier nicht paralleler Geraden im $\mathbb{R}^3$, d.h. $\vec{s_1}, \vec{s_2}$ sind nicht kollinear.[2] Schneiden sich die Geraden nicht, so heißen sie windschief zueinander.

---

[1] Genauer: Von einem Punkt mit Ortsvektor $\vec{r_1}$.

[2] D.h.: nicht $\vec{s_2} = \mu_1\vec{s_1}$ oder $\vec{s_2} = \mu_2\vec{s_1}$, s. Abschn. 1.2.7

Will man den Abstand der beiden Geraden berechnen, so errechnet man zuerst den Vektor

$$\vec{c} = \vec{s_1} \times \vec{s_2} \ ,$$

der rechtwinklig auf beiden Geraden steht, und löst dann das folgende Gleichungssystem nach λ, μ und ν auf:

$$(\vec{r_1} + \lambda\vec{s_1}) - (\vec{r_2} + \mu\vec{s_2}) = \nu\vec{c}$$

Die Gleichung besagt, daß $\vec{r_1} + \lambda\vec{s_1}$ und $\vec{r_2} + \mu\vec{s_2}$ die Punkte_der_beiden Geraden sind, die den kleinsten Abstand voneinander haben. (Ihre Differenz muß parallel zu $\vec{c}$ sein, also gleich $\nu\vec{c}$). Damit ist

$$a = |\nu\vec{c}| \tag{1.106}$$

der Abstand der beiden Geraden voneinander.

Ebene. Eine Ebene im $\mathbb{R}^3$ wird durch folgende Parameterform beschrieben:

$$\boxed{\vec{r} = \vec{r_0} + \lambda\vec{a} + \mu\vec{b}} \quad , \quad \lambda, \mu \in \mathbb{R} \tag{1.107}$$

wobei $\vec{a}$ und $\vec{b}$ nicht
kollinear sind. Fig. 1.63 zeigt,
daß $\vec{r}$ Ortsvektor eines Punktes auf einer
Ebene durch die Spitze von $\vec{r_0}$
ist, und daß alle Ebenenpunkte
so beschrieben werden, wenn
λ, μ alle reellen Zahlen durchlaufen. Man sagt auch, die
Ebene wird in $\vec{r_0}$ durch $\vec{a}$
und $\vec{b}$ "aufgespannt".

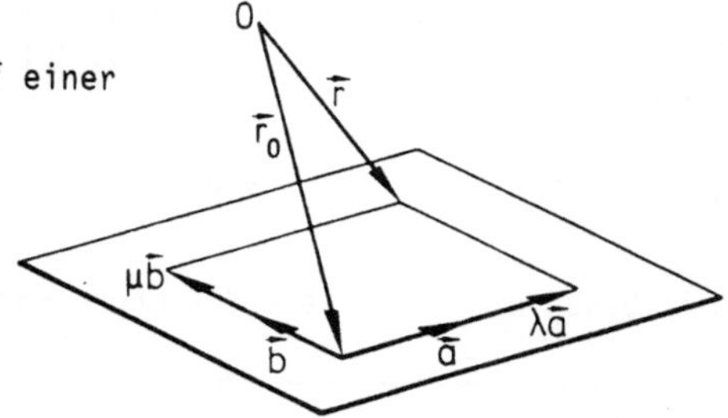

Fig. 1.63: Zur Parameterform der Ebene

Sind drei Punkte einer Ebene gegeben, die die Ortsvektoren $\vec{r_0}, \vec{r_1}, \vec{r_2}$ haben, und sind $\vec{a} = \vec{r_1} - \vec{r_0}$, $\vec{b} = \vec{r_2} - \vec{r_0}$ nicht kollinear, so bilden die Vektoren $\vec{a}, \vec{b}, \vec{r_0}$ eine Parameterform (1.107) der Ebene.

Die Ebene kann auch durch die <u>Hessesche Normalform</u>

$$\boxed{\vec{r}\cdot\vec{n} = \rho} \tag{1.108}$$

beschrieben werden, wobei $\vec{n}$ ein Einheitsvektor ist, der rechtwinklig auf der Ebene steht, und $\rho \geq 0$ der Abstand der Ebene von 0. (Die geometrische Begründung dafür ist völlig analog zur Hesseschen Normalform einer Geraden im $\mathbb{R}^2$, s. Abschn. 1.1.6).

Will man die Parameterform der Ebene in die Hessesche Normalform $\vec{r}\cdot\vec{n} = \rho$ umwandeln, so berechnet man $\vec{n}$ und ρ so:

$$\vec{c} = \frac{\vec{a}\times\vec{b}}{|\vec{a}\times\vec{b}|} \quad , \quad |\vec{c}\cdot\vec{r_0}| = \rho \quad \text{und} \quad \vec{n} = \begin{cases} \vec{c} & \text{falls} \quad \vec{c}\cdot\vec{r_0} \geq 0 \ , \\ -\vec{c} & \text{falls} \quad \vec{c}\cdot\vec{r_0} < 0 \ . \end{cases}$$

Liegt umgekehrt eine Ebene in Hessescher Normalform vor, so berechne man aus ihr drei beliebige Punkte $\vec{r_0}, \vec{r_1}, \vec{r_2}$ der Ebene, wobei $\vec{r_1} - \vec{r_0}$ und $\vec{r_2} - \vec{r_0}$ nicht kollinear sein sollen. Dann erhält man mit $\vec{a} = \vec{r_1} - \vec{r_0}$, $\vec{b} = \vec{r_2} - \vec{r_0}$ und $\vec{r_0}$ daraus die Parameterform (1.107).

Die Hessesche Normalform $\vec{r}\cdot\vec{n} = \rho$ lautet mit

$$\vec{r} = \begin{bmatrix} x \\ y \\ z \end{bmatrix} \ , \quad \vec{n} = \begin{bmatrix} n_x \\ n_y \\ n_z \end{bmatrix} \ ,$$

ausführlich

$$n_x x + n_y y + n_z z = \rho \tag{1.109}$$

Damit beschreibt auch jede Gleichung der Form

$$\boxed{ax + by + cz = d} \tag{1.110}$$

(wobei a, b, c nicht alle gleich Null sind) eine Ebene, da man sie durch die Formeln

$$\tau = \pm\sqrt{a^2 + b^2 + c^2} \quad , \quad \text{wobei} \quad \begin{cases} + \ \text{falls} \quad d \geq 0 \\ - \ \text{falls} \quad d < 0 \end{cases} ,$$

$$n_x = \frac{a}{\tau} \ , \ n_y = \frac{b}{\tau} \ , \ n_z = \frac{c}{\tau} \ , \ \rho = \frac{d}{\tau} \ ,$$

in die Hessesche Normalform (1.109) verwandeln kann.

<u>Lot auf eine Ebene</u>. Von einem Punkt $\vec{r_1}$ denke man sich die kürzeste Verbindungsstrecke zur Ebene gezogen. Sie heißt das <u>Lot</u> von $\vec{r_1}$ auf die Ebene. Hat die Ebene die Parameterform (1.107), so ist $\vec{c} = \vec{a} \times \vec{b}$ parallel zum Lot. Den <u>Fußpunkt</u> $\vec{r}*$ des Lotes auf der Ebene findet man, indem man $\lambda*,\mu*,\nu$ aus dem Gleichungssystem

$$\vec{r_0} + \lambda*\vec{a} + \mu*\vec{b} - \vec{r_1} = \nu\vec{c} \qquad (1.111)$$

berechnet und

$$\boxed{\vec{r}* = \lambda*\vec{a} + \vec{\mu}*\vec{b}} \qquad (1.112)$$

setzt. (Denn Gleichung (1.111) besagt, daß die Differenz $\vec{r}* - \vec{r_1}$ ein Vielfaches von $\vec{n}$ ist, also rechtwinklig auf der Ebene steht.

Der <u>Abstand</u> des Punktes $\vec{r_1}$ von der Ebene ist damit gleich

$$a = |\vec{r}* - \vec{r_1}| \ . \qquad (1.113)$$

Mit der Hesseschen Normalform (1.108) der Ebene findet man den Abstand noch bequemer durch

$$a = |\vec{r_1} \cdot \vec{n} - \rho| \ . \qquad (1.114)$$

<u>Schnittgerade zweier Ebenen</u>. Wir denken uns zwei Ebenen durch ihre Hesseschen Normalformen

$$\vec{r} \cdot \vec{n_1} = \rho_1 \quad , \quad \vec{r} \cdot \vec{n_2} = \rho_2 \qquad (1.115)$$

gegeben, wobei $\vec{n_1}, \vec{n_2}$ nicht kollinear sind. Aus diesen beiden Gleichungen berechnen wir einen Punkt $\vec{r_0}$, der beide Gleichungen erfüllt, indem wir eine Koordinate von $\vec{r_0}$ gleich 0 setzen, und aus dem Gleichungssystem (1.115) die übrigen beiden Koordinaten von $\vec{r_0}$ ermitteln (welche Koordinate 0 gesetzt werden darf, muß evtl. ausprobiert werden). Da die Gerade in beiden Ebenen liegt, steht sie rechtwinklig auf $\vec{n_1}$ und $\vec{n_2}$. D.h.: $\vec{s} = \vec{n_1} \times \vec{n_2}$ ist zur Geraden parallel. Damit lautet die Parameterform der Geraden

$$\vec{r} = \vec{r_0} + \lambda\vec{s} \quad \text{mit} \quad \vec{s} = \vec{n_1} \times \vec{n_2} \qquad (1.116)$$

Übungen

1.53* Berechne den Abstand der beiden Geraden

$$\vec{r} = \begin{bmatrix} 2 \\ 0 \\ 1 \end{bmatrix} + \lambda \begin{bmatrix} -1 \\ 5 \\ 0 \end{bmatrix} \;,\; \vec{r} = \begin{bmatrix} 8 \\ 7 \\ 1 \end{bmatrix} + \lambda \begin{bmatrix} 8 \\ -2 \\ 1 \end{bmatrix}$$

1.54 Beschreibe die Ebene durch die Punkte A = (3,1,1) , B = (1,5,0) , C = (2,1,6) in Parameterform und in Hessescher Normalform.

1.55* Neben der Ebene aus Übung 1.54 sei noch eine zweite Ebene gegeben, die rechtwinklig auf $\vec{u} = \begin{bmatrix} 1 \\ 1 \\ 1 \end{bmatrix}$ steht und durch den Punkt $\vec{r_0} = \begin{bmatrix} 5 \\ 9 \\ 4 \end{bmatrix}$ ver-läuft. Gib eine Parameterform der Schnittgeraden beider Ebenen an.

1.56* Durch x + 2y + 2z = 12 ist eine Ebene im $\mathbb{R}^3$ gegeben. Ein Licht-strahl, der entlang der Geraden mit der Parameterform

$$\vec{x} = \vec{r_0} + \lambda \vec{s} \quad \text{mit} \quad \vec{r_0} = \begin{bmatrix} 11 \\ -2 \\ 10 \end{bmatrix} \;,\; \vec{s} = \begin{bmatrix} 11 \\ -2 \\ 10 \end{bmatrix}$$

auf die Ebene zuläuft, und zwar in Richtung von $\vec{s}$, wird an der Ebene reflektiert (man stelle sich die Ebene als Spiegel vor).

(a) In welchem Punkte trifft der Lichtstrahl auf die Ebene?

(b) Welchen Wert hat der Einfallswinkel des Lichtstrahls (Winkel zwischen Lichtstrahl und Senkrechter auf der Ebene)?

(c) Auf welcher Geraden verläuft der reflektierte Strahl? Gib die Para-meterform $\vec{r} = \vec{r_0} + \lambda \vec{a}$ dazu an, in der $\vec{r_0}$ der Auftreffpunkt des Strahls auf den Spiegel ist und $|\vec{a}| = 1$.

2 VEKTORRÄUME BELIEBIGER DIMENSIONEN

In diesem Abschnitt werden zunächst die Vektorräume $\mathbb{R}^n$ und $\mathbb{C}^n$ behandelt, einschließlich linearer Gleichungssysteme. Anschließend werden allgemeinere algebraische Strukturen erörtert: Gruppen, Körper und Vektorräume über beliebigen Körpern samt linearen Abbildungen. Diese abstrakteren Teile (ab Abschn. 2.3) können vom anwendungsorientierten Leser zunächst übersprungen werden.

2.1 DIE VEKTORRÄUME $\mathbb{R}^n$ UND $\mathbb{C}^n$

2.1.1 Der Raum $\mathbb{R}^n$ und seine Arithmetik

Analog zum $\mathbb{R}^2$ und $\mathbb{R}^3$ führt man den $\mathbb{R}^n$ ein: Der $\mathbb{R}^n$ ist die Menge aller reellen Spaltenvektoren

$$\underline{x} = \begin{bmatrix} x_1 \\ x_2 \\ \vdots \\ x_n \end{bmatrix} \qquad (x_1,\ldots,x_n \in \mathbb{R}) \ .$$

Die reellen Zahlen $x_1,\ldots,x_n$ heißen dabei die Koordinaten (Komponenten, Einträge) des Spaltenvektors $\underline{x}$ [1], und n ist seine Dimension [1]. Zwei Spaltenvektoren $\underline{x}$ und $\underline{y}$, s. (2.1), sind genau dann gleich, $\underline{x} = \underline{y}$, wenn ihre entsprechenden Koordinaten übereinstimmen, d.h. wenn $x_1 = y_1$, $x_2 = y_2$, ..., $x_n = y_n$ gilt. (Spaltenvektoren verschiedener Dimensionen sind natürlich verschieden.)

$$\underline{x} = \begin{bmatrix} x_1 \\ x_2 \\ \vdots \\ x_n \end{bmatrix} , \quad \underline{y} = \begin{bmatrix} y_1 \\ y_2 \\ \vdots \\ y_n \end{bmatrix} , \quad \underline{x} \pm \underline{y} := \begin{bmatrix} x_1 \pm y_1 \\ x_2 \pm y_2 \\ \vdots \\ x_n \pm y_n \end{bmatrix} , \quad \lambda\underline{x} := \begin{bmatrix} \lambda x_1 \\ \lambda x_2 \\ \vdots \\ \lambda x_n \end{bmatrix} \qquad (2.1)$$

---

[1] Auch die waagerechte Schreibweise $[x_1,\ldots,x_n]$ (oder $(x_1,\ldots,x_n)$) wird viel verwendet. Man spricht dann von Zeilenvektoren. Der gemeinsame Ausdruck für Zeilen- und Spaltenvektoren ist n-Tupel. Wir bevorzugen beim $\mathbb{R}^n$ die senkrechte Anordnung, da sie sich später zwangloser in die Matrizenrechnung einordnet.

<u>Addition</u>, <u>Subtraktion</u> und <u>Multiplikation</u> <u>mit</u> <u>einem</u> <u>Skalar</u> $\lambda \in \mathbb{R}$ (auch
s-<u>Multiplikation</u> genannt), werden mit den Vektoren des $\mathbb{R}^n$ koordinaten-
weise ausgeführt, wie in (2.1) angegeben. Es gelten alle Regeln des
Satzes 1.1 aus Abschnitt 1.1.3 entsprechend: Assoziativgesetz für + ,
Kommutativgesetz für + , usw. Auf Grund dieser Gesetze nennt man $\mathbb{R}^n$
einen n-<u>dimensionalen</u> <u>reellen</u> <u>Vektorraum</u>.

Klammern werden bei längeren Summen und Multiplikationen mit Skalaren nor-
malerweise weglassen, man schreibt also $\underline{a} + \underline{b} + \underline{c}$, $\underline{a} + \underline{b} + \underline{c} + \underline{d}$ usw.,
$\lambda\mu\underline{a}$, $\lambda\mu\nu\underline{a}$ usw. Weitere Bräuche:

$$-\underline{x} := (-1)\underline{x} \quad , \quad \underline{x}\lambda := \lambda\underline{x} \quad , \quad \frac{\underline{x}}{\lambda} := \frac{1}{\lambda}\underline{x} \quad (\lambda \neq 0) \ . \quad \underline{0} := \begin{bmatrix} 0 \\ \vdots \\ 0 \end{bmatrix} \ . \quad (2.2)$$

Dies alles hat niemand anders erwartet!

<u>Bemerkung</u>: a) Die Vektoren des $\mathbb{R}^n$ werden auch <u>Punkte</u> oder <u>Elemente</u> ge-
nannt, um sprachliche Eintönigkeit zu vermeiden.

b) $\mathbb{R}^1$ und $\mathbb{R}$ werden als gleich angesehen, d.h. man setzt einfach
$[x] = x \in \mathbb{R}$.

c) Im $\mathbb{R}^2$ und $\mathbb{R}^3$ werden Vektoren gerne durch Pfeile über den Buchsta-
ben symbolisiert, wie in den vorangehenden Abschnitten geschehen. $\vec{x}$ und
$\underline{x}$ bedeuten im $\mathbb{R}^n$ mit n = 2 oder n = 3 also dasselbe.[1]

Aus schreibtechnischen Gründen notiert man Spaltenvektoren des $\mathbb{R}^n$ auch
in der Form

$$\underline{x} = [x_1, x_2, \ldots, x_n]^T \ ,$$

wobei T die Abkürzung für "transponiert" ist.

<u>Beispiel 2.1</u> Ein physikalisches Beispiel für einen höherdimensionalen Raum
ist der sechsdimensionale Phasenraum $\mathbb{R}^6$ in der kinetischen Gastheorie. Jedem Punkt (Gasmolekül) ordnet man dabei seine drei Ortskoordinaten und seine

---

[1] Die Kennzeichnung der Vektoren des $\mathbb{R}^2$ und $\mathbb{R}^3$ durch Pfeile kommt
von der Veranschaulichung durch geometrische Pfeile $\vec{AB}$ her. Ab Dimension 4 versagt die Anschauung aber. Hier sind Vektoren nur noch algebraische Objekte. Aus diesem Grunde wählen wir bei allgemeinen Erörterungen
des $\mathbb{R}^n$ die neutrale Schreibweise $\underline{x}$, also die Unterstreichung.

drei Impulskoordinaten zu, die zu einem 6-dimensionalen Vektor zusammengefaßt werden (s. JOOS [73], S. 545 ff).

2.1.2   Inneres Produkt, Beträge von Vektoren

__Defintion 2.1__ a) Das __innere Produkt__ (__Skalarprodukt__) zweier Vektoren

$$\underline{x} = \begin{bmatrix} x_1 \\ \vdots \\ x_n \end{bmatrix} \quad , \quad \underline{y} = \begin{bmatrix} y_1 \\ \vdots \\ y_n \end{bmatrix}$$

aus $\mathbb{R}^n$ ist definiert durch

$$\boxed{\underline{x} \cdot \underline{y} := x_1 y_1 + x_2 y_2 + \ldots + x_n y_n} \qquad (2.3)$$

b) Der __Betrag__ von $\underline{x}$, auch __Länge__ oder __euklidische Norm__ genannt, ist

$$\boxed{|\underline{x}| := \sqrt{\underline{x} \cdot \underline{x}} = \sqrt{x_1^2 + x_2^2 + \ldots + x_n^2}} \qquad (2.4)$$

Abkürzung $\underline{x}^2 = \underline{x} \cdot \underline{x}$.

__Satz 2.1__ __Regeln für das innere Produkt__: Für alle Vektoren $\underline{x}, \underline{y}, \underline{z} \in \mathbb{R}^3$
und alle $\lambda \in \mathbb{R}$ gilt:

(I)	$\underline{x} \cdot \underline{y} = \underline{y} \cdot \underline{x}$	__Kommutativgesetz__
(II)	$(\underline{x} + \underline{y}) \cdot \underline{z} = \underline{x} \cdot \underline{z} + \underline{y} \cdot \underline{z}$	__Distributivgesetz__
(III)	$\lambda(\underline{x} \cdot \underline{y}) = (\lambda \underline{x}) \cdot \underline{y} = \underline{x} \cdot (\lambda \underline{y})$	__Assoziativgesetz__
(IV)	$\underline{x} \neq \underline{0} \Leftrightarrow \underline{x} \cdot \underline{x} > 0$	__positive Definitheit__

Ferner: __Regeln für die Beträge von Vektoren__:

(V)	$|\lambda \underline{x}| = |\lambda| \, |\underline{x}|$	__Homogenität__
(VI)	$|\underline{x} \cdot \underline{y}| \leq |\underline{x}| \, |\underline{y}|$	__Schwarzsche Ungleichung__
(VII)	$|\underline{x} + \underline{y}| \leq |\underline{x}| + |\underline{y}|$	__Dreiecksungleichung__
(VIII)	$|\underline{x} - \underline{y}| \geq ||\underline{x}| - |\underline{y}||$	__2. Dreiecksungleichung__
(IX)	$|\underline{x}| = 0 \Leftrightarrow \underline{x} = \underline{0}$	__Definitheit__

__Bemerkung__: Es handelt sich hier um die gleichen Regeln, wie wir sie aus
$\mathbb{R}^2$ und $\mathbb{R}^3$ kennen.

<u>Beweis</u>: Die Nachweise von (I) bis (V) und (IX) ergeben sich unmittelbar aus den Koordinatendarstellungen der Vektoren. - Zum Beweis der <u>Schwarzschen Ungleichung</u> (VI) bemerken wir zunächst, daß sie im Falle $\underline{y} = \underline{0}$ erfüllt ist. Im Falle $\underline{y} \neq \underline{0}$ arbeitet man mit dem Hilfsvektor $\underline{p} = (\underline{x} \cdot \underline{y}/\underline{y}^2)\underline{y}$ (der Projektion von $\underline{x}$ auf $\underline{y}$, wenn man an $\mathbb{R}^2$ oder $\mathbb{R}^3$ denkt). Damit ist

$$0 \leq (\underline{x} - \underline{p})^2 = \underline{x}^2 - 2\frac{(\underline{x} \cdot \underline{y})^2}{\underline{y}^2} + \frac{(\underline{x} \cdot \underline{y})^2}{\underline{y}^2} = \underline{x}^2 - \frac{(\underline{x} \cdot \underline{y})^2}{\underline{y}^2}$$

$$0 \leq \underline{x}^2\underline{y}^2 - (\underline{x} \cdot \underline{y})^2 \Rightarrow (\underline{x} \cdot \underline{y})^2 \leq \underline{x}^2\underline{y}^2 \Rightarrow |\underline{x} \cdot \underline{y}| \leq |\underline{x}||\underline{y}| \ .$$

Die <u>Dreiecksungleichung</u> ergibt sich nun leicht aus (VI):

$$|\underline{x} + \underline{y}|^2 = (\underline{x} + \underline{y})^2 = |\underline{x}|^2 + 2\underline{x} \cdot \underline{y} + |\underline{y}|^2 \quad , \text{(VI) liefert:}$$

$$\leq |\underline{x}|^2 + 2|\underline{x}||\underline{y}| + |\underline{y}|^2 = (|\underline{x}|^2 + |\underline{y}|^2)^2 \ .$$

Die 2. Dreiecksungleichung erhält man analog zu Folgerung 1.2 in Abschn. 1.1.3. □

Mit dem Distributivgesetz (II) leitet man wieder die <u>binomischen Formeln</u> her:

$$(\underline{a}+\underline{b})^2 = \underline{a}^2 + 2\underline{a} \cdot \underline{b} + \underline{b}^2 \quad , \quad (\underline{a}-\underline{b})^2 = \underline{a}^2 - 2\underline{a} \cdot \underline{b} + \underline{b}^2 \ , \qquad (2.5)$$
$$(\underline{a}+\underline{b}) \cdot (\underline{a}-\underline{b}) = \underline{a}^2 - \underline{b}^2 \ .$$

<u>Bemerkung</u>: Das innere Produkt ist hier algebraisch eingeführt worden, da wir ja im unanschaulichen Raum $\mathbb{R}^n$ zunächst keine geometrischen Begriffe wie Winkel, Geraden usw. haben. Diese können wir nun aber analog zum $\mathbb{R}^2$ oder $\mathbb{R}^3$ erklären, wobei wir das innere Produkt heranziehen. Dies geschieht in den folgenden Abschnitten.

<u>Übung 2.1</u> Zeige: $|\underline{x} + \underline{y}| = |\underline{x}| + |\underline{y}|$ gilt genau dann, wenn $|\underline{x}|\underline{y} = |\underline{y}|\underline{x}$ gilt.

2.1.3   Unterräume, lineare Mannigfaltigkeiten

Die Begriffe Linearkombination, lineare Abhängigkeit und Unabhängigkeit
werden wörtlich aus Abschnitt 1.2.7 vom $\mathbb{R}^3$ in den $\mathbb{R}^n$ übernommen:

(I) $\sum\limits_{i=1}^{m} \lambda_i \underline{a}_i$ (mit $\lambda_i \in \mathbb{R}$) heißt eine Linearkombination der Vektoren
$$\underline{a}_1, \ldots, \underline{a}_m \in \mathbb{R}^n .$$

(II) $\underline{a}_1, \ldots, \underline{a}_m \in \mathbb{R}^n$ sind linear abhängig, wenn wenigstens einer der
Vektoren als Linearkombination der übrigen darstellbar ist, oder
einer der Vektoren $\underline{0}$ ist. Andernfalls heißen die $\underline{a}_1, \ldots, \underline{a}_m$
linear unabhängig.

(III) Es folgt: $\underline{a}_1, \ldots, \underline{a}_m \in \mathbb{R}^n$ sind genau dann linear unabhängig, wenn
die Linearkombination

$$\sum\limits_{i=1}^{m} \lambda_i \underline{a}_i = \underline{0} \qquad (2.6)$$

nur mit $\lambda_1 = \lambda_2 = \ldots = \lambda_m = 0$ möglich ist. (s. Folg. 1.9,
Abschn. 1.2.7)

Satz 2.2 (Fundamentallemma): Je $n+1$ Vektoren des $\mathbb{R}^n$ sind linear
abhängig.

Beweis: Sind $\underline{a}_1, \underline{a}_2, \ldots, \underline{a}_{n+1}$ beliebige n+1 Vektoren des $\mathbb{R}^n$, so betrachten wir die Gleichung $\sum\limits_{i=1}^{n+1} \lambda_k \underline{a}_k = \underline{0}$. Koordinatenweise hingeschrieben,
ist dies ein Gleichungssystem von n Gleichungen für die n + 1 Unbe-
kannten $\lambda_1, \ldots, \lambda_{n+1}$. Wir denken uns die "Nullzeile" $0 \cdot \lambda_1 + \ldots + 0\lambda_{n+1} = 0$
noch darunter geschrieben, um ebenso viele Gleichungen wie Unbekannte zu
haben. Die Nullzeile ändert die Lösungsgesamtheit nicht. Mit dem Gauß'schen
Algorithmus [1] ergibt sich aber, daß dieses Gleichungssystem unendlich
viele Lösungen hat. (Es entsteht kein Dreieckssystem und Folgerung 2.4(b)
in Abschn. 2.2.3 gilt.) Damit gibt es Lösungen, bei denen die λ_k nicht
alle 0 sind, d.h.: Die $\underline{a}_1, \ldots, \underline{a}_{n+1}$ sind linear abhängig.   □

---

[1] Hier wird auf die Abschnitte 2.2.1 und 2.2.3 vorgegriffen. Dabei ent-
steht kein logischer Zirkel, da die dortige Erläuterung des Gauß'schen
Algorithmus (bis Folg. 2.4) unabhängig vom vorliegenden und nächsten
Abschnitt verstanden werden kann.

88

Da die Koordinateneinheitsvektoren $\underline{e}_1,\ldots,\underline{e}_n$ ($\underline{e}_i := [0,\ldots,0,1,0,\ldots,0]^T$,
1 an i-ter Stelle, sonst Nullen) sicherlich linear unabhängig sind, ist
n die maximale Zahl linear unabhängiger Vektoren des $\mathbb{R}^n$. Dies motiviert
zu folgendem Dimensionsbegriff:

Definition 2.2 (a) Eine Teilmenge U von $\mathbb{R}^n$ heißt ein Unterraum oder
Teilraum von $\mathbb{R}^n$, wenn mit je zwei Vektoren $\underline{a},\underline{b}$ aus U auch $\underline{a}+\underline{b}$,
und $\lambda\underline{a}$ (für alle $\lambda \in \mathbb{R}$) in U liegen.

(b) Die maximale Anzahl linear unabhängiger Vektoren aus U heißt die
Dimension von U .

(c) Es sei m die Dimension von U. Dann wird jedes m-Tupel $(\underline{a}_1,\underline{a}_2,\ldots,\underline{a}_m)$
von linear unabhängigen Vektoren aus U eine Basis von U genannt. Man
schreibt symbolisch:

$$\dim U = m .$$

Bemerkung: Der kleinste Unterraum von $\mathbb{R}^n$ ist $U = \{\underline{0}\}$. Er hat die
Dimension 0 . Der größte Unterraum von $\mathbb{R}^n$ ist $\mathbb{R}^n$ selbst, mit der
Dimension n . -

Allgemein läßt sich ein Unterraum von $\mathbb{R}^n$ so beschreiben:

Satz 2.3 (a) Ist $(\underline{a}_1,\ldots,\underline{a}_m)$ eine Basis des m-dimensionalen Unterraumes
U von $\mathbb{R}^n$, so ist U die Menge aller Linearkombinationen

$$\underline{x} = \lambda_1\underline{a}_1 + \lambda_2\underline{a}_2 +\ldots+ \lambda_m\underline{a}_m \quad (\lambda_i \in \mathbb{R}) . \tag{2.7}$$

(b) Die reellen Zahlen $\lambda_1,\ldots,\lambda_m$ sind dabei eindeutig durch $\underline{x}$ und die
Basis $(\underline{a}_1,\ldots,\underline{a}_m)$ bestimmt.

Beweis:(a) Ist $\underline{x}$ ein beliebiger Vektor aus U , so sind $\underline{x},\underline{a}_1,\ldots,\underline{a}_m$
linear abhängig, da es nicht mehr als m linear unabhängige Vektoren in
U gibt (wegen $\dim U = m$). Also gibt es eine Linearkombination

$$\mu_0\underline{x} + \mu_1\underline{a}_1 +\ldots+ \mu_m\underline{a}_m = \underline{0} , \quad (\mu_i \in \mathbb{R}) , \tag{2.8}$$

in der nicht alle μ_i Nullen sind. Dann ist aber $\mu_0 \neq 0$, sonst wären
die $\underline{a}_1,\ldots,\underline{a}_m$ linear abhängig. Division der Gleichung (2.8) durch μ_0

und $\lambda_i := -\mu_i/\mu_0$ liefern Gleichung (2.7).

Umgekehrt muß jedes $\underline{x}$ der Form (2.7) zu U gehören, da nach Definition des Unterraumes folgendes gilt: $\lambda_i\underline{a}_i \in U$ für alle i, $\lambda_1\underline{a}_1 + \lambda_2\underline{a}_2 \in U$, $(\lambda_1\underline{a}_1 + \lambda_2\underline{a}_2) + \lambda_2\underline{a}_3 \in U$ usw.

(b) Zum Nachweis der Eindeutigkeit der λ_i nehmen wir an, daß es neben (2.7) eine weitere Linearkombination $\underline{x} = \sum_{i=1}^{m} \mu_i\underline{a}_i$ gibt. Subtraktion von (2.7) liefert $\underline{0} = \sum_{i=1}^{m} (\lambda_i - \mu_i)\underline{a}_i$. Da die $\underline{a}_1,\ldots,\underline{a}_m$ linear unabhängig sind, folgt $\lambda_i - \mu_i = 0$, also $\lambda_i = \mu_i$ für alle i , d.h. die λ_i sind eindeutig bestimmt. □

Umgekehrt regt (2.7) zur <u>Konstruktion</u> von Unterräumen an:

Ist A eine beliebige nichtleere Teilmenge des $\mathbb{R}^n$, so bildet die Menge aller Linearkombination $\underline{x} = \sum_{i=1}^{p} \lambda_i\underline{a}_i$ mit beliebigen $\lambda_i \in \mathbb{R}$, $\underline{a}_i \in A$ und $p \in \mathbb{N}$ offenbar einen Unterraum U von $\mathbb{R}^n$. Er wird durch

$$U =: \text{Span } A$$

symbolisiert. Man sagt, A <u>spannt den Unterraum</u> U auf, oder: A ist ein <u>Erzeugendensystem</u> von U .

Oft ist A dabei eine endliche Menge $\{\underline{a}_1,\ldots,\underline{a}_m\}$. Der <u>von</u> $\{\underline{a}_1,\ldots,\underline{a}_m\}$ <u>aufgespannte Unterraum</u>

$$U = \text{Span}\{\underline{a}_1,\ldots,\underline{a}_m\}$$

besteht also aus allen Linearkombination $\underline{x} = \sum_{i=1}^{m} \lambda_i\underline{a}_i$. Sind die $\underline{a}_1,\ldots,\underline{a}_m$ hierbei linear unabhängig, so bilden sie eine Basis von U , wie wir im folgenden beweisen:

<u>Satz 2.4</u> (<u>Konstruktion von Unterräumen</u>) Sind die Vektoren $\underline{a}_1,\ldots,\underline{a}_m \in \mathbb{R}^n$ linear unabhängig, so bilden die Vektoren der Form

$$\underline{x} = \lambda_1\underline{a}_1 +\ldots+ \lambda_m\underline{a}_m \quad (\lambda_i \in \mathbb{R}) \tag{2.9}$$

einen m-dimensionalen Unterraum von $\mathbb{R}^n$. Die Menge $(\underline{a}_1,\ldots,\underline{a}_m)$ ist also eine Basis des Unterraumes.

<u>Beweis</u>: (I) Die Vektoren der Form (2.9) bilden einen Unterraum U, wie oben erläutert. Seine Dimension ist mindestens m, da er ja die m Vektoren $\underline{a}_1,\ldots,\underline{a}_m$ enthält. Frage: Gibt es mehr als m linear unabhängige Vektoren in U? Wir zeigen, daß dies nicht der Fall ist, d.h. es wird folgendes bewiesen:

(II) Je $m + 1$ Vektoren aus U sind linear abhängig.

Zum Beweis wählt man $m + 1$ beliebige Vektoren $\underline{b}_1,\ldots,\underline{b}_{m+1} \in U$ aus. Sie lassen sich in folgender Form darstellen:

$$\underline{b}_i = \sum_{k=1}^{m} \gamma_{ik}\underline{a}_k \quad (\gamma_{ik} \in \mathbb{R}) \ , \ i = 1,\ldots,m+1 \ .$$

Man betrachtet nun die Gleichung

$$\sum_{i=1}^{m+1} \lambda_i\underline{b}_i = \underline{0} \ . \tag{2.10}$$

Sie wird umgeformt in

$$\underline{0} = \sum_{i=1}^{m+1} \lambda_i\underline{b}_i = \sum_{i=1}^{m+1} \lambda_i \sum_{k=1}^{m} \gamma_{ik}\underline{a}_k = \sum_{k=1}^{m} \underline{a}_k \sum_{i=1}^{m+1} \lambda_i\gamma_{ik} \ . \tag{2.11}$$

Da die $\underline{a}_k$ linear unabhängig sind, muß

$$\sum_{i=1}^{m+1} \lambda_i\gamma_{ik} = 0 \quad \text{für alle} \ k = 1,\ldots,m$$

gelten. Wir fassen die γ_{ik} zu Vektoren $\underline{c}_i = [\gamma_{i1},\ldots,\gamma_{im}]^T$ zusammen. Die letzte Gleichung wird damit zu

$$\sum_{i=1}^{m+1} \lambda_i\underline{c}_i = \underline{0} \ , \quad \underline{c}_i \in \mathbb{R}^m \ . \tag{2.12}$$

Da aber je $m + 1$ Vektoren des $\mathbb{R}^m$ linear abhängig sind, (Satz 2.2), gibt es λ_i, die nicht alle Null sind, und die (2.12) erfüllen. Wegen (2.11) ist damit auch (2.10) mit diesen λ_i richtig, d.h. die $\underline{b}_i$ sind linear abhängig. $\qquad\qquad\square$

<u>Satz 2.5</u> <u>Austausch von Basiselementen</u>: Es sei U ein m-dimensionaler Unterraum von $\mathbb{R}^n$ mit der Basis $(\underline{a}_1,\ldots,\underline{a}_m)$. Sind $\underline{b}_1,\ldots,\underline{b}_k$ (k < m) beliebige linear unabhängige Vektoren aus U , so kann man sie zu einer Basis $(\underline{b}_1,\ldots,\underline{b}_k,\underline{b}_{k+1},\ldots,\underline{b}_m)$ von U <u>ergänzen</u>, wobei die $\underline{b}_{k+1},\ldots,\underline{b}_m$ aus $\{\underline{a}_1,\ldots,\underline{a}_m\}$ entnommen sind.

<u>Beweis</u>: Es gibt ein $\underline{a}_i$, das nicht Linearkombination der $\underline{b}_1,\ldots,\underline{b}_k$ ist. Wären nämlich alle $\underline{a}_1,\ldots,\underline{a}_m$ Linearkombinationen der $\underline{b}_1,\ldots,\underline{b}_k$, so wären damit alle $\underline{x} = \sum\limits_{i=1}^{m} \lambda_i\underline{a}_i \in U$ auch Linearkombinationen der $\underline{b}_1,\ldots,\underline{b}_k$, (nach Ersetzen der $\underline{a}_i$ durch Linearkombinationen der $\underline{b}_1,\ldots,\underline{b}_k$). Damit hätte U eine Dimension $\leq k$ (nach Satz 2.4). Wegen k < m kann dies nicht sein. Also ist wenigstens ein $\underline{a}_i$ keine Linearkombination der $\underline{b}_1,\ldots,\underline{b}_k$. Setze $\underline{b}_{k+1} := \underline{a}_i$ und wende den gleichen Schluß auf $\underline{b}_1,\ldots,\underline{b}_{k+1}$ an (falls k + 1 < m). So fortfahrend erhält man die neue Basis $(\underline{b}_1,\ldots,\underline{b}_m)$ von U . □

Geraden und Ebenen in $\mathbb{R}^2$ und $\mathbb{R}^3$ hatten wir durch Parameterdarstellungen beschrieben. Ihre Verallgemeinerungen auf den $\mathbb{R}^n$ heißen "lineare Mannigfaltigkeiten".

<u>Definition 2.3</u> Es seien $\underline{r}_0,\underline{a}_1,\ldots,\underline{a}_m$ (m $\leq$ n) Vektoren des $\mathbb{R}^n$, wobei $\underline{a}_1,\underline{a}_2,\ldots,\underline{a}_m$ linear unabhängig seien. Dann heißt die Menge aller Vektoren

$$\underline{x} = \underline{r}_0 + \lambda_1\underline{a}_1 + \lambda_2\underline{a}_2 + \ldots + \lambda_m\underline{a}_m \quad (\lambda_i \in \mathbb{R}) \qquad (2.13)$$

eine m-<u>dimensionale lineare Mannigfaltigkeit</u>. Im Falle m = 1 , also $\underline{x} = \underline{r}_0 + \lambda_1\underline{a}_1$ $(\lambda_1 \in \mathbb{R})$ nennt man sie eine <u>Gerade</u>, im Falle m = n - 1 eine <u>Hyperebene</u> im $\mathbb{R}^n$.

Gleichung (2.13) wird die <u>Parameterdarstellung</u> der linearen Mannigfaltigkeit genannt.

Die Vektoren $\sum\limits_{k=1}^{m} \lambda_k\underline{a}_k$, mit den $\underline{a}_k$ aus (2.13), bilden einen m-dimensionalen Unterraum U (s. Satz 2.4). Aus diesem Grunde symbolisiert man die Mannigfaltigkeit M in Def. 2.3 auch durch

$$M = \underline{r}_0 + U \ . \tag{2.14}$$

<u>Folgerung 2.1</u> Ist M eine m-dimensionale lineare Mannigfaltigkeit in $\mathbb{R}^n$ und $\underline{x}_0$ <u>irgend ein Vektor</u> aus M , so ist

$$M - \underline{x}_0 := \{\underline{x} - \underline{x}_0 \mid \underline{x} \in M\} \tag{2.15}$$

ein m-dimensionaler Unterraum von $\mathbb{R}^n$.

Eine <u>Hyperebene</u> H , gegeben durch $\underline{x} = \underline{r}_0 + \sum_{i=1}^{n-1} \lambda_i \underline{a}_i$, (s. (2.13)) kann auch in der <u>Hesseschen Normalform</u> $\underline{x} \cdot \underline{n} = \rho$ ($\rho \geq 0$) beschrieben werden (analog zu $\mathbb{R}^2$ und $\mathbb{R}^3$). $\underline{n}$ wird dabei aus dem Gleichungssystem $\underline{a}_i \cdot \underline{n} = 0$ (i = 1,...,n-1) berechnet (bis auf einen reellen Faktor $\neq 0$, s. GAUSSscher Algorithmus für rechteckige Systeme, Abschn. 2.2.5). Durch $|\underline{n}| = 1$ und $\underline{n} \cdot \underline{r}_0 > 0$ (falls $\underline{r}_0 \notin H$) ist $\underline{n}$ und $\rho = \underline{n} \cdot \underline{r}_0$ eindeutig bestimmt.

<u>Übung 2.2</u> * Es sei eine Hyperebene im $\mathbb{R}^4$ durch folgende Parameterdar-stellung gegeben

$$\underline{x} = \sum_{i=1}^{3} \lambda_i \underline{a}_i \ , \text{ mit } \ \underline{a}_1 = \begin{bmatrix} 1 \\ 8 \\ 2 \\ 0 \end{bmatrix} , \ \underline{a}_2 = \begin{bmatrix} -1 \\ 2 \\ 7 \\ -2 \end{bmatrix} , \ \underline{a}_3 = \begin{bmatrix} 10 \\ -1 \\ 3 \\ 4 \end{bmatrix} .$$

Gib die Hessesche Normalform dazu an. <u>Hinweis</u>: Löse zunächst das Gleichungssystem $\underline{a}_1 \cdot \underline{n}' = 0$, $\underline{a}_2 \cdot \underline{n}' = 0$, $\underline{a}_3 \cdot \underline{n}' = 0$ für einen (unbekannten) Vektor $\underline{n}'$, dessen letzte Komponente 1 gesetzt wird. Denke an die Cramersche Regel in 1.2.8. Berechne dann $\underline{n}$ und ρ aus $\underline{n}'$.

2.1.4   Geometrie im $\mathbb{R}^n$, Winkel, Orthogonalität

<u>Winkel</u>

<u>Definition 2.3</u> Der Winkel φ zwischen zwei Vektoren $\underline{a},\underline{b} \in \mathbb{R}^n$ mit $\underline{a} \neq \underline{0}$, $\underline{b} \neq \underline{0}$, ist

$$\boxed{\varphi = \sphericalangle\,(\underline{a},\underline{b}) := \arccos \frac{\underline{a}\cdot\underline{b}}{|\underline{a}|\cdot|\underline{b}|}} \qquad (2.16)$$

Ist $\underline{a} = \underline{0}$ oder $\underline{b} = \underline{0}$, so kann $\sphericalangle\,(a,b)$ jede Zahl aus $[0,\pi]$ sein.

Man sagt, $\underline{a}$ und $\underline{b}$ aus $\mathbb{R}^n$ stehen <u>rechtwinklig</u> (<u>senkrecht</u>, <u>orthogonal</u>) aufeinander – in Zeichen $\underline{a} \perp \underline{b}$ – wenn $\underline{a}\cdot\underline{b} = 0$ ist (also $\sphericalangle\,(\underline{a},\underline{b}) = \pi/2$ im Falle $\underline{a} \neq \underline{0}$, $\underline{b} \neq \underline{0}$).

Man gewinnt daraus unmittelbar:

<u>Folgerung 2.2</u> (a): <u>Pythagoras im</u> $\mathbb{R}^n$. Zwei Vektoren $\underline{a},\underline{b} \in \mathbb{R}^n$ stehen genau dann rechtwinklig aufeinander, wenn Folgendes erfüllt ist:

$$\boxed{(\underline{a} + \underline{b})^2 = \underline{a}^2 + \underline{b}^2} \qquad \text{(wie auch } (\underline{a} - \underline{b})^2 = \underline{a}^2 + \underline{b}^2 \text{). } \quad (2.17)$$

Für alle $\underline{a},\underline{b} \in \mathbb{R}^n$ gelten die folgenden Gleichungen:

(b) <u>Cosinussatz</u>: $\qquad\qquad (\underline{a} - \underline{b})^2 = \underline{a}^2 + \underline{b}^2 - 2\underline{a}\cdot\underline{b}\,\cos \sphericalangle(\underline{a},\underline{b})$ (2.18)

(c) <u>Parallelogrammgleichung</u>: $(\underline{a} + \underline{b})^2 + (\underline{a} - \underline{b})^2 = 2(\underline{a}^2 + \underline{b}^2)$ (2.19)

<u>Orthonormalbasis</u>

<u>Definition 2.4</u> (a) Sind $\underline{a}_1,\ldots,\underline{a}_m \in \mathbb{R}^n$ Vektoren der Länge 1 , die paarweise rechtwinklig aufeinander stehen, so nennt man das m-Tupel $(\underline{a}_1,\ldots,\underline{a}_m)$ dieser Vektoren ein <u>Orthonormalsystem</u>. Es gilt also dabei:

$$\underline{a}_i\cdot\underline{a}_k = \delta_{ik} \quad \text{für alle } i,k \in \{1,\ldots,m\} \qquad (2.20)$$

mit dem <u>Kroneckersymbol</u> $\boxed{\delta_{ik} := \begin{cases} 1, & \text{falls } i = k \\ 0, & \text{falls } i \neq k \end{cases}}$, $\qquad\qquad$ (2.21)

(b) Eine <u>Orthonormalbasis</u> von $\mathbb{R}^n$, oder eines Unterraums von $\mathbb{R}^n$, ist eine Basis, die gleichzeitig ein Orthonormalsystem ist.

<u>Bemerkung</u>: (a) Die Koordinateneinheitsvektoren $\underline{e}_i \in \mathbb{R}^n$ bilden eine Orthonormalbasis von $\mathbb{R}^n$.

94

(b) Die Vektoren $\underline{a}_i$ eines Orthonormalsystems $(\underline{a}_1,\ldots,\underline{a}_m)$ sind linear unabhängig, denn aus $\sum\limits_{i=1}^{m} \lambda_i\underline{a}_i = \underline{0}$ folgt nach Multiplikation mit $\underline{a}_k$: $\lambda_k\underline{a}_k\cdot\underline{a}_k = 0$, also $\lambda_k = 0$ (wegen $\underline{a}_k\cdot\underline{a}_k = |\underline{a}_k|^2 = 1$), für alle $k = 1,\ldots,m$. -

Ist nun $(\underline{b}_1,\ldots,\underline{b}_m)$ eine beliebige Basis eines m-dimensionalen Unterraumes U von $\mathbb{R}^n$ (der auch gleich $\mathbb{R}^n$ sein kann), so können wir sie in eine Orthonormalbasis von U verwandeln. Das gelingt (z.B.) mit dem folgenden Orthogonalisierungsverfahren von Erhard Schmidt (1876-1959): Man setzt

$$I.) \quad \underline{a}_1 := \underline{b}_1/|\underline{b}_1| \tag{2.22}$$

II.) Für $k = 2,3,\ldots,m$ bildet man nacheinander:

$$\underline{d}_k := \underline{b}_k - \sum_{i=1}^{k-1} (\underline{b}_k\cdot\underline{a}_i)\underline{a}_i \qquad {}^{1)} \tag{2.23}$$

$$\text{und} \quad \underline{a}_k := \underline{d}_k/|\underline{d}_k| .$$

Damit ist für zwei beliebige verschiedene $\underline{a}_j,\underline{a}_k$, wobei wir ohne Beschränkung der Allgemeinheit $j < k$ annehmen, nach (2.23):

$$\underline{a}_k\cdot\underline{a}_j = \frac{1}{|\underline{d}_k|}\left(\underline{d}_k\cdot\underline{a}_j\right) = \frac{1}{|\underline{d}_k|}\left(\underline{b}_k\cdot\underline{a}_j - (\underline{b}_k\cdot\underline{a}_j)1\right) = 0 .$$

Ferner ist offensichtlich $|\underline{a}_k| = 1$ für alle k . Damit bilden die $\underline{a}_1,\ldots,\underline{a}_m$ eine Orthonormalbasis von U . - Wir haben somit gezeigt:

<u>Satz 2.6</u> Jeder Unterraum von $\mathbb{R}^n$ besitzt eine Orthonormalbasis.

Ferner gilt:

<u>Satz 2.7</u> Ist $(\underline{a}_1,\ldots,\underline{a}_m)$ ein Orthonormalsystem und $\underline{x}$ eine Linearkombination daraus:

---

[1] Es ist $\underline{d}_k \neq \underline{0}$. Denn $\underline{d}_k$ ist eine Linearkombination der $\underline{b}_1,\ldots,\underline{b}_k$ (durch Induktion leicht nachweisbar). Der Koeffizient von $\underline{b}_k$ ist dabei 1 , s. (2.23). Wäre $\underline{d}_k = \underline{0}$, so müßte er aber 0 sein, da $\underline{b}_1,\ldots,\underline{b}_k$ linear unabhängig sind. Also ist $\underline{d}_k \neq \underline{0}$.

$$\underline{x} = \sum_{i=1}^{m} \lambda_i \underline{a}_i \ ,$$

so lassen sich die K̲o̲m̲p̲o̲n̲e̲n̲t̲e̲n̲ λ_i auf folgende Weise leicht berechnen:

$$\boxed{\lambda_i = \underline{x} \cdot \underline{a}_i} \quad \text{für alle} \ i = 1,\dots,m \ . \qquad (2.24)$$

B̲e̲w̲e̲i̲s̲: $\underline{x} \cdot \underline{a}_k = \sum_{i=1}^{m} \lambda_i \underline{a}_i \cdot \underline{a}_k = \lambda_k \underline{a}_k \cdot \underline{a}_k = \lambda_k$, also $\underline{x} \cdot \underline{a}_k = \lambda_k$. Ersetzt man hier k durch i , so folgt (2.24). $\qquad\qquad\square$

O̲r̲t̲h̲o̲g̲o̲n̲a̲l̲e̲s̲ ̲K̲o̲m̲p̲l̲e̲m̲e̲n̲t̲

D̲e̲f̲i̲n̲i̲t̲i̲o̲n̲ ̲2̲.̲5̲ (a) Ist U ein Unterraum von $\mathbb{R}^n$, so heißt die Menge der Vektoren $\underline{x} \in \mathbb{R}^n$, die auf jedem Vektor von U rechtwinklig stehen, das o̲r̲t̲h̲o̲g̲o̲n̲a̲l̲e̲ ̲K̲o̲m̲p̲l̲e̲m̲e̲n̲t̲ $U^\perp$ von U . In Formeln:

$$U^\perp := \{\underline{x} \in \mathbb{R}^n \mid \underline{x} \cdot \underline{u} = 0 \ \text{ für alle} \ \underline{u} \in U\} \ .$$

(b) Allgemeiner: Ist V ein Unterraum von $\mathbb{R}^n$, der den Unterraum U umfaßt: $U \subset V$, so heißt

$$U_V^\perp := \{\underline{x} \in V \mid \underline{x} \cdot \underline{u} = 0 \ \text{ für alle} \ \underline{u} \in U\}$$

das o̲r̲t̲h̲o̲g̲o̲n̲a̲l̲e̲ ̲K̲o̲m̲p̲l̲e̲m̲e̲n̲t̲ ̲v̲o̲n̲ U b̲e̲z̲. V .

$U^\perp$ und $U_V^\perp$ sind offenbar Unterräume von $\mathbb{R}^n$.

F̲o̲l̲g̲e̲r̲u̲n̲g̲ ̲2̲.̲3̲ Es sei $U \subset V$, wobei U,V Unterräume von $\mathbb{R}^n$ sind. Damit folgt

(a) $\dim U + \dim U_V^\perp = \dim V$.

(b) Jedes $\underline{v} \in V$ läßt sich eindeutig als Summe $\underline{v} = \underline{u} + \underline{u}^*$ mit $\underline{u} \in U$, $\underline{u}^* \in U_V^\perp$ darstellen.

Im Falle $V = \mathbb{R}^n$ folgt: $\dim U + \dim U^\perp = n$.

96

<u>Beweis</u>: (a) Man wähle eine Orthonormalbasis $(\underline{b}_1,\ldots,\underline{b}_m)$ in U (nach Satz 2.6 möglich), erweitere sie zu einer Basis in V (nach Satz 2.5 in Abschn. 2.1.3) und verwandle sie mit dem Schmidtschen Orthogonalisierungsverfahren in eine Orthonormalbasis $(\underline{b}_1,\ldots,\underline{b}_m,\underline{b}_{m+1},\ldots,\underline{b}_p)$ in V . Dann spannen die $\underline{b}_{m+1},\ldots,\underline{b}_p$ offenbar den Raum $U_V^\perp$ auf, und es gilt (a).

(b) $\underline{v} = \underbrace{\lambda_1\underline{b}_1+\ldots+\lambda_m\underline{b}_m}_{\underline{u}} + \underbrace{\lambda_{m+1}\underline{b}_{m+1}+\ldots+\lambda_p\underline{b}_p}_{\underline{u}^*}$ $\qquad\qquad$ □

<u>Bemerkung</u>: Dies trockene Zeug erweist sich bei linearen Gleichungssystemen und Eigenwertproblemen später als nützlich. -

2.1.5 Der Raum $\mathbb{C}^n$

Analog zum Raum $\mathbb{R}^n$ wird der Raum $\mathbb{C}^n$ gebildet. Er besteht aus allen <u>Spaltenvektoren</u> (n-<u>Tupeln</u>)

$$\underline{z} = \begin{bmatrix} z_1 \\ \vdots \\ z_n \end{bmatrix} \qquad (z_i \in \mathbb{C}) \ {}^{[1]}$$

mit <u>komplexen Zahlen</u> z_i , <u>Koordinaten</u> genannt. Addition und Multiplikation mit Skalaren $\lambda \in \mathbb{C}$ sind, wie im $\mathbb{R}^n$, koordinatenweise definiert, womit auch alle Gesetze über Addition und Multiplikation mit Skalaren unverändert gelten.

Das <u>innere Produkt</u> aus $\underline{z} = \begin{bmatrix} z_1 \\ \vdots \\ z_n \end{bmatrix}$, $\underline{w} = \begin{bmatrix} w_1 \\ \vdots \\ w_n \end{bmatrix} \in \mathbb{C}^n$ ist so erklärt

$$\boxed{\underline{z}\cdot\underline{w} := \sum_{i=1}^n z_i\bar{w}_i}$$

wobei $\bar{w}_i$ die zu w_i konjugiert komplexe Zahl ist. Damit gilt

$$\underline{z}\cdot\underline{w} = \overline{\underline{w}\cdot\underline{z}}$$

für alle $\underline{z},\underline{w} \in \mathbb{C}^n$. Alle anderen Gesetze des inneren Produktes gelten

---

[1] $\mathbb{C}$ = Menge der komplexen Zahlen, s. Bd. I, Abschn. 2.5

unverändert (s. Satz 2.1, (II), (III), (IV)). Mit der Definition

$$|\underline{z}| = \sqrt{\underline{z}\cdot\underline{z}} = \sqrt{\sum_{i=1}^{n} |z_i|^2}$$

des $\underline{Betrages}$ von $\underline{z}$ sind überdies die Regeln (V) bis (IX) in Satz 2.1 auch im $\mathbb{C}^n$ erfüllt (Beweise analog zum $\mathbb{R}^n$).

Wir kommen auf den Raum $\mathbb{C}^n$ in Abschnitt 2.4.2 kurz zurück. Wesentlich benötigen wir diesen Raum aber in der Eigenwerttheorie von Matrizen in Abschnitt 3.

2.2   LINEARE GLEICHUNGSSYSTEME, GAUSS'SCHER ALGORITHMUS

Ein Gleichungssystem der Form

$$\begin{aligned}
a_{11}x_1 + a_{12}x_2 + \ldots + a_{1n}x_n &= b_1 \\
a_{21}x_1 + a_{22}x_2 + \ldots + a_{2n}x_n &= b_2 \\
\vdots \qquad\qquad \vdots \qquad\qquad \vdots \qquad \\
a_{m1}x_1 + a_{m2}x_2 + \ldots + a_{mn}x_n &= b_n
\end{aligned} \qquad\qquad (2.25)$$

($a_{ik}, b_i \in \mathbb{R}$ gegeben, $x_i \in \mathbb{R}$ gesucht) heißt ein (reelles) $\underline{lineares}$ $\underline{Gleichungssystem}$ $\underline{von}$ m $\underline{Gleichungen}$ $\underline{mit}$ n $\underline{Unbekannten}$. Sind alle $b_i = 0$ ($i = 1,\ldots,n$), so liegt ein $\underline{homogenes}$ lineares Gleichungssystem vor, andernfalls ein $\underline{inhomogenes}$.

Als $\underline{Lösung}$ des Gleichungssystems (2.25) bezeichnet man jeden Vektor $\underline{x} = [x_1, x_2, \ldots, x_n]^T$ aus $\mathbb{R}^n$, dessen Koordinaten $x_1,\ldots,x_n$ alle Gleichungen in (2.25) erfüllen.

Wir beschäftigen uns zunächst mit dem Fall $m = n$, der für die Praxis am wichtigsten ist. Man spricht hier von $\underline{quadratischen}$ linearen Gleichungs-systemen. [1]

---

[1] Wer vorrangig an der $\underline{praktischen\ Lösungsberechnung}$ interessiert ist, findet alles Notwendige dazu in den Abschnitten 2.2.1 bis 2.2.3 (bis Beisp. 2.3). Zum Verständnis wird nur der Begriff des Vektors aus $\mathbb{R}^n$ vorausgesetzt, s. Abschn. 2.1.1.

2.2.1 Reguläre quadratische Gleichungssysteme

Zur Lösung eines quadratischen <u>linearen</u> <u>Gleichungssystems</u>

$$
\begin{aligned}
a_{11}x_1 + a_{12}x_2 +\ldots+ a_{1n}x_n &= b_1 \\
a_{21}x_1 + a_{22}x_2 +\ldots+ a_{2n}x_n &= b_2 \\
\vdots \qquad \vdots \qquad\qquad \vdots \quad\ \vdots & \\
a_{n1}x_1 + a_{n2}x_2 +\ldots+ a_{nn}x_n &= b_n
\end{aligned}
\tag{2.26}
$$

von n Gleichungen mit n Unbekannten ($a_{ik}, b_i \in \mathbb{R}$ gegeben, $x_k \in \mathbb{R}$
gesucht) verwendet man mit Vorliebe den <u>Gaußschen Algorithmus</u>, auch <u>Sub</u>-
<u>traktionsverfahren</u> genannt.[1] Er hat sich insbesondere bei Computerrech-
nungen bewährt. Der <u>Grundgedanke</u> ist einfach: Man multipliziert die
Gleichungen mit konstanten Faktoren und subtrahiert sie dann so voneinander, daß möglichst viele Unbekannte x_k dabei verschwinden, um, bei
Fortführung dieses Prozesses, zu einer Gleichung mit nur einer Unbekannten zu gelangen. Diese Unbekannte wird berechnet und ihr Wert in die übrigen Gleichungen eingesetzt. Sukzessive ermittelt man aus diesen Gleichungen dann die übrigen Unbekannten. - Wir beschreiben diesen Prozeß genauer:

<u>Gaußscher Algorithmus</u>. Zunächst reduziert man das System (2.26) zu einem
Gleichungssystem von n - 1 Gleichungen mit n - 1 Unbekannten, und
zwar auf folgende Weise.

<u>Erster Reduktionsschritt</u>. Wir gehen davon aus, daß $a_{11} \neq 0$ ist. Ist
dies anfangs nicht der Fall, so kann man es doch durch Vertauschen von
Zeilen und, falls das noch nicht hilft, durch Umnumerieren der Unbekannten (Vertauschen von Spalten) in (2.26) erreichen, vorausgesetzt, daß
nicht alle a_{ik} verschwinden. (Sind alle $a_{ik} = 0$, und ist ein $b_i \neq 0$,
so ist das System offenbar unlösbar; sind alle b_i ebenfalls Null, so ist
jedes n-Tupel $(x_1,\ldots,x_n)^T$ eine Lösung des Systems.)

Multipliziert man nun die erste Gleichung in (2.26) rechts und links mit
dem Faktor $c_{21} := a_{21}/a_{11}$ und subtrahiert die Seiten der so entstande-

---

[1]Für zwei und dreireihige Systeme (n = 2 oder 3) ist die direkte Auf-
lösung mit der Cramerschen Regel ebenfalls eine gute Methode (n = 2 :
Abschn.1.1.7, (1.69), n = 3 : Abschn.1.2.7 , (1.99) , $n \in \mathbb{N}$ beliebig:
Abschn. 3.4.6. Für $n \geq 4$ ist aber in der Praxis der Gaußsche Algorithmus vorzuziehen.

nen Gleichung von den entsprechenden Seiten der zweiten Gleichung, so entsteht eine Gleichung, in der x_1 nicht mehr vorkommt. Auf die gleiche Weise verfährt man mit allen weiteren Gleichungen: Man multipliziert also als nächstes die erste Gleichung mit $c_{31} := a_{31}/a_{11}$ und subtrahiert sie von der dritten Gleichung, wobei wiederum x_1 herausfällt. Anschließend multipliziert man die erste Gleichung mit $c_{41} := a_{41}/a_{11}$, subtrahiert sie von denen der vierten Gleichung usw. Führt man diesen Prozeß bis zur n-ten Gleichung durch, so entsteht ein Gleichungssystem

$$
\begin{aligned}
a_{22}^{(2)} x_2 + a_{23}^{(2)} x_3 + \ldots + a_{2n}^{(2)} x_n &= b_2^{(2)} \\
a_{32}^{(2)} x_2 + a_{33}^{(2)} x_3 + \ldots + a_{3n}^{(2)} x_n &= b_3^{(2)} \\
&\ \ \vdots \\
a_{n2}^{(2)} x_2 + a_{n3}^{(2)} x_3 + \ldots + a_{nn}^{(2)} x_n &= b_n^{(2)}
\end{aligned}
\tag{2.27}
$$

dessen Koeffizienten sich auf folgende Art ergeben:

$$
a_{ik}^{(2)} = a_{ik} - c_{i1} a_{1k}, \quad b_i^{(2)} = b_i - c_{i1} b_1 \quad \text{mit} \quad c_{i1} = \frac{a_{i1}}{a_{11}} \quad \text{und} \quad i,k = 2,3,\ldots,n.
$$

Jede Lösung $[x_1,\ldots,x_n]^T$ von (2.26) liefert offenbar eine Lösung $[x_2,\ldots,x_n]^T$ von (2.27), während man umgekehrt jede Lösung $[x_2,\ldots,x_n]^T$ von (2.27) zu einer Lösung von (2.26) erweitern kann, wenn man die $x_2,\ldots,x_n$ in die erste Gleichung von (2.26) einsetzt und daraus x_1 berechnet.

Den Reduktionsschritt wendet man nun auf das System (2.27) abermals an, falls nicht alle Koeffizienten $a_{ik}^{(2)}$ verschwinden. Das dann entstandene System reduziert man abermals (falls möglich) usw.

Allgemein geht man folgendermaßen vor: p-ter Reduktionsschritt. Es sei

$$
\begin{aligned}
a_{pp}^{(p)} x_p + \ldots + a_{pn}^{(p)} x_n &= b_p^{(p)} \\
\ \ \vdots \qquad\qquad\qquad &\ \ \ \vdots \\
a_{np}^{(p)} x_p + \ldots + a_{nn}^{(p)} x_n &= b_n^{(p)} \quad , \ p < n \ ,
\end{aligned}
\tag{2.28}
$$

eins der reduzierten Gleichungssysteme, wobei vorausgesetzt sei, daß nicht alle $a_{ik}^{(p)} = 0$ sind. Wir nehmen ohne Beschränkung der Allgemeinheit

100

$a_{pp}^{(p)} \neq 0$ an, da man dies andernfalls durch Umstellen von Zeilen und/oder Spalten (nebst Umindizierung) erzwingen kann. Damit bildet man (nach dem Muster von (2.27)) das neue Gleichungssystem

$$\left.\begin{aligned}
a_{p+1,p+1}^{(p+1)}x_{p+1} +\ldots+ a_{p+1,n}^{(p+1)}x_n &= b_{p+1}^{(p+1)} \\
\vdots \qquad\qquad\quad \vdots \qquad\quad &\quad \vdots \\
a_{n,p+1}^{(p+1)}x_{p+1} +\ldots+ a_{nn}^{(p+1)}x_n &= b_n^{(p+1)}
\end{aligned}\right\} \qquad (2.29)$$

mit $\qquad a_{ik}^{(p+1)}= a_{ik}^{(p)}- c_{ip}a_{pk}^{(p)}, \; b_i^{(p+1)}= b_i^{(p)}- c_{ip}b_p^{(p)}$,

wobei $\qquad c_{ip} = \dfrac{a_{ip}^{(p)}}{a_{pp}^{(p)}}$, $\quad i,k = p + 1,\ldots,n$.

Führt man dies für alle $p = 2,3,\ldots,n-1$ durch - vorausgesetzt, daß bei jedem der reduzierten Gleichungssysteme wenigstens ein $a_{ik}^{(p)} \neq 0$ ist - und schreibt die ersten Gleichungen aller betrachteten Gleichungssysteme untereinander, so erhält man folgendes <u>Dreiecksystem</u>

$$\begin{aligned}
a_{11}x_1+ a_{12}x_2 + a_{13}x_3 +\ldots+ a_{1n}x_n &= b_1 \\
a_{22}^{(2)}x_2 + a_{23}^{(2)}x_3+\ldots+ a_{2n}^{(2)}x_n &= b_2^{(2)} \\
a_{33}^{(3)}x_3+\ldots+ a_{3n}^{(3)}x_n &= b_3^{(3)} \\
\ddots \quad \vdots \qquad\quad \vdots \qquad & \\
\ddots\, a_{nn}^{(n)}x_n &= b_n^{(n)} ,
\end{aligned} \qquad (2.30)$$

wobei die <u>Diagonalkoeffizienten</u> $a_{11},a_{22}^{(2)},\ldots,a_{nn}^{(n)}$ sämtlich ungleich Null sind. In diesem Falle nennt man das Gleichungssystem (2.26) <u>regulär</u>.

Dies System wird von unten her aufgelöst: Man gewinnt x_n aus der letzten Gleichung, dann x_{n-1} aus der vorletzten usw., d.h., man berechnet nacheinander

$$x_n = \frac{b_n^{(n)}}{a_{nn}^{(n)}} \quad \text{und} \quad x_i = \frac{1}{a_{ii}^{(i)}}\left(b_i^{(i)}- \sum_{k=i+1}^{n} a_{ik}^{(i)}x_k\right) \qquad (2.31)$$

in der Reihenfolge $i = n-1, n-2,\ldots,1$ (dabei $a_{ik}^{(1)}:= a_{ik}$ und $b_i^{(1)}:= b_i$ gesetzt). Die so errechnete Lösung $[x_1,\ldots,x_n]^T$ des Dreiecksystems ist <u>eindeutig bestimmt</u>. Damit ist $[x_1,\ldots,x_n]^T$ auch die einzige

Lösung des ursprünglichen Systems (2.26), denn bei jedem Reduktionsschritt bleibt die Lösungsmenge unverändert, wenn man zum reduzierten System die erste Gleichung des vorangehenden Systems hinzunimmt. Aus dem Dreiecksystem (2.30) gewinnen wir also die eindeutig bestimmte Lösung des ursprünglichen Gleichungssystems (2.26).

Beispiel 2.2 Gesucht sind reelle x_1, x_2, x_3 mit

$$
\begin{aligned}
4x_1 - 8x_2 + 2x_3 &= -8 &\quad &(G1) \\
-2x_1 + 6x_2 - 2x_3 &= -1 &\quad &(G2) \\
3x_1 + 6x_2 - \tfrac{1}{2}x_3 &= 4 &\quad &(G3)
\end{aligned}
\qquad (2.32)
$$

Multipliziert man Gleichung (G1) auf beiden Seiten mit $-2/4 = -1/2$ und subtrahiert sie dann von (G2), so folgt

$$
2x_2 - x_3 = -5. \qquad (G4)
$$

Entsprechend ergibt die Multiplikation von (G1) mit $3/4$ und anschliessende Subtraktion von (G3):

$$
12x_2 - 2x_3 = 10. \qquad (G5)
$$

Mit dem reduzierten System (G4), (G5) verfahren wir entsprechend. (G4) wird mit $12/2 = 6$ multipliziert und von (G5) subtrahiert. Es folgt

$$
4x_3 = 40 . \qquad (G6)
$$

Aus (G6) berechnet man x_3 , aus (G4) anschließend x_2 und aus (G1) x_1 , d.h. wir lösen das Dreiecksystem

$$
\begin{aligned}
4x_1 - 8x_2 + 2x_3 &= -8 &\quad &(G1) \\
2x_2 - x_3 &= -5 &\quad &(G4) \\
4x_3 &= 40 &\quad &(G6)
\end{aligned}
$$

von unten her auf. Man erhält

$$
x_3 = 10 , \quad x_2 = \frac{5}{2} , \quad x_1 = -2 ,
$$

und hat damit die eindeutig bestimmte Lösung von (2.32) berechnet.

102

<u>Übung 2.3*</u> Löse folgendes Gleichungssystem

$$
\begin{aligned}
3x_1 + 8x_2 - 2x_3 + 2x_4 &= 3 \\
6x_1 - x_2 + 2x_3 - 3x_4 &= 14 \\
-2x_1 + 3x_2 + 12x_3 + 5x_4 &= 4 \\
4x_1 - 5x_2 + 6x_3 - 10x_4 &= 19 \ .
\end{aligned}
$$

2.2.2   Computerprogramm für reguläre lineare Gleichungssysteme

Gelöst werden soll das Gleichungssystem (2.26), in Kurzform geschrieben:

$$
\sum_{k=1}^{n} a_{ik}x_k = b_i \quad , \ i = 1,\ldots,n \ . \tag{2.33}
$$

<u>Äquilibrierung</u>: Sind die Beträge $|a_{ik}|$ stark unterschiedlich (etwa um mehrere Zehnerpotenzen relativ verschieden), so können große Rundungsfehler auftreten, die die numerische Lösbarkeit sogar in Frage stellen können. Aus diesem Grunde wandelt man das System zunächst um: Mit den "Zeilensummen"

$$
s_i := \sum_{i=1}^{n} |a_{ik}| \quad \text{berechnet man} \quad a'_{ik} := \frac{a_{ik}}{s_i}, \ b'_i = \frac{b_i}{s_i} \tag{2.34}
$$

für alle $i,k = 1,\ldots,n$. Hierbei wird $s_i \neq 0$ für alle $i = 1,\ldots,n$ angenommen. (Gilt dies nicht, so bricht unser Verfahren hier schon ab.) Das so entstandene Gleichungssystem

$$
\sum_{i=1}^{n} a'_{ik}x_k = b'_i \tag{2.35}
$$

hat die gleiche Lösungsmenge wie (2.33), da jede Gleichung in (2.33) nur mit einem konstanten Faktor $1/s_i \neq 0$ durchmultipliziert wurde. Für die a'_{ik} gilt offenbar

$$
\sum_{k=1}^{n} |a'_{ik}| = 1 \ ,
$$

d.h. alle Zeilensummen sind 1 . Damit liegen zumindest die maximalen Beträge der Koeffizienten a'_{ik} pro Zeile in der gleichen Größenordnung.

Wir lassen jetzt den Strich bei a'_{ik} weg, nennen die a'_{ik} also wieder a_{ik} . D.h. wir gehen vom Gleichungssystem (2.33) aus, wobei alle Zeilensummen gleich 1 sind.

Spaltenpivotierung. Ist das Gleichungssystem (2.33) regulär (d.h. führt es auf ein Dreiecksystem (2.30) mit nichtverschwindenden Diagonalkoeffizienten), so kommt man vollkommen mit Zeilenvertauschungen aus, wenn es gilt, den Koeffizienten in der linken oberen Ecke eines (reduzierten) Gleichungssystems ungleich Null zu machen. Spaltenvertauschungen sind nicht notwendig. Sie wären nämlich nur dann erforderlich, wenn die Koeffizienten in der ersten Spalte des zu reduzierenden Systems sämtlich Null wären. Vertauscht man nun diese Nullspalte mit einer anderen, so würde sie bei Reduktion stets wieder eine Nullspalte erzeugen, so daß schließlich kein Dreiecksystem entstehen kann, dessen Diagonalkoeffizienten alle ungleich Null sind. In diesem Falle wäre das System dann nicht regulär, im Gegensatz zur Voraussetzung. Also kommt man ganz und gar mit Zeilenvertauschungen aus, was die praktische Rechnung sehr erleichtert.

Beim Einsatz von Computern nimmt man Zeilenvertauschungen meistens so vor, daß ein betragsgrößter Koeffizient der ersten Spalte in die linke obere Ecke des zu behandelnden (reduzierten) Systems gelangt. Damit werden die Faktoren c_{ip} , mit denen die erste Gleichung des betrachteten Systems multipliziert wird, betragsmäßig ≤ 1 .

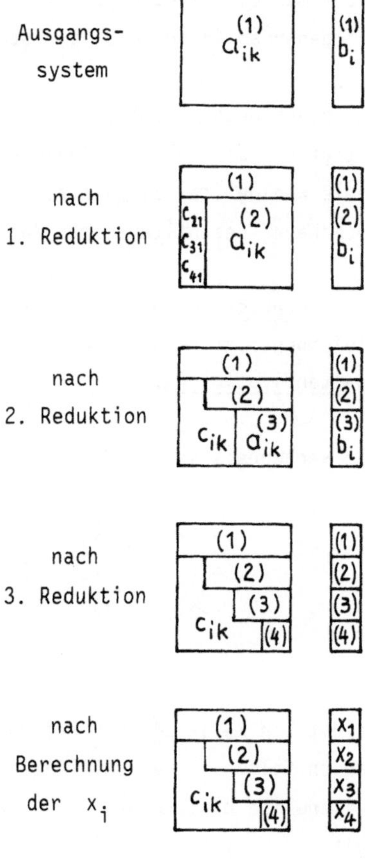

Fig. 2.1: Speicherbelegung für $n = 4$

Nach anschließender Subtraktion von den übrigen Gleichungen des Systems
entsteht ein reduziertes System, in dem (normalerweise) die Unterschiede
zwischen den Gleichungen nicht vom Anteil der ersten Gleichung des vorangehenden Systems "erdrückt" worden sind, so daß das Weiterrechnen Erfolg
verspricht. Dies Verfahren heißt Gaußscher Algorithmus mit Spalten-
Pivotierung.

Zur ökonomischen Speicherbelegung im Computer verfährt man so, wie es
Fig. 2.1 für den Fall $n = 4$ zeigt: Die ursprünglich vorhandenen Koeffizienten $a_{ik} =: a_{ik}^{(1)}$, $b_i =: b_i^{(1)}$, werden nach und nach von den c_{ik}
und den reduzierten Größen $a_{ik}^{(j)}$, $b_i^{(j)}$ überschrieben. Zum Schluß spei-
chert man die berechneten $x_n, x_{n-1}, \ldots, x_1$ auf den Speicherplätzen ab,
auf denen am Anfang die b_i standen.

Auf diese Weise kommt man mit minimalem Speicherplatzbedarf aus. Man benötigt nur die $n^2 + n$ Speicherplätze für Koeffizienten a_{ik} und b_i ,
sowie wenige (ca. 8) zusätzliche Speicherplätze zur Organisation (Um-
speichern, Festhalten eines Zeilenindex usw.).

Computerprogramm: Das angegebene BASIC-Programm löst reguläre lineare
Gleichungssysteme durch den Gaußschen Algorithmus mit Äquilibrierung und
Spaltenpivotierung.

Als Rechenbeispiel wird mit dem Programm das Gleichungssystem

$$\begin{array}{rrrrl}
4x_1 & - 18x_2 & - 2x_3 & - x_4 & = 5 \\
-12x_1 & + 6x_2 & - 5x_3 & - 2x_4 & = -8 \\
-3x_1 & + 7x_2 & - 23x_3 & + 8x_4 & = -1 \\
2x_2 & + 9x_2 & + x_3 & - 19x_4 & = 7
\end{array} \tag{2.36}$$

gelöst. In Zeile 140 des Programms ist die Zeilenzahl $N = 4$ angegeben,
danach folgen in den DATA-Anweisungen die Koeffizienten der linken Seite,
zeilenweise hintereinander. In Zeile 210 stehen die Zahlen der rechten
Seite des Systems. Will man ein anderes System lösen, so hat man
$N = \ldots$ und die DATA-Anweisungen entsprechend zu ändern.

BASIC-Programm zur Lösung linearer Gleichungssysteme

```
100 REM    GAUSS'SCHER ALGORITHMUS      520 : : W = ABS(A(I,P))
110 REM    ========================     530 : : IF U >= W THEN 560
120 REM    GLEICHUNGSSYSTEM:            540 : : U = W
130 REM    ANZAHL DER ZEILEN   ----     550 : : Z = I
140 N=4                                 560 : NEXT I
150 REM    LINKE SEITE   ----------     570 : IF Z = P THEN 660
160 DATA  4,-18, -2, -1                 580 : FOR K = 1 TO N
170 DATA-12,  6, -5, -2                 590 : : U = A(P,K)
180 DATA -3,  7,-23,  8                 600 : : A(P,K) = A(Z,K)
190 DATA  2,  9,  1,-19                 610 : : A(Z,K) = U
200 REM   RECHTE SEITE  ----------      620 : NEXT K
210 DATA  5, -8, -1,  7                 630 : U = B(P)
220 REM   FEHLERSCHRANKE  -------       640 : B(P) = B(Z)
230 E=1E-8                              650 : B(Z) = U
240 REM    DATEN EINLESEN   ------      660 : IF ABS(A(P,P))<=E THEN 790
250 DIM A(N,N), B(N)                    670 : REM      REDUKTION  --------
260 FOR I = 1 TO N                      680 : FOR I = P+1 TO N
270 : FOR K = 1 TO N                    690 : : C = A(I,P)/A(P,P)
280 : : READ A(I,K)                     700 : : FOR K = P+1 TO N
290 : NEXT K                            710 : : : A(I,K)=A(I,K)-C*A(P,K)
300 NEXT I                              720 : : NEXT K
310 FOR I = 1 TO N                      730 : : B(I) = B(I) - C*B(P)
320 : READ B(I)                         740 : : A(I,P) = C
330 NEXT I                              750 : NEXT I
340 REM   AEQUILIBRIERUNG  ------       760 NEXT P
350 FOR I = 1 TO N                      770 REM   LOESUNG BERECHNEN  --
360 : U=0                              780 IF ABS(A(N,N))>E THEN 810
370 : FOR K = 1 TO N                    790 PRINT"KEIN ERGEBNIS"
380 : : U = U + ABS(A(I,K))             800 STOP
390 : NEXT K                            810 B(N) = B(N)/A(N,N)
400 : IF U = 0 THEN 790                 820 FOR I = N-1 TO 1 STEP -1
410 : FOR K = 1 TO N                     830 : U = B(I)
420 : : A(I,K) = A(I,K)/U                840 : FOR K = I+1 TO N
430 : NEXT K                            850 : : U = U - A(I,K)*B(K)
440 : B(I) = B(I)/U                     860 : NEXT K
450 NEXT I                              870 : B(I) = U/A(I,I)
460 REM   DREIECKSSYSTEM ERZEUGEN       880 NEXT I
470 FOR P = 1 TO N-1                     890 PRINT "LOESUNG"
480 : REM   SPALTENPIVOTIERUNG  -       900 FOR I=1 TO N
490 : U = ABS(A(P,P))                   910 : PRINT B(I)
500 : Z = P                             920 NEXT I
510 : FOR I = P+1 TO N                   930 END
```

Unser Beispiel (2.36) ist ein reguläres Gleichungssystem. Das Programm liefert die nebenstehende Ausgabe (s. Tab. 2.1). Unter dem Wort LOESUNG sind dabei die Zahlenwerte von x_1, x_2, x_3, x_4 angegeben.

```
LOESUNG
 .76780946
-.0675167023
-.191890704
-.329680111
```

Tab. 2.1: Ausgabe

Ein nichtreguläres lineares Gleichungssystem heißt singulär. Dies liegt vor, wenn in mindestens einem der (reduzierten) Systeme alle Koeffizienten der ersten Spalte Null sind. Bei solchen Gleichungssystemen gibt unser Programm die Nachricht "KEIN ERGEBNIS" heraus.

Da das exakte Nullwerden in der Numerik aber selten ist (Verfälschung durch Rundungsfehler oder Meßungenauigkeiten), wird noch etwas vorsichtiger vorgegangen. Und zwar erscheint die Nachricht KEIN ERGEBNIS auch dann, wenn die Absolutbeträge in der ersten Spalte eines (reduzierten) Systems kleiner als $E = 10^{-8}$ sind. (Diese "Fehlerschranke" kann vom Benutzer des Programms beliebig abgeändert werden, s. Zeile 230).

Sind die Koeffizienten der ersten Spalten der (reduzierten) Systeme absolut größer als E , so wollen wir das System numerisch regulär nennen. (Es ist dann jedenfalls regulär.) Das Programm liefert in diesem Fall die Lösung in Form der Tabelle 2.1.

Übung 2.4* Löse das folgende Gleichungssystem durch den Gaußschen Algorithmus mit Äquilibrierung und Spaltenpivotierung:

$$\begin{array}{rcrcrcl}
3078x_1 & - & 261x_2 & + & 1587x_3 & = & -401 \\
0{,}126x_1 & - & 0{,}049x_2 & - & 3{,}956x_3 & = & 2{,}647 \\
1{,}981\cdot10^6 x_1 & + & 7{,}217\cdot10^6 x_2 & + & 0{,}221\cdot10^6 x_3 & = & 0{,}512\cdot10^5
\end{array}$$

2.2.3   Singuläre lineare Gleichungssysteme

Es sei ein beliebiges quadratisches lineares Gleichungssystem

$$\sum_{k=1}^{n} a_{ik}x_k = b_i \quad , i = 1,\ldots,n \tag{2.37}$$

vorgelegt, von dem wir zunächst nicht wissen, ob es regulär ist (d.h. ob es durch den Gaußschen Algorithmus in ein Dreiecksystem übergeht), oder ob es singulär ist (d.h. nicht regulär).

Um das Gleichungssystem zu lösen, wenden wir den Gaußschen Algorithmus an, wie er in Abschnitt 2.2.1 beschrieben ist, d.h. mit Zeilen- und

Spaltenvertauschungen, falls nötig. Hierbei können wir an <u>Totalpivo</u>-<u>tierung</u> denken, bei der stets der absolut größte Koeffizient auf der linken Seite eines (reduzierten) Systems in die linke obere Ecke gebracht wird.

Ist das System nicht regulär, so muß schließlich ein (reduziertes) Gleichungssystem entstehen, in dem <u>alle Koeffizienten auf der linken Seite Null</u> sind.

Die Reduktion bricht bei diesem Gleichungssystem ab. Schreibt man die jeweils ersten Gleichungen aller bis dahin erhaltenen Gleichungssysteme untereinander und fügt das zuletzt erhaltene System, das links nur Nullen aufweist, hinzu, so ergibt sich

$$\left.\begin{array}{l} a_{11}x_1 + a_{12}x_2 +\ldots+ a_{1p}x_p + a_{1,p+1}x_{p+1} +\ldots+ a_{1n}x_n = b_1 \\ \qquad a_{22}^{(2)}x_2 +\ldots+ a_{2p}^{(2)}x_p + a_{2,p+1}^{(2)}x_{p+1} +\ldots+ a_{2n}^{(2)}x_n = b_2 \\ \qquad\qquad\ddots \qquad\vdots \qquad\quad \vdots \qquad\qquad \vdots \qquad \vdots \\ \qquad\qquad\qquad a_{pp}^{(p)}x_p + a_{p,p+1}^{(p)}x_{p+1} +\ldots+ a_{p,n}^{(p)}x_n = b_p^{(p)} \\ \qquad\qquad\qquad\qquad\quad 0 + \ldots\ldots\ldots+ 0 = b_{p+1}^{(p)} \\ \qquad\qquad\qquad\qquad\qquad \vdots \qquad\qquad \vdots \qquad \vdots \\ \qquad\qquad\qquad\qquad\quad 0 + \ldots\ldots\ldots+ 0 = b_n^{(p)} \end{array}\right\} \quad (2.38)$$

mit $a_{11} \neq 0,\ a_{22}^{(2)} \neq 0,\ \ldots,\ a_{pp}^{(p)} \neq 0$, $(p < n)$.

Wir wollen ein solches System ein p-<u>zeiliges</u> <u>Trapezsystem</u> nennen (wobei dieser Name von den ersten p Zeilen herrührt).

Dieses System besitzt, aus den in Abschn. 2.2.1 genannten Gründen, die gleiche Lösungsmenge wie das Ausgangssystem (2.37). Man sieht sofort:

<u>Folgerung 2.4</u> (a) Ist in (2.38) eins der $b_{p+1}^{(p)},\ldots,b_n^{(p)}$ ungleich Null, so ist das Gleichungssystem (2.38) <u>unlösbar</u>;

(b) gilt dagegen $b_{p+1}^{(p)} = b_{p+2}^{(p)} =\ldots= b_n^{(p)} = 0$, so gibt es <u>unendlich viele</u> <u>Lösungen</u>.

108

$\underline{Beweis}$: Setzt man, zur besseren Unterscheidung

$$x_{p+1} = t_1, \ x_{p+2} = t_2, \ldots, \ x_n = t_{n-p} \qquad (2.39)$$

und bringt die zugehörigen Glieder in (2.38) auf die rechte Seite, so
kann man (2.38) im Falle (b) wieder "von unten nach oben" auflösen. Die
Lösungen hängen von den frei wählbaren $\underline{Parametern}$ $t_1, \ldots, t_{n-p}$ ab. $\quad \square$

Das skizzierte Auflösen des Systems (2.38) "von unten nach oben" führt
auf

$$x_p = \frac{1}{a_{pp}^{(p)}} \left(b_p^{(p)} - \sum_{j=1}^{n-p} a_{p,p+j}^{(p)} \, t_j \right) ,$$

und für $i = p-1, p-2, \ldots, 1$:

$$x_i = \frac{1}{a_{ii}^{(i)}} \left(b_i^{(i)} - \sum_{j=1}^{n-p} a_{i,p+j}^{(i)} t_j - \sum_{k=i+1}^{p} a_{ik}^{(i)} x_k \right) \qquad (2.40)$$

In der oberen Gleichung ist x_p in Abhängigkeit von $t_1, \ldots, t_{n-p}$ gegeben. Die untere Gleichung wird nun in der Reihenfolge $i = p-1, p-2, \ldots, 1$
ausgewertet, wobei man jeweils rechts alle vorher berechneten Ausdrücke
für $x_{i+1}, x_{i+1}, \ldots, x_p$ einsetzt. So entstehen Formeln für die Lösungs-
zahlen x_i , bei denen die rechten Seiten nur noch von den Parametern
$t_1, \ldots, t_{n-p}$ abhängen. Sie haben die Form:

$$x_i = u_i + \sum_{j=1}^{n-p} v_{ij} t_j \qquad , \ i = 1, \ldots, n \ . \qquad (2.41)$$

Dabei wurden auch die Gleichungen (2.39) mit eingeordnet, denn sie haben
die Gestalt (2.41), wenn man den Koeffizienten von t_j gleich 1 setzt
und die übrigen Null, also $v_{p+s,j} = \delta_{sj}$ (Kronecker-Symbol).

$\underline{Beispiel\ 2.3}$ Es soll die Lösungsmenge L des folgenden Gleichungssystems berechnet werden

$$\begin{aligned}
8x_1 + 2x_2 - 3x_3 + 5x_4 &= 1 \\
3x_1 - 7x_2 + 5x_3 - x_4 &= -2 \\
14x_1 - 12x_2 + 7x_3 + 3x_4 &= -3 \\
-5x_1 - 9x_2 + 8x_3 - 6x_4 &= -3
\end{aligned} \qquad (2.42)$$

Der Gaußsche Algorithmus mit Spaltenpivotierung (ohne Äquilibrierung) ergibt nach 2 Reduktionen das "Trapezsystem"

$$
\begin{aligned}
14x_1 \quad - \quad 12x_2 \quad + \quad 7x_3 \quad + \quad 3x_4 &= -3 \\
-13{,}2857x_2 + 10{,}5000x_3 - 4{,}2985x_4 &\doteq -4{,}0714 \\
0 &= 0 \\
0 &= 0
\end{aligned}
\qquad (2.43)
$$

Das Gleichungssystem ist also singulär - und lösbar! Man setzt nun
$x_3 = t_1$, $x_4 = t_2$, löst dann die zweite Gleichung in (2.43) nach x_2
auf, setzt den gefundenen Ausdruck für x_2 in die erste Gleichung von
(2.43) ein und löst nach x_1 auf. Damit erhält man die Lösungsgesamtheit in der Form

$$
\left.\begin{aligned}
x_1 &\doteq 0{,}04839 - 0{,}17742t_1 + 0{,}53226t_2 \\
x_2 &\doteq 0{,}30645 - 0{,}79032t_1 + 0{,}37097t_2 \\
x_3 &= t_1 \\
x_4 &= t_2
\end{aligned}\right\}
\quad (t_1,t_2 \in \mathbb{R}) \qquad (2.44)
$$

Die Lösungsmenge L besteht also aus allen Vektoren $x = [x_1,x_2,x_3,x_4]^T$
von der Form (2.44), wobei die Parameter t_1,t_2 als beliebige reelle
Zahlen gewählt werden dürfen. (Die Dezimalzahlen sind gerundet, was
durch $\doteq$ statt $=$ symbolisiert wird.) –

Algebraische Struktur der Lösungsmenge im singulären Fall. Die Gleichung
(2.41) erhält mit

$$
\underline{x} = \begin{bmatrix} x_1 \\ \vdots \\ x_n \end{bmatrix} \quad , \quad
\underline{u} = \begin{bmatrix} u_1 \\ \vdots \\ u_n \end{bmatrix} \quad , \quad
\underline{v}_j = \begin{bmatrix} v_{1j} \\ \vdots \\ v_{nj} \end{bmatrix} \quad , \quad j = 1,\dots,n-p \ ,
$$

die vektorielle Gestalt $\underline{x} = \underline{u} + \sum_{j=1}^{n-p} \underline{v}_j t_j$, $(t_j \in \mathbb{R})$. $\qquad (2.45)$

Die $\underline{v}_j$ sind dabei linear unabhängig, wegen $v_{p+s,j} = \delta_{sj}$ für
$s,j = 1,\dots,n-p$. (Denn läßt man die ersten p Koordinaten weg, so werden
die $\underline{v}_j$ zu Koordinateneinheitsvektoren).

(2.45) ist die Parameterdarstellung einer (n-p)-dimensionalen Mannigfaltigkeit. Also :

<u>Satz 2.8</u> (a) Ist das lineare Gleichungssystem

$$\sum_{k=1}^{n} a_{ik}x_k = b_i \quad (i = 1,\ldots,n)$$

singulär, so ist die Lösungsmenge entweder <u>leer</u> oder <u>eine</u> (n-p)-<u>dimen</u>-<u>sionale lineare Mannigfaltigkeit</u> (p < n wie in (2.38)).

(b) Ist die rechte Seite dabei Null (b_i = 0 für alle i = 1,...,n), so ist die Lösungsmenge L ein (n-p)-<u>dimensionaler Unterraum</u> (d.h. $\underline{u}$ = $\underline{0}$ in (2.45)).

<u>Beweis</u>: (a) ist klar. Zu (b): Im Falle b_i = 0 (i = 1,...,n) ist $\underline{x}_0$ = $\underline{0}$ eine Lösung. Folgerung 2.1 in Abschnitt 2.1.3 ergibt, daß $L - \underline{x}_0$ = $L - \underline{0}$ = L ein (n-p)-dimensionaler Unterraum ist. □

<u>Bemerkung</u>: Die Folgerung macht klar, daß der Gaußsche Algorithmus, unab-hängig von der speziellen Wahl der Zeilen- und Spaltenvertauschungen, stets auf ein Trapezsystem mit der <u>gleichen</u> <u>Zeilenzahl</u> p führt. Denn die Dimension n - p der Lösungsmenge - und damit die Zahl p - ist sicherlich unabhängig vom Berechnungsverfahren für die Lösungen. -

<u>Beispiel 2.3</u> (<u>Fortsetzung</u>)   Mit den Vektoren

$$\underline{u} \doteq \begin{bmatrix} 0,04839 \\ 0,30645 \\ 0 \\ 0 \end{bmatrix} \quad, \quad \underline{v}_1 \doteq \begin{bmatrix} -0,17742 \\ -0,79032 \\ 1 \\ 0 \end{bmatrix} \quad, \quad \underline{v}_2 \doteq \begin{bmatrix} 0,53226 \\ 0,37097 \\ 0 \\ 1 \end{bmatrix}$$

gewinnt man die Aussage: Die Lösungsmenge L des Gleichungssystems (2.42) besteht aus allen Vektoren der Form

$$\underline{x} = \underline{u} + t_1\underline{v}_1 + t_2\underline{v}_2 \quad (t_1,t_2 \text{ beliebig reell}). \quad -$$

<u>Veranschaulichung</u>   Im Falle eines dreireihigen quadratischen linearen Gleichgungssystems läßt sich die Lösungsstruktur gut anschaulich machen. Es sei das folgende Gleichungssystem gegeben:

$$\boxed{\begin{array}{l} a_{11}x_1 + a_{12}x_2 + a_{13}x_3 = b_1 \\ a_{21}x_1 + a_{22}x_2 + a_{23}x_3 = b_2 \\ a_{31}x_1 + a_{32}x_2 + a_{33}x_3 = b_3 \end{array}} \quad , \text{ kurz} \quad \boxed{\begin{array}{l} \hat{\underline{a}}_1 \cdot \underline{x}^T = b_1 \\ \hat{\underline{a}}_2 \cdot \underline{x}^T = b_2 \\ \hat{\underline{a}}_3 \cdot \underline{x}^T = b_3 \end{array}}$$

mit den Zeilenvektoren $\hat{\underline{a}}_i = [a_{i1}, a_{i2}, a_{i3}]$, $\underline{x}^T = [x_1, x_2, x_3]$[1]. Die Gleichungen rechts können als Hessesche Normalformen dreier Ebenen E_1, E_2, E_3 aufgefaßt werden, da wir uns die Gleichungen durch Multiplikation mit Faktoren $\neq 0$ so umgewandelt denken können, daß $|\hat{a}_i| = 1$ ist, für alle $i = 1, 2, 3$.

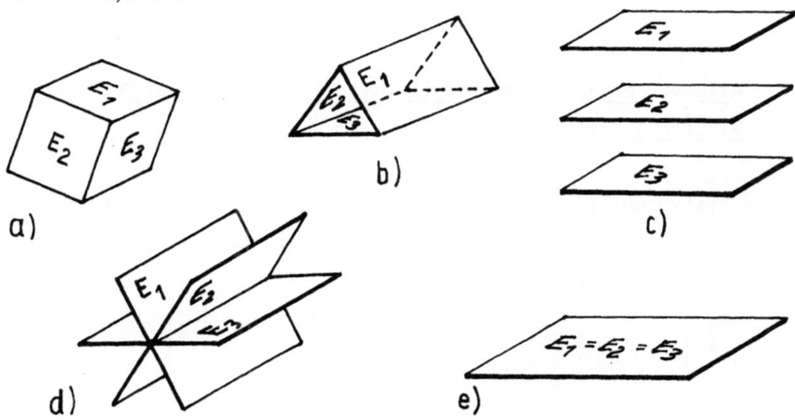

Fig. 2.2: Zur Lösbarkeit linearer Gleichungssysteme

Die gemeinsamen Punkte aller drei Ebenen E_1, E_2, E_3 bilden die Lösungen. Figur 2.2 zeigt fünf charakteristische Möglichkeiten: Im Falle a) haben wir eindeutige Lösbarkeit, da $E_1 \cap E_2 \cap E_3$ aus einem Punkt besteht. b) und c) zeigen unlösbare Fälle: $E_1 \cap E_2 \cap E_3 = \emptyset$, d), e) zeigen Fälle mit unendlich vielen Lösungen: d) Gerade, e) Ebene.

Übung 2.5 (a) Gib die Lösungsmenge des folgenden Gleichungssystems an:

$$\begin{array}{rcrcrcrcr} 3x_1 & + & 4x_2 & - & 5x_3 & + & x_4 & = & 1 \\ 7x_1 & - & 2x_2 & + & x_3 & - & 2x_4 & = & -2 \\ x_1 & - & 10x_2 & + & 11x_3 & - & 4x_4 & = & -4 \\ -4x_1 & + & 6x_2 & - & 6x_3 & - & 3x_4 & = & -3 \end{array}$$

---

[1] Mit Zeilenvektoren rechnet man analog wie mit Spaltenvektoren.

112

(b) Gib die Lösungsmenge für den Fall an, daß die -3 auf der rechten
Seite unten in -2 verwandelt wird.

(c) Streiche aus dem Gleichungssystem in (a) die letzte Zeile heraus, wie
auch die Spalte mit x_4 . Es entsteht ein dreireihiges quadratisches
Gleichungssystem. Skizziere die drei Ebenen, die durch die Gleichungen
gegeben sind, in einem räumlichen Koordinatensystem (man denke sich
einen genügend großen "gläsernen" achsenparallelen Quader gezeichnet und
veranschauliche die Ebenen durch ihre Schnittlinien mit den Quaderwänden).
Wie liegt hier die Lösungsmenge?

2.2.4   Allgemeiner Satz über die Lösbarkeit linearer quadratischer Gleichungssysteme

Das Gleichungssystem (2.26) nennen wir ein quadratisches System, da ebenso viele Zeilen wie Unbekannte vorkommen. Aus den Spalten des Systems
bildet man die Spaltenvektoren:

$$\underline{a}_1 = \begin{bmatrix} a_{11} \\ \vdots \\ a_{n1} \end{bmatrix} \quad , \quad \underline{a}_2 = \begin{bmatrix} a_{12} \\ \vdots \\ a_{n2} \end{bmatrix} , \ldots, \quad \underline{a}_n = \begin{bmatrix} a_{1n} \\ \vdots \\ a_{nn} \end{bmatrix} \quad , \quad \underline{b} = \begin{bmatrix} b_1 \\ \vdots \\ b_n \end{bmatrix} \tag{2.46}$$

Damit erhält unser Gleichungssystem die knappere vektorielle Gestalt

$$\boxed{x_1\underline{a}_1 + x_2\underline{a}_2 + \ldots + x_n\underline{a}_n = \underline{b}} \qquad (\underline{a}_k, \underline{b} \in \mathbb{R}^n) \ . \tag{2.47}$$

Mit den Zeilen des Systems geht man entsprechend vor: Man kann sie zu
Zeilenvektoren zusammenfassen:

$$\begin{aligned} \hat{\underline{a}}_1 &= [a_{11}, a_{12}, \ldots, a_{1n}] \\ &\ \vdots \\ \hat{\underline{a}}_n &= [a_{n1}, a_{n2}, \ldots, a_{nn}] \end{aligned} \tag{2.48}$$

Mit solchen Zeilenvektoren rechnet man völlig analog wie mit Spaltenvektoren: Man kann sie addieren, subtrahieren, mit $\lambda \in \mathbb{R}$ multiplizieren,
innere Produkte bilden usw. Führen wir noch den Zeilenvektor

$$\underline{x}^T = [x_1, \ldots, x_n]$$

ein, so läßt sich unser Gleichungssystem so beschreiben

$$\boxed{\underline{\hat{a}}_i \cdot \underline{x}^T = b_i \quad , \quad i = 1,\ldots,n}$$ (2.49)

Voilà! - Damit gilt der folgende zusammenfassende Satz.

<u>Satz 2.9</u> Bei einem quadratischen linearen Gleichungssystem

$$\boxed{\sum_{k=1}^{n} a_{ik}x_k = b_i \quad , \quad i = 1,\ldots,n}$$ (2.50)

tritt genau einer der folgenden Fälle ein:

<u>1. Fall</u>: (a) Das Gleichungssystem ist <u>regulär</u>, d.h. der Gaußsche Algorithmus liefert ein <u>Dreieckssystem</u>, in dem alle Diagonalkoeffizienten $a_{11}, a_{22}^{(2)}, \ldots, a_{nn}^{(p)}$ ungleich Null sind. Dies bedeutet, daß das Gleichungssystem <u>für jede rechte Seite</u> $\underline{b} \in \mathbb{R}^n$ <u>genau eine Lösung</u> $\underline{x} = [x_1, \ldots, x_n]^T \in \mathbb{R}^n$ hat.

(b) Das Gleichungssystem ist genau dann <u>regulär</u>, wenn die <u>Spaltenvektoren</u> $\underline{a}_1, \ldots, \underline{a}_n$ <u>linear unabhängig</u> sind. Dies ist genau dann der Fall, wenn die <u>Zeilenvektoren linear unabhängig</u> sind.

<u>2. Fall</u>: (c) Das Gleichungssystem ist <u>singulär</u>, d.h. der Gaußsche Algorithmus liefert ein p-<u>zeiliges Trapezsystem</u>, mit $p < n$. Das bedeutet: Es gibt <u>entweder keine Lösung</u> ($b_{p+1}^{(p)}, \ldots, b_n^{(p)}$ nicht alle Null), <u>oder</u> es gibt <u>unendlich viele Lösungen</u> (im Falle $b_{p+1}^{(p)} = \ldots = b_n^{(p)} = 0$). Im letzteren Falle ist die Lösungsmenge eine <u>lineare Mannigfaltigkeit</u> der Dimension $n - p$ im Raum $\mathbb{R}^n$.

(d) Das Gleichungssystem ist genau dann <u>singulär</u> (mit p-zeiligem Trapezsystem), wenn die <u>Spaltenvektoren</u> $\underline{a}_1, \ldots, \underline{a}_n$ <u>linear abhängig</u> sind. In diesem Falle ist p die maximale Anzahl linear unabhängiger Vektoren unter den $\underline{a}_1, \ldots, \underline{a}_n$. Für <u>Zeilenvektoren</u> gilt die entsprechende Aussage.

<u>Beweis</u>:[1] Die Aussagen (a), (c) sind durch die vorangehenden Abschnitte <u>klar. Es müssen nur noch (b) und (d) bewiesen werden.</u>

[1] kann vom anwendungsorientierten Leser überschlagen werden.

114

<u>Beweis von</u> (d): Im <u>singulären</u> Fall verwandelt der Gaußsche Algorithmus
das homogene Gleichungssystem

$$\sum_{k=1}^{n} x_k \underline{a}_k = \underline{0} \quad , \quad i = 1,\ldots,n \tag{2.51}$$

in ein p-zeiliges Trapezsystem. Wir denken uns nun alle vorgenommenen
Zeilen- und Spaltenvertauschungen schon vor Beginn der Rechnung ausgeführt, und bezeichnen das entstandene System wieder wie in (2.51). Dann
liefert der Gaußsche Algorithmus ein p-zeiliges Trapezsystem auch <u>ohne</u>
Vertauschungen von Zeilen und Spalten. Von dieser Situation gehen wir aus!

(d_1) Die Lösungsmenge von (2.51) wird nach Satz 2.8 (b) im vorigen Abschnitt durch

$$\underline{x} = \sum_{j=1}^{n-p} \underline{v}_j t_j \qquad (t_j = x_{p+j}) \tag{2.52}$$

beschrieben. Wählt man alle $t_j = x_{p+j} = 0$, so verkürzt sich (2.51) zu
$\sum_{n=1}^{p} x_k \underline{a}_k = \underline{0}$. Nach (2.52) ist dann aber $\underline{x} = \underline{0}$, also auch
$x_1 = \ldots = x_p = 0$, d.h. die $\underline{a}_1,\ldots,\underline{a}_p$ sind linear unabhängig.

Im Falle $t_j = x_{p+j} = -1$ und $t_i = 0$ für alle $i \neq j$ ($i \in \{1,\ldots,n-p\}$),
wird (2.51) zu

$$\sum_{k=1}^{p} x_k \underline{a}_k - \underline{a}_{p+j} = \underline{0} \quad ,$$

wobei die x_k aus (2.52) gewonnen werden. D.h.: $\underline{a}_{p+j}$ ist eine Linearkombination der $\underline{a}_1.,\ldots,\underline{a}_p$ (für jedes $j \in \{1,\ldots,n+p\}$). Folglich liegen alle $\underline{a}_{p+j}$ in dem von $\underline{a}_1,\ldots,\underline{a}_p$ aufgespannten Unterraum der Dimension p . Folglich ist p die maximale Anzahl linear unabhängiger Vekto-
ren unter den <u>Spaltenvektoren</u> $\underline{a}_1,\ldots,\underline{a}_n$.

(d_2) Beschreibt man das Gleichungssystem (2.51) mit den <u>Zeilenvektoren</u>
$\underline{\hat{a}}_1,\ldots,\underline{\hat{a}}_n$, so erhält es die Gestalt

$$\underline{\hat{a}}_i \cdot \underline{x}^T = 0 \quad , \quad \underline{x}^T = [x_1,\ldots,x_n] \ . \tag{2.53}$$

Alle Lösungen $\underline{x}^T$ stehen also rechtwinklig auf den $\underline{\hat{a}}_i$, und damit auch rechtwinklig auf jedem Vektor des von $\underline{\hat{a}}_1,\dots,\underline{\hat{a}}_n$ aufgespannten Unterraumes $U \subset \mathbb{R}^n$. Kurz: Der Lösungsraum L ist das orthogonale Komplement von U . Mit $\dim L = n - p$ und der Gleichung $\dim U + \dim L = n$ (s. Folg. 2.3, Abschn. 2.1.4) folgt $\dim U = p$. Da die $\underline{\hat{a}}_1,\dots,\underline{\hat{a}}_n$ den Raum U aufspannen, ist die maximale Anzahl linear unabhängiger unter ihnen gleich $\dim U = p$.

$\underline{\text{Beweis von}}$ (b): Ist das Gleichungssystem (2.50) regulär, so hat es nach (a) für jede rechte Seite genau eine Lösung, also hat $\sum\limits_{i=1}^{n} \underline{a}_i x_k = \underline{0}$ $(i = 1,\dots,n)$ nur die Lösung $x_1 = x_2 = \dots = x_n = 0$, d.h. die $\underline{a}_1,\dots,\underline{a}_n$ sind linear unabhängig. – Setzen wir umgekehrt die $\underline{a}_1,\dots,\underline{a}_n$ als linear unabhängig voraus, so hat $\sum\limits_{i=1}^{n} \underline{a}_i x_k = \underline{0}$ nur die Lösung $x_1 = \dots = x_n = 0$. Damit ist $\sum\limits_{i=1}^{n} \underline{a}_i x_k = \underline{0}$ ein reguläres Gleichungssystem, denn im singulären Falle läge ja keine eindeutige Lösbarkeit vor. Der Gaußsche Algorithmus erzeugt also ein Dreieckssystem, d.h. auch (2.50) ist regulär.

Die lineare Unabhängigkeit der Zeilenvektoren $\underline{\hat{a}}_i$ folgt im regulären Fall wie oben in (d_2). Man hat nur $p = n$ zu setzen.

Da die a_{ik} ein quadratisches Schema bilden, folgt umgekehrt aus Symmetriegründen aus der linearen Unabhängigkeit der Zeilenvektoren auch die der Spaltenvektoren. $\qquad\qquad\square$

$\underline{\text{Folgerung 2.5}}$ Ist ein quadratisches lineares Gleichungssystem

$$\sum_{k=1}^{n} x_k \underline{a}_k = \underline{b} \quad (\underline{a}_k, \underline{b} \in \mathbb{R}^n)$$

für $\underline{\text{eine}}$ rechte Seite $\underline{b}$ eindeutig lösbar, so ist es für $\underline{\text{jede beliebige}}$ rechte Seite eindeutig lösbar.

$\underline{\text{Beweis}}$: Eindeutige Lösbarkeit für eine rechte Seite bedeutet, daß der Gauß-Algorithmus ein Dreiecksystem erzeugt. Für jede andere rechte Seite entsteht aber links vom Gleichheitszeichen die gleiche Dreiecksstruktur, d.h. es liegt bei jeder linken Seite eindeutige Lösbarkeit vor. $\qquad\square$

Es ist klar, daß diese schöne Eigenschaft für beliebige Gleichungen
$f(\underline{x}) = \underline{b}$ nicht allgemein gilt. Sie ist eine Besonderheit quadratischer
linearer Gleichungssysteme. Sie ist die Kernaussage der sogenannten
<u>Fredholmschen Alternative</u>: Entweder liegt für alle rechten Seiten eindeutige Lösbarkeit vor, oder für keine!

2.2.5   Rechteckige Systeme, Rangkriterium

<u>Zur praktischen Lösung</u>. Gleichungssysteme der Form

$$
\begin{aligned}
a_{11}x_1 + a_{12}x_2 + \ldots + a_{1n}x_n &= b_1 \\
a_{21}x_1 + a_{22}x_2 + \ldots + a_{2n}x_n &= b_2 \\
\vdots \qquad \vdots \qquad\quad \vdots \quad\ \vdots \\
a_{m1}x_1 + a_{m2}x_2 + \ldots + a_{mn}x_n &= b_m
\end{aligned}
\tag{2.54}
$$

mit $n \neq m$, nennen wir <u>rechteckige lineare Gleichungssysteme</u>.

Durch Ergänzen von Nullzeilen oder Nullspalten kann man sie stets zu quadratischen Systemen erweitern, womit sie auf den behandelten Fall zurückgeführt sind.

Man kann aber auch den Gaußschen Algorithmus völlig analog zum Vorherigen
direkt auf Rechtecksysteme anwenden.

Oft liegt dabei keine eindeutige Lösbarkeit vor. Man gelangt durch die
Rekursionsschritte i.a. zu einem Trapezsystem mit unterschiedlicher
Zeilen- und Spaltenzahl auf der linken Seite. Dann geht man so vor, wie
in Abschn. 2.2.3 erläutert.

Entsteht jedoch ein Dreieckssystem mit noch folgenden Nullzeilen (nur
im Falle $m > n$ möglich), so liegt wieder eindeutige Lösbarkeit vor,
und wir berechnen die Lösungen wie in Abschn. 2.2.1.

<u>Rangkriterium, Lösungsstruktur</u>.[1] Mit den Spaltenvektoren

---

[1] Kann vom praxisorientierten Leser beim ersten Lesen übersprungen werden.

$$\underline{a}_k = \begin{bmatrix} a_{1k} \\ \vdots \\ a_{mk} \end{bmatrix} \quad , \ k = 1,\ldots,n \ , \ \text{und} \quad \underline{b} = \begin{bmatrix} b_1 \\ \vdots \\ b_m \end{bmatrix}$$

aus $\mathbb{R}^n$ bekommt das Gleichungssystem (2.54) die Form

$$\boxed{\sum_{k=1}^{n} x_k \underline{a}_k = \underline{b}} \qquad (\underline{a}_k, \underline{b} \in \mathbb{R}^m) \tag{2.55}$$

Dabei nehmen wir $n,m \in \mathbb{N}$ als beliebig an, also gleich oder ungleich. Das Gleichungssystem heißt h̲o̲m̲o̲g̲e̲n̲, wenn $\underline{b} = \underline{0}$ ist, andernfalls i̲n̲h̲o̲m̲o̲g̲e̲n̲.

D̲e̲f̲i̲n̲i̲t̲i̲o̲n̲ 2.6 Es seien $\underline{c}_1,\ldots,\underline{c}_k$ beliebige Vektoren aus $\mathbb{R}^n$. Als R̲a̲n̲g̲ der Menge $\{\underline{c}_1,\ldots,\underline{c}_k\}$,

$$\text{Rang} \ \{\underline{c}_1,\ldots,\underline{c}_k\} \ ,$$

bezeichnet man die maximale Anzahl linear unabhängiger Vektoren unter ihnen.

Damit gilt für beliebige lineare Gleichungssysteme, rechteckig oder quadratisch, der

S̲a̲t̲z̲ 2.10 R̲a̲n̲g̲k̲r̲i̲t̲e̲r̲i̲u̲m̲: Das lineare Gleichungssystem (2.55) ist genau dann lösbar, wenn folgendes gilt:

$$\boxed{\text{Rang} \ \{\underline{a}_1,\ldots,\underline{a}_n\} = \text{Rang} \ \{\underline{a}_1,\ldots,\underline{a}_n,\underline{b}\}} \tag{2.56}$$

Das Gleichungssystem ist genau dann eindeutig lösbar, wenn die Ränge in (2.56) gleich n sind, also gleich der Anzahl der Unbekannten.

B̲e̲w̲e̲i̲s̲: Lösbarkeit von (2.55) bedeutet, daß $\underline{b}$ als Linearkombination der $\underline{a}_1,\ldots,\underline{a}_n$ geschrieben werden kann, d.h., daß $\underline{b}$ in dem von $\underline{a}_1,\ldots,\underline{a}_n$ aufgespannten Unterraum U liegt, d.h.: $\{\underline{a}_1,\ldots,\underline{a}_n\}$ und $\{\underline{a}_1,\ldots,\underline{a}_n,\underline{b}\}$ spannen den gleichen Unterraum auf; d.h.: Beide Mengen $\{\underline{a}_1,\ldots,\underline{a}_n\}$ und $\{\underline{a}_1,\ldots,\underline{a}_n,\underline{b}\}$ haben gleiche Maximalzahl linear unab-

118

hängiger Vektoren; d.h.: Es gilt (2.56). - Die Eindeutigkeitsaussage
folgt aus Satz 2.3(b) in Abschn. 2.1.3.   □

Satz 2.11 Struktur der Lösungsmenge: Für das lineare Gleichungssystem

$$\sum_{k=1}^{n} x_k \underline{a}_k = \underline{b} \quad (\underline{a}_k, \underline{b} \in \mathbb{R}^m) \tag{2.57}$$

gelte $p := \text{Rang } \{\underline{a}_1, \ldots, \underline{a}_n\} = \text{Rang } \{\underline{a}_1, \ldots, \underline{a}_n, \underline{b}\}$

(d.h. das Rangkriterium ist erfüllt). Dann folgt

(a) Die Lösungsmenge ist eine (n-p)-dimensionale lineare Mannigfaltigkeit
im $\mathbb{R}^n$.

(b) Die Lösungsmenge des zu (2.57) gehörenden homogenen linearen Gleichungssystems

$$\sum_{k=1}^{n} x_k \underline{a}_k = \underline{0} \tag{2.58}$$

ist ein (n-p)-dimensionaler Unterraum von $\mathbb{R}^n$.

(c) Ist $\underline{x}_0 \in \mathbb{R}^n$ ein beliebiger, aber festgewählter Lösungsvektor des
inhomogenen linearen Gleichungssystems (2.57), so besteht die Lösungs-
menge dieses Systems aus allen Vektoren der Form

$$\boxed{\underline{x} = \underline{x}_0 + \underline{x}_h} \quad \begin{cases} \text{wobei } \underline{x}_h \text{ Lösung des homogenen} \\ \text{Systems } (2.58) \text{ ist.} \end{cases} \tag{2.59}$$

Beweis: (a) folgt unmittelbar aus Satz 2.9(b), Abschn. 2.2.4, wenn man
(2.57) im Falle $m \neq n$ durch Nullzeilen oder Nullspalten zu einem quadratischen System ergänzt. (b) ergibt sich entsprechend aus Satz 2.8(b)
in Abschn. 2.2.3.

Zu (c): Alle $\underline{x} = \underline{x}_0 + \underline{x}_h$ sind offensichtlich Lösungen von (2.57) (einsetzen!). Ist umgekehrt $\underline{x}_1$ eine beliebige Lösung von (2.57), so ist
$\underline{x}_1 - \underline{x}_0 =: \underline{x}_h'$ zweifellos Lösung von (2.58), woraus $\underline{x}_1 = \underline{x}_0 + \underline{x}_h'$ folgt,
d.h. $\underline{x}_1$ hat die Form (2.59).   □

<u>Bemerkung</u>: Die Sätze 2.9 und 2.10 haben hauptsächlich theoretische Be-
deutung (als Beweishilfsmittel für weitere Sätze). Praktisch wird die
Frage nach der Lösbarkeit und der praktischen Berechnung durch den
Gaußschen Algorithmus angegangen. (Wir bemerken, daß im Falle sehr großer
$n = m$ auch andere - sogenannte iterative - Verfahren ins Bild kommen,
s. Abschn. 3.6.4 . Als "sehr groß" ist dabei etwa $n = m \geq 100$ anzusehen).

<u>Übung 2.6</u>* Gib die Lösungsmengen der folgenden beiden Systeme an:

(a)
$$3x_1 + 5x_2 - 7x_3 + x_4 = 0$$
$$8x_1 - 2x_2 + x_3 - 3x_4 = 1$$

(b)
$$9x_1 - 8x_2 = 1$$
$$5x_1 + 2x_2 = 7$$
$$x_1 + 12x_2 = 13 \ .$$

2.3 ALGEBRAISCHE STRUKTUREN: GRUPPEN UND KÖRPER

Es werden zwei algebraische Strukturen - Gruppen und Körper - erläutert.
Sie bilden das algebraische Fundament für die spätere allgemeine Vektor-
raumtheorie. Da unmittelbare Anwendungen im Ingenieurbereich jedoch selten sind, mag der anwendungsorientierte Leser den Abschnitt beim ersten
Lesen überspringen und später bei Bedarf hier nachschlagen.

2.3.1 Einführung: Beispiel einer Gruppe

Wir beginnen mit einer Spielerei: Ein
Plättchen von der Form eines gleichseiti-
gen Dreiecks liegt auf dem Tisch. Seine
Ecken sind mit 1, 2, 3 markiert. Die Lage
des Dreiecks ist durch einen gezeichneten
Umriß auf dem Tisch vermerkt, wobei die
Ecken des Umrisses mit ①, ②, ③ gekenn-
zeichnet sind (s. Fig. 2.3).

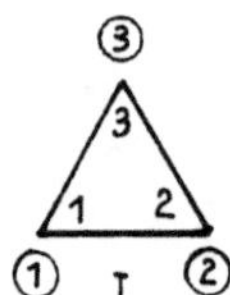

Fig. 2.3: Plättchen in Form
eines gleichseitigen Dreiecks

Wir fragen nun nach allen <u>Bewegungen</u>
des Plättchens, nach deren Ausführung
es wieder exakt auf dem Umriß liegt.
Auch Umdrehen ist erlaubt, so daß die
Unterseite des Plättchens nach oben
kommt. Alle diese Bewegungen heißen
<u>Kongruenzabbildungen</u> des gleichsei-
tigen Dreiecks. Sie werden nach ihren
Endlagen unterschieden.

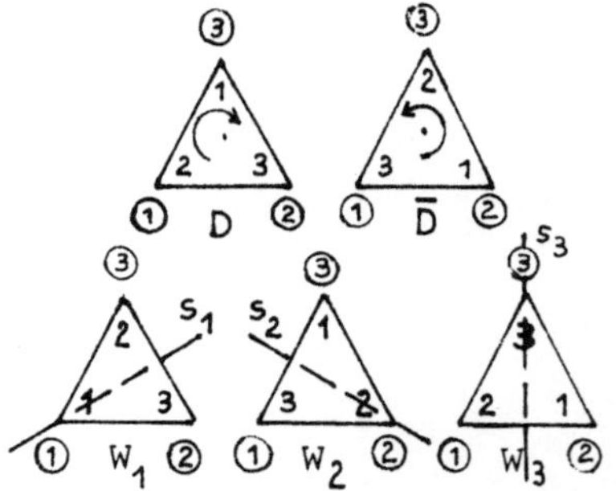

Fig. 2.4: Kongruenzabbildungen
des gleichseitigen Dreiecks

Dem Leser fallen sicher die folgenden fünf Bewegungen ein (Fig. 2.4):

D = Drehung um 120° im Uhrzeigersinn[1]

$\overline{D}$ = Drehung um 120° gegen den
    Uhrzeigersinn [1]

W_1 = Spiegelung an der (tischfesten) Seitenhalbierenden s_1

W_2 = Spiegelung an der (tischfesten) Seitenhalbierenden s_2

W_3 = Spiegelung an der (tischfesten) Seitenhalbierenden s_3

(W von "Wenden"). Der Vollständigkeit halber zählen wir noch die "triviale Bewegung" dazu:

I = Identität, d.h. die Lage bleibt unverändert.

Mehr als diese sechs Kongruenzabbildungen des Dreiecks gibt es sicherlich nicht! (Warum?)

---

[1] um eine Achse durch den Dreiecksmittelpunkt, die senkrecht auf dem
    Dreieck steht.

Wir beschreiben die Bewegungen des Dreiecks kürzer durch

$$I = \begin{pmatrix} 1 & 2 & 3 \\ 1 & 2 & 3 \end{pmatrix}, \quad D = \begin{pmatrix} 1 & 2 & 3 \\ 3 & 1 & 2 \end{pmatrix}, \quad \bar{D} = \begin{pmatrix} 1 & 2 & 3 \\ 2 & 3 & 1 \end{pmatrix},$$
$$W_1 = \begin{pmatrix} 1 & 2 & 3 \\ 1 & 3 & 2 \end{pmatrix}, \quad W_2 = \begin{pmatrix} 1 & 2 & 3 \\ 3 & 2 & 1 \end{pmatrix}, \quad W_3 = \begin{pmatrix} 1 & 2 & 3 \\ 2 & 1 & 3 \end{pmatrix}. \tag{2.57}$$

Was bedeutet dies? - Nun, ganz einfach: Hier wird angegeben, wie die Ecken des Dreiecks bewegt werden! In $D = \begin{pmatrix} 1 & 2 & 3 \\ 3 & 1 & 2 \end{pmatrix}$ wird z.B. ausgedrückt, daß durch diese Drehung die Ecke 1 des Dreiecks in Ecke ③ des Umrisses überführt wird, ferner Ecke 2 in Ecke ① des Umrisses usw. Man beschreibt dies auch so:

$$D(1) = 3 \quad , \quad D(2) = 1 \quad , \quad D(3) = 2 \quad , \quad \bar{D}(1) = 2 \quad \text{usw.}$$

D.h.: die Kongruenzabbildungen in (2.57) werden als Funktionen aufgefaßt, die die Menge $\mathbb{N}_3 := \{1,2,3\}$ umkehrbar eindeutig auf sich abbilden. Da in den unteren Zeilen der Schemata in (2.57) gerade die <u>Permutationen</u> der Zahlen 1, 2, 3 stehen (d.h. die verschiedenen Reihenfolgen dieser Zahlen), identifiziert man die Kongruenzabbildungen I, D, $\bar{D}$, W_1, W_2, W_3 auch mit diesen Permutationen. - So weit, so gut! -

Jetzt führen wir zwei unserer Kongruenzabbildungen <u>nacheinander</u> aus. Es muß wieder eine der sechs Kongruenzabbildungen entstehen, denn andere gibt es nicht. Wird z.B. zuerst die Drehung D ausgeführt und dann die Spiegelung W_1 , so ergibt sich insgesamt die Spiegelung W_3 (wie man mit einem ausgeschnittenen Papierdreieck schnell überprüft.) Wir beschreiben dies durch

$$W_3 = W_1 \star D , \tag{2.58}$$

gesprochen:" W_1 <u>nach</u> D", oder "W_1 <u>verknüpft mit</u> D", oder "W_1 <u>mal</u> D". $W_1 \star D$ nennt man das <u>Produkt</u> aus W_1 und D und bezeichnet die Verknüpfung $\star$ als Multiplikation.

Sämtliche möglichen Produkte zweier Kongruenzabbildungen des gleichseitigen Dreiecks sind in nebenstehender <u>Multiplikationstabelle</u> verzeichnet (s. Tab. 2.2).

Sind A, B, H drei von unseren Kongruenzabbildungen, für die $H = A\star B$ gilt, so folgt für jede Ecknummer x des Dreiecks $H(x) = A(B(x))$. Man sieht dies ein, wenn man den Weg einer Ecke dabei verfolgt (überprüfe dies mit (2.58).) Ersetzt man H durch $A\star B$ in der letzten Gleichung, so folgt

$$(A\star B)(x) = A(B(x)). \tag{2.59}$$

$\star$	I	D	$\bar{D}$	W_1	W_2	W_3
I	I	D	$\bar{D}$	W_1	W_2	W_3
D	D	$\bar{D}$	I	W_2	W_3	W_1
$\bar{D}$	$\bar{D}$	I	D	W_3	W_1	W_2
W_1	W_1	W_3	W_2	I	$\bar{D}$	D
W_2	W_2	W_1	W_3	D	I	$\bar{D}$
W_3	W_3	W_2	W_1	$\bar{D}$	D	I

Tab. 2.2 Multiplikationstabelle der Kongruenzabbildungen des gleichseitigen Dreiecks.

122

für alle Ecknummern x . Für je drei beliebige Kongruenzabbildungen A,B,C
unseres Dreieckes folgern wir damit

(I) $$(A * B) * C = A * (B * C)$$.   (2.60)

Denn für alle Ecken x gilt wegen (2.59)

$$((A * B) * C)(x) = (A * B)(C(x)) = A(B(C(x))) =$$
$$= A((B * C)(x)) = (A * (B * C))(x). -$$

Für jede beliebige Kongruenzabbildung A des gleichseitigen Dreiecks
gilt ferner

(II) $$I * A = A * I = A$$, und:

(III) Es gibt zu A eine Kongruenzabbildung X des Dreiecks mit

$$A * X = I = X * A$$.

Man bezeichnet X durch A^{-1} und nennt es <u>Inverses</u> zu A .

Man beachte, daß $A * B = B * A$ nicht allgemein gilt, z.B. $W_2 * W_1 = D$,
$W_1 * W_2 = \bar{D}$.

Eine Menge mit einer Verknüpfung, in der die drei Gesetze (I), (II), (III)
gelten, nennt man eine <u>Gruppe</u>. Wir haben es also hier mit der <u>Gruppe der
Kongruenzabbildungen</u> eines gleichseitigen Dreiecks zu tun.

Im folgenden wird der Gruppenbegriff allgemein gefaßt. Er ist der wichtigste Grundbegriff der modernen Algebra.

<u>Übung 2.7</u> Beschreibe die Gruppe der Kongruenzabbildungen eines Recht-
eckes (es soll sich um ein "echtes" Rechteck dabei handeln, also kein
Quadrat).

<u>Anmerkung</u> dazu: Nicht alle Permutationen der Ecken entsprechen Kon-
gruenzabbildungen des Rechteckes, sondern nur einige. Die entstehende
Gruppe heißt die <u>Kleinsche Vierergruppe</u>.

<u>Fig. 2.5</u>: Zu Übung 2.7,
Kleinsche Vierergruppe (mit Klein)

2.3.2   Gruppen

Definition 2.7 Eine <u>Gruppe</u> $(G,*)$ besteht aus einer Menge G und einer <u>Verknüpfung</u> [1] $*$, die jedem Paar (x,y) von Elementen $x,y \in G$ genau ein Element $x*y \in G$ zuordnet, wobei die folgenden drei Gesetze erfüllt sind:

(I) Für alle $x,y,z \in G$ gilt

$$\boxed{(x*y)*z = x*(y*z)}\quad .\qquad\qquad \underline{\text{Assoziativgesetz}}$$

(II) Es gibt ein Element $e \in G$ mit

$$\boxed{x*e = x = e*x}\quad \text{für alle}\ \ x \in G.\qquad \underline{\text{neutrales Element}}$$

e heißt <u>neutrales Element</u> in G .

(III) Zu jedem Element $x \in G$ gibt es ein Element $y \in G$ mit

$$\boxed{x*y = e = y*x}\qquad\qquad \underline{\text{Inverses}}$$

y heißt <u>Inverses</u> zu x , symbolisiert durch x^{-1} .

<u>Neutrales Element</u> e und <u>Inverses</u> von x sind <u>eindeutig bestimmt</u>, denn würde auch e' der Bedingung (II) genügen, so folgte $e = e'*e = e'$, und wären y und y' Inverse von x , so erhielte man
$y = e*y = (y'*x)*y = y'*(x*y) = y'*e = y'$.

Wegen (I) schreibt man auch $x*y*z$ statt $(x*y)*z$, da es ja gleichgültig ist, wie man klammert. Entsprechend $x*y*z*w$ usw.

Definition 2.8 Gilt in einer Gruppe $(G,*)$ zusätzlich

---

[1] Unter einer (binären) <u>Verknüpfung</u> auf einer Menge M verstehen wir eine beliebige Vorschrift, die jedem Paar (x,y) mit $x,y \in M$ genau ein Element aus M zuordnet.

(IV) $\boxed{x * y = y * x}$ für alle $x, y \in G$, $\qquad$ <u>Kommutativgesetz</u>

so liegt eine <u>kommutative Gruppe</u> vor, auch <u>abelsche</u>[1]Gruppe genannt.

Statt $*$ werden auch andere Symbole verwandt, oder $*$ wird ganz weg-gelassen. Dies ist in der Algebra üblich: Man schreibt einfach xy statt $x * y$ und spricht von <u>multiplikativer Schreibweise</u> bzw. <u>multiplikativer Gruppe</u> G .

Bei abelschen Gruppen schreibt man häufig $+$ statt $*$, wobei das neutrale Element mit 0 bezeichnet wird, und das Inverse zu $x \in G$ mit $-x$. Man spricht von <u>additiver Schreibweise</u> bzw. <u>additiver Gruppe</u>. Die gerahmten Gleichungen in (I), (II), (III), (IV) bekommen dann die Form

$$(x+y) + z = x + (y+z) \qquad x + 0 = x = 0 + x ,$$
$$x + (-x) = 0 = (-x) + x , \quad x + y = y + x \tag{2.61}$$

Die <u>Subtraktion</u> in einer additiven abelschen Gruppe wird folgendermaßen definiert:

$$x - y := x + (-y)$$

Eine <u>Gruppe</u> $(G, *)$ heißt <u>endlich</u>, wenn G eine <u>endliche Menge</u> ist. Die Anzahl der Elemente von M heißt die <u>Ordnung</u> der Gruppe $(G, *)$. Eine nichtendliche Gruppe heißt <u>unendliche Gruppe</u>.

Statt von der Gruppe $(G, *)$ oder $(G, \cdot)$ oder $(G, +)$ spricht man auch einfach von der <u>Gruppe</u> G , wenn aus dem Zusammenhang klar ist, mit welcher Verknüpfung gearbeitet wird. Dadurch wird sprachliche Überladung vermieden.

<u>Beispiele für Gruppen</u>

<u>Beispiel 2.4</u> Die Mengen $\mathbb{Z}$ (der ganzen Zahlen), $\mathbb{Q}$ (der rationalen Zahlen), $\mathbb{R}$ (der reellen Zahlen) und $\mathbb{C}$ (der komplexen Zahlen), sowie $\mathbb{R}^n$ und $\mathbb{C}^n$ bilden <u>additive abelsche Gruppen</u>:

$$(\mathbb{Z},+) , (\mathbb{Q},+) , (\mathbb{R},+) , (\mathbb{C},+) , (\mathbb{R}^n,+) , (\mathbb{C}^n,+) .$$

---

[1]Nach dem norwegischen Mathematiker Niels Henrik Abel (1802-1829).

<u>Beispiele 2.5</u> Streicht man aus $\mathbb{Q}$, $\mathbb{R}$ und $\mathbb{C}$ jeweils die 0 heraus, so liefern die entstehenden Mengen $\mathbb{Q}'$, $\mathbb{R}'$, $\mathbb{C}'$ <u>multiplikative abelsche Gruppen</u>

$$(\mathbb{Q}',\cdot) \ , \ (\mathbb{R}',\cdot) \ , \ (\mathbb{C}',\cdot) \ .$$

<u>Beispiel 2.6</u> G = {-1,1} bildet eine multiplikative abelsche Gruppe aus 2 Elementen.

<u>Beispiel 2.7</u> Die Menge G der komplexen Zahlen mit Absolutbetrag 1 stellt eine multiplikative abelsche Gruppe dar.

<u>Beispiel 2.8</u> Die Menge aller Kongruenzabbildungen einer ebenen oder räumlichen Figur auf sich selbst ergibt eine Gruppe bezüglich der Hintereinanderausführung der Kongruenzabbildungen. Gruppen dieser Art sind meistens nicht kommutativ (s. Beispiel in Abschn. 2.3.1).

<u>Beispiel 2.9</u> <u>Gruppe der bijektiven Abbildungen einer Menge auf sich</u>.
Wir haben es hier mit dem <u>Paradebeispiel</u> für Gruppen zu tun! Zunächst sei kurz wiederholt[1]: Eine Abbildung $f : M \rightarrow N$ heißt <u>injektiv</u> (<u>eineindeutig</u>), wenn aus $x_1, x_2 \in M$ mit $x_1 \neq x_2$ folgt: $f(x_1) \neq f(x_2)$, kurz: "Verschiedene Urbilder haben verschiedene Bilder. $f : M \rightarrow N$ heißt <u>surjektiv</u> (Abbildung von M <u>auf</u> N), wenn zu jedem $y \in N$ ein $x \in M$ existiert mit $f(x) = y$, m.a.W.: "Der Bildbereich N wird durch die Werte $f(x)$ ausgeschöpft." (d.h. $f(M) = N$). $f : M \rightarrow N$ heißt <u>bijektiv</u> (<u>umkehrbar eindeutig</u>), wenn f injektiv und surjektiv ist. -

Wir betrachten die Menge G aller bijektiven Abbildungen $f : M \rightarrow M$ einer Menge M auf sich. Zwei solche Abbildungen $f : M \rightarrow M$ und $g : M \rightarrow M$ werden durch ihre Hintereinanderausführung (Komposition) verknüpft: Man definiert $f \circ g$ durch

$$(f \circ g)(x) := f(g(x)) \quad \text{für alle} \quad x \in M \ .$$

$(f \circ g) : M \rightarrow M$ ist also wieder eine bijektive Abbildung von M auf sich.

---

[1] s. Bd. I, Abschn. 1.3.4, Def. 1.3, und Abschn. 1.3.5, letzter Absatz.

126

Es ist sonnenklar, daß (G,∘) eine Gruppe ist, denn es gilt für alle
f,g,h ∈ G :

(I)   (f∘g)∘h = f∘(g∘h)   (2.62)

wegen ((f∘g)∘h)(x) = (f∘g)(h(x)) = f(g(h(x))) = (f(g∘h))(x)
                    = (f∘(g∘h))(x)   für alle x ∈ M .

(II) Die Abbildung I : M → M mit I(x) = x für alle x ∈ M -
Identität genannt - erfüllt

        I ∘ f = f = I ∘ f   für alle f ∈ G .   (2.63)

(III) Zu jeder bijektiven Abbildung f existiert die Umkehrabbildung
f^{-1} , die folgendes erfüllt

        $f \circ f^{-1} = I = f^{-1} \circ f$.   (2.64)

Die Gruppengesetze sind somit erfüllt. Besitzt M nur ein oder zwei Elemente, so ist die Gruppe (G,∘) kommutativ (man prüfe dies nach!), hat
M drei oder mehr Elemente, evtl. sogar unendlich viele, so ist sie nicht
kommutativ (s. Abschn. 2.3.1: Die dortige Gruppe kann als Gruppe der
bijektiven Abbildungen auf der Eckpunktmenge M = {1,2,3} aufgefaßt
werden. Sie ist nichtkommutativ).

Die beschriebene Gruppe G aller bijektiven Abbildungen einer Menge M
auf sich wird Permutationsgruppe von M genannt, symbolisiert durch

        ┌─────────────────┐
        │ Perm M := G   │   .
        └─────────────────┘

Ist M der Zahlenabschnitt $\mathbb{N}_n := \{1,2,...,n\}$, so schreibt man

        ┌─────────────────┐
        │ $S_n := $ Perm $\mathbb{N}_n$ │   .
        └─────────────────┘

Diese endlichen Permutationsgruppen werden wir im nächsten Abschnitt
genauer betrachten.

<u>Definition 2.8</u> Es sei (G,∗) eine Gruppe und U eine nichtleere Teil-
menge von G . Man nennt U (bez. ∗) eine <u>Untergruppe</u> von (G,∗)[1],
wenn folgendes gilt:

    (U. I)   Wenn x,y ∈ U , so auch x ∗ y ∈ U .

    (U. II)   Wenn x ∈ U , so auch x^{-1} ∈ U .

(In additiver Schreibweise: x,y ∈ U ⇒ x + y ∈ U und x ∈ U ⇒ -x ∈ U .)

Es folgt unmittelbar, daß dann auch gilt

    (U.III)   e ∈ U , wobei e das neutrale Element von G ist,

denn da U ≠ ∅ , so existiert ein x ∈ U , damit auch x^{-1} ∈ U (nach
U. II) und somit $x ∗ x^{-1} = e$ in U (nach U. I).

Die Untergruppenbeziehung beschreiben wir einfach durch

$$(U,∗) \subset (G,∗)$$

U bildet mit der Verknüpfung ∗ , eingeschränkt auf die Paare (x,y)
mit x,y ∈ U , natürlich wieder eine Gruppe, wie der Name Untergruppe
schon sagt.

G und {e} sind Untergruppen von (G,∗) . Sie heißen die <u>volle</u> und die
<u>triviale</u> Untergruppe. Alle anderen Untergruppen von G werden <u>echte</u>
Untergruppen genannt.

<u>Definition 2.9</u> Eine Untergruppe U von (G,∗) heißt ein <u>Normalteiler</u>,
wenn für jedes u ∈ U und jedes a ∈ G gilt:

$$a ∗ u ∗ a^{-1} ∈ U$$

(Die Bedeutung der Normalteiler wird später bei Gruppenhomomorphismen
klar.)

---

[1] Oder kurz: Untergruppe von G .

In kommutativen Gruppen sind alle Untergruppen offenbar auch Normalteiler.

<u>Beispiel 2.10</u> $(\mathbb{Z},+) \subset (\mathbb{Q},+) \subset (\mathbb{R},+) \subset (\mathbb{C},+)$.

<u>Beispiel 2.11</u> $(\mathbb{Q}',\cdot) \subset (\mathbb{R}',\cdot) \subset (\mathbb{C}',\cdot)$.

<u>Beispiel 2.12</u> Die in Abschnitt 2.3.1 beschriebene Gruppe
$G = \{I,D,\bar{D},W_1,W_2,W_3\}$ hat die echten Untergruppen $U_0 = \{I,D,\bar{D}\}$,
$U_1 = \{I,W_1\}$, $U_2 = \{I,W_2\}$, $U_3 = \{I,W_3\}$. Man prüfe an Hand der Gruppen-
tafel (Tab. 2.2) nach: U_0 ist ein Normalteiler, U_1, U_2, U_3 sind es
nicht.

<u>Übung 2.8</u>* Welche echten Untergruppen hat die Kleinsche Vierergruppe
aus Übung 2.7?

2.3.3   Endliche Permutationsgruppen

Wir sehen uns in diesem Abschnitt die Permutationsgruppen S_n genauer
an. S_n war definiert als die Menge aller bijektiven Abbildungen der
Menge $\mathbb{N}_n = \{1,2,\ldots,n\}$ auf sich. Die Permutationsgruppen S_n - auch
<u>Symmetriegruppen</u> genannt - spielen in vielen Bereichen der Mathematik
eine Rolle, z.B. in der Kombinatorik, Wahrscheinlichkeitsrechnung, Algebra der Polynomgleichungen und der Behandlung der Determinanten
(s. Abschn. 3.5).

Ist $f : \mathbb{N}_n \to \mathbb{N}_n$ eine bijektive Abbildung, so wollen wir Funktions-
werte $f(i)$ auch durch k_i bezeichnen:

$$f(i) =: k_i \ .$$

Die Abbildung f kann damit vollständig durch das Schema

$$f = \begin{pmatrix} 1 & 2 & 3 & \ldots & n \\ k_1 & k_2 & k_3 & \ldots & k_n \end{pmatrix}$$

beschrieben werden, wobei $(k_1,k_2,\ldots,k_n)$ eine <u>Permutation</u> von
$(1,2,\ldots,n)$ ist (daher der Name "Permutationsgruppe").

Die Permutationen von $(1,2,\ldots,n)$ (d.h. die n-Tupel $(k_1,\ldots,k_n)$, bestehend aus allen Zahlen $1,2,\ldots,n$) sind also den Abbildungen $f \in S_n$ umkehrbar eindeutig zugeordnet, so daß wir sie miteinander identifizieren können:

$$\begin{pmatrix} 1 & 2 \ldots & n \\ k_1 & k_2 \ldots & k_n \end{pmatrix} = (k_1,\ldots,k_n) \quad .$$

Die Abbildungen $f \in S_n$ werden wir also auch als Permutationen bezeichnen. Die Ordnung von S_n ist $n!$ (s. Bd. I, Abschn. 1.2.2)

Als explizites Beispiel siehe die Gruppe S_3 in Abschn. 2.3.1.

Definition 2.10 Als Transposition t bezeichnen wir jede Permutation aus S_n , die genau zwei Zahlen vertauscht und alle übrigen fest läßt, also

$$t(i) = j \ , \ t(j) = i \quad \text{für zwei Zahlen} \quad i,j \in \mathbb{N}_n \ . \ i \neq j \ ,$$

und $t(k) = k$ für alle $k \neq i$ und $\neq j$.

Satz 2.12 Jede Permutation aus S_n läßt sich als Produkt von endlich vielen Transpositionen darstellen.

Beweis: Zur Erzeugung von $(k_1,k_2,\ldots,k_n)$ aus $(1,2,\ldots,n)$ bringt man zuerst k_1 an die erste Stelle, durch Vertauschen von 1 mit k_1 (falls nicht $k_1 = 1$). Dann wird 2 und k_2 vertauscht, falls nicht $k_2 = 2$, usw. Diese Folge von Vertauschungen läßt sich als Produkt von Transpositionen schreiben. □

Für weitere Überlegungen unterscheiden wir gerade und ungerade Permutationen:

Definition 2.11 Als Fehlstand einer Permutation $(k_1,k_2,\ldots,k_n)$ bezeichnet man ein Paar k_i,k_j mit

$$i < j \ , \ \text{aber} \ k_i > k_j \ .$$

130

Eine Permutation heißt gerade, wenn die Anzahl ihrer Fehlstände gerade
ist. Andernfalls heißt sie ungerade. Z.B.: Die Permutation (2,3,1)
hat die Fehlstände (2,1),(3,1) , und keine weiteren. (2,3,1) ist also
eine gerade Permutation.

Man vereinbart weiter:

$$\text{sgn}(p) := \begin{cases} 1 & , \text{ falls } p \text{ gerade Permutation} \\ -1 & , \text{ falls } p \text{ ungerade Permutation} \end{cases}$$

(sgn(p) wird gesprochen als "Signum p ").

<u>Satz 2.13</u> Eine Permutation p ist genau dann gerade, wenn bei jeder
Darstellung

$$p = t_1 t_2 \ldots t_m \quad , \quad t_i \text{ Transpositionen,}$$

die Anzahl m der verwendeten Transpositionen gerade ist. Für ungerade
Permutationen gilt Entsprechendes.

<u>Beweis:</u> Eine Transposition wird als Vertauschung zweier Zahlen aufgefaßt.
Wir können also $p = t_1 t_2 \ldots t_m e$ (mit dem neutralen Element
$e = (1,2,\ldots,n)$ $\left(= \begin{pmatrix} 1 & 2 & \cdots & n \\ 1 & 2 & \cdots & n \end{pmatrix}\right)$) aus S_n) so auffassen, als ob p aus
$(1,2,\ldots,n)$ durch sukzessives Vertauschen je zweier Zahlen entsteht,
und zwar entsprechend den Transpositionen $t_m, t_{m-1}, \ldots, t_r$, die in dieser Reihenfolge nacheinander angewandt werden. Jede Vertauschung zweier
Zahlen erzeugt aber genau einen neuen Fehlstand, oder vernichtet genau
einen. Ist m also gerade, so kommt am Ende eine gerade Anzahl von Fehl-
ständen heraus, andernfalls eine ungerade.   □

Mit Satz 2.13 beweist man leicht:

$$\text{sgn}(p_1 * p_2) = \text{sgn}(p_1)\text{sgn}(p_2) \; , \; \text{sgn}(p^{-1}) = \text{sgn } p \; .$$

<u>Übung 2.9</u> (a) Welche der folgenden Permutationen sind gerade und welche
ungerade
$$(3,1,2) \; , \; (3,2,1) \, . \; (5,7,1,2,6,3,4) \; ?$$

(b) Schreibe diese Permutationen als Produkte aus Transpositionen.

2.3.4   Homomorphismen, Nebenklassen

Dieser Abschnitt rundet das "Einmaleins" über Gruppen ab. Unmittelbare
Anwendungen auf die Ingenieurpraxis kommen dabei nicht vor (sehr wohl
aber mittelbare für die "Darstellungstheorie von Gruppen" und damit für
Kristallographie und Quantenmechanik). Der anwendungsorientierte Leser
mag sich zunächst mit "Querlesen" begnügen.

Im vorliegenden Abschnitt schreiben wir i.a. Gruppen multiplikativ, d.h.
Produkte werden in der Form xy oder x·y ausgedrückt. Gruppen $(G,·)$
werden auch einfach durch G beschrieben.

Definition 2.12 Es seien G,H zwei Gruppen. Ein Homomorphismus von G
nach H ist eine Abbildung $f : G \rightarrow H$, die folgendes erfüllt

$$f(xy) = f(x)f(y) \qquad \text{für alle } x,y \in G \qquad (2.64)$$

Diese Gleichung heißt Homomorphiebedingung.

Ist f zusätzlich bijektiv, so heißt f ein Isomorphismus von G auf
H . Im Falle G = H hört der Isomorphismus $f : G \rightarrow G$ auf den Namen
Automorphismus.

Beispiel 2.13 Durch $f(x) = e^X$ wird ein Isomorphismus von $(\mathbb{R},+)$ auf
$(\mathbb{R}^+,·)$ vermittelt, wobei $\mathbb{R}^+ := (0,\infty)$. Der Leser überprüfe dies.

Beispiel 2.14 Für alle $z \in \mathbb{C}$ sei $f(z) = |z|$. Mit $\mathbb{C}' = \mathbb{C}\setminus\{0\}$, und
$\mathbb{R}^+ = (0,\infty)$ folgt: $f : \mathbb{C}' \rightarrow \mathbb{R}^+$ ist ein Homomorphismus bezüglich · von
$(\mathbb{C}',·)$ auf $(\mathbb{R}^+,·)$.

Beispiel 2.15 Für unser Beispiel $G = \{I,D,\bar{D},W_1,W_2,W_3\}$ aus Abschn. 2.3.1
definieren wir $1 = f(I) = f(D) = f(\bar{D})$ und $-1 = f(W_i)$ für alle
$i = 1,2,3$. Damit ist $f : G \rightarrow \{-1, 1\}$ ein Homomorphismus, wobei
$\{-1, 1\}$ bez. · eine Gruppe ist.

Als Kern eines Gruppen-Homomorphismus $f : G \rightarrow H$ - kurz Kern f - bezeichnet man die Menge aller $x \in G$ mit $f(x) = e'$, wobei e' das neutrale
Element von H ist. Das Bild des Homomorphismus $f : G \rightarrow H$ ist einfach
die Menge $f(G) = \{f(x) \mid x \in G\}$ (also der Wertebereich von f).

Satz 2.14 Eigenschaften von Homomorphismen. Es sei $f : G \rightarrow H$ ein
Homomorphismus der Gruppe G in die Gruppe H . Ferner seien $e \in G$ und
$e' \in H$ die neutralen Elemente. Damit gilt

(a) $f(e) = e'$ ·

(b) $f(x^{-1}) = (f(x))^{-1}$ für alle $x \in G$.

(c) Das Bild von f ist eine Untergruppe von H .

(d) Der Kern von f ist ein Normalteiler in G .

(e) Ist $g : H \rightarrow K$ ein weiterer Gruppen-Homomorphismus, so ist auch die
    die Komposition $g \circ f : G \rightarrow K$ ein Gruppen-Homomorphismus.

(f) Ist $f : G \rightarrow H$ ein Isomorphismus, so ist auch die Umkehrabbildung
    $f^{-1} : H \rightarrow G$ ein Isomorphismus.

132

Die einfachen Beweise bleiben dem Leser überlassen (s. z.B. Lang [83], S. 38-40).

Definition 2.13 Es sei U eine Untergruppe der Gruppe G . Dann heißt jede Menge

$$aU := \{ax \mid x \in U\} , \quad a \in G ,$$

eine Linksnebenklasse von U , und entsprechend

$$Ua := \{xa \mid x \in U\}$$

eine Rechtsnebenklasse von U . Der gemeinsame Begriff für Links- und Rechtsnebenklasse ist - na was wohl? - Nebenklasse.

Folgerung 2.6 Die Gruppe G wird in Linksnebenklassen von U zerlegt, d.h. verschiedene Linksnebenklassen sind elementefremd und G ist die Vereinigung aller Linksnebenklassen. (Für Rechtsnebenklassen gilt Entsprechendes.)

Beweis: Die letzte Aussage ist offensichtlich richtig, da jedes $x \in G$ ja in "seiner" Nebenklasse xU liegt. - Es seien aU, bU zwei verschiedene Linksnebenklassen. Wir können (ohne Beschränkung der Allgemeinheit) annehmen, daß $au \in aU$ nicht in bU liegt. Hätten aU und bU aber ein gemeinsames Element z , hätte es die Form z = ax = by mit passenden $x,y \in U$. Es folgte $a = byx^{-1}$ (durch Rechtsmultiplikation mit x^{-1}), also $au = (byx^{-1})u = b(yx^{-1}u) \in bU$, im Widerspruch zu $au \notin bU$. Daher gilt $aU \cap bU = \emptyset$.   □

Folgerung 2.7 Ist G eine endliche Gruppe, so haben alle Nebenklassen einer Untergruppe U von G gleichviel Elemente.

Beweis: Mit $U = \{a_1, a_2, \ldots, a_n\}$ ist $aU = \{aa_1, aa_2, \ldots, aa_n\}$, wobei $aa_i \neq aa_j$ für $j \neq i$ ist, denn aus $aa_i = aa_j$ folgte nach Linksmultiplikation mit a^{-1} : $a_i = a_j$. Entsprechend $Ua = \{a_1 a, \ldots, a_n a\}$. □

Satz 2.15 (von Lagrange). Es sei G eine endliche Gruppe. Es folgt: Die Ordnung jeder Untergruppe U von G ist Teiler der Gruppenordnung.

Beweis: G wird in "gleichgroße" Linksnebenklassen von U zerlegt, wobei U = eU selbst eine Nebenklasse ist. Damit folgt die Behauptung.□

Bemerkung: Dieser Satz ist eine große Hilfe beim Aufsuchen aller Untergruppen einer endlichen Gruppe, denn alle Teilmengen, deren Elementanzahlen die Gruppenordnung nicht teilen, entfallen schon als Kandidaten für Untergruppen. -

Eine Untergruppe U einer Gruppe G ist genau dann ein Normalteiler, wenn alle aU = Ua für alle $a \in G$ gilt, d.h. wenn jede Linksnebenklasse gleich der entsprechenden Rechtsnebenklasse ist. Denn aU = Ua bedeutet: Für jedes $u \in U$ gibt es ein $v \in U$ mit au = va , d.h. für jedes u gilt $aua^{-1} = v \in U$, d.h. U ist Normalteiler.

Definition 2.14 Ist N ein Normalteiler einer Gruppe G , so bildet die Menge aller Nebenklassen von N eine Gruppe bez. der Verknüpfung

$$aN \cdot bN = abN \qquad\qquad (2.65)$$

Diese Gruppe heißt <u>Faktorgruppe von</u> G <u>nach</u> N und wird mit G/N symbolisiert. (Es ist N neutrales Element von G/N und $(aN)^{-1} = a^{-1}N$.)

<u>Folgerung 2.8</u> Durch $f(x) = xN$ wird ein Homomorphismus von G auf G/N vermittelt. Dabei ist N der Kern von f .

Jeder Normalteiler einer Gruppe G ist also Kern eines Homomorphismus und jeder Homomorphismus auf G hat einen Normalteiler als Kern. Man kann sagen: Die Normalteiler beschreiben alle Homomorphismen. Der folgende Satz faßt dies noch deutlicher zusammen.

<u>Satz 2.16</u> <u>Homomorphiesatz für Gruppen</u>: Für jeden Gruppen-Homomorphismus $f : G \to H$ mit Kern N gilt: Die Faktorgruppe G/N ist isomorph zu $f(G) \subset H$ bezüglich der Abbildung $\alpha : G/N \to f(G)$, definiert durch $\alpha(aN) = f(a)$.

<u>Beweis</u>: Es ist hauptsächlich zu zeigen, daß f alle Elemente aus aN auf $f(a)$ abbildet. Man erkennt dies sofort aus $f(au) = f(a)f(u) = f(a)e' = f(a)$ für alle $u \in N$ (e' neutral in H). Damit ist α sinnvoll erklärt, und der Nachweis, daß α ein Isomorphismus ist, elementar. $\qquad\qquad\square$

<u>Übungen</u>

2.10* Gib die Faktorgruppe G/N an für $G = \{I,D,\overline{D},W_1,W_2,W_3\}$ und $N\{I,D,\overline{D}\}$, s. Abschn. 2.3.1.

2.11 Durch sgn p (p Permutation aus S_n) ist eine <u>Abbildung</u> sgn : $S_n \to \{-1, 1\}$ gegeben. Zeige, daß sie ein <u>Homomorphismus</u> ist (G = {-1, 1} ist eine Gruppe bez. d. Multiplikation). <u>Anleitung</u>: Stelle zum Nachweis der Homomorphiebedingung die Permutation als Produkte von Transpositionen dar und verwende Satz 2.13 aus Abschn. 2.3.3.

2.3.5 Körper

<u>Definition 2.25</u> Ein <u>algebraischer Körper</u> $(\mathbb{K},+,\cdot)$ - kurz <u>Körper</u>[1] - besteht aus einer Menge $\mathbb{K}$ und zwei Verknüpfungen + (Addition) und $\cdot$ (Multiplikation), die jedem Paar (a,b) , $a,b \in \mathbb{K}$, jeweils genau ein Element $a + b$ bzw. $a\cdot b$ zuordnen. $a + b$ heißt <u>Summe</u> von a,b , ab <u>Produkt</u> von a,b . Dabei müssen die folgenden Gesetze erfüllt sein.

Für alle $a,b,c \in \mathbb{K}$ gilt:

---

[1] Das Beiwort <u>algebraisch</u> soll zur Unterscheidung von <u>physikalischen</u> <u>Körpern</u> im Raum dienen. Das Beiwort wird weggelassen, wenn Irrtümer ausgeschlossen sind.

134

(A1) $a + (b+c) = (a+b) + c$,

(A2) $a + b = b + a$.

(A3) Es gibt ein Element $0 \in \mathbb{K}$ mit $a + 0 = a$ für alle $a \in \mathbb{K}$.

(A4) Zu jedem $a \in \mathbb{K}$ gibt es genau ein $x \in \mathbb{K}$ mit $a + x = 0$. Man
       schreibt dafür $x =: -a$

(M1) $a \cdot (b \cdot c) = (a \cdot b) \cdot c$

(M2) $a \cdot b = b \cdot a$

(M3) Es gibt ein Element $1 \in \mathbb{K}$ mit $a \cdot 1 = a$ für alle $a \in \mathbb{K}$.

(M4) Zu jedem $a \neq 0$ aus $\mathbb{K}$ gibt es genau ein $y \in \mathbb{K}$ mit $ay = 1$.
       Man schreibt dafür $y =: a^{-1}$ oder $y = \frac{1}{a}$.

(D1) $a \cdot (b+c) = a \cdot b + a \cdot c$

(D2) $0 \neq 1$.

<u>Bemerkung</u>: Die Gesetze (A1) und (M1) heißen <u>Assoziativgesetz</u> der <u>Addition</u>
bzw. <u>Multiplikation</u>. (A2) und (M2) werden entsprechend <u>Kommutativgesetze</u>
genannt, während (D1) <u>Distributivgesetz</u> heißt. Der Multiplikationspunkt ·
wird auch weggelassen: $a \cdot b = ab$.

Die Assoziativgesetze (A1), (M1) bedeuten, wie bei Gruppen, daß es gleichgültig ist, wie man Klammern setzt. Wir lassen sie daher auch einfach
weg, sowohl bei dreifachen Summen und Produkten, wie auch bei längeren.

Die <u>Körperaxiome</u> (A1) bis (D2) zeigen, daß $(\mathbb{K},+)$ und $(\mathbb{K}',\cdot)$ (mit
$\mathbb{K}' = \mathbb{K}\setminus\{0\}$) abelsche Gruppen sind; 0 und 1 sind damit eindeutig bestimmt. Die Gruppen sind durch die Gesetze (D1) und (D2) verknüpft.

<u>Subtraktion</u> bzw. <u>Division</u> werden folgendermaßen definiert

$$a - b := a + (-b) \; ; \; a:b := \frac{a}{b} := a \cdot \frac{1}{b} \quad (b \neq 0) \tag{2.66}$$

Es folgen aus den Axiomen (A1),...,(D2) alle Regeln der Bruchrechnung,
wie in Bd I, Abschn. 1.1.2:

$$\frac{a}{c} + \frac{b}{d} = \frac{ad+bc}{cd} \; , \; \frac{a}{c} \cdot \frac{b}{d} = \frac{ab}{cd} \; , \; \frac{a}{c} : \frac{b}{d} = \frac{ad}{cb} \; , \tag{2.67}$$

$$a(-b) = -ab \; , \; (-a)(-b) = ab \; , \tag{2.68}$$

$$ax = b \quad (a \neq 0) \Leftrightarrow x = \frac{b}{a} \quad ; \quad a \cdot 0 = 0 \ . \tag{2.69}$$

Man definiert die Potenzen mit natürlichen Zahlen n :

$$a^n := \underbrace{a \cdot a \cdot \ \ \cdot a}_{n \ \text{Faktoren}}$$

und im Falle $a \neq 0$:

$$a^0 = 1 \ , \quad a^{-n} = \frac{1}{a^n} \quad (n \in \mathbb{N}) \ ,$$

womit die Potenzen für alle ganzen Hochzahlen erklärt sind.

Das alles hat niemand anders erwartet! Doch nun zu B̲e̲i̲s̲p̲i̲e̲l̲e̲n̲:

Körper sind $\mathbb{Q}$, $\mathbb{R}$ und $\mathbb{C}$ bezüglich der üblichen Addition und Multiplikation. Diese drei Körper sind unsere Hauptbeispiele.

Doch gibt es auch endliche Körper (bei denen $\mathbb{K}$ eine endliche Menge ist). Sie sind für die Ingenieurmathematik aber von geringem Interesse.

B̲e̲i̲s̲p̲i̲e̲l̲ ̲2̲.̲1̲6̲ Der einfachste Körper ist $\mathbb{K} = \{0,1\}$ mit $0 + 0 = 0$, $0 + 1 = 1 + 0 = 1$, $1 + 1 = 0$ und $0 \cdot 0 = 0 \cdot 1 = 0$, $1 \cdot 1 = 1$. Ziemlich trivial!

B̲e̲i̲s̲p̲i̲e̲l̲ ̲2̲.̲1̲7̲ Ist p eine Primzahl, so kann man mit den Zahlen der Menge $\mathbb{Z}_p = \{0,1,\ldots,p-1\}$ "z̲y̲k̲l̲i̲s̲c̲h̲ m̲o̲d̲u̲l̲o̲ p" rechnen. Das geht so: Für $a,b \in \mathbb{Z}_p$ definiert man $a \oplus b := a + b$, falls $a + b < p$, und $a \oplus b := a + b - p$, falls $a + b \geq p$. Entsprechend: $a \odot b = a \cdot b - mp$, wobei die ganze Zahl $m \geq 0$ so gewählt wird, daß $a \cdot b - mp \in \mathbb{Z}_p$. Damit ist $(\mathbb{Z}_p, \oplus, \odot)$ ein Körper. (Der Beweis wird hier aus Platzgründen weggelassen.) Man nennt $\mathbb{Z}_p$ den R̲e̲s̲t̲k̲l̲a̲s̲s̲e̲n̲k̲ö̲r̲p̲e̲r̲ m̲o̲d̲u̲l̲o̲ p. -

B̲e̲m̲e̲r̲k̲u̲n̲g̲: Eine Menge $\mathbb{K}$ mit zwei Verknüpfungen + und · , die nur die Gesetze (A1), (A2), (A3), (A4), (M1) und (D1) zuzüglich (D1)' : $(b+c) \cdot a = b \cdot a + c \cdot a$ erfüllen, heißt ein R̲i̲n̲g̲. Meist wird auch noch (M3) gefordert, also die Existenz einer $1 \in K$ mit $a \cdot 1 = 1 \cdot a = a$ für alle

136

a ∈ K . Man spricht dann von einem R̲i̲n̲g̲ m̲i̲t̲ E̲i̲n̲s̲(-Element). Gilt zusätzlich (M2): a·b = b·a , so liegt ein k̲o̲m̲m̲u̲t̲a̲t̲i̲v̲e̲r̲ R̲i̲n̲g̲ vor. Schließlich
heißt ein kommutativer Ring mit 1 ein I̲n̲t̲e̲g̲r̲i̲t̲ä̲t̲s̲b̲e̲r̲e̲i̲c̲h̲, wenn aus
x·y = 0 folgt: x = 0 oder y = 0 .

Beispiele für Ringe sind $(\mathbb{Z},+,\cdot)$, der "R̲i̲n̲g̲ d̲e̲r̲ g̲a̲n̲z̲e̲n̲ Z̲a̲h̲l̲e̲n̲" (er ist
ein Integritätsbereich), ferner die Menge der P̲o̲l̲y̲n̲o̲m̲e̲ bez. + , · ,
und der "R̲i̲n̲g̲ d̲e̲r̲ q̲u̲a̲d̲r̲a̲t̲i̲s̲c̲h̲e̲n̲ n-r̲e̲i̲h̲i̲g̲e̲n̲ M̲a̲t̲r̲i̲z̲e̲n̲", s. Abschn. 3. Da
für die Ingenieurpraxis die Ringtheorie von geringer Bedeutung ist,
brechen wir die Erörterung hier ab. Ein einfacher Einstieg ist in
LANG [83] zu finden. -

Ü̲b̲u̲n̲g̲ 2.12* Zeige, daß $\mathbb{Z}_3$ = {0,1,2} ein Körper wird, wenn man in ihm
zyklisch modulo 3 rechnet.

2.4 Vektorräume über beliebigen Körpern

Nachdem wir die speziellen Vektorräume $\mathbb{R}^n$ und $\mathbb{C}^n$ in Abschn. 2.1 kennen und lieben gelernt haben, werden hier die Vektorräume allgemein als algebraische Struktur eingeführt, $\mathbb{R}^n$ und $\mathbb{C}^n$ erscheinen als Spezialfälle dieser Struktur. Als wichtige weitere Beispiele werden Funktionenräume genannt.[1] Sie spielen bei Differential- und Integralgleichungen eine grundlegende Rolle.

Der praxisorientierte Leser, wie auch der Anfänger, kann diesen Abschnitt zunächst überspringen und mit Abschn. 3 fortfahren. Er mag dann bei Bedarf hierher zurückkehren und an einem Abend, an dem im Fernsehen nichts Gescheites gesendet wird, diesen Abschnitt genießen.

2.4.1 Definition und Grundeigenschaften

Im folgenden sei $(\mathbb{K},+,\cdot)$ ein beliebiger algebraischer Körper - kurz Körper $\mathbb{K}$ genannt (s. Abschn. 2.3.5). Man kann sich einfach $\mathbb{R}$ an Stelle von $\mathbb{K}$ vorstellen, wenn einem die algebraische Struktur "Körper" noch ungewohnt ist. Die beiden Körper $\mathbb{R}$ und $\mathbb{C}$ sind für die Anwendungen sowieso am wichtigsten.

Wir definieren Vektorräume über $\mathbb{K}$, indem wir uns an $\mathbb{R}^n$ orientieren.

__Definition 2.26__ Ein Vektorraum über einem Körper $\mathbb{K}$ besteht aus einer nichtleeren Menge V , ferner

(a) einer Vorschrift, die jedem Paar $(\underline{x},\underline{y})$ mit $\underline{x},\underline{y} \in V$ genau ein Element $\underline{x} + \underline{y} \in V$ zuordnet (Addition)

(b) und einer Vorschrift, die jedem Paar $(\lambda,\underline{x})$ mit $\lambda \in \mathbb{K}$ und $\underline{x} \in V$ genau ein Element $\lambda\underline{x} \in V$ zuordnet (Multiplikation mit Skalaren, s-Multiplikation), wobei für alle $\underline{x},\underline{y},\underline{z} \in V$ und $\lambda,\mu \in \mathbb{K}$ folgende Regeln gelten:

---

[1] s. Abschn. 2.4.9

(A1) $\underline{x} + (\underline{y}+\underline{z}) = (\underline{x}+\underline{y}) + \underline{z}$,   <u>Assoziativgesetz</u> ,

(A2) $\underline{x} + \underline{y} = \underline{y} + \underline{x}$,   <u>Kommutativgesetz</u> ,

(A3)   Es existiert <u>genau ein Element</u> $\underline{0}$ in V mit

      $\underline{x} + \underline{0} = \underline{x}$ für alle $\underline{x} \in V$

(A4)   Zu jedem $\underline{x} \in V$ existiert genau ein Element $\underline{x}' \in V$ mit

$$\underline{x} + \underline{x}' = \underline{0} \ .$$

Man bezeichnet $\underline{x}'$ durch $-\underline{x}$ und nennt es das <u>Negative</u> zu $\underline{x}$. Ferner:

(S1) $(\lambda+\mu)\underline{x} = \lambda\underline{x} + \mu\underline{x}$

(S2) $\lambda(\underline{x}+\underline{y}) = \lambda\underline{x} + \lambda\underline{y}$ }   <u>Distributivgesetze</u> ,

(S3) $(\lambda\mu)\underline{x} = \lambda(\mu\underline{x})$ <u>Assoziativgesetz</u> ,

(S4) $1\underline{x} = \underline{x}$ (mit $1 \in \mathbb{K}$).

<u>Bezeichnungen und Erläuterungen</u>: Statt <u>Vektorraum über</u> $\mathbb{K}$ sagt man auch $\mathbb{K}$-<u>Vektorraum</u>, oder <u>linearer Raum</u>[1] über $\mathbb{K}$. Der beschriebene Vektorraum V über $\mathbb{K}$ wird auch durch das Tripel $(V,+,\mathbb{K})$ symbolisiert. Die Elemente von V werden <u>Vektoren</u> oder <u>Punkte</u> genannt, die Elemente von $\mathbb{K}$ <u>Skalare</u>.

Die Additionsgesetze (A1) bis (A4) besagen nichts anderes, als daß $(V,+)$ eine additive abelsche Gruppe ist, s. Abschn. 2.3.2. Wir benötigen aus Abschn. 2.3.2 nicht mehr, als daß die <u>Subtraktion</u> durch

$$\underline{x} - \underline{y} := \underline{x} +(-\underline{y})$$

erklärt ist, und daß man Summen $\underline{x} + \underline{y} + \underline{z}$, $\underline{x} + \underline{y} + \underline{z} + \underline{w}$ usw. meistens ohne Klammern schreibt, da es wegen (A1) gleichgültig ist, wie man Klammern setzt.

Dasselbe gilt übrigens für $\lambda\mu\underline{x}$, $\lambda\mu\alpha\underline{x}$ usw. auf Grund von Regel (S3). Man schreibt überdies

$$\underline{x}\lambda := \lambda\underline{x} \ .$$

---

[1] Der Ausdruck "linearer Raum" hat sich insbesondere in der "Funktional-analysis" eingebürgert, in der lineare Algebra und Analysis zu einer höheren Einheit verschmelzen.

<u>Folgerung 2.9</u>   Für alle $\underline{x}$ aus einem Vektorraum V über $\mathbb{K}$ und alle
$\lambda \in \mathbb{K}$ gilt

(a) $0\underline{x} = \underline{0}$, $\lambda\underline{0} = \underline{0}$
(b) $\lambda\underline{x} = \underline{0} \Rightarrow (\lambda = 0$ oder $\underline{x} = \underline{0})$
(c) $(-\lambda)\underline{x} = \lambda(-\underline{x}) = -\lambda\underline{x}$, speziell $(-1)\underline{x} = -\underline{x}$.

<u>Beweis</u>: (a) $0\underline{x} = 0\underline{x} + 0\underline{x} - 0\underline{x} = (0+0)\underline{x} - 0\underline{x} = 0\underline{x} - 0\underline{x} = \underline{0}$,   und analog
$\lambda\underline{0} = \underline{0}$.
(b) Sei $\lambda\underline{x} = \underline{0}$. Dann ist $\lambda = 0$ oder $\lambda \neq 0$. Im letzteren Fall gilt
$\underline{x} = (\lambda^{-1}\lambda)\underline{x} = \lambda^{-1}(\lambda\underline{x}) = \lambda^{-1}\underline{0} = \underline{0}$.
(c) $(-\lambda)\underline{x} = (-\lambda)\underline{x} + \lambda\underline{x} - \lambda\underline{x} = (-\lambda+\lambda)\underline{x} - \lambda\underline{x} = \underline{0} - \lambda\underline{x} = -\lambda\underline{x}$. Mit $\lambda = 1$
folgt $(-1)\underline{x} = -1\underline{x} = -\underline{x}$ und damit $\lambda(-\underline{x}) = (\lambda(-1))\underline{x} = (-\lambda)\underline{x}$.   □

<u>Übung 2.13*</u> Es sei $(V,+)$ eine nichttriviale abelsche Gruppe und $\mathbb{K}$ ein
Körper. Wir definieren das Produkt $\lambda\underline{x}$ für alle $\lambda \in \mathbb{K}$ und alle $\underline{x} \in V$
durch $\lambda\underline{x} := \underline{0}$. Ist damit V ein Vektorraum über $\mathbb{K}$? Welche Gesetze
in Def. 2.26 sind erfüllt und welche evtl. nicht?

2.4.2   Beispiele für Vektorräume

<u>Beispiel 2.18</u>   Die Vektorräume $\mathbb{R}^n$ über $\mathbb{R}$, sowie $\mathbb{C}^n$ über $\mathbb{C}$, sind
wohlbekannt.

<u>Beispiel 2.19</u>   Mit einem beliebigen Körper $\mathbb{K}$ bildet man den <u>Vektor</u>-
<u>raum</u> $\mathbb{K}^n$ <u>über</u> $\mathbb{K}$ nach dem gleichen Muster wie $\mathbb{R}^n$ über $\mathbb{R}$. D.h.
$\mathbb{K}^n$ besteht aus allen Spaltenvektoren, die jeweils n Elemente aus $\mathbb{K}$
enthalten (die "Koordinaten" des Spaltenvektors). Die Addition $+$ geschieht koordinatenweise, wie beim $\mathbb{R}^n$, und die Multiplikation mit
$\lambda \in \mathbb{K}$ ebenfalls. -

Die Kraft des allgemeinen Vektorraumbegriffes entfaltet sich besonders
bei Mengen von Funktionen, den sogenannten <u>Funktionenräumen</u>. Dazu geben
wir einige Beispiele an.

140

<u>Beispiel 2.20</u> Die <u>Menge</u> C(I) <u>aller stetigen reellwertigen Funktionen</u>
<u>auf einem Intervall</u> I bildet bez. der üblichen Addition von Funktionen
und der üblichen Multiplikation mit reellen Zahlen einen Vektorraum
über $\mathbb{R}$.

<u>Beispiel 2.21</u> Analog zu C(I) kann man die Menge $C^k(I)$ aller k-mal stetig
differenzierbaren reellwertigen Funktionen auf I als Vektorraum über
$\mathbb{R}$ auffassen ($k \in \mathbb{N}_0 = \{0,1,2,3,...\}$) . Dabei identifiziert man
$C^0(I) := C(I)$. $C^\infty(I)$ ist der Vektorraum der beliebig oft stetig differenzierbaren Funktionen $f : I \to \mathbb{R}$. Es folgt

$$C(I) \supset C^1(I) \supset C^2(I) \supset \ldots \supset C^\infty(I) \ .$$

<u>Beispiel 2.22</u> Die Menge Pol $\mathbb{R}$ aller Polynome $p(x) = a_0 + a_1 x + \ldots + a_n x^n$
($x \in \mathbb{R}$, $a_i \in \mathbb{R}$) für beliebige $n \in \mathbb{N}_0$ bildet bez. Addition und Multiplikation mit reellen Zahlen einen Vektorraum über $\mathbb{R}$.

Mit Pol$_n\mathbb{R}$ bezeichnen wir die Menge aller Polynome aus Pol $\mathbb{R}$, deren
Grad höchstens n ist. Es gilt zweifellos

$$\mathbb{R} = \text{Pol}_0 \ \mathbb{R} \subset \text{Pol}_1 \ \mathbb{R} \subset \text{Pol}_2 \ \mathbb{R} \subset \ldots \subset \text{Pol} \ \mathbb{R} \ . -$$

Auch Zahlenfolgen können sich zu Vektorräumen formieren. So bilden <u>alle</u>
<u>reellen Zahlenfolgen</u> einen Vektorraum über $\mathbb{R}$ bez. gliedweiser Addition
und gliedweiser Multiplikation mit reellen Zahlen. Aber auch alle <u>konver-</u>
<u>genten Folgen</u>, alle <u>Nullfolgen</u> und <u>alle beschränkten Folgen</u> stellen je
einen Vektorraum dar. Ein für die <u>Theorie der Fourierreihen wichtiger</u>
<u>Folgenraum</u>[1] sei abschließend erwähnt:

<u>Beispiel 2.23</u> Die Menge 1^2 aller reellen Zahlenfolgen $(a_0, a_1, a_2, \ldots)$
mit

$$\sum_{k=0}^{\infty} a_k^2 \quad \text{konvergent}$$

ist ein Vektorraum über $\mathbb{R}$. Er wird <u>Hilbertscher Folgenraum</u>[2] genannt. Er
ist dem $\mathbb{R}^n$ sehr verwandt. Zwar haben seine Elemente $\underline{a} = (a_0, a_1, a_2, \ldots)$

[1] s. Abschn. 2.4.9
[2] Nach dem deutschen Mathematiker David Hilbert (1862-1943).

unendlich viele Koordinaten, doch kann man aus $\underline{a}$ und $\underline{b} = (b_0, b_1, b_2, \ldots)$ in 1^2 das <u>innere Produkt</u> $\underline{a} \cdot \underline{b} = \sum\limits_{i=0}^{\infty} a_i b_i$ bilden, sowie die Länge $|\underline{a}| = \sqrt{\underline{a} \cdot \underline{a}}$ definieren. Damit lassen sich, wie im $\mathbb{R}^n$, Winkel $\sphericalangle(\overline{a}, \overline{b})$ erklären, kurz, man kann "Geometrie" betreiben. (Die Bedeutung von 1^2 in der Fourierreihen-Theorie wird in Abschn. 2.4.9 kurz erläutert.)

<u>Beispiel 2.24</u> Allgemeiner als 1^2 kann man 1^p einführen, den Vektorraum aller reellen Folgen $\underline{a} = (a_0, a_1, a_2, \ldots)$ mit konvergenter Summe $\sum\limits_{i=0}^{\infty} |a_i|^p \; (p > 1)$. Hier arbeitet man mit der "Vektorlänge" $|\underline{a}|_p = \left(\sum\limits_{i=0}^{\infty} |a_i|^p \right)^{1/p}$. Innere Produkte werden nicht benutzt. -

<u>Übung 2.14*</u> Welche der folgenden Mengen sind Vektorräume über $\mathbb{R}$?

(a) Die Menge der reellen Folgen $(a_n)_{n \in \mathbb{N}}$ mit $a_n \to 1$ für $n \to \infty$?

(b) Die Menge aller reellen <u>abbrechenden</u> Folgen $(a_n)_{n \in \mathbb{N}}$? (Eine <u>abbrechende</u> Folge sieht so aus: $(a_1, a_2, a_3, \ldots, a_N, 0, 0, 0, \ldots)$, d.h. $a_n = 0$ für alle $n > N$. Der <u>Abbrechindex</u> N kann für verschiedene Folgen dabei verschieden sein.)

(c) Die Menge der Funktionen $f : \mathbb{R} \to \mathbb{R}$ mit $|f(x)| \to 0$ für $|x| \to \infty$?

(d) Die Vektoren $\underline{x} = \begin{bmatrix} x_1 \\ x_2 \\ 1 \end{bmatrix} \in \mathbb{R}^3$?

Überall werden dabei die üblichen Operationen $+$ und $\lambda \cdot$ (mit $\lambda \in \mathbb{R}$) verwendet.

2.4.3   Unterräume, Basis, Dimension

Wir machen es uns jetzt ziemlich einfach: Die Begriffe und Sätze aus dem entsprechenden Abschn. 2.1.3 über den $\mathbb{R}^n$ werden auf Vektorräume über $\mathbb{K}$ ausgedehnt. Wir wollen sehen, wie weit das möglich ist.

<u>Definition 2.27</u> Es sei V ein Vektorraum über dem Körper $\mathbb{K}$. Als <u>Linearkombination</u> der Vektoren $\underline{a}_1, \ldots, \underline{a}_m \in V$ bezeichnet man jede Summe

142

$$\sum_{i=1}^{m} \lambda_i \underline{a}_i \quad \text{mit} \quad \lambda_i \in \mathbb{K} \; .$$

Die Vektoren $\underline{a}_1, \ldots, \underline{a}_m \in V$ heißen <u>linear abhängig</u>, wenn wenigstens einer der Vektoren als Linearkombination der übrigen geschrieben werden kann oder einer der Vektoren $\underline{0}$ ist.[1] Andernfalls nennt man die $\underline{a}_1, \ldots, \underline{a}_m$ <u>linear unabhängig</u>.

Die lineare Unabhängigkeit der $\underline{a}_1, \ldots, \underline{a}_m$ ist gleichbedeutend damit, daß die Linearkombination

$$\sum_{i=1}^{m} \lambda_i \underline{a}_i = \underline{0} \quad (\lambda_i \in \mathbb{K}) \tag{2.70}$$

nur durch $\lambda_1 = \lambda_2 = \ldots = \lambda_m = 0$ erfüllt werden kann. (Beweis wie in Folg. 1.9, Abschn. 1.2.7.)

<u>Satz 2.17</u> (<u>Fundamentallemma in</u> $\mathbb{K}^n$). Je $n + 1$ Vektoren aus $\mathbb{K}^n$ sind linear abhängig.

<u>Beweis</u>: Der Gaußsche Algorithmus ohne Pivotierung (s. Abschn. 2.2.1, 2.2.3) verläuft mit Werten aus $\mathbb{K}$ ganz genau so wie mit Werten aus $\mathbb{R}$. Damit läßt sich der Beweis von Satz 2.2, Abschn. 2.1.3 wörtlich übertragen, wenn man $\mathbb{R}$ durch $\mathbb{K}$ ersetzt. □

<u>Definition 2.28</u> V sei ein Vektorraum über $\mathbb{K}$. Eine nichtleere Teilmenge U von V heißt ein Unterraum von V , wenn mit je zwei Vektoren $\underline{x}, \underline{y} \in U$ auch $\underline{x} + \underline{y} \in U$ und $\lambda \underline{x} \in U$ (für alle $\lambda \in \mathbb{K}$) ist.

Natürlich bedeutet dies, daß U selbst ein Vektorraum über $\mathbb{K}$ ist bez. der Addition und s-Multiplikation in V , wie man leicht nachweist.

Kleinster Unterraum von V ist $\{\underline{0}\}$, größter V selbst.

<u>Definition 2.29</u> (a) Es sei V ein Vektorraum über $\mathbb{K}$. V heißt <u>unendlich dimensional</u>, wenn es beliebig viele linear unabhängige Vektoren

---

[1] Letzteres ist hauptsächlich auf den Fall $m = 1$ gemünzt.

in V gibt. Symbolisch ausgedrückt:

$$\dim V = \infty \ .$$

V heißt endlichdimensional, wenn V nicht unendlichdimensional ist.

(b) Ist V endlichdimensional, so heißt die maximale Anzahl linear unabhängiger Vektoren in V die Dimension von V . Diese Zahl sei n .
Man schreibt

$$\dim V = n \ .$$

Je n linear unabhängige Vektoren $\underline{a}_1,\dots,\underline{a}_n \subset V$ bilden eine Basis
$(\underline{a}_1,\dots,\underline{a}_n)$ von V .[1]

Die Übertragung der Begriffe und Sätze von $\mathbb{R}^n$ in V klappt wie am
Schnürchen. Es gilt:

<u>Satz 2.18</u> (a) Ist $(\underline{a}_1,\dots,\underline{a}_n)$ eine Basis des n-dimensionalen Vektor-
raumes V über $\mathbb{K}$, so besteht V aus allen Linearkombinationen

$$\underline{x} = \lambda_1\underline{a}_1 + \lambda_2\underline{a}_2 + \dots + \lambda_n\underline{a}_n \quad (\lambda_i \in \mathbb{K}) \tag{2.71}$$

(b) Die λ_i sind durch $\underline{x}$ und $\underline{a}_1,\dots,\underline{a}_n$ eindeutig bestimmt.

Der Beweis verläuft wörtlich wie der Beweis des Satzes 2.3, Abschn. 2.1.3,
wenn man dort V statt U , $\mathbb{K}$ statt $\mathbb{R}$ und n statt m setzt.

Ist A eine beliebige nichtleere Teilmenge eines Vektorraumes V über
$\mathbb{K}$, so bilden alle Linearkombinationen $\underline{x} = \sum_{i=1}^{p} \lambda_i\,\underline{a}_i$ mit
beliebigen $p \in \mathbb{N}$, $\lambda_i \in \mathbb{K}$, $\underline{a}_i \in A$ zweifellos einen Unterraum U von
V . Er wird

$$\text{Span } A := U$$

genannt. Man sagt: A spannt U auf oder A ist ein Erzeugendensystem
von U . Im Falle U = V spannt A den ganzen Raum V auf: Span A = V,

---

[1]Oft wird als Basis auch die Menge $\{\underline{a}_1,\dots,\underline{a}_n\}$ bezeichnet. Wir bevorzugen aber das n-Tupel $(\underline{a}_1,\dots,\underline{a}_n)$ für den Basisbegriff, da man
so "Rechts-" und "Linkssysteme" unterscheiden kann.

und A ist dann - wen wundert's - ein Erzeugendensystem von V . Es
gilt

$$A \subset \text{Span } A \; .$$

Ist $A = \{\underline{a}_1, \ldots, \underline{a}_m\}$ dabei endlich, so besteht

$$\text{Span } \{\underline{a}_1, \ldots, \underline{a}_m\}$$

genau aus allen Summen $\sum\limits_{i=1}^{m} \lambda_i \underline{a}_i$. Im Falle linear unabhängiger $\underline{a}_i$
folgt:

<u>Satz 2.19</u> (<u>Konstruktion von Unterräumen</u>). Sind die Vektoren $\underline{a}_1, \ldots, \underline{a}_m$
aus dem Vektorraum V über $\mathbb{K}$ linear unabhängig, so hat der von ihnen
aufgespannte Unterraum

$$U = \text{Span } \{\underline{a}_1, \ldots, \underline{a}_m\}$$

die Dimension m . Die Menge $(\underline{a}_1, \ldots, \underline{a}_m)$ ist also eine Basis von U .

<u>Beweis</u>: U besteht aus allen Vektoren

$$\underline{x} = \sum\limits_{i=1}^{m} \lambda_i \underline{a}_i \quad (\lambda_i \in \mathbb{K}) \; . \tag{2.72}$$

Es ist $\dim U \geq m$, da die $\underline{a}_1, \ldots, \underline{a}_m \in U$ linear unabhängig sind. Es
ist daher nachzuweisen, daß je m + 1 Vektoren aus U linear abhängig
sind (woraus $\dim U = m$ folgt). Dieser Nachweis verläuft völlig analog
zum Beweis von Satz 2.4 (ab II), in Abschn. 2.1.3 (unter Benutzung des
"Fundamental-Lemmas" Satz 2.17).   □

Für den Spezialfall U = V erhält man

<u>Folgerung 2.10</u> Sind die Vektoren $\underline{a}_1, \ldots, \underline{a}_n$ aus dem Vektorraum V über
$\mathbb{K}$ linear unabhängig und spannen sie V auf, so bilden sie eine Basis
von V . Insbesondere ist dann $\dim V = n$.

Auch der Satz über den Austausch von Basiselementen (Satz 2.5, Abschn. 2.1.3) wird samt Beweis übertragen. (Man hat nur U aus $\mathbb{R}^n$ durch V zu ersetzen):

<u>Satz 2.20</u> <u>Austausch von Basiselementen</u>: Es sei V ein n-dimensionaler Vektorraum über $\mathbb{K}$ mit der Basis $(\underline{a}_1,\ldots,\underline{a}_n)$. Sind $\underline{b}_1,\ldots,\underline{b}_k$ $(k < n)$ beliebige linear unabhängige Vektoren aus V , so kann man sie zu einer Basis $(\underline{b}_1,\ldots,\underline{b}_k,\underline{b}_{k+1},\ldots,\underline{b}_n)$ von V ergänzen, wobei die $\underline{b}_{k+1},\ldots,\underline{b}_n$ aus $\{\underline{a}_1,\ldots,\underline{a}_n\}$ entnommen sind.

<u>Basis-Wechsel</u>: Geht man im Vektorraum V über $\mathbb{K}$ von einer Basis $(\underline{a}_1,\ldots,\underline{a}_n)$ zu einer neuen Basis $(\underline{b}_1,\ldots,\underline{b}_n)$ über, so verwandelt sich die Darstellung

$$\boxed{\underline{x} = \sum_{i=1}^{n} \xi_i \underline{a}_i} \qquad (\xi_i \in \mathbb{K}) \tag{2.73}$$

eines beliebigen Punktes $\underline{x} \in V$ folgendermaßen: Zunächst gilt

$$\boxed{\underline{a}_i = \sum_{k=1}^{n} \alpha_{ki} \underline{b}_k} \quad , \quad i = 1,\ldots,n \tag{2.74}$$

mit bestimmten $\alpha_{ki} \in \mathbb{K}$. Damit erhält man

$$\underline{x} = \sum_{i=1}^{n} \xi_i \sum_{k=1}^{n} \alpha_{ki} b_k = \sum_{k=1}^{n} b_k \sum_{i=1}^{n} \alpha_{ki} \xi_i \ ,$$

also $\qquad \boxed{\underline{x} = \sum_{k=1}^{n} \xi_k' \underline{b}_k \quad \text{mit} \quad \xi_k' = \sum_{i=1}^{n} \alpha_{ki} \xi_i} \tag{2.75}$

<u>Lineare Mannigfaltigkeiten</u>. Entsprechend Abschn. 2.1.3 wird definiert: Ist U ein Unterraum des $\mathbb{K}$-Vektorraums V und $\underline{r}_0$ ein beliebiger Vektor aus V , dann nennt man

$$M = \underline{r}_0 + U := \{\underline{r}_0 + \underline{x} \mid x \in U\}$$

eine <u>lineare Mannigfaltigkeit in</u> V . Für die Dimension von M vereinbart man einfach $\dim M := \dim U$ (auch im Falle $\dim U = \infty$). Ist U

146

dabei ein Unterraum von der Art, daß $U \cup \{\underline{x}_0\}$ mit einem $x_0 \in V \backslash U$ den Raum V aufspannt, dann heißt M eine $\underline{Hyperebene}$ in V . Ist dagegen $U = \{\lambda \underline{x}_0 \mid \lambda \in \mathbb{K}\}$, $(\underline{x}_0 \in V$, $\underline{x}_0 \neq \underline{0})$, dann heißt M eine $\underline{Gerade}$ in V. Auf diese Weise bekommen wir immer mehr "Geometrie" in unsere staubtrockenen Vektorräume. -

Ein wichtiges Anwendungsbeispiel für endlichdimensionale Funktionenräume und Mannigfaltigkeiten tritt bei linearen Differentialgleichungssystemen auf.

$\underline{Beispiel\ 2.25}$ Man betrachte das $\underline{lineare\ Differentialgleichungssystem}$

$$y_i'(x) = \sum_{k=1}^{n} a_{ik}(x)y_k(x) + b_i(x) \ , \ i = 1,\ldots,n \ , \qquad (2.76)$$

$x \in I$ (Intervall) , wobei die $a_{ik} : I \to \mathbb{R}$ und $b_i : I \to \mathbb{R}$ gegebene stetige Funktionen sind und die $y_i : I \to \mathbb{R}$ gesuchte stetig differenzierbare Funktionen (s. Bd. III, Abschn. 2.2).

$\underline{1.\ Fall}$ $b_i(x) \equiv 0$ $\underline{für\ alle}$ i ($\underline{homogener\ Fall}$): Faßt man die $y_i(x)$ zu einem "Funktionenvektor" $\underline{y}(x) = [y_1(x),\ldots,y_n(x)]^T$ zusammen, so bilden die Lösungen von (2.76) einen n-dimensionalen Vektorraum V über $\mathbb{R}$ (bzgl. der koordinatenweisen Addition und Multiplikation mit $\lambda \in \mathbb{R}$). Eine Basis dieses Vektorraumes heißt ein $\underline{Fundamentalsystem}$ von Lösungen (s. Bd. III, Abschn. 2.2.1). -

$\underline{2.\ Fall}$ $b_i(x)$ $\underline{nicht\ alle}$ $\equiv 0$ ($\underline{inhomogener\ Fall}$): Ist durch $\underline{y}_0(x) = [y_{01}(x),\ldots,y_{0n}(x)]^T$ irgend eine Lösung gegeben, so wird mit einem Fundamentalsystem $(\underline{y}_1(x),\ldots,\underline{y}_n(x))$ aus dem homogenen Fall jede Lösung durch

$$\underline{y}(x) = \underline{y}_0(x) + \sum_{i=1}^{n} \lambda_i \underline{y}_i(x) \ , \quad \lambda_i \in \mathbb{R} \ ,$$

beschrieben, und jedes $\underline{y}(x)$ dieser Art ist auch Lösung. Die Lösungsmenge ist damit eine n-dimensionale Mannigfaltigkeit im Raum $C^1(I)$ aller stetig differenzierbaren Funktionen $\underline{f} : I \to \mathbb{R}^n$. (s. Bd. III, Abschn. 2.3). -

<u>Bemerkung</u>: Die <u>Funktionenräume</u> $C(I)$, $C^k(I)$, $C^\infty(I)$, Pol $\mathbb{R}$,
sind <u>unendlichdimensional</u>, da sie alle Pol $\mathbb{R}$ als Unterraum enthalten. [1]
Der Raum Pol $\mathbb{R}$ ist aber unendlichdimensional, da er alle Potenzfunkti-
onen $p_k(x) = x^k$ $(k \in \mathbb{N}_0)$ enthält, von denen je endlich viele linear
unabhängig sind (denn aus $0 \equiv \sum_{k=0}^{m} \alpha_k x^k$ folgt $\alpha_k = 0$ für alle
$k = 0,\ldots,m$, da ein nicht verschwindendes Polynom m-ten Grades höchstens
m Nullstellen hat.)

1^p ist ebenfalls unendlichdimensional (man betrachte dazu
$\underline{e}_i = (0,\ldots,0,1,0,0,\ldots) \in 1^p$, 1 an i-ter Stelle).

<u>Übungen</u>

<u>2.15*</u> Zeige, daß die trigonometrischen Reihen
$f(x) = a_0 + \sum_{k=1}^{n} (a_k \cos(kx) + b_k \sin(kx))$, $x \in \mathbb{R}$, (n fest) einen
Vektorraum T über $\mathbb{R}$ bilden.
Beweise ferner, daß $(1, \cos x, \sin x, \cos(2x), \sin(2x),\ldots,\cos(nx),\sin(nx))$
eine Basis von T ist, also insbesondere $\dim T = 2n + 1$.

<u>2.16*</u>(a) Zeige, daß alle reellen Polynome, die höchstens den Grad 10 haben
und eine Nullstelle bei $x = 1$, einen Vektorraum über $\mathbb{R}$ bilden.
Welche Dimension hat der Raum? Gib eine Basis dazu an!

(b) Löse das gleiche Problem (wie unter (a)) für Polynome vom
Höchstgrad 10, die wenigstens zwei Nullstellen haben, und zwar bei 1
und -1 .

2.4.4 Direkte Summen, freie Summen

<u>Direkte Summen</u>. Es seien $U_1, U_2,\ldots,U_m$ Unterräume des Vektorraums V
über $\mathbb{K}$, deren Vereinigung $U_1 \cup U_2 \cup \ldots \cup U_m$ den Raum V aufspannt.
Man nennt dann V die <u>Summe</u> $U_1 + U_2 +\ldots+ U_m$ <u>der Unterräume</u>, d.h.
es ist

$$U_1 + U_2 +\ldots+ U_m := \operatorname{Span}(U_1 \cup U_2 \cup \ldots \cup U_m)$$

---

[1]Wobei die Polynome nur auf I betrachtet werden.

Gilt zusätzlich

$$(U_1 + \ldots + U_{k-1} + U_{k+1} + \ldots + U_m) \cap U_k = \{\underline{0}\} \quad \text{für alle } k = 1,\ldots,m \qquad (2.77)$$

so nennt man V die <u>direkte Summe der Unterräume</u> $U_1,\ldots,U_m$, und be-schreibt dies durch

$$V = U_1 \oplus U_2 \oplus \ldots \oplus U_m \ .$$

Im Falle zweier Unterräume, also $V = U_1 + U_2$, bedeutet $V = U_1 \oplus U_2$ einfach $U_1 \cap U_2 = \{\underline{0}\}$.

<u>Folgerung 2.11</u> Gilt $V = U_1 + U_2 + \ldots + U_m$ (U_i Unterräume des Vektor-raumes V), so sind folgende Aussagen äquivalent:

(a) $V = U_1 \oplus U_2 \oplus \ldots \oplus U_m$

(b) Jedes $\underline{x} \in V$ läßt sich eindeutig darstellen als $\underline{x} = \underline{u}_1 + \underline{u}_2 + \ldots + \underline{u}_m$
    mit $\underline{u}_i \in U_i$ für alle $i = 1,\ldots,m$.

(c) $\underline{0} = \underline{u}_1 + \ldots + \underline{u}_m$ ($u_i \in U_i$) $\Rightarrow \underline{u}_i = \underline{0}$ für alle i .

Ist V endlichdimensional und $V = U_1 + \ldots + U_m$, so ist (a) äquivalent zu

(d) $\dim V = \dim U_1 + \dim U_2 + \ldots + \dim U_m$.

<u>Beweis</u>: <u>(a) $\Rightarrow$ (c)</u>: Aus $\underline{u}_1 + \ldots + \underline{u}_m = \underline{0}$ ($\underline{u}_i \in U_i$) folgt
$\underline{u}_1 = -(\underline{u}_2 + \ldots + \underline{u}_m) \in U_2 + \ldots + U_m$ und $\in U_1$. Da wegen (a)
$U_1 \cap (U_2 + \ldots + U_m) = \{\underline{0}\}$, so $\underline{u}_1 = \underline{0}$; entsprechend $\underline{u}_2 = \underline{u}_3 = \ldots = \underline{u}_m = \underline{0}$.-
<u>(c) $\Rightarrow$ (b)</u>: Hat $\underline{x}$ zwei Darstellungen $\underline{x} = \sum\limits_{i=1}^{m} \underline{u}_i = \sum\limits_{i=1}^{m} \underline{u}_i'$, so folgt
$\sum\limits_{i=1}^{m} (\underline{u}_i - \underline{u}_i') = \underline{0}$, also $\underline{u}_i - \underline{u}_i' = \underline{0}$, d.h. $\underline{u}_i = \underline{u}_i'$ für alle i . -
<u>(b) $\Rightarrow$ (c)</u>: klar. - <u>(c) $\Rightarrow$ (a)</u>: Sei $\underline{u}_1 \in U_1 \cap (U_2 + \ldots + U_m)$, folglich
$\underline{u}_1 = \underline{u}_2 + \ldots + \underline{u}_m$ mit $\underline{u}_i \in U_i$. Somit $\underline{0} = -\underline{u}_1 + \underline{u}_2 + \ldots + \underline{u}_m \Rightarrow \underline{u}_1 = \underline{0} \Rightarrow$
$\Rightarrow U_1 \cap (U_2 + \ldots + U_m) = \{\underline{0}\}$. Entsprechend gilt (2.77) für alle $k \Rightarrow$ (a). -
<u>(a) $\Leftrightarrow$ (d)</u>: Fall $m = 2$: $[V = U_1 \oplus U_2$ und $[(\underline{a}_1,\ldots,\underline{a}_s)$ Basis von U_1,
$(\underline{b}_1,\ldots,\underline{b}_t)$ Basis von $U_2]] \Leftrightarrow [(\underline{a}_1,\ldots,\underline{a}_s,\underline{b}_1,\ldots,\underline{b}_t)$ Basis von V

$(\underline{a}_i \in U_1, \ \underline{b}_i \in U_2)] \Leftrightarrow \dim V = \dim U_1 + \dim U_2$. - Für $m > 2$ folgt
(a) $\Leftrightarrow$ (d) durch vollständige Induktion.   □

Beispiel 2.26 Das folgende einfache Beispiel macht klar, daß es sich bei direkten Summen im Grunde um etwas sehr Naheliegendes handelt. Und zwar betrachten wir in $\mathbb{R}^n$ den Unterraum U_1 der Vektoren
$\underline{u}_1 = [x_1,\ldots,x_s,0,0,\ldots,0]^T$, deren Koordinaten $x_{s+1} = \ldots = x_n = 0$ sind. Entsprechend U_2 , bestehend aus allen $\underline{u}_2 = [0,0,\ldots,0,x_{s+1},\ldots,x_n]^T$.
Für $\underline{x} = [x_1,\ldots,x_n]^T$ folgt damit die eindeutige Zerlegung

$$\underline{x} = \begin{bmatrix} x_1 \\ \vdots \\ x_s \\ x_{s+1} \\ \vdots \\ x_n \end{bmatrix} = \begin{bmatrix} x_1 \\ \vdots \\ x_s \\ 0 \\ \vdots \\ 0 \end{bmatrix} + \begin{bmatrix} 0 \\ \vdots \\ x_{s+1} \\ \vdots \\ x_n \end{bmatrix} = \underline{u}_1 + \underline{u}_2 \ , \text{ also } \ U_1 \oplus U_2 = \mathbb{R}^n.$$

In $\mathbb{K}^n$ verläuft dies natürlich genauso. -

Dies gibt Anlaß zu folgender Konstruktion:

<u>Freie Summen</u>. Sind $U_1,\ldots,U_m$ <u>beliebige</u> Vektorräume über $\mathbb{K}$, so bildet die Menge der m-Tupel

$$\begin{bmatrix} \underline{u}_1 \\ \vdots \\ \underline{u}_m \end{bmatrix} (\underline{u}_i \in U_i), \ \text{mit} \ \begin{bmatrix} \underline{u}_1 \\ \vdots \\ \underline{u}_m \end{bmatrix} + \begin{bmatrix} \underline{u}_1' \\ \vdots \\ \underline{u}_m' \end{bmatrix} = \begin{bmatrix} \underline{u}_1 + \underline{u}_1' \\ \vdots \\ \underline{u}_m + \underline{u}_m' \end{bmatrix} , \ \lambda \begin{bmatrix} \underline{u}_1 \\ \vdots \\ \underline{u}_m \end{bmatrix} = \begin{bmatrix} \lambda \underline{u}_1 \\ \vdots \\ \lambda \underline{u}_m \end{bmatrix} ,$$

einen Vektorraum V über $\mathbb{K}$. Er heißt die <u>freie Summe der Vektorräume</u> $U_1,\ldots,U_m$, beschrieben durch

$$V = U_1 \dotplus U_2 \dotplus \ldots \dotplus U_m \ .$$

Auch für die Vektoren $\underline{u}_i \in U_i$ verwenden wir eine solche Schreibweise:

$$\underline{u}_1 \dotplus \ldots \dotplus \underline{u}_m := \begin{bmatrix} \underline{u}_1 \\ \vdots \\ \underline{u}_m \end{bmatrix} .$$

U_i läßt sich bijektiv auf den folgenden Unterraum $\bar{U}_i \subset V$ abbilden:

150

$$\bar{U}_i = \left\{ \begin{bmatrix} \underline{0} \\ \vdots \\ \underline{0} \\ \underline{u}_i \\ \underline{0} \\ \vdots \\ \underline{0} \end{bmatrix} \Bigg| \ \underline{u}_i \in U_i \right\} \quad , \qquad \text{durch} \quad \underline{u}_i \longmapsto \begin{bmatrix} \underline{0} \\ \vdots \\ \underline{0} \\ \underline{u}_i \\ \underline{0} \\ \vdots \\ \underline{0} \end{bmatrix} \quad .$$

(Man sagt, U_i wird auf diese Weise in den Vektorraum V "eingebettet".)
Es folgt

$$V = \bar{U}_1 \oplus .. \oplus \bar{U}_m \ .$$

Damit ist die freie Summe in eine direkte Summe übergeführt worden, und
alle Eigenschaften direkter Summen können auf freie Summen übertragen
werden.

Beispiel 2.27 Die freie Summe $\mathbb{R}^3 \dotplus \mathbb{R}^2$ besteht aus allen Vektoren der
Form

$$\underline{x} = \begin{bmatrix} \begin{bmatrix} x_1 \\ x_2 \\ x_3 \end{bmatrix} \\ \begin{bmatrix} x_4 \\ x_5 \end{bmatrix} \end{bmatrix} , \ \text{mit} \begin{bmatrix} x_1 \\ x_2 \\ x_3 \end{bmatrix} \in \mathbb{R}^3 , \ \begin{bmatrix} x_1 \\ x_2 \end{bmatrix} \in \mathbb{R}^2 \ .$$

Wir lassen hier die inneren Klammern weg, schreiben also

$$\underline{x} = \begin{bmatrix} x_1 \\ x_2 \\ x_3 \\ x_4 \\ x_5 \end{bmatrix} \ , \ \text{und damit} \quad \mathbb{R}^3 \dotplus \mathbb{R}^2 = \mathbb{R}^5 \ . -$$

Allgemein also:

$$\mathbb{R}^{n_1} \dotplus \mathbb{R}^{n_2} \dotplus \ldots \dotplus \mathbb{R}^{n_t} = \mathbb{R}^{n_1 + n_2 + \ldots + n_t} \ .$$

Die freien und direkten Summen von Vektorräumen spielen bei direkten
Summen von Matrizen eine Rolle (s. beispielsweise Abschn. 4.1).

<u>Übung 2.17</u>* Es seien U,V Unterräume des endlichdimensionalen Vektor-
raumes W über $\mathbb{K}$ mit $U + V = W$. Beweise

$$\dim W = \dim U + \dim V - \dim(U \cap V) \; .$$

<u>Anleitung</u>: Konstruiere Basen B_U, B_V, $B_{U \cap V}$ für U, V, U $\cap$ V mit
$B_{U \cap V} = B_U \cap B_V$.

2.4.5   Lineare Abbildungen: Definition und Beispiele

Abbildungen von einem Vektorraum in einen anderen, die Summen in Summen
überführen und Produkte in Produkte, also die Struktur der Vektorräume
berücksichtigen, sind von besonderem Interesse: Mit diesen "<u>linearen</u>
<u>Abbildungen</u>" wollen wir uns im folgenden beschäftigen.

<u>Definition 2.30</u> Es seien V und W zwei Vektorräume über dem gleichen
Körper $\mathbb{K}$. Eine Abbildung $f : V \rightarrow W$ heißt eine <u>lineare Abbildung</u> von
V in W , wenn für alle $\underline{x},\underline{y} \in V$ und alle $\lambda \in \mathbb{K}$ folgendes gilt:

(H1)	$f(\underline{x} + \underline{y}) = f(\underline{x}) + f(\underline{y})$	<u>Additivität</u>
(H2)	$f(\lambda\underline{x}) = \lambda f(\underline{x})$	<u>Homogenität</u>

Man sagt auch: f ist eine <u>strukturverträgliche Abbildung</u>.

<u>Lineare Abbildungen</u> heißen auch <u>lineare Transformationen</u>, <u>lineare Opera-
toren</u> oder (<u>Vektorraum-</u>)<u>Homomorphismen</u>. All diese Bezeichnungen bedeuten
dasselbe.

Aus (H1), (H2) folgt durch sukzessives Anwenden

$$(H) \qquad f\left(\sum_{k=1}^{n} \lambda_k \underline{x}_k\right) = \sum_{k=1}^{n} \lambda_k f(\underline{x}_k) \quad \text{für alle} \quad \begin{cases} \underline{x}_k \in V \\ \lambda_k \in \mathbb{K} \end{cases} . \qquad (2.78)$$

Umgekehrt folgt aus (H) sowohl (H1) ($n = 2$, $\lambda_1,\lambda_2 = 1$) wie (H2) ($n = 1$),
also gilt: (H) $\leftrightarrow$ ((H1) und (H2)). Die Eigenschaft (H) heißt <u>Linearität</u>
von f .

152

<u>Beispiel 2.28</u> <u>Lineare Abbildungen von</u> $\mathbb{R}^n$ <u>in</u> $\mathbb{R}^m$.

Ist $\underline{x} = [x_1,\ldots,x_n]^T$ ein Vektor des $\mathbb{R}^n$, so kann man ihm den Vektor
$\underline{y} = [y_1,\ldots,y_m]$ aus $\mathbb{R}^m$ durch die Gleichung

$$\boxed{y_i = \sum_{k=1}^{n} a_{ik}x_k} \quad , \quad i = 1,\ldots,m \tag{2.79}$$

eindeutig zuordnen. Die so erklärte Abbildung $f : \mathbb{R}^n \to \mathbb{R}^m$ ist sicher
linear. Sie ist durch das rechteckige Schema

$$\begin{bmatrix} a_{11} & \cdots & a_{1n} \\ \vdots & & \vdots \\ a_{m1} & \cdots & a_{mn} \end{bmatrix} \tag{2.80}$$

der Zahlen a_{ik} vollständig bestimmt. Ein solches Schema nennt man eine
<u>reelle Matrix</u> (symbolisiert durch einen großen Buchstaben, z.B. A).

Umgekehrt kann jede lineare Abbildung $g : \mathbb{R}^n \to \mathbb{R}^m$ durch eine Matrix
der Form (2.80) nebst Gleichung (2.79) beschrieben werden. Bezeichnet
man nämlich die Bilder der Koordinateneinheitsvektoren
$\underline{e}_k = [0,\ldots,0,1,0,\ldots 0]^T \in \mathbb{R}^n$ (1 an k-ter Stelle) mit
$\underline{a}_k = [a_{1k},a_{2k},\ldots,a_{mk}]^T$ (k = 1,\ldots,n) , also $g(\underline{e}_k) = \underline{a}_k$, so folgt
für das Bild $\underline{y}$ eines Vektors $\underline{x} = \sum_{k=1}^{n} x_k\underline{e}_k \in \mathbb{R}$ nach (2.78)

$$\underline{y} = g\left(\sum_{k=1}^{n} x_k\underline{e}_k\right) = \sum_{k=1}^{n} x_k g(\underline{e}_k) = \sum_{k=1}^{n} x_k\underline{a}_k$$

Schreibt man die Koordinaten der linken und rechten Seite der Gleichung
hin, so entsteht gerade (2.79). <u>Matrizen der Form</u> (2.80) <u>beschreiben also</u>
<u>über</u> (2.79) <u>alle linearen Abbildungen von</u> $\mathbb{R}^n \to \mathbb{R}^m$.

(Matrizen werden in Abschnitt 3   ausführlich behandelt.)-

Es ist klar, daß in $\mathbb{K}^n$ ($\mathbb{K}$ <u>beliebiger algebraischer Körper</u>) alles
genauso verläuft. -

<u>Beispiel 2.29</u> <u>Drehungen der Ebene</u>: Die Ebene $\mathbb{R}^2$ soll um O gedreht
werden, und zwar um den Winkel φ , s. Fig.2.6 ($\varphi > 0$: Drehung gegen
den Uhrzeigersinn; $\varphi < 0$: mit dem Uhrzeigersinn). D.h., ein Ortsvektor

$$\underline{x} = \begin{bmatrix} x_1 \\ x_2 \end{bmatrix} = \begin{bmatrix} r\cos\alpha \\ r\sin\alpha \end{bmatrix}$$

$(r,\alpha$ Polarkoordinaten von $\underline{x}$) soll in

$$\underline{y} = \begin{bmatrix} y_1 \\ y_2 \end{bmatrix} = \begin{bmatrix} r\cos(\alpha+\varphi) \\ r\sin(\alpha+\varphi) \end{bmatrix}$$

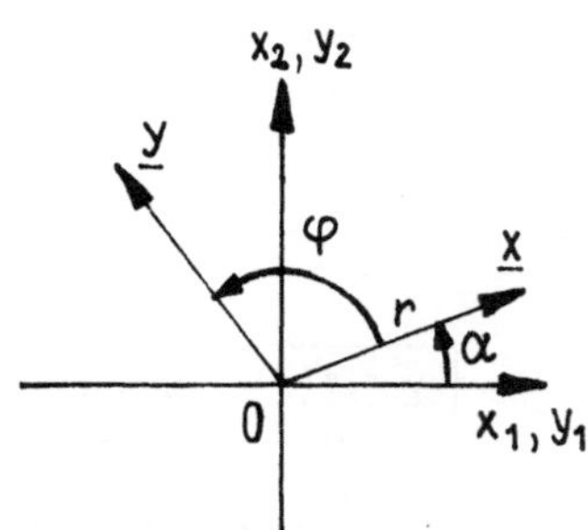

Fig. 2.6: Drehung im $\mathbb{R}^2$

überführt werden. Diese Zuordnung beschreiben wir durch $\underline{y} = f(\underline{x})$. Mit den Additionstheoremen von cos und sin (Abschn. 1.1.2) folgt

$$\begin{aligned}
y_1 &= r(\cos\alpha\cos\varphi - \sin\alpha\sin\varphi) \\
    &= (\cos\varphi)x_1 \quad - (\sin\varphi)x_2
\end{aligned}$$

$$\begin{aligned}
y_2 &= r(\cos\alpha\sin\varphi + \sin\alpha\cos\varphi) \\
    &= (\sin\varphi)x_1 \quad + (\cos\varphi)x_2
\end{aligned}$$

$$\boxed{\begin{aligned}
y_1 &= (\cos\varphi)x_1 - (\sin\varphi)x_2 \\
y_2 &= (\sin\varphi)x_1 + (\cos\varphi)x_2
\end{aligned}} \qquad (2.81)$$

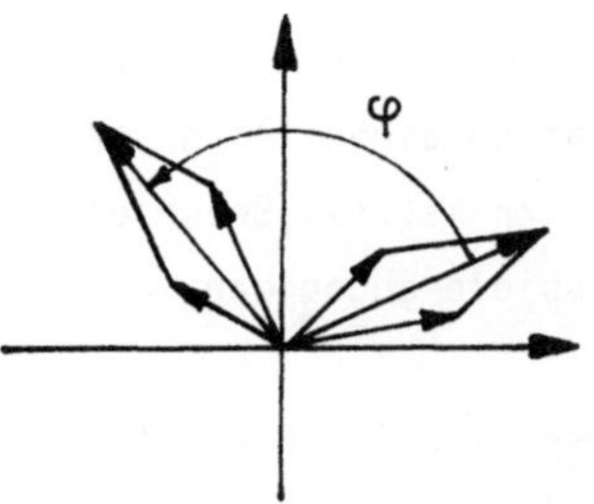

Fig. 2.7: Additivität
der Drehung

Die Drehung wird also durch die Matrix

$$\begin{bmatrix} \cos\varphi & -\sin\varphi \\ \sin\varphi & \cos\varphi \end{bmatrix}$$

beschrieben, und ist somit eine lineare Abbildung. Dies läßt sich aber auch unmittelbar geometrisch einsehen, s. Fig. 2.7, Fig. 2.8.

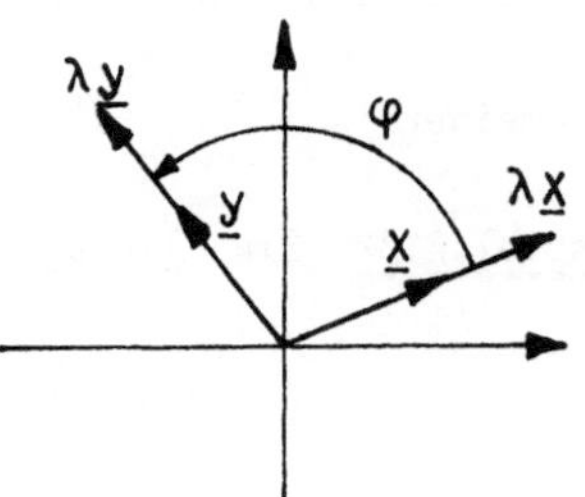

Fig. 2.8: Homogenität
der Drehung, mit Fig. 2.7
zusammen also: Linearität

__Beispiel 2.30__ __Drehungen_im_dreidimensionalen_Raum__. Eine Drehung im Raum $\mathbb{R}^3$ um den Winkel φ bez. einer Achse durch 0 , die in Richtung von $\underline{c} \in \mathbb{R}^3$ $(|\underline{c}| = 1)$ liegt, wird mit einer __Orthonormalbasis__ $(\underline{a},\underline{b},\underline{c})$ so beschrieben:

154

$$\underline{x} = \xi_1\underline{a} + \xi_2\underline{b} + \xi_3\underline{c} \quad (\xi_1 = \underline{x}\cdot\underline{a} \ , \ \xi_2 = \underline{x}\cdot\underline{b} \ , \ \xi_3 = \underline{x}\cdot\underline{c})$$

geht über in

$$\boxed{\underline{y} = f(\underline{x}) = (\xi_1\cos\varphi - \xi_2\sin\varphi)\underline{a} + (\xi_1\sin\varphi + \xi_2\cos\varphi)\underline{b} + \xi_3\underline{c}} \qquad (2.82)$$

Man erkennt die Analogie zum $\mathbb{R}^2$, s. (2.81). Natürlich ist diese
Drehung eine lineare Abbildung, wie man geometrisch an Hand der Figuren
2.4 a)b) sieht, die den "Blick" in Richtung von $\underline{c}$ zeigen. –

Lineare Abbildungen auf unendlichdimensionalen Vektorräumen lassen sich
nicht so einheitlich beschreiben, wie es bei endlichdimensionalen Räumen
möglich ist (s. Beispiel 2.26). Im folgenden werden einige typische
Beispiele angegeben.

__Beispiel 2.31__ Die Differentation einer Funktion $f \in C^1(I)$ ordnet ihr
die Funktion $f' \in C(I)$ eindeutig zu. Diese Abbildung symbolisieren wir
durch D , also $Df = f'$. Zweifellos ist $D : C^1(I) \to C(I)$ eine lineare Abbildung. Sie ist bekanntlich nicht eineindeutig, da $D(f + c) = Df$,
wenn c eine konstante Funktion bezeichnet.

Allgemeiner:

__Beispiel 2.32__ Ein "__linearer Differentialoperator__" L definiert durch

$$L(f) = a_0 f + a_1 f' + a_2 f'' + \ldots + a_n f^{(n)}$$

für alle $f \in C^n(I)$ (mit $a_i \in C(I)$) ist eine lineare Abbildung
$f : C^n(I) \to C(I)$. Hier spielt die lineare Algebra in die Theorie der
Differentialgleichungen hinein.

__Beispiel 2.33__ Durch die beiden "__Integraloperatoren__"

$$(F(f))(x) = \int_a^b K(x,t)f(t)dt \ , \qquad \text{"\underline{Fredholm-Typ}"}\ [1]$$

$$(T(f))(x) := \int_a^x K(x,t)f(t)dt \ , \qquad \text{"\underline{Volterra-Typ}"}\ [2]$$

---

[1] J. Fredholm (1866-1927), schwedischer Mathematiker
[2] V. Volterra (1860-1940), italienischer Mathematiker

werden lineare Abbildungen $F : C[a,b] \to C[a,b]$, und
$T : C[a,b] \to C[a,b]$ definiert. $K(x,t)$ wird dabei als (stückweise)
stetig auf $[a,b]^2$ vorausgesetzt.

In der Theorie der Integralgleichungen spielen diese linearen Abbildungen
eine große Rolle. -

<u>Übung 2.18</u>* Es sei $f : \mathbb{R}^2 \to \mathbb{R}^2$ eine Drehung um $\varphi = 25{,}3°$ (d.h.
$f(\underline{x})$ geht aus dem Ortsvektor $\underline{x}$ durch Drehung um 25,3° gegen den Uhrzeigersinn hervor). Gib die Matrix an, die diese Abbildung beschreibt.

2.4.6   Isomorphismen, Konstruktion linearer Abbildungen

Es seien im Folgenden V,W Vektorräume über demselben Körper $\mathbb{K}$.

<u>Definition 2.31</u> Eine lineare Abbildung $f : V \to W$ heißt ein

    <u>Isomorphismus</u> , wenn f <u>bijektiv</u> ist [1]
    <u>Endomorphismus</u>, wenn V = W ist
    <u>Automorphismus</u>, wenn f <u>bijektiv</u> und V = W ist.

<u>Bemerkung</u>: Gelegentlich spricht man auch von <u>Epimorphismus</u>, wenn f
<u>surjektiv</u>[1] ist, und <u>Monomorphismus</u>, falls f <u>injektiv</u>[1] ist. Um nicht
in einem Sumpf von Begriffen zu ertrinken, werden wir diese Begriffe
nicht weiter verwenden. -

Zwei Vektorräume V,W über $\mathbb{K}$ heißen <u>isomorph</u>, in Zeichen $V \simeq W$, wenn
es einen Isomorphismus $f : V \to W$ gibt. Ist Z ein weiterer Vektor-
raum über $\mathbb{K}$, so gelten die Regeln:

---

[1] Die Begriffe injektiv, surjektiv, bijektiv sind in Beisp. 2.9,
   Abschn. 2.3.2 erklärt, wie auch ausführlicher in Bd. I, Abschn. 1.3.4,
   Def. 1.3 u. Abschn. 1.3.5, letzter Absatz.

$$V \simeq V \quad , \quad V \simeq W \Leftrightarrow W \simeq V \quad , \quad V \simeq W \text{ und } W \simeq Z \Rightarrow V \simeq Z \; .$$

Auf Grund dieser Gesetze nennt man $\simeq$ eine Äquivalenzrelation.

Gilt $V \simeq W$, so sagt man auch gelegentlich, W ist eine (isomorphe) Kopie von V . Dieser Ausdruck weist darauf hin, daß V und W nicht wesentlich verschieden sind.

Satz 2.21 Konstruktion linearer Abbildungen: Es seien V und W Vektorräume über $\mathbb{K}$, wobei $(\underline{a}_1,\dots,\underline{a}_n)$ eine Basis von V ist und $\{\underline{b}_1,\dots,\underline{b}_n\}$ eine Teilmenge von W . Damit folgt:

(I) Es gibt genau eine lineare Abbildung $f : V \to W$ mit $f(\underline{a}_k) = \underline{b}_k$ für alle $k = 1,\dots,n$. Sie wird gebildet durch

$$\boxed{\; f\left(\sum_{k=1}^{n} \lambda_k \underline{a}_k\right) := \sum_{k=1}^{n} \lambda_k \underline{b}_k \;} \qquad \begin{array}{l}\text{Konstruktion einer}\\ \text{linearen Abbildung}\end{array} \qquad (2.83)$$

(II) f ist genau dann injektiv, wenn die $\underline{b}_1,\dots,\underline{b}_n$ linear unabhängig sind.

(III) f ist genau dann ein Isomorphismus, wenn $(\underline{b}_1,\dots,\underline{b}_n)$ eine Basis von W ist.

Beweis: (I) Man sieht ohne Schwierigkeit, daß f eine "lineare Abbildung" ist, indem man (H1), (H2) nachweist. Die Eindeutigkeit folgt so: Ist g ein weiterer Homomorphismus mit $g(\underline{a}_k) = \underline{b}_k$ für alle k , so folgt wegen (H), (letzter Abschnitt), für alle $\underline{x} = \sum_{k=1}^{n}\lambda_k\underline{a}_k \in V$:

$$g(\underline{x}) = g\left(\sum_{k=1}^{n} \lambda_k \underline{a}_k\right) = \sum_{k=1}^{n} \lambda_k g(\underline{a}_k) = \sum_{k=1}^{n} \lambda_k \underline{b}_k = f(\underline{x}) \; .$$

(II) Es sei f nicht injektiv. Dann existieren verschiedene $\underline{x} = \sum_{k=1}^{n} \lambda_k\underline{a}_k$, $\underline{x}' = \sum_{k=1}^{n} \lambda_k'\underline{a}_k$ in V mit $f(\underline{x}) = f(\underline{x}')$, d.h. $f(\underline{x}) - f(\underline{x}') = f(\underline{x}-\underline{x}') = \underline{0}$. Da $\underline{x} \neq \underline{x}'$, also $\underline{z} := \underline{x} - \underline{x}' \neq \underline{0}$ ist, so folgt $f(\underline{z}) = \underline{0}$ mit einem $\underline{z} \neq \underline{0}$ aus V . Es sei $\underline{z} = \sum_{k=1}^{n} \zeta_k\underline{a}_k$, also $\underline{0} = f(\underline{z}) = \sum_{k=1}^{n} \zeta_k\underline{b}_k = \underline{0}$. Da nicht alle $\zeta_k = 0$ sind (wegen $\underline{z} \neq \underline{0}$),

sind damit die $\underline{b}_k$ linear abhängig. - Sind umgekehrt die $\underline{b}_1,\ldots,\underline{b}_n$ als linear abhängig vorausgesetzt, so gibt es $\lambda_i \in \mathbb{K}$ (nicht alle 0),
die $\sum\limits_{i=1}^{n} \lambda_i \underline{b}_i = \underline{0}$. Für $\underline{x} := \sum\limits_{i=1}^{n} \lambda_i \underline{a}_i$ folgt damit $f(\underline{x}) = \sum\limits_{i=1}^{n} \lambda_i \underline{b}_i = \underline{0}$.
Es ist also $f(\underline{x}) = \underline{0}$ und $f(\underline{0}) = \underline{0}$ mit $\underline{x} \neq \underline{0}$. D.h. f ist nicht injektiv. Damit ist (II) bewiesen. - (III) folgt unmittelbar aus (II). $\square$

Bemerkung: Wir wollen die Konstruktionsvorschrift (2.83) für lineare Abbildungen von endlichdimensionalen Vektorräumen noch einmal hervorheben: Ordnet man den Basisvektoren eines Vektorraums V eindeutig Vektoren eines anderen Vektorraums W zu, so ist damit sofort eine lineare Abbildung gegeben (durch 2.83). Auf diese Weise lassen sich alle linearen Abbildungen von V (mit dim V endlich) in W beschreiben. Die Dimension von W ist dabei beliebig, sie kann also auch ∞ sein.

Dem Teil III in Satz 2.21 können wir noch folgende schöne Formulierung geben:

Folgerung 2.12 Zwei endlichdimensionale Vektorräume V,W über $\mathbb{K}$ sind genau dann isomorph, wenn dim V = dim W ist.

Insbesondere gelangen wir damit zu der nützlichen

Folgerung 2.13 Jeder Vektorraum V über $\mathbb{K}$ mit endlicher Dimension $n \in \mathbb{N}$ ist isomorph zu $\mathbb{K}^n$.

Ausführlich: Ist $B = (\underline{a}_1,\ldots,\underline{a}_n)$ eine Basis von V , so wird jedem Vektor $\underline{x} = \sum\limits_{k=1}^{n} x_k \underline{a}_k \in V$ (mit $x_k \in \mathbb{K}$) der Vektor

$$\underline{x}_B = \begin{bmatrix} x_1 \\ \vdots \\ x_n \end{bmatrix} \in \mathbb{K}^n$$

zugeordnet. Die dadurch erklärte Abbildung $f(\underline{x}) = \underline{x}_B$ ($f : V \to \mathbb{K}^n$) ist ein Isomorphismus. $\underline{x}_B$ heißt auch der numerische Vektor zu $\underline{x}$ bez. der Basis B . -

Insbesondere im Falle $\mathbb{K} = \mathbb{R}$ macht man viel Gebrauch hiervon, da man den $\mathbb{R}^n$ so gut kennt.

Die folgenden Beispiele geben Isomorphismen an, insbesondere in Verbindung mit Satz 2.2.1 (III).

__Beispiel 2.34__ Zwei Ebenen E_1, E_2 im $\mathbb{R}^3$, die durch $\underline{0}$ gehen, sind __isomorphe__ Vektorräume über $\mathbb{R}$. Denn sind

$$\underline{x} = \lambda_1 \underline{a}_1 + \lambda_2 \underline{a}_2 \quad , \quad \underline{y} = \mu_1 \underline{b}_1 + \mu_2 \underline{b}_2$$

die Parameterdarstellungen von E_1 und E_2 ($(\underline{a}_1, \underline{a}_2)$ Basis von E_1 , $(\underline{b}_1, \underline{b}_2)$ Basis von E_2), so wird durch folgende Abbildung eine Isomorphie von E_1 auf E_2 vermittelt:

$$f(\lambda_1 \underline{a}_1 + \lambda_2 \underline{a}_2) := \lambda_1 \underline{b}_1 + \lambda_2 \underline{b}_2 \ .$$

__Beispiel 2.35__ Der Lösungsraum V der Differentialgleichung $y^n = a_1 y + a_2 y'' + \ldots + a_n y^{(n-1)}$ ist n-dimensional. Er ist zum $\mathbb{R}^n$ __isomorph__, denn ist $y_1, \ldots, y_n$ ein Fundamentalsystem [1] von Lösungen (d.h. eine Basis von V), so ist folgende Abbildung ein Isomorphismus von V auf $\mathbb{R}^n$:

$$f\left(\sum_{i=1}^{n} \lambda_i y_i\right) := \sum_{i=1}^{n} \lambda_i \underline{e}_i = \begin{bmatrix} \lambda_1 \\ \vdots \\ \lambda_n \end{bmatrix} \quad .$$

2.4.7 Kern, Bild, Rang

V, W seien Vektorräume über $\mathbb{K}$.

__Definition 2.32__ Ist $f : V \rightarrow W$ eine lineare Abbildung, so sind

---

[1] s. Bd III, Abschn. 2.4

$\underline{Kern}$, $\underline{Bild}$ und $\underline{Rang}$ dieser Abbildung erklärt durch

$\underline{Kern}\ f$ = Menge aller $\underline{x} \in V$ mit $f(\underline{x}) = \underline{0}$

$\underline{Bild}\ f$ = Menge aller $f(\underline{x})$ mit $\underline{x} \in V$ [1]

$\underline{Rang}\ f$ = dim Bild f

$\underline{Satz\ 2.22}$ $f : V \to W$ sei eine lineare Abbildung. Damit gilt

(a) Kern f ist ein Unterraum von V

(b) Bild f ist ein Unterraum von W

(c) f ist genau dann injektiv, wenn Kern $f = \{\underline{0}\}$ ist.

$\underline{Beweis}$: (a), (b) überlegt sich der Leser leicht selbst. Zu (c): Es sei Kern $f = \{\underline{0}\}$. Angenommen, f ist nicht injektiv. Dann gibt es zwei Vektoren $\underline{x}_1, \underline{x}_2 \in V$ mit $\underline{x}_1 \neq \underline{x}_2$ und $f(\underline{x}_1) = f(\underline{x}_2)$. Daraus folgt $f(\underline{x}_1) - f(\underline{x}_2) = \underline{0}$, also $f(\underline{x}_1 - \underline{x}_2) = \underline{0}$, also $f(\underline{z}) = \underline{0}$ mit $\underline{z} = \underline{x}_1 - \underline{x}_2 \neq \underline{0}$, also $\underline{z} \in$ Kern f , was der Voraussetzung widerspricht. Also ist f injektiv. - Ist umgekehrt f als injektiv vorausgesetzt, so kann $f(\underline{x}) = \underline{0}$ nur die Lösung $\underline{0}$ haben, also folgt Kern $f = \{\underline{0}\}$. $\square$

Damit stoßen wir zum krönenden Satz vor:

$\underline{Satz\ 2.23}$ $\underline{Dimensionsformel}$: Für jede lineare Abbildung $f : V \to W$ gilt

$$\boxed{\text{dim Kern } f + \text{dim Bild } f = \text{dim } V} \text{ [2]} \qquad (2.84)$$

$\underline{Beweis}$: $\underline{1.\ Fall}$: $\underline{\text{Die Dimensionen von}}$ Kern f $\underline{und}$ Bild f $\underline{\text{sind beide endlich}}$.

Ist Kern $f = \{\underline{0}\}$, so folgt die Behauptung aus Satz 2.22 (c). Ist Bild $f = \{\underline{0}\}$, so ist Kern f = V , also (2.84) auch richtig. Wir nehmen darum im folgenden Kern $f \neq \{\underline{0}\}$ und Bild $f \neq \{\underline{0}\}$ an. Ferner seien $\underline{a}_1, \ldots, \underline{a}_q, \underline{b}_1, \ldots, \underline{b}_p \in V$ gegeben mit:

---

[1] Bild f ist also nichts anderes als der $\underline{Wertebereich}$ f(V) der Abbildung, s. Bd I, Abschn. 1.3.5, Def. 1.6.

[2] Mit ∞ wird in diesem Falle so gerechnet: $\infty + \infty = \infty$, $\infty + n = n + \infty = \infty$ für alle $n \in \mathbb{N}_0$.

$$(\underline{a}_1,\ldots,\underline{a}_q) \quad \text{ist eine Basis von Kern } f$$
$$(f(\underline{b}_1),\ldots,f(\underline{b}_p)) \quad \text{ist eine Basis von Bild } f$$
$$\left.\begin{array}{r} \\ \\ \end{array}\right\} \qquad (2.85)$$

<u>Behauptung</u>: $(\underline{a}_1,\ldots,\underline{a}_q,\underline{b}_1,\ldots,\underline{b}_p)$ <u>ist eine Basis von</u> V (womit die Dimensionsformel gilt).

<u>Beweis der Behauptung</u>: $\underline{a}_1,\ldots\underline{a}_q,\underline{b}_1,\ldots,\underline{b}_p$ sind linear unabhängig, weil

$$\sum_{i=1}^{q} \lambda_i \underline{a}_i + \sum_{i=1}^{p} \mu_i \underline{b}_i = \underline{0} \quad \text{nach Anwendung von } f \text{ auf } \sum_{i=1}^{p} \mu_i f(\underline{b}_i) = \underline{0}$$

führt, also $\mu_i = 0$ für alle $i = 1,\ldots,p$, folglich $\sum_{i=1}^{q} \lambda_i \underline{a}_i = \underline{0}$ und damit auch $\lambda_i = 0$ für alle $i = 1,\ldots,q$.

Ist ferner $\underline{x} \in V$ beliebig, so gilt $f(\underline{x}) \in$ Bild f , also

$$f(\underline{x}) = \sum_{i=1}^{p} \beta_i f(\underline{b}_i) \quad (\beta_i \in \mathbb{K}) \quad \text{und daher}$$

$$\underline{0} = f(\underline{x}) - \sum_{i=1}^{p} \beta_i f(\underline{b}_i) = f(\underline{x} - \sum_{i=1}^{p} \beta_i \underline{b}_i)$$

d.h. $\underline{x} - \sum_{i=1}^{p} \beta_i \underline{b}_i \in$ Kern f , also $\underline{x} - \sum_{i=1}^{p} \beta_i \underline{b}_i = \sum_{k=1}^{q} \alpha_k \underline{a}_k$,

d.h. $\underline{x}$ ist Linearkombination der $\underline{a}_i, \underline{b}_k$. Die $\underline{a}_1,\ldots,\underline{a}_q,\underline{b}_1,\ldots,\underline{b}_p$, spannen also V auf und bilden somit eine Basis von V .

<u>2. Fall</u>: dim Kern $f = \infty$. Wegen Kern $f \subset V$ ist dann auch dim $V = \infty$ und die Dimensionsformel (2.84) gilt.

<u>3. Fall</u>: dim Bild $f = \infty$. Angenommen, die Dimension von V ist endlich, und $(\underline{a}_1,\ldots,\underline{a}_n)$ sei eine Basis von V . Dann spannen die Vektoren $f(\underline{a}_i) = \underline{b}_i$ $(i = 1,\ldots,n)$ Bild f auf (nach Satz 2.21 (I)), also folgt dim Bild $f \leq$ dim $V = n$, im Widerspruch zu dim Bild $= \infty$. Folglich gilt dim $V = \infty$ und damit die Dimensionsformel (2.84). $\quad\square$

<u>Folgerung 2.14</u>. (<u>Äquivalenz von Injektivität und Surjektivität</u>). Es sei $f : V \longrightarrow W$ eine lineare Abbildung, wobei die Vektorräume V und W die <u>gleiche endliche Dimension</u> n haben. Damit gilt:

f ist genau dann injektiv, wenn f surjektiv ist.

$\underline{\text{Beweis}}$: f injektiv $\leftrightarrow$ Kern f = $\{\underline{0}\}$ (s. Satz 2.22(c)) $\leftrightarrow$ dim Kern f =
= 0 $\leftrightarrow$ dim Bild f = n (wegen der Dimensionsformel (2.84) $\leftrightarrow$ Bild f =
= V $\leftrightarrow$ f surjektiv. $\qquad\qquad\qquad\qquad\qquad\qquad$ $\square$

$\underline{\text{Bemerkung}}$: $\underline{\text{Zusammenhang mit linearen Gleichungssystemen}}$. Ein lineares
Gleichungssystem

$$\boxed{y_i = \sum_{k=1}^{n} a_{ik} x_k}, \qquad i = 1,\ldots,m , \qquad\qquad (2.86)$$

mit gegebenen $a_{ik} \in \mathbb{K}$, $y_i \in \mathbb{K}$ und gesuchten x_k kann als lineare
Abbildung f : $\mathbb{K}^n \to \mathbb{K}^m$ interpretiert werden, wobei jedem
$\underline{x} = [x_1,\ldots,x_n]^T$ ein $\underline{y} = [x_1,\ldots,x_m]^T$ zugeordnet wird.

$\underline{\text{Lösbarkeit liegt genau dann vor, wenn}}$ $\underline{y} \in$ Bild f $\underline{\text{ist, und eindeutige}}$
$\underline{\text{Lösbarkeit genau dann, wenn zusätzlich}}$ dim Bild f = dim V = n
(d.h. dim Kern f = 0). Diese Aussagen spiegeln genau das Rangkriterium
Satz 2.10, Abschn. 2.2.5, in anderer Formulierung wider.

Die Folgerung 2.14, die besagt: "Entweder bijektiv, oder weder injektiv
noch surjektiv", entspricht im Falle der Gleichungssysteme der Folge-
rung 2.5, Abschn. 2.24 : $\underline{\text{Im Falle}}$ n = m $\underline{\text{ist das Gleichungssystem}}$
(2.86) $\underline{\text{entweder für jedes}}$ $\underline{y} \in \mathbb{K}^n$ $\underline{\text{eindeutig lösbar, oder für keins}}$.

Zur praktischen Lösung, auch bei beliebigen Körpern $\mathbb{K}$, benutzt man
aber in den allermeisten Fällen den guten alten Gauß-Algorithmus, der
in $\mathbb{K}$ genau wie in $\mathbb{R}$ verläuft (wenn man die Pivotierung nach Größe
von Absolutbeträgen außer Acht läßt, sondern sich mit Diagonalele-
menten $\neq$ 0 begnügt).

$\underline{\text{Übungen}}$

$\underline{\text{2.19*}}$ Durch $y_1 = 6x_1 + 4x_2 - 10x_3$,
$\qquad\qquad y_2 = -9x_1 - 6x_2 + 15x_3$
ist eine lineare Abbildung f : $\mathbb{R}^3 \to \mathbb{R}^2$ gegeben. Berechne Kern f
und Bild f , d.h. gib für beide Räume Basen an. Welche Werte haben
dim Kern f und Rang f ? Rechne die Dimensionsformel (2.84) für dieses
Beispiel nach.

2.20* Durch $L(y) = y' - 2y$ ist ein "Differentialoperator" für alle $y \in C^1(\mathbb{R})$ erklärt. $L : C^1(\mathbb{R}) \to C(\mathbb{R})$ ist eine lineare Abbildung (Überprüfe das!). Welche Funktionen $y \in C^1(\mathbb{R})$ liegen im Kern von L ?

2.4.8   Euklidische Vektorräume, Orthogonalität

<u>Definition 2.33</u>   Es sei V ein Vektorraum über $\mathbb{R}$. Eine Vorschrift, die jedem Paar $(\underline{x},\underline{y})$ mit $\underline{x},\underline{y} \in V$ genau eine reelle Zahl r zuordnet, beschrieben durch

$$r = \underline{x} \cdot \underline{y} \ ,$$

heißt ein <u>inneres Produkt</u> auf V , wenn folgende Gesetze erfüllt sind: Für alle $\underline{x},\underline{y},\underline{z} \in V$ und alle $\lambda,\mu \in \mathbb{R}$ gilt

(I)	$\underline{x} \cdot \underline{y} = \underline{y} \cdot \underline{x}$	Kommutativgesetz
(II)	$(\underline{x}+\underline{y}) \cdot \underline{z} = \underline{x} \cdot \underline{z} + \underline{y} \cdot \underline{z}$	Distributivgesetz
(III)	$\lambda(\underline{x} \cdot \underline{y}) = (\lambda\underline{x}) \cdot \underline{y} = \underline{x} \cdot (\lambda\underline{y})$	Assoziativgesetz
(IV)	$\underline{x} \neq \underline{0} \Leftrightarrow \underline{x} \cdot \underline{x} > 0$	positive Definitheit

Man nennt $|\underline{x}| := \sqrt{\underline{x} \cdot \underline{x}}$ die <u>Länge</u> (den <u>Betrag</u>, die <u>euklidische Norm</u>) von $\underline{x}$. Für $\underline{x} \cdot \underline{x}$ schreibt man kürzer $\underline{x}^2$.

Ist auf V ein inneres Produkt wie oben erklärt, so nennt man V einen <u>euklidischen Vektorraum</u> (oder <u>Prä-Hilbertraum</u>).

Wie in Abschn. 2.1.2, Satz 2.1 (V) - (IX) beweist man, nur unter Verwendung von (I) - (IV)

<u>Folgerung 2.15</u> Ist V ein euklidischer Vektorraum, so gilt für alle $\underline{x},\underline{y} \in V$ und alle $\lambda \in \mathbb{R}$

(V) $\quad |\lambda\underline{x}| = |\lambda||\underline{x}|$, $\qquad$ (VI) $\quad |\underline{x} \cdot \underline{y}| \leq |\underline{x}||\underline{y}|$,

(VII) $\quad |\underline{x}+\underline{y}| \leq |\underline{x}| + |\underline{y}|$, $\qquad$ (VIII) $\quad |\underline{x}-\underline{y}| \geq ||\underline{x}| - |\underline{y}||$,

(IX) $\quad |\underline{x}| = 0 \Leftrightarrow \underline{x} = \underline{0}$.

__Beispiel 2.36__ Für alle $f, g \in C\left([a,b]\right)$ ist folgendermaßen ein inneres Produkt erklärt

$$f \cdot g = \int_a^b f(x)g(x)dx \ . \tag{2.87}$$

__Beispiel 2.37__ Ist $(\underline{a}_1, \ldots, \underline{a}_n)$ eine Basis des Vektorraums V über $\mathbb{R}$, und sind

$$\underline{x} = \sum_{i=1}^n x_i \underline{a}_i \quad , \quad \underline{y} = \sum_{i=1}^n y_i \underline{a}_i \qquad (x_i, y_i \in \mathbb{R})$$

beliebig aus V , so ist durch $\underline{x} \cdot \underline{y} = \sum_{i=1}^n x_i y_i$ zweifellos ein inneres Produkt von V gegeben. Auf diese Weise lassen sich auch im $\mathbb{R}^n$ verschiedene innere Produkte einführen.

__Definition 2.34__ Ist V ein euklidischer Vektorraum, so erklärt man den __Winkel__ zwischen zwei Elementen $\underline{a}, \underline{b} \in V$, $\underline{a} \neq \underline{0}$; $\underline{b} \neq \underline{0}$, durch

$$\varphi = \sphericalangle(\underline{a}, \underline{b}) := \arccos \frac{\underline{a} \cdot \underline{b}}{|\underline{a}| \cdot |\underline{b}|} \tag{2.88}$$

Ist $\underline{a} = \underline{0}$ oder $\underline{b} = \underline{0}$, so kann $\sphericalangle(\underline{a}, \underline{b})$ jede beliebige Zahl aus $[0, \pi]$ bedeuten. Man sagt, $\underline{a}, \underline{b} \in V$ stehen __rechtwinklig (orthogonal)__ aufeinander: $\underline{a} \perp \underline{b}$, wenn $\underline{a} \cdot \underline{b} = \underline{0}$ ist.

Damit folgen __Pythagoras__ $(\underline{a} + \underline{b})^2 = \underline{a}^2 + \underline{b}^2 \leftrightarrow \underline{a} \cdot \underline{b} = 0$, __und Cosinussatz__ $(\underline{a} - \underline{b})^2 = \underline{a}^2 + \underline{b}^2 - 2\underline{a} \cdot \underline{b} \cos\sphericalangle(\underline{a}, \underline{b})$ durch schlichtes Ausmultiplizieren (wie in Abschn. 2.1.4).

__Orthonormalsystem__, __Orthonormalbasis__ und __orthogonales Komplement eines Vektorraumes__ werden wie in Abschn. 2.1.4 definiert (man hat dort nur V statt $\mathbb{R}^n$ zu setzen).

Ebenso funktioniert in einem endlichdimensionalen euklidischen Vektorraum V das Schmidtsche Orthogonalisierungsverfahren, und es gelten Satz 2.6, Satz 2.7 und Folgerung 2.3 aus Abschn. 2.1.4 entsprechend (man ersetze dort einfach $\mathbb{R}^n$ durch V).

<u>Übungen</u>

<u>2.21</u> Beweise, daß (2.87) ein inneres Produkt in $C([a,b])$ beschreibt,
d.h. weise nach, daß alle Eigenschaften (I) - (IV) in Definition 2.33
erfüllt sind.

<u>2.22</u>*(a) Welchen Winkel bilden $\sin(kx)$ und $\cos(nx)$ $(n,k \in \mathbb{N}$, $n \neq k)$
in $C([0,2\pi])$ miteinander, wenn das innere Produkt entsprechend (2.87)
erklärt ist. (b) Welchen Winkel bilden $f(x) = x$ und $g(x) = x^2$ in
diesem Raum miteinander?

<u>2.23</u>* Wende auf die Polynome $f_0(x) = 1$, $f_1(x) = x$, $f_2(x) = x^2$ in
$C([-1,1])$ das Schmidtsche Orthogonalisierungsverfahren an.

<u>2.24</u>* Zeige: Zu jeder linearen Abbildung $f : \mathbb{R}^n \to \mathbb{R}$ gibt es einen
Vektor $\underline{v} \in \mathbb{R}^n$ mit $f(x) = \underline{v}\cdot\underline{x}$ für alle $\underline{x} \in \mathbb{R}^n$.

<u>2.25</u>* Es sei $|f| = \sqrt{f\cdot f}$ für $f \in C([a,b])$ (inneres Produkt wie in
(2.87)) und $\|f\|_\infty := \sup\limits_{x\in[a,b]} |f(x)|$.

(a) Zeige:

$$\lim_{n\to\infty} \|f_n\|_\infty = 0 \implies \lim_{n\to\infty} |f_n| = 0 \quad .$$

(b) Zeige, daß die Umkehrung nicht gilt. D.h. gib eine Funktionenfolge
(f_n) aus $C([a,b])$ an mit $|f_n| \to 0$ für $n \to \infty$, aber <u>nicht</u>
$\|f_n\|_\infty \to 0$ für $n \to \infty$!

2.4.9   Ausblick auf die Funktionalanalysis

Die Funktionalanalysis verknüpft Analysis und lineare Algebra. Insbesondere die Funktionenräume werden dabei wichtig. - Wir beginnen mit einer
Verallgemeinerung des euklidischen Raumes:

<u>Definition 2.35</u> Ein Vektorraum V über $\mathbb{R}$ (oder $\mathbb{C}$) heißt ein
<u>normierter linearer Raum</u>, wenn zu jedem $\underline{x} \in V$ eine nichtnegative reelle
Zahl $\|\underline{x}\|$ erklärt ist, so daß folgendes für alle $\underline{x},\underline{y} \in V$ und $\lambda \in \mathbb{R}$
(oder $\lambda \in \mathbb{C}$) gilt:

$$\|\lambda\underline{x}\| = |\lambda|\,\|\underline{x}\| , \quad \|\underline{x}+\underline{y}\| \leq \|\underline{x}\| + \|\underline{y}\| , \quad \|\underline{x}\| = 0 \leftrightarrow \underline{x} = \underline{0} . \qquad (2.89)$$

$\|\underline{x}\|$ heißt die <u>Norm</u> (oder <u>Länge</u>) von $\underline{x}$.

Man sieht, jeder euklidische Raum ist auch ein normierter linearer Raum
(mit $\|x\| := |x|$). Umgekehrtes braucht nicht zu gelten. Das wichtigste
Beispiel eines normierten linearen Raumes ist $C([a,b])$ mit der Norm

$$\|f\| := \|f\|_\infty = \sup_{x\in[a,b]} |f(x)| \quad .$$

Man weist die Normgesetze (2.89) leicht nach. Mit dieser Norm ist
$C([a,b])$ kein euklidischer Raum, d.h. es gibt kein inneres Produkt mit
$\|f\| = \sqrt{f\cdot f}$ in $C([a,b])$.

Mit der Analysis wird der Zusammenhang folgendermaßen hergestellt: Man
betrachtet in einem normierten Raum V (unendliche) Folgen $(\underline{a}_n)_{n\in\mathbb{N}}$.
Das Element $\underline{a}$ heißt Grenzwert von $(\underline{a}_n)_{n\in\mathbb{N}}$, wenn

$$\|\underline{a}_n - \underline{a}\| \to 0 \quad \text{für} \quad n \to \infty$$

gilt. In diesem Falle sagt man, $(\underline{a}_n)$ [1] konvergiert gegen $\underline{a}$.

$(\underline{a}_n)$ heißt eine Cauchy-Folge, wenn zu jedem $\varepsilon > 0$ ein Index $n_0 \in \mathbb{N}$
existiert, so daß für alle $\underline{a}_n, \underline{a}_m$ mit $n,m \geq n_0$ gilt:

$$\|\underline{a}_n - \underline{a}_m\| < \varepsilon \quad .$$

(Vgl. Cauchysches Konvergenzkriterium, Bd. I, Abschn. 1.4.6.)

Definition 2.36

(a) Ein normierter linearer Raum heißt vollständig, wenn jede Cauchy-Folge aus dem Raum gegen einen Grenzwert in diesem Raum konvergiert.

(b) Ein vollständiger normierter linearer Raum heißt Banachraum.

(c) Ein vollständiger euklidischer Raum heißt Hilbertraum (mit der Norm
$\|x\| = \sqrt{x\cdot x}$).

Natürlich ist $\mathbb{R}^n$ ein Hilbertraum und damit auch ein Banachraum.
Anspruchsvollere Beispiele sind folgende:

Beispiel 2.38 $C([a,b])$ ist ein Banachraum bez. $\|f\|_\infty$. (Denn ist (f_n)
aus $C([a,b])$ eine Cauchy-Folge, so ist f_n gleichmäßig konvergent und
hat somit einen Grenzwert $f \in C[a,b]$ (nach Bd. I, Abschn. 5.1.1, Satz
5.1 und Bd. I, Abschn. 5.1.2, Satz 5.2).

Beispiel 2.39 $C^k([a,b])$, die Menge der k-mal stetig differenzierbaren
Funktionen $f : [a,b] \to \mathbb{R}$ ist bez.

$$\|f\| = \sum_{i=0}^{k} \sup_{x\in[a,b]} |f^{(i)}(x)| \qquad \left(\begin{array}{l} f^{(i)} \text{ i-te Ableitung,} \\ f^{(0)} = f \end{array} \right)$$

ein Banachraum.(Dies folgt aus Bd. I, Abschn. 5.1.2, Satz 5.3 durch vollständige Induktion.)

---

[1] Man schreibt auch kurz $(\underline{a}_n)$ statt $(\underline{a}_n)_{n\in\mathbb{N}}$.

Beispiel 2.40 Der Folgenraum l^p (p > 1) , erklärt in Beispiel 2.24,
Abschnitt 2.4.2, ist ein Banachraum mit der in Beispiel 2.24 angegebe-
nen Norm $|\underline{a}|_p$ (= $\|\underline{a}\|$) .(Für den Nachweis der Normgesetze, insbesondere
der Dreiecksungleichung $|\underline{a}+\underline{b}|_p \leq |\underline{a}|_p + |\underline{b}|_p$ und der Vollständigkeit
wird auf die Literatur über Funktionalanalysis verwiesen (z.B.
KANTOROWITSCH/AKILOW [75], Kap. II, §4, S. 56-57).

Spezialfall p = 2 : Der Raum l^2 ist ein Hilbertraum mit dem in Beispiel 2.23, Abschn. 2.4.2 erklärten inneren Produkt. l^2 kann als der
einfachste unendlichdimensionale Hilbertraum angesehen werden.
(Entsprechend werden Räume l^p aus komplexen Zahlenfolgen gebildet.)

Beispiel 2.41 Die Menge $L^p[a,b]$ aller Funktionen f : [a,b] $\rightarrow$ $\mathbb{R}$,
für die das folgende Integral existiert:

$$\int_a^b |f(x)|^p dx \quad , \quad \text{stellt bez.} \quad \|f\|_p := \sqrt[p]{\int_a^b |f(x)|^p dx} \quad (p \geq 1)$$

und den üblichen Operationen + und $\lambda\cdot$ ($\lambda \in \mathbb{R}$) stellt bei Funktionen einen
Banachraum dar. Hierbei sind die oben auftretenden Integrale im Sinne
von Lebesgue[1] zu verstehen (s. hierzu beispielsweise [68] oder [74]).
Wir heben ausdrücklich hervor: Würde man in C[a,b] die obige $\|\cdot\|_p$-Norm
unter Verwendung des bekannten Riemann-Integrals (s. Bd. I, Abschn. 4.1.3)
einführen, dann käme man zwar zu einem normierten Raum, aber dieser Raum
wäre nicht vollständig.

Der Spezialfall p = 2 ist von besonderer Bedeutung, weil $L^2[a,b]$ ein
Hilbert-Raum ist. In der Theorie der Fourier-Reihen spielt der Raum der
2π-periodischen und über dem Intervall $[0,2\pi]$ im Sinne von Lebesgue quadratisch integrierbaren Funktionen eine besondere Rolle. Ist nämlich f
eine solche Funktion und ist

$$\frac{a_0}{2} + \sum_{k=1}^{\infty} \left(a_k \cos(kx) + b_k \sin(kx) \right)$$

die Fourier-Reihe von f , dann kann man ihr die Folge

$$\underline{c}_f = (a_0, a_1, b_1, a_2, b_2, \ldots)$$

der Fourier-Koeffizienten zuordnen. Es läßt sich zeigen, daß die Reihe

$$a_0^2 + \sum_{k=1}^{\infty} \left(a_k^2 + b_k^2 \right)$$

konvergiert und mit $\|f\|_2^2$ übereinstimmt. Mehr noch: Die Zuordnung
f $\mapsto$ $\underline{c}_f$, symbolisiert durch F(f) := $\underline{c}_f$, ist ein Isomorphismus
(s. Abschn. 2.4.6)

$$F : L^2[0,\pi] \rightarrow l^2 .$$

Damit spiegelt der Raum l^2 alle Fourier-Reihen von 2π-periodischen
Funktionen aus $L^2[0,2\pi]$ wider und ist somit ein brauchbares Hilfsmittel
zum Studium dieser Reihe.

---

[1]Henri Lebesgue (1875-1941), französischer Mathematiker.

<u>Bemerkung</u>: Die Funktionenräume $C^k(I)$, $L^p(I)$ und andere spielen bei
Differentialgleichungen, Integralgleichungen und Fourier-Reihen eine
wichtige Rolle. Im Teil "Funktionalanalysis" des Bandes V wird ausführlich darauf eingegangen. Ergänzend wird der Leser auf die Literatur
über Funktionalanalysis und Differentialgleichungen verwiesen
(z.B. AMANN [34], COLLATZ [50], HEUSER [68] , KANTOROWITSCH/AKILOW [75],
LEIS [86], WEIDMANN [116]).

<u>Übung 2.26</u>[*] Entspanne dich!

3 MATRIZEN

Matrizen bilden ein fundamentales Hilfsmittel der linearen Algebra. In
diesem Abschnitt werden sie erklärt, ihre Eigenschaften untersucht und
ihre Zusammenhänge mit linearen Gleichungssystemen, Determinanten, linearen Abbildungen und Eigenwertproblemen erläutert.

3.1 DEFINITION, ADDITION, S-MULTIPLIKATION

3.1.1 Motivation

Bei einem linearen Gleichungssystem

$$
\begin{aligned}
a_{11}x_1 + a_{12}x_2 + \cdots + a_{1n}x_n &= b_1 \\
a_{21}x_1 + a_{22}x_2 + \cdots + a_{2n}x_n &= b_2 \\
\vdots \qquad \vdots \qquad\quad \vdots \quad\;\; \vdots& \\
a_{m1}x_1 + a_{m2}x_2 + \cdots + a_{mn}x_n &= b_n
\end{aligned}
$$

(a_{ik}, b_i gegeben, x_k gesucht) fällt die rechteckige Anordnung der a_{ik} ins
Auge.[1] Man kann die a_{ik}, wie in Fig. 3.1 skizziert, zu einem rechteckigen
Schema zusammenfassen. Schemata dieser Art - _Matrizen_ genannt - werden im
folgenden genauer unter die Lupe genommen.

Auch in anderen Zusammenhängen sind uns rechteckige Zahlenschemata schon
begegnet, z.B. bei zwei- und dreireihigen Determinanten (Abschn. 1.1.7,
1.2.3), bei linearen Abbildungen(Abschn. 2.4.4, Beisp. 2.20) oder beim
Basiswechsel (Abschn. 2.4.3, (2.74)). Hinzu kommen später die Eigenwertprobleme (s. folgende Abschn. 3.7 ff), die in Technik und Physik meistens
mit Schwingungsproblemen zusammenhängen. Ja, die Lösung von Eigenwertproblemen mit Hilfe von Matrizen macht die Untersuchung von Schwingungen,

---

[1] Die Berechnung der Lösungen mit dem Gauss'schen Algorithmus wurde schon
in Abschn. 2.2 beschrieben.

insbesondere ihr Dämpfungs- oder Aufschaukelungsverhalten, erst möglich.
Die Verhinderung von Resonanzkatastrophen, z.B. wie das "Flattern"
bei Flugzeugen, ist daher ein bedeutendes Anwendungsgebiet der Eigenwerttheorie, siehe dazu [39], [61].

All diese Problemkreise lassen sich mit der Matrizenrechnung geschlossen und
übersichtlich behandeln. Dies ist Grund genug, sich mit den so einfach
aussehenden rechteckigen Zahlenschemata genauer zu befassen.[1]

3.1.2 Grundlegende Begriffsbildung

Definition 3.1 Unter einer reellen
Matrix A vom Format (m,n) - kurz
(m,n)-Matrix - verstehen wir ein
rechteckiges Schema aus reellen
Zahlen a_{ik} (i=1,...,m; k=1,...,n),
wie in Fig. 3.1 angegeben. Man beschreibt sie durch

$$A = \begin{bmatrix} a_{11} & a_{12} & \cdots & a_{1n} \\ a_{21} & a_{22} & \cdots & a_{2n} \\ \vdots & & & \vdots \\ a_{m1} & a_{m2} & \cdots & a_{mn} \end{bmatrix} \begin{matrix} \uparrow \\ m \\ \text{Zeilen} \\ \downarrow \end{matrix}$$

$$\longleftarrow n \text{ Spalten} \longrightarrow$$

Fig. 3.1: Matrix

$$A = [a_{ik}]_{\substack{1 \le i \le m \\ 1 \le k \le n}} \,, \quad \text{oder} \quad A = [a_{ik}]_{m,n} \,.^{2)}$$

Die Zahlen a_{ik} nennen wir die Elemente oder Eintragungen der Matrix.

Zwei Matrizen $A = [a_{ik}]_{m,n}$ und $B = [b_{ik}]_{p,q}$ sind genau dann gleich:
A = B, wenn m = p, n = q und $a_{ik} = b_{ik}$ für alle i=1,...,m, k=1,...,n
gilt. (Anschaulich: Die Schemata von A und B sind deckungsgleich.)

---

[1] In geraffter Form sind reelle Matrizen auch in Band I, Abschn. 6.1.5,
beschrieben.

[2] Auch runde Klammern werden viel verwendet: $A = (a_{ik})_{m,n}$.

Bemerkung: Allgemeiner können die Elemente a_{ik} einer Matrix auch aus
dem Körper $\mathbb{C}$ der komplexen Zahlen sein (man spricht dann von komplexen
Matrizen) oder gar aus einem beliebigen algebraischen Körper $\mathbb{K}$ (s.
Abschn. 2.3.5). Wir beginnen die Einführung der Matrizenrechnung jedoch
mit reellen Matrizen, da sie für die Anwendungen am wichtigsten sind, da
das Denken beim ersten Lesen dadurch vereinfacht wird, und da alles
Wesentliche trotzdem klar wird. Man erkennt später, daß für Matrizen mit
Elementen aus $\mathbb{C}$ oder einem beliebigen Körper $\mathbb{K}$ alles analog verläuft.
Geringfügige Zusätze, die beim Arbeiten mit komplexen Matrizen auftreten,
werden mit leichter Hand hinzugefügt. -

Weitere Bezeichnungen: Im Matrix-Schema, (s. Fig. 3.1), bilden die neben-
einander stehenden Elemente a_{i1}, a_{i2},..., a_{in} die i-te Zeile
(i=1,...,m), und die untereinander stehenden Elemente a_{1k}, a_{2k},..., a_{mk}
die k-te Spalte (k=1,...,n). m ist die Zeilenzahl und n die Spaltenzahl
der Matrix. Das Paar aus Zeilenzahl und Spaltenzahl bildet, wie schon erwähnt, das Format der Matrix. Beim Element a_{ik} heißt i der Zeilenindex
und k der Spaltenindex. a_{ik} befindet sich im "Schnittpunkt" der i-ten
Zeile und der k-ten Spalte, (s. Fig. 3.3).

Wenn eine Matrix genauso viele
Zeilen wie Spalten aufweist,
nennt man sie eine quadratische
Matrix. Zur Unterscheidung
spricht man bei beliebigen Matrizen auch von rechteckigen
Matrizen.

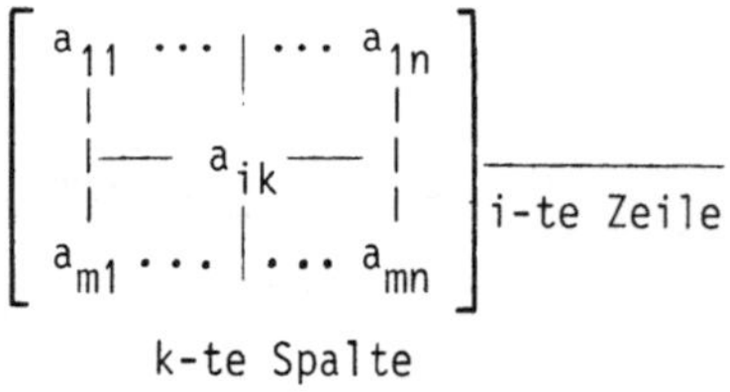

$$\begin{bmatrix} a_{11} & \cdots & | & \cdots & a_{1n} \\ & & | & & \\ | & - & a_{ik} & - & | \\ & & | & & \\ a_{m1} & \cdots & | & \cdots & a_{mn} \end{bmatrix} \begin{matrix} \\ \\ \text{i-te Zeile} \\ \\ \end{matrix}$$

k-te Spalte

Fig. 3.2: Schnittpunkt von
Zeile und Spalte

Die Menge aller reellen
Matrizen vom Format (m,n) bezeichnen wir mit $\mathrm{Mat}(m,n;\mathbb{R})$. Im Falle $m = n$
schreibt man auch einfach $\mathrm{Mat}(n;\mathbb{R})$.

Definition 3.2 a) Eine Matrix, deren Elemente sämtlich 0 sind, heißt
Nullmatrix und wird einfach mit 0 bezeichnet. (Augenfällig ist sie in
Fig. 3.3 skizziert.)

b) Die Matrix in Fig. 3.4 heißt n-reihige Einheitsmatrix (oder Einsmatrix).
Sie läßt sich kürzer so darstellen:

$$E = [\delta_{ik}]_{n,n} \quad \text{mit dem Kronecker-Symbol} \quad \delta_{ik} := \begin{cases} 1 & \text{falls } i = k \\ 0 & \text{falls } i \neq k \end{cases} \quad (3.1)$$

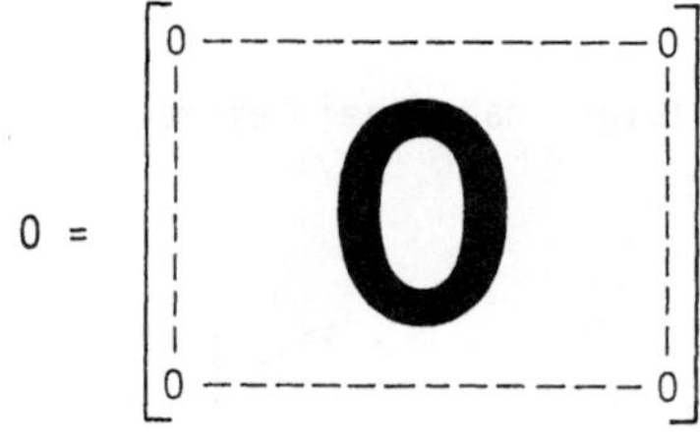

$$O = \begin{bmatrix} 0 & \cdots\cdots\cdots\cdots & 0 \\ & & \\ & \mathbf{O} & \\ & & \\ 0 & \cdots\cdots\cdots\cdots & 0 \end{bmatrix}$$

Fig. 3.3: Nullmatrix [1]

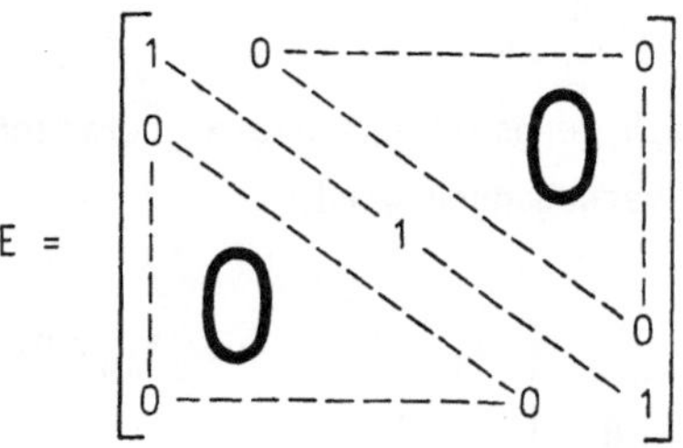

$$E = \begin{bmatrix} 1 & 0 & \cdots\cdots & 0 \\ 0 & & & \\ & & 1 & \mathbf{O} \\ & \mathbf{O} & & 0 \\ 0 & \cdots\cdots & 0 & 1 \end{bmatrix}$$

Fig. 3.4: Einheitsmatrix

c) Ist $A = [a_{ik}]_{m,n}$ eine beliebige Matrix, so ist $-A = [-a_{ik}]_{m,n}$ die zugehörige negative Matrix (Wer hätte das gedacht?).

(d) Die Hauptdiagonale einer Matrix $A = [a_{ik}]_{m,n}$ besteht aus den Elementen $a_{11}, a_{22}, a_{33}, \ldots, a_{tt}$ (mit $t = \min\{m,n\}$).

3.1.3 Addition, Subtraktion und s-Multiplikation

Definition 3.3 Es seien $A = [a_{ik}]_{m,n}$ und $B = [b_{ik}]_{m,n}$ zwei beliebige reelle Matrizen gleichen Formates. Addition (Summe), Subtraktion (Differenz) und s-Multiplikation[2] (s-Produkt) bei Matrizen werden folgendermaßen definiert:

Addition: $\qquad\qquad A + B := [a_{ik} + b_{ik}]_{m,n}$,

Subtraktion: $\qquad\quad A - B := [a_{ik} - b_{ik}]_{m,n}$,

s-Multiplikation
(Multiplikation $\Big\}$: $\qquad \lambda A := [\lambda a_{ik}]_{m,n} \quad$ mit $\lambda \in \mathbb{R}$.
mit Skalaren)

---

[1] Eine Verwechslung mit anderen Bedeutungen des überlasteten Symbols O tritt normalerweise nicht auf, da aus dem Zusammenhang so gut wie immer klar ist, um welche Null es sich handelt. Aus diesem Grunde kann auf Format-Angaben bei der Nullmatrix verzichtet werden.

[2] Auch Ausdrücke wie "Multiplikation mit Skalaren", "skalare Multiplikation" und "äußere Multiplikation bez. $\mathbb{R}$" sind dafür gebräuchlich.

172

Figur 3.5 verdeutlicht diese Operationen und zeigt, daß dabei "elementweise" vorgegangen wird.

$$A \pm B = \begin{bmatrix} a_{11} \pm b_{11} & \cdots & a_{1n} \pm b_{1n} \\ \vdots & & \vdots \\ a_{m1} \pm b_{m1} & \cdots & a_{mn} \pm b_{mn} \end{bmatrix}, \quad \lambda A = \begin{bmatrix} \lambda a_{11} & \cdots & \lambda a_{1n} \\ \vdots & & \vdots \\ \lambda a_{m1} & \cdots & \lambda a_{mn} \end{bmatrix}.$$

Fig. 3.5 Addition, Subtraktion und s-Multiplikation von Matrizen.

Beispiel 3.1 Mit

$$A = \begin{bmatrix} 7 & 14 \\ 3 & -1 \\ 19 & 0 \end{bmatrix}, \quad B = \begin{bmatrix} 1 & 3 \\ -13 & 2 \\ 9 & 2 \end{bmatrix} \quad \text{folgt:}$$

$$A + B = \begin{bmatrix} 8 & 17 \\ -10 & 1 \\ 28 & 2 \end{bmatrix}, \quad A - B = \begin{bmatrix} 6 & 11 \\ 16 & -3 \\ 10 & -2 \end{bmatrix}, \quad 2A = \begin{bmatrix} 14 & 28 \\ 6 & -2 \\ 38 & 0 \end{bmatrix}.$$

Satz 3.1 Rechenregeln: Für beliebige (m,n)-Matrizen A, B, C mit Elementen
aus $\mathbb{R}$ gilt:

(A1) $A + (B + C) = (A + B) + C$, Assoziativgesetz für +,

(A2) $A + B = B + A$, Kommutativgesetz für +,

(A3) $A + 0 = A$, Neutralität der Nullmatrix,

(A4) $A + (-A) = 0$, Matrix und ihr Negatives annullieren
sich.

Sind λ, μ beliebige Skalare aus $\mathbb{R}$, so gilt ferner

(S1) $(\lambda + \mu)A = \lambda A + \mu A$, Distributivgesetze,

(S2) $\lambda(A + B) = \lambda A + \lambda B$,

(S3) $(\lambda\mu)A = \lambda(\mu A)$, Assoziativgesetz für s-Multiplikation ,

(S4) $1A = A$.

Die Gültigkeit der Regeln geht unmittelbar aus der Definition der Summe
und der s-Multiplikation hervor.

<u>Bemerkung</u>: Die in Satz 3.1 aufgelisteten Regeln zeigen, daß Mat(m,n;$\mathbb{R}$), bezüglich der eingeführten Addition und s-Multiplikation, einen <u>linearen Raum über</u> $\mathbb{R}$ <u>bildet</u>. Die folgenden Matrizen ergeben eine <u>Basis</u> dieses Raumes:

$$E_{rs} = \left[e_{ik}^{(r,s)}\right]_{m,n} \quad \text{mit} \quad e_{ik}^{(r,s)} \Bigg\} = \begin{cases} 1, & \text{wenn } r = i \text{ und } s = k, \\ 0 & \text{sonst.} \end{cases}$$

$$(r = 1,\ldots,m; \; s = 1,\ldots,n)$$

(E_{rs} hat nur im Kreuzungspunkt der r-ten Zeile und der s-ten Spalte eine 1, während alle anderen Elemente der Matrix null sind.) Mit E_{rs} läßt sich nämlich jede reelle Matrix $A = [a_{ik}]_{m,n}$ als Summe $\sum\limits_{r=1}^{m} \sum\limits_{s=1}^{n} a_{rs} E_{rs}$ schreiben, wobei die E_{rs} $(r = 1,\ldots,m; \; s = 1,\ldots,n)$ zweifellos linear unabhängig sind. Da es genau mn Matrizen E_{rs} gibt, hat der Raum Mat(m,n;$\mathbb{R}$) die <u>Dimension</u> mn. Folglich ist er zu $\mathbb{R}^{mn}$ isomorph (s. Abschn. 2.4.5, Folg. 2.13). –

<u>Bemerkung</u>: Die große Verbreitung, die die Matrizen in den unterschiedlichsten Anwendungsbereichen erfahren haben, beruhen nicht zuletzt darauf, daß eine Reihe technischer Konzeptionen sich unmittelbar durch Matrix-Operationen beschreiben lassen. Bezeichnend für diese Aussage sind die Zusammenschaltungen bestimmter elektrischer Bauteile.

<u>Beispiel 3.2</u> Für die in Fig. 3.6 dargestellte Parallelschaltung zweier Vierpole mit den <u>Impedanz-Matrizen</u>

$$Z' := \begin{bmatrix} Z'_{11} & Z'_{12} \\ Z'_{21} & Z'_{22} \end{bmatrix}$$

und

$$Z'' := \begin{bmatrix} Z''_{11} & Z''_{12} \\ Z''_{21} & Z''_{22} \end{bmatrix}$$

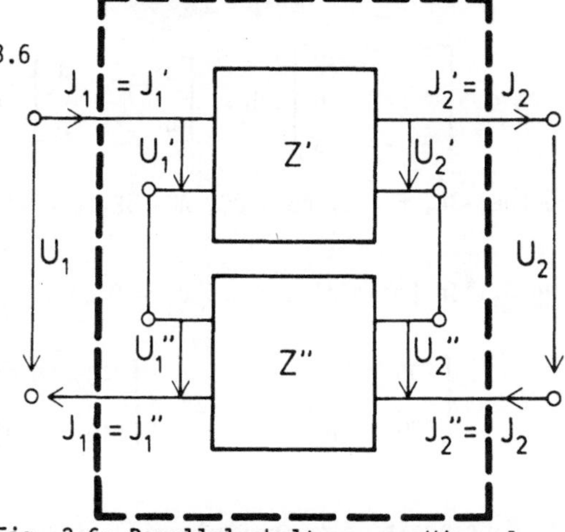

<u>Fig. 3.6</u>: Parallelschaltung von Vierpolen

gelten die Übertragungsgleichungen:

$$U_1' = Z_{11}'\, J_1' + Z_{12}'\, J_2' \ , \quad U_1'' = Z_{11}''\, J_1'' + Z_{12}''\, J_2'' \ ,$$

$$U_2' = Z_{21}'\, J_1' + Z_{22}'\, J_2' \ , \quad U_2'' = Z_{21}''\, J_1'' + Z_{22}''\, J_2'' \ .$$

(U_i', U_i'' Spannungen; J_i', J_i'' Stromstärken; Z_{ik}', Z_{ik}'' Widerstände.)
Unter Berücksichtigung von $J_1' = J_2$, $J_2' = J_2$ und $J_1'' = J_1$, $J_2'' = J_2$
(s. Fig. 3.6), sowie $U_1 = U_1' + U_1''$ und $U_2 = U_2' + U_2''$ kommt man nach Addition
der Gleichungen der vorhergehenden Systeme zu der Übertragungsgleichung für
den (gestrichelt gezeichneten) Gesamt-Vierpol:

$$U_1 = (Z_{11}' + Z_{11}'')J_1 + (Z_{12}' + Z_{12}'')J_2$$

$$U_2 = (Z_{21}' + Z_{21}'')J_1 + (Z_{22}' + Z_{22}'')J_2.$$

Daraus liest man folgende <u>Gesamtimpedanz</u>-Matrix ab

$$Z = \begin{bmatrix} Z_{11}' + Z_{11}'' & Z_{12}' + Z_{12}'' \\ \\ Z_{21}' + Z_{21}'' & Z_{22}' + Z_{22}'' \end{bmatrix} = Z' + Z''.$$

<u>Übung 3.1</u> Es seien die folgenden Matrizen gegeben

$$A = \begin{bmatrix} 3 & 1 & 0 \\ 4 & 9 & 6 \\ 2 & -7 & 8 \end{bmatrix}, \ B = \begin{bmatrix} 3 & 2 & 4 \\ 9 & -1 & 0 \end{bmatrix}, \ C = \begin{bmatrix} 5 & 6 & 8 \\ 0 & 2 & -3 \end{bmatrix}.$$

Berechne $-3A$, $B + C$, $6B - 2C$, $A - 5E$ (E dreireihige Einheitsmatrix.)

<u>Übung 3.2</u>* Im Beispiel 3.2 sei $J_1 = 0{,}2A$, $J_2 = 0{,}08A$,

$$Z' = \begin{bmatrix} 200 & 300 \\ 520 & 410 \end{bmatrix}\Omega^{1)} \ , \quad Z'' = \begin{bmatrix} 740 & 800 \\ 510 & 150 \end{bmatrix}\Omega. \ \text{Berechne } U_1, U_2 \text{ und } Z'.$$

---

[1] Die Maßeinheit, hier Ω (Ohm), wird einfach hinter die Matrix geschrieben.

3.1.4 Transposition, Spalten- und Zeilenmatrizen

<u>Definition 3.3</u> Es sei $A = [a_{ik}]_{m,n}$ eine beliebige Matrix. Dann heißt die Matrix

$$A^T := [a'_{ik}]_{n,m} \quad \text{mit } a'_{ik} := a_{ki} \quad \text{für alle} \quad \begin{matrix} i=1,\ldots,n \\ k=1,\ldots,m \end{matrix}$$

die <u>transponierte Matrix</u> zu A.

Es handelt sich dabei, anschaulich gesprochen, um eine <u>Spiegelung</u> des Schemas von A an der "<u>Diagonalen</u>" a_{11}, a_{22}, a_{33},....:

$$A = \begin{bmatrix} a_{11} & a_{12} \cdots a_{1n} \\ a_{21} & a_{22} \cdots a_{2n} \\ \vdots & \\ a_{m1} & a_{m2} \cdots a_{mn} \end{bmatrix} \Rightarrow A^T = \begin{bmatrix} a_{11} & a_{21} \cdots a_{m1} \\ a_{12} & a_{22} \cdots a_{m2} \\ \vdots & \vdots \\ a_{1n} & a_{2n} \ldots a_{mn} \end{bmatrix} .$$

<u>Beispiel 3.3</u>

$$A = \begin{bmatrix} 2 & 3 & 7 \\ -1 & 0 & 5 \end{bmatrix} \Rightarrow A^T = \begin{bmatrix} 2 & -1 \\ 3 & 0 \\ 7 & 5 \end{bmatrix} .$$

Für beliebige reelle (m,n)-Matrizen A, B gelten offensichtlich folgende Regeln,

$$\boxed{(A^T)^T = A \quad | \quad (A + B)^T = A^T + B^T \quad | \quad (\lambda A)^T = \lambda A^T \quad (\lambda \in \mathbb{R})} \qquad (3.2)$$

<u>Definition 3.4</u>: Matrizen aus nur einer Spalte heißen <u>Spaltenmatrizen</u> oder <u>Spaltenvektoren</u>, Matrizen aus nur einer Zeile nennt man <u>Zeilenmatrizen</u> oder <u>Zeilenvektoren</u>.

Die reellen <u>Spaltenmatrizen</u> mit n Elementen sind natürlich mit den bekannten <u>Vektoren des</u> $\mathbb{R}^n$ identisch, und auch Addition, Subtraktion und s-Multiplikation stimmen überein. Wir schreiben daher ohne Zögern Mat(n,1;$\mathbb{R}$) = $\mathbb{R}^n$.

Und was ist mit den Zeilenmatrizen? - Dafür gilt ganz entsprechendes:
Der Raum Mat(1,n;$\mathbb{R}$) der reellen <u>Zeilenmatrizen</u> $[x_1,x_2,\ldots,x_n]$ ist bez.
Addition und s-Multplikation ein linearer Raum über $\mathbb{R}$, wie in der Bemerkung nach Satz 3.1 im letzten Abschnitt so treffend erläutert. Das
heißt nichts weiter, als daß man mit Zeilenmatrizen (= Zeilenvektoren)
analog wie mit Spaltenvektoren rechnet. Man schreibt die Vektoren nur
waagerecht statt senkrecht. Die Menge der reellen Zeilenvektoren
$[x_1,x_2,\ldots,x_n]$ bezeichnen wir auch mit $\mathbb{R}_n$ und erhalten damit die tief-
sinnige Gleichung: Mat(1,n;$\mathbb{R}$) = $\mathbb{R}_n$. Durch Transposition gehen Zeilenvektoren in Spaltenvektoren über und umgekehrt. -

Es sei $A = [a_{ik}]_{m,n}$ eine beliebige Matrix. Ihre <u>Spalten</u> kann man zu
<u>Spaltenvektoren</u> zusammenfassen, und ihre <u>Zeilen</u> zu <u>Zeilenvektoren</u>,
s. Fig. 3.7, 3.8.

$$
\begin{array}{|c|c|}
\hline
\begin{array}{lll}
\text{k-te Spalte} & \text{Spaltenvektor} \\
a_{1k} & \begin{bmatrix} a_{1k} \\ \vdots \\ a_{mk} \end{bmatrix} := \underline{a}_k \\
\vdots \longrightarrow \\
a_{mk}
\end{array}
&
\begin{array}{lll}
\text{i-te} & a_{i1} \cdots a_{in} \\
\text{Zeile} & \downarrow \\
\text{Zeilen-} & [a_{i1},\ldots,a_{in}] := \hat{\underline{a}}_i \\
\text{vektor}
\end{array} \\
\hline
\text{Fig. 3.7: Spaltenvektor} & \text{Fig. 3.8: Zeilenvektor} \\
\hline
\end{array}
$$

Damit schreibt man die Matrix A auch in der Form

$$
A = [\underline{a}_1 , \underline{a}_2 ,\ldots, \underline{a}_n] \qquad \text{oder} \qquad A := \begin{bmatrix} \hat{\underline{a}}_1 \\ \vdots \\ \hat{\underline{a}}_m \end{bmatrix} \tag{3.3}
$$

Die Matrix ist ein n-Tupel von Spaltenvektoren oder ein m-Tupel von Zeilenvektoren (letzere in senkrechter Anordnung geschrieben).

3.2 Matrizenmultiplikation

Die Matrizenmultiplikation ist der Schlüssel der Matrizenrechnung. Lineare
Gleichungssysteme, Eigenwertprobleme, Kegelschnitte und Kompositionen von
linearen Abbildungen lassen sich erst damit übersichtlich darstellen, ja
tiefer liegende Gesetzmäßigkeiten werden erst dadurch erkannt und formu-
lierbar.

3.2.1 Matrix-Produkt

__Definition 3.7__ __Matrizenmultiplikation__: Das __Matrix-Produkt__ $A\,B$ zweier
reeller Matrizen $A = [a_{ik}]_{m,p}$ und $B = [b_{ik}]_{p,n}$ wird folgendermaßen
gebildet:

$$A\,B := [c_{ik}]_{m,n} \quad \text{mit} \quad c_{ik} = \sum_{j=1}^{p} a_{ij}b_{jk} \quad \text{für alle} \left\{ \begin{array}{l} i = 1,\ldots,m \\ k = 1,\ldots,n \end{array} \right. .$$

Man beachte, daß das Produkt $A\,B$ dann und nur dann erklärt ist, wenn die
Spaltenzahl von A gleich der Zeilenzahl von B ist.

__Beispiel 3.4__

Aus $\qquad A = \begin{bmatrix} 1 & 3 & 0 \\ 2 & 4 & 9 \end{bmatrix}$ und $B = \begin{bmatrix} 6 & -1 \\ 5 & 10 \\ 7 & 8 \end{bmatrix}$ folgt:

$$A\,B = \begin{bmatrix} 1\cdot 6 + 3\cdot 5 + 0\cdot 7 & 1\cdot(-1) + 3\cdot 10 + 0\cdot 8 \\ 2\cdot 6 + 4\cdot 5 + 9\cdot 7 & 2\cdot(-1) + 4\cdot 10 + 9\cdot 8 \end{bmatrix} = \begin{bmatrix} 21 & 29 \\ 95 & 110 \end{bmatrix} .$$

Mit den Zeilenvektoren $\hat{\underline{a}}_i$ von A und den Spaltenvektoren $\underline{b}_k$ von B bekommt das Produkt $A\,B$ (in Def. 3.7) die übersichtliche Gestalt

$$A\,B = [\hat{\underline{a}}_i^T \underline{b}_k]_{m,n} = \begin{bmatrix} \hat{\underline{a}}_1^T\underline{b}_1 & \hat{\underline{a}}_1^T\underline{b}_2 & \cdots & \hat{\underline{a}}_1^T\underline{b}_n \\ \hat{\underline{a}}_2^T\underline{b}_1 & \hat{\underline{a}}_2^T\underline{b}_2 & \cdots & \hat{\underline{a}}_2^T\underline{b}_n \\ \vdots & \vdots & & \vdots \\ \hat{\underline{a}}_m^T\underline{b}_1 & \hat{\underline{a}}_m^T\underline{b}_2 & \cdots & \hat{\underline{a}}_m^T\underline{b}_n \end{bmatrix}$$

Also <u>Merkregel</u>: An der Stelle (i,k) von $A\,B$ steht das innere Produkt aus
dem i-ten Zeilenvektor[1] von A und dem k-ten Spaltenvektor von B; kurz:

$$(A\,B)_{ik} = (\text{i-te Zeile v. A})^T \cdot (\text{k-te Spalte v. B})$$

Bei der praktischen Durchführung von Matrixmultiplikationen verwendet man
zweckmäßig die <u>Winkelanordnung</u> der drei Matrizen A, B und $A\,B$, wie sie in
Fig. 3.9a skizziert ist. Hier steht im Kreuzungsfeld der i-ten Zeile von
A und der k-ten Spalte von B gerade das zugehörige Element c_{ik} von $A\,B$.
Fig. 3.9b verdeutlicht dies numerisch mit den Matrizen am Beisp. 3.5.

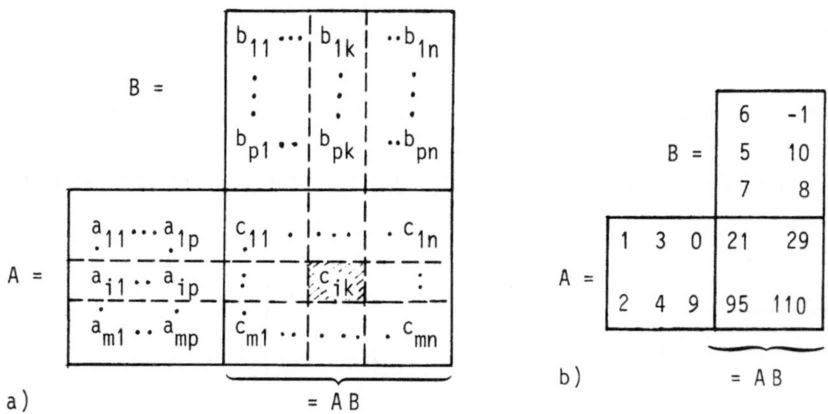

Fig. 3.9 Winkelanordnung bei der Matrizenmultiplikation.

<u>Satz 3.1</u> <u>Rechenregeln</u> <u>für</u> <u>die</u> <u>Matrizenmultiplikation</u>:
Für alle reellen Matrizen A, B, C, für die die folgenden Summen und Produkte gebildet werden können, und alle $\lambda \in \mathbb{R}$ gilt

(M 1) $\lambda(A\,B) = (\lambda A)B = A(\lambda B),$ $\left.\right\}$ <u>Assoziativgesetze</u>,
(M 2) $A(B\,C) = (A\,B)\,C,$

(M 3) $A(B+C) = A\,B + A\,C,$ $\left.\right\}$ <u>Distributivgesetze</u>,
(M 4) $(B+C)A = B\,A + C\,A,$

(M 5) $(A\,B)^T = B^T A^T,$ <u>Transposition von Matrix-Produkten</u>.

---

[1] Natürlich transponiert, da der Zeilenvektor zuerst zu einem Vektor des $\mathbb{R}^p$
gemacht werden muß, damit das innere Produkt einen Sinn hat.

Ferner

(M 6)   A O = O,   O A = O,   <u>Nullmatrix</u> <u>annulliert</u> <u>A</u>,
(M 7)   A E = A,   E A = A,   <u>Einheitsmatrix</u> <u>reproduziert</u> <u>A</u>,

Die Nullmatrizen O und Einheitsmatrizen E in (M 6), (M 7) müssen natürlich
so gewählt werden, daß sie mit A von links bzw. von rechts multiplizierbar
sind.

Auf Grund von (M 1), (M 2) läßt man Klammern bei mehrfachen Produkten auch
weg: $\lambda A B$, $A B C$, $\lambda A B C$, $A B C D$ usw. Irrtümer können dabei nicht entstehen.

<u>Beweis:</u> Zu (M 2). Es sei $A = [a_{ik}]_{mp}$, $B = [b_{ik}]_{pq}$, $C = [c_{ik}]_{qn}$. Nennt man
$(A B)_{ik}$, $(A(B C))_{ik}$ usw. die Elemente der Matrizen $A B$, $A(B C)$ usw. mit
Zeilenindex i und Spaltenindex k, so errechnet man

$$(A(B C))_{ik} = \sum_{j=1}^{p} a_{ij} (B C)_{jk} = \sum_{j=1}^{p} \sum_{s=1}^{q} a_{ij}\, b_{js}\, c_{sk}, \quad \text{und}$$

$$((A B)C)_{ik} = \sum_{s=1}^{q} (A B)_{is}\, c_{sk} = \sum_{s=1}^{q} \sum_{j=1}^{p} a_{ij}\, b_{js}\, c_{sk}.$$

Da man Summenzeichen vertauschen darf, sind die beiden rechts stehenden
Doppelsummen gleich, d.h. es gilt (M 2).

Die übrigen Rechenregeln kann der Leser auf natürliche Art selbst beweisen.

$\square$

Es sei darauf hingewiesen, daß $A B = B A$ nicht in jedem Fall gilt. Man sagt:
Das Matrix-Produkt ist <u>nicht</u> <u>kommutativ</u>.

Denn zunächst ist es denkbar, daß zwar $A B$ gebildet werden kann, aber nicht
$B A$. Sind beide Produkte aber sinnvoll, so ist trotzdem $A B \neq B A$ möglich,
wie folgendes Beispiel zeigt:

$$\overset{A}{\begin{bmatrix} 1 & 0 \\ 1 & 0 \end{bmatrix}} \overset{B}{\begin{bmatrix} 1 & 1 \\ 0 & 0 \end{bmatrix}} = \begin{bmatrix} 1 & 1 \\ 1 & 1 \end{bmatrix}, \quad \text{aber} \quad \overset{B}{\begin{bmatrix} 1 & 1 \\ 0 & 0 \end{bmatrix}} \overset{A}{\begin{bmatrix} 1 & 0 \\ 1 & 0 \end{bmatrix}} = \begin{bmatrix} 2 & 0 \\ 0 & 0 \end{bmatrix}.$$

Natürlich gibt es auch Matrizen, für die $AB = BA$ (zufällig) richtig ist.
Da ist z.B. der Fall, wenn A quadratisch ist und $B = 0$ oder $B = E$
(Einheitsmatrix), vom gleichem Format wie A. Es kommen halt beide Fälle vor:
$AB = BA$ und $AB \neq BA$. -

Bemerkung: Für komplexe Matrizen oder Matrizen mit Elementen aus einem
beliebigen algebraischen Körper gilt alles, was im vorliegenden Abschn. 3.2
erläutert wird, entsprechend. -

Historische Anmerkung: Die erste geschlossene Darstellung der Matrizenrechnung, einschließlich Addition, s-Multiplikation und Multiplikation
von Matrizen wurde von Arthur Cayley 1858 veröffentlich ("A Memoir on
the Theory of Matrices", Collected Papers II, S. 475 ff). Es dauerte
aber fast bis zur Jahrhundertwende, bis man allgemein die Bedeutung der
Matrizen und damit ihrer Multiplikation als zentrales Hilfsmittel bei der
Beschreibung vieler Probleme der linearen Algebra erkannte. Der deutsche
Mathematiker F.G. Frobenius erzielte in den Jahren um 1900 große Fort-
schritte mit seiner "Darstellungstheorie für Gruppen", in der er beliebige
Gruppen durch multiplikative Matrizen-Gruppen darstellte. Dies erwies sich
für Quantenmechanik und Relativitätstheorie als wichtig. Es ist klar, daß
dabei insbesondere die Matrizenmultiplikation zur Blüte gelangte. -

Übungen

3.3 Welche der Produkte $AB, AX, BX, X^TA, (A^TX)^TB, B^TX$ aus den unten angegebenen Matrizen sind sinnvoll? Berechne sie gegebenenfalls!

$$A = \begin{bmatrix} 3 & 7 \\ 1 & 8 \\ 5 & 4 \end{bmatrix}, \quad B = \begin{bmatrix} -2 & 8 \\ 6 & 5 \end{bmatrix}, \quad X = \begin{bmatrix} 8 \\ 4 \\ 0 \end{bmatrix}.$$

3.4. Es seien
$$A = \begin{bmatrix} a_{11} & a_{12} & a_{13} \\ 0 & a_{22} & a_{23} \\ 0 & 0 & a_{33} \end{bmatrix}, \quad B = \begin{bmatrix} b_{11} & b_{12} & b_{13} \\ 0 & b_{22} & b_{23} \\ 0 & 0 & b_{33} \end{bmatrix}$$

zwei gegebene reelle (3,3)-Matrizen. Zeige, daß $AB = [c_{ik}]_{3,3}$ von gleicher
Bauart ist, d.h. daß $c_{21} = c_{31} = c_{32} = 0$ ist.

3.2.2 Produkte mit Vektoren

Da Spalten- und Zeilenvektoren identisch mit Spalten- und Zeilenmatrizen sind, können sie auch in Matrizenprodukten auftreten. Besonders häufig kommen Produkte der Form

$$A\underline{x} = \begin{bmatrix} a_{11}x_1 + \ldots + a_{1n}x_n \\ \vdots \qquad\qquad \vdots \\ a_{m1}x_1 + \ldots + a_{mn}x_n \end{bmatrix} \quad \text{mit} \quad A = \begin{bmatrix} a_{ik} \end{bmatrix}_{m,n} \quad \text{und} \quad \underline{x} = \begin{bmatrix} x_1 \\ \vdots \\ x_n \end{bmatrix} \in \mathbb{R}^n \tag{3.7}$$

vor. $A\underline{x}$ ist also ein Spaltenvektor aus $\mathbb{R}^m$.

Man kann damit <u>lineare Gleichungssysteme</u> in der Kurzform

$$\boxed{A\underline{x} = \underline{b}} \tag{3.8}$$

beschreiben (mit $A \in \text{Mat}(m,n,\mathbb{R})$, $\underline{x} \in \mathbb{R}^n$, $\underline{b} \in \mathbb{R}^n$). (Damit ist eine erste Motivation für die Matrizenmultiplikation gegeben.)

Ist $\underline{x}$ speziell ein Koordinateneinheitsvektor $\underline{e}_k$ (d.h. $x_i = \delta_{ik}$), so wird das Produkt $A\underline{x}$ offenbar zu

$$\boxed{A\underline{e}_k = \underline{a}_k} \qquad (= \text{k-ter Spaltenvektor von } A \,). \tag{3.9}$$

Analog zu $A\underline{x}$ lassen sich die Produkte $\underline{y}^T A$ bilden, wobei $A = [a_{ik}]_{m,n}$ ist, wie bisher, und $\underline{y} \in \mathbb{R}^m$. $\underline{y}^T A$ ist ein Zeilenvektor. Insbesondere folgt mit dem Koordinateneinheitsvektor $\underline{e}_i \in \mathbb{R}^m$:

$$\boxed{\underline{e}_i^T A = \hat{\underline{a}}_i} \qquad (= \text{i-ter Zeilenvektor von } A \,). \tag{3.10}$$

Nun zu Produkten aus Zeilen- und Spaltenvektoren:

<u>Folgerung 3.1</u> Für $\underline{x}, \underline{y} \in \mathbb{R}^n$ gilt

$$\underline{x}^T \underline{y} = [x_1, \ldots, x_n] \begin{bmatrix} y_1 \\ \vdots \\ y_n \end{bmatrix} = \sum_{i=1}^{n} x_i y_i \tag{3.11}$$

182

und für $\underline{x} \in \mathbb{R}^m$, $\underline{y} \in \mathbb{R}^n$

$$\underline{x}\,\underline{y}^T = \begin{bmatrix} x_1 \\ \vdots \\ x_m \end{bmatrix} [y_1,\ldots,y_n] = \begin{bmatrix} x_1 y_1 & x_1 y_2 & \cdots & x_1 y_n \\ x_2 y_1 & x_2 y_2 & \cdots & x_2 y_n \\ \vdots & & & \\ x_m y_1 & x_m y_2 & \cdots & x_m y_n \end{bmatrix} \tag{3.12}$$

Also gilt die <u>Faustregel</u>:

Zeilenvektor · Spaltenvektor = Skalar
Spaltenvektor · Zeilenvektor = Matrix

$$\tag{3.13}$$
$$\tag{3.14}$$

Ersetzt man $\mathbb{R}$ durch $\mathbb{C}$ oder einen anderen algebraischen Körper $\mathbb{K}$, gilt das obige entsprechend. Allerdings ist speziell für $\underline{x},\underline{y} \in \mathbb{R}^n$:

$$\boxed{\underline{x}^T \underline{y} = \underline{x} \cdot \underline{y}} \qquad (\underline{\text{inneres Produkt}}) \tag{3.15}$$

<u>Übungen</u>

<u>3.5</u> Es sei $A = \begin{bmatrix} 3 & 5 & 1 \\ -6 & 2 & 0 \\ 1 & 4 & 7 \end{bmatrix}$, $\underline{x} = \begin{bmatrix} 9 \\ 4 \\ -1 \end{bmatrix}$, $\underline{y} = \begin{bmatrix} 1 \\ 3 \\ 8 \end{bmatrix}$

Berechne $A\underline{x}$, $\underline{y}^T A$, $\underline{x}^T \underline{y}$, $\underline{x}\underline{y}^T$, $\underline{x}^T A \underline{x}$.

<u>3.6</u> Es seien $\underline{x},\underline{y},\underline{z} \in \mathbb{R}^n$ $(n \geq 2)$. Der Ausdruck $\underline{x}\,\underline{y}^T \underline{z}$ läßt sich auf zwei Weisen berechnen: $(\underline{x}\,\underline{y}^T)\underline{z}$ oder $\underline{x}(\underline{y}^T\underline{z})$. Wie viele Multiplikationen und Additionen werden bei $(\underline{x}\,\underline{y})^T\underline{z}$ benötigt und wie viele bei $\underline{x}(\underline{y}^T\underline{z})$? Welche Berechnungsart ist also die "einfachere"?

3.2.3   Matrizen und lineare Abbildungen

Jede reelle (m,n)-Matrix A liefert durch

$$\boxed{\hat{A}(\underline{x}) := A\underline{x}} \qquad \text{für alle } \underline{x} \in \mathbb{R}^n \tag{3.16}$$

eine Abbildung $\hat{A} : \mathbb{R}^n \to \mathbb{R}^m$. Sie erfüllt die Gleichungen

$$\hat{A}(\underline{x}+\underline{y}) = \hat{A}(\underline{x}) + \hat{A}(\underline{y}) \quad , \quad \hat{A}(\lambda\underline{x}) = \lambda\hat{A}(\underline{x}) \tag{3.17}$$

für alle $\underline{x},\underline{y} \in \mathbb{R}^n$ und alle $\lambda \in \mathbb{R}$ (nach Satz 3.1, (M1),(M3)). Eine Abbildung mit diesen Eigenschaften nennt man eine <u>lineare Abbildung</u> (vgl. Abschn. 2.4.5).

Umgekehrt läßt sich jede lineare Abbildung $\hat{A} : \mathbb{R}^m \to \mathbb{R}^n$ in der Form (3.16) darstellen. (Denn mit $\hat{A}(\underline{e}_k) =: \underline{a}_k$ kann man die Matrix $A = [\underline{a}_1,\ldots,\underline{a}_n]$ bilden. Sie erfüllt (3.16), wie man leicht nachrechnet.) Wir fassen zusammen:

<u>Satz 3.2</u> Jeder linearen Abbildung $\hat{A} : \mathbb{R}^n \to \mathbb{R}^m$ entspricht umkehrbareindeutig eine reelle (m,n)-Matrix mit

$$\hat{A}(\underline{x}) = A\underline{x} \quad \text{für alle } \underline{x} \in \mathbb{R}^n . \tag{3.18}$$

Der <u>Identität</u> $\hat{I} : \mathbb{R}^n \to \mathbb{R}^n$, d.h. der Abbildung $\hat{I}$ mit $\hat{I}(\underline{x}) = \underline{x}$ für alle $\underline{x} \in \mathbb{R}^n$, entspricht dabei die n-reihige Einheitsmatrix $E = [\delta_{ik}]_{n,n}$, also $\hat{I}(\underline{x}) = E\underline{x}$ für alle $\underline{x} \in \mathbb{R}^n$. Ferner gilt

<u>Satz 3.3</u> Entsprechen den linearen Abbildungen $\hat{A} : \mathbb{R}^p \to \mathbb{R}^m$ und $\hat{B} : \mathbb{R}^n \to \mathbb{R}^p$ die Matrizen A,B , so entspricht der <u>Komposition</u> $\hat{A} \circ \hat{B} : \mathbb{R}^n \to \mathbb{R}^m$ das Produkt AB , d.h.

$$\boxed{(\hat{A} \circ \hat{B})(\underline{x}) = AB\underline{x}} \quad \text{für alle } \underline{x} \in \mathbb{R}^n \tag{3.19}$$

<u>Beweis:</u> $(\hat{A} \circ \hat{B})(\underline{x}) = \hat{A}(\hat{B}(\underline{x})) = \hat{A}(B\underline{x}) = AB\underline{x}$. $\quad\square$

<u>Bemerkung:</u> Dieser Zusammenhang ist die hauptsächliche Motivation für die Einführung der Matrizenmultiplikation in der <u>beschriebenen</u> Weise. –

Der enge Zusammenhang zwischen Matrizen und linearen Abbildungen führt zu folgenden Begriffsbildungen:

<u>Definition 3.7</u> Es sei A eine reelle (m,n)-Matrix. Man vereinbart:

Kern A ist die Menge aller $\underline{x} \in \mathbb{R}^n$ mit $A\underline{x} = \underline{0}$,

Bild A ist die Menge aller $\underline{y} = A\underline{x} \in \mathbb{R}^m$ mit $\underline{x} \in \mathbb{R}^n$,

Rang A ist die maximale Anzahl linear unabhängiger Spalten-vektoren von A (= maximale Anzahl linear unabhängiger Zeilenvektoren von A [1]).

Bemerkung: a) Kern A wird auch Nullraum von A genannt und Bild A der Spaltenraum von A (da Bild A von den Spaltenvektoren von A aufge-spannt wird). Bild A ist ein Unterraum von $\mathbb{R}^m$. Entsprechend ist der Zeilenraum von A der Unterraum aus $\mathbb{R}^n$, der von den Zeilenvektoren von A aufgespannt wird. Er ist also gleich Bild A^T . -

b) Für lineare Abbildungen sind die Begriffe Kern, Bild, Rang in Ab-schnitt 2.4.7 eingeführt. Mit der linearen Abbildung $\hat{A} : \mathbb{R}^n \rightarrow \mathbb{R}^n$, die der Matrix A entspricht, ist natürlich Kern A = Kern $\hat{A}$, Bild A = Bild $\hat{A}$ und Rang A = Rang $\hat{A}$. Es ist also im Grunde nicht nötig, zwischen linearen Abbildungen von $\mathbb{R}^n$ in $\mathbb{R}^m$ und reellen (m,n)-Matrizen zu unterscheiden. Sie entsprechen sich vollkommen. Das wird auch durch folgenden Satz deutlich. -

Satz 3.4 Es seien $A = [a_{ik}]_{m,n}$ und $B = [b_{ik}]_{n,p}$ zwei reelle Ma-trizen. Damit gelten die Rangbeziehungen:

$$\boxed{\text{Rang } A = \dim \text{Bild } A = \dim \text{Bild } A^T} \ , \ [2] \tag{3.20}$$

"Dimensionsformel"

$$\boxed{\dim \text{Kern } A + \text{Rang } A = n} \quad (= \text{Spaltenzahl v. } A) , \tag{3.21}$$

speziell:

$$\boxed{\text{Kern } A = \{0\} \iff \text{Rang } A = n} \tag{3.22}$$

---

[1] Dies folgt aus Satz 2.9(d) in Abschnitt 2.2.4, wenn man A durch Nullzeilen oder Nullspalten zu einer quadratischen Matrix ergänzt.

[2] dim U = Dimension von U , s. Abschn. 2.1.3, Def. 2.2

Ferner

$$\boxed{\text{Rang } A + \text{Rang } B - n \leq \text{Rang } AB \leq \min\{\text{Rang } A, \text{Rang } B\}} \qquad (3.23)$$

<u>Beweis</u>: (3.20) folgt unmittelbar aus Definition 3.7. (3.21) ist lediglich
eine spezielle Formulierung der bewiesenen Dimensionsformel in Abschnitt
2.4.7, Satz 2.23. - (3.21) folgt elementarer auch aus Abschnitt 2.2.5,
Satz 2.11 (b), denn dort ist Rang A = p und dim Kern A = $n - p$
(= Dimension des Lösungsraumes von $\sum\limits_{k=1}^{n} a_{ik}x_k = 0$, $i = 1,\ldots,m$.) Somit:
dim Kern A + Rang A = $(n-p) + p = n$. -

Zu (3.23): Es sei $\hat{A} : \mathbb{R}^n \to \mathbb{R}^m$ die lineare Abbildung zur Matrix A
$(\hat{A}(\underline{x}) = A\underline{x})$, und $\hat{\hat{A}} : \text{Bild } B \to \mathbb{R}^m$ sei die Einschränkung von $\hat{A}$ auf den
Unterraum Bild $B \subset \mathbb{R}^n$. Die Dimensionsformel (Satz 2.23, Abschn. 2.47)
lautet, auf $\hat{\hat{A}}$ angewandt

$$\text{dim Kern } \hat{\hat{A}} + \text{Rang } \hat{\hat{A}} = \text{dim Bild } B \quad . \qquad (3.24)$$

Es ist aber Kern $\hat{\hat{A}}$ = Kern $A \cap$ Bild B , Rang $\hat{\hat{A}}$ = Rang AB und
dim Bild B = Rang B , also

$$\text{dim(Kern } A \cap \text{ Bild } B) + \text{Rang } AB = \text{Rang } B \qquad (3.25)$$

Daraus ergibt sich unmittelbar Rang $AB \leq$ Rang B und durch Übergang zur
Transponierten: $\text{Rang}(AB) = \text{Rang}(AB)^T = \text{Rang } B^T A^T \leq \text{Rang } A^T \leq \text{Rang } A$,
zusammen also die rechte Ungleichung in (3.23). Die linke Ungleichung in
(3.23) erhält man aus (3.25) durch Umstellung:

$$\text{Rang } B - \text{Rang } AB = \text{dim(Kern } A \cap \text{ Bild } B) \leq \text{dim Kern } A \quad .$$

dim Kern A ist aber nach (3.21) gleich $n -$ Rang A , womit alles bewiesen ist. $\qquad\qquad\qquad\qquad\qquad\qquad\qquad\qquad\qquad\qquad$ □

<u>Wie berechnet man den Rang einer Matrix</u> $A = [a_{ik}]_{m,n}$?

Ganz einfach: Man wendet auf das homogene Gleichungssystem

$$\sum_{k=1}^{n} a_{ik}x_k = 0 \qquad , \quad i = 1,\ldots,m \, ,$$

den Gauss'schen Algorithmus an (s. Abschnitte 2.2.5, 2.2.1). Er führt
auf ein p-zeiliges Trapezsystem (wobei wir Dreieckssysteme als Spezialfälle von Trapezsystemen mit n = p auffassen). Es ist dann p = Rang A.

Beispiel 3.4 Die folgende Matrix A geht durch den Gauss'schen Algorithmus in die rechts stehende "Trapezmatrix" über:

$$A = \begin{bmatrix} 2 & 1 & 5 & 5 & 7 \\ -1 & 3 & -2 & 3 & -13 \\ 1 & -2 & 3 & 0 & 12 \\ 2 & 2 & 6 & 8 & 6 \end{bmatrix} \longrightarrow \begin{bmatrix} 2 & 1 & 5 & 5 & 7 \\ 0 & 3,5 & 0,5 & 5,5 & -9,5 \\ 0 & 0 & 0,86 & 1,43 & 1,71 \\ 0 & 0 & 0 & 0 & 0 \end{bmatrix}$$

In der "Trapezmatrix" stehen nur die Koeffizienten der linken Seite des
Trapezsystems, da es allein auf sie ankommt. (Die Zahlen in der dritten
Zeile sind dabei gerundet.) Genau 3 Zeilen sind in der "Trapezmatrix"
ungleich $\underline{0}$, also ist Rang A $=\bullet 3$. -

Bemerkung: Für $\mathbb{C}$ oder allgemeiner $\mathbb{K}$ (algebraischer Körper) an
Stelle von $\mathbb{R}$ gilt alles in diesem Abschnitt Gesagte entsprechend. -

Übungen

3.7 * Berechne die Ränge der folgenden Matrizen

$$A = \begin{bmatrix} 1 & 1 & 1 & 1 \\ 0 & 1 & 1 & 0 \\ 1 & 0 & 0 & 1 \end{bmatrix} \, , \quad B = \begin{bmatrix} 1,2 & 5,4 & -8,4 \\ -3,0 & -13,5 & 21,0 \\ 0,4 & 1,8 & 2,8 \end{bmatrix} \, , \quad \underline{x} = \begin{bmatrix} 9 \\ 7 \\ 0 \\ 0 \end{bmatrix} .$$

3.8* Es seien A,B reelle quadratische n-reihige Matrizen mit
Rang A = Rang B = n . Beweise

$$\text{Rang } AB = \text{Rang } A \qquad (= \text{Rang } B) \, .$$

(Hinweis: Satz 3.4).

3.2.4   Blockzerlegung

Als <u>Untermatrix</u> einer Matrix A bezeichnen wir jede Matrix, die durch
Herausstreichen von Zeilen und/oder Spalten aus A hervorgeht.

Eine Zerlegung einer Matrix B in Untermatrizen (Blöcke, Kästchen), wie
in Fig. 3.10 skizziert,

$$
A = \begin{bmatrix} \begin{bmatrix} a_{11} \cdots \\ \vdots \end{bmatrix} & \begin{bmatrix} \end{bmatrix} & \cdots & \begin{bmatrix} \cdots a_{1n} \\ \vdots \end{bmatrix} \\ \begin{bmatrix} \end{bmatrix} & \begin{bmatrix} \end{bmatrix} & \cdots & \begin{bmatrix} \end{bmatrix} \\ \vdots & \vdots & & \vdots \\ \begin{bmatrix} \\ a_{m1} \cdots \end{bmatrix} & \begin{bmatrix} \end{bmatrix} & \cdots & \begin{bmatrix} \vdots \\ \cdots a_{mn} \end{bmatrix} \end{bmatrix} = \begin{bmatrix} A_{11} & A_{12} & \cdots & A_{1N} \\ A_{12} & A_{22} & \cdots & A_{2N} \\ \vdots & & & \vdots \\ A_{M1} & \cdots & & A_{MN} \end{bmatrix}
$$

<u>Figur 3.10</u>: Blockzerlegung einer Matrix

nennt man eine <u>Blockzerlegung</u> der Matrix. Die Untermatrizen A_{ik} heißen
dabei <u>Blöcke</u> (oder <u>Kästchen</u>). Rechts in Figur 3.10 steht gewissermaßen
eine "Matrix aus Matrizen"; man nennt sie kurz eine <u>Blockmatrix</u>. Blöcke
aus der gleichen Zeile einer Blockmatrix haben dabei gleiche Zeilenzahl,
Blöcke aus der gleichen Spalte gleiche Spaltenzahl.

Folgendes Zahlenbeispiel macht die Blockzerlegung deutlich:

$$
A = \left[\begin{array}{ccc:ccc:c} 3 & 4 & & 7 & 8 & 6 & 1 \\ 5 & 9 & & 7 & 9 & 4 & 1 \\ 1 & 0 & & 6 & 8 & 5 & 0 \\ \hdashline 3 & 6 & & 9 & 8 & 4 & 2 \\ -1 & 8 & & 3 & 2 & 0 & 4 \end{array}\right] = \begin{bmatrix} A_{11} & A_{12} & A_{13} \\ \\ A_{21} & A_{22} & A_{23} \end{bmatrix}
$$

Durch die Unterteilung mit den gestrichelten Linien ist klar, wie die
Matrizen A_{ik} in diesem Beispiel aussehen.

188

Der Witz ist nun folgender: *Man kann mit Blockmatrizen formal so rechnen,
als wären alle Blöcke einfache Zahlen!*

Genauer: Sind

$$A = \begin{bmatrix} A_{11} \cdots A_{1N} \\ \vdots \\ A_{M1} \cdots A_{MN} \end{bmatrix} \;,\quad B = \begin{bmatrix} B_{11} \cdots B_{1N} \\ \vdots \\ B_{M1} \cdots B_{MN} \end{bmatrix} \;,\quad C = \begin{bmatrix} C_{11} \cdots C_{1P} \\ \vdots \\ C_{N1} \cdots C_{NP} \end{bmatrix}$$

reelle oder komplexe Matrizen, die in die Blöcke A_{ik} , B_{ik} , C_{ik} zerlegt sind, so folgt für die

<u>Addition, Subtraktion und s-Multiplikation mit Blockmatrizen:</u>

$$A \pm B = \begin{bmatrix} A_{11}\pm B_{11} \cdots A_{1N}\pm B_{1N} \\ \vdots \qquad\qquad \vdots \\ A_{M1}\pm B_{M1} \cdots A_{MN}\pm B_{MN} \end{bmatrix} \;,\quad \lambda A = \begin{bmatrix} \lambda A_{11} \cdots \lambda A_{1N} \\ \vdots \qquad \vdots \\ \lambda A_{M1} \cdots \lambda A_{MN} \end{bmatrix} \tag{3.30}$$

(λ reell oder komplex), und für die

<u>Matrizenmultiplikation mit Blockmatrizen:</u>

$$AC = \begin{bmatrix} D_{11} \cdots D_{1P} \\ \vdots \qquad \vdots \\ D_{M1} \cdots D_{MP} \end{bmatrix} \quad \text{mit} \quad D_{ik} = \sum_{j=1}^{N} A_{ij}C_{jk} \;. \tag{3.31}$$

Dabei wird vorausgesetzt, daß die Zeilen- und Spaltenzahlen der Blöcke
A_{ik} , B_{ik} , D_{ik} so beschaffen sind, daß alle hingeschriebenen Summen,
Differenzen und Produkte auch gebildet werden können. Die Beweise werden
dem Leser überlassen. ((3.31) ist dabei etwas mühsamer nachzuweisen. Man
beginne daher mit einfachen Zerlegungen, also kleinen Zahlen M, N, P .)

Speziell für 2×2-Zerlegungen folgt mit

$$A = \begin{bmatrix} A_{11} \; A_{12} \\ A_{21} \; A_{22} \end{bmatrix} \;,\quad B = \begin{bmatrix} B_{11} \; B_{12} \\ B_{21} \; B_{22} \end{bmatrix} \;,\quad \begin{matrix} A \;\in \text{Mat}(m,n;\mathbb{C}) \\ B \;\in \text{Mat}(n,p;\mathbb{C}) \\ A_{11} \in \text{Mat}(r,s;\mathbb{C}) \\ B_{11} \in \text{Mat}(s,t;\mathbb{C}) \end{matrix} \quad :$$

$$AB = \begin{bmatrix} A_{11}B_{11} + A_{12}B_{21} & A_{11}B_{12} + A_{12}B_{22} \\ A_{21}B_{11} + A_{22}B_{21} & A_{21}B_{12} + A_{22}B_{22} \end{bmatrix} . \qquad (3.32)$$

<u>Bemerkung</u>: Liegt ein beliebiger Körper $\mathbb{K}$ zu Grunde, gilt alles entsprechend.

<u>Übung 3.9</u> * Es sei ein lineares Gleichungssystem

$$\begin{bmatrix} A & D \\ 0 & C \end{bmatrix} \begin{bmatrix} X_1 \\ X_2 \end{bmatrix} = \begin{bmatrix} B_1 \\ B_2 \end{bmatrix}$$

gegeben. Dabei sei A eine p-reihige quadratische Matrix, C eine q-reihige quadratische Matrix, X_1, B_1 p-reihige Spaltenmatrizen und X_2, B_2 q-reihige Spaltenmatrizen. Wie kann man dieses p+q-reihige Gleichungssystem in ein q-reihiges und ein p-reihiges Gleichungssystem aufspalten?

3.3   REGULÄRE UND INVERSE MATRIZEN

Im folgenden setzen wir voraus, daß alle in diesem Abschnitt auftretenden Matrizen Elemente aus dem gleichen algebraischen Körper $\mathbb{K}$ besitzen. Wir sagen dies, der einfachen Sprechweise wegen, nicht immer dazu. Beim ersten Lesen ist zu empfehlen, sich alle auftretenden Matrizen als reelle Matrizen vorzustellen, also $\mathbb{K} = \mathbb{R}$. Später überzeugt man sich   leicht davon, daß alles auch für komplexe Matrizen oder Matrizen mit Elementen aus allgemeinem $\mathbb{K}$ gilt.

3.3.1   Reguläre Matrizen

Definition 3.8   Eine Matrix A heißt genau dann regulär, wenn sie quadratisch ist und ihre Spaltenvektoren linear unabhängig sind.

Eine quadratische Matrix A ist also genau dann regulär, wenn

$$\text{Rang } A = \text{Spaltenzahl von } A \tag{3.33}$$

ist. Im Zusammenhang mit linearen Gleichungssystemen $A\underline{x} = \underline{y}$ läßt sich Regularität so beschreiben:

Satz 3.5   Eine quadratische n-reihige Matrix A ist genau dann regulär, wenn eine der folgenden Bedingungen erfüllt ist:

(a) $A\underline{x} = \underline{y}$ hat für ein $\underline{y} \in \mathbb{K}^n$ genau eine Lösung $\underline{x}$.

(b) $A\underline{x} = \underline{y}$ hat für jedes $\underline{y} \in \mathbb{K}^n$ genau eine Lösung $\underline{x}$.

(c) $A\underline{x} = \underline{0}$ hat nur die Lösung $\underline{x} = \underline{0}$.

Beweis: (a) folgt aus Abschnitt 2.2.4, Satz 2.9 (1. Fall) und die Äquivalenz von (a), (b), (c) untereinander aus Abschnitt 2.2.4, Folgerung 2.5.   □

Reguläre Matrizen sind also besonders angenehme und freundliche Zeitgenossen. Das machen auch die nächsten Sätze deutlich.

<u>Satz 3.6</u> <u>Produkte regulärer Matrizen</u>: Das Produkt zweier quadratischer n-reihiger Matrizen A,B ist genau dann regulär, wenn jeder der Faktoren A,B regulär ist.

<u>Beweis</u>: I. Es seien A,B regulär, d.h. Rang A = Rang B = n . Dann liefert die linke Rangungleichung in (3.23) im Abschnitt 3.2.3

$$n + n - n \leq \text{Rang } AB,$$

also $n \leq$ Rang AB . Natürlich ist Rang AB $\leq$ n , da n die Spaltenzahl von AB ist, folglich ist Rang AB = n , d.h. AB ist regulär.

II. Es sei nun AB als regulär vorausgesetzt. Aus der rechten Ungleichung in (3.23) folgt damit

$$n = \text{Rang } AB \leq \begin{cases} \text{Rang } A \text{ ,} \\ \text{Rang } B \text{ ,} \end{cases}$$

wegen Rang A $\leq$ n , Rang B $\leq$ n also Rang A = Rang B = n , womit die Regularität von A und B bewiesen ist. □

<u>Satz 3.7</u> <u>Lösung von Matrixgleichungen</u>: Zu je zwei regulären n-reihigen Matrizen A,B gibt es genau eine Matrix X mit

$$AX = B$$

X ist dabei eine reguläre n-reihige Matrix.

<u>Beweis</u>: Mit den Spaltenvektoren $\underline{b}_1, \ldots, \underline{b}_n$ von B betrachten wir die n Gleichungen

$$A\underline{x}_1 = \underline{b}_1 , \ldots, A\underline{x}_n = \underline{b}_n . \qquad (3.34)$$

Da A regulär ist, hat jede dieser Gleichungen eine eindeutig bestimmte Lösung $\underline{x}_i$ (Satz 3.5 (b)). Sie werden zur quadratischen Matrix $X = [\underline{x}_1, \ldots, \underline{x}_n]$ zusammengesetzt. Damit sind die n Gleichungen in (3.26) gleichbedeutend mit AX = B . Die Matrixgleichung hat also eine eindeutig bestimmte Lösung X . Nach Satz 3.6 ist X regulär. □

192

<u>Bemerkung</u>: Natürlich ist die Gleichung

$$YA = B$$

(A,B gegebene reguläre n-reihige Matrizen) auch eindeutig lösbar, und die
Lösung Y ist dabei regulär n-reihig. Dies folgt aus der transponierten
Gleichung $A^T Y^T = B^T$, die nach Satz 3.7 eindeutig lösbar ist. -

3.3.2   Inverse Matrizen

<u>Definition 3.8</u> Es sei A eine quadratische Matrix. Existiert dazu eine
Matrix X mit

$$AX = E \qquad (E \text{ n-reihige Einheitsmatrix}),$$

so nennt man X die zu A <u>inverse Matrix</u>, kurz <u>Inverse</u> von A . Man
bezeichnet X durch

$$A^{-1} .$$

A wird in diesem Falle <u>invertierbar</u> genannt.

<u>Satz 3.9</u> Eine quadratische Matrix A ist genau dann <u>invertierbar</u>, wenn
sie <u>regulär</u> ist. Die Inverse A^{-1} ist in diesem Falle eindeutig bestimmt.
A^{-1} ist regulär und von gleicher Zeilenzahl wie A . Überdies gilt

$$A^{-1}A = AA^{-1} = E .\tag{3.35}$$

<u>Beweis</u>: Ist A regulär, dann ist A nach Satz 3.7 auch invertierbar.
Ist A dagegen quadratisch und invertierbar, d.h. gibt es ein X mit
AX = E , so muß X quadratisch von gleicher Zeilenzahl wie A sein.
A und X sind nach Satz 3.6 regulär. Nach Satz 3.7 ist X eindeutig
bestimmt. - Insbesondere hat $X = A^{-1}$ selbst wieder eine Inverse
$(A^{-1})^{-1}$. Es gilt $AA^{-1} = E$ und damit

$$A^{-1}A = (A^{-1}A)\underbrace{(A^{-1}(A^{-1})^{-1})}_{E} = A^{-1}\underbrace{(AA^{-1})}_{E}(A^{-1})^{-1} = A^{-1}(A^{-1})^{-1} = E. \qquad \square$$

Für das Rechnen mit inversen Matrizen gelten die leicht einzusehenden
__Regeln__

$$(A^{-1})^{-1} = A \quad , \quad (AB)^{-1} = B^{-1}A^{-1} \quad , \quad (A^T)^{-1} = (A^{-1})^T \ . \qquad (3.36)$$

__Bemerkung__: a) Jede quadratische n-reihige reelle Matrix A vermittelt
eine lineare Abbildung $\hat{A} : \mathbb{R}^n \to \mathbb{R}^n$ durch $\hat{A}(\underline{x}) = A\underline{x}$ $(\underline{x} \in \mathbb{R}^n)$.
$\hat{A}$ ist genau dann bijektiv (umkehrbar eindeutig), wenn A regulär ist
(nach Satz 3.5 (b)). Durch A^{-1} wird die __Umkehrabbildung__ $\hat{A}^{-1} : \mathbb{R}^n \to \mathbb{R}^n$
beschrieben ($\hat{A}^{-1}(\underline{x}) = A^{-1}\underline{x}$), denn es ist $AA^{-1}\underline{x} = \underline{x}$ und $A^{-1}A\underline{y} = \underline{y}$
(für alle $\underline{x},\underline{y} \in \mathbb{R}^n$). - Für $\mathbb{K}$ statt $\mathbb{R}$ gilt dies genauso. -

b) Die regulären n-reihigen Matrizen (mit Elementen aus $\mathbb{K}$), bilden
bezüglich der Matrizenmultiplikation eine __Gruppe__ (s. Abschnitt 2.3.2).
Denn Produkte AB regulärer Matrizen sind regulär, es gilt (AB)C =
= A(BC) für diese Matrizen, E ist regulär und mit A ist auch A^{-1}
regulär. Damit gelten für diese Gruppe alle in 2.3 hergeleiteten Gruppengesetze.

Ja, man versucht oft, beliebige Gruppen isomorph (oder homomorph) in
diese Matrizen-Gruppen abzubilden, man sagt, sie "darzustellen"
(__Darstellungstheorie von Gruppen__). Auf diese Weise werden auch beliebige
Gruppen besser handhabbar, da man die Matrizengesetze auf sie anwenden
kann.

Dieser Ausblick mag hier genügen. Für die Darstellungstheorie wird auf
die Spezialliteratur verwiesen (z.B. BOERNER [41]).

__Berechnung der Inversen__. Es sei A eine quadratische n-reihige Matrix,
deren Inverse gesucht wird, sofern sie existiert. Man will also die
Gleichung

$$AX = E$$

lösen. Dazu werden die einzelnen Spalten dieser Gleichung hingeschrieben:

$$A\underline{x}_1 = \underline{e}_1 \ , \quad A\underline{x}_2 = \underline{e}_2 \ , \quad \ldots \ , \quad A\underline{x}_n = \underline{e}_n \ . \qquad (3.37)$$

194

Hierbei sind $\underline{x}_1,\ldots,\underline{x}_n$ die Spalten von X und $\underline{e}_1,\ldots,\underline{e}_n$ die Spalten
von E . Jede der Gleichungen (3.37) wird mit dem $\underline{\text{Gaußschen}}$ $\underline{\text{Algorithmus}}$
zu lösen versucht. Ist die erste Gleichung damit eindeutig lösbar, so ist
A regulär (Satz 3.5(a)), und auch die übrigen Gleichungen in (3.37) sind
eindeutig lösbar. (Dabei braucht die linke Seite, deren Koeffizienten a_{ik}
bei allen Gleichungen in (3.37) gleich sind, $\underline{\text{nur}}$ $\underline{\text{einmal}}$ auf Dreiecksform
gebracht werden, was den Rechenaufwand senkt.)

Die Lösungen $\underline{x}_1,\ldots,\underline{x}_n$ der Gleichungen in (3.37) ergeben die gesuchte
Inverse $A^{-1} = [\underline{x}_1,\underline{x}_2,\ldots,\underline{x}_n]$. -

Speziell für $\underline{\text{zweireihige}}$ $\underline{\text{reguläre}}$ $\underline{\text{Matrizen}}$ errechnet man

$$A = \begin{bmatrix} a & b \\ c & d \end{bmatrix} \Rightarrow \boxed{A^{-1} = \frac{1}{ad-cb} \begin{bmatrix} d & -b \\ -c & a \end{bmatrix}} \tag{3.38}$$

Dabei folgt aus der Regularität von A : $ad - cb \neq 0$. Denn
$ad - cb = \det A$ ist die Determinante von A (s. Abschnitt 1.1.7), deren
Betrag der Flächeninhalt des Parallelogramms aus den Spaltenvektoren von
A ist. Dieser ist $\neq 0$, wenn die Spaltenvektoren linear unabhängig sind,
d.h. wenn A regulär ist.

$\underline{\text{Beispiel 3.5}}$ Die Inverse der Matrix

$$A = \begin{bmatrix} 2 & 1 \\ -3 & 5 \end{bmatrix} \quad \text{lautet:} \quad A^{-1} = \begin{bmatrix} \dfrac{5}{13} & \dfrac{-1}{13} \\ \dfrac{3}{13} & \dfrac{2}{13} \end{bmatrix} .$$

$\underline{\text{Bemerkung}}$: Ist $A\underline{x} = \underline{b}$ ein reguläres lineares Gleichungssystem - d.h.
A ist regulär - und ist A^{-1} bekannt oder einfach zu berechnen, so er-
hält man die Lösung $\underline{x}$ sofort durch linksseitige Multiplikation mit A^{-1}:

$$A\underline{x} = \underline{b} \Rightarrow A^{-1}A\underline{x} = A^{-1}\underline{b} \Rightarrow \underline{x} = A^{-1}\underline{b} .$$

Im allgemeinen ist es allerdings nicht zu empfehlen, zunächst A^{-1} zu berechnen und dann $\underline{x} = A^{-1}\underline{b}$ zu bilden. Denn dies ist aufwendiger als die direkte Anwendung des Gaußschen Algorithmus und kann außerdem zu größeren Verfälschungen durch Rundungsfehler führen. -

<u>Übungen</u>

<u>3.10</u>* Berechne die Inversen der folgenden Matrizen, falls sie invertierbar sind

$$A = \begin{bmatrix} 0 & 1 \\ 1 & 0 \end{bmatrix} \ , \quad B = \begin{bmatrix} 3 & 4 & 9 \\ 10 & 1 & 2 \\ -1 & 8 & 5 \end{bmatrix} \ , \quad C = \begin{bmatrix} 2 & 6 & 10 \\ 5 & -1 & 8 \\ 4 & -4 & 3 \end{bmatrix} \ .$$

<u>3.11</u> Es sei

$$A = \begin{bmatrix} a_{11} & a_{12} & a_{13} \\ 0 & a_{22} & a_{23} \\ 0 & 0 & a_{33} \end{bmatrix} \quad \text{mit} \quad a_{11}a_{22}a_{33} \neq 0 \ .$$

Zeige, daß $A^{-1} = [x_{ik}]_{3,3}$ existiert und von gleicher Bauart wie A ist, d.h. $x_{21} = x_{31} = x_{32} = 0$.

<u>3.12</u> Es sei $D = [d_{ik}]_{n,n}$ eine "Diagonalmatrix" (d.h. $d_{ik} = 0$ für alle $i \neq k$), und es sei $d_{ii} \neq 0$ für alle $i = 1,\dots,n$. Zeige: D^{-1} ist die Diagonalmatrix mit den Diagonalelementen $1/d_{ii}$.

<u>3.13</u> Prüfe durch Ausrechnen nach, daß für jede (2,2)-Matrix $A = [a_{ik}]_{2,2}$ folgende Gleichung (von Cayley) gilt:

$$A^2 - (a_{11}+a_{22})A + (\det A)E = 0 \ .$$

Leite daraus eine weitere Formel für A^{-1} her (im Falle $\det A \neq 0$), nämlich

$$A^{-1} = \frac{1}{\det A} \left[(a_{11}+a_{22})E - A \right] \ .$$

3.4 DETERMINANTEN

Die Lösungen linearer Gleichungssysteme lassen sich mit Determinanten
explizit angeben (Abschnitt 3.4.6). Ferner kann man auch die Inversen
regulärer Matrizen mit Determinanten durch geschlossene Formeln darstellen
(Abschnitt 3.4.7). Wenn auch bei numerischen Lösungsberechnungen oder
Invertierungen der GAUSSsche Algorithmus oft vorzuziehen ist, so bilden
die genannten Formeln doch bei "kleinen" Dimensionen, wie auch theoreti-
schen Weiterführungen ein starkes Hilfsmittel, insbesondere bei para-
meterabhängigen Matrizen, wie bei Eigenwertproblemen u.a. Im Zwei- und
Dreidimensionalen haben Determinanten als Flächen- oder Rauminhalte von
Parallelogrammen bzw. Parallelflachs auch anschauliche Bedeutung (vgl.
Abschnitt 1.1.7, 1.2.6). Kurz, man kann recht viel damit machen, und der
Leser mag daher auf das Folgende gespannt sein.

3.4.1   Definition, Transpositionsregel

Zwei- und dreireihige Determinanten kennen wir schon aus den Abschnitten
1.1.7 und 1.2.3:

$$\begin{vmatrix} a_{11} & a_{12} \\ a_{21} & a_{22} \end{vmatrix} = a_{11}a_{22} - a_{12}a_{21} \quad , \tag{3.39}$$

$$\begin{vmatrix} a_{11} & a_{12} & a_{13} \\ a_{21} & a_{22} & a_{23} \\ a_{31} & a_{32} & a_{33} \end{vmatrix} = \begin{cases} a_{11}a_{22}a_{33} + a_{12}a_{23}a_{31} + a_{13}a_{21}a_{32} - \\ -a_{11}a_{23}a_{32} - a_{13}a_{22}a_{31} - a_{12}a_{21}a_{33} \end{cases} \tag{3.40}$$

Sehen wir uns die dreireihige Determinante in (3.40) genauer an, und zwar
den Ausdruck rechts vom Gleichheitszeichen! Hier stehen in jedem Produkt,
wie z.B. $a_{12}a_{23}a_{31}$, die ersten Indizes in natürlicher Reihenfolge
(1, 2, 3), während die zweiten Indizes eine Permutation dieser Zahlen
sind, in unserem Beispiel (2, 3, 1). Schreiben wir uns von jedem Glied
rechts in (3.40) die Permutation der zweiten Indizes heraus, so erhalten
wir

$$(1,\ 2,\ 3)\ ,\ (2,\ 3,\ 1)\ ,\ (3,\ 1,\ 2)\ ,$$
$$(1,\ 3,\ 2)\ ,\ (3,\ 2,\ 1)\ ,\ (2,\ 1,\ 3)\ .$$

$$(3.41)$$

Dies sind alle Permutationen von $(1,\ 2,\ 3)$, denn es gibt ja genau $3! = 6$ (s. Abschnitt 2.3.3, oder Bd. I, Abschnitt 1.2.2). Dabei stehen in der oberen Reihe von (3.41) die <u>geraden Permutationen</u> und in der unteren Reihe die <u>ungeraden Permutationen</u> [1] ($(3,\ 2,\ 1)$ hat z.B. die Fehlstände $(3,\ 2)$, $(3,\ 1)$ und $(2,\ 1)$, ist also ungerade).

Wir sehen: In (3.40) werden die Produkte mit geraden Permutationen der zweiten Indizes <u>addiert</u>, mit ungeraden Permutationen <u>subtrahiert</u>.

Dies kann als allgemeines Bildungsgesetz betrachtet werden. Wir definieren daher Determinanten nach diesem Muster:

<u>Definition 3.9</u> Es sei $A = \left[a_{ik}\right]_{n,n}$ eine quadratische Matrix. Als <u>Determinante</u> $\det A$ von A bezeichnet man die Zahl

$$\det A := \begin{vmatrix} a_{11}\cdots a_{1n} \\ \vdots \qquad \vdots \\ a_{n1}\cdots a_{nn} \end{vmatrix} := \sum_{(k_1,k_2,\ldots k_n)\in S_n} \operatorname{sgn}(k_1,k_2,\ldots,k_n)\, a_{1k_1} a_{2k_2} \cdot\ldots\cdot a_{nk_n} \qquad (3.42)$$

Hierbei ist S_n die Menge aller Permutationen $(k_1,k_2,\ldots,k_n)$ von $(1,2,\ldots,n)$ (s. Abschnitt 2.3.3). Die Summe wird also "über alle Permutationen von $(1,2,\ldots,n)$" genommen, d.h., zu jeder dieser Permutationen gibt es genau ein Glied in der Summe. Das Symbol $\operatorname{sgn}(k_1,k_2,\ldots,k_n)$ bedeutet $+1$, falls $(k_1,k_2,\ldots,k_n)$ eine gerade Permutation ist, und -1 , falls sie ungerade ist (s. Abschnitt 2.3.3).

Für komplexe Matrizen oder Matrizen mit Elementen aus einem beliebigen Körper $\mathbb{K}$ gilt die Definition der Determinante genauso, wie auch die folgenden Ausführungen.

---

[1] Wir erinnern (vgl. Abschn. 2.3.3): Als <u>Fehlstand</u> einer Permutation $(k_1,\ldots,k_n)$ bezeichnet man ein Paar k_i,k_j daraus mit $k_i > k_j$, wobei $i < j$ (k_i,k_j stehen also "verkehrt herum"). Eine Permutation heißt <u>gerade</u>, wenn die Anzahl ihrer Fehlstände gerade ist; andernfalls heißt sie <u>ungerade</u>.

198

Damit kann man grundsätzlich jede Determinante berechnen. Man sieht, daß
(3.42) im Falle $n = 2$ oder $n = 3$ die bekannten zwei- bzw. dreireihigen Determinanten ergibt.

Die praktische Rechnung nach (3.42) ist allerdings sehr mühselig, denn
die Summe hat $n!$ Glieder, d.h. sehr viele für großes n. Wir werden daher nach günstigeren Berechnungsmethoden suchen. Dazu werden einige Gesetze für Determinanten hergeleitet. Zunächst die Transpositionsregel:

Satz 3.10   Für jede quadratische Matrix A gilt

$$\det A = \det A^T$$

Das "Spiegeln" einer Matrix an der "Hauptdiagonalen" $a_{11}, \ldots, a_{nn}$
ändert also die Determinante nicht.

Beweis: Da A^T aus $A = [a_{ik}]_{n,n}$ durch Vertauschen der Indizes i, k
entsteht, ist nach der Definition der Determinante

$$\det A^T = \sum_{(k_1, k_2, \ldots, k_n) \in S_n} \operatorname{sgn}(k_1, k_2, \ldots, k_n) a_{k_1 1} a_{k_2 2} \cdot \ldots \cdot a_{k_n n} \quad . \tag{3.43}$$

Wir wollen nun in jedem Glied $a_{k_1 1}, a_{k_2 2} \ldots a_{k_n n}$ die Faktoren so umordnen,
daß die vorderen Indizes in die natürliche Reihenfolge $1, 2, \ldots, n$ kommen.
Dies denken wir uns schrittweise durchgeführt, wobei jeder Schritt in
der Vertauschung genau zweier Faktoren $a_{k_i i}, a_{k_j j}$ besteht. Für die damit
verbundene Verwandlung der Permutation $(k_1, \ldots, k_n)$ bedeutet dies, daß
bei jedem Schritt eine "Transposition" ausgeführt wird, d.h. eine Vertauschung von genau zwei Zahlen k_i, k_j (s. Abschnitt 2.3.3). Da sich
jede Permutation als Produkt (Hintereinanderausführung) von endlich vielen Transpositionen darstellen läßt (Satz 2.12, Abschnitt 2.3.3), kommen wir auch zum Ziel: Jedes Glied $a_{k_1 1} \ldots a_{k_n n}$ wird durch endlich viele
Vertauschungen zweier Faktoren in $a_{1 j_1} \ldots a_{n j_n}$ überführt, wobei nun die
zweiten Indizes $(j_1, \ldots, j_n)$ eine Permutation von $(1, \ldots, n)$ bilden.
Nach Satz 2.13 in Abschnitt 2.3.3 ist $(j_1, \ldots, j_n)$ genau dann gerade,
wenn $(k_1, \ldots, k_n)$ gerade ist (entsprechend für ungerade). Denn durch
unsere Vertauscherei werden $(k_1, \ldots, k_n)$ und $(j_1, \ldots, j_n)$ durch gleich
viele Transpositionen gebildet.

Somit ist $\mathrm{sgn}(k_1,\ldots,k_n) = \mathrm{sgn}(j_1,\ldots,j_n)$ und damit

$$\det A^T = \sum_{(j_1,\ldots,j_n)\in S_n} \mathrm{sgn}(j_1,\ldots,j_n)a_{1j_1}\cdot\ldots\cdot a_{nj_n} = \det A \ . \qquad\qquad \square$$

<u>Übung 3.14</u> Schreibe für eine vierreihige Matrix $A = \left[a_{ik}\right]_{4,4}$ mit $a_{ii} = 1$, $a_{21} = a_{31} = a_{34} = 0$ die Summenformel (3.42) für $\det A$ explizit hin (Glieder, die ersichtlich Null sind, können dabei weggelassen werden).

3.4.2   Regeln für Determinanten

Ist $A = \left[\underline{a}_1,\ldots,\underline{a}_n\right]$ eine quadratische Matrix mit den Spaltenvektoren $\underline{a}_i$, so schreiben wir die Determinante von A auch in der Form

$$\det A = \det(\underline{a}_1,\ldots,\underline{a}_n) \ . \tag{3.43}$$

<u>Satz 3.11</u> <u>Grundgesetze für Determinanten</u>. Für jede quadratische reelle Matrix $A = \left[\underline{a}_1,\ldots,\underline{a}_n\right]$ gilt $\det A \in \mathbb{R}$ und

---

(a) $\det(\underline{a}_1,\ldots,\underline{a}_k+\underline{x}_k,\ldots,\underline{a}_n) = \det(\underline{a}_1,\ldots,\underline{a}_k,\ldots,\underline{a}_n) +$
$$+ \det(\underline{a}_1,\ldots,\underline{x}_k,\ldots,\underline{a}_n) \ , \quad (\underline{x}_k \in \mathbb{R}^n)$$

(b) $\det(\underline{a}_1,\ldots,\lambda\underline{a}_k,\ldots,\underline{a}_n) \ = \lambda\det(\underline{a}_1,\ldots,\underline{a}_k,\ldots,\underline{a}_n), \quad (\lambda \in \mathbb{R})$

(c) $\det(\ldots,\underline{a}_i,\ldots,\underline{a}_k,\ldots) \ = -\det(\ldots,\underline{a}_k,\ldots,\underline{a}_i,\ldots)$

(d) $\det E = 1$ \qquad\qquad (E Einheitsmatrix)

In Worten:

(a) <u>Additivität</u>: Steht in einer Spalte einer quadratischen Matrix eine <u>Summe</u> zweier Vektoren, so spaltet sich die Determinante der Matrix in die Summe zweier Determinanten auf, bei denen in den entsprechenden Spalten die Summanden stehen.

(b) <u>Homogenität</u>: Ein reeller <u>Faktor</u> λ eines Spaltenvektors darf vor die Determinante gezogen werden.

200

(c) <u>Alternierende Eigenschaft</u>: Bei Vertauschung zweier Spalten ändert
sich das Vorzeichen der Determinante.

(d) <u>Normierung</u>: Die Einheitsmatrix hat die Determinante 1 . -

<u>Folgerung 3.2</u> Die Grundgesetze (a), (b), (c), (d) gelten für <u>Zeilen-
vektoren</u> entsprechend (wegen $\det A = \det A^T$.)

<u>Beweis des Satzes 3.15</u>: (a), (b) und (d) folgen unmittelbar durch Ein-
setzen in die Summenformel (3.42) in der Definition der Determinante.
(c) ergibt sich ebenfalls aus der Summenformel (3.42), wenn man bedenkt,
daß durch Vertauschung der Elemente zweier Spalten alle geraden Permutationen $(k_1,\ldots,k_n)$ in ungerade übergehen und umgekehrt.   □

<u>Bemerkung</u>: Die beiden Eigenschaften (a) und (b) beschreibt man auch so:
<u>Die Determinante ist in jeder Spalte linear</u> (nach Folgerung 3.2 entspre-
chend auch in jeder Zeile). Denn definiert man eine Abbildung
$f(\underline{x}) := \det(\underline{a}_1,\ldots,\underline{a}_{k-1},\underline{x},\underline{a}_{k+1},\ldots,\underline{a}_n)$, $f : \mathbb{R}^n \to \mathbb{R}$, so bedeutet (a):
$f(\underline{x}_1+\underline{x}_2) = f(\underline{x}_1) + f(\underline{x}_2)$, und (b): $f(\lambda\underline{x}) = \lambda f(\underline{x})$ (für alle
$\underline{x}_1,\underline{x}_2,\underline{x} \in \mathbb{R}^n$, $\lambda \in \mathbb{R})$. Dadurch ist aber gerade eine lineare Abbildung
definiert (vgl. Abschnitt 2.4.5). Da die "<u>Determinantenfunktion</u>"
$\det : \mathrm{Mat}(n;\mathbb{R}) \to \mathbb{R}$ also bez. jeder Matrixspalte linear ist, nennt
man sie kurz <u>multilinear</u>. -

Aus den Grundgesetzen leiten wir weitere Rechenregeln her.

<u>Satz 3.12</u> Es sei A eine reelle (n,n)-Matrix.

(e) Addiert man ein Vielfaches eines Spaltenvektors von A (bzw. Zeilen-
vektors) zu einem anderen, so bleibt die Determinante von A unverändert:

$$\boxed{\det(\ldots,\underline{a}_i,\ldots,\underline{a}_k+\lambda\underline{a}_i,\ldots) = \det(\ldots,\underline{a}_i,\ldots,\underline{a}_k,\ldots)}\quad (\lambda \in \mathbb{R}) \quad (3.44)$$

(f) Hat A zwei gleiche Spalten (oder Zeilen), so ist die Determinante
$\det A$ gleich Null:

$$\boxed{\det(\ldots,\underline{a},\ldots,\underline{a},\ldots) = 0}\qquad\qquad (3.45)$$

(g) Ist einer der Spalten- oder Zeilenvektoren in A gleich $\underline{0}$, so folgt $\det A = 0$

$$\boxed{\det(\ldots,\underline{0},\ldots) = 0} \tag{3.46}$$

$\underline{\text{Beweis}}$: Wegen $\det A = \det A^{\mathsf{T}}$ brauchen wir die Regeln nur für Spalten zu beweisen.

Zu (f): Vertauscht man die beiden gleichen Spalten $\underline{a}$, so ändert sich an $\det A$ natürlich nichts. Andererseits geht $\det A$ dabei aber in $-\det A$ über (nach (c)), also gilt $\det A = -\det A$, d.h. $\det A = 0$.

Zu (e): Man addiere auf der rechten Seite von (3.44)

$$\det(\ldots,\underline{a}_i,\ldots,\underbrace{\lambda\underline{a}_i}_{\text{k-te Spalte}},\ldots) = \lambda\det(\ldots,\underline{a}_i,\ldots,\underline{a}_i,\ldots) = 0$$

Grundgesetz (a) liefert dann (3.44). (Alle hierbei betrachteten Matrizen unterscheiden sich nur in der k-ten Spalte).

Zu (g): Multipliziert man die Nullspalte von A mit -1 , so ändert sich A natürlich nicht. Herausziehen des Faktors -1 aus $\det A$ liefert daher $-\det A = \det A$, also $\det A = 0$. $\qquad\qquad$ □

Der Ausdruck $\underline{\text{Grundgesetze}}$ in Satz 3.11 wird durch folgenden Satz gerechtfertigt.

$\underline{\text{Satz 3.13}}$ Durch die Grundgesetze (a) bis (d) ist $\det A$ eindeutig bestimmt. [1]

Wir wollen die Aussage des Satzes vor dem Beweis etwas präzisieren:

"Ist $F : \text{Mat}(n;\mathbb{R}) \rightarrow \mathbb{R}$ eine Funktion, die jeder reellen (n,n)-Matrix A genau eine reelle Zahl $F(A)$ zuordnet, wobei F den Gesetzen (a) bis (d) gehorcht (mit F an Stelle von det), so gilt $F(A) = \det A$ für alle Matrizen $A \in \text{Mat}(n;\mathbb{R})$."

$\underline{\text{Beweis}}$: F sei eine solche Funktion und $A = [a_{ik}]_{n,n}$ eine reelle Matrix. Wir schreiben die Spalten von A in der Form

---

[1] Der praxisorientierte Leser mag die folgende Ausführung und den Beweis überspringen.

$$\underline{a}_k = \sum_{i=1}^{n} a_{ik}\underline{e}_k$$

mit den Koordinateneinheitsvektoren $\underline{e}_k \in \mathbb{R}^n$. Zur besseren Unterscheidung wird der Summationsindex i noch durch i_k ersetzt. Damit

$$F(A) = F\left(\sum_{i_1=1}^{n} a_{i_11}\underline{e}_{i_1}, \cdots, \sum_{i_n=1}^{n} a_{i_nn}\underline{e}_i\right)$$

Sukzessives Anwenden von (a) und (b) liefert

$$F(A) = \sum_{(i_1,\ldots,i_n)} a_{i_11}\cdot\cdots\cdot a_{i_nn}\, F(\underline{e}_{i_1},\ldots,F_{\underline{i}_n}) \tag{3.47}$$

Dabei wird über alle n-Tupel $(i_1,\ldots,i_n)$ summiert mit Elementen aus $\{1,\ldots,n\}$. Nun ist $F(\underline{e}_{i_1},\ldots,\underline{e}_{i_n}) = 0$, falls zwei Spalten darin übereinstimmen (denn Vertauschung dieser Spalten ändert einerseits das Vorzeichen, andererseits aber gar nichts, somit muß der Funktionswert Null sein). Es wird also nur noch über die n-Tupel $(i_1,\ldots,i_n)$ summiert, in denen alle Elemente verschieden sind, d.h. über alle Permutationen aus S_n . Für eine solche Permutation $(i_1,\ldots,i_n)$ ist aber

$$F(\underline{e}_{i_1},\ldots,\underline{e}_{i_n}) = \operatorname{sgn}(i_1,\ldots,i_n)\ . \tag{3.48}$$

Kann man nämlich $(\underline{e}_{i_1},\ldots,\underline{e}_{i_n})$ durch eine ge<u>ra</u>de Anzahl paarweiser Spaltenvertauschungen in E überführen, ist $(i_1,\ldots i_n)$ eine gerade Permutation, folglich $\operatorname{sgn}(i_1,\ldots,i_n) = 1$ und $F(e_{i_1},\ldots,e_{i_n}) = F(E) = 1$ wegen (c). Entsprechendes gilt im <u>ungeraden</u> Fall. Damit ist (3.47) die Summenformel für $\det A^T$, also $F(A) = \det A^T = \det A$, womit alles bewiesen ist. □

<u>Bemerkung</u>: (a) Die Grundgesetze (a) bis (d) in Satz 3.11 werden häufig auch zur Definition der Determinanten herangezogen. Man leitet aus ihnen dann die Summenformel her, indem man wie im Beweis von Satz 3.12 vorgeht.

(b) Alles Gesagte <u>gilt völlig analog</u> für quadratische Matrizen mit Elementen aus einem beliebigen Körper $\mathbb{K}$, insbesondere für <u>komplexe Ma</u>-<u>trizen</u>.

<u>Übungen</u>

<u>3.15</u>* Welchen Wert hat die Determinante

$$\det(\underline{a},\underline{b},\underline{c},\ \underline{a}-3\underline{b}+\pi\underline{c})\ ?$$

<u>3.16</u>* Es sei $A = \left[a_{ik}\right]_{n,n}$ eine Matrix mit $A = -A^T$ (man nennt A <u>schiefsymmetrisch</u>). Ferner sei n ungerade. Zeige: $\det A = 0$.

3.4.3   Berechnung von Determinanten mit dem Gaußschen Algorithmus

Die numerische Berechnungsmethode für Determinanten fußt auf folgendem Satz:

Satz 3.14 Die Determinante einer "Dreiecksmatrix"

$$A = \begin{bmatrix} a_{11}a_{12}\cdots a_{1n} \\ 0\ a_{22}\cdots a_{2n} \\ \vdots\ \ \ddots\ \ \vdots \\ 0\ \cdots 0\ a_{nn} \end{bmatrix}\ ,\ \text{d.h.}\ \ a_{ik} = 0\ \text{ für }\ i > k\ ,$$

ist gleich dem Produkt ihrer Diagonalelemente a_{ii} :

$$\det A = a_{11}a_{22}\cdots a_{nn}\ .$$

Beweis: Dies folgt unmittelbar aus der Summendarstellung (3.42) in der Determinantendefinition. Denn alle Glieder $a_{1k_1}a_{2k_2}\cdot\ldots\cdot a_{nk_n}$ mit $(k_1,k_2,\ldots,k_n) \neq (1,2,\ldots,n)$ sind Null, da sie einen Faktor $a_{ik} = 0$ mit $i > k$ enthalten. Es bleibt in der Summe nur das Glied $a_{11}a_{22}\cdots a_{nn}$ übrig.
$\square$

Numerische Berechnung von Determinanten. Der **Gaußsche Algorithmus** ist das gängigste numerische Verfahren zur Berechnung der Determinante einer Matrix $A = [a_{ik}]_{n,n}$.

Wir verwenden ihn genauso, als wollten wir das Gleichungssystem

$$\sum_{k=1}^{n} a_{ik}x_k = 0\ \ ,\ \ \ (i = 1,\ldots,n)$$

lösen (s. Abschnitt 2.2.1). Die im Gaußschen Algorithmus auftretenden Additionen von Zeilen zu anderen Zeilen ändern den Zahlenwert der Determinante von A nicht (nach (e)). Es bleibt lediglich zu beachten, daß bei Zeilen- oder Spaltenvertauschungen, die beim Gaußschen Algorithmus nötig sein können, das Vorzeichen der Determinante wechselt. Diese Vertauschungen sind während der Rechnung mitzuzählen. Schließlich entsteht eine Dreiecksmatrix (Trapezsysteme ergeben auch Dreiecksmatrizen, wenn

auch mit Nullzeichen im unteren Bereich der Matrix). Nach Satz 3.14
ist aber die Determinante der Dreiecksmatrix leicht zu berechnen. Multipliziert man sie noch mit $(-1)^t$, wobei t die Anzahl der vorgekommenen
Zeilen- oder Spaltenvertauschungen ist, so hat man die Determinante von
A berechnet. -

<u>Beispiel 3.6</u> Es sei

$$A = \begin{bmatrix} 1 & -2 & 9 & -3 \\ 3 & 4 & 1 & 3 \\ 6 & 8 & -2 & 1 \\ 2 & 1 & 3 & 10 \end{bmatrix} \qquad \text{Zu berechnen ist die Determinante } \det A \text{ !}$$

Der Gaußsche Algorithmus (mit Spaltenpivotierung) liefert die Determinante auf folgendem Wege:

$$\det A = \begin{vmatrix} 1 & -2 & 9 & -3 \\ 3 & 4 & 1 & 3 \\ 6 & 8 & -2 & 1 \\ 2 & 1 & 3 & 10 \end{vmatrix} = - \begin{vmatrix} 6 & 8 & -2 & 1 \\ 3 & 4 & 1 & 3 \\ 1 & -2 & 9 & -3 \\ 2 & 1 & 3 & 10 \end{vmatrix}$$

Das $\frac{1}{2}$-fache der ersten Zeile wird von der zweiten Zeile subtrahiert,
entsprechend (3. Zeile) $- \frac{1}{6}$ (1. Zeile), (4. Zeile) $- \frac{1}{3}$ (1. Zeile), angedeutet durch die Pfeile. Es folgt:

$$\det A = - \begin{vmatrix} 6 & 8 & -2 & 1 \\ 0 & 0 & 2 & 2,5 \\ 0 & -3,\overline{3} & 9,\overline{3} & -3,1\overline{6} \\ 0 & -1,\overline{6} & 3,\overline{6} & 9,\overline{6} \end{vmatrix}^{1)} = \begin{vmatrix} 6 & 8 & -2 & 1 \\ 0 & -3,\overline{3} & 9,\overline{3} & -3,1\overline{6} \\ 0 & 0 & 2 & 2,5 \\ 0 & -1,\overline{6} & 3,\overline{6} & 9,\overline{6} \end{vmatrix}$$

$$= \begin{vmatrix} 6 & 8 & -2 & 1 \\ 0 & -3,\overline{3} & 9,\overline{3} & -3,1\overline{6} \\ 0 & 0 & 2 & 2,5 \\ 0 & 0 & -1 & 11,25 \end{vmatrix} = \begin{vmatrix} 6 & 8 & -2 & 1 \\ 0 & -3,\overline{3} & 9,\overline{3} & -3,1\overline{6} \\ 0 & 0 & 2 & 2,5 \\ 0 & 0 & 0 & 12,25 \end{vmatrix}$$

$$= 6 \cdot (-3,\overline{3}) \cdot 2 \cdot 12,25 = \underline{-500} \; . \tag{3.49}$$

Nach dieser Methode wird auf dem <u>Computer</u> üblicherweise vorgegangen.

Bei Handrechnen, unterstützt durch Taschenrechner (wenn der Großcomputer
mal nicht zur Verfügung steht), kann man aber auch die spezielle Struktur

---

[1] Es bedeutet $3,\overline{3} = 3,3333...$, also die <u>Periode</u> 3 in der Dezimalzahl.
$9,\overline{3}$, $3,1\overline{6}$ usw. entsprechend.

einer Matrix ausnutzen. Insbesondere vereinfachen die Zahlen 1 und 0
in der Matrix gelegentlich die Rechnung. Wählt man nämlich 1 als Pivotelement, so spart man schon einige Divisionen ein. Im folgenden zeigen
wir dies an der gleichen Matrix A . Wir wählen dabei die 1 in der linken
oberen Ecke als Pivotelement, da sie dort schon so bequem steht. Es werden also zunächst Vielfache der ersten Zeile von den übrigen subtrahiert:

$$\det A = \begin{vmatrix} 1 & -2 & 9 & -3 \\ 3 & 4 & 1 & 3 \\ 6 & 8 & -2 & 1 \\ 2 & 1 & 3 & 10 \end{vmatrix} = \begin{vmatrix} 1 & -2 & 9 & -3 \\ 0 & 10 & -26 & 12 \\ 0 & 20 & -56 & 19 \\ 0 & 5 & -15 & 16 \end{vmatrix} \quad (3.50)$$

In der zweiten Spalte bietet sich die 5 als Pivotelement an, da sie 10
und 20 teilt:

$$\det A = - \begin{vmatrix} 1 & -2 & 9 & -3 \\ 0 & 5 & -15 & 16 \\ 0 & 20 & -56 & 19 \\ 0 & 10 & -26 & 16 \end{vmatrix} = - \begin{vmatrix} 1 & -2 & 9 & -3 \\ 0 & 5 & -15 & 16 \\ 0 & 0 & 4 & -45 \\ 0 & 0 & 4 & -20 \end{vmatrix}$$

$$= - \begin{vmatrix} 1 & -2 & 9 & -3 \\ 0 & 5 & -15 & 16 \\ 0 & 0 & 4 & -45 \\ 0 & 0 & 0 & 25 \end{vmatrix} = - 1 \cdot 5 \cdot 4 \cdot 25 = \underline{-500} \ . \ -$$

<u>Folgerung 3.3</u> Es sei $A = [a_{ik}]_{n,n}$ folgendermaßen in Blöcke A_{ik}
zerlegt:

$$A = \begin{bmatrix} A_{11} & A_{12} & \cdots & A_{1N} \\ 0 & A_{22} & \cdots & A_{2N} \\ \vdots & & \ddots & \vdots \\ 0 & \cdots & 0 & A_{NN} \end{bmatrix}$$

wobei Blöcke $A_{11},\ldots,A_{nn}$ in der Diagonalen quadratische Matrizen sind,
und $A_{ik} = 0$ für $i > k$ ist (A "Dreiecksblockmatrix"). Damit folgt

$$\boxed{\det A = \det A_{11} \cdot \det A_{22} \cdot \ldots \cdot \det A_{NN}} \quad (3.51)$$

Die Determinante der "Dreiecksblockmatrix" A ist also das Produkt der
"Diagonaldeterminanten".

<u>Beweis</u>: Man stelle sich den Gaußschen Algorithmus zur Determinantenberechnung vor Augen, den man so durchführen kann, daß die Zeilen- und Spaltenvertauschungen die Blockzerlegung nicht verändern. Dabei wird jede Diagonalmatrix A_{ii} so auf Dreiecksform gebracht, als ob man den Gaußschen Algorithmus nur auf A_{ii} anwenden würde, unabhängig von allen anderen Blöcken A_{ik}. Diagonalelemente in der resultierenden Dreiecksmatrix sind schließlich ganz entsprechend der Anordnung der Diagonalmatrizen $A_{11}, A_{22}, \ldots, A_{NN}$ aufgereiht, woraus (3.51) folgt. □

<u>Beispiele 3.7</u>

$$\left|\begin{array}{cc|cc} 7 & 2 & 9 & 1 \\ 5 & 3 & 6 & 12 \\ \hline 0 & 0 & 2 & 1 \\ 0 & 0 & -1 & 6 \end{array}\right| = \left|\begin{array}{cc} 7 & 2 \\ 5 & 3 \end{array}\right| \cdot \left|\begin{array}{cc} 2 & 1 \\ -1 & 6 \end{array}\right| = 11 \cdot 13 = 143$$

$$\left|\begin{array}{c|ccc} 2 & 7 & 8 & 12 \\ \hline 0 & 3 & 1 & -1 \\ 0 & 5 & 2 & 6 \\ 0 & 9 & 0 & 4 \end{array}\right| = 2 \cdot \left|\begin{array}{ccc} 3 & 1 & -1 \\ 5 & 2 & 6 \\ 9 & 0 & 4 \end{array}\right| = 2 \cdot 76 = 152$$

Das letzte Beispiel beruht auf einem wichtigen Spezialfall von (3.51), nämlich der <u>Formel</u>

$$\left|\begin{array}{c|c} a & \underline{b}^T \\ \hline \underline{0} & C \end{array}\right| = a \cdot \det C \tag{3.52}$$

mit $a \in \mathbb{R}$, $\underline{b}^T$ Zeilenmatrix, C quadratische Matrix. Diese einfache und ehrbare Formel ist bei Handrechnungen mit Determinanten recht nützlich, da sie Schreibarbeit einspart. Wir zeigen dies an der gleichen Determinante wie in Beispiel 3.6, indem wir die Rechnung in (3.50)ff kürzer schreiben:

<u>Beispiel 3.6, Fortsetzung</u>:

$$\det A = \left|\begin{array}{cccc} 1 & -2 & 9 & -3 \\ 3 & 4 & 1 & 3 \\ 6 & 8 & -2 & 1 \\ 2 & 1 & 3 & 10 \end{array}\right| = 1 \cdot \left|\begin{array}{ccc} 10 & -26 & 12 \\ 20 & -56 & 19 \\ 5 & -15 & 16 \end{array}\right| =$$

$$= - \begin{vmatrix} 5 & -15 & 16 \\ 20 & -56 & 19 \\ 10 & -26 & 19 \end{vmatrix} = -5 \cdot \begin{vmatrix} 4 & -45 \\ 4 & -20 \end{vmatrix} = 5 \cdot 4 \cdot 25 = \underline{-500} \; . \; -$$

Man kann hierbei auch die dreireihige Determinante (rechts in der ersten Zeile) direkt mit der Sarrusschen Regel [1] berechnen (s. Abschnitt 1.2.4), wodurch weitere Schreibarbeiten und damit auch Fehlerquellen gemindert werden.

<u>Übungen</u>

<u>3.17(a)</u>* Berechne die Determinanten

$$D_1 = \begin{vmatrix} 3 & 9 & 5 & 6 \\ -1 & 1 & 8 & -2 \\ 10 & 2 & -1 & 5 \\ -4 & -3 & 1 & 7 \end{vmatrix} \; , \quad D_2 = \begin{vmatrix} 1 & -1 & 0 & 3 & 15 \\ 3 & 1 & -2 & 7 & 2 \\ 12 & -4 & 5 & 0 & -2 \\ -2 & 15 & -6 & 3 & 4 \\ 1 & -5 & 10 & 8 & 5 \end{vmatrix}$$

<u>3.17(b)</u>* Es sei $A = \begin{bmatrix} D & B \\ C & 0 \end{bmatrix}$ eine Blockzerlegung, wobei B quadratisch p-reihig und C quadratisch q-reihig ist. Zeige:
$\det A = (-1)^{pq} \det B \cdot \det C$.

3.4.4 Matrix-Rang und Determinanten

<u>Satz 3.15</u> <u>Regularitätskriterium</u>: Eine quadratische Matrix ist genau dann regulär, wenn ihre Determinante ungleich Null ist:

$$\boxed{A \quad \text{regulär} \quad \Leftrightarrow \quad \det A \neq 0} \tag{3.53}$$

<u>Beweis</u>: Beim Gaußschen Algorithmus für das Gleichungssystem $A\underline{x} = \underline{0}$ (A quadratische Matrix) entsteht aus A genau dann eine Dreiecksmatrix mit nicht verschwindenden Diagonalgliedern, wenn A regulär ist (nach Satz 2.9, Abschnitt 2.2.4). Nach dem letzten Abschnitt ist aber $|\det A| = |\text{Produkt der Diagonalglieder}| \neq 0$. □

---

[1] Die Sarrussche Regel gilt <u>nur</u> für dreireihige Determinanten!

208

<u>Beispiel 3.8</u> Die Drehmatrix

$$D = \begin{bmatrix} \cos\alpha & \sin\alpha \\ -\sin\alpha & \cos\alpha \end{bmatrix}$$

in der Ebene (s. Beispiel 2.29, Abschnitt 2.4.5) ist für jeden Winkel α
regulär, denn man errechnet $\det D = 1$. -

Wir betrachten nun eine beliebige Matrix $A = [a_{ik}]_{m,n}$. Die Determinante einer quadratischen r-reihigen Untermatrix von A nennen wir
eine <u>Unterdeterminante</u> von A mit der <u>Zeilenzahl</u> r [1], oder kurz eine
r-<u>reihige Unterdeterminante</u> von A . Damit gilt

<u>Satz 3.16</u> <u>Rangbestimmung durch Determinanten</u>: Es sei $A = [a_{ik}]_{m,n}$
eine beliebige Matrix. A hat genau dann den Rang p , wenn folgendes
gilt:

(a) Es gibt eine p-reihige nichtverschwindende Unterdeterminante von A .

(b) Jede Unterdeterminante von A , deren Zeilenzahl größer als p ist,
verschwindet [2].

Man drückt dies kürzer so aus:

> *Der Rang einer Matrix ist die größte Zeilenzahl*
> *nichtverschwindender Unterdeterminanten der Matrix.*

<u>Beweis</u>: A hat den Rang p ; das bedeutet: Es gibt maximal p linear
unabhängige Spaltenvektoren von A .

<u>Zu (a)</u>: Wir wählen p linear unabhängige Spaltenvektoren aus. Sie
bilden eine Untermatrix $\hat{A}$ von A . Wegen Rang $\hat{A}^T$ = Rang $\hat{A}$ = p kann
man p linear unabhängige Zeilenvektoren aus $\hat{A}$ auswählen. Sie for-
mieren eine Untermatrix $\hat{\hat{A}}$ von $\hat{A}$ und damit von A . $\hat{\hat{A}}$ ist quadratisch, p-reihig und regulär (da die Zeilen linear unabhängig sind).

---

[1] Dies ist eine abkürzende Sprechweise für den Satz: r ist die Zeilenzahl der <u>Untermatrix</u>, deren Determinante betrachtet wird.
[2] "a verschwindet" bedeutet a = 0 .

Satz 3.17 liefert also $\det \hat{A} \neq 0$.

<u>Zu (b)</u>: In jeder quadratischen q-reihigen Untermatrix A_0 von A mit q > p sind die Spalten linear abhängig (da p = Rang A). A_0 ist also nicht regulär, woraus mit Satz 3.15 $\det A_0 = 0$ folgt. □

<u>Beispiel 3.9</u> Für

$$A = \begin{bmatrix} 5 & 1 & 2 & 4 \\ 0 & 3 & -1 & 11 \\ 0 & 5 & 4 & 7 \\ 0 & 2 & 8 & -10 \end{bmatrix} \quad \text{errechnet man}$$

$$\det A = 5 \begin{bmatrix} 3 & -1 & 11 \\ 5 & 4 & 7 \\ 2 & 8 & -10 \end{bmatrix} = 5 \cdot 0 = 0 \text{ , aber } \begin{vmatrix} 5 & 1 & 2 \\ 0 & 3 & -1 \\ 0 & 5 & 4 \end{vmatrix} = 85.$$

Also folgt Rang A = 3 . -

<u>Bemerkung</u>: Für numerische Rangberechnungen ist der Gaußsche Algorithmus vorzuziehen (s. Abschnitt 3.2.3). Doch für parameterabhängige Matrizen und theoretische Überlegungen ist die Charakterisierung des Rangs durch Determinanten oft nützlich.

<u>Übungen</u>

<u>3.18</u>* Welchen Rang hat die Matrix

$$A = \begin{bmatrix} 0 & 1 & 0 & 0 & 0 \\ 1 & 0 & 1 & 0 & 0 \\ 0 & 1 & 0 & 1 & 0 \\ 0 & 0 & 1 & 0 & 1 \\ 0 & 0 & 0 & 1 & 0 \end{bmatrix} \quad ?$$

<u>3.19</u> Zeige: $A\underline{x} = \underline{b}$ hat genau dann höchstens eine Lösung $\underline{x}$, wenn der Rang von A gleich der Spaltenzahl von A ist.
(A beliebige reelle (m,n)-Matrix, $\underline{x} \in \mathbb{R}^n$, $\underline{b} \in \mathbb{R}^m$) .

3.4.5 Der Determinanten-Multiplikationssatz

Satz 3.17 **Multiplikationssatz**: Sind B und A zwei beliebige quadratische n-reihige reelle Matrizen, so gilt

$$\boxed{\det(BA) = \det B \cdot \det A} \qquad (3.54)$$

Beweis: Im Falle $\det B = 0$ ist die Gleichung erfüllt, denn B ist in diesem Falle nicht regulär, also ist auch AB nicht regulär (nach Satz 3.6, Abschn. 3.3.1) , folglich gilt $\det(BA) = 0$.

Im Falle $\det B \neq 0$ definieren wir

$$F(A) := \frac{\det(BA)}{\det(B)} \quad , \qquad (3.55)$$

wobei wir uns B als fest und A als variabel vorstellen. F ist eine Funktion, die $\mathrm{Mat}(n;\mathbb{R})$ in $\mathbb{R}$ abbildet. Schreibt man mit den Spalten $\underline{a}_1,\ldots,\underline{a}_n$ von A :

$$F(A) = F(\underline{a}_1,\ldots,\underline{a}_n) = \frac{\det(B\underline{a}_1,\ldots,B\underline{a}_n)}{\det B} \quad ,$$

(wobei $B\underline{a}_1,\ldots,B\underline{a}_n$ die Spalten von BA sind), so stellt man leicht fest, daß F die Grundgesetze (a), (b), (c), (d) aus Satz 3.11 erfüllt. wenn man dort "det" durch "F" ersetzt. Nach dem Eindeutigkeitssatz (Satz 3.13, Abschn. 2.4.2) ist damit $F(A) = \det(A)$ für alle $A \in \mathrm{Mat}(n;\mathbb{R})$, woraus mit (3.55) die Behauptung des Satzes folgt. □

Bemerkung: a) Der Multiplikationssatz (nebst Beweis) gilt für **Matrizen** mit Elementen aus einem **beliebigen Körper** $\mathbb{K}$ **ebenso**, insbesondere für $\mathbb{K} = \mathbb{C}$.

b) Der Beweis des Satzes zeigt, wie elegant die Eindeutigkeitsaussage des Satzes 3.13 hier die Beweisführung ermöglicht.

c) Mit $GL(n;\mathbb{K})$[1] bezeichnet man die multiplikative Gruppe aller regulären n-reihigen Matrizen mit Elementen aus $\mathbb{K}$. Der Multiplikationssatz

---

[1] Aus dem Englischen: "General Linear Group"

besagt nun, daß det : GL(n,$\mathbb{K}$) $\longrightarrow$ $\mathbb{K}\backslash\{0\}$ ein __Homomorphismus__ von GL(n,$\mathbb{K}$) auf die multiplikative Gruppe $\mathbb{K}\backslash\{0\}$ ist.

__Folgerung 3.4__ Ist A regulär, so folgt

$$\det(A^{-1}) = \frac{1}{\det(A)} \quad . \tag{3.56}$$

__Beweis:__ $\det(A^{-1})\det(A) = \det(A^{-1}A) = \det E = 1$. □

__Übung 3.20__ Es seien A,B zweireihige reelle quadratische Matrizen. Es gilt $\det(AB) = \det A \cdot \det B$. Wie viele Multiplikationen benötigt man auf der linken Seite zum Auswerten (zuerst AB bilden, dann det(AB) berechnen), und wie viele auf der rechten Seite (zuerst det A und det B berechnen, dann ihr Produkt)? Welche Rechnungsart ist also weniger aufwendig?

3.4.6   Lineare Gleichungssysteme: die Cramersche Regel

Gelöst werden soll das quadratische lineare Gleichungssystem

$$\begin{aligned}
a_{11}x_1 + a_{12}x_2 + \ldots + a_{1n}x_n &= b_1 \\
a_{21}x_1 + a_{22}x_2 + \ldots + a_{2n}x_n &= b_2 \\
&\vdots \\
a_{n1}x_1 + a_{n2}x_2 + \ldots + a_{nn}x_n &= b_n
\end{aligned} \tag{3.57}$$

wobei die Matrix $A = [a_{ik}]_{n,n}$ __regulär__ ist. Mit den Spaltenvektoren $\underline{a}_1,\ldots,\underline{a}_n$ der Matrix A und dem Spaltenvektor $\underline{b}$ aus den $b_1,\ldots,b_n$ der rechten Seite lautet das Gleichungssystem

$$\sum_{k=1}^{n} x_k\underline{a}_k = \underline{b} \quad . \tag{3.58}$$

In Abschnitt 1.1.7, (1.69), und Abschnitt 1.2.7, (1.99), haben wir schon die Cramersche Regel für zwei- und dreireihige lineare Gleichungssysteme kennengelernt. Man vermutet daher den folgenden Satz, der die genannten Formeln auf beliebige n-reihige Gleichungssysteme erweitert:

<u>Satz 3.18</u> <u>Cramersche Regel</u>. Die Lösung $\underline{x} = [x_1, \ldots, x_n]^T$ des linearen Gleichungssystems (3.57) ergibt sich aus der Formel

$$\boxed{\quad x_i = \frac{\det(\underline{a}_1, \ldots, \underline{a}_{i-1}, \underline{b}, \underline{a}_{i+1}, \ldots, \underline{a}_n)}{\det A} \quad} \qquad , \; i = 1, 2, \ldots, n \qquad (3.59)$$

<u>Bemerkung</u>: Zur Berechnung von x_i hat man also in A die i-te Spalte durch $\underline{b}$ zu ersetzen, die Determinante zu bilden und durch $\det A$ zu dividieren. –

<u>Beweis</u>: Wir wissen, daß das Gleichungssystem (1) eine Lösung $\underline{x}^T = [x_1, \ldots, x_n]$ hat, da A regulär ist. Für diese $x_1, \ldots, x_n$ gilt also (3.58). Es folgt somit

$$
\begin{aligned}
D_i &:= \det(\underline{a}_1, \ldots, \underline{a}_{i-1}, \underline{b}, \underline{a}_{i+1}, \ldots, a_n) \\
&= \det(\underline{a}_1, \ldots, a_{i-1}, \sum_{k=1}^{n} x_k \underline{a}_k, a_{i+1}, \ldots, a_n) \; .
\end{aligned}
\qquad (3.60)
$$

Zur i-ten Spalte in (3.60) addiert man nacheinander $-x_1\underline{a}_1, \ldots, -x_{i-1}\underline{a}_{i-1}, -x_{i+1}\underline{a}_{i+1}, \ldots, -x_n\underline{a}_n$. Der Wert der Determinante bleibt dabei unverändert (nach Abschn. 3.4.2, Satz 3.12(e)), d.h. es folgt

$$D_i = \det(\underline{a}_1, \ldots, \underline{a}_{i-1}, x_i\underline{a}_i, \underline{a}_{i+1}, \ldots, \underline{a}_n) = x_i \det A \quad ,$$

also $x_i = D_i/\det A$, was zu beweisen war.   □

<u>Bemerkung</u>: Die <u>Cramersche Regel</u> ist eine <u>explizite Auflösungsformel</u> für reguläre lineare Gleichungssystem. Im Falle $n \geq 4$ ist allerdings bei numerischen Problemen der Gaußsche Algorithmus vorzuziehen. Trotzdem ist die Auflösungsformel sehr wertvoll, denn im Falle parameterabhängiger Matrizen A oder bei theoretischen Herleitungen verwendet man diese Auflösungsformel oft mit Erfolg. –

<u>Übung 3.21</u>* Löse das folgende Gleichungssystem mit der Cramerschen Regel

$$
\begin{aligned}
3x_1 + x_2 - x_3 \phantom{{}- 5x_4} &= 0 \\
-x_1 + 2x_2 + x_3 - 5x_4 &= 2 \\
\phantom{-x_1 + {}} 7x_2 + x_3 + x_4 &= 0 \\
2x_1 - 4x_2 + 8x_3 - 3x_4 &= 0 \; .
\end{aligned}
$$

3.4.7 Inversenformel

Die Inverse einer regulären Matrix $A = \left[a_{ik}\right]_{n,n}$ ist die Lösung X der folgenden Gleichung:

$$AX = E . \tag{3.61}$$

Mit $X = \left[x_{ik}\right]_{n,n} = [\underline{x}_1,\ldots,\underline{x}_n]$, $E = [\underline{e}_1,\ldots,\underline{e}_n]$ lassen sich die Spalten in (3.61) so schreiben:

$$A\underline{x}_1 = \underline{e}_1 \quad , \quad A\underline{x}_2 = \underline{e}_2,\ldots \quad , \quad A\underline{x}_n = \underline{e}_n \quad . \tag{3.62}$$

Dies sind n lineare Gleichungssysteme für die "Unbekannten" $\underline{x}_1,\ldots,\underline{x}_n$. Jedes dieser Systeme soll nun mit der Cramerschen Regel gelöst werden. Wir greifen uns $A\underline{x}_k = \underline{e}_k$ heraus, ausführlicher geschrieben als

$$\underline{a}_1 x_{1k} + \ldots + \underline{a}_n x_{nk} = \underline{e}_k , \tag{3.63}$$

wobei $A = [\underline{a}_1,\ldots,\underline{a}_n]$ ist. Die Cramersche Regel liefert

$$\boxed{x_{ik} = \frac{\det(\underline{a}_1,\ldots,\underline{a}_{i-1},\underline{e}_k,\underline{a}_{i+1},\ldots,\underline{a}_n)}{\det A}} \tag{3.64}$$

Damit ist eine Formel für die Elemente von $X = A^{-1}$ gewonnen.

Die Determinante im Zähler soll noch etwas vereinfacht werden. Zuerst geben wir ihr aber einen wohlklingenden Namen:

<u>Definition 3.10</u> (a) Es sei $A = [a_{ik}]_{n,n} = [\underline{a}_1,\ldots,\underline{a}_n]$, $n \geq 2$, eine quadratische Matrix[1]. Dann bezeichnet man die Werte

$$\alpha_{ik} = \det(\underline{a}_1,\ldots,\underline{a}_{i-1},\underline{e}_k,a_{i-1},\ldots,\underline{a}_n) \tag{3.65}$$

als <u>Kofaktoren</u> oder <u>algebraische Komplemente</u> von A ($\underline{e}_k$ ist der <u>k</u>-te Koordinateneinheitsvektor).

---

[1] Ab hier wird in diesem und im folgenden Abschnitt stets $n \geq 2$ vorausgesetzt.

(b) Die Matrix aus diesen α_{ik} heißt <u>Adjunkte</u> oder <u>komplementäre Matrix</u> zu A ; sie wird symbolisiert durch

$$\boxed{\ \text{adj}\, A \ := \ \left[\alpha_{ik}\right]_{n,n}\ }\tag{3.66}$$

Im Falle $\det A \neq 0$ gilt also nach (3.64)

$$\boxed{\ A^{-1} = \frac{\text{adj}\, A}{\det A}\ }\ .\tag{3.67}$$

Mit A_{ik} wird die (n-1,n-1)-<u>reihige</u> <u>Untermatrix</u> von A bezeichnet, die durch <u>Streichen der</u> i-<u>ten Zeile und der</u> k-<u>ten Spalte</u> aus A hervorgeht:

$$A_{ik} := \begin{bmatrix} a_{11} & \cdots & a_{1k} & \cdots & a_{1n} \\ \vdots & & \vdots & & \vdots \\ a_{i1} & \cdots & a_{ik} & \cdots & a_{in} \\ \vdots & & \vdots & & \vdots \\ a_{n1} & \cdots & a_{nk} & \cdots & a_{nn} \end{bmatrix}\ ,\ (n \geq 2)\ \cdot\tag{3.68}$$

<u>Folgerung 3.5</u> Für die Kofaktoren von A gilt

$$\boxed{\ \alpha_{ik} = (-1)^{i+k}\, \det A_{ki}\ }\ \ \text{für alle}\ \ i,k = 1,\ldots,n\ .\tag{3.69}$$

Man beachte, daß i,k in A_{ki} gegenüber α_{ik} vertauscht sind!

<u>Beweis</u>: In $\alpha_{ik} = \det(\underline{a}_1,\ldots,\underline{a}_{i-1},\underline{e}_k,\underline{a}_{i+1},\ldots,\underline{a}_n)$ steht am Schnittpunkt der i-ten Spalte und k-ten Zeile eine 1 , während alle anderen Elemente der i-ten Spalte gleich 0 sind. Durch i Vertauschungen benachbarter Spalten bringt man nun $\underline{e}_k$ in die erste Spalte, dann wird die 1 in der k-ten Zeile der ersten Spalte durch k Vertauschungen benachbarter Zeilen in die linke obere Ecke plaziert. So entsteht eine Determinante der Form

$$\begin{vmatrix} 1 & \vdots & * & * & .. & * \\ \hline 0 & \vdots & & & & \\ \vdots & \vdots & & A_{ki} & & \\ 0 & \vdots & & & & \end{vmatrix} = \det A_{ki}$$

Wegen der i+k Zeilen- und Spaltenvertauschungen unterscheidet sie sich von der ursprünglichen Determinante α_{ik} um den Faktor $(-1)^{i+k}$, womit (3.69) bewiesen ist. □

Die Formeln (3.67), (3.66), (3.68), (3.70) ergeben den folgenden zusammenfassenden Satz

__Satz 3.19__ __Inversenformel__. Ist $A = \left[a_{ik}\right]_{n,n}$ regulär $(n \geq 2)$, so folgt

$$A^{-1} = \frac{1}{\det A} \begin{bmatrix} \det A_{11} & -\det A_{12} & \cdots & (-1)^{1+n}\det A_{1n} \\ -\det A_{21} & \det A_{22} & \cdots & (-1)^{2+n}\det A_{2n} \\ \vdots & & & \vdots \\ (-1)^{1+n}\det A_{n1} & (-1)^{2+n}\det A_{n2} & \cdots & \det A_{nn} \end{bmatrix}^{T}$$

Beachte, daß die Matrix rechts transponiert ist! Die __Vorzeichen__ in der Matrix sind "__schachbrettartig__" verteilt:

$$\begin{bmatrix} + & - & + & - & \cdots \\ - & + & - & + & \vdots \\ + & - & + & - & \vdots \\ - & + & - & + & \cdots \\ \vdots & & \cdots & \vdots & \cdots \end{bmatrix}$$

__Beispiel 3.10__

$$A = \begin{bmatrix} 3 & 8 & 4 \\ 1 & 0 & 1 \\ 7 & 2 & 1 \end{bmatrix} \Rightarrow A^{-1} = \frac{1}{50} \begin{bmatrix} \begin{vmatrix} 0 & 1 \\ 2 & 1 \end{vmatrix} & -\begin{vmatrix} 1 & 1 \\ 7 & 1 \end{vmatrix} & \begin{vmatrix} 1 & 0 \\ 7 & 2 \end{vmatrix} \\ -\begin{vmatrix} 8 & 4 \\ 2 & 1 \end{vmatrix} & \begin{vmatrix} 3 & 4 \\ 7 & 1 \end{vmatrix} & -\begin{vmatrix} 3 & 8 \\ 7 & 2 \end{vmatrix} \\ \begin{vmatrix} 8 & 4 \\ 0 & 1 \end{vmatrix} & -\begin{vmatrix} 3 & 4 \\ 1 & 1 \end{vmatrix} & \begin{vmatrix} 3 & 8 \\ 1 & 0 \end{vmatrix} \end{bmatrix}^{T}$$

$$\Rightarrow A^{-1} = \frac{1}{50} \begin{bmatrix} -2 & 6 & 2 \\ 0 & -25 & 50 \\ 8 & 1 & -8 \end{bmatrix}^{T} = \frac{1}{50} \begin{bmatrix} -2 & 0 & 8 \\ 6 & -25 & 1 \\ 2 & 50 & -8 \end{bmatrix} .$$

__Bemerkung__: Für große Matrizen $(n \geq 4)$ benutzt man meistens den Gaußschen Algorithmus zur Berechnung von A^{-1} (s. Abschn. 3.3.2).

216

<u>Übungen</u>

<u>3.22</u>* Berechne mit der Inversenformel die Inversen von

$$A = \begin{bmatrix} 5 & 8 \\ -1 & 3 \end{bmatrix} \;, \quad B = \begin{bmatrix} 6 & 7 & 1 \\ 4 & -3 & 5 \\ 10 & 1 & -1 \end{bmatrix} \;, \quad C = \begin{bmatrix} 0 & 1 & 0 & 0 \\ 0 & 0 & 0 & 1 \\ 1 & 0 & 0 & 0 \\ 0 & 0 & 1 & 0 \end{bmatrix}$$

<u>3.23</u> Es sei $R = [r_{ik}]_{n,n}$ eine "<u>rechte Dreiecksmatrix</u>", d.h. $r_{ik} = 0$, falls $i > k$, und $r_{ii} \neq 0$ für alle $i = 1,\dots,n$. Zeige mit der Inversenformel, daß auch R^{-1} eine rechte Dreiecksmatrix ist.

3.4.8 Entwicklungssatz

Aus (3.67) im vorigen Abschnitt folgt im Falle $\det A \neq 0$:
$(\mathrm{adj}\,A / \det A)A = E$, also $(\mathrm{adj}\,A)A = (\det A)E$. Wir zeigen, daß dies auch im Falle $\det A = 0$ richtig ist:

<u>Satz 3.20</u> <u>Adjunkten-Satz</u>: Für jede quadratische Matrix $A = \begin{bmatrix} a_{ik} \end{bmatrix}_{n,n}$ mit $n \geq 2$ gilt

$$\boxed{(\mathrm{adj}\,A)A = (\det A)E} \tag{3.70}$$

(E Einheitsmatrix von gleicher Zeilenzahl wie A).

<u>Beweis</u>: Wir schreiben zur Abkürzung $(\mathrm{adj}\,A)A = (c_{ik})_{n,n}$, wobei n die Zeilenzahl von A ist. Damit gilt

$$c_{ik} = \sum_{j=1}^{n} \alpha_{ij} a_{jk} = \sum_{j=1}^{n} a_{jk} \cdot \det(\underline{a}_1, \dots, \underline{a}_{i-1}, \underline{e}_j, \underline{a}_{i+1}, \dots, \underline{a}_n)$$

$$= \det(\underline{a}_1, \dots, \underline{a}_{i-1}, \sum_{j=1}^{n} a_{jk} \underline{e}_j, \underline{a}_{i+1}, \dots, \underline{a}_n) \;.$$

Die letzte Gleichheit folgt aus der Linearität der Determinante bez. der i-ten Spalte. Die Summe in der i-ten Spalte der letzten Determinante ist gleich $\underline{a}_k$, also folgt

$$c_{ik} = \det(\underline{a}_1,\ldots,\underline{a}_{i-1},\underline{a}_k,\underline{a}_{i-1},\ldots,\underline{a}_n)$$

$$= \delta_{ik}\det A \quad , \qquad \left(\delta_{ik} = \left\{ \begin{array}{ll} 1 & \text{falls } i = k \\ 0 & \text{falls } i \neq k \end{array} \right. \right) .$$

$\delta_{ik}\det A$ ist das Element an der Stelle (i,k) der Matrix $(\det A)E$, womit (3.70) bewiesen ist. $\qquad\qquad$ □

Schreibt man das Element an der Stelle (i,k) bez. der Gleichung (3.70) hin, so erhält man

$$\sum_{j=1} \alpha_{ij}a_{jk} = (\det A)\delta_{ik} \qquad (i,k = 1,\ldots,n) . \tag{3.71}$$

Für den Fall $i = k$ erhalten wir, nach Vertauschen der Gleichungsseiten

$$\det A = \sum_{j=1}^{n} \alpha_{kj}a_{jk} \tag{3.72}$$

und mit (3.69):

<u>Satz 3.21</u> <u>Entwicklungssatz nach Spalten</u>: Für jedes $k \in \{1,\ldots,n\}$ gilt

$$\boxed{\det A = \sum_{j=1}^{n} a_{jk}(-1)^{j+k}\det A_{jk}} \tag{3.73}$$

<u>Entwicklungssatz nach Zeilen</u>: Für jedes $i \in \{1,\ldots,n\}$ gilt

$$\boxed{\det A = \sum_{j=1}^{n} a_{ij}(-1)^{i+j}\det A_{ij}} \tag{3.74}$$

Die zweite Gleichung folgt aus der ersten durch Übergang von A zu A^T .

Beide Gleichungen ergeben rekursive Berechnungsmethoden für Determinanten. Denn die n-reihige Determinante $\det A$ wird durch die Formeln auf die (n-1)-reihigen Determinanten $\det A_{ik}$ zurückgeführt. Diese kann man über die Entwicklungsformeln wiederum auf (n-2)-reihige Determinanten zurückführen usw.

Man bezeichnet die rechte Seite in (3.73) auch als "Entwicklung der
Determinante nach der k-ten Spalte" und (3.74) als "Entwicklung der
Determinante nach der i-ten Zeile ". Oft werden die Entwicklungen nach
der ersten Spalte bzw. ersten Zeile verwendet. Wir schreiben diese
Spezialfälle daher noch einmal heraus:

$$
\begin{array}{|ll|}
\hline
\det A = \displaystyle\sum_{j=1}^{n} a_{j1}(-1)^{j+1}\det A_{j1} & \begin{array}{l}\text{Entwicklung}\\ \text{nach 1. Spalte}\end{array} \\
 & \\
\det A = \displaystyle\sum_{j=1}^{n} a_{ij}(-1)^{j+1}\det A_{1j} & \text{nach 1. Zeile} \\
\hline
\end{array}
\qquad
\begin{array}{l}(3.75)\\[2em](3.76)\end{array}
$$

Für dreireihige Determinanten sieht die Entwicklung nach der ersten Zeile
so aus:

$$
\begin{vmatrix} a_{11} & a_{12} & a_{13} \\ a_{21} & a_{22} & a_{23} \\ a_{31} & a_{32} & a_{33} \end{vmatrix}
= a_{11}\begin{vmatrix} a_{22} & a_{23} \\ a_{32} & a_{33} \end{vmatrix}
- a_{12}\begin{vmatrix} a_{21} & a_{23} \\ a_{31} & a_{33} \end{vmatrix}
+ a_{13}\begin{vmatrix} a_{21} & a_{22} \\ a_{31} & a_{32} \end{vmatrix} \ .
$$

Der Leser schreibe sich zur Übung die Entwicklungen nach der 2. und 3.
Zeile auf, sowie die Entwicklungen nach den 3 Spalten. Ein Zahlenbeispiel

Beispiel 3.11

$$
\begin{vmatrix} 3 & 5 & 2 \\ -1 & 6 & 4 \\ 7 & 10 & -8 \end{vmatrix}
= 3\begin{vmatrix} 6 & 4 \\ 10 & -8 \end{vmatrix}
- 5\begin{vmatrix} -1 & 4 \\ 7 & -8 \end{vmatrix}
+ 2\begin{vmatrix} -1 & 6 \\ 7 & 10 \end{vmatrix}
$$

$$
= 3(-88) - 5(-20) + 2(-52) = -268 \ . \ -
$$

Bemerkung: Man erkennt, daß die Berechnung dreireihiger Determinanten
durch die Entwicklung nach der ersten Zeile (oder einer anderen Zeile
oder Spalte) etwas ökonomischer ist als die Sarrussche Regel. Denn bei
der Entwicklung nach einer Zeile oder Spalte werden 9 Multiplikationen
ausgeführt, bei der Sarrusschen Regel aber 12. Im Zeitalter elektroni-
scher Rechner ist dieser Unterschied im Rechenaufwand zwischen Summenformel und Entwicklungssatz aber fast bedeutungslos. Für numerische
Zwecke ist allerdings der Gaußsche Algorithmus nach wie vor die bessere
Methode zur Determinantenberechnung. -

Im Zusammenhang mit der schrittweisen Berechnung von Determinanten geben wir noch folgende Rekursionsformel an, die auch für theoretische Zwecke nützlich ist.

<u>Satz 3.22</u> Für die quadratische Blockmatrix $A = \begin{bmatrix} a & \underline{b}^T \\ \underline{c} & B \end{bmatrix}$ mit $a \neq 0$ (a Skalar) gilt

$$\det A = a \cdot \det \left[B - \frac{1}{a}\underline{c}\,\underline{b}^T \right] \tag{3.77}$$

<u>Beweis:</u> Man rechnet nach, das Folgende gilt:

$$\begin{bmatrix} a & \underline{b}^T \\ \underline{c} & B \end{bmatrix} \begin{bmatrix} 1 & -\frac{1}{a}\underline{b}^T \\ 0 & E \end{bmatrix} = \begin{bmatrix} a & 0 \\ \underline{c} & \left[B - \frac{1}{a}\underline{c}\,\underline{b}^T \right] \end{bmatrix}$$

Mit dem Determinantenmultiplikationssatz erhält man daraus (3.77).   □

<u>Übungen</u>

<u>3.23*</u> Berechne die folgenden Determinanten durch sukzessives Anwenden des Entwicklungssatzes nach der ersten Zeile (s. (3.76)):

$$\begin{vmatrix} 5 & 7 & -1 \\ 3 & 6 & 8 \\ 12 & -2 & 1 \end{vmatrix} \quad , \quad \begin{vmatrix} 1 & 0 & 7 & 4 \\ 6 & -1 & 2 & 3 \\ 5 & 9 & 3 & 0 \\ 7 & 1 & 2 & 8 \end{vmatrix} \quad , \quad \begin{vmatrix} 0 & 0 & 0 & a_{14} \\ 0 & 0 & a_{23} & a_{24} \\ 0 & a_{32} & a_{33} & a_{34} \\ a_{41} & a_{42} & a_{43} & a_{44} \end{vmatrix}$$

<u>3.24*</u> Beweise, daß für reguläre Matrizen A,B mit mindestens zwei Zeilen folgende Formeln gelten

(a) $\det(\operatorname{adj} A) = \left(\det A \right)^{n-1}$ (Benutze Satz 3.20)

(b) $\operatorname{adj}(\operatorname{adj} A) = \left(\det A \right)^{n-2} A$

(c) $\operatorname{adj}(AB) = \operatorname{adj} B \cdot \operatorname{adj} A$

(Verwende (3.67), Abschn. 3.4.7)

3.4.9 Zusammenstellung der wichtigsten Regeln über Determinanten

Es seien $A = [a_{ik}]_{n,n} = [\underline{a}_1,\ldots,\underline{a}_n]$ und $B = [b_{ik}]_{n,n}$ $(n \geq 2)$ beliebige quadratische Matrizen mit Elementen aus einem Körper $\mathbb{K}$ (insbesondere also aus $\mathbb{R}$ oder $\mathbb{C}$).

I. <u>Summendarstellung der Determinante</u>: (Abschn. 3.4.1)

$$\det A = \begin{vmatrix} a_{11} \cdots a_{1n} \\ \vdots \qquad \vdots \\ a_{n1} \cdots a_{nn} \end{vmatrix} = \sum_{(k_1,\ldots,k_n)\in S_n} \operatorname{sgn}(k_1,\ldots,k_n) a_{1k_1} \cdots \cdots a_{nk_n} \tag{3.78}$$

II. <u>Transpositionsregel</u>:

$$\det A = \det A^T \tag{3.79}$$

III. <u>Grundregeln</u> (Abschn. 3.4.2)

$\det A = \det(\underline{a}_1,\ldots,\underline{a}_n)$ ist <u>in jeder Spalte linear</u>, d.h.:

(a) $\det(\underline{a}_1+\underline{x},a_2,\ldots,\underline{a}_n) = \det(\underline{a}_1,\underline{a}_2,\ldots,\underline{a}_n) + \det(\underline{x},\underline{a}_2,\ldots,a_n)$ (3.80)

(b) $\det(\lambda\underline{a}_1,\underline{a}_2,\ldots,\underline{a}_n) = \lambda\det(\underline{a}_1,\underline{a}_2,\ldots,\underline{a}_n),\quad (\lambda \in \mathbb{K})$ (3.81)

    und entsprechend für die zweite, dritte, ..., n-te Spalte.

(c) <u>Vertauschen zweier Spalten ändert das Vorzeichen</u> der Determinante.

(a), (b), (c) gilt analog für alle Zeilen.

(d) $\det E = 1$ (<u>Normierung</u>) (3.82)

IV. <u>Weitere Regeln</u> (Abschn. 3.4.2, 3.4.3)

(e) <u>Addiert</u> man ein <u>Vielfaches eines Spaltenvektors</u> (bzw. <u>Zeilenvektors</u>) von A zu einem anderen, so bleibt die Determinante von A <u>unverändert</u>.

(f) Hat A zwei gleiche Spalten (oder Zeilen), so ist die Determinante von A gleich Null.

(g) Ist eine Spalte (oder Zeile) von A gleich $\underline{0}$, so ist die Determinante von A Null.

(h) Die Determinante einer Dreiecksmatrix A ist gleich dem Produkt ihrer Diagonalelemente: $\det A = a_{11}a_{12}\ldots a_{nn}$. (Satz 3.14, Abschn. 3.4.3)

Hierauf fußt die Berechnung einer Determinante durch den Gaußschen Algorithmus, indem man die zugehörige Matrix durch die Schritte des Gaußschen Algorithmus in eine Dreiecksmatrix überführt (s. Abschn. 3.4.3).

V. Regularitätskriterium (Abschn. 3.4.4)

$$\boxed{A \text{ regulär } \Leftrightarrow \det A \neq 0} \qquad (3.83)$$

M.a.W.: Genau dann ist $\det A \neq 0$, wenn die Spaltenvektoren (bzw. Zeilenvektoren) von A linear unabhängig sind.

VI. Rangbestimmung durch Determinanten (Abschn. 3.4.4)

Der Rang einer Matrix ist die größte Zeilenzahl nichtverschwindender Unterdeterminanten der Matrix.

VII. Determinantenmultiplikationssatz (Abschn. 3.4.5)

$$\boxed{\det(AB) = \det A \, \det B} \qquad (3.84)$$

VIII. Cramersche Regel (Abschn. 3.4.6)

Die Lösung $\underline{x} = [x_1,\ldots,x_n]^T$ des linearen Gleichungssystems $A\underline{x} = \underline{b}$ (A regulär) erhält man aus

$$\boxed{x_i = \frac{\det(\underline{a}_1,\ldots,\underline{a}_{i-1},\underline{b},\underline{a}_{i+1},\ldots,\underline{a}_n)}{\det A}} \quad , \; i = 1,\ldots,n \qquad (3.85)$$

Es sei A_{ik} die Matrix, die aus A durch Streichen der i-ten Zeile und der k-ten Spalte hervorgeht.

IX. <u>Inversenformel</u> (Abschn. 3.4.7)

A regulär

$$A^{-1} = \frac{1}{\det A} \left[(-1)^{i+k}\det A_{ik}\right]^{T}_{n,n} \tag{3.86}$$

X. <u>Entwicklungssätze</u> (Abschn. 3.4.8)

$$\det A = \sum_{j=1}^{n} a_{jk}(-1)^{j+k}\det A_{jk} \qquad \left\{\begin{array}{l}\text{Entwicklung nach}\\ \text{k-ter Spalte}\end{array}\right. \tag{3.87}$$

$$\det A = \sum_{j=1}^{n} a_{ij}(-1)^{i+j}\det A_{ij} \qquad \left\{\begin{array}{l}\text{Entwicklung nach}\\ \text{i-ter Zeile}\end{array}\right. \tag{3.88}$$

<u>Übung 3.25</u>* Es soll die <u>Gleichung</u> $\boxed{AX = B}$ gelöst werden, wobei A,B bekannte n-reihige Matrizen mit Elementen aus einem Körper $I\!K$ sind und X eine gesuchte n-reihige quadratische Matrix. Es sei A regulär und $n \geq 2$. Zeige, daß die Lösung $X = [x_{ik}]_{n,n}$ durch folgende Formel gegeben ist:

$$x_{ik} = \frac{1}{\det A} \sum_{j=1}^{n} (-1)^{j+i}(\det A_{ji})b_{jk} \tag{3.89}$$

3.5 SPEZIELLE MATRIZEN

Einige spezielle Typen von Matrizen, die häufig vorkommen, werden im
Folgenden zusammengestellt. Beim ersten Durcharbeiten des Buches empfiehlt
es sich, nur den einführenden Abschnitt 3.5.1 zu lesen und dann gleich
zum nächsten größeren Abschnitt 3.6 überzugehen. Denn nach dem Einfüh-
rungsabschnitt 3.5.1 werden die Eigenschaften der speziellen Matrizen
im einzelnen erörtert und bewiesen. Damit der Leser nicht "auf Vorrat"
lernen muß, kann er diese Teile überspringen oder "überfliegen", um dann
später bei Bedarf nachzuschlagen.

3.5.1 Definition der wichtigsten speziellen Matrizen

Vorbemerkung für komplexe Matrizen. Zu jeder komplexen Matrix
$A = \left[a_{ik}\right]_{m,n}$ definiert man die konjugiert komplexe Matrix $\overline{A} := \left[\overline{a_{ik}}\right]_{m,n}$[1]
und damit die adjungierte Matrix

$$\boxed{A^* := \overline{A}^T} \quad , \text{ d.h. } \quad A^* = \left[\alpha_{ik}\right]_{n,m} \text{ mit } \alpha_{ik} = \overline{a_{ki}} \quad . \tag{3.90}$$

Für rein reelle Matrizen A ist also $A^* = A^T$, d.h. adjungierte Matrix
= transponierte Matrix. Die Verwandtschaft mit der Transposition zeigt
sich auch in den Regeln für adjungierte Matrizen: Für alle komplexen
(m,n)-Matrizen A und (n,p)-Matrizen B , sowie für alle $\lambda \in \mathbb{C}$, gilt

$$(A^*)^* = A \ , \ (AB)^* = B^*A^* \ , \ (\lambda A)^* = \overline{\lambda}A^* \ , \tag{3.91}$$

$$(A^*)^{-1} = (A^{-1})^* \ , \text{ falls } A \text{ regulär}, \tag{3.92}$$

$$\underline{x}^*\underline{x} > 0 \quad \text{für alle } \underline{x} \neq \underline{0} \ , \ \underline{x} \in \mathbb{C}^n \ . \tag{3.93}$$

Die letzte Eigenschaft mit ihren Folgerungen (z.B. $(A\underline{x})^*(A\underline{x})$ ist reell
und ≥ 0) stellt die eigentliche Motivation für die Operation * dar.

---

[1] $\overline{a_{ik}}$ ist die zu a_{ik} konjugiert komplexe Zahl, d.h. es gilt:
$\text{Re}\,\overline{a_{ik}} = \text{Re}\,a_{ik}$, $\text{Im}\,\overline{a_{ik}} = -\,\text{Im}\,a_{ik}$.

Wir stellen nun die wichtigsten Typen spezieller Matrizen in knapper
Form zusammen.

__Definition 3.11__ Eine quadratische Matrix $A = [a_{ik}]_{n,n}$ mit Elementen
aus einem Körper $\mathbb{K}$ trägt eine der folgenden Bezeichnungen, wenn die
zugehörige Bedingung (rechts davon) erfüllt ist.

Wir erwähnen noch: Die Elemente $a_{11}, a_{22}, \ldots, a_{nn}$ bilden die __Hauptdiago-__
__nale__ von A , kurz: __Diagonale__. Sie heißen daher die (Haupt-)__Diagonal-__
__elemente__ von A .

I. Diagonal- und Dreiecksform:

(a) __Diagonalmatrix__   ⟷ $a_{ik} = 0$ für $i \neq k$
  Schreibweise: (alle Elemente außerhalb der
  $A = \mathrm{diag}(a_{11}, \ldots, a_{nn})$ Hauptdiagonale sind Null)

(b) __Skalarmatrix__   ⟷ $A = cE$

(c) __rechte Dreiecksmatrix__   ⟷ $a_{ik} = 0$ für $i > k$

(d) __linke Dreiecksmatrix__   ⟷ $a_{ik} = 0$ für $i < k$

(e) (__rechte__) __unipotente Matrix__   ⟷ A rechte Dreiecksmatrix und
             $a_{ii} = 1$ für alle i

  (__linke__) __unipotente Matrix__   ⟷ A linke Dreiecksmatrix und
             $a_{ii} = 1$ für alle i

II. Orthogonalität:

(f) __orthogonale Matrix__   ⟷ $A^T A = E$ und A reell

(g) __Permutationsmatrix__   ⟷ $A = [\underline{e}_{k_1}, \ldots, \underline{e}_{k_n}]$, wobei
             $(k_1, \ldots, k_n)$ eine Permutation von
             $(1, \ldots, n)$ ist.
             ($\underline{e}_{k_i}$ Koordinateneinheitsvektoren)

(h) __unitäre Matrix__   ⟷ $A^* A = E$ und A komplex

III. Symmetrie:

(i) <u>symmetrische Matrix</u> $\leftrightarrow$ $A^T = A$ und A reell

(j) <u>schiefsymmetrische Matrix</u> $\leftrightarrow$ $A^T = -A$ und A reell

(k) <u>hermitesche Matrix</u>[1] $\leftrightarrow$ $A^* = A$ und A komplex

(l) <u>schiefhermitesche Matrix</u> $\leftrightarrow$ $A^* = -A$ und A komplex

(m) <u>positiv definite Matrix</u> $\leftrightarrow$
$$\begin{cases} \underline{\text{falls A reell:}} \\ \boxed{\underline{x}^T A \underline{x} > 0} \quad \text{für alle } \underline{x} \in \mathbb{R}^n, \underline{x} \neq \underline{0}, \\ \text{und A symmetrisch,} \\[1em] \underline{\text{falls A komplex:}} \\ \boxed{\underline{x}^* A \underline{x} > 0} \quad \text{für alle } \underline{x} \in \mathbb{C}^n, \underline{x} \neq \underline{0}, \\ \text{und A hermitesch.} \end{cases}$$

(n) <u>positiv semidefinite Matrix</u> $\leftrightarrow$
$$\begin{cases} \underline{\text{falls A reell:}} \\ \boxed{\underline{x}^T A \underline{x} \geq 0} \quad \text{für alle } \underline{x} \in \mathbb{R}^n \\ \text{und A symmetrisch,} \\[1em] \underline{\text{falls A komplex:}} \\ \boxed{\underline{x}^* A \underline{x} \geq 0} \quad \text{für alle } \underline{x} \in \mathbb{C}^n \\ \text{und A hermitesch.} \end{cases}$$

(o) <u>negativ definite Matrix</u> $\leftrightarrow$ $-A$ positiv definit

(p) <u>negativ semidefinite Matrix</u> $\leftrightarrow$ $-A$ positiv semidefinit

Mengenbezeichnungen

$O(n)$ = Menge der orthogonalen (n,n)-Matrizen

$U(n)$ = Menge der unitären (n,n)-Matrizen

$Sym(n)$ = Menge der symmetrischen (n,n)-Matrizen

$Her(n)$ = Menge der hermiteschen (n,n)-Matrizen.

---

[1] Nach dem französischen Mathematiker Charles Hermite, Paris, 1822-1901, der u.a. die Transzendenz von e bewies (1873).

Statt <u>rechter</u> <u>Dreiecksmatrix</u> sagt man auch <u>obere</u> <u>Dreiecksmatrix</u> oder
<u>Superdiagonalmatrix</u>, während <u>linke</u> <u>Dreiecksmatrizen</u> auch auf die Namen
<u>untere</u> <u>Dreiecksmatrix</u> oder <u>Subdiagonalmatrix</u> hören.

Den <u>orthogonalen</u> <u>Matrizen</u> wollen wir eine zweite Charakterisierung geben,
die das Wort "orthogonal" rechtfertigt.

<u>Folgerung 3.6</u> Eine reelle (n,n)-Matrix $A = [\underline{a}_1,\ldots,\underline{a}_n]$ ist genau dann
<u>orthogonal</u>, wenn ihre <u>Spaltenvektoren</u> <u>ein</u> <u>Orthonormalsystem</u> bilden, d.h.
wenn

$$\underline{a}_i \cdot \underline{a}_k = \delta_{ik} = \begin{cases} 1 \text{ , falls } i = k \\ 0 \text{ , falls } i \neq k \end{cases} \tag{3.94}$$

für alle $i,k \in \{1,\ldots,n\}$ erfüllt ist. Für die <u>Zeilenvektoren</u> von A
gilt die entsprechende Aussage.

<u>Beweis</u>: In $A^T A$ ist $\underline{a}_i \cdot \underline{a}_k$ das Element in der i-ten Zeile und der
k-ten Spalte. $A^T A = E$ bedeutet daher gerade $\underline{a}_i \cdot \underline{a}_k = \delta_{ik}$ für alle
i,k . - Ferner gilt: A orthogonal $\Leftrightarrow A^T A = E \Leftrightarrow A^T = A^{-1} \Leftrightarrow AA^T = E \Leftrightarrow$
$\Leftrightarrow (A^T)^T A^T$) $E \Leftrightarrow A^T$ orthogonal $\Leftrightarrow$ die Spaltenvektoren von A^T sind orthonormal $\Leftrightarrow$ die Zeilenvektoren von A sind orthonormal. $\quad\quad\quad$ □

Für komplexe Matrizen $A = [\underline{a}_1,\ldots,\underline{a}_n]$ gilt entsprechend: A unitär $\Leftrightarrow$
$\Leftrightarrow \underline{a}_i \cdot \underline{a}_k = \delta_{ik} \Leftrightarrow A^* = A^{-1} \Leftrightarrow A^*$ unitär $\Leftrightarrow \hat{\underline{a}}_i \cdot \underline{a}_k = \delta_{ik}$ für die Zeilenvektoren von A .

<u>Zu den Permutationsmatrizen</u>: Ist $P = [\underline{e}_{k_1},\ldots,\underline{e}_{k_n}]$ eine Permutations-
matrix und A eine reelle oder komplexe (n,m)-Matrix, so bewirkt die
Linksmultiplikation von P mit A ,

$\quad\quad\quad PA$, eine Permutation der Zeilen von A

und die Rechtsmultiplikation von P mit einer (m,n)-Matrix A,

$\quad\quad\quad AP$, eine Permutation der Spalten von A .

Die Matrix-Schemata in den folgenden Figuren 3.10, 3.11 dienen der Veranschaulichung von Definition 3.11.

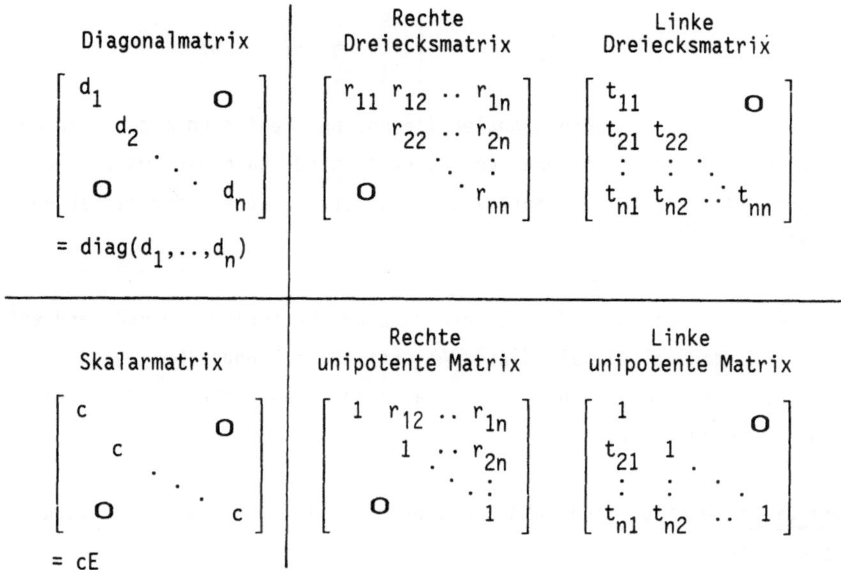

Fig. 3.10: Diagonal- und Dreiecksmatrizen

orthogonale Matrix:
$$\begin{bmatrix} 0{,}8 & -0{,}6 \\ 0{,}6 & 0{,}8 \end{bmatrix}$$

Permutationsmatrix:
$$\begin{bmatrix} 0 & 1 \\ 1 & 0 \end{bmatrix}$$

unitäre Matrix:
$$\begin{bmatrix} 0{,}8e^{i\alpha} & -0{,}6e^{i(\alpha+\gamma)} \\ 0{,}6e^{i\beta} & 0{,}8e^{i(\beta+\gamma)} \end{bmatrix}$$

symmetrische Matrix:
$$\begin{bmatrix} 6 & 1 & 9 \\ 1 & 8 & 7 \\ 9 & 7 & 2 \end{bmatrix}$$

schiefsymmetrische Matrix:
$$\begin{bmatrix} 0 & -1 & 9 \\ 1 & 0 & 7 \\ -9 & -7 & 0 \end{bmatrix}$$

positiv definite Matrix:
$$\begin{bmatrix} 5 & -2 & 1 \\ -2 & 6 & -3 \\ 1 & -3 & 4 \end{bmatrix}$$

Fig. 3.11: Orthogonale, unitäre und (schief-)symmetrische Matrizen

Der Nachweis, daß die letzte Matrix in Figur 3.11 positiv definit ist, geschieht am einfachsten durch das Kriterium von Hadamard (Satz 3.45, Abschn. 3.5.7), auf das hier vorgegriffen wird. Und zwar hat man die drei "Hauptminoren" zu berechnen, das sind die Unterdeterminanten

$$5 \quad , \quad \begin{vmatrix} 5 & -2 \\ -2 & 6 \end{vmatrix} = 26 \quad , \quad \begin{vmatrix} 5 & -2 & 1 \\ -2 & 6 & -3 \\ 1 & -3 & 4 \end{vmatrix} = 65 \; .$$

die symmetrisch zur Hauptdiagonalen liegen, und beginnend mit 5 in der linken oberen Ecke, ineinander geschachtelt sind. Da diese "Hauptminoren" alle positiv sind, ist die Matrix positiv definit (nach dem zitierten Kriterium von Hadamard).

Satz 3.45 in Abschnitt 3.5.7, in dem auch das Kriterium von Hadamard enthalten ist, kann als "Ziel" dieses Abschnittes 3.5 angesehen werden. Zu seiner Herleitung wird nahezu alles gebraucht, was vorher in 3.5.2 bis 3.5.6 beschrieben ist.

<u>Übung 3.26*</u> Beweise: Sind A,B zwei orthogonale (n,n)-Matrizen, so gilt dies auch für AB .

3.5.2   Algebraische Strukturen von Mengen spezieller Matrizen[1]

Die Summe zweier symmetrischer Matrizen ist wieder symmetrisch, das Produkt zweier orthogonaler Matrizen ist wieder orthogonal, die Inverse einer Permutationsmatrix ist wieder eine Permutationsmatrix usw. Um Aussagen dieser Form geschlossen ausdrücken zu können, benutzen wir die folgenden algebraischen Begriffe.

I. Eine nichtleere Menge V von (n,n)-Matrizen mit Elementen aus $\mathbb{K}$ bildet einen <u>linearen Raum</u> (von Matrizen) <u>über</u> $\mathbb{K}$, wenn für je zwei Matrizen $A,B \in V$ und jedes $\lambda \in \mathbb{K}$ gilt

$$A + B \in V \quad , \quad \lambda A \in V \tag{3.95}$$

Es folgt sofort auch $0 \in V$ und $-A \in V$ (aus $\lambda A \in V$ mit $\lambda = 0$ bzw. $\lambda = -1$).

II. Eine nichtleere Menge G von regulären (n,n)-Matrizen bildet eine <u>Gruppe</u> (ausführlicher: <u>Matrizengruppe</u>), wenn mit $A,B \in G$ stets folgt:

$$AB \in G \quad , \quad A^{-1} \in G \tag{3.96}$$

In diesem Fall folgt sofort auch $E \in G$, da nach (3.96) $A^{-1} \in G$ und folglich $AA^{-1} = E \in G$.

---

[1] Wie schon erwähnt, wird dem Anfänger empfohlen, von hier ab die restlichen Abschnitte von 3.5 zu überspringen.

III. Eine nichtleere Menge M von (n,n)-Matrizen mit Elementen aus $\mathbb{K}$
     heißt eine <u>Algebra</u> (ausführlicher: <u>Matrizen-Algebra</u>), wenn mit
     A,B $\in$ M und $\lambda \in \mathbb{K}$ stets folgendes gilt

$$A + B \in M \quad , \quad \lambda A \in M \quad , \quad AB \in M \quad .$$

<u>Bemerkung</u>: Die Begriffe "Gruppe" und "Linearer Raum" (= Vektorraum) sind
in Abschnitt 2.3 und 2.4 in voller Allgemeinheit erläutert. Der Leser
braucht jedoch nicht nachzuschlagen. Die obigen Erklärungen reichen für
das Verständnis des Folgenden völlig aus, da sie hier nur dazu dienen,
eine übersichtliche und prägnante Sprechweise zu gewinnen. Auch auf den
allgemeinen Begriff einer "Algebra" wird verzichtet. Die oben charakte-
risierten Matrizen-Algebren reichen aus. -

Natürlich bildet die Menge Mat(n,$\mathbb{K}$) aller (n,n)-Matrizen "über $\mathbb{K}$ " [1]
eine Matrizen-Algebra. Für die eingeführten speziellen Matrizen gilt
Folgendes:

<u>Satz 3.23</u> Jede der folgenden Matrizenmengen (mit Elementen aus einem
Körper $\mathbb{K}$) bildet eine <u>Matrizenalgebra</u>. Dabei werden alle Matrizen als
n-reihig mit festem n angenommen:

(a) die Diagonalmatrizen,

(b) die rechten Dreiecksmatrizen,

(c) die linken Dreiecksmatrizen.

Der einfache Beweis bleibt dem Leser überlassen.

<u>Bemerkung</u>: Die Skalarmatrizen sind durch $cE \mapsto c$ den Körperelementen
aus $\mathbb{K}$ umkehrbar eindeutig zugeordnet und spiegeln sie auch in den
Rechenoperationen wider. Aus diesem Grund liefern sie algebraisch nichts
Neues. -

<u>Satz 3.34</u> <u>Lineare Räume über</u> $\mathbb{R}$ sind

(a) die Menge Sym(n) der n-reihigen symmetrischen Matrizen,

(b) die Menge Sym$^-$(n) der n-reihigen schiefsymmetrischen Matrizen.

<u>Lineare Räume über</u> $\mathbb{C}$ sind dagegen

(c) die Menge Her(n) der n-reihigen hermiteschen Matrizen,

(d) die Menge Her$^-$(n) der n-reihigen schiefhermitschen Matrizen

Regulär sind offenbar die unipotenten, die orthogonalen und die unitären
Matrizen (wie die Permutationsmatrizen als spezielle orthogonale Matrizen). Denn für unipotentes A ist $\det A = 1$, und für orthogonales bzw.
unitäres A existiert $A^{-1} = A^t$ bzw. $A^{-1} = A^*$.

Eine Dreiecks- oder Diagonalmatrix A ist genau dann regulär, wenn alle
Diagonalelemente $a_{ii} \neq 0$ sind. Somit folgt

---

[1] Man sagt kurz "über $\mathbb{K}$ " statt "mit Elementen aus $\mathbb{K}$ ".

Satz 3.35 Jede der folgenden Matrizenmengen über $\mathbb{K}$ bildet eine Gruppe.
Dabei werden alle Matrizen als n-reihig mit festem n angenommen:

(a) die regulären Diagonalmatrizen,

(b) die regulären rechten Dreiecksmatrizen,

(c) die regulären linken Dreiecksmatrizen,

(d) die rechten unipotenten Matrizen,

(e) die linken unipotenten Matrizen,

(f) die orthogonalen Matrizen (mit $\mathbb{K} = \mathbb{R}$),

(g) die unitären Matrizen   (mit $\mathbb{K} = \mathbb{C}$),

(h) die Permutationsmatrizen.

$$\text{Inklusionen dazu: (a)} \subset \begin{cases} \text{(b)} \ , \ \text{(b)} \supset \text{(d)} \\ \text{(c)} \ , \ \text{(c)} \supset \text{(e)} \end{cases} , \ \text{(h)} \subset \text{(f)} \subset \text{(g)} \ . \qquad (3.97)$$

Beweise hierzu sind teilweise schon in früheren Übungsaufgaben geführt.
Den Rest erledigt der Leser leicht selbst.

Übung 3.27 Beweise, daß der Raum Sym(n) die Dimension n(n+1)/2 hat,
und Sym⁻(n) die Dimension n(n-1)/2 ($n \geq 2$ vorausgesetzt). Hinweis:
Der Dimensionsbegriff bei linearen Räumen (= Vektorräumen) ist in Abschnitt 2.4.3, Definition 2.29, erklärt.

3.5.3   Orthogonale und unitäre Matrizen

Eine reelle (n,n)-Matrix A war orthogonal genannt worden, wenn $A^T A = E$
gilt. Der folgende Satz listet eine Anzahl dazu äquivalenter Bedingungen
auf, von denen einige den engen Zusammenhang zur Geometrie im $\mathbb{R}^n$ verdeutlichen. Dabei nehmen wir auch die früher schon bewiesenen mit auf.

Satz 3.36 Eine reelle (n,n)-Matrix A ist genau dann orthogonal, wenn
eine der folgenden gleichwertigen Bedingungen erfüllt ist

(a) A ist regulär, und es gilt $A^{-1} = A^T$.

(b) A^T ist orthogonal, d.h. $AA^T = E$.

(c) Die Spaltenvektoren von A bilden eine Orthonormalbasis des $\mathbb{R}^n$.

(d) Die Zeilenvektoren bilden eine Orthonormalbasis des $\mathbb{R}^n$.

(e) A führt jede Orthonormalbasis $\underline{b}_1,...,\underline{b}_n$ des $\mathbb{R}^n$ in eine Orthonor-
    malbasis $A\underline{b}_1,....,A\underline{b}_n$ über.

(f) $\boxed{(A\underline{x}) \cdot (A\underline{y}) = \underline{x} \cdot \underline{y}}$ für alle $\underline{x}, \underline{y} \in \mathbb{R}^n$.

(g) $\boxed{|A\underline{x}| = |\underline{x}|}$ für alle $\underline{x} \in \mathbb{R}^n$.

(h) $\boxed{|A\underline{x} - A\underline{y}| = |\underline{x} - \underline{y}|}$ für alle $\underline{x}, \underline{y} \in \mathbb{R}^n$.

Beweis: (a), (b), (c), (d) sind schon im Zusammenhang mit Folgerung 3.6 in Abschnitt 3.5.1 erledigt.

Zu (e): Die Matrix $B = [\underline{b}_1, .., \underline{b}_n]$ ist eine orthogonale Matrix (nach (c)). Es gilt also $BB^T = E$. Führt A nun $\underline{b}_1, .., \underline{b}_n$ in eine Orthonormalbasis über, so heißt das, daß $AB = [A\underline{b}_1, .., A\underline{b}_n]$ eine orthogonale Matrix ist. Es gilt somit $E = (AB)(AB)^T = ABB^T A^T = AEA^T = AA^T$, also $E = AA^T$, d.h. A ist orthogonal. – Ist umgekehrt A orthogonal, so ist es $AB = [A\underline{b}_1, .., A\underline{b}_n]$ auch, da das Produkt zweier orthogonaler Matrizen wieder orthogonal ist. Also ist $A\underline{b}_1, .., A\underline{b}_n$ eine Orthonormalbasis.

Zu (f): Ist A orthogonal, so folgt für alle $\underline{x}, \underline{y} \in \mathbb{R}^n$:

$$(A\underline{x}) \cdot (A\underline{y}) = (A\underline{x})^T (A\underline{y}) = \underline{x}^T A^T A \underline{y} = \underline{x}^T \underline{y} = \underline{x} \cdot \underline{y} .$$

Gilt umgekehrt (f), so folgt speziell für $\underline{x} = \underline{e}_i$, $\underline{y} = \underline{e}_k$:

$$(A\underline{e}_i) \cdot (A\underline{e}_k) = \underline{e}_i \cdot \underline{e}_k = \delta_{ik} ,$$

$\underline{a}_i = A\underline{e}_i$ ist aber die i-te Spalte von A, und $\underline{a}_k = A\underline{e}_k$ die k-te Spalte. Es gilt somit $\underline{a}_i \cdot \underline{a}_k = \delta_{ik}$, d.h. daß die Spalten von A ein Orthonormalsystem bilden, also daß A orthogonal ist.

Für die übrigen Aussagen wird folgende Schlußkette bewiesen:

(f) $\Rightarrow$ (g) $\Rightarrow$ (h) $\Rightarrow$ (f) .

(f) $\Rightarrow$ (g) : $|A\underline{x}|^2 = (A\underline{x}) \cdot (A\underline{x}) = \underline{x} \cdot \underline{x} = |\underline{x}|^2$.

(g) $\Rightarrow$ (h) : $|A\underline{x} - A\underline{y}| = |A(\underline{x} - \underline{y})| = |\underline{x} - \underline{y}|$.

(h) $\Rightarrow$ (f) : Über die Formel $\underline{x} \cdot \underline{y} = -\frac{1}{2}(|\underline{x} - \underline{y}|^2 - |\underline{x}|^2 - |\underline{y}|^2)$, die man leicht bestätigt, folgt aus (h) sofort (f) .   □

Eigenschaft (h) macht deutlich, daß die Abbildung $\underline{x} \longmapsto A\underline{x}$ mit orthogonalem A alle Abstände invariant läßt. Auch alle Winkel, wie überhaupt innere Produkte, bleiben dabei unverändert (nach (f)). Die Abbildung $\underline{x} \mapsto A\underline{x}$ vermittelt also Kongruenzabbildungen geometrischer Figuren. Ein starrer Körper im $\mathbb{R}^3$ würde dadurch also einfach gedreht und evtl. noch gespiegelt.

In gewissem Sinne gilt auch die Umkehrung. Wir definieren dazu

<u>Definition 3.12</u> Eine Abbildung $F : \mathbb{R}^n \to \mathbb{R}^n$, die alle Abstände invariant läßt, d.h.

$$|F(\underline{x}) - F(\underline{y})| = |\underline{x} - \underline{y}| \quad \text{für alle} \quad \underline{x}, \underline{y} \in \mathbb{R}^n \ , \tag{3.98}$$

heißt eine <u>Isometrie</u> (oder <u>abstandserhaltende Abbildung</u>).

<u>Satz 3.37</u> $F : \mathbb{R}^n \to \mathbb{R}^n$ ist genau dann eine Isometrie, wenn F die Form

$$F(\underline{x}) = A\underline{x} + \underline{a} \qquad (\underline{x} \in \mathbb{R}^n) \tag{3.99}$$

hat, mit einem $\underline{a} \in \mathbb{R}^n$ und einer orthogonalen Matrix A .

<u>Folgerung 3.7</u>   Jede Isometrie, die $\underline{0}$ festläßt, wird durch eine orthogonale Matrix vermittelt   und umgekehrt.

<u>Beweis</u> des Satzes 3.37: Gilt (3.99), so ist F nach Satz 3.36(h) eine Isometrie.

Ist umgekehrt F als Isometrie vorausgesetzt, so definieren wir zuerst $\underline{a} := F(0)$. Die "verschobene" Abbildung $f(\underline{x}) := F(\underline{x}) - \underline{a}$ ist dann auch eine Isometrie, wobei $f(\underline{0}) = \underline{0}$ gilt. f erfüllt damit $|f(\underline{x})| = |f(\underline{x}) - f(\underline{0})| = |\underline{x} - \underline{0}| = |\underline{x}|$.   f läßt das innere Produkt invariant, da $2\underline{x} \cdot \underline{y} = -(|\underline{x} - \underline{y}|^2 - |\underline{x}|^2 - |\underline{y}|^2)$ gilt, und f die Beträge auf der rechten Seit unverändert läßt. Damit bilden die Vektoren

$$\underline{a}_1 = f(\underline{e}_1), \ldots, \underline{a}_n = f(\underline{e}_n)$$

ein Orthonormalsystem. Jedes $\underline{x} = \sum\limits_{k=1}^{n} x_k \cdot \underline{e}_k \in \mathbb{R}^n$ hat folglich ein Bild $f(\underline{x})$ von der Form

$$f(\underline{x}) = \sum_{k=1}^{n} \xi_k \underline{a}_k \quad \text{mit} \quad \xi_k = f(\underline{x}) \cdot \underline{a}_k = f(\underline{x}) \cdot f(\underline{e}_k) = \underline{x} \cdot \underline{e}_k = x_k \ ,$$

also $f(\underline{x}) = \sum_{k=1}^{n} x_k \underline{a}_k$. Mit der orthogonalen Matrix $A = [\underline{a}_1, \ldots, \underline{a}_n]$
folgt daraus $f(\underline{x}) = A\underline{x}$, also $F(\underline{x}) = f(\underline{x}) + \underline{a} = A\underline{x} + \underline{a}$. □

Folgerung 3.8 Für alle orthogonalen Matrizen A gilt:

$$|\det A| = 1 \ . \tag{3.100}$$

$\underline{\text{Beweis}}$: $1 = \det E = \det A^T A = (\det A^T)(\det A) = (\det A)^2$. □

Weitere geometrische Untersuchungen mit orthogonalen Matrizen, z.B. über
Spiegelungen und Drehungen findet der Leser im Abschnitt 3.9.

$\underline{\text{Bemerkung}}$: Für $\underline{\text{unitäre}}$ Matrizen gelten Satz 3.36, Satz 3.37 und
Folgerung 3.7 (mit Beweisen) ganz entsprechend. Man hat nur zu ersetzen:
$\mathbb{R}$ durch $\mathbb{C}$, $\mathbb{R}^n$ durch $\mathbb{C}^n$, A^T durch A^* . Ferner definiert man im
$\mathbb{C}^n$ folgendes: $\underline{x} \cdot \underline{y} = \underline{x}^* \underline{y}$, $|\underline{x}| = \sqrt{\underline{x}^* \underline{x}}$. -

$\underline{\text{Übung}}$ 3.28* Zeige: Alle orthogonalen (2,2)-Matrizen sind gegeben durch

$$D_\alpha = \begin{bmatrix} \cos\alpha & -\sin\alpha \\ \sin\alpha & \cos\alpha \end{bmatrix} \quad \text{und} \quad C_\alpha = \begin{bmatrix} \cos\alpha & \sin\alpha \\ \sin\alpha & -\cos\alpha \end{bmatrix} \ .$$

3.5.4 Symmetrische Matrizen und quadratische Formen

$\underline{\text{Quadratische Formen}}$: Wir hatten definiert: Eine (n,n)-Matrix
$S = [s_{ik}]_{n,n}$ heißt $\underline{\text{symmetrisch}}$, wenn ihre Elemente reell sind und wenn
folgendes gilt:

$$\boxed{S^T = S} \quad , \text{ d.h. } s_{ik} = s_{ki} \text{ für alle } i,k \ .$$

Symmetrische Matrizen kommen oft in Verbindung mit $\underline{\text{quadratischen Formen}}$

$$\boxed{Q(\underline{x}) = \underline{x}^T S \underline{x} = \sum_{i=1}^{n} x_i s_{ik} x_k} \quad , \quad \underline{x} \in \mathbb{R}^n \tag{3.101}$$

vor. Im Falle $n = 2$ kann man $Q(\underline{x})$ ausführlicher so schreiben:

$$Q(\underline{x}) = s_{11}x_1^2 + s_{22}x_2^2 + 2s_{12}x_1x_2 \ , \ \underline{x} \in \mathbb{R}^2 \ . \tag{3.102}$$

Hierbei wurde $s_{12} = s_{21}$ ausgenutzt. Wegen der Symmetrie $(s_{ik} = s_{ki})$ kann man $Q(\underline{x})$ bei beliebigen $n \in \mathbb{N}$ entsprechend umschreiben in

$$Q(\underline{x}) = \sum_{i=1}^{n} s_{ii}x_i^2 + 2 \sum_{i<k} s_{ik}x_ix_k \ , \ \underline{x} \in \mathbb{R}^n \ . \tag{3.103}$$

<u>Bemerkungen</u>: (a) Quadratische Formen kommen in Physik und Technik z.B. direkt in Verbindung mit Trägheits- oder Spannungstensoren vor (die als symmetrische Matrizen dargestellt werden). Bei linearen partiellen Differentialgleichungen zweiter Ordnung, die in Technik und Physik eine bedeutende Rolle spielen, sind zugehörige quadratische Formen ebenfalls ein wichtiges Hilfsmittel.

(b) Die Symmetrie von S bedeutet bei quadratischen Formen keine Einschränkung der Allgemeinheit, denn mit nichtsymmetrischer (n,n)-Matrix A ist $\underline{x}^T A\underline{x} = \underline{x}^T\frac{1}{2}(A+A^T)\underline{x} + \underline{x}^T\frac{1}{2}(A-A^T)\underline{x}$. Hierbei errechnet man $\underline{x}^T\frac{1}{2}(A-A^T)\underline{x} = \frac{1}{2}(\underline{x}^T A\underline{x} - \underline{x}^T A^T\underline{x}) = 0$ für alle $\underline{x} \in \mathbb{R}^n$. Somit ist $\underline{x}^T A\underline{x} = \underline{x}^T\frac{1}{2}(A+A^T)\underline{x}$ mit einer symmetrischen Matrix $\frac{1}{2}(A+A^T) =: S$. -

3.5.5   Zerlegungen und Transformationen symmetrischer Matrizen

<u>Satz 3.38</u> Ist S eine symmetrische (n,n)-Matrix, und W eine beliebige reelle (n,n)-Matrix, so ist auch $W^T S W$ symmetrisch. Kurz:

$$\boxed{S \ \text{symmetrisch} \ \Rightarrow \ W^T S W \ \text{symmetrisch}} \tag{3.104}$$

Der einfache Beweis bleibt dem Leser überlassen.

Der folgende Satz gestattet es, symmetrische Matrizen in einfachere zu zerlegen.

<u>Satz 3.39</u> <u>Reduktion durch unipotente Matrizen</u>: Sei D eine beliebige symmetrische (n,n)-Matrix. Sie läßt sich durch folgende Blockzerlegung darstellen:

$$S = \begin{bmatrix} V & \underline{w} \\ \underline{w}^T & a \end{bmatrix} \quad \text{mit:} \quad \begin{cases} V \ (n-1)\text{reihig symmetrisch} \\ \underline{w} \in \mathbb{R}^n \ , \ a \in \mathbb{R} \end{cases}$$

Wenn V regulär ist oder a ≠ 0 , dann läßt sich S folgendermaßen transformieren

(a) V regulär ⇒ $\boxed{S = A^T \begin{bmatrix} V & 0 \\ 0^T & b \end{bmatrix} A}$ mit $A = \begin{bmatrix} E & V^{-1}\underline{w} \\ 0^T & 1 \end{bmatrix}$, $b := a - \underline{w}^T V^{-1}\underline{w}$, (3.105)

(b) a ≠ 0 ⇒ $\boxed{S = B \begin{bmatrix} R & 0 \\ 0^T & a \end{bmatrix} B^T}$ mit $B := \begin{bmatrix} E & \frac{\underline{w}}{a} \\ 0^T & 1 \end{bmatrix}$, $R := V - \frac{\underline{w}\,\underline{w}^T}{a}$. (3.106)

Zum $\underline{Beweis}$ braucht man die Formeln nur nachzurechnen. Man erkennt übrigens: A und B sind (rechte) unipotente Matrizen.

$\underline{Bemerkung}$: Man nennt die Formeln (3.105), (3.106) auch "quadratische Ergänzungen", da im Falle n = 2 die Formeln gerade die bekannte "quadratische Ergänzung" zu $\underline{x}^T S \underline{x}$ bewirken:

$$v x_1^2 + a x_2^2 + 2 w x_1 x_2 = v \left[x_1 + \frac{w}{v} x_2 \right]^2 + \left[a - \frac{w^2}{v} \right] x_2^2 \quad (v \neq 0) \; . -$$

Der Reduktionssatz gestattet es, den folgenden Satz von Jacobi zu beweisen. Doch zuerst formulieren wir

$\underline{Definition\ 3.13}$ Der r-te $\underline{Hauptminor}$ $\delta_r(S)$ einer symmetrischen (n,n)-Matrix S ist die Determinante der Untermatrix, die aus S durch Streichen der letzten n-r Zeilen und Spalten entsteht:

$$S = [s_{ik}]_{n,n} \;\Rightarrow\; \delta_r(S) = \begin{vmatrix} s_{11} & \cdots & s_{1r} \\ \vdots & & \vdots \\ s_{r1} & \cdots & s_{rr} \end{vmatrix} , \; (1 \leq r \leq n) \; .$$

$\underline{Satz\ 3.40}$ (von Jacobi)[1] Ist S eine symmetrische (n,n)-Matrix, deren Hauptminoren $\delta_r := \delta_r(S)$ alle ungleich Null sind, so gibt es eine rechte unipotente Matrix R mit

$$S = R^T D R \quad \text{und} \quad D = \mathrm{diag}\left(\delta_1, \frac{\delta_2}{\delta_1}, \frac{\delta_3}{\delta_2}, \ldots, \frac{\delta_n}{\delta_{n-1}} \right) \; . \tag{3.107}$$

$\underline{Beweis\ durch\ Induktion}$: I. Für n = 1 ist die Behauptung trivialerweise richtig.

II. Die Behauptung sei für n-1 (an Stelle von n) wahr. Dann folgt aus (3.105) die Zerlegung $S = A^T \begin{bmatrix} V & 0 \\ 0^T & b \end{bmatrix} A$ mit rechts-unipotentem A und symmetrischem V . Der Determinantenmultiplikationssatz liefert wegen det A = 1 die Gleichung det S = (det V)b , also

$$b = \det S \, / \, \det V = \delta_n \, / \, \delta_{n-1} \; .$$

Ferner existiert nach Induktionsvoraussetzung eine rechte unipotente Matrix $\hat{R}$ mit $V = \hat{R}^T \hat{D} R$, wobei $\hat{D} = \mathrm{diag}(\delta_1, \delta_1/\delta_2, \ldots, \delta_{n-1}/\delta_{n-2})$ ist. Damit folgt die Behauptung des Satzes aus

---

[1] Carl Gustav Jakob Jacobi, 1804-1851, wirkte in Königsberg und Berlin. Hauptwerk: Elliptische Funktionen.

$$S = A^T \begin{bmatrix} V & 0 \\ \underline{0}^T & b \end{bmatrix} A = A^T \underbrace{\begin{bmatrix} \hat{R} & 0 \\ \underline{0}^T & 1 \end{bmatrix}^T}_{R^T} \begin{bmatrix} \hat{D} & 0 \\ \underline{0}^T & b \end{bmatrix} \underbrace{\begin{bmatrix} \hat{R} & 0 \\ \underline{0}^T & 1 \end{bmatrix}}_{R} A \quad , \quad b = \frac{\delta_n}{\delta_{n-1}} \ . \qquad \Box$$

Transformation auf Normalform. Es sei schließlich der Normalformsatz oder Satz über die Hauptachsentransformation angegeben. Den Beweis findet der Leser im späteren Abschnitt 3.7.5, Satz 3.55.

Satz 3.41 Diagonalisierung (Hauptachsentransformation).Zu jeder symmetrischen (n,n)-Matrix S gibt es eine orthogonale Matrix C und reelle Zahlen $\lambda_1, \lambda_2, \ldots, \lambda_n$ mit

$$C^T S C = M \quad , \quad M = \operatorname{diag}(\lambda_1, \lambda_2, \ldots, \lambda_n) \tag{3.108}$$

Zusatz Die $\lambda_1, \ldots, \lambda_n$ sind dabei die Nullstellen des Polynoms

$$\varphi(\lambda) = \det(S - \lambda E) \tag{3.109}$$

wobei mehrfache Nullstellen auch mehrfach eingeschrieben werden, entsprechend ihrer Vielfachheit. Die $\lambda_1, \ldots, \lambda_n$ heißen die Eigenwerte von S , und $\varphi(\lambda)$ wird das charakteristische Polynom von S genannt.

Bemerkung zu Eigenwerten symmetrischer Matrizen: Die allgemeine Eigenwerttheorie wird in Abschnitt 3.7 behandelt. Für symmetrische (n,n)-Matrizen S (s. Abschnitt 3.7.5) seien die wichtigsten Ergebnisse vorgezogen:

Die Eigenwerte $\lambda_1, \ldots, \lambda_n$ von S gewinnt man durch Lösen der Gleichung

$$\varphi(\lambda) \equiv \det(S - \lambda E) = 0 \tag{3.110}$$

(z.B. mit dem Newton-Verfahren). $\varphi(\lambda)$ ist ein Polynom n-ten Grades in λ , wie man durch explizites Hinschreiben feststellt. Alle Lösungen der Gleichung sind reell (s. Abschnitt 3.7.5). Ein Eigenwert λ_i heißt k-facher Eigenwert von S, wenn $0 = \varphi(\lambda_i) = \varphi'(\lambda_i) = \ldots = \varphi^{(k-1)}(\lambda_i)$, $\varphi^{(k)}(\lambda_i) \neq 0$ ist (d.h. er ist k-fache Nullstelle von φ). Schreibt man k-fache Eigenwerte auch k-fach hin, so entsteht eine endliche Folge $\lambda_1, \lambda_2, \ldots, \lambda_n$ von n Eigenwerten. Diese Zahlen stehen in (3.108).

Eine Matrix $C = [\underline{c}_1, \ldots, \underline{c}_n]$, wie in (3.108) gefordert, gewinnt man so:
Man löst das lineare Gleichungssystem

$$(S - \lambda_i E)\underline{x}_i = \underline{0} \quad , \quad \underline{x}_i \neq \underline{0} \ (\underline{x}_i \in \mathbb{R}^n) \tag{3.111}$$

für jedes i . (Jeder Lösungsvektor $\underline{x}_i \neq \underline{0}$ heißt ein Eigenvektor zu
λ_i). Ist λ_i k-facher Eigenwert, so bilden die Lösungen von (3.111)
einen k-dimensionalen Unterraum von $\mathbb{R}^n$, den sogenannten Eigenraum zu
λ_i (Abschnitt 3.7.5).   Für verschiedene Eigenwerte $\lambda_i \neq \lambda_j$ stehen
die zugehörigen Eigenvektoren rechtwinklig aufeinander: $\underline{x}_i \cdot \underline{x}_j = 0$
(Abschnitt 3.7.5).

In jedem Eigenraum wähle man eine beliebige Orthonormalbasis. (Bei ein-
fachen Eigenwerten λ_i hat man also nur einen Vektor $\underline{c}_i = \underline{x}_i/|\underline{x}_i|$ zu
bilden.) Alle Vektoren dieser Orthonormalbasen zusammen stellen eine
Orthonormalbasis $(\underline{c}_1,\ldots,\underline{c}_n)$ des $\mathbb{R}^n$ dar. Die daraus gebildete Matrix
$C = [\underline{c}_1,\ldots,\underline{c}_n]$ erfüllt (3.108) in Satz 3.41 (denn man rechnet leicht
nach, daß wegen $S\underline{c}_i = \lambda_i\underline{c}_i$ auch $SC = CM$ gilt, also $C^TSC = M$ mit
$C^T = C^{-1}$). -

Folgerung 3.9 Jede quadratische Form $Q(\underline{x}) = \underline{x}^TS\underline{x}$ läßt sich mit einer
Abbildung $\underline{x} = C\underline{y}$, wobei C orthogonal ist, in die folgende einfache
Form überführen:

$$Q(C\underline{y}) =: \hat{Q}(\underline{y}) = \lambda_1 y_1^2 + \lambda_2 y_2^2 + \ldots + \lambda_n y_n^2 \; . \qquad (3.112)$$

Beweis: $\hat{Q}(\underline{y}) = Q(C\underline{y}) = (C\underline{y})^TS(C\underline{y}) = \underline{y}^TC^TSC\underline{y} = \sum\limits_{i=1}^{n} \lambda_i y_i^2 \; .$ □

Bezeichnung: Es sei p die Anzahl der positiven Eigenwerte einer symmetrischen Matrix S , ferner q die Anzahl der negativen Eigenwerte
von S und d die Anzahl der Eigenwerte von S , die Null sind (dabei
werden k-fache Eigenwerte k-fach gezählt). Dann heißt (p,q) die
Signatur der Matrix S , ferner p - q der Trägheitsindex von S und
d der Defekt von S . Auch auf quadratische Formen $Q(\underline{x}) = \underline{x}^TS\underline{x}$
werden diese Bezeichnungen angewendet. (Bei der Typeneinteilung der
linearen partiellen Differentialgleichungen spielen die genannten Begriffe eine Rolle.)

Bemerkung: Für hermitesche Matrizen läßt sich alles in diesem Abschnitt
gesagte entsprechend formulieren und beweisen. (Die Eigenwerte einer hermiteschen Matrix sind reell!)

Übung 3.29 (a) Berechne für die unten angegebene Matrix S die Zerlegung
nach dem Satz von Jacobi (Satz 3.40), d.h. gib R und D an. Hinweis:
Wende die Formel (3.105) zweimal nacheinander an, wie es die Induktion
im Beweis des Satzes von Jacobi nahelegt.

$$S = \begin{bmatrix} 3 & 1 & 2 \\ 1 & 6 & 4 \\ 2 & 4 & 8 \end{bmatrix} \; .$$

(b) Berechne die Eigenwerte $\lambda_1, \lambda_2, \lambda_3$ von S (aus Gleichung (3.110)).
Verwende dabei ein numerisches Verfahren (Newton-Verfahren, Intervall-
halbierung oder ähnliches).

(c) Berechne ein Orthonormalsystem $(\underline{c}_1,\underline{c}_2,\underline{c}_3)$ von Eigenvektoren aus
$(S-\lambda_i E)\underline{c}_i = \underline{0}$ (i = 1,2,3) , $|\underline{c}_i| = 1$.

(d) Berechne mit $C = [\underline{c}_1,\underline{c}_2,\underline{c}_3]$ das Produkt C^TSC und überprüfe auf
diese Weise (3.108).

3.5.6   Positiv definite Matrizen und Bilinearformen

Unter einer (reellen) __Bilinearform__ verstehen wir eine Funktion der Form

$$B(\underline{x},\underline{y}) = \underline{x}^T S \underline{y} = \sum_{i,k=1}^{n} x_i s_{ik} y_k \quad , \quad \underline{x} = \begin{bmatrix} x_1 \\ \vdots \\ x_n \end{bmatrix} \quad , \quad \underline{y} = \begin{bmatrix} y_1 \\ \vdots \\ y_n \end{bmatrix} \in \mathbb{R}^n \qquad (3.113)$$

wobei $S = \left[s_{ik}\right]_{n,n}$ eine reelle Matrix ist. Ist S symmetrisch, so liegt eine __symmetrische__ Bilinearform vor. Dieser gilt unser Hauptinteresse. Die Bilinearform heißt __schiefsymmetrisch__, wenn dies auch für S gilt.

Die Bilinearform B ist eine reellwertige Funktion auf $\mathbb{R}^n \times \mathbb{R}^n$. Für $\underline{x} = \underline{y}$ geht sie in eine quadratische Form $Q(\underline{x})$ über:

$$Q(\underline{x}) = B(\underline{x},\underline{x}) \quad \underline{\text{quadratische Form}}.$$

Die Bilinearform heißt __positiv definit__, wenn

$$B(\underline{x},\underline{x}) > 0 \quad \text{für alle} \quad \underline{x} \neq \underline{0} \ , \ \underline{x} \in \mathbb{R}^n \qquad (3.114)$$

gilt, bzw. __positiv semidefinit__, wenn

$$B(\underline{x},\underline{x}) \geq 0 \quad \text{für alle} \quad \underline{x} \in \mathbb{R}^n \qquad (3.115)$$

gilt. Die zughörige Matrix S heißt in diesen Fällen auch __positiv definit__ bzw. __positiv semidefinit__ (wie schon in Abschnitt 3.5.1, Definition 3.11 angegeben).

__Satz 3.42__ Jede Bilinearform $B(\underline{x},\underline{y})$ erfüllt folgende Regeln: Für alle $\underline{x},\underline{y},\underline{z} \in \mathbb{R}^n$ und alle $\lambda,\mu \in \mathbb{R}$ gilt

(a) $B(\lambda\underline{x} + \mu\underline{y},\underline{z}) = \lambda B(\underline{x},\underline{z}) + \mu B(\underline{y},\underline{z})$

(b) $B(\underline{x},\lambda\underline{y} + \mu\underline{z}) = \lambda B(\underline{x},\underline{y}) + \mu B(\underline{x},\underline{z})$.

Ferner gilt mit $Q(\underline{x}) = B(\underline{x},\underline{x})$:

(c) $\qquad Q(\lambda x) = \lambda^2 Q(\underline{x})$

sowie

(d) $\qquad$ B symmetrisch $\qquad \Leftrightarrow B(\underline{x},\underline{y}) = B(\underline{y},\underline{x})$

(e) $\qquad$ B schiefsymmetrisch $\Leftrightarrow B(\underline{x},\underline{y}) = -B(\underline{y},\underline{x})$

Ist B positiv definit, so folgt

(f) $\qquad Q(\underline{x}) \quad = 0 \Leftrightarrow \underline{x} = \underline{0}$

(g) $\qquad B(\underline{x},\underline{y})^2 \leq Q(\underline{x})Q(\underline{y}) \qquad$ "$\underline{Schwarzsche\ Ungleichung}$"

(h) $\qquad \sqrt{Q(\underline{x+y})} \leq \sqrt{Q(\underline{x})} + \sqrt{Q(y)} \quad$ "$\underline{Dreiecksungleichung}$"

$\underline{Beweis}$: Die Eigenschaften (a) bis (f) sind unmittelbar klar. Zum Beweis von (g) und (h) setzen wir zur Abkürzung $B(\underline{x},\underline{y}) = \underline{x} \odot \underline{y}$ und $\sqrt{Q(\underline{x})} = \|\underline{x}\|$. Das "Produkt" $\underline{x} \odot \underline{y}$ hat nun die wesentlichen Eigenschaften eines inneren Produktes, insbesondere die Eigenschaften (I) bis (IV) in Satz 3.1, Abschnitt 2.1.2. Damit folgen auch die Eigenschaften (V) bis (IX) des gleichen Satzes entsprechend (mit $\|\underline{x}\|$ statt $|\underline{x}|$). Sie werden wie im Beweis des Satzes 2.1 hergeleitet. Dabei entspricht (VI) dem obigen (g) und (VII) der Eigenschaft (h). $\qquad\qquad$ □

$\underline{Bemerkung}$: Aus dem Satz ergibt sich, daß durch $\underline{x} \odot \underline{y} := B(\underline{x},\underline{y})$ mit positiv definiter Bilinearform der Vektorraum $\mathbb{R}^n$ zu einem euklidischen Raum mit anderem inneren Produkt wird (vgl. Abschn. 2.4.8). Das "Produkt" $\underline{x} \odot \underline{y}$ nimmt die Stelle von $\underline{x} \cdot \underline{y}$ ein. Diese Möglichkeit, mit verschiedenen inneren Produkten im $\mathbb{R}^n$ zu arbeiten, erleichtert gelegentlich das Lösen algebraischer Probleme.

3.5.7 $\qquad$ Kriterien für positiv definite Matrizen

Wie kann man aber erkennen, ob eine Matrix positiv definit ist (und damit auch die zugehörige Bilinearform)? Im folgenden geben wir Kriterien dafür an. Zunächst ein notwendiges Kriterium.

$\underline{Satz\ 3.43}$ Jede positiv definite Matrix S ist regulär.

<u>Beweis</u>: Wäre S nicht regulär, so gäbe es ein $\underline{x} \neq \underline{0}$ mit $S\underline{x} = \underline{0}$,
also auch $\underline{x}^T S\underline{x} = 0$, d.h. S wäre nicht positiv definit.   □

Ferner gilt der folgende einfache Satz, den der Leser leicht selbst beweist.

<u>Satz 3.44</u> Eine symmetrische (n,n)-Matrix S ist genau dann positiv de-
finit, wenn $W^T SW$ positiv definit ist für jede reguläre reelle (n,n)-
Matrix W . Kurz:

$$\boxed{S \text{ positiv definit} \;\leftrightarrow\; W^T SW \text{ positiv definit}} \qquad (W \text{ regulär})$$

Als Krönung gewinnen wir nun aus den vorangegangenen Überlegungen drei
hinreichende und notwendige Kriterien für positive Definitheit. Wir benutzen in einem Kriterium wieder die <u>Hauptminoren</u> $\delta_r(S)$, s. Definition 3.13, Abschnitt 3.5.5.

<u>Satz 3.45</u> Eine symmetrische (n,n)-Matrix S ist genau dann positiv de-
finit, wenn eine der folgenden gleichwertigen Bedingungen erfüllt ist:

(a) Alle Hauptminoren $\delta_r(S)$, r = 1,...,n , sind positiv (<u>Kriterium von
    Hadamard</u>).

(b) Alle Eigenwerte von S sind positiv.

(c) Es gibt eine reelle reguläre (n,n)-Matrix W mit $S = W^T W$.
    (Man bezeichnet W auch als "Wurzel aus S ", also $W =: \sqrt{S}$).

<u>Beweis</u>: Eine Diagonalmatrix ist genau dann positiv definit, wenn alle
ihre Diagonalglieder positiv sind (Wie man sich leicht überlegt). Auf
diesen einfachen Fall wird alles zurückgeführt.

<u>Zu</u> (a): Es sei S positiv definit. Damit ist auch jede Untermatrix S_r ,
die durch Streichen der letzten n-r Zeilen und Spalten aus S entsteht,
positiv definit, da für alle $\underline{x} \in \mathbb{R}^r$ mit $\underline{x} \neq \underline{0}$ gilt:
$\underline{x}^T S_r \underline{x} = \begin{bmatrix} \underline{x} \\ \underline{0} \end{bmatrix}^T S \begin{bmatrix} \underline{x} \\ \underline{0} \end{bmatrix} > 0$. Daraus folgt $\delta_r := \delta_r(S) = \det S_r \neq 0$ für alle
Hauptminoren.

Nach dem Satz von Jacobi (Satz 3.40, Abschn. 3.5.5) gilt nun $S = R^T DR$
mit

$$D = \text{diag}\left(\delta_1 , \frac{\delta_2}{\delta_1} , \frac{\delta_3}{\delta_2} , \ldots , \frac{\delta_n}{\delta_{n-1}} \right) \qquad (3.116)$$

und regulärem R . Damit ist D positiv definit (nach Satz 3.44), folg-
lich gilt $\delta_1 > 0$, $\delta_2/\delta_1 > 0$,..., $\delta_n/\delta_{n-1} > 0$, also $\delta_r > 0$ für
alle r = 1,...,n , d.h. alle Hauptminoren sind positiv.

Sind umgekehrt alle Hauptminoren $\delta_r = \delta_r(S)$ positiv, so ist D in
(3.116) positiv definit und folglich $S = (R^{-1})^T DR^{-1}$ auch.

<u>Zu</u> (b): Der Normalformensatz (Satz 3.41) in Abschnitt 3.5.5 liefert

$$C^T SC = M \text{ mit } M = \text{diag}(\lambda_1,..,\lambda_n) \qquad (3.117)$$

wobei $C^{-1} = C^T$ gilt (da C orthogonal ist) und $\lambda_1,..,\lambda_n$ die Eigenwerte von S sind. Über Satz 3.44 folgt daraus: S positiv definit $\Leftrightarrow$ M positiv definit $\Leftrightarrow$ (alle Eigenwerte λ_i sind positiv).

$\underline{Zu}$ (c): Gilt $S = W^TW$ mit regulärem W , so folgt $\underline{x}^TS\underline{x} = \underline{x}^TW^TW\underline{x} = (W\underline{x})^TW\underline{x} = (W\underline{x})\cdot(W\underline{x}) > 0$, falls $\underline{x} \neq 0$, d.h'. S ist positiv definit.- Ist umgekehrt S als positiv definit vorausgesetzt, so sind alle Eigenwerte $\lambda_i > 0$ (nach (b)). Mit $N = \mathrm{diag}(\sqrt{\lambda_1},\ldots,\sqrt{\lambda_n})$ erhält man daher $M = NN$, und aus (3.117) wegen $N^T = N$:

$$S = (C^T)^T MC^T = (C^T)^T N^T NC^T = (NC^T)^T(NC^T) = W^TW$$

mit $W = NC^T$, was zu beweisen war. $\qquad\qquad\square$

Für kleine Zeilenzahlen $n = 2$ und $n = 3$ formulieren wir das Hadamardsche Kriterium (Satz 3.45 (a)) noch einmal gesondert:

$\underline{\text{Folgerung 3.10}}$ Die folgenden Matrizen sind reell und symmetrisch vorausgesetzt:

(a) $\qquad S = \begin{bmatrix} s_{11} & s_{12} \\ s_{21} & s_{22} \end{bmatrix}$ "positiv definit" $\quad\Leftrightarrow\quad \begin{cases} s_{11} > 0 \quad \text{und} \\ s_{11}s_{22} - s_{12}^2 > 0 \; . \end{cases}$

(b) $\quad S = \begin{bmatrix} s_{11} & s_{12} & s_{13} \\ s_{21} & s_{22} & s_{23} \\ s_{31} & s_{32} & s_{33} \end{bmatrix}$ "positiv definit" $\quad\Leftrightarrow\quad \begin{cases} s_{11} > 0 \quad \text{und} \\ s_{11}s_{22} - s_{12}^2 > 0 \quad \text{und} \\ \det S > 0 \; . \end{cases}$

$\underline{\text{Beispiele}}$

$\underline{\underline{3.12}}$ Für $S = \begin{bmatrix} 2 & -3 \\ -3 & 5 \end{bmatrix}$ gilt $\left.\begin{cases} 2 > 0 \\ \det S = 2\cdot5 - 9 > 0 \end{cases}\right\} \Rightarrow \begin{cases} \text{positiv} \\ \text{definit} \end{cases}$

$\underline{\underline{3.13}}$ Für $S = \begin{bmatrix} -6 & 4 \\ 4 & 2 \end{bmatrix}$ gilt $-6 < 0 \qquad \Rightarrow$ nicht $\begin{cases} \text{positiv} \\ \text{definit} \end{cases}$

$\underline{\underline{3.14}}$ Für $S = \begin{bmatrix} 3 & 1 & -4 \\ 1 & 5 & 1 \\ -4 & -1 & 7 \end{bmatrix}$ gilt $\left.\begin{array}{c} 3 > 0 \\ 3\cdot5 - 1^2 > 0 \\ \det S = 21 > 0 \end{array}\right\} \Rightarrow \begin{cases} \text{positiv} \\ \text{definit} \end{cases}$

Zum praktischen Nachweis der positiven Definitheit einer symmetrischen Matrix S ist für kleine Zeilenzahlen das Hadamardsche Kriterium (Satz 3.45 (a): "Alle Hauptminoren sind positiv") am brauchbarsten. Dies zeigen Folgerung 3.10 und die Beispiele. Für größere n (etwa $n \geq 7$) kann es damit schwieriger werden, da das Berechnen großer Determinanten durch Rundungsfehler numerisch schwieriger wird. Hier rückt dann das zweite Kriterium (Satz 3.45 (b): "Alle Eigenwerte > 0 ") ins Bild, da die Numerische Mathematik inzwischen gute Methoden zur Berechnung der Eigenwerte einer Matrix bereitstellt (s. z.B. SCHWARZ [105], WERNER [117]). In Abschnitt 3.7.9 wird darauf übersichtsartig noch einmal eingegangen.

<u>Anwendung auf Extremalprobleme</u> [1]: Die Berechnung der Maxima und Minima
einer reellwertigen Funktion $y = f(x_1, x_2, .., x_n)$ von mehreren reellen
Variablen x_i ist ein wichtiges Problem in Theorie und Praxis. Hier
liefert die Analysis folgenden Satz (s. Bd. I, Abschn. 6.4.3, Satz 6.18):

"Ist f in seinem Definitionsbereich $D \subset \mathbb{R}^n$ zweimal stetig differen-
zierbar, so folgt: Ein Punkt $\underline{x}_0 \in \overset{\circ}{D}$ (= Inneres von D) mit $f'[\underline{x}_0] = \underline{0}$
ist eine

    echte Minimalstelle, wenn $f''(\underline{x}_0)$ positiv definit ist,

    echte Maximalstelle, wenn $-f''(\underline{x}_0)$ positiv definit ist. "

Dabei ist $f''(\underline{x}_0) = \left[\dfrac{\partial^2 f}{\partial x_i \partial x_k} (\underline{x}_0) \right]_{n,n}$ eine symmetrische Matrix.

Das Hadamardsche Kriterium (Satz 3.45 (a)) leistet hier ausgezeichnete
Dienste! Denn man hat zur Gewinnung der Extremwerte $f'[\underline{x}] = 0$ zu lösen
und in den Lösungen $\underline{x}_0$ dieser Gleichung zu untersuchen, ob $f''(\underline{x}_0)$
oder $-f''(\underline{x}_0)$ positiv definit ist oder keins von beiden zutrifft. Diese
drei Fälle zeigen an, ob in $\underline{x}_0$ ein echtes Minimum oder ein echtes Maxi-
mum vorliegt oder ob weitere Untersuchungen zur Klärung erforderlich sind.

<u>Übung 3.30</u>* Welche der folgenden Matrizen ist positiv definit, welche
negativ definit, welche nichts dergleichen:

$$S_1 = \begin{bmatrix} 7 & 5 \\ 5 & 4 \end{bmatrix} , \quad S_2 = \begin{bmatrix} -8 & 6 \\ 6 & -4 \end{bmatrix} , \quad S_3 = \begin{bmatrix} 8 & -3 & -1 \\ -2 & 5 & -3 \\ -1 & -3 & 7 \end{bmatrix} , \quad S_4 = \begin{bmatrix} 2 & 1 & & & \mathbf{O} \\ 1 & 2 & 1 & & \\ & 1 & 2 & 1 & \\ & & 1 & \ddots & \ddots \\ \mathbf{O} & & & \ddots & 2 & 1 \\ & & & & 1 & 2 \end{bmatrix}$$

3.5.8. Direkte Summe und direktes Produkt von Matrizen

Zwei Rechenoperationen, die seltener gebraucht werden, seien hier kurz
angegeben. Sie führen "übliche" Matrizen in Matrizen spezieller Gestalt
über.

$\mathbb{K}$ sei im Folgenden ein beliebiger algebraischer Körper, z.B. $\mathbb{K} = \mathbb{R}$.

<u>Definition 3.14</u> <u>Direkte Summe von Matrizen</u> Es seien $A = \left[a_{ik} \right]_{n,n}$
und $B = \left[b_{ik} \right]_{m,m}$ zwei quadratische Matrizen mit Elementen aus $\mathbb{K}$.
Dann ist ihre <u>direkte Summe</u> $A \oplus B$ definiert durch

---

[1] Hier sind Grundkenntnisse der Differentialrechnung mehrerer Veränder-
licher erforderlich.

$$A \oplus B := \begin{bmatrix} A & 0 \\ 0 & B \end{bmatrix} \qquad (3.118)$$

A und B .sind also Untermatrizen der rechts stehenden Blockmatrix. Man erhält unmittelbar

Folgerung 3.11 <u>Regeln für</u> $\oplus$: Für beliebige quadratische Matrizen A, B, C über $\mathbb{K}$ [1] und beliebige $\lambda \in \mathbb{K}$ gilt

$$(A \oplus B) \oplus C = A \oplus (B \oplus C) =: A \oplus B \oplus C \qquad (3.119)$$

$$\lambda(A \oplus B) \quad = (\lambda A) \oplus (\lambda B) \qquad (3.120)$$

$$(A \oplus B)^T \ = A^T \oplus B^T \qquad (3.121)$$

$$(A \oplus B)^{-1} = A^{-1} \oplus B^{-1} \quad \text{(falls A,B regulär).} \qquad (3.122)$$

Bei längeren Summen werden die Klammern üblicherweise weggelassen, d.h. es ist: $A \oplus B \oplus C = A \oplus (B \oplus C)$, $A \oplus B \oplus C \oplus D = A \oplus (B \oplus C \oplus D)$ usw.

Man definiert $\mathbb{R}^n \oplus \mathbb{R}^m := \mathbb{R}^{n+m}$, wobei für $\underline{x} \in \mathbb{R}^n$ und $\underline{y} \in \mathbb{R}^m$ folgendes erklärt ist: $\underline{x} \oplus \underline{y} = \begin{bmatrix} \underline{x} \\ \underline{y} \end{bmatrix}$. (vgl. Abschn. 2.4.4). Für $A = \begin{bmatrix} a_{ik} \end{bmatrix}_{n,n}$ und $B = \begin{bmatrix} b_{ik} \end{bmatrix}_{m,m}$ folgt damit die Regel

$$(A \oplus B)(\underline{x} \oplus \underline{y}) = (A\underline{x}) \oplus (B\underline{y}) . \qquad (3.123)$$

Insbesondere in Abschnitt 3.8 werden wir diese Summenbildung verwenden.

Definition 3.15 <u>Direktes Produkt von Matrizen</u> (<u>Kronecker-Produkt</u>).
Das <u>direkte</u> <u>Produkt</u> $A \otimes B$ zweier Matrizen $A = \begin{bmatrix} a_{ik} \end{bmatrix}_{m,n}$, $B = \begin{bmatrix} b_{ik} \end{bmatrix}_{p,q}$ ist erklärt durch

$$A \otimes B := \begin{bmatrix} a_{11}B & \cdots & a_{1n}B \\ \vdots & & \vdots \\ a_{m1}B & \cdots & a_{mn}B \end{bmatrix} . \qquad (3.124)$$

Hierbei sind die $a_{ik}B$ Untermatrizen der rechtsstehenden Blockmatrix. Für (2,2)-Matrizen ergibt sich z.B.

---

[1] "Matrix A über $\mathbb{K}$ " bedeutet: Matrix A mit Elementen aus $\mathbb{K}$.

$$A = \begin{bmatrix} a_{11} & a_{12} \\ a_{21} & a_{22} \end{bmatrix}$$

$$B = \begin{bmatrix} b_{11} & b_{12} \\ b_{21} & b_{22} \end{bmatrix}$$

$$A \otimes B = \left[\begin{array}{cc|cc} a_{11}b_{11} & a_{11}b_{12} & a_{12}b_{11} & a_{12}b_{12} \\ a_{11}b_{21} & a_{11}b_{22} & a_{12}b_{21} & a_{12}b_{22} \\ \hline a_{21}b_{11} & a_{21}b_{12} & a_{22}b_{11} & a_{22}b_{12} \\ a_{21}b_{21} & a_{21}b_{22} & a_{22}b_{21} & a_{22}b_{22} \end{array} \right]$$

<u>Folgerung 3.12</u> <u>Regeln für</u> $\otimes$: Sind A, B, C, D beliebige Matrizen über $\mathbb{K}$, für die die folgenden Matrix-Summen und Matrix-Produkte gebildet werden können, und ist λ beliebig aus $\mathbb{K}$, so folgt

$$(\lambda A) \otimes B = A \otimes (\lambda B) = \lambda(A \otimes B) := \lambda A \otimes B \,, \qquad (3.125)$$

$$(A + B) \otimes C = A \otimes C + B \otimes C \,, \qquad (3.126)$$

$$A \otimes (B + C) = A \otimes B + A \otimes C \,, \qquad (3.127)$$

$$(A \otimes B)(C \otimes D) = AC \otimes BD \,, \qquad (3.128)$$

$$(A \otimes B)^T = A^T \otimes B^T \,, \qquad (3.129)$$

$$\frac{d(A \otimes B)}{dt} = \frac{dA}{dt} \otimes B + A \otimes \frac{dB}{dt} \,. \qquad (3.130)$$

Die letzte Regel setzt voraus, daß alle Elemente a_{ik} , b_{ik} von A bzw. B differenzierbar von $t \in \mathbb{R}$ abhängen. Man definiert: $dA/dt := (da_{ik}/dt)$. - Die hingeschriebenen Regeln weist der Leser leicht selber nach.

<u>Bemerkung</u>: Das direkte Produkt von Matrizen spielt in der Tensorrechnung wie auch in der Darstellungstheorie von Gruppen eine Rolle. -

3.6 LINEARE GLEICHUNGSSYSTEME UND MATRIZEN

Zum Lösen linearer Gleichungssysteme steht in erster Linie der Gaußsche Algorithmus zur Verfügung, wie er in Abschnitt 2.2 beschrieben ist. Die folgenden Abschnitte 3.6.1 bis 3.6.2 dienen dagegen mehr der theoretischen Erfassung der Lösungsstrukturen, unter Verwendung der knappen Matrizenschreibweise. In 3.6.3 und 3.6.6 werden dann wieder praktische Lösungsverfahren für symmetrische bzw. große Systeme angegeben.

3.6.1 Rangkriterium

Ein lineares Gleichungssystem

$$\sum_{k=1}^{n} a_{ik}x_k = b_i \quad , \qquad i = 1,\dots,m \tag{3.131}$$

($a_{ik}, b_i \in \mathbb{R}$ gegeben, $x_k \in \mathbb{R}$ gesucht) läßt sich kurz so schreiben:

$$\boxed{A\underline{x} = \underline{b}} \qquad \text{mit} \quad A = \left[a_{ik}\right]_{m,n} , \quad \underline{x} = \begin{bmatrix} x_1 \\ \vdots \\ x_n \end{bmatrix} \in \mathbb{R}^n , \quad \underline{b} = \begin{bmatrix} b_1 \\ \vdots \\ b_m \end{bmatrix} \in \mathbb{R}^m . \tag{3.132}$$

<u>Bemerkung</u>: In Physik und Technik kommt die Beziehung $A\underline{x} = \underline{b}$ als "verallgemeinertes Proportionalitätsgesetz" vielfach vor. Hier eine tabellarische Auswahl (s. KOECHER [78], S. 90, vgl. auch GERTHSEN [63], JOOS [73]):

	A	x	b
Mechanik	Matrix des Trägheitsmoments	vektorielle Winkel- geschwindigkeit	Drehimpuls
Elastizitätslehre: HOOKEsches Gesetz	symmetrische Matrix der Moduln	elastische Dehnungen	elastische Spannungen
Elektrizitätslehre: OHMsches Gesetz	symmetrische Matrix der Leitfähigkeit	elektrische Feldstärke	Stromdichte
Elektrodynamik	symmetrische Matrix der Dielektrizitätszahlen	elektrische Feldstärke	dielektrische Verschiebung

Das Rangkriterium in Abschnitt 2.2.5, Satz 2.10, und der Lösungsstruktursatz, Satz 2.11, sollen in die "Sprache der Matrizen" umformuliert werden. Lösung von A$\underline{x}$ = $\underline{b}$ ist jeder Vektor $\underline{x}$, der diese Gleichung erfüllt.

Mit [A,$\underline{b}$] bezeichnen wir die um $\underline{b}$ erweiterte Matrix A , das ist die Matrix, die aus A durch Hinzufügen von $\underline{b}$ als (n+1)-ter Spalte entsteht. Sind $\underline{a}_1,\ldots,\underline{a}_n$ also die Spaltenvektoren von A , so ist

$$[A,\underline{b}] = [\underline{a}_1,\ldots,\underline{a}_n,\underline{b}] \ . \tag{3.133}$$

Satz 2.10 und Satz 2.11 aus Abschnitt 2.2.5 erhalten damit folgende Formulierungen:

Satz 3.36 Rangkriterium: (a) Das lineare Gleichungssystem A$\underline{x}$ = $\underline{b}$ ist genau dann lösbar, wenn folgendes gilt

$$\text{Rang}\,A = \text{Rang}\,[A,\underline{b}] \tag{3.134}$$

(b) Das Gleichungssystem ist genau dann eindeutig lösbar, wenn die Ränge in (3.134) gleich der Spaltenzahl von A sind.

(c) Ist n die Spaltenzahl von A   und gilt (3.134), so ist die Lösungsmenge von A$\underline{x}$ = $\underline{b}$ eine lineare Mannigfaltigkeit der Dimension d = n - Rang A .

(d) Ist $\underline{u} \in \mathbb{R}^n$ ein beliebiger (fest gewählter) Lösungsvektor von A$\underline{x}$ = $\underline{b}$, so besteht die Lösungsmenge aus allen Vektoren der Form

$$\underline{x} = \underline{u} + \underline{x}_h \qquad , \text{ mit } A\underline{x}_h = \underline{0} \ . \tag{3.135}$$

Anknüpfend an (c) nennt man

$$d = \boxed{\ \text{Def}\,A := (\text{Spaltenzahl von } A) - \text{Rang}\,A\ } \tag{3.136}$$

den Defekt der Matrix A .

Das homogene lineare Gleichungssystem $A\underline{x} = \underline{0}$ hat als Lösungsmenge einen d-dimensionalen Unterraum (nach Satz 3.36 (c) und (d)). Eine Basis $(\underline{v}_1,\ldots,\underline{v}_d)$ dieses Unterraums nennt man auch ein Fundamentalsystem von Lösungen. Die Lösungsmenge von $A\underline{x} = \underline{0}$ besteht damit aus allen Vektoren der Gestalt

$$\underline{x} = t_1\underline{v}_1 + t_2\underline{v}_2 + \ldots + t_d\underline{v}_d \qquad (3.137)$$

und die Lösungsmenge von $A\underline{x} = \underline{b}$ nach (3.135) aus allen

$$\underline{x} = \underline{u} + t_1\underline{v}_1 + \ldots + t_d\underline{v}_d \; . \qquad (3.138)$$

Die numerische Berechnung solcher Vektoren $\underline{u},\underline{v}_1,\ldots,\underline{v}_d$ ist in Abschnitt 2.2.3 beschrieben.

Für lineare Gleichungssysteme mit Koeffizienten aus einem beliebigen Körper $\mathbb{K}$, insbesondere aus $\mathbb{C}$, gilt alles ebenso.

Übung 3.31 (a)* Entscheide unmittelbar (ohne schriftliche Rechnung), ob das folgende Gleichungssystem eine Lösung hat:

$$3x + 4y - 7z = 0$$
$$6y - 2z = 0$$
$$3x + 10y - 9z = 1 \; .$$

Hinweis: Welches sind die Ränge der zugehörigen Matrizen A und $[A,\underline{b}]$?

(b)* Ersetze die 1 in der rechten Seite der letzten Gleichung durch 0 und berechne ein Fundamentalsystem von Lösungen.

(c)* Ersetze die rechte Seite durch $\begin{bmatrix} 1 \\ 2 \\ 3 \end{bmatrix}$, und berechne (falls möglich) die allgemeine Lösung in der Form (3.138).

3.6.2 Quadratische Systeme, Fredholmsche Alternative

Ein n-reihiges quadratisches lineares Gleichungssystem $A\underline{x} = \underline{b}$ hat entweder für alle $\underline{b} \in \mathbb{R}^n$ eine eindeutig bestimmte Lösung, oder für keins. Diese Alternative, die schon in Folgerung 2.5 (Abschn. 2.2.4) beschrieben wurde, wird im folgenden Satz verfeinert:

Satz 3.37 Fredholmsche Alternative: Für ein lineares Gleichungssystem

$$A\underline{x} = \underline{b} \qquad (\underline{x},\underline{b} \in \mathbb{R}^n) \qquad\qquad (3.139)$$

mit n-reihiger quadratischer reeller Matrix gilt

entweder: $A\underline{x} = \underline{0}$ hat nur die Lösung $\underline{0}$; dann ist $A\underline{x} = \underline{b}$ für jede rechte Seite eindeutig lösbar;

oder: $A\underline{x} = \underline{0}$ besitzt nichttriviale Lösungen $\underline{x} \neq \underline{0}$. Dann ist $A\underline{x} = \underline{b}$ genau dann lösbar, wenn folgendes gilt:

$$\underline{b} \cdot \underline{y} = 0 \qquad \text{für alle} \quad \underline{y} \in \mathbb{R}^n \quad \text{mit} \quad A^T\underline{y} = \underline{0} \; . \qquad (3.140)$$

In diesem Fall ist die Lösungsmenge von $A\underline{x} = \underline{b}$ eine d-dimensionale Mannigfaltigkeit, wobei

$$d = \text{Defekt von} \quad A = n - \text{Rang}\,A = \dim(\text{Kern } A^T) \; .$$

Beweis: Es ist nur zu zeigen, daß die Lösbarkeit von $A\underline{x} = \underline{b}$ äquivalent zu (3.140) ist. Alles andere ist schon durch Satz 2.9, Abschnitt 2.2.4 (oder Satz 3.36 im vorigen Abschnitt) erledigt. Der Beweis verläuft so (dabei sind $\underline{a}_1,..,\underline{a}_n$ die Spalten von A):

$A\underline{x} = \underline{b}$ lösbar $\leftrightarrow \underline{b} \in \text{Bild}\,A \leftrightarrow \underline{b} \in \text{Span}\{\underline{a}_1,..,\underline{a}_n\} \leftrightarrow \underline{b} \perp \text{Span}\{\underline{a}_1,..,\underline{a}_n\}^{\perp}$ [1]
$\leftrightarrow \underline{b} \cdot \underline{y} = 0$, falls $\underline{a}_i \cdot \underline{y} = 0$ für alle $i = 1,...,n \leftrightarrow \underline{b} \cdot \underline{y} = 0$,
falls $A^T\underline{y} = \underline{0}$.   □

---

[1] D.h. $\underline{b}$ steht rechtwinklig auf jedem Vektor $\underline{y} \in \text{Span}\{\underline{a}_1,..,\underline{a}_n\}^{\perp}$, dem orthogonalen Komplement von $\text{Span}\{\underline{a}_1,..,\underline{a}_n\}$ (s. Abschn. 2.1.4, Def. 2.5 und Folg. 2.3).

__Beispiel 3.15__ Es sei durch

$$A\underline{x} = \underline{b} \ , \quad A = [a_{ik}]_{3,3}, \quad \underline{x},\underline{b} \in \mathbb{R}^3 \tag{3.141}$$

ein Gleichungssystem beschrieben mit

$$\det A = 0 \quad \text{und} \quad \det \begin{vmatrix} a_{11} & a_{12} \\ a_{21} & a_{22} \end{vmatrix} \neq 0 \ .$$

Damit sind die Spaltenvektoren $\underline{a}_1,\underline{a}_2,\underline{a}_3$ linear abhängig, aber $\underline{a}_1,\underline{a}_2$ linear unabhängig. Somit ist Rang $A = 2$. Der Vektor $\underline{a}_3$ kann als Linearkombination der $\underline{a}_1,\underline{a}_2$ dargestellt werden. Man bilde

$$\underline{y}_0 = \underline{a}_1 \times \underline{a}_2 \ .$$

Wegen $\underline{y}_0 \cdot \underline{a}_1 = \underline{y}_0 \cdot \underline{a}_2 = 0$ spannt $\underline{y}_0$ den Raum $\{\underline{y} \in \mathbb{R}^3 \mid A^T\underline{y} = \underline{0}\}$ auf. Das Gleichungssystem $A\underline{x} = \underline{b}$ ist also __genau dann lösbar__, wenn $\underline{y}_0 \cdot \underline{b} = \underline{0}$ ist.

__Zahlenbeispiel__: Zu lösen ist

$$\begin{array}{rrrr} 5x_1 & - & 3x_2 & + & x_3 & = & 10 \\ 6x_1 & + & 5x_2 & - & 2x_3 & = & 7 \\ -8x_1 & - & 21x_2 & + & 8x_3 & = & -1 \end{array} \tag{3.142}$$

Die Spaltenvektoren der Koeffizienten seien, wie oben, $\underline{a}_1,\underline{a}_2,\underline{a}_3,\underline{b}$. Man errechnet $\det[\underline{a}_1,\underline{a}_2,\underline{a}_3] = 0$ und $\begin{vmatrix} 5 & -3 \\ 6 & 5 \end{vmatrix} = 43 \neq 0$, also $\underline{a}_1,\underline{a}_2,\underline{a}_3$ linear abhängig und $\underline{a}_1,\underline{a}_2$ linear unabhängig. Es folgt $\underline{y}_0 = \underline{a}_1 \times \underline{a}_2$, also:

$$\underline{y}_0 = \begin{bmatrix} 5 \\ 6 \\ -8 \end{bmatrix} \times \begin{bmatrix} -3 \\ 5 \\ -21 \end{bmatrix} = \begin{bmatrix} -86 \\ 129 \\ 43 \end{bmatrix} \quad \text{und} \quad \underline{y}_0 \cdot \underline{b} = \begin{bmatrix} -86 \\ 129 \\ 43 \end{bmatrix} \cdot \begin{bmatrix} 10 \\ 7 \\ -1 \end{bmatrix} = 0 \ .$$

Also ist das Gleichungssystem __lösbar__. Mehr noch: (3.142) ist genau für die rechten Seiten $\underline{b} = (b_1,b_2,b_2)^T$ lösbar, die $\underline{y}_0 \cdot \underline{b} = 0$ erfüllen, also $-86b_1 + 129b_2 + 43b_3 = 0$, was aufgelöst nach b_3 zu folgender Gleichung wird:

$$b_3 = 2b_1 - 3b_2 \ . \tag{3.143}$$

Im einen sind wir frei, im andren sind wir Knechte (Goethe). Wir können hier also b_1,b_2 beliebig vorgeben. b_3 muß dann aus (3.143) berechnet werden.

Der Vollständigkeit wegen wird schließlich die Lösung von (3.142) angegeben:

$$\begin{bmatrix} x_1 \\ x_2 \\ x_3 \end{bmatrix} = \underbrace{\begin{bmatrix} 71/43 \\ -25/43 \\ 0 \end{bmatrix}}_{\underline{u}} + t \underbrace{\begin{bmatrix} 1/43 \\ 16/43 \\ 1 \end{bmatrix}}_{\underline{s}} \quad \text{für alle } t \in \mathbb{R} \ . \tag{3.144}$$

$\underline{u}$ wurde dabei aus (3.142) mit der willkürlichen Setzung $x_3 = 0$ berechnet und $\underline{s}$ aus (3.142) mit rechter Seite Null und $x_3 = 1$. (In beiden Fällen benötigt man nur die ersten beiden Zeilen des Systems (3.142)).

Bemerkung: Ihre eigentliche Kraft entfaltet die Fredholmsche Alternative in Funktionenräumen, die Hilберträume bilden (vgl. Absch. 2.4.9). Die vorangehenden Überlegungen lassen sich auf diese Räume sinngemäß übertragen. Die linearen Gleichungssysteme $A\underline{x} = \underline{b}$ werden dabei durch Integralgleichungen der Form

$$x(t) - \int_a^b K(t,s)\, x(s)\,ds = b(t)$$

ersetzt. Auf diese Weise gelangt man zu Lösbarkeitsaussagen bei Integralgleichungen sowie bei Randwertproblemen der Potentialtheorie, die ihrerseits auf Integralgleichungen zurückgeführt werden (s. z.B. WEIDMANN [116], LEIS [86]).

3.6.3   Dreieckszerlegung von Matrizen durch den Gaußschen Algorithmus, Cholesky-Verfahren

In Abschnitt 2.2.1 wurde beschrieben, wie man ein quadratisches Gleichungssystem $A\underline{x} = \underline{b}$ in ein Dreieckssystem überführt, wenn A eine reguläre Matrix ist. Betrachtet man dabei nur die Rechenoperationen, die auf die Elemente von A nach und nach angewendet werden, so wird A dadurch in eine Dreiecksmatrix

$$R = \begin{bmatrix} r_{11} & r_{12} & \cdots & r_{1n} \\ & r_{22} & \cdots & r_{2n} \\ & & \ddots & \vdots \\ \mathbf{O} & & & r_{nn} \end{bmatrix} \tag{3.145}$$

überführt, wobei $r_{ik} = a_{ik}^{(i)}$ ist ($a_{ik}^{(1)} := a_{ik}$) für alle $i = 1,\ldots,n$ und $k \geq i$. Es gilt dabei $r_{ii} \neq 0$ für alle i und $r_{ik} = 0$ für $i > k$. R ist also eine reguläre Dreiecksmatrix.

Aus den Faktoren c_{ik} (i > k) [1] die beim Gaußschen Algorithmus auftreten (s. (2.29), Abschn. 2.2.1) bilden wir die linke unipotente Matrix

---

[1] Die Zeilenindizes i sind hier so gewählt, daß die c_{ik} der "Endform" der Dreieckszerlegung entsprechen, s. Fig. 2.1, letztes Schema (Abschn. 2.2.1).

$$L = \begin{bmatrix} 1 & & & & \text{O} \\ c_{21} & 1 & & & \\ \vdots & & \ddots & & \\ \vdots & & & \ddots & \\ c_{n1} & \cdots & & c_{n,n-1} & 1 \end{bmatrix} \qquad (3.146)$$

Damit gilt

<u>Satz 3.38</u> Genau dann, wenn A eine reguläre (n,n)-Matrix ist, erzeugt der Gaußsche Algorithmus eine Zerlegung

$$A = PLR \, ,$$

wobei P eine Permutationsmatrix ist und L,R die in (3.145) und (3.146) beschriebenen Dreiecksmatrizen.

<u>Beweis</u>: Wir denken uns den Gaußschen Algorithmus (s. Abschn. 2.21) durchgeführt. Die dabei auftretenden Zeilenvertauschungen führen wir dann nochmals an der ursprünglichen Matrix A durch, was auf eine Multiplikation $\hat{P}A$ mit einer Permutationsmatrix $\hat{P}$ hinausläuft.

Ein zweiter Durchgang des Gaußschen Algorithmus wird nun für $\hat{P}A$ ausgeführt. Hier sind keine Zeilenvertauschungen (also keine Spaltenpivotierungen) mehr nötig, denn diese sind durch $\hat{P}A$ schon erledigt.

Die schrittweise Verwandlung von $\hat{P}A =: A_1$ beim Gaußschen Algorithmus kann durch

$$A_2 := L_1 A_1 \, , \; A_3 := L_2 A_2 \, , \; \ldots, \; A_n := L_{n-1} A_{n-1} \qquad (3.147)$$

beschrieben werden, wobei L_j und A_j die folgenden Matrizen sind

$$L_j = \begin{bmatrix} 1 & & & & & & \\ & 1 & & & \text{O} & & \\ & & \ddots & & & & \\ & & & 1 & & & \\ \text{O} & & -c_{j+1,j} & 1 & & & \\ & & -c_{j+2,j} & & \ddots & & \\ & & \vdots & & \text{O} & \ddots & \\ & & -c_{nj} & & & & 1 \end{bmatrix} \, , \quad A_j = \begin{bmatrix} a_{11}^{(1)} & a_{12}^{(1)} & \cdots & a_{1n}^{(1)} \\ & a_{22}^{(2)} & \cdots & a_{2n}^{(2)} \\ & & \ddots & \vdots \\ & & a_{jj}^{(j)} & \cdots & a_{jn}^{(j)} \\ \text{O} & & \vdots & & \vdots \\ & & a_{nj}^{(j)} & \cdots & a_{nn}^{(j)} \end{bmatrix} \, .$$

L_j ist also eine unipotente linke Matrix, die im Dreieck unter der Hauptdiagonalen in der j-ten Spalte die Elemente $-c_{j+1,j}, \ldots, -c_{nj}$ aufweist, sonst aber nur Null-Elemente unter der Diagonalen hat. (Der Leser prüft die Gleichung $A_{j+1} = L_j A_j$ (j = 1,..,n-1) an Hand des Gaußschen Algorithmus in Abschnitt 2.2.1 leicht nach.)

Es folgt aus (3.147) durch schrittweises Einsetzen (von rechts nach links)

$$A_n = L_{n-1} \, L_{n-2} \, \cdots \, L_1 A_1 \; .$$

Wegen $A_n = R$, $A_1 = \hat{P}A$ also

$$R = L_{n-1} \, L_{n-2} \, \cdots \, L_1 \hat{P}A \Rightarrow \hat{P}A = (L_1^{-1} \cdots L_{n-1}^{-1})R \; .$$

Setzt man $L = (L_1^{-1} \cdots L_{n-1}^{-1})$ und multipliziert von links mit $P = \hat{P}^{-1}$, so folgt $A = PLR$, wie behauptet. □

Bemerkung: Die L_j^{-1} unterscheiden sich von den L_j nur dadurch, daß die Minuszeichen vor dem c_{ij} durch Pluszeichen ersetzt werden. Daß $L = (L_1^{-1} \cdots L_{n-1}^{-1})$ wieder eine linke unipotente Matrix ist, folgt aus der Tatsache, daß das Produkt zweier solcher Matrizen wieder von diesem Typ ist, kurz, daß die linken unipotenten Matrizen eine Gruppe bilden (s. Abschn. 3.5.2). Auch $P = \hat{P}^{-1}$ ist wiederum eine Permutationsmatrix, da auch diese Matrizen eine Gruppe darstellen.

Folgerung 3.13 Ist $A = [a_{ik}]_{n,n}$ eine reguläre Matrix, für die der Gaußsche Algorithmus ohne Pivotierung bis zu einer regulären Dreiecksmatrix R durchläuft, so folgt

$$\boxed{A = LR} \tag{3.148}$$

mit L nach (3.146).

Man nennt $A = LR$ eine Dreieckszerlegung von A . Sie ist übrigens eindeutig bestimmt. (Denn gäbe es zwei Dreieckszerlegungen $A = LR = \hat{L}\hat{R}$, so folgte $L^{-1}\hat{L} = \hat{R}R^{-1}$. Dies ist aber gleich E , denn E ist die einzige Matrix, die zugleich linke unipotente Matrix und rechte Dreiecksmatrix ist.)

Bemerkung: In der Numerik spielt die LR-Zerlegung beim "LR-Verfahren" zur Bestimmung von Eigenwerten eine Rolle, wie bei Varianten des Gaußschen Algorithmus. Eine davon ist das Cholesky-Verfahren, welches lineare Gleichungssysteme mit positiv definiter symmetrischer Matrix löst. Es sei ohne Beweis angegeben (s. dazu WERNER [117]).

Cholesky-Verfahren. Gelöst werden soll das Gleichungssystem

$$A\underline{x} = \underline{b}$$

wobei A eine symmetrische positiv definite (reelle) (n,n)-Matrix ist. A läßt sich zerlegen in

$$A = LL^T \text{ mit einer Dreiecksmatrix } L = \begin{bmatrix} t_{11} & & \mathbf{O} \\ \vdots & \ddots & \\ t_{n1} & \cdots & t_{nn} \end{bmatrix} \tag{3.149}$$

wobei $t_{ii} > 0$ für alle $i = i, \ldots, n$ gilt (WERNER [117]). Man gewinnt L schrittweise aus den Formeln

$$t_{kk} = \sqrt{a_{kk} - t_{k1}^2 - t_{k2}^2 - \cdots - t_{k,k-1}^2} \; , \qquad (3.150)$$

$$t_{ik} = \frac{1}{t_{kk}} \left(a_{ik} - t_{i1}t_{k1} - t_{i2}t_{k2} - \cdots - t_{i,k-1}t_{k,k-1} \right), \qquad (3.151)$$

wobei die Indizes (i,k) folgendes Dreiecksschema zeilenweise durchlaufen

$$\begin{array}{ccccc}
(1,1) & (2,1) & (3,1) & \cdots & (n,1) \\
 & (2,2) & (3,2) & \cdots & (n,2) \\
 & & \ddots & & \vdots \\
 & & & \ddots & (n,n) \, .
\end{array} \qquad (3.152)$$

Hat man auf diese Weise die Zerlegung $A = L\,L^T$ gewonnen, so wird
$A\underline{x} = \underline{b}$ zu $L\,L^T\underline{x} = \underline{b}$. Mit $\underline{y} := L^T\underline{x}$ sind also die folgenden beiden
Gleichungssysteme zu lösen

$$L\underline{y} = \underline{b} \qquad \text{und} \qquad L^T\underline{x} = \underline{y} \; . \qquad (3.153)$$

$L\underline{y} = \underline{b}$ wird ohne Schwierigkeit zeilenweise "von oben nach unten" gelöst.
Mit dem errechneten $\underline{y}$ löst man dann $L^T\underline{x} = \underline{y}$ zeilenweise "von unten
nach oben". -

<u>Übung 3.32*</u> Löse das folgende Gleichungssystem mit dem Cholesky-Verfahren:

$$\begin{array}{rcrcrcr}
3x_1 & + & 2x_2 & + & x_3 & = & 5 \\
2x_1 & + & 5x_2 & - & 3x_3 & = & 9 \\
x_1 & - & 3x_2 & + & 6x_3 & = & -1 \; .
\end{array}$$

3.6.4   Große Gleichungssysteme, Gesamtschrittverfahren

Bei der numerischen Lösung von Differentialgleichungen (durch Differen-
zenverfahren, finite Elemente oder Reihenansätze) treten oft lineare
Gleichungssysteme $A\underline{x} = \underline{b}$ mit großen quadratischen Matrizen A auf
(d.h. einigen hundert oder tausend Zeilen und Spalten). Diese Matrizen
sind meistens "schwach besetzt", d.h. viele ihrer Elemente sind Null,
insbesondere wenn sie von der Hauptdiagonalen weiter entfernt sind.
Man nennt solche Matrizen <u>Bandmatrizen</u> oder <u>Sparse-Matrizen</u>.

Der Gaußsche Algorithmus erweist sich für solche Gleichungssysteme
$A\underline{x} = \underline{b}$ oft als ungünstig, da er auf die Struktur von A zu wenig Rück-
sicht nimmt. Man löst solche Gleichungen daher meistens durch "iterative
Verfahren", zu denen wir im folgenden einen Einstieg geben.

<u>Gesamtschrittverfahren</u>: Im Gleichungssystem

$$\boxed{A\underline{x} = \underline{b}} \quad \text{mit} \quad A = [a_{ik}]_{n,n} \text{ reell, } a_{ii} \neq 0 \text{ für alle } i \; , \qquad (3.154)$$

dividieren wir zunächst jede Zeile durch ihr entsprechendes Diagonalele-
ment a_{ii} . Die Koeffizienten der x_i werden dann alle gleich 1 . Diese
Divisionen erzeugt man durch Multiplikation von links mit der Matrix

$$D = \text{diag}\left(\frac{1}{a_{11}} , \frac{1}{a_{22}} , \; \dots \; , \frac{1}{a_{nn}}\right) \; .$$

Man erhält: $DA\underline{x} = D\underline{b}$. Addition von $\underline{x} - \underline{x} = \underline{0}$ auf der linken Seite
liefert $\underline{x} - (E - DA)\underline{x} = D\underline{b}$, also nach Umstellung

$$\boxed{\underline{x} = C\underline{x} + \underline{d}} \quad \text{mit} \quad C = E - DA \; , \; \underline{d} = D\underline{b}$$

$\underline{x} = C\underline{x} + \underline{d}$ hat die gleiche Lösungsmenge wie $A\underline{x} = \underline{b}$.

Mit einem beliebigen Ausgangsvektor $\underline{x}^0 \in \mathbb{R}^n$ bilden wir nun die
<u>Iterationsfolge</u>

$$\underline{x}^0, \underline{x}^1, \underline{x}^2, \dots \quad \text{durch} \quad \boxed{\underline{x}^{i+1} := C\underline{x}^i + \underline{d}} \; , \; i = 0,1,2,\dots \; . \qquad (3.155)$$

Die Berechnung der Folgenglieder (bis zu einem geeigneten Index) nennt
man das <u>Gesamtschrittverfahren</u>. Man sagt, das <u>Gesamtschrittverfahren</u>
<u>konvergiert</u>, wenn die Iterationsfolge in (3.155) konvergiert.

Wir geben einige Konvergenzkriterien an. Wegen der Beweise sei auf
WERNER [117] verwiesen.

<u>Satz 3.39</u> Das Gesamtschrittverfahren konvergiert gegen eine Lösung $\hat{\underline{x}}$
von $A\underline{x} = \underline{b}$, wenn eine der beiden folgenden Bedingungen (a) oder (b)
erfüllt ist:

(a) <u>Starkes Zeilensummenkriterium</u>

$$\sum_{\substack{k=1 \\ k \neq i}}^{n} |a_{ik}| < |a_{ii}| \quad \text{für alle} \quad i = 1,\dots,n \; . \qquad (3.156)$$

(b) <u>Starkes Spaltensummenkriterium</u>

$$\sum_{\substack{i=1 \\ i \neq k}}^{n} |a_{ik}| < |a_{kk}| \quad \text{für alle} \quad k = 1,\dots,n \ . \tag{3.157}$$

Die Lösung $\hat{\underline{x}}$ ist dabei eindeutig bestimmt.

<u>Beispiel 3.17</u> Zu lösen ist $A\underline{x} = \underline{b}$ mit $A = \begin{bmatrix} 1 & 0,002 \\ 0,003 & 1 \end{bmatrix}$, $\underline{b} = \begin{bmatrix} 3 \\ 2 \end{bmatrix}$.
Man errechnet $C = \begin{bmatrix} 0 & -0,002 \\ -0,003 & 0 \end{bmatrix}$, $\underline{d} = \underline{b}$. Da $\underline{b} = \underline{x}^0$ beinahe schon
die Gleichung $A\underline{x} = \underline{b}$ erfüllt, nehmen wir $\underline{b} = \underline{x}^0$ als Startpunkt für
die Iteration $\underline{x}^{i+1} = C\underline{x}^i + \underline{b}$, $i = 0,1,2,\dots$. Schon $\underline{x}^3 = \begin{bmatrix} 2,99901 \\ 1,99101 \end{bmatrix}$
ändert sich innerhalb von 6 Stellen nicht mehr bei weiterer Iteration.
$\underline{x}^3$ kann also numerisch als Lösung angesehen werden. -

Die obigen starken Kriterien sind zwar leicht zu überprüfen, doch reichen sie für viele praktische Fälle nicht aus. Wir formulieren daher im
folgenden das brauchbarere schwache Zeilen- bzw. Spaltensummenkriterium.
Vorerst jedoch eine Definition:

<u>Definition 3.16</u> Eine (n,n)-Matrix $A = [a_{ik}]_{n,n}$ heißt <u>zerlegbar</u>, wenn
man sie durch Zeilenvertauschungen und entsprechende Spaltenvertauschun-
gen in die Form

$$\begin{array}{cc} \underset{\sim}{N_1} & \underset{\sim}{N_2} \end{array}$$
$$\left[\begin{array}{c|c} B & 0 \\ \hline C & D \end{array} \right] \begin{array}{l} \} N_1 \\ \} N_2 \end{array} \tag{3.158}$$

bringen kann, wobei B , D quadratische Matrizen sind.

Mit anderen Worten: A heißt <u>zerlegbar</u>, wenn sich die Indexmenge
$N = \{1,\dots,n\}$ in zwei nichtleere Mengen N_1, N_2 zerlegen läßt (d.h.
$N_1 \cup N_2 = N$, $N_1 \cap N_2 = \emptyset$), so daß folgendes gilt:

$$a_{ik} = 0 \quad \text{für alle} \quad i \in N_1 \quad \text{und alle} \quad k \in N_2 \ . \tag{3.159}$$

A heißt <u>unzerlegbar</u>, wenn A nicht zerlegbar ist.

<u>Folgerung 3.14</u> Eine Matrix $A = [a_{ik}]_{n,n}$, deren <u>Nebendiagonalelemente</u>
$a_{i,i+1}$ und $a_{i+1,i}$ $(i = 1,\dots,n-1)$ alle ungleich Null sind, ist unzerlegbar.

<u>Beweis</u>: Wäre A zerlegbar, so gäbe es eine Zerlegung $\{1,\ldots,n\} =$
$= N_1 \cup N_2$ $(N_1 \cap N_2 = \emptyset$, $N_1 \neq \emptyset$, $N_2 \neq \emptyset)$ mit $a_{ik} = 0$ für alle
$i \in N_1$, $k \in N_2$. Ist dabei $n \in N_1$ und m die größte Zahl aus N_2 ,
so ist $m + 1 \in N_1$, also $a_{m+1,m} = 0$ im Widerspruch zur Voraussetzung.
Gilt aber $n \in N_2$ und ist m die größte Zahl aus N_1 , so folgt
$m + 1 \in N_2$ und $a_{m,m+1} = 0$, abermals im Widerspruch zur Voraussetzung.
Also ist A unzerlegbar.   □

Nun kommen wir zu den verbesserten Kriterien (zum Beweis s. WERNER [117]).

<u>Satz 3.40</u> Das Gesamtschrittverfahren konvergiert gegen eine Lösung $\hat{\underline{x}}$
von $A\underline{x} = \underline{b}$, wenn A unzerlegbar ist und eine der folgenden Bedingungen
(a) oder (b) erfüllt ist.

(a) <u>Schwaches Zeilensummenkriterium</u>:

$$\sum_{\substack{k=1 \\ k \neq i}}^{n} |a_{ik}| \;\leq\; |a_{ii}| \quad \text{für alle } i = 1,\ldots,n , \tag{3.160}$$

$$\text{und}$$

$$\sum_{\substack{k=1 \\ k \neq i_0}}^{n} |a_{i_0 k}| \;<\; |a_{i_0 i_0}| \quad \text{für mindestens ein } i_0 . \tag{3.161}$$

(b) <u>Schwaches Spaltensummenkriterium</u>:

$$\sum_{\substack{i=1 \\ i \neq k}}^{n} |a_{ik}| \;\leq\; |a_{kk}| \quad \text{für alle } k = 1,\ldots,n , \tag{3.162}$$

$$\text{und}$$

$$\sum_{\substack{i=1 \\ i \neq k_0}}^{n} |a_{i k_0}| \;<\; |a_{k_0 k_0}| \quad \text{für mindestens ein } k_0 . \tag{3.163}$$

Die Lösung $\hat{\underline{x}}$ ist dabei eindeutig bestimmt.

<u>Beispiel 3.18</u> Zu lösen sei die Differentialgleichung

$$u''(x) = f(x) \quad , \quad x \in [a,b] \tag{3.164}$$

mit den Randbedingungen $u(a) = u(b) = 0$. Dabei sei $f : [a,b] \to \mathbb{R}$
eine stetige gegebene Funktion. u ist gesucht.

Wir lösen dieses "Randwertproblem" näherungsweise, indem wir mit Differenzenquotienten statt Differentialquotienten arbeiten:

Zuerst wählen wir eine Teilung

$$a = x_0 < x_1 < x_2 < \ldots < x_n < x_{n+1} = b$$

des Intervalls $[a,b]$ mit der <u>Schrittweite</u>

$$h = \frac{b-a}{n+1} \ , \ \text{und} \ \ x_k = a + kh \ , \ (k = 0,\ldots,n+1) \ .$$

Für die gesuchte Funktion u wird abkürzend $u_k = u(x_k)$ geschrieben. Die erste Ableitung von u an der Stelle x_k $(k \geq 1)$ wird näherungsweise durch

$$\Delta u_k = \frac{1}{h} \left(u_k - u_{k-1} \right)$$

ersetzt und entsprechend die zweite Ableitung durch

$$\frac{1}{h} \left(\Delta u_{k+1} - \Delta u_k \right) = \frac{1}{h^2} \left(u_{k+1} - 2u_k + u_{k-1} \right) \ .$$

Die Differentialgleichung (3.164) geht daher über in

$$\frac{1}{h^2} \left(u_{k+1} - 2u_k + u_{k-1} \right) = f(x_k) \qquad (1 \leq k \leq n) \ . \tag{3.165}$$

Hierbei ist $u_0 = u_{n+1} = 0$ wegen der Randbedingung. Damit ist (3.165) ein lineares Gleichungssystem, das man so schreiben kann:

$$\begin{bmatrix} -2 & 1 & & & & \\ 1 & -2 & 1 & & & \\ & 1 & -2 & 1 & & \\ & & \ddots & \ddots & \ddots & \\ & & & 1 & -2 & 1 \\ & & & & 1 & -2 \end{bmatrix} \begin{bmatrix} u_1 \\ u_2 \\ u_3 \\ \vdots \\ u_{n-1} \\ u_n \end{bmatrix} = \begin{bmatrix} f(x_1) \\ f(x_2) \\ f(x_3) \\ \vdots \\ f(x_{n-1}) \\ f(x_n) \end{bmatrix} h^2 \ . \tag{3.166}$$

Die Koeffizientenmatrix genügt nicht dem starken Zeilensummen- bzw. Spaltensummenkriterium. Doch das <u>schwache</u> Zeilensummenkriterium ist er-

füllt, wobei die Matrix nach Folgerung 3.14 unzerlegbar ist. Das Gesamtschrittverfahren führt also zur Lösung.

Auf diese Weise lassen sich auch kompliziertere lineare Randwertaufgaben
lösen. -

<u>Übung 3.33</u> Löse die Randwertaufgabe aus Beispiel 3.18 mit
$[a,b] = [0,\pi]$, $f(x) = e^{\cos x}$ und $h = \frac{\pi}{31}$. (Hier ist ein Computer
nötig!)

3.6.5   Einzelschrittverfahren

Zur Konvergenzverbesserung des Gesamtschrittverfahrens läßt man sich von
folgender Überlegung leiten:

Man denke sich beim Gesamtschrittverfahren die Iteration $\underline{x}^{i+1} = C\underline{x}^i + \underline{b}$
zeilenweise hingeschrieben. Hat man dann aus der ersten Zeile die erste
Koordinate $x_1^{(i+1)}$ von $\underline{x}^{i+1}$ ausgerechnet, so setzt man sie gleich in
alle anderen Zeilen ein, an Stelle von $x_1^{(i)}$ (der ersten Koordinate von
$\underline{x}_1^{(i)}$). Hat man dann aus der zweiten Zeile ein $x_2^{(i+1)}$ ermittelt, so
setzt man auch dies in die folgenden Zeilen an Stelle von $x_2^{(i)}$ ein,
usw.

Es ist zu hoffen, daß dies Verfahren schneller konvergiert als das ursprüngliche Gesamtschrittverfahren.

Die beschriebene Methode nennt man <u>Einzelschrittverfahren</u>. Wir wollen es
ausführlicher darlegen:

Es soll

$$A\underline{x} = \underline{b} \tag{3.167}$$

gelöst werden, mit $A = [a_{ik}]_{n,n}$ reell, $a_{ii} \neq 0$ für alle i , $\underline{x},\underline{b} \in \mathbb{R}^n$.
Wieder wird mit

$$D = \operatorname{diag}\left(\frac{1}{a_{11}} , \frac{1}{a_{22}} , \cdots , \frac{1}{a_{nn}}\right) \tag{3.168}$$

das Gleichungssystem in

$$DA\underline{x} = \underline{d} \quad \text{mit} \quad \underline{d} = D\underline{b} \tag{3.169}$$

verwandelt. In DA sind alle Diagonalelemente gleich 1 . Daher kann man DA in

$$DA = L + E + R \tag{3.170}$$

aufspalten, wobei L bzw. R eine linke bzw. rechte Dreiecksmatrix ist, deren Diagonalelemente alle gleich Null sind. (3.169) geht damit über in $(L+E+R)\underline{x} = \underline{d}$, oder

$$\underline{x} = \underline{d} - L\underline{x} - R\underline{x} \tag{3.171}$$

Diese "Fixpunktgleichung" soll wieder durch einen Iterationsprozeß gelöst werden. Und zwar berechnen wir, ausgehend von einem $\underline{x}^0 \in \mathbb{R}^n$, die Folgenglieder $\underline{x}^1, \underline{x}^2, \underline{x}^3, \ldots$ durch

$$\boxed{\underline{x}^{i+1} = \underline{d} - L\underline{x}^{i+1} - R\underline{x}^i} \quad , \ i = 0,1,2,\ldots \ . \tag{3.172}$$

Diese Berechnungsvorschrift ist der Kern des <u>Einzelschrittverfahrens</u>. Man sagt, "es konvergiert", wenn die $\underline{x}^i$ für $i \to \infty$ gegen eine Lösung von $A\underline{x} = \underline{b}$ konvergieren.

Daß $\underline{x}^{i+1}$ in (3.172) rechts und links vom Gleichheitszeichen vorkommt, macht nichts aus, denn beim zeilenweisen Auswerten von (3.170) werden alle Koordinaten von $\underline{x}^{i+1}$ nacheinander berechnet.

Mit

$$DA = [\alpha_{ik}]_{n,n} \ , \ \underline{d} = D\underline{b} = \begin{bmatrix} d_1 \\ \vdots \\ d_n \end{bmatrix} \quad \text{und} \quad \underline{x}^i = \begin{bmatrix} x_1^{(i)} \\ \vdots \\ x_n^{(i)} \end{bmatrix} \tag{3.173}$$

erhält man die ausführliche

Iterationsvorschrift des Einzelschrittverfahrens: (3.174)

$$
\begin{aligned}
x_1^{(i+1)} &= d_1 + O &&- \alpha_{12}x_2^{(i)} &&- \alpha_{13}x_3^{(i)} - &&\cdots && - \alpha_{1n}x_n^{(i)} \\
x_2^{(i+1)} &= d_2 - \alpha_{21}x_1^{(i+1)} &&+ O &&- \alpha_{23}x_3^{(i)} - &&\cdots && - \alpha_{2n}x_n^{(i)} \\
x_3^{(i+1)} &= d_3 - \alpha_{31}x_1^{(i+1)} &&- \alpha_{32}x_2^{(i+1)} &&+ O &&\cdots && - \alpha_{3n}x_n^{(i)} \\
&\;\vdots \\
x_n^{(i+1)} &= d_n - \alpha_{n1}x_1^{(i+1)} &&- \alpha_{n2}x_2^{(i+1)} - &&\cdots && - \alpha_{n,n-1}x_{n-1}^{(i+1)} && + O \quad .
\end{aligned}
$$

Ohne Beweis geben wir die folgende Konvergenzaussage an (s. WERNER [117]):

Satz 3.41   Das Einzelschrittverfahren konvergiert (und zwar schneller als das Gesamtschrittverfahren),

(a) falls das starke Zeilensummenkriterium (3.156) erfüllt ist, oder

(b) falls das Gesamtschrittverfahren konvergiert und in der Zerlegung
    DA = L + E + R , (3.170), die Matrizen L und R nur aus nicht-
    positiven Elementen bestehen.

Bemerkung: Die letztgenannte Bedingung ist bei der numerischen Lösung von linearen Differentialgleichungen meistens erfüllt (s. Beispiel 3.18), so daß sie keine ernste Einschränkung bedeutet.

(b) Die Bedingung (b) in (3.41) besagt speziell, daß lediglich das schwache Zeilensummenkriterium für A erfüllt sein muß, nebst Unzer-legbarkeit von A und der Vorzeichenbedingung für L und R . Die Konvergenz des Einzelschrittverfahrens ist dann gesichert. -

Man hat die Konvergenz der Iterationsverfahren zur Lösung von $A\underline{x} = \underline{b}$ noch weiter beschleunigt. Stichworte sind: Relaxationsverfahren, SOR = Successive Overrelaxation, SUR = Successive Underrelaxation u.a.. Hier muß auf die Literatur über numerische Mathematik verwiesen werden (z.B. WERNER [117], VARGA [114], SCHWARZ [105]).

Übung 3.34   Löse die Aufgabe aus Übung 3.33 mit dem Einzelschrittver-fahren (und Computer).

3.7 EIGENWERTE UND EIGENVEKTOREN

Die Untersuchung von Schwingungen mechanischer und elektrodynamischer
Systeme ist mit Eigenwertproblemen eng verknüpft. Und zwar berechnet man
den zeitlichen Ablauf solcher Schwingungen aus Differentialgleichungen,
bei denen sich als Kern oft ein algebraisches Eigenwertproblem heraus-
schält, d.h. es muß eine Gleichung der Form

$$A\underline{x} = \lambda\underline{x} \qquad \text{mit einer gegebenen Matrix} \quad A \in \mathrm{Mat}(n,\mathbb{C})$$

gelöst werden. Lösen $\lambda \in \mathbb{C}$ und $\underline{x} \neq \underline{0}$ ($\underline{x} \in \mathbb{C}^n$) die Gleichung, so heißt
λ ein Eigenwert von A und $\underline{x}$ ein zugehöriger Eigenvektor.

Je nachdem, wo λ in der komplexen Ebene liegt, ergibt sich, ob die Schwingung gedämpft ist (stabiler Fall), oder ob sie sich aufschaukelt (instabi-
ler Fall). Handelt es sich bei den schwingenden Systemen um Brücken, Türme.
Flugzeugflügel, rotierende Achsen, Balken, Fahrzeugteile usw., so kann das
Aufschaukeln zu schlimmen Katastrophen führen. Die gilt es, mit allen Mit-
teln zu verhindern!

*Die Vermeidung von instabilen Schwingungen ist eine der wichtigsten
Anwendungen der Eigenwerttheorie.*

Historisch gesehen hat die Bekämpfung des "Flugzeugflatterns", also der
Aufschaukelungskatastrophen schwingender Tragflächen und Leitwerke, die
Entwicklung numerischer Berechnungsmethoden für Eigenwerte und -Vektoren
stark gefördert.

Im Abschnitt 3.7.2 wird exemplarisch und übersichtsartig der Zusammenhang
zwischen Schwingungen und Eigenwerten erläutert.

Über das Schwingungsproblem hinaus sind Eigenwerte allgemein bei der Lösung linearer Differentialgleichungssysteme ein unentbehrliches Hilfsmittel.

Ja, die Struktur von Matrizen wird durch die Kenntnis der Eigenwerte und -vektoren viel klarer (Verwandeln in gewisse Normalformen usw.). Das hat Auswirkungen auf alle Anwendungen der Matrizen, wie bei Gleichungssystemen, Kegelschnitten, Flächen zweiter Ordnung und anderen "krummen" Flächen, Tensoren, Bewegungen, Integralgleichungen u.a.

3.7.1   Definition von Eigenwerten und Eigenvektoren

Definition 3.17 Es sei A eine komplexe (n,n)-Matrix[1]. Eine Zahl $\lambda \in \mathbb{C}$ heißt ein <u>Eigenwert</u> von A und $\underline{x} \in \mathbb{C}^n$ ein zugehöriger <u>Eigenvektor</u>, wenn

$$\boxed{A\underline{x} = \lambda\underline{x}} \qquad\qquad \text{und } \underline{x} \neq \underline{0}. \tag{3.176}$$

erfüllt ist. [2]

Die Gleichung $A\underline{x} = \lambda\underline{x}$ heißt <u>Eigengleichung</u> zu A . Sie läßt sich umschreiben in $A\underline{x} - \lambda\underline{x} = \underline{0}$, und mit $\underline{x} = E\underline{x}$ in

$$\boxed{(A - \lambda E)\underline{x} = \underline{0}} \qquad (\underline{x} \neq \underline{0}) \tag{3.177}$$

Das <u>Eigenwertproblem</u> für A besteht darin, alle Eigenwerte und Eigenvektoren von A zu finden. Die Menge aller Eigenwerte von A heißt das <u>Spektrum</u> von A .

<u>Geometrische Deutung</u>: Ist $\underline{x} \neq \underline{0}$ ein Vektor aus $\mathbb{C}^n$, so sagt man: Alle Vektoren der Form $\alpha\underline{x}$ $(\alpha \in \mathbb{C})$ bilden eine <u>Gerade</u> durch $\underline{0}$ in $\mathbb{C}^n$.
$\underline{x}_0 \neq \underline{0}$ ist genau dann ein Eigenvektor von A (zum Eigenwert λ_0), wenn die Gerade $G = \{\alpha\underline{x}_0 \mid \alpha \in \mathbb{C}\}$ durch $f(x) := A\underline{x}$ in sich abgebildet wird. Denn $A\underline{x}_0 = \lambda_0\underline{x}_0$ bedeutet ja $A(\alpha\underline{x}_0) = \lambda_0\alpha\underline{x}_0 \in G$ für alle $\alpha \in \mathbb{C}$, d.h.

---

[1] Auch rein reelle Matrizen fallen hierunter. Alles für komplexe Matrizen Hergeleitete in diesem Abschnitt gilt also insbesondere für reelle Matrizen, die ja in der Ingenieurpraxis vorrangig auftreten.

[2] Wie bisher bezeichnet $\mathbb{C}$ die Menge der komplexen Zahlen und $\mathbb{C}^n$ den komplexen Vektorraum aller n-dimensionalen Spaltenvektoren mit komplexen Koordinaten.

jeder Punkt von G geht durch Linksmultiplikation mit A in einen Punkt von G über. Man nennt G auch eine Fixgerade von A . So betrachtet besteht das Eigenwertproblem für A darin, alle Fixgeraden von A zu finden. -

Zur Lösung der Eigengleichung

$$(A - \lambda E)\underline{x} = \underline{0} \tag{3.178}$$

macht man sich folgendes klar: Für fest gewähltes λ ist (3.178) ein lineares Gleichungssystem mit der Unbekannten $\underline{x} \in \mathbb{C}^n$. Ist $A - \lambda E$ regulär, so gibt es nur die Lösung $\underline{x} = \underline{0}$. Wir suchen aber Lösungen $\underline{x} \neq \underline{0}$. Diese gibt es dann und nur dann, wenn $A - \lambda E$ singulär ist, d.h. wenn folgendes gilt:

$$\det(A - \lambda E) = 0 \ . \tag{3.179}$$

Diese Gleichung heißt charakteristische Gleichung (oder Säkulargleichung) zu A . Die Zahl $\lambda \in \mathbb{C}$ ist also genau dann ein Eigenwert von A , wenn λ die charakteristische Gleichung (3.179) erfüllt.

Mit $A = [a_{ik}]_{n,n}$ lautet die charakteristische Gleichung ausführlich

$$\begin{vmatrix} (a_{11}-\lambda) & a_{12} & a_{13} & \cdots & a_{1n} \\ a_{21} & (a_{22}-\lambda) & a_{23} & \cdots & a_{2n} \\ a_{31} & a_{32} & (a_{33}-\lambda) & \cdots & a_{3n} \\ \vdots & \vdots & \vdots & & \vdots \\ a_{n1} & a_{n2} & a_{n3} & \cdots & (a_{nn}-\lambda) \end{vmatrix} = 0 \ . \tag{3.180}$$

Man erkennt hieraus, daß die linke Seite der Gleichung ein Polynom in λ ist, da in der Summendarstellung der Determinante jedes Glied ein Polynom in λ ist. Eines dieser Glieder ist das Produkt der Diagonalglieder

$$(a_{11} - \lambda)(a_{22} - \lambda) \cdot \ldots \cdot (a_{nn} - \lambda) = (-1)^n \lambda^n + (-1)^{n-1} \sum_{i=1}^{n} a_{ii} \lambda^{n-1} + \ldots . \tag{3.181}$$

Es stellt ein Polynom n-ten Grades dar, dessen höchster Koeffizient $(-1)^n$ ist. Alle anderen Glieder in der Summendarstellung der Determinante enthalten nur Potenzen λ^m mit kleineren Exponenten $m < n$, da sie ja weniger als n Faktoren $(a_{ii} - \lambda)$ enthalten. Also beschreibt die Determinante in (3.179) ein Polynom n-ten Grades mit höchstem Koeffizient $(-1)^n$. Man vereinbart:

Definition 3.18 Ist A eine komplexe (n,n)-Matrix, so heißt

$$\boxed{\chi_A(\lambda) := \det(A - \lambda E)} \; , \qquad \lambda \in \mathbb{C}$$

das <u>charakteristische Polynom</u> von A . Es hat den Grad n .

Folgerung 3.15 Die <u>Eigenwerte</u> einer komplexen (n,n)-Matrix A sind die Nullstellen des charakteristischen Polynoms $\chi_A(\lambda)$ von A .

Zur <u>Bestimmung der Eigenwerte</u> von A hat man also die Nullstellen des charakteristischen Polynoms zu berechnen. Für $n = 2$ bedeutet dies das Lösen einer quadratischen Gleichung $\chi_A(\lambda) = 0$. Für größere n kann man das Newtonsche Verfahren verwenden (s. Bd. I, Abschn. 3.3.5) oder andere Methoden, die die numerische Mathematik bereitstellt. Zu jedem berechneten Eigenwert λ_i gewinnt man die zugehörigen <u>Eigenvektoren</u> $\underline{x}_i$ dann aus dem singulären linearen Gleichungssystem

$$(A - \lambda_i E)\underline{x}_i = \underline{0} \qquad ^{1)}. \tag{3.182}$$

Beispiel 3.19 Es sollen die Eigenwerte und zugehörige Eigenvektoren der folgenden Matrix berechnet werden:

$$A = \begin{bmatrix} 5 & 8 \\ 1 & 3 \end{bmatrix} \; .$$

Das charakteristische Polynom von A lautet

$$\chi_A(\lambda) = \begin{vmatrix} 5-\lambda & 8 \\ 1 & 3-\lambda \end{vmatrix} = (5-\lambda)(3-\lambda)-8 = \lambda^2 - 8\lambda + 7 \; .$$

Die Eigenwerte von A sind also die Lösungen der Gleichung $\lambda^2 - 8\lambda + 7 = 0$, also

$$\lambda_1 = 7 \quad \text{und} \quad \lambda_2 = 1 \; .$$

---

[1] Es sei erwähnt, daß für größere n ($n \geq 6$) effektivere numerische Verfahren erdacht wurden. In Abschnitt 3.7.5 werden einige angegeben.

Dies sind die Eigenwerte von A . Zugehörige Eigenvektoren
$\underline{x}_1 = [x_{11}, x_{21}]^T$, $\underline{x}_2 = [x_{12}, x_{22}]^T$ berechnet man nach (3.182) aus

$$\begin{bmatrix} (5-7) & 8 \\ 1 & (3-7) \end{bmatrix} \begin{bmatrix} x_{11} \\ x_{21} \end{bmatrix} = \underline{0} \ , \qquad \begin{bmatrix} (5-1) & 8 \\ 1 & (3-1) \end{bmatrix} \begin{bmatrix} x_{12} \\ x_{22} \end{bmatrix} = \underline{0} \ .$$

Multipliziert man die Matrizen explizit aus, so erhält man die beiden
Gleichungssysteme

$$\begin{array}{rcl} -2x_{11} + 8x_{21} &=& 0 \\ x_{11} - 4x_{21} &=& 0 \end{array} \qquad \left| \qquad \begin{array}{rcl} 4x_{12} + 8x_{22} &=& 0 \\ x_{12} + 2x_{22} &=& 0 \end{array} \right. \qquad . \qquad (3.183)$$

Da die Gleichungssysteme singulär sind (die oberen Zeilen sind Vielfache
der unteren Zeilen), benötigt man zur Berechnung der Eigenvektoren nur die
oberen beiden Gleichungen in (3.183). Wir setzen darin (willkürlich)
$x_{21} = 1$ und $x_{22} = 1$, woraus $x_{11} = 4$ bzw. $x_{12} = -2$ folgt. Damit
gewinnt man die folgenden Eigenvektoren:

$$\underline{x}_1 = \begin{bmatrix} 4 \\ 1 \end{bmatrix} \ \text{zu} \ \lambda_1 = 7 \quad , \quad \underline{x}_2 = \begin{bmatrix} -2 \\ 1 \end{bmatrix} \ \text{zu} \ \lambda_2 = 1 \ .$$

Alle anderen Lösungen von (3.183) sind Vielfache dieser Eigenvektoren,
d.h. alle Eigenvektoren von λ_1 (bzw. λ_2) haben die Form $\alpha\underline{x}_1$
(bzw. $\alpha\underline{x}_2$) mit $\alpha \neq 0$, $\alpha \in \mathbb{C}$. -

<u>Übung 3.35*</u> Berechne die Eigenwerte und zugehörigen Eigenvektoren zu fol-
genden Matrizen

$$A = \begin{bmatrix} 5 & -8 \\ -8 & 4 \end{bmatrix} \ , \quad B = \begin{bmatrix} 5 & -6 \\ 1 & 2 \end{bmatrix} \ , \quad C = \begin{bmatrix} 6 & -3 & 4 \\ 0 & 7 & -1 \\ 0 & 10 & -3 \end{bmatrix} \quad .$$

<u>3.7.2   Anwendung: Schwingungen</u>

An einem elementaren Beispiel aus der Mechanik wird gezeigt, wie Schwingungs-
probleme mit Eigenwertaufgaben zusammenhängen. Hierbei werden Grundtat-
sachen über lineare Differentialgleichungen verwendet (s. Bd. III,
Abschn. 2). Aber auch mit (Schul-)Wissen über Differentialrechnung kann
man das Folgende verstehen.

266

Beispiel 3.20 <u>Zwei-Massen-Schwinger</u>: Man betrachte das in Figur 3.12
skizzierte elastische
System aus zwei Wagen der
Massen m_1 , m_2 , drei
Federn mit Federkonstan-
ten k_1, k_2, k_3 und den
festen Wänden rechts und
links. Die Wagen mögen
reibungsfrei laufen. x_1
bedeutet die Auslenkung
des ersten Wagens aus
der Ruhelage, x_2 die des zweiten Wagens.

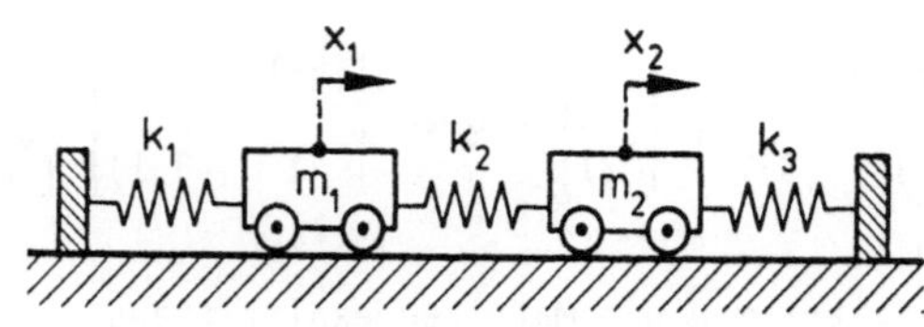

Fig. 3.12: Zwei-Massen-Schwinger

Die Bewegungsgleichungen für die beiden Wagen lauten

$$m_1\ddot{x}_1 = -k_1 x_1 + k_2(x_2 - x_1)$$
$$m_2\ddot{x}_2 = k_2(x_1 - x_2) - k_3 x_2 \, , \qquad (3.184)$$

wobei die Punkte über den x_j die Ableitungen nach der Zeit t markieren.
Wir setzen

$$\underline{x} = \begin{bmatrix} x_1 \\ x_2 \end{bmatrix} \quad , \quad A = \begin{bmatrix} -(k_1+k_2)/m_1 & k_2/m_1 \\ k_2/m_2 & -(k_3+k_2)/m_2 \end{bmatrix} \qquad (3.185)$$

und fassen die Bewegungsgleichungen zu

$$\ddot{\underline{x}} = A\underline{x} \qquad (3.186)$$

zusammen. Mit dem Lösungsansatz

$$\underline{x} = \underline{b}e^{i\omega t} \quad , \quad \underline{b} \in \mathbb{R}^2 \quad , \quad \omega \in \mathbb{R} \quad , \qquad (3.187)$$

gehen wir in die Differentialgleichung (3.186) hinein und erhalten mit
$\ddot{\underline{x}} = -\omega^2\underline{b}e^{i\omega t}$ daraus $-\omega^2\underline{b}e^{i\omega t} = A\underline{b}e^{i\omega t}$, also nach Herauskürzen von
$e^{i\omega t}$:

$$A\underline{b} = \lambda\underline{b} \quad , \quad \text{mit} \quad \lambda = -\omega^2 \, . \qquad (3.188)$$

Damit ist ein Eigenwertproblem entstanden. Das charakteristische Polynom $\chi_A(\lambda) = \det(A - \lambda E)$ läßt sich sofort explizit ausrechnen. Es hat zwei verschiedene negative Nullstellen λ_1, λ_2 , wie man elementar ermittelt. Zugehörige Eigenvektoren $\underline{b}_1$, $\underline{b}_2$ sind schnell aus $(A - \lambda_k E)\underline{b}_k = \underline{0}$ gewonnen. Damit sind alle Lösungen von $\underline{\ddot{x}} = A\underline{x}$ von der Gestalt

$$\underline{x} = c_1\underline{b}_1 e^{i\omega_1 t} + c_2\underline{b}_2 e^{i\omega_2 t} \tag{3.189}$$

Die reellen Lösungen ergeben sich als Linearkombinationen aus $\mathrm{Re}\,\underline{x}$ und $\mathrm{Im}\,\underline{x}$ (vgl. Bd. III, Abschn. 3.2.7, Bem. vor Beisp. 3.12).

<u>Bemerkung</u>: (a) Es ist nicht schwierig, nach diesem Muster Mehr-Massen-Schwinger zu behandeln, bei denen die Massen nicht nur eindimensional, sondern auch eben oder räumlich zueinander angeordnet sind.

(b) Berücksichtigt man im obigen Beispiel die Reibung, so würde man eine Differentialgleichung der Form

$$\underline{\ddot{x}} = B\underline{\dot{x}} + A\underline{x} \tag{3.190}$$

mit (2,2)-Matrizen A, B zu lösen haben. Mit $\underline{y} := \underline{\dot{x}}$ führt dies auf

$$\underline{\dot{y}} = B\underline{y} + A\underline{x} \quad , \quad \underline{\dot{x}} = E\underline{y} \quad ,$$

wodurch ein Differentialgleichungssystem

$$\underline{\dot{z}} = C\underline{z} \quad \text{mit} \quad C = \begin{bmatrix} B & A \\ E & 0 \end{bmatrix} , \quad \underline{z} = \begin{bmatrix} \underline{y} \\ \underline{x} \end{bmatrix} \in \mathbb{C}^4 \tag{3.191}$$

entsteht. Dies ergibt mit dem Ansatz $\underline{z} = \underline{u}e^{\lambda t}$ wieder ein Eigenwertproblem: $C\underline{u} = \lambda\underline{u}$.

(c) Kommen von außen aufgeprägte zeitabhängige Kräfte $K(t)$ hinzu, so hat man

$$\underline{\dot{z}} - C\underline{z} = \underline{K} \tag{3.192}$$

zu lösen. Es können dann, wie bei einer einzigen schwingenden Masse (s. Bd. III, Abschn. 3.1.4(I)) gedämpfte oder angefachte Schwingungen entstehen. Letztere will man natürlich vermeiden, da sie zur Zerstörung des Systems führen. Man spricht in diesem Falle von einem instabilen schwingenden System.

Ins Große übersetzt ist dies der Ansatz für <u>Flatterrechnungen von Flugzeugen</u>. Die äußeren Kräfte K hängen dann allerdings auch noch von $\underline{z}$ ab, also von der Bewegung selbst. Es handelt sich dabei um Luftkräfte. Sie werden durch die Schwingung beeinflußt, da die Schwingung ja den Verlauf der Luftströmungen dauernd ändert. Es findet sozusagen eine Rückkoppelung zwischen Schwingungen und Luftkräften statt. Entsteht dabei Anfachung, so führt dies zur Zerstörung des Flugzeuges und damit zur Katastrophe. Dies gilt es natürlich zu verhindern! - Hier ist ein wichtiges Arbeitsfeld für Ingenieure!

(d) Umgekehrt sind in der Nachrichtentechnik Resonanzeffekte gelegentlich erwünscht.

(e) Weitere Beispiele zu Schwingungen und zu ihren Zusammenhängen mit Eigenwerten findet der Leser in Band III, Abschnitt 3.2.7. Dort sind gekoppelte Pendel, elektrische Schwingungen in Schaltkreisen u.a. behandelt.

(f) Das Biege- und Knickverhalten von Stäben und Balken führt ebenfalls auf Eigenwertprobleme, s. z.B. [2], [10], [120].

(g) Allgemein treten Eigenwertaufgaben häufig in Verbindung mit Differentialgleichungen auf, sei es bei der Lösung linearer Systeme gewöhnlicher Differentialgleichungen mit konstanten Koeffizienten, sei es bei Randwertaufgaben gewöhnlicher oder partieller Differentialgleichungen (s. Bd. III, Abschn. 3.2, 5.1, 5.2).

Übungen

3.36* Berechne die Eigenfrequenzen ω_1, ω_2 in Beispiel 3.20, wobei folgende Zahlenwerte gegeben sind:

$$m_1 = 5 \text{ kg}, \quad m_2 = 3 \text{ kg}, \quad k_1 = 3 \cdot 10^5 \frac{N}{m}, \quad k_2 = 4 \cdot 10^5 \frac{N}{m}, \quad k_3 = 2 \cdot 10^5 \frac{N}{m}.$$

3.37* Erweitere den Zwei-Massenschwinger in Beispiel 3.20 entsprechend zum n-Massenschwinger ($n \in \mathbb{N}$, $n > 2$). Nimm dabei an, daß alle Massen gleich sind: $m_i = m$ für alle i, und alle Federkonstanten gleich sind $k_i = k$ für alle i. Stelle das zugehörige Eigenwertproblem $A\underline{x} = \lambda\underline{x}$ auf. Welche Form hat die Matrix A ?

3.7.3   Eigenschaften des charakteristischen Polynoms

Es sei $A = [a_{ik}]_{n,n}$ eine beliebige reelle oder komplexe (n,n)-Matrix, also kurz: $A \in \text{Mat}(n,\mathbb{C})$[1].

Hauptunterdeterminanten: Man streiche k Zeilen und die entsprechenden k Spalten (also mit gleichen Indizes) aus A heraus. Auf diese Weise entsteht eine Hauptuntermatrix mit $m = n - k$ Zeilen und Spalten. Die Determinante dieser Hauptuntermatrix heißt eine m-reihige Hauptunterdeterminante von A (oder m-reihiger Hauptminor).

[1] Zur Erinnerung: Mit Mat(n,$\mathbb{C}$) bezeichnen wir die Menge aller (n,n)-Matrizen, deren Elemente komplexe Zahlen sind. Die reellen (n,n)-Matrizen sind in dieser Menge enthalten.

Hauptunterdeterminanten der Ordnung 1 sind also die Diagonalglieder a_{ii} , während $\det A$ die (einzige) Hauptunterdeterminante der Ordnung n ist.

$\underline{Spur}$: Ferner bezeichnet man die Summe der Diagonalelemente von A als $\underline{Spur\ von}$ A , abgekürzt:

$$\boxed{\ \text{Spur } A := \sum_{i=1}^{n} a_{ii}\ } \tag{3.193}$$

Damit können wir den folgenden Satz formulieren, der uns die Koeffizienten des charakteristischen Polynoms

$$\chi_A(\lambda) = \det(A - \lambda E)$$

explizit als Summen von Determinanten liefert.

$\underline{\text{Satz 3.42}}$ In der Darstellung

$$\chi_A(\lambda) = c_0 + c_1(-\lambda) + c_2(-\lambda)^2 + \ldots + c_{n-1}(-\lambda)^{n-1} + c_n(-\lambda)^n \tag{3.194}$$

des charakteristischen Polynoms von $A = [a_{ik}]_{n,n}$ ist der Koeffizient c_r (mit $0 \le r \le n - 1$) gleich der Summe aller $(n-r)$-reihigen $\underline{\text{Haupt-}}$ $\underline{\text{unterdeterminanten}}$.

Insbesondere gilt

$$c_0 = \det A \ , \quad c_{n-1} = \text{Spur } A \ , \quad c_n = 1 \ . \tag{3.195}$$

$\underline{\text{Beweis}}$: Es seien $\underline{a}_1, \ldots, \underline{a}_n$ die Spaltenvektoren von A , und $\underline{e}_1, \ldots, \underline{e}_n$ die n-dimensionalen Koordinateneinheitsvektoren. Damit ist

$$\chi_A(\lambda) = \det(A - \lambda E) = \det(\underline{a}_1 - \lambda\underline{e}_1, \ldots, \underline{a}_n - \lambda\underline{e}_n) \ .$$

Die rechte Determinante läßt sich als $\underline{\text{Summe von Determinanten}}$ schreiben, die in jeder Spalte entweder nur $\underline{a}_i$ oder $-\lambda\underline{e}_i$ aufweisen (wie z.B.

$$\det(\underline{a}_1, -\lambda\underline{e}_2, -\lambda\underline{e}_3, \underline{a}_4, -\lambda\underline{e}_5) = (-\lambda)^3 \det(\underline{a}_1, \underline{e}_2, \underline{e}_3, \underline{a}_4, \underline{e}_5) \tag{3.196}$$

im Falle $n = 5$).

270

Alle Determinanten der genannten Summe, die genau r mal die Variable λ aufweisen $(r < n)$, lassen sich durch "Herausziehen" von $(-\lambda)^r$ in die Form

$$(-\lambda)^r D_j$$

bringen, wobei D_j die Determinante einer (n,n)-Matrix ist, die nur Spalten der Form $\underline{a}_i$ oder $\underline{e}_i$ enthält (vgl. (3.196)). Streicht man die Spalten mit den $\underline{e}_i$ heraus und die entsprechenden Zeilen, so ändert sich der Wert D_j nicht. D_j ist also eine $(n-r)$-reihige Hauptunterdeterminante. Summation aller $(-\lambda)^r D_j$ (r fest) liefert das Polynomglied mit der Potenz $(-\lambda)^r$, also $(-\lambda)^r \sum_j D_j = (-\lambda)^r c_r$, und damit $\sum_j D_j = c_r$, wie im Satz behauptet.

Für $r = 0$ bzw. $r = n-1$ erhalten wir: $c_0 = \det A$, $c_{n-1} = \operatorname{Spur} A$. Schon in Abschnitt 3.7.1 wurde $c_n = 1$ bewiesen.   □

Speziell für $n = 2$ und $n = 3$ erhalten wir

<u>Folgerung 3.16</u> Für zweireihige Matrizen $A = [a_{ik}]_{2,2}$ lautet das charakteristische Polynom

$$\chi_A(\lambda) = \begin{vmatrix} a_{11}-\lambda & a_{12} \\ a_{22} & a_{22}-\lambda \end{vmatrix} = \lambda^2 - (a_{11}+a_{22})\lambda + \det A \ , \tag{3.197}$$

und für dreireihige Matrizen $A = [a_{ik}]_{3,3}$:

$$\begin{aligned}
\chi_A(\lambda) = \begin{vmatrix} a_{11}-\lambda & a_{12} & a_{13} \\ a_{21} & a_{22}-\lambda & a_{23} \\ a_{31} & a_{32} & a_{33}-\lambda \end{vmatrix} &= -\lambda^3 + (a_{11}+a_{22}+a_{33})\lambda^2 - \\
&\quad - \left(\begin{vmatrix} a_{11} & a_{12} \\ a_{21} & a_{22} \end{vmatrix} + \begin{vmatrix} a_{11} & a_{13} \\ a_{31} & a_{33} \end{vmatrix} + \begin{vmatrix} a_{22} & a_{23} \\ a_{32} & a_{33} \end{vmatrix} \right)\lambda + \det A \ .
\end{aligned} \tag{3.198}$$

Aus Satz 3.42 kann man weitere nützliche Folgerungen ziehen. Dazu definieren wir zunächst die algebraische Vielfachheit eines Eigenwertes.

<u>Definition 3.19</u> Ist der Eigenwert λ_i eine k-fache Nullstelle[1] des charakteristischen Polynoms χ_A von $A = [a_{ik}]_{n,n}$, so nennt man λ_i einen k-<u>fachen</u> <u>Eigenwert</u> von A . Die Zahl k heißt auch die <u>algebraische</u> <u>Vielfachheit</u> κ_i von λ_i .

Nach dem Fundamentalsatz der Algebra (Bd. I, Abschn. 2.5.5) gibt es höchstens n Nullstellen von χ_A und damit <u>höchstens</u> n <u>Eigenwerte</u> $\lambda_1,\ldots,\lambda_r$ von $A = [a_{ik}]_{n,n}$. Mehr noch: Mit den zugehörigen algebraischen Vielfachheiten κ_i der λ_i (i = 1,..,r) kann $\chi_A(\lambda)$ in folgender Form geschrieben werden:

$$\chi_A(\lambda) = (-1)^n (\lambda - \lambda_1)^{\kappa_1} (\lambda - \lambda_2)^{\kappa_2} \cdot \ldots \cdot (\lambda - \lambda_r)^{\kappa_r} , \tag{3.199}$$
$$\text{mit } \kappa_1 + \kappa_2 + \ldots + \kappa_r = n .$$

Multipliziert man jede Klammer mit (-1) , so ergibt sich ausführlicher:

$$\chi_A(\lambda) = \underbrace{(\lambda_1 - \lambda) \cdot \ldots \cdot (\lambda_1 - \lambda)}_{\kappa_1 \text{ Faktoren}} \cdot \ldots \cdot \underbrace{(\lambda_r - \lambda) \cdot \ldots \cdot (\lambda_r - \lambda)}_{\kappa_r \text{ Faktoren}} . \tag{3.200}$$

Multipliziert man hier alle Klammern aus und ordnet nach Potenzen von $(-\lambda)$, d.h. verwandelt man $\chi_A(\lambda)$ in

$$\chi_A(\lambda) = c_0 + c_1(-\lambda) + \ldots + c_{n-1}(-\lambda)^{n-1} + (-\lambda)^n ,$$

so erhält man $c_{n-1} = \kappa_1 \lambda_1 + \ldots + \kappa_r \lambda_r$ und $c_0 = \lambda_1^{\kappa_1} \cdot \ldots \cdot \lambda_r^{\kappa_r}$, also mit (3.195) in Satz 3.42:

$$\boxed{\begin{aligned} \text{Spur } A &= \kappa_1 \lambda_1 + \kappa_2 \lambda_2 + \ldots + \kappa_r \lambda_r \\ \det A &= \lambda_1^{\kappa_1} \lambda_2^{\kappa_2} \cdot \ldots \cdot \lambda_r^{\kappa_r} \end{aligned}}$$

$$\hspace{10cm} \text{(3.201)}$$
$$\hspace{10cm} \text{(3.202)}$$

Schreibt man jeden Eigenwert so oft hin, wie es seiner algebraischen Vielfachheit entspricht, so kann man das Ergebnis so formulieren:

Die Spur der Matrix $A \in \text{Mat}(n,\mathbb{C})$ *ist die Summe ihrer Eigenwerte, und die Determinante das Produkt ihrer Eigenwerte.*

---

[1] d.h. $0 = \chi_A(\lambda_i) = \chi_A'(\lambda_i) = \chi_A''(\lambda_i) = \ldots = \chi_A^{(k-1)}(\lambda_i)$ und $\chi_A^{(k)}(\lambda_i) \neq 0$.

Invarianz bei Transformationen

<u>Definition 3.20</u> Es seien A und C komplexe (n,n)-Matrizen, wobei C regulär ist. Aus ihnen kann man die Matrix

$$B = C^{-1}AC \qquad\qquad (3.203)$$

bilden. Man sagt in diesem Falle, daß B <u>aus</u> A durch <u>Transformation mit</u> C <u>hervorgegangen ist</u>.

<u>Bemerkung</u>: Gilt $\underline{y} = A\underline{x}$ und substituiert man darin $\underline{x} = C\underline{u}$, $\underline{y} = C\underline{w}$, so erhält man $C\underline{w} = AC\underline{u}$, also $\underline{w} = C^{-1}AC\underline{u}$, d.h. $\underline{w} = B\underline{u}$. Die lineare Abbildung $\underline{y} = A\underline{x}$ geht durch die Substitution mit C also in die Abbildung $\underline{w} = B\underline{u}$ über, wobei B aus A durch Transformation mit C hervorgeht. Wegen dieses Zusammenhanges sind Transformationen von Matrizen von Bedeutung. -

<u>Satz 3.43</u> Das charakteristische Polynom einer Matrix $A \in \text{Mat}(n,\mathbb{C})$ bleibt bei Transformation unverändert, d.h. es gilt für jede reguläre Matrix $C \in \text{Mat}(n,\mathbb{C})$:

$$\chi_A = \chi_{C^{-1}AC} \; .$$

<u>Beweis</u>: Es gilt

$$\chi_{C^{-1}AC}(\lambda) = \det(C^{-1}AC - \lambda E) = \det(C^{-1}(A - \lambda E)C)$$
$$= \det C^{-1} \cdot \det(A - \lambda E) \cdot \det C$$
$$= \det(A - \lambda E) = \chi_A(\lambda) \; ,$$

wegen $\det C^{-1} \det C = \det C^{-1}C = \det E = 1$. □

<u>Folgerung 3.17</u> Bei Transformation einer Matrix $A \in \text{Mat}(n,\mathbb{C})$ bleiben folgende Größen unverändert:

(a) alle Eigenwerte samt ihren algebraischen Vielfachheiten

(b) die Spur der Matrix:

$$\boxed{\text{Spur}\,A = \text{Spur}\,C^{-1}AC}$$

(c) die Determinante der Matrix:

$$\boxed{\det A = \det C^{-1}AC}$$

__Beweis:__ (a) ist nach Satz 3.43 klar. (b), (c) folgen mit (3.201), (3.202). $\qquad\square$

Weitere Eigenschaften des charakteristischen Polynoms [1]
===

__Satz 3.44__ Die Transponierte A^T von $A \in \mathrm{Mat}(n,\mathbb{C})$ hat das gleiche charakteristische Polynom wie A :

$$\chi_{A^T} = \chi_A \ .$$

__Beweis:__ $\det(A^T - \lambda E) = \det((A - \lambda E)^T) = \det(A - \lambda E)\ .$ $\qquad\square$

__Satz 3.45__ __Eigenwerte von Dreiecksmatrizen__: Bei Dreiecksmatrizen sind die Diagonalelemente die Eigenwerte.

Der einfache Beweis bleibt dem Leser überlassen.

__Beispiel 3.21__ Die Matrix

$$A = \begin{bmatrix} 3 & 8 & 1 & 9 \\ 0 & 5 & 0 & 3 \\ 0 & 0 & 4 & 7 \\ 0 & 0 & 0 & 4 \end{bmatrix}$$

hat das charakteristische Polynom

$$\chi_A(\lambda) = \det(A - \lambda E) = (3 - \lambda)(5 - \lambda)(4 - \lambda)^2 \ .$$

Sie hat also die Eigenwerte $\lambda_1 = 3$, $\lambda_2 = 5$ und $\lambda_3 = 4$ mit den algebraischen Vielfachheiten $\kappa_1 = 1$, $\kappa_2 = 1$, $\kappa_3 = 2$. −

__Satz 3.46__ __Verschieben von Eigenwerten ("shiften")__: Sind $\lambda_1,\ldots,\lambda_r$ die Eigenwerte der komplexen (n,n)-Matrix A , so besitzt die Matrix

$$A_\varepsilon := A + \varepsilon E \qquad \text{die Eigenwerte } \mu_i = \lambda_i + \varepsilon \quad (i = 1,..,r) \ .$$

μ_i und λ_i haben gleiche algebraische Vielfachheit.

---

[1] Dies kann beim ersten Lesen übergangen und später hier nachgeschlagen werden.

274

<u>Beweis</u>: Die Variable im charakteristischen Polynom von A_ε bezeichnen wir mit μ . Es gilt:

$$\chi_{A_\varepsilon}(\mu) = \det(A_\varepsilon - \mu E) = \det(A - (\mu - \varepsilon)E) =$$
$$= \chi_A(\mu - \varepsilon) = \chi_A(\lambda) \quad \text{mit} \quad \lambda = \mu - \varepsilon \ .$$

Die Polynome $\chi_{A_\varepsilon}(\mu)$ und $\chi_A(\lambda)$ gehen also durch die "Nullpunktionsverschiebung" $\mu = \lambda + \varepsilon$ auseinander hervor, woraus die Behauptung des Satzes folgt.   □

<u>Satz 3.47</u> <u>Eigenwerte von Matrixpotenzen</u>: Hat $A \in \mathrm{Mat}(n,\mathbb{C})$ die Eigenwerte λ_i $(i = 1,..,r)$, so sind λ_i^m $(m \in \mathbb{N})$ Eigenwerte von A^m .[1]

<u>Beweis</u>: Die folgende Formel rechnet man leicht nach:

$$A^m - \lambda_i^m E = (A^{m-1} + A^{m-2}\lambda_i + A^{m-3}\lambda_i^2 + \ldots + \lambda_i^{m-1}E)(A - \lambda_i E) \ . \qquad (3.204)$$

Der Multiplikationssatz für Determinanten liefert daher die Aussage: Ist $\det(A - \lambda_i E) = 0$, so auch $\det(A^m - \lambda_i^m E) = 0$.   □

<u>Satz 3.48</u> Für je zwei komplexe (n,n)-Matrizen A,B gilt

$$\chi_{AB} = \chi_{BA} \ . \qquad (3.205)$$

<u>Beweis</u>: Ist A regulär, so erhält man (3.205) sofort aus der Transformationsinvarianz (Satz 3.43):

$$\chi_{AB} = \chi_{A^{-1}(AB)A} = \chi_{BA} \ .$$

Ist A nicht regulär, so bedeutet dies, daß ein Eigenwert von A gleich 0 ist (nach (3.202)). Damit sind aber die Eigenwerte von $A_\varepsilon = A + \varepsilon E$ alle ungleich Null, wenn $0 < \varepsilon < \varepsilon_0$ gilt, wobei ε_0 das Minimum aller Eigenwertbeträge $|\lambda_i| \neq 0$ von A ist (s. Satz 3.46). Also ist A_ε regulär, und es gilt

$$\chi_{A_\varepsilon B} = \chi_{BA_\varepsilon} \ .$$

Für $\varepsilon \to 0$ geht dies in (3.205) über.   □

---
[1] $A^m = AA\ldots A$ (m Faktoren)

Übung 3.38* Beweise: Ist $A \in \mathrm{Mat}(n,\mathbb{C})$ schiefsymmetrisch, d.h. $A^T = -A$,
so gilt $\sum\limits_{i=1}^{r} \kappa_i \lambda_i = 0$, wobei die λ_i $(i = 1,..,r)$ die Eigenwerte von A
sind, mit den zugehörigen algebraischen Vielfacheiten κ_i .

3.7.4   Eigenvektoren und Eigenräume

Definition 3.20 Es sei A eine komplexe (n,n)-Matrix, also $A \in \mathrm{Mat}(n,\mathbb{C})$,
und λ_i einer ihrer Eigenwerte. Die Lösungen $\underline{x}_i$ der Eigengleichung

$$(A - \lambda_i E)\underline{x}_i = \underline{0} \tag{3.206}$$

bilden einen Unterraum von $\mathbb{C}^n$, der der Eigenraum zu λ_i genannt wird.
Seine Dimension wird die __geometrische Vielfachheit__ γ_i von λ_i genannt.
Sie errechnet sich aus

$$\boxed{\gamma_i = \dim \mathrm{Kern}(A - \lambda_i E) = n - \mathrm{Rang}(A - \lambda_i E)} \qquad {}^{[1]} \tag{3.207}$$

__Bemerkung zu reellen Matrizen__: Ist $A = [a_{ik}]_{n,n}$ __reell__, (was in der
Praxis meistens der Fall ist), und ist der __Eigenwert__ λ_i von A auch
__reell__, so kann man dazu natürlich aus (3.206) __reelle Eigenvektoren__ $\underline{x}_i$
berechnen. Mehr noch: __die Basis des Eigenraumes zu__ λ_i __kann man aus
reellen Vektoren bilden__. Denn die Dimension des Lösungsraumes von
$(A - \lambda_i E)\underline{x} = \underline{0}$ ist $\gamma_i = n - \mathrm{Rang}(A - \lambda_i E)$, auch wenn wir im $\mathbb{R}^n$ arbeiten. Es gibt also γ_i linear unabhängige reelle Vektoren, die den
Eigenraum aufspannen.

Ist dagegen λ_i ein "echt" komplexer Eigenwert der reellen Matrix A ,
also $\mathrm{Im}\,\lambda_i \neq 0$, so sind alle Eigenvektoren auch "echt" komplex.
In diesem Falle ist übrigens auch $\overline{\lambda_i}$ ein Eigenwert von A , da χ_A
ein reelles Polynom ist. (Es gilt nämlich $\chi_A(\overline{\lambda_i}) = \overline{\chi_A(\lambda_i)} = 0$.) –

---

[1] Nach Abschn. 3.2.3, Satz 3.4, (3.21), u. Bem. vor Üb. 3.7

Wir erinnern: Ein Eigenwert λ_i von A hat die <u>algebraische Vielfachheit</u> κ_i , wenn λ_i eine κ_i-fache Nullstelle des charakteristischen Polynoms χ_A ist. Es folgt

<u>Satz 3.49</u> Für die geometrische Vielfachheit γ_i und die algebraische Vielfachheit κ_i eines Eigenwertes λ_i von $A \in \mathrm{Mat}(n,\mathbb{C})$ gilt

$$\boxed{1 \leq \gamma_i \leq \kappa_i} \qquad\qquad (3.208)$$

<u>Beweis</u>: $\gamma_i \geq 1$ ist trivial, denn zu jedem Eigenwert gibt es mindestens einen Eigenvektor. Zum Nachweis von $\gamma_i \leq \kappa_i$ behandeln wir zuerst den Fall $\lambda_i = 0$.

<u>1. Fall</u>: $\lambda_i = 0$. Das charakteristische Polynom von A hat nach Satz 3.42 die Form

$$\chi_A(\lambda) = c_0 + c_1(-\lambda) + c_2(-\lambda)^2 + \ldots + c_{n-1}(-\lambda)^{n-1} + (-\lambda)^n \ ,$$

wobei c_r gleich der Summe aller $(n-r)$-reihigen Hauptunterdeterminanten von A ist $(r = 0,1,..,n-1)$. Wegen $\lambda_i = 0$ ist nach (3.207):

$$\gamma_i = n - \mathrm{Rang}\,A \quad , \quad \text{also} \quad \mathrm{Rang}\,A = n - \gamma_i \ ,$$

d.h. alle Hauptunterdeterminanten verschwinden, die mehr als $n - \gamma_i$ Zeilen haben. Folglich gilt

$$0 = c_0 = c_1 = \ldots = c_{\gamma_i - 1} = 0 \ ,$$

also:

$$\chi_A(\lambda) = \lambda^{\gamma_i}(-1)^{\gamma_i}(c_{\gamma_i} + c_{\gamma_i + 1}(\lambda) + \ldots + (-\lambda)^{n-\gamma_i}) \ .$$

Der Faktor λ^{γ_i} zeigt, daß die algebraische Vielfachheit des Eigenwertes $\lambda_i = 0$ mindestens γ_i ist, d.h.: $\kappa_i \geq \gamma_i$.

<u>2. Fall</u>: $\lambda_i \neq 0$. In diesem Falle betrachtet man $A_0 := A - \lambda_i E$ an Stelle von A . Nach dem "Shift"-Satz 3.46 hat A_0 einen Eigenwert 0

mit der algebraischen Vielfachheit κ_i , und - wie man unmittelbar einsieht - mit der geometrischen Vielfachheit γ_i . Fall 1 liefert daher
auch hier $\kappa_i \geq \gamma_i$. □

Bemerkung: In der Ingenieurpraxis hat man es häufig mit Matrizen zu tun,
bei denen die algebraische und geometrische Vielfachheit jeden Eigenwer-
tes gleich 1 sind oder zumindest übereinstimmen: $\kappa_i = \gamma_i$ (s. Beispiele
3.19 und 3.20 in den Abschnitten 3.7.1, 3.7.2).

Daß dies aber nicht so sein muß, zeigt uns die folgende einfache Matrix:

Beispiel 3.22

$$A = \begin{bmatrix} 3 & 1 \\ 0 & 3 \end{bmatrix} \Rightarrow \chi_A(\lambda) = \begin{vmatrix} 3-\lambda & 1 \\ 0 & 3-\lambda \end{vmatrix} = (3 - \lambda)^2 .$$

A hat den Eigenwert $\lambda_1 = 3$ mit der algebraischen Vielfachheit $\kappa_1 = 2$.
Die geometrische Vielfachheit γ_1 von λ_1 erhalten wir aus

$$\gamma_1 = 2 - \text{Rang}(A - \lambda_1 E) = 2 - \text{Rang} \begin{bmatrix} 0 & 1 \\ 0 & 0 \end{bmatrix} = 2 - 1 = 1 .$$

Also: $\gamma_1 = 1$, aber $\kappa_1 = 2$. -

Beispiel 3.23 Allgemeiner gilt für Matrizen der Form

$$J = \left.\begin{bmatrix} \lambda_1 & 1 & & & & \mathbf{O} \\ & \lambda_1 & 1 & & & \\ & & \lambda_1 & \lambda_1 & \ddots & \\ & & & \lambda_1 & \ddots & 1 \\ & & & & \ddots & \lambda_1 \\ \mathbf{O} & & & & & \lambda_1 \end{bmatrix}\right\} \begin{array}{l} \text{n-Zeilen} \\ (n \geq 2) \end{array} \tag{3.209}$$

folgendes: Einziger Eigenwert ist λ_1 . Er hat die algebraische Vielfachheit $\kappa_1 = n$ und die geometrische Vielfachheit $\gamma_1 = 1$. Der Leser
prüft dies leicht nach. (Eine Matrix J der Gestalt (3.209) heißt
"Jordan-Matrix" oder "Jordan-Kasten". In Abschnitt 3.7.7 spielen diese
Matrizen eine Rolle.)

Wir untersuchen nun die Frage, wie groß der Vektorraum ist, den alle
Eigenvektoren einer Matrix $A \in \text{Mat}(n,\mathbb{C})$ aufspannen, ja, ob sie unter
Umständen den ganzen Raum $\mathbb{C}^n$ aufspannen. Dazu beweisen wir zunächst
die folgenden beiden Sätze:

$\underline{\text{Satz 3.50}}$ Gehören die Eigenvektoren $\underline{x}_1,\ldots,\underline{x}_r$ zu paarweise verschiedenen Eigenwerten $\lambda_1,\ldots,\lambda_r$ der Matrix $A \in \text{Mat}(n,\mathbb{C})$, dann sind sie linear unabhängig.

$\underline{\text{Beweis}}$: Wir haben zu zeigen, daß aus

$$\alpha_1\underline{x}_1 + \ldots + \alpha_r\underline{x}_r = \underline{0} \qquad (\alpha_r \in \mathbb{C}) \tag{3.210}$$

stets $\alpha_k = 0$ für alle $k = 1,\ldots,r$ folgt. Dazu multiplizieren wir (3.210) von links mit den Matrizen $(A - \lambda_j E)$, $j = 2,\ldots,r$:

$$(A - \lambda_2 E)(A - \lambda_3 E) \ldots (A - \lambda_r E)\sum_{k=1}^{r}\alpha_k\underline{x}_k = \underline{0} . \tag{3.211}$$

Beachten wir dabei die Gleichung

$$(A - \lambda_j E)\underline{x}_k = \begin{cases} (\lambda_k - \lambda_j)\underline{x}_k & \text{falls } j \neq k , \\ 0 & \text{falls } j = k \end{cases}$$

so folgt durch sukzessives Ausmultiplizieren aus (3.211):

$$\alpha_1(\lambda_1 - \lambda_2)(\lambda_1 - \lambda_3) \ldots (\lambda_1 - \lambda_r)\underline{x}_1 = 0 ,$$

also $\alpha_1 = 0$, da alle Klammern ungleich Null sind. Da α_1 keine Sonderrolle spielt - man könnte ja einfach umnumerieren - folgt daraus $\alpha_j = 0$ für alle $j = 1,\ldots,r$. $\square$

$\underline{\text{Satz 3.51}}$ Eine Matrix $A \in \text{Mat}(n,\mathbb{C})$ hat genau dann n linear unabhängige Eigenvektoren, wenn algebraische und geometrische Vielfachheit bei jedem Eigenwert übereinstimmen.

$\underline{\text{Beweis}}$: $\lambda_1,\ldots,\lambda_r$ seien die Eigenwerte von A mit den algebraischen (= geometrischen) Vielfachheiten $\kappa_1,\ldots,\kappa_r$. Zu jedem Eigenwert λ_j wählen wir κ_j linear unabhängige Vektoren $\underline{u}_{j_1},\ldots,\underline{u}_{j\kappa_j}$. Wegen $\kappa_1 + \ldots + \kappa_r = n$ sind dies zusammen n Vektoren. Zum Nachweis der linearen Unabhängigkeit dieser Vektoren betrachten wir eine Linearkombination

$$\sum_{j=1}^{r}\sum_{k=1}^{\kappa_j}\alpha_{jk}\underline{u}_{jk} = \underline{0} \qquad , \quad \alpha_{jk} \in \mathbb{C} . \tag{3.212}$$

Mit $\quad \underline{x}_j := \sum_{k=1}^{\kappa_j} \alpha_{jk}\underline{u}_{jk} \quad$ folgt $\quad \sum_{j=1}^{r} \underline{x}_j = \underline{0}$ $\qquad$ (3.213)

und aus Satz 3.50 somit $\underline{x}_j = 0$ für alle $j = 1,..,r$. Die linke Gleichung in (3.213) liefert damit $\alpha_{jk} = 0$ für alle j,k, da die $\underline{u}_{j_1},..,\underline{u}_{j\kappa_j}$ linear unabhängig sind. Damit sind die Vektoren $\underline{u}_{jk}$ linear unabhängig.

Umgekehrt setzen wir nun voraus, daß es n linear unabhängige Eigenvektoren von A gibt. Sie spannen zusammen alle Eigenräume auf, so daß für deren Dimensionen γ_i (= geometrische Vielfachheiten) $\sum_i \gamma_i = n$ gilt. Da für die algebraischen Vielfachheiten κ_i auch $\sum_i \kappa_i = n$ gilt, folgt nach Subtraktion $\sum_i (\kappa_i - \gamma_i) = 0$, wegen $(\kappa_i - \gamma_i) \geq 0$ also $\kappa_i - \gamma_i = 0$, d.h. $\kappa_i = \gamma_i$ für alle i . $\qquad\square$

<u>Folgerung 3.18</u> Hat die Matrix $A \in \text{Mat}(n,\mathbb{C})$ genau n (paarweise verschiedene) Eigenwerte, so spannen die zugehörigen Eigenvektoren den Raum $\mathbb{C}^n$ auf.

<u>Speziell</u>: Hat die <u>reelle</u> (n,n)-Matrix A genau n <u>reelle</u> Eigenwerte, so spannen die zugehörigen reellen Eigenvektoren den Raum $\mathbb{R}^n$ auf.

<u>Beweis</u>: Das charakteristische Polynom χ_A hat nach Voraussetzung n (paarweise verschiedene) Nullstellen. Da χ_A den Grad n hat, sind alle Nullstellen einfach, d.h. jeder Eigenwert λ_i hat die algebraische Vielfachheit $\kappa_i = 1$. Aus Satz 3.49 folgt für die geometrische Vielfachheit γ_i damit $\gamma_i = \kappa_i = 1$, woraus mit Satz 3.51 die Behauptung folgt. (Für den reellen Spezialfall siehe die Bemerkung nach Definition 3.20). $\qquad\square$

Wenn die Eigenvektoren von $A \in \text{Mat}(n,\mathbb{C})$ den gesamten Raum $\mathbb{C}^n$ aufspannen, so können wir A in eine besonders einfache Gestalt transformieren, nämlich auf Diagonalform, wobei die Eigenwerte in der Diagonalen stehen. Wir vereinbaren in diesem Zusammenhang:

<u>Definition 3.21</u> Eine Matrix $A \in \text{Mat}(n,\mathbb{C})$ heißt <u>diagonalisierbar</u> (oder <u>diagonalähnlich</u>), wenn sie sich in eine Diagonalmatrix transformieren läßt, d.h. wenn es eine reguläre Matrix $C \in \text{Mat}(n,\mathbb{C})$ gibt mit

$$C^{-1}AC = \text{diag}(\alpha_1,..,\alpha_n) \qquad (\alpha_i \in \mathbb{C}) .$$

Es folgt der krönende Satz dieses Abschnittes:

__Satz 3.52__ Eine Matrix $A \in \mathrm{Mat}(n,\mathbb{C})$ läßt sich genau dann in eine Diagonalmatrix transformieren, wenn sie n linear unabhängige Eigenvektoren besitzt.

__Genauer__: Sind $\underline{x}_1,\ldots,\underline{x}_n$ die genannten linear unabhängigen Eigenvektoren von A , so gilt mit der daraus gebildeten Matrix $C = [\underline{x}_1,\ldots,\underline{x}_n]$:

$$\boxed{\,C^{-1}AC = \mathrm{diag}(\lambda_1,\lambda_2,\ldots,\lambda_n)\,} \tag{3.214}$$

Dabei sind $\lambda_1,\ldots,\lambda_n$ die Eigenwerte von A . Sie entsprechen den Eigenvektoren $\underline{x}_1,\ldots,\underline{x}_n$. (Die $\lambda_1,\ldots,\lambda_n$ brauchen dabei nicht paarweise verschieden zu sein.)

__Beweis__: (I) Wir setzen folgendes voraus: A hat n linear unabhängige Eigenvektoren $\underline{x}_1,\ldots,\underline{x}_n$. Aus ihnen wird die Matrix $C = [\underline{x}_1,\ldots,\underline{x}_n]$ gebildet. Die Inverse C^{-1} schreiben wir in der Form

$$C^{-1} = [\underline{y}_1,\ldots,\underline{y}_n]^T \ .$$

($\underline{y}_i^{\ T}$ sind also die Zeilenvektoren von C^{-1} .) Wegen $C^{-1}C = E$ gilt

$$\underline{y}_i \cdot \underline{x}_k = \delta_{ik} = \begin{cases} 1 & \text{für } i = k\ , \\ 0 & \text{für } i \neq k\ . \end{cases}$$

Damit folgt die Behauptung (3.214) aus

$$\begin{aligned} C^{-1}AC &= C^{-1}A[\underline{x}_1,\ldots,\underline{x}_n] = C^{-1}[A\underline{x}_1,\ldots,A\underline{x}_n] \\ &= [\underline{y}_1,\ldots,\underline{y}_n]^T[\lambda_1\underline{x}_1,\ldots,\lambda_n\underline{x}_n] \\ &= [\underline{y}_i \cdot (\lambda_k\underline{x}_k)]_{n,n} = [\lambda_k\delta_{ik}]_{n,n} \\ &= \mathrm{diag}(\lambda_1,\ldots,\lambda_n)\ . \end{aligned}$$

(II) Wir setzen nun umgekehrt voraus, daß es zu $A \in \mathrm{Mat}(n,\mathbb{C})$ eine reguläre Matrix C gibt, sowie Zahlen $\lambda_1,\ldots,\lambda_n \in \mathbb{C}$, die die Gleichung (3.214) erfüllen. Daraus folgt

$$AC = C \, \text{diag}(\lambda_1, \ldots, \lambda_n) \ ,$$

mit $C = [\underline{x}_1, \ldots, \underline{x}_n]$, also:

$$[A\underline{x}_1, \ldots, A\underline{x}_n] = [\lambda_1 \underline{x}_1, \ldots, \lambda_n \underline{x}_n]$$

d.h. $A\underline{x}_k = \lambda_k \underline{x}_k$ für alle $k = 1, \ldots, n$.

Die λ_k sind also Eigenwerte und die $\underline{x}_k$ $(k = 1, \ldots, n)$ die zugehörigen Eigenvektoren. Sie sind linear unabhängig, da C regulär ist. Damit ist der Satz bewiesen. □

Zusammengefaßt ist also folgende prägnante Aussage bewiesen:

Satz 3.53 <u>Diagonalisierbarkeitskriterium</u>: Eine komplexe (n,n)-Matrix A ist genau dann diagonalisierbar, wenn die algebraische und die geometrische Vielfachheit für jeden Eigenwert von A übereinstimmen.

Übungen

3.39* Man bestimme die Eigenvektoren der Matrix

$$A = \begin{bmatrix} \beta & \gamma & \alpha \\ \gamma & \alpha & \beta \\ \alpha & \beta & \gamma \end{bmatrix} \quad , \quad \begin{cases} \alpha, \beta, \gamma \in \mathbb{R} \\ \text{paarweise verschieden} \end{cases} \quad .$$

3.40* Besitzen die folgenden Matrizen dieselben Eigenvektoren?

$$B = \begin{bmatrix} \gamma & \alpha & \beta \\ \alpha & \beta & \gamma \\ \beta & \gamma & \alpha \end{bmatrix} \quad , \quad C = \begin{bmatrix} \alpha & \beta & \gamma \\ \beta & \gamma & \alpha \\ \gamma & \alpha & \beta \end{bmatrix} \quad , \quad \begin{cases} \alpha, \beta, \gamma \in \mathbb{R} \\ \text{paarweise} \\ \text{verschieden} \end{cases} \quad .$$

3.41 Berechne für das Schwingungsproblem in Beispiel 3.20, Abschnitt 3.7.2, bzw. Übung 3.36, die Eigenvektoren $\underline{b}_1, \underline{b}_2$. Spalte die allgemeine Lösung (3.189) in Real- und Imaginärteil auf.

3.7.5   Symmetrische Matrizen und ihre Eigenwerte

Symmetrische Matrizen treten z.B. bei Schwingungen oder Bewegungen
elastischer Stoffe auf, wobei die Reibung vernachlässigt wird. Auch bei
geometrischen Figuren, wie Kegelschnitten, Ellipsoiden, Hyperboloiden
usw. begegnen wir ihnen. Die Eigenwerte der symmetrischen Matrizen sind
dabei der Schlüssel zum tieferen Verständnis.

Die Eigenwerttheorie symmetrischer Matrizen - also reeller Matrizen S
mit $S = S^T$ - ist sehr geschlossen und - man kann sagen - "harmonisch".
Ein kurzer Abriß der Hauptergebnisse wurde schon in Abschnitt 3.5.5
(Satz 3.41) und Abschnitt 3.5.7 gegeben. Im folgenden leiten wir diese
und andere Ergebnisse systematisch her. Der folgende Satz stellt die
Grundlagen dafür zusammen.

__Satz 3.54__ Für jede reelle symmetrische (n,n)-Matrix $S = [s_{ik}]_{n,n}$
gilt folgendes:

(a) Alle Eigenwerte von S sind reell.

(b) Eigenvektoren $\underline{x}_i, \underline{x}_k \in \mathbb{R}^n$, die zu verschiedenen Eigenwerten
λ_i, λ_k von S gehören, stehen rechtwinklig aufeinander.

(c) Geometrische und algebraische Vielfachheit stimmen bei jedem Eigenwert von S überein.

__Beweis:__[1] __Zu__ (a): Es sei λ ein Eigenwert von S und $\underline{x}$ ein zugehö-
riger Eigenvektor. Damit ist $\underline{x}^*\underline{x} = |\underline{x}|^2 =: r \neq 0$ reell[2], und es folgt

$$\underline{x}^*S\underline{x} = \underline{x}^*\lambda\underline{x} = \lambda\underline{x}^*\underline{x} = \lambda r \ . \tag{3.215}$$

Für jede komplexe Zahl z , aufgefaßt als (1,1)-Matrix, gilt $z = z^T$.

---

[1] Kann beim ersten Lesen überschlagen werden.

[2] Es ist $\underline{x}^* = \bar{\underline{x}}^T$, wobei $\bar{\underline{x}}$ der konjugiert komplexe Vektor zu $\underline{x}$ ist
(vgl. Abschn. 3.5.1, Vorbemerkung)

Damit, und mit der Symmetrie von S , folgt für die komplexe Zahl $\underline{x}^{*}S\underline{x}$:

$$\underline{x}^{*}S\underline{x} = (\underline{x}^{*}S\underline{x})^{T} = \underline{x}^{T}S^{T}\underline{x}^{*T} = \overline{\underline{x}^{*}}S\overline{\underline{x}} = \overline{\underline{x}^{*}S\underline{x}} = \overline{\lambda r} = \overline{\lambda}r \ .$$

Der Vergleich mit (3.215) liefert $\lambda r = \overline{\lambda} r$, also $\lambda = \overline{\lambda}$, d.h. λ ist reell. -

$\underline{\text{Zu}}$ (b): Wegen $\lambda_i \ne \lambda_k$ ist einer dieser Werte $\ne 0$, z.B. $\lambda_i \ne 0$.
Aus $S\underline{x}_i = \lambda_i \underline{x}_i$ folgt

$$\underline{x}_i = \frac{1}{\lambda_i} S\underline{x}_i \quad \text{und} \quad \underline{x}_i^{T} = \frac{1}{\lambda_i} \underline{x}_i^{T} S^{T} = \frac{1}{\lambda_i} \underline{x}_i^{T} S \ ,$$

also

$$\underline{x}_i^{T}\underline{x}_k = \frac{1}{\lambda_i} \underline{x}_i^{T} S\underline{x}_k = \frac{1}{\lambda_i} \underline{x}_i^{T} \lambda_k \underline{x}_k = \frac{\lambda_k}{\lambda_i} \underline{x}_i^{T}\underline{x}_k \ .$$

Aus der Gleichheit des linken und des rechten Ausdruckes erhält man

$$\left(1 - \frac{\lambda_k}{\lambda_i}\right) \underline{x}_i^{T}\underline{x}_k = 0 \Rightarrow \underline{x}_i^{T}\underline{x}_k = 0 \ , \quad \text{d.h.} \quad \underline{x}_i \cdot \underline{x}_k = 0 \ . \ -$$

$\underline{\text{Zu}}$ (c): Es sei $\tilde{\lambda}$ ein Eigenwert von S , wobei κ seine algebraische
und γ seine geometrische Vielfachheit bezeichnen. Zu beweisen ist: $\kappa = \gamma$.

Ohne Beschränkung der Allgemeinheit nehmen wir $\tilde{\lambda} = 0$ an. (Andernfalls
würden wir die Untersuchungen für die "geshiftete" Matrix $S_0 = S - \tilde{\lambda} E$
durchführen, die 0 als Eigenwert hat, mit denselben algebraischen und
geometrischen Vielfachheiten wie $\tilde{\lambda}$ bez. S .)

Aus dem Eigenraum des Eigenwertes $\tilde{\lambda} = 0$, wählen wir eine Orthonormal-
basis $(\underline{x}_1, \ldots, \underline{x}_\gamma)$, $(\underline{x}_i \in \mathbb{R}^n)$, und erweitern sie zu einer Orthonormalbasis $(\underline{x}_1, \ldots, \underline{x}_\gamma, \underline{x}_{\gamma+1}, \ldots, \underline{x}_n)$ von $\mathbb{R}^n$ (s. Abschn. 2.1.4). Aus diesen
Vektoren wird die orthogonale Matrix

$$C = [\underline{x}_1, \ldots, \underline{x}_n]$$

gebildet. Mit ihr transformieren wir S in

$$M = C^{T}SC =: [\alpha_{ik}]_{n,n} \ , \quad \text{wobei:} \quad \alpha_{ik} = \underline{x}_i^{T} S\underline{x}_k \quad \text{gilt.}$$

Für $i \leq \gamma$ oder $k \leq \gamma$ erhält man $\alpha_{ik} = 0$, denn:

aus $i \in \{1,..,\gamma\}$ folgt $\alpha_{ik} = \underline{x}_i^T S \underline{x}_k = (S\underline{x}_i)^T \underline{x}_k = (0\underline{x}_i)^T \underline{x}_k = 0$,

aus $k \in \{1,..,\gamma\}$ folgt $\alpha_{ik} = \underline{x}_i^T(S\underline{x}_k) = \underline{x}_i^T(0\underline{x}_k) = 0$, also:

$$M = \left[\begin{array}{c|c} O & O \\ \hline O & \hat{M} \end{array}\right] \begin{array}{l} \} \ \gamma \ \text{Zeilen} \\ \\ \} \ n{-}\gamma \ \text{Zeilen} \end{array} \ .$$

$\hat{M}$ ist dabei eine $(n{-}\gamma)$-reihige quadratische Matrix. Ihre Determinante verschwindet nicht: $\det\hat{M} \neq 0$. Denn aus $\gamma = n - \text{Rang}(S-0E) = n - \text{Rang}\,S$ folgt

$$n - \gamma = \text{Rang}\,S = \text{Rang}\,M = \text{Rang}\,\hat{M} \ \Rightarrow \ \det\hat{M} \neq 0 \ . \ ^{1)}$$

Da S und M das gleiche charakteristische Polynom haben (s.Satz 3.43), gilt

$$\chi_S(\lambda) = \chi_M(\lambda) = \det(M - \lambda E) = \lambda^\gamma(-1)^\gamma \det(\hat{M} - \lambda\hat{E}) \ , \tag{3.216}$$

wobei $\hat{E}$ die $(n{-}\gamma)$-reihige Einheitsmatrix ist. Wegen $\det M \neq 0$ hat $\chi_S(\lambda)$ also in $\lambda = 0$ eine γ-fache Nullstelle, d.h. $\kappa = \gamma$. □

<u>Folgerung 3.18</u> Zu jeder symmetrischen n-reihigen Matrix S kann man n Eigenvektoren $\underline{x}_1,\ldots,\underline{x}_n$ finden, die eine <u>Orthonormalbasis</u> des $\mathbb{R}^n$ bilden.

<u>Beweis:</u> Zu jedem Eigenwert λ_i von S , mit der algebraischen (= geometrischen) Vielfachheit κ_i , kann man κ_i Eigenvektoren finden, die eine Orthonormalbasis des zugehörigen Eigenraumes bilden. Wegen $\sum_i \kappa_i = n$ und Satz 3.54(b) ergeben alle diese Eigenvektoren zusammen eine Orthonormalbasis von $\mathbb{R}^n$. □

Damit folgt ohne Schwierigkeit der zentrale Satz über symmetrische Matrizen:

$^{1)}$Rang S = Rang M folgert man aus Abschn. 3.2.3, (3.23), und zwar schrittweise: Rang S = Rang SC = Rang $C^T SC$.

Satz 3.55 (Diagonalisierung_symmetrischer_Matrizen): Zu jeder symmetrischen n-reihigen Matrix S gibt es eine orthogonale Matrix C mit

$$C^T S C =: M = \mathrm{diag}(\lambda_1,\dots,\lambda_n) \ . \qquad\qquad (3.217)$$

Dabei sind $\lambda_1,\dots,\lambda_n \in \mathbb{R}$ die Eigenwerte von S . Die $\lambda_1,\dots,\lambda_n$ sind hierbei nicht notwendig verschieden: Jeder Eigenwert kommt in $\lambda_1,\dots,\lambda_n$ so oft vor, wie seine algebraische Vielfachheit angibt.

Zusatz: Die Spalten $\underline{x}_1,\dots,\underline{x}_n$ von C sind Eigenvektoren von S , genauer: $\underline{x}_i$ ist ein Eigenvektor zu λ_i (i = 1,..,n) .

Beweis: Ist $(\underline{x}_1,\dots,\underline{x}_n)$ ein Orthonormalsystem aus Eigenvektoren von S (das nach Folgerung 3.18 existiert), so folgt mit der Matrix $C = [\underline{x}_1,\dots,\underline{x}_n]$:

$$SC = [S\underline{x}_1,\dots,S\underline{x}_n] = [\lambda_1\underline{x}_1,\dots,\lambda_n\underline{x}_n] =$$
$$= C\,\mathrm{diag}(\lambda_1,..,\lambda_n) = CM \ , \ \text{mit} \ M = \mathrm{diag}(\lambda_1,..,\lambda_n) \ .$$

(λ_i Eigenwert, $\underline{x}_i$ Eigenvektor dazu). Aus $SC = CM$ folgt aber $C^T S C = M$, wegen $C^{-1} = C^T$. $\qquad\qquad\square$

Bemerkung: Damit ist Satz 3.41 aus Abschnitt 3.5.5 bewiesen. Seine Anwendung auf quadratische Formen, die schon in Folgerung 3.9, Abschnitt 3.5.5, beschrieben wurde, sei hier kurz wiederholt:

Jede quadratische Form

$$Q(\underline{x}) = \underline{x}^T S \underline{x} \quad , \quad (\text{ S symmetrisch n-reihig, } \underline{x} \in \mathbb{R}^n \ ),$$

läßt sich durch eine Substitution $\underline{x} = C\underline{y}$ (C orthogonale (n,n)-Matrix) in

$$\hat{Q}(\underline{y}) = Q(C\underline{y}) = (C\underline{y})^T S(C\underline{y}) = \underline{y}^T C^T S C \underline{y} = \underline{y}^T M \underline{y}$$

286

verwandeln, mit $M = \text{diag}(\lambda_1,..,\lambda_n)$ (nach Satz 3.55). Mit $\underline{y} = [y_1,..,y_n]^T$ erhält die quadratische Form folglich die N̲o̲r̲m̲a̲l̲f̲o̲r̲m̲

$$\hat{Q}(\underline{y}) = \lambda_1 y_1^2 + \lambda_2\, y_2^2 +...+ \lambda_n y_n^2 \qquad (3.218)$$

(Aus diesem Grunde nennt man Satz 3.55 auch N̲o̲r̲m̲a̲l̲f̲o̲r̲m̲s̲a̲t̲z̲). Wir beschreiben eine physikalisch-technische Anwendung dazu.

B̲e̲i̲s̲p̲i̲e̲l̲ 3.24 Ein homogener Würfel der Masse m und der Kantenlänge a rotiert gleichförmig um eine Achse, die durch einen seiner Eckpunkte verläuft. Er liegt zu einem bestimmten Zeitpunkt so im Koordinatensystem, wie es die Figur 3.13 zeigt.

Mit $\underline{\omega}$ bezeichnen wir den W̲i̲n̲k̲e̲l̲g̲e̲s̲c̲h̲w̲i̲n̲d̲i̲g̲k̲e̲i̲t̲s̲-v̲e̲k̲t̲o̲r̲, d.h. $\underline{\omega}$ weist in Richtung der Drehachse (wenn man in seine Richtung sieht, dreht sich der Körper im Uhrzeigersinn), und mit $\omega = |\underline{\omega}|$ den Betrag der Winkelgeschwindigkeit.

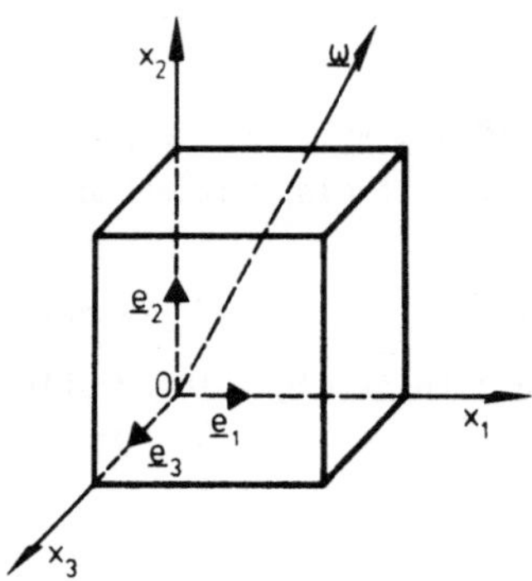

Fig. 3.13: Rotierender Würfel um Achse durch 0 in Richtung $\underline{\omega}$

Die Mechanik lehrt, daß die k̲i̲n̲e̲t̲i̲s̲c̲h̲e̲ E̲n̲e̲r̲g̲i̲e̲ E_{kin} des drehenden Würfels durch folgende Formel gegeben ist:

$$E_{kin} := \underline{\omega}^T J\underline{\omega} \quad , \quad \text{mit } J = \frac{ma^2}{24}\begin{bmatrix} 8 & -3 & -3 \\ -3 & 8 & -3 \\ -3 & -3 & 8 \end{bmatrix} \quad . \qquad (3.219)$$

E_{kin} stellt sich also als quadratische Form mit der symmetrischen Matrix J dar. Es ist unser Z̲i̲e̲l̲, sie in N̲o̲r̲m̲a̲l̲f̲o̲r̲m̲ zu bringen.

Dazu berechnen wir das charakteristische Polynom, wobei wir abkürzend $c := ma^2/24$ setzen:

$$- \chi_J(\lambda) = \lambda^3 - 24c\lambda^2 + 165c^2\lambda - 242c^3 \; .$$

Zum Berechnen der Nullstellen dividieren wir $-\chi_J(\lambda) = 0$ durch c^3 und erhalten die Gleichung

$$\left(\frac{\lambda}{c}\right)^3 - 24\left(\frac{\lambda}{c}\right)^2 + 165\left(\frac{\lambda}{c}\right) - 242 = 0 \; ,$$

d.h.

$$\underbrace{x^3 - 24x^2 + 165x - 242}_{f(x)} = 0 \quad , \quad \text{mit } x = \frac{\lambda}{c} \; . \qquad (3.220)$$

Mit dem Newtonschen Verfahren (oder durch Probieren) erhält man daraus
die einfache Nullstelle $x_1 = 2$ (denn $f(2) = 0$, $f'(2) \neq 0$).
Division von (3.220) durch $(x - 2)$ ergibt die Gleichung $x^2 - 22x + 121 = 0$,
welche genau eine Lösung hat, nämlich $x_2 = 11$. Diese Zahl ist eine
zweifache Nullstelle (denn $f(11) = f'(11) = 0$, $f''(11) \neq 0$). Damit hat
J folgende Eigenwerte:

$$\lambda_1 = 2c \text{ (einfach)} \qquad \lambda_2 = 11c \text{ (doppelt)} .$$

Schreiben wir jeden Eigenwert so oft hin, wie seine Vielfachheit beträgt,
so erhalten wir die Eigenwerte

$$\lambda_1 = 2c \quad , \quad \lambda_2 = 11c \quad , \quad \lambda_3 = 11c . \tag{3.221}$$

Zugehörige Eigenvektoren (errechnet aus $(J - \lambda_i E)\underline{\omega}_i = \underline{0}$) sind

$$\underline{\omega}_1 = \begin{bmatrix} 1 \\ 1 \\ 1 \end{bmatrix} \quad , \quad \underline{\omega}_2 = \begin{bmatrix} -1 \\ 1 \\ 0 \end{bmatrix} \quad , \quad \underline{\omega}_3 = \begin{bmatrix} -1 \\ 0 \\ 1 \end{bmatrix} \tag{3.222}$$

wobei $\underline{\omega}_1$ zu λ_1 gehört und $\underline{\omega}_2, \underline{\omega}_3$ den Eigenraum von λ_2 ($= \lambda_3$) aufspannen. Nach Orthogonalisierung (durch das Schmidtsche Verfahren,
s. Abschn. 2.1.4) gewinnt man ein Orthonormalsystem von Eigenvektoren
$\underline{x}_1, \underline{x}_2, \underline{x}_3$ und daraus die Transformationsmatrix $C = [\underline{x}_1, \underline{x}_2, \underline{x}_3]$:

$$C = \begin{bmatrix} \dfrac{1}{\sqrt{3}} & -\dfrac{1}{\sqrt{2}} & -\dfrac{1}{\sqrt{6}} \\[2ex] \dfrac{1}{\sqrt{3}} & \dfrac{1}{\sqrt{2}} & -\dfrac{1}{\sqrt{6}} \\[2ex] \dfrac{1}{\sqrt{3}} & 0 & \dfrac{2}{\sqrt{6}} \end{bmatrix} . \tag{3.223}$$

Mit der Substitution $\underline{\omega} = C\underline{y}$, $\underline{y} = [y_1, y_2, y_3]^T$, erhält die kinetische
Energie die Form $E_{kin} = \sum_{i=1}^{3} \lambda_i y_i^2$, also

$$E_{kin} = c(2y_1^2 + 11y_2^2 + 11y_3^2) . \tag{3.224}$$

<u>Frage</u>: Für welche Achse ist E_{kin} minimal, wenn der Betrag $\omega_0 = |\underline{\omega}|$
der Winkelgeschwindigkeit vorgegeben ist?

Es gilt $\omega_0 = |\underline{\omega}| = |C\underline{y}| = |\underline{y}|$, da C orthogonal ist, also

$$y_1^2 + y_2^2 + y_3^2 = \omega_0^2 ,$$

d.h. $y_2^2 + y_3^2 = \omega_0^2 - y_1^2$, und somit nach (3.224):

$$E_{kin} = c\left(2y_1^2 + 11(y_2^2 + y_3^2)\right) = c(11\omega_0^2 - 9y_1^2) . \tag{3.225}$$

Der rechte Ausdruck wird minimal, wenn y_1^2 den größtmöglichen Wert an-
nimmt, d.h. $y_1^2 = \omega_0^2$. Damit folgt $y_2 = y_3 = 0$ und aus $\underline{\omega} = C\underline{y}$:

$$\underline{\omega} = \pm \frac{\omega_0}{\sqrt{3}} \begin{bmatrix} 1 \\ 1 \\ 1 \end{bmatrix} \tag{3.226}$$

mit der Minimalenergie $E_{kin} = 2c\omega_0^2$.

Die Achse, für die die Minimalenergie auftritt (sie ist durch die Richtung von $\underline{\omega}$ in (3.226) gegeben), verläuft also durch $\underline{0}$ und $[1,1,1]^T$, d.h. sie ist eine Raumdiagonale des Würfels. -

Wir fügen schließlich den "Trägheitssatz" an, der z.B. bei linearen partiellen Differentialgleichungen zweiter Ordnung eine Rolle spielt.

<u>Satz 3.56</u> <u>Trägheitssatz</u>: Zu jeder reellen symmetrischen (n,n)-Matrix S gibt es eindeutig bestimmte Zahlen $p,q \in \{0,1,\ldots,n\}$ und eine reguläre reelle (n,n)-Matrix W mit

$$W^T SW = \begin{bmatrix} E_p & 0 & 0 \\ 0 & -E_q & 0 \\ 0 & 0 & 0 \end{bmatrix} \quad , \quad \text{Rang}\, S = p + q \ . \qquad (3.227)$$

Dabei ist E_p die p-reihige Einheitsmatrix und E_q die q-reihige.

<u>Zusatz</u>: p ist die Anzahl der positiven Eigenwerte von S , und q die Anzahl der negativen Eigenwerte. (Dabei werden die Eigenwerte so oft gezählt, wie ihre algebraische Vielfachheit angibt.)

<u>Bemerkung</u>: p - q heißt der <u>Trägheitsindex</u> der Matrix S und das Paar (p,q) ihre <u>Signatur</u>.

<u>Beweis</u>: Es seien $\lambda_1,\ldots,\lambda_p$ die positiven Eigenwerte von S und $\lambda_{p+1},\ldots,\lambda_{p+q}$ die negativen Eigenwerte, wobei sie so oft, wie ihre Vielfachheit angibt, hingeschrieben sind. Im Falle $p + q < n$ kommt noch der Eigenwert 0 hinzu, den wir entsprechend seiner Vielfachheit $d = n - p - q$ auch mehrfach hinschreiben: $\lambda_{p+q+1} = \ldots = \lambda_n = 0$. Es sei $(\underline{x}_1,\ldots,\underline{x}_n)$ ein Orthonormalsystem von Eigenvektoren dazu (s. Folg. 3.18). Mit $C = [\underline{x}_1,\ldots,\underline{x}_n]$ folgt nach Satz 3.55 damit $C^T SC = \text{diag}(\lambda_1,\ldots,\lambda_n)$, woraus mit $D = \text{diag}(\sqrt{|\lambda_1|},\ldots,\sqrt{|\lambda_{p+q}|},1,\ldots,1)$ die Gleichung

$$C^T SC = D \begin{bmatrix} E_p & 0 & 0 \\ 0 & E_q & 0 \\ 0 & 0 & 0 \end{bmatrix} D \qquad (3.228)$$

entsteht. Wir multiplizieren diese Gleichung von links und rechts mit der Diagonalmatrix D^{-1} und gewinnen daraus mit $W := CD^{-1}$ die Behauptung des Satzes. $\qquad\qquad \square$

Bemerkung: Der Zusammenhang des Trägheitssatzes mit partiellen Differentialgleichungen der Form

$$Du \equiv \sum_{i,k=1}^{n} s_{ik} \frac{\partial^2 u}{\partial x_i x_k} + \sum_{i=1}^{n} b_i \frac{\partial u}{\partial x_i} + cu + f = 0 \qquad (3.229)$$

(u, s_{ik}, b_i, c, f abhängig von $\underline{x} = [x_1, .., x_n]^T$) ist folgender:
Es sei $S = [s_{ik}]_{n,n}$ symmetrisch und (p,q) die Signatur von S . Dann ist $d = n - p - q$ der Defekt von S . Damit nimmt man folgende Typeneinteilung vor: Die Differentialgleichung ist

elliptisch   , falls $d = 0$, $q = 0$ oder $d = 0$, $q = n$,

hyperbolisch   , falls $d = 0$, $q = 1$ oder $d = 0$, $q = n - 1$,

parabolisch   , falls $d > 0$,

ultrahyperbolisch , falls $d = 0$, $1 < q < n - 1$.

Diese Einteilung gilt jeweils bez. eines festen Punktes $\underline{x}$. In verschiedenen Punkten $\underline{x}$ kann die Differentialgleichung von verschiedenem Typ sein. Sind die $s_{ik} \in \mathbb{R}$ konstant, so hat sie einheitlichen Typus. -

Bemerkung: Für hermitesche Matrizen $H \in \mathrm{Mat}(n, \mathbb{C})$ (d.h. $H^* = H$) gelten alle bewiesenen Sätze entsprechend. Insbesondere haben hermitesche Matrizen nur reelle Eigenwerte. Statt $\mathbb{R}^n$ hat man dabei $\mathbb{C}^n$ zu setzen, wobei das Rechtwinklig-Stehen von $\underline{x}, \underline{y} \in \mathbb{C}^n$ durch $\underline{x}^* \underline{y} = 0$ beschrieben wird. Insbesondere gilt also der Satz, daß jede hermitesche Matrix diagonalisierbar ist (analog zu Satz 3.55). Die Beweise werden ganz entsprechend wie bei den symmetrischen Matrizen geführt. -

Übungen

3.42* Transformiere die folgenden Matrizen auf Diagonalform. Gib die Transformationsmatrizen dazu an.

$$A = \begin{bmatrix} -2 & 12 \\ 12 & 8 \end{bmatrix} , \quad B = \begin{bmatrix} 3 & 4 \\ 4 & -3 \end{bmatrix}$$

$$D = \begin{bmatrix} 1 & 1 & 3 \\ 1 & 5 & 1 \\ 3 & 1 & 1 \end{bmatrix} , \quad F = \begin{bmatrix} 5 & 2 & 2 \\ 2 & 2 & -4 \\ 2 & -4 & 2 \end{bmatrix} , \quad S = \begin{bmatrix} 9 & -2 & -2 & -4 & 0 \\ -2 & 11 & 0 & 2 & 0 \\ -2 & 0 & 7 & -2 & 0 \\ -4 & 2 & -2 & 9 & 0 \\ 0 & 0 & 0 & 0 & 3 \end{bmatrix} .$$

3.43 Berechne im Beispiel 3.24 (rotierender Würfel) die Richtung $\underline{\omega}$ einer Rotationsachse, bei der die kinetische Energie E_{kin} maximal wird. (Es gibt mehrere solche Achsen. Wie liegen alle diese Achsen?) Gib die maximale Energie E_{kin} dazu an!

3.7.6 Die Jordansche Normalform

Symmetrische und hermitesche Matrizen lassen sich auf Diagonalform transformieren. Dies gilt nicht für jede Matrix $A \in \text{Mat}(n,\mathbb{C})$, denn sind algebraische und geometrische Vielfachheit auch nur eines Eigenwertes von A verschieden, so läßt sich A nicht diagonalisieren (s. Satz 3.53, Abschn. 3.7.4). Doch wir kommen mit einem "blauen Auge" davon, wie uns der folgende Satz 3.57 lehrt. Nach diesem Satz kann man jede Matrix $A \in \text{Mat}(n,\mathbb{C})$ auf <u>Jordansche Normalform</u> transformieren und damit "fast" diagonalisieren. Zur Vorbereitung dient folgende Vereinbarung.

<u>Definition 3.22</u> Eine Matrix J der Form

$$J = [j_{ik}]_{m,m} = \begin{bmatrix} \lambda & 1 & & & O \\ & \lambda & 1 & & \\ & & \lambda & \ddots & \\ & & & \ddots & 1 \\ O & & & & \lambda \end{bmatrix} \quad , \text{ falls } m \geq 2 \, , \qquad (\lambda \in \mathbb{C})$$

$$\text{bzw.} \quad J = [\lambda] = \lambda \ ^{1)} \qquad , \text{ falls } m = 1 \, ,$$

heißt eine <u>Jordanmatrix</u> oder ein <u>Jordankasten</u>. (Dabei ist also $j_{ii} = \lambda$, $j_{i,i+1} = 1$, $j_{ik} = 0$ sonst.)

<u>Satz 3.57</u> <u>Transformation auf Jordansche Normalform</u>. Zu jeder komplexen (n,n)-Matrix A existiert eine reguläre komplexe (n,n)-Matrix T , mit der A auf folgende Gestalt transformiert werden kann:

$$T^{-1}AT = J := \begin{bmatrix} J_1 & & & O \\ & J_2 & & \\ & & \ddots & \\ O & & & J_r \end{bmatrix} \quad \text{mit } J_i := \begin{bmatrix} \lambda_i & 1 & & & O \\ & \lambda_i & 1 & & \\ & & \lambda_i & \ddots & \\ & & & \ddots & 1 \\ O & & & & \lambda_i \end{bmatrix} \qquad (3.230)$$

$$\text{oder } J_i = \lambda_i$$
$$(i = 1,..,r) \, .$$

Die Blöcke $J_1, J_2, ..., J_r$ sind dabei Jordankästen. Die Matrix J nennt

---

$^{1)}$ (1,1)-Matrizen werden mit Zahlen identifiziert.

man <u>Jordansche Normalform</u> von A . Sie ist - bis auf Vertauschung der J_i - durch A eindeutig bestimmt.

Die in den Jordankästen J_i auftretenden Zahlen $\lambda_1,\ldots,\lambda_r$ sind die Eigenwerte von A . (Denn sie sind zweifellos die Eigenwerte von J und damit auch von A , nach Satz 3.43 in Abschnitt 3.7.3.) Dabei brauchen die $\lambda_1,\ldots,\lambda_r$ nicht paarweise verschieden zu sein.[1]

Der Beweis des obigen Satzes wird hier nicht ausgeführt, da er langwierig ist und algebraische Hilfsmittel verlangt, die uns an dieser Stelle nicht zur Verfügung stehen. Der interessierte Leser kann den Beweis z.B. in Kowalsky [80], § 35, nachlesen [2].

<u>Beispiel 3.46</u> Mit

$$A = \begin{bmatrix} 6 & -2 & 3 \\ 8 & -2 & 15 \\ 2 & -1 & 8 \end{bmatrix}, \quad T = \begin{bmatrix} 1 & -1 & 3 \\ 2 & 1 & -1 \\ 0 & 1 & -2 \end{bmatrix}, \quad T^{-1} = \begin{bmatrix} -1 & 1 & -2 \\ 4 & -2 & 7 \\ 2 & -1 & 3 \end{bmatrix} \quad \text{folgt}$$

$$J = T^{-1}AT = \begin{bmatrix} 2 & 0 & 0 \\ 0 & 5 & 1 \\ 0 & 0 & 5 \end{bmatrix} = \begin{bmatrix} J_1 & O \\ O & J_2 \end{bmatrix}.$$

<u>Bemerkung</u>: Dieses Demonstrationsbeispiel wurde so konstruiert, daß J und T vorgegeben wurden, woraus $A = TJT^{-1}$ berechnet wurde. In der Praxis ist es aber gerade umgekehrt: Aus gegebenem A sollen J und T berechnet werden! Wie macht man das?

Satz 3.57, der zunächst nur die <u>Existenz</u> einer Jordanschen Normalform J von A und einer zugehörigen Transformationsmatrix sichert, liefert durch die Gleichung $T^{-1}AT = J$ einen Ansatz, wie J und T berechnet werden können.

Dies soll im folgenden ausgeführt werden. Wir beginnen mit einem einfachen Sonderfall, der die Struktur von T verständlich macht.

---

[1] Diagonalmatrizen sind spezielle Jordansche Normalformen.

[2] C.Jordan bewies 1870 einen allgemeineren Satz, aus dem Satz 3.57 folgt. Allerdings ergibt sich Satz 3.57 auch aus einem Satz von Weierstraß aus dem Jahre 1868, so daß man genauer von "Weierstraß-Jordanscher-Normalform" sprechen könnte.

<u>Einfacher Sonderfall</u>:   Es sei $A \in \mathrm{Mat}(n,\mathbb{C})$, $n \geq 2$,   und

$$
T^{-1}AT = J = \begin{bmatrix} \lambda & 1 & & & \mathbf{O} \\ & \lambda & 1 & & \\ & & \lambda & \ddots & \\ & & & \ddots & 1 \\ \mathbf{O} & & & & \lambda \end{bmatrix} \; . \tag{3.231}
$$

Die Jordansche Normalform von A besteht hier aus nur einem Jordankasten.
Einziger Eigenwert ist λ . Aus (3.231) folgt

$$
AT = TJ \; . \tag{3.232}
$$

Mit $T =: [\underline{x}^{(1)}, \underline{x}^{(2)},..,\underline{x}^{(n)}]$ wird daraus

$$
[A\underline{x}^{(1)}, A\underline{x}^{(2)},...,A\underline{x}^{(n)}] = [\lambda\underline{x}^{(1)}, \underline{x}^{(1)}+\lambda\underline{x}^{(2)},...,\underline{x}^{(n-1)}+\lambda\underline{x}^{(n)}] \; ,
$$

wie man leicht nachrechnet. Durch Gleichsetzen entsprechender Spalten erhalten wir

$$
\left.\begin{aligned}
A\underline{x}^{(1)} &= \lambda\underline{x}^{(1)} \\
A\underline{x}^{(2)} &= \underline{x}^{(1)} + \lambda\underline{x}^{(2)} \\
&\;\;\vdots \\
A\underline{x}^{(n)} &= \underline{x}^{(n-1)} + \lambda\underline{x}^{(n)}
\end{aligned}\right\} \;\Rightarrow\;
\left\{\begin{aligned}
(A - \lambda E)\underline{x}^{(1)} &= \underline{0} \\
(A - \lambda E)\underline{x}^{(2)} &= \underline{x}^{(1)} \\
&\;\;\vdots \\
(A - \lambda E)\underline{x}^{(n)} &= \underline{x}^{(n-1)}
\end{aligned}\right. \tag{3.233}
$$

Setzt man in den Gleichungen rechts den Ausdruck von $\underline{x}^{(1)}$ aus der
zweiten Zeile in die erste Gleichung, den Ausdruck für $\underline{x}^{(2)}$ aus der
dritten Zeile in die gerade entstandene Gleichung, usw., so erhält man
nacheinander

$$
\left.\begin{aligned}
(A - \lambda E)\underline{x}^{(1)} &= \underline{0} \\
(A - \lambda E)^2\underline{x}^{(2)} &= \underline{0} \\
&\;\;\vdots \\
(A - \lambda E)^n\underline{x}^{(n)} &= \underline{0}
\end{aligned}\right\} \; \text{sowie:} \;
\left\{\begin{aligned}
& & \underline{x}^{(1)} &\neq \underline{0} \\
(A - \lambda E)\underline{x}^{(2)} &= \underline{x}^{(1)} &&\neq \underline{0} \\
&\;\;\vdots \\
(A - \lambda E)^{n-1}\underline{x}^{(n)} &= \underline{x}^{(1)} &&\neq \underline{0} \; .
\end{aligned}\right. \tag{3.234}
$$

Für $(n + 1)$ kann es keinen Vektor mit der entsprechenden Eigenschaft
geben, da $(A - \lambda E)^n = 0$ ist.

Dies führt zu folgender Definiton:

__Definition 3.23__ Es sei A eine komplexe (n,n)-Matrix und λ_i ein Eigenwert von A .

(a) Ein __Hauptvektor__ k-__ter__ __Stufe__ (zu λ_i und A) ist ein Vektor $\underline{x} \in \mathbb{C}^n$,
der folgendes erfüllt:

$$\left. \begin{array}{l} (A - \lambda_i E)^k \underline{x} \ = \underline{0} \\[2mm] (A - \lambda_i E)^{k-1} \underline{x} \neq \underline{0} \end{array} \right\} \quad (k \in \mathbb{N}) \ . \quad \text{Bezeichnung:} \quad \underline{x} = \underline{x}_i^{(k)}$$

(b) Eine endliche Folge von Hauptvektoren

$$\underline{x}_i^{(1)}, \ \underline{x}_i^{(2)}, \ldots, \ \underline{x}_i^{(m)}$$

der Stufen 1 bis m (zu λ_i und A) heißt eine __Kette__ (__von__ __Hauptvek-__
__toren__), wenn

$$\begin{aligned} (A - \lambda_i E)\underline{x}_i^{(1)} &= \underline{0} \ , \\ (A - \lambda_i E)\underline{x}_i^{(2)} &= \underline{x}_i^{(1)} \ , \\ &\vdots \\ (A - \lambda_i E)\underline{x}_i^{(m)} &= \underline{x}_i^{(m-1)} \end{aligned} \qquad (3.235)$$

gilt (vgl. (3.233)). Dabei wird zusätzlich gefordert, daß die endliche
Folge nicht verlängerbar ist, d.h. daß $(A - \lambda_i E)\underline{x} = \underline{x}_i^{(m)}$ keine Lösung
$\underline{x}$ besitzt. $\underline{x}_i^{(m)}$ heißt in diesem Fall ein __Hauptvektor__ __höchster__ __Stufe__.

__Bemerkung__: Hauptvektoren erster Stufe sind nichts anderes als Eigenvektoren (dabei wird $(A - \lambda_i E)^0 = E$ gesetzt).

Im Beispiel (3.231) bestehen die Spalten von $T = [\underline{x}^{(1)},..,\underline{x}^{(n)}]$ also aus
einer Kette von Hauptvektoren, womit die Struktur dieser Transformations-
matrix klar geworden ist.

__Allgemeiner Fall__. A sei eine beliebige Matrix aus Mat(n,$\mathbb{C}$) und T
eine (reguläre) Matrix, die A in die Jordansche Normalform J transformiert, d.h. es gilt

$$T^{-1} AT = J = \begin{bmatrix} J_1 & & \mathbf{O} \\ & \ddots & \\ \mathbf{O} & & J_r \end{bmatrix} \quad \text{mit} \quad J_i = \begin{bmatrix} \lambda_i & 1 & & \mathbf{O} \\ & \lambda_i & \ddots & \\ & & \ddots & 1 \\ \mathbf{O} & & & \lambda_i \end{bmatrix} \qquad (3.236)$$

$$\text{oder} \quad J_i = \lambda_i$$

(Nach Satz 3.57 existieren T und J zu A .) Die Gleichung $T^{-1}AT = J$ ist gleichbedeutend mit

$$AT = TJ \ . \tag{3.237}$$

Der Jordankasten J_i in J habe m_i Spalten $(i = 1,\dots,r)$. Wir schreiben T in folgender Form auf

$$T = \Big[\underbrace{\underline{x}_1^{(1)},\dots,\underline{x}_{m_1}^{(1)}}_{m_1 \text{ Spalten}} ,\dots, \underbrace{\underline{x}_i^{(1)},\dots,\underline{x}_i^{(m_i)}}_{m_i \text{ Spalten}} ,\dots, \underbrace{\underline{x}_r^{(1)},\dots,\underline{x}_r^{(m_r)}}_{m_r \text{ Spalten}}\Big] \ .$$

Die Numerierung orientiert sich also am Aufbau von J . Diesen Ausdruck für T setzen wir in (3.237) ein und erhalten folgendes (wobei nur die mit i behafteten Spalten hingeschrieben werden, stellvertretend für alle anderen).

$$AT = TJ \quad \Leftrightarrow$$

$$\Big[\dots, A\underline{x}_i^{(1)} , \quad A\underline{x}_i^{(2)} ,\dots, \quad A\underline{x}_i^{(m_i)} ,\dots\Big] =$$
$$= \Big[\dots, \lambda_i\underline{x}_i^{(1)}, \ \underline{x}_i^{(1)}+\lambda_i\underline{x}_i^{(2)} ,\dots, \ \underline{x}_i^{(m_i-1)}+\lambda_i\underline{x}_i^{(m_i)} ,\dots\Big] \tag{3.238}$$

Durch spaltenweises Gleichsetzen und geringfügiges Umformen erhalten wir daraus (wie im vorangehenden Sonderfall):

$$\left.\begin{aligned}
(A - \lambda_i E)\underline{x}_i^{(1)} &= \underline{0} \\
(A - \lambda_i E)\underline{x}_i^{(2)} &= \underline{x}_i^{(1)} \\
\vdots \qquad & \quad \vdots \\
(A - \lambda_i E)\underline{x}_i^{(m_i)} &= \underline{x}_i^{(m_i-1)}
\end{aligned}\right\} \tag{3.239}$$

Diese Gleichungsfolge ist nicht verlängerbar, d.h. es existiert kein $\underline{x} \in \mathbb{C}^n$ mit $(A - \lambda_i E)\underline{x} = \underline{x}_i^{(m_i)}$.

Denn durch Linksmultiplikation mit T^{-1} geht $(A - \lambda_i E)\underline{x} = \underline{x}_i^{(m_i)}$ über in $T^{-1}(A - \lambda_i E)T\,T^{-1}\underline{x} = T^{-1}\underline{x}_i^{(m_i)}$. Mit $\underline{y} := T^{-1}\underline{x}$ bedeutet dies $(J - \lambda_i E)\underline{y} = T^{-1}\underline{x}_i^{(m_i)}$. Die rechte Seite $T^{-1}\underline{x}_i^{(m_i)}$ ist der Koordinateneinheitsvektor mit 1 in der Zeile mit Index $m_1 +\dots+ m_i$ (da $T^{-1}T = E$).

In der entsprechenden Zeile von $J - \lambda_i E$ sind aber alle Elemente 0 , also kann es keine Lösung $\underline{y}$ und damit kein $\underline{x}$ mit $(A - \lambda_i E)\underline{x} = \underline{x}_i^{(m_i)}$ geben. - Damit folgt

Satz 3.58 Es sei A eine beliebige komplexe (n,n)-Matrix. Eine Matrix T, die A auf Jordansche Normalform J transformiert, hat stets folgende Gestalt:

$$T = \left[\underbrace{\underline{x}_1^{(1)},\ldots,\underline{x}_1^{(m_1)}}_{\text{1. Kette}} ,\ldots, \underbrace{\underline{x}_i^{(1)},\ldots,\underline{x}_i^{(m_i)}}_{\text{i-te Kette}} ,\ldots, \underbrace{\underline{x}_r^{(1)},\ldots,\underline{x}_r^{(m_r)}}_{\text{r-te Kette}}\right] \qquad (3.240)$$

Die Spalten bestehen aus Ketten von Hauptvektoren. Die Kette $\underline{x}_i^{(1)},\ldots,\underline{x}_i^{(m_i)}$ gehört dabei zu einem Eigenwert λ_i von A . Es können mehrere Ketten zu ein- und demselben λ_i gehören.

Umgekehrt transformiert jede reguläre (n,n)-Matrix T der beschriebenen Gestalt die Matrix A auf Jordansche Normalform J . Es existiert stets eine solche Matrix T .

Zum **Beweis**: Der erste Teil des Satzes ist oben hergeleitet worden. Der Beweis der Umkehrung (letzter Absatz) ergibt sich so: Jede Kette $\underline{x}_i^{(1)},\ldots,\underline{x}_i^{(m_i)}$ erfüllt (3.239), damit gilt auch (3.238), und folglich $AT = TJ$. - Die Existenz von T wird durch Satz 3.57 gesichert. $\quad\square$

Übung 3.44 Weise an Hand des Beispiels 3.46 nach, daß die letzten beiden Spalten von T eine Kette von Hauptvektoren zum Eigenwert 5 von A bilden.

3.7.7. Praktische Durchführung der Transformation auf Jordansche Normalform

Es sei A eine beliebige komplexe (n,n)-Matrix $(n \geq 2)$.

Grundlage für die praktische Transformation von A auf Jordansche Normalform ist Satz 3.58. Wir haben also eine Matrix T zu konstruieren, die die Form (3.240) hat. Das geschieht folgendermaßen:

(I) Man schreibt das charakteristische Polynom $\chi_A(\lambda) = \det(A - \lambda E)$
explizit hin und errechnet daraus die __Eigenwerte__ (= Nullstellen von χ_A)

$$\lambda_1, \lambda_2, \ldots, \lambda_s$$

mit den zugehörigen algebraischen Vielfachheiten $\kappa_1, \ldots, \kappa_s$ (z.B. mit
dem Newtonschen Verfahren).

(II) Man berechnet zu jedem Eigenwert λ_i so viele linear unabhängige
Eigenvektoren

$$\underline{v}_{i1}, \ldots, \underline{v}_{i\gamma_i} \tag{3.241}$$

wie möglich. Im Falle $\gamma_i = \kappa_i$ bricht man hier ab. Andernfalls fährt man
so fort: Man ermittelt aus der Gleichung

$$(A - \lambda_i E)\underline{v} = \sum_{j=1}^{\gamma_i} t_j \underline{v}_{ij} \quad , \quad (\underline{v}, t_1, \ldots, t_{\gamma_i} \text{ gesucht}) , \tag{3.242}$$

so viele Lösungen

$$\underline{v}_{ij}^{(2)}, \ldots, \underline{v}_{i\gamma_{i2}}^{(2)}$$

wie möglich, die mit (3.241) ein System linear unabhängiger Vektoren bilden. Die $t_j \in \mathbb{C}$ werden dabei so gewählt, daß (3.242) lösbar ist. Im
Falle $\gamma_i + \gamma_{i2} = \kappa_i$ bricht man ab. Andernfalls errechnet man anschließend
aus

$$(A - \lambda_i E)\underline{v} = \sum_{j=1}^{\gamma_i} t_j^{(1)} \underline{v}_{ij} + \sum_{j=1}^{\gamma_{i2}} t_j^{(2)} \underline{v}_{ij}^{(2)} \quad (t_j^{(k)} \in \mathbb{C})$$

so viele Lösungen $\underline{v}_{i1}^{(3)}, \ldots, \underline{v}_{i\gamma_{i3}}^{(3)}$ wie möglich, so daß mit allen vorher berechneten Vektoren ein System linear unabhängiger Vektoren entsteht, usw.

Man hört auf, wenn κ_i linear unabhängige Vektoren entstanden sind.

Die zuletzt berechneten Vektoren sind Hauptvektoren höchster Stufe. Durch
sukzessives Multiplizieren mit $(A - \lambda_i E)$ gewinnt man aus jedem von ihnen
eine Kette von Hauptvektoren.

Sind noch linear unabhängige Vektoren $\underline{v}_{ij}^{(k)}$ übrig, so suche man die mit höchstem k und bilde auch daraus Ketten durch aufeinanderfolgendes Multiplizieren mit $(A - \lambda_i E)$. Danach suche man wieder die übrigen noch linear unabhängigen $\underline{v}_{ij}^{(k)}$ und verfahre mit ihnen entsprechend, usw., usw., bis schließlich kein $\underline{v}_{ij}^{(k)}$ mehr übrig ist.

Für λ_i können auf diese Weise z.B. folgende Ketten entstehen:

$$\underbrace{\underline{x}_{i1}^{(1)}, \underline{x}_{i1}^{(2)}, \underline{x}_{i1}^{(3)}}_{\text{Kette}} \, , \, \underbrace{\underline{x}_{i2}^{(1)}, \underline{x}_{i2}^{(2)}, \underline{x}_{i2}^{(3)}}_{\text{Kette}} \, , \, \underbrace{\underline{x}_{i3}^{(1)}, \underline{x}_{i3}^{(2)}}_{\text{Kette}} \, , \, \underbrace{\underline{x}_{i4}^{(1)}}_{\text{Kette}} \, .$$

Dabei ist $\kappa_i = 9$, $\gamma_i = 4$.

(III) Hat man so für jeden Eigenwert λ_i Ketten von Hauptvektoren gewonnen, dann faßt man sie alle zu Spaltenvektoren einer Matrix T zusammen (wobei keine Kette auseinandergerissen wird). T ist eine Transformationsmatrix, wie wir sie gesucht haben.

<u>Bemerkung</u>: Wir benutzen hierbei, daß die <u>Vektoren</u> $\underline{x}_i^{(1)}, .., \underline{x}_i^{(m)}$ <u>einer</u> <u>Kette</u> stets <u>linear</u> <u>unabhängig</u> sind. Man sieht dies so ein:

Aus $\sum\limits_{k=1}^{m} \alpha_k \underline{x}_i^{(k)} = \underline{0}$ folgt durch Linksmultiplikation mit $(A - \lambda_i E)^{m-1}$ zunächst $\alpha_m = 0$, durch Linksmultiplikation mit $(A - \lambda_i)^{m-2}$ ferner $\alpha_{m-1} = 0$ usw., also $\alpha_k = 0$ für alle $k = m, m-1, \ldots, 1$. –

An zwei Zahlenbeispielen soll die Methode klar gemacht werden. Das erste ist dabei extrem einfach, während das zweite wichtige Details der Methode verdeutlicht. Das zweite Beispiel kann als Muster für den allgemeinen Fall angesehen werden.

<u>Beispiel 3.47</u> Die Matrix

$$A = \begin{bmatrix} -12 & 25 \\ -9 & 18 \end{bmatrix}$$

soll auf Jordansche Normalform transformiert werden.

298

(I) Das charakteristische Polynom lautet

$$\chi_A(\lambda) = \begin{vmatrix} -12 - \lambda & 25 \\ -9 & 18 - \lambda \end{vmatrix} = \lambda^2 - 6\lambda + 9 \ .$$

Auflösen von $\lambda^2 - 6\lambda + 9 = 0$ liefert die einzige Nullstelle $\lambda_1 = 3$. Sie ist folglich der einzige $\underline{Eigenwert}$ von A . Er hat die Vielfachheit $\kappa_2 = 2$ (denn es ist $\chi_A'(\lambda_1) = 0$, $\chi_A''(\lambda_1) \neq 0$).

(II_1) Aus $(A - 3E)\underline{x}^{(1)} = \underline{0}$ $(\underline{x}^{(1)} = [x_1, x_2]^T)$ folgt

$$\left. \begin{array}{r} -15x_1 - 25x_2 = 0 \\ -9x_1 - 15x_2 = 0 \end{array} \right\} \quad \text{d.h.} \quad 3x_1 - 5x_2 = 0 \ , \ \text{also z.B.} \quad \underline{x}^{(1)} = \begin{bmatrix} 5 \\ 3 \end{bmatrix}.$$

$\underline{x}^{(1)}$ ist einziger $\underline{Eigenvektor}$ (bis auf einen skalaren Faktor).

(II_2) Einen Hauptvektor $\underline{x}^{(2)}$ der 2. Stufe errechnet man aus

$$(A - 3E)\underline{x}^{(2)} = \underline{x}^{(1)}, \ \text{also} \ \left\{ \begin{array}{l} -15x_1' - 25x_2' = 5 \\ -9x_1' - 15x_2' = 3 \end{array} \right\} \ \text{mit} \ \underline{x}^{(2)} = \begin{bmatrix} x_1' \\ x_2' \end{bmatrix} \ .$$

Das bedeutet $-3x_1' + 5x_2' = 1$. Mit der willkürlichen Setzung $x_2' = 0$ erhält man daraus $x_1' = -1/3$. Damit ist

$$\underline{x}^{(2)} = \begin{bmatrix} -1/3 \\ 0 \end{bmatrix} \ \text{ein} \ \underline{Hauptvektor} \ \text{2.} \ \underline{Stufe}.$$

(III) $\underline{x}^{(1)}, \underline{x}^{(2)}$ bilden eine $\underline{Kette}$. Mit der Transformationsmatrix

$$T = [\underline{x}^{(1)}, \underline{x}^{(2)}] = \begin{bmatrix} 5 & -1/3 \\ 3 & 0 \end{bmatrix} \ , \ \text{und} \ T^{-1} = \begin{bmatrix} 0 & 1/3 \\ -3 & 5 \end{bmatrix} \ ,$$

erhält man damit die Jordansche Normalform von A :

$$J = T^{-1}AT = \begin{bmatrix} 3 & 1 \\ 0 & 3 \end{bmatrix} \ . \ -$$

Das folgende Beispiel kann allgemein als Muster für die Transformation auf Jordansche Normalform angesehen werden.

$\underline{Beispiel\ 3.48}$ Die Matrix

$$A = \begin{bmatrix} -1 & 6 & -2 & 3 & -3 \\ 1 & -1 & 1 & -1 & 1 \\ 2 & -13 & 7 & -4 & 2 \\ 1 & -12 & 5 & -2 & 1 \\ 6 & -19 & 7 & -8 & 8 \end{bmatrix} \tag{3.243}$$

soll auf Jordansche Normalform transformiert werden. Man geht dabei folgendermaßen vor:

(I) $\underline{Das\ charakteristische\ Polynom}$ $\chi_A = \det(A - \lambda E)$ errechnet man explizit durch direktes Auswerten der Determinante oder (einfacher) durch Satz 3.42, Abschnitt 3.7.3. Man erhält

$$\chi_A(\lambda) = -\lambda^5 + 11\lambda^4 - 48\lambda^3 + 104\lambda^2 - 112\lambda + 48 \ .$$

Skizzieren des Graphen von χ_A und/oder Anwendung des Newtonschen Verfahrens (oder Probieren) liefert die Nullstellen $\lambda_1 = 3$ und $\lambda_2 = 2$ von χ_A . Anschließend überprüft man die Ableitungen:

$$\chi_A'(3) \neq 0 \; ; \quad \chi_A'(2) = \chi_A''(2) = \chi_A'''(2) = 0 \, , \, \chi_A^{IV}(2) \neq 0 \, .$$

3 ist also einfache Nullstelle, 2 dagegen vierfache. Somit lauten die

<u>Eigenwerte</u> von A: $\lambda_1 = 3 \ (\kappa_1 = 1) \, , \ \lambda_2 = 2 \ (\kappa_2 = 4) \, .$ $\hfill$ (3.244)

Das charakteristische Polynom kann daher in folgender Form beschrieben werden:

$$\chi_A(\lambda) = -(\lambda - 3)(\lambda - 2)^4 \, .$$ $\hfill$ (3.245)

(II_0) <u>Eigenvektor zu</u> $\lambda_1 = 3$. Aus $(A - \lambda_1 E)\underline{x}_1 = \underline{0}$ errechnet man mit dem Gaußschen Algorithmus den Eigenvektor $\underline{x}_1$ (s.Fig. 3.14).
Dabei wird die letzte Komponente (willkürlich) gleich
-1 gesetzt.

Da die algebraische Vielfachheit von λ_1 gleich
$\kappa_1 = 1$ ist, gilt dies auch für die geometrische
Vielfachheit: $\gamma_1 = 1$ (wegen $1 \leq \gamma_1 \leq \kappa_1$).
$\underline{x}_1$ spannt also den (eindimensionalen) Eigenraum zu $\lambda_1 = 3$ auf. Damit bildet $\underline{x}_1$ eine
Hauptvektorkette der Länge 1 .

$$\underline{x}_1 = \begin{bmatrix} 1 \\ 0 \\ 1 \\ 1 \\ -1 \end{bmatrix}$$

Fig. 3.14: Eigenvektor zu $\lambda_1 = 3$

(II_1) <u>Eigenvektoren zu</u> $\lambda_2 = 2$. Aus $(A - \lambda_2 E)\underline{x} = \underline{0}$ sind die Eigenvektoren $\underline{x}$ zu λ_2 mit dem Gaußschen Algrorithmus zu bestimmen. Wir beschreiben dies genauer und benutzen dazu die Abkürzung

$$N := A - \lambda_2 E = \begin{bmatrix} -3 & 6 & -2 & 3 & -3 \\ 1 & -3 & 1 & -1 & 1 \\ 2 & -13 & 5 & -4 & 2 \\ 1 & -12 & 5 & -4 & 1 \\ 6 & -19 & 7 & -8 & 6 \end{bmatrix} \, .$$ $\hfill$ (3.246)

Zu lösen ist $N\underline{x} = \underline{0}$ ($\underline{x} = [x_1,...,x_5]^T$ gesucht). Durch den Gaußschen Algorithmus (ohne Pivotierung) wird $N\underline{x} = \underline{0}$ in folgendes Trapezsystem verwandelt:

$$\left\{ \begin{array}{l} -3x_1 + 6x_2 - 2x_3 + 3x_4 - 3x_5 = 0 \\ \quad\;\; -2x_2 + 0,\overline{3}x_3 \qquad\qquad\quad = 0 \\ \qquad\qquad 0,\overline{6}x_3 - 2x_4 \qquad\quad = 0 \\ \qquad\qquad\qquad\qquad\quad 0 \quad\;\; = 0 \\ \qquad\qquad\qquad\qquad\quad 0 \quad\;\; = 0 \end{array} \right\} \ 1)$$ $\hfill$ (3.247)

Es entsteht dabei also die folgende Koeffizientenmatrix R . Die beim Algorithmus benutzten Faktoren c_{ik} werden in einer Matrix L zusammengefaßt (vgl. Abschn. 3.6.3, (3.146)):

$$R = \begin{bmatrix} -3 & 6 & -2 & 3 & -3 \\ & -1 & 0,\overline{3} & 0 & 0 \\ & & 0,\overline{6} & -2 & 0 \\ & \mathbf{O} & & 0 & 0 \\ & & & & 0 \end{bmatrix} \, , \quad L = \begin{bmatrix} 1 & & & & \\ -0,\overline{3} & 1 & & \mathbf{O} & \\ -0,\overline{6} & 9 & 1 & & \\ -0,\overline{3} & 10 & 1,5 & 1 & \\ -2 & 7 & 1 & 0 & 1 \end{bmatrix}$$ $\hfill$ (3.248)

---

1) $0,\overline{3} = 0,3333...$ (Periode 3)

Es gilt

$$N = LR$$

(vgl. Abschn. 3.6.3)[1]. Für spätere Zwecke berechnen wir noch

$$
L^{-1} =
\begin{bmatrix}
1 & & & & \\
 & 1 & & & \\
 & & 1 & & \\
 & & -1,5 & 1 & \\
 & & -1 & & 1
\end{bmatrix}
\begin{bmatrix}
1 & & & & \\
 & 1 & & & \\
 & -9 & 1 & & \\
 & -10 & & 1 & \\
 & -7 & & & 1
\end{bmatrix}
\begin{bmatrix}
1 & & & & \\
0,\overline{3} & 1 & & & \\
0,\overline{6} & & 1 & & \\
0,\overline{3} & & & 1 & \\
2 & & & & 1
\end{bmatrix}
=
\begin{bmatrix}
1 & & & & \mathbf{O} \\
0,\overline{3} & 1 & & & \\
-2,\overline{3} & -9 & 1 & & \\
0,5 & 3,5 & -1,5 & 1 & \\
2 & 2 & -1 & 0 & 1
\end{bmatrix}
$$

In den mittleren drei Matrizen sind alle nicht angegebenen Elemente = 0 .
Man erkennt: Die Elemente von L stehen - mit umgekehrten Vorzeichen -
unter den Diagonalen der mittleren Matrizen.

Das System (3.247) kann damit kurz durch $R\underline{x} = \underline{0}$ beschrieben werden. Zur
Bestimmung der Lösungsgesamtheit setzen wir $x_4 = t$, $x_5 = s$ als beliebige Parameter an. Auflösen von (3.247) "von unten nach oben" ergibt da-
mit: $x_3 = 3t$, $x_2 = t$, $x_1 = t - s$ und somit die Lösung von $N\underline{x} = \underline{0}$ in
der Form

$$
\underline{x} =
\begin{bmatrix}
t - s \\
t \\
3t \\
t \\
s
\end{bmatrix}
= t\underline{x}_2 + s\underline{x}_3 \quad \text{mit} \quad \underline{x}_2 :=
\begin{bmatrix}
1 \\
1 \\
3 \\
1 \\
0
\end{bmatrix}
, \quad \underline{x}_3 :=
\begin{bmatrix}
-1 \\
0 \\
0 \\
0 \\
1
\end{bmatrix}
\qquad (3.249)
$$
$$(t,s \in \mathbb{C} \text{ beliebig})$$

$\Rightarrow$ $\underline{x}_2,\underline{x}_3$ <u>bilden eine Basis des Eigenraumes von</u> $\lambda_2 = 2$.

Die geometrische Vielfachheit von $\lambda_2 = 2$ ist somit gleich $\gamma_2 = 2$. Da
die algebraische Vielfachheit von λ_2 gleich $\kappa_2 = 4$ ist, müssen noch
2 (= $\kappa_2 - \gamma_2$) Hauptvektoren höherer Stufe gebildet werden.

(II$_2$) <u>Hauptvektoren 2. Stufe zu</u> $\lambda_1 = 2$: Aus

$$\boxed{N\underline{x} = t\underline{x}_2 + s\,\underline{x}_3} \qquad (3.250)$$

sind die Hauptvektoren x der 2. Stufe zu ermitteln. Rechts vom Gleichheitszeichen steht eine beliebige Linearkombination der Basis $\underline{x}_2,\underline{x}_3$ des
Eigenraumes von λ_2 . Wegen N = LR liefert (3.250) nach Linksmultiplikation mit L^{-1} :

$$R\underline{x} = t\,L^{-1}\underline{x}_2 + s\,L^{-1}\underline{x}_3 \quad , \quad \text{also}$$

$$
R\underline{x} = t
\begin{bmatrix}
1 \\
1,\overline{3} \\
-8,\overline{3} \\
0,5 \\
1
\end{bmatrix}
+ s
\begin{bmatrix}
-1 \\
-0,\overline{3} \\
2,\overline{3} \\
-0,5 \\
-1
\end{bmatrix}
. \qquad (3.251)
$$

Da in $R\underline{x}$ die letzten beiden Koordinaten gleich 0 sind (s. R in 3.248)),
so folgt 0 = 0,5t - 0,5s und 0 = t - s . Diese Gleichungen liefern
beide t = s . Da es nur auf Lösbarkeit ankommt, setzen wir o.B.d.A.
t = s = 1 . Zu lösen ist also

---

[1] Wird der Gaußsche Algorithmus <u>mit Pivotierung</u> verwendet, so arbeitet
man entsprechend mit N = PLR (vgl. Satz 3.38, Abschn. 3.6.3).

$$R\underline{x} = \begin{bmatrix} 0 \\ 1 \\ -6 \\ 0 \\ 0 \end{bmatrix} \quad . \tag{3.252}$$

Die linke Seite $R\underline{x}$ sieht dabei so aus wie die linke Seite in (3.247). Um eine Lösung zu bekommen, wird $x_4 = x_5 = 0$ gesetzt. Man erhält die spezielle Lösung

$$\underline{x}_0^{(2)} := \begin{bmatrix} -2 \\ -4 \\ -9 \\ 0 \\ 0 \end{bmatrix} \qquad \begin{array}{l} \text{und damit alle Lösungen von (3.250)} \\ \text{in der Form} \\ \underline{x}^{(2)} := \underline{x}_0^{(2)} + \lambda\underline{x}_2 + \mu\underline{x}_3 \\ (\ \lambda,\mu \in \mathbb{C}\ \text{beliebig)}\ , \end{array} \tag{3.253}$$

denn die Eigenvektoren $\underline{x}_2,\underline{x}_3$ spannen ja den Lösungsraum des homogenen Systems $R\underline{x} = \underline{0}$ ($\leftrightarrow N\underline{x} = \underline{0}$) auf (vgl. Satz 3.36(d), Abschn. 3.6.1).

Mit $t = s = 1$ und $\underline{x} = \underline{x}^{(2)}$ hat man damit die Lösungen der Ausgangsgleichung (3.250) gefunden. Die rechte Seite dieser Gleichung wird damit zu

$$\underline{x}_3^{(1)} := 1\underline{x}_2 + 1\underline{x}_3 = \begin{bmatrix} 0 \\ 1 \\ 3 \\ 1 \\ 1 \end{bmatrix} \quad .$$

Somit gilt

$$\boxed{N\underline{x}^{(2)} = \underline{x}_3^{(1)}} \tag{3.254}$$

(II$_3$) <u>Hauptvektoren</u> 3. <u>Stufe zu</u> $\lambda_1 = 2$. Aus

$$\boxed{N\underline{x} = \underline{x}^{(2)} = \underline{x}_0^{(2)} + \lambda\underline{x}_3 + \mu\underline{x}_3} \tag{3.255}$$

ist ein Hauptvektor $\underline{x}$ der 3. Stufe zu berechnen. Wir gehen wie in (II$_2$) vor: Multiplikation mit L^{-1} von links liefert

$$R\underline{x} = L^{-1}\underline{x}_0^{(2)} + \lambda L^{-1}\underline{x}_2 + \mu L^{-1}\underline{x}_3 \ , \quad \text{also}$$

$$R\underline{x} = \begin{bmatrix} -2 \\ -4,\overline{6} \\ 31,\overline{6} \\ -1,5 \\ -3 \end{bmatrix} + \lambda \begin{bmatrix} 1 \\ 1,\overline{3} \\ -8,\overline{3} \\ 0,5 \\ 1 \end{bmatrix} + \mu \begin{bmatrix} -1 \\ -0,\overline{3} \\ -2,\overline{3} \\ -0,\overline{5} \\ -1 \end{bmatrix} \quad . \tag{3.256}$$

Links sind die letzten beiden Koordinaten Null, also folgt $0 = -1,5 + \lambda 0,5 - \mu 0,\overline{5}$ und $0 = -3 + \lambda - \mu$. Daraus ergibt sich $x = 3 + \mu$. (Dies erfüllt beide Gleichungen für λ und μ .) Wir setzen (willkürlich) $\mu = 1$ und damit $\lambda = 4$ (da wir nur Lösbarkeit brauchen, gleichgültig mit welchen λ,μ).

Mit $x_4 = x_5 = 0$ folgt aus (3.256) die spezielle Lösung

302

$$\underline{x}_0^{(3)} := \begin{bmatrix} -1 \\ 0 \\ 1 \\ 0 \\ 0 \end{bmatrix} \quad ,$$

und damit die Lösungsgesamtheit in der Form

$$\underline{x}^{(3)} = \underline{x}_0^{(3)} + \nu\underline{x}_2 + \eta\underline{x}_3 \; . \qquad (\nu,\eta \in \mathbb{C}) \tag{3.257}$$

Mit $\mu = 1$, $\lambda = 4$ fixieren wir noch den Hauptvektor 2. Stufe auf der rechten Seite von (3.255); er wird zu

$$\underline{x}_3^{(2)} := \underline{x}_0^{(2)} + 4\underline{x}_2 + 1\underline{x}_3 = \begin{bmatrix} 1 \\ 0 \\ 3 \\ 4 \\ 1 \end{bmatrix} . \tag{3.258}$$

Damit gilt

$$\boxed{N\underline{x}^{(3)} = \underline{x}_3^{(2)}} \tag{3.259}$$

(II$_4$) <u>Kette von Hauptvektoren</u>. Mehr als zwei Hauptvektoren mit höherer Stufe als 1 brauchen wir nicht. Folglich kann man $\underline{x}^{(3)} =: \underline{x}_3^{(3)}$ speziell wählen. Am einfachsten setzt man $\nu = \mu = 0$, also

$$\underline{x}_3^{(3)} = \underline{x}_0^{(3)} = [-1,0,1,0,0]^T \; .$$

Damit bilden $\underline{x}_3^{(1)}, \underline{x}_3^{(2)}, \underline{x}_3^{(3)}$ eine <u>Kette</u> von Hauptvektoren, denn es gilt

$$N\underline{x}_3^{(1)} = \underline{0} \; , \; N\underline{x}_3^{(2)} = \underline{x}_3^{(1)} \; , \; N\underline{x}_3^{(3)} = \underline{x}_2^{(2)} \; .$$

(Der Leser kann sich davon überzeugen, daß $N\underline{x} = \underline{x}_3^{(3)}$ $(\leftrightarrow R\underline{x} = L^{-1}\underline{x}_3^{(3)})$ unlösbar ist.)

(III) <u>Transformationsmatrix</u>. Nehmen wir die vorher berechneten Eigenvektoren $\underline{x}_1, \underline{x}_2$ hinzu, so ergeben sie mit den $\underline{x}_3^{(1)}, \underline{x}_3^{(2)}, \underline{x}_3^{(3)}$ zusammen ein System linear unabhängiger Vektoren. Wir konstruieren daraus die <u>Transformationsmatrix</u>

$$T = [\underline{x}_1 , \underline{x}_2 , \underline{x}_3^{(1)}, \underline{x}_3^{(2)}, \underline{x}_3^{(3)}] \tag{3.260}$$

und berechnen auch gleich T^{-1} :

$$
T = \begin{bmatrix}
1 & 1 & 0 & 1 & -1 \\
0 & 1 & 1 & 0 & 0 \\
1 & 3 & 3 & 3 & 1 \\
1 & 1 & 1 & 4 & 0 \\
-1 & 0 & 1 & 1 & 0
\end{bmatrix} , \quad
T^{-1} = \begin{bmatrix}
-4 & 11 & -4 & 5 & -4 \\
5 & -13 & 5 & -6 & 4 \\
-5 & 14 & -5 & 6 & -4 \\
1 & -3 & 1 & -1 & 1 \\
1 & -5 & 2 & -2 & 1
\end{bmatrix} \tag{3.261}
$$

mit Spaltenbezeichnungen $\underline{x}_1 \; \underline{x}_2 \; \underline{x}_3^{(1)} \; \underline{x}_3^{(2)} \; \underline{x}_3^{(3)}$.

Es folgt

$$J := T^{-1}AT = \begin{bmatrix} \boxed{3 \;} & & \\ & \boxed{\begin{matrix}2 & \end{matrix}} & \\ & & \boxed{\begin{matrix} 2 & 1 & 0 \\ 0 & 2 & 1 \\ 0 & 0 & 2 \end{matrix}} \end{bmatrix} = \begin{bmatrix} J_1 & & \mathbf{O} \\ & J_2 & \\ \mathbf{O} & & J_3 \end{bmatrix} \; .$$

Damit ist A auf Jordansche Normalform transformiert.

Es sei erwähnt, daß man die Jordansche Normalform J in obiger Gleichung
schon an Hand der Struktur von T in (3.260) voraussagen kann. Die
explizite Berechnung von T^{-1} kann man also einsparen. -

Übungen

<u>3.45</u>* Transformiere die folgenden Matrizen auf Jordansche Normalform

$$A = \begin{bmatrix} -8 & 4 \\ -1 & -4 \end{bmatrix} \quad , \quad B = \begin{bmatrix} -38 & -45 \\ 30 & -37 \end{bmatrix} \quad , \quad C = \begin{bmatrix} 6 & 6 \\ 0 & 6 \end{bmatrix} \quad ,$$

$$D = \begin{bmatrix} 9 & -2 & 7 \\ 8 & 1 & 14 \\ 0 & 0 & 5 \end{bmatrix} \quad , \quad F = \begin{bmatrix} -27 & 15 & -45 \\ 10 & -2 & 15 \\ 20 & -10 & 33 \end{bmatrix} \quad , \quad G = \begin{bmatrix} -14 & 8 & -25 \\ 8 & -2 & 13 \\ 12 & -6 & 21 \end{bmatrix} ,$$

$$H = \begin{bmatrix} 1 & -1 & 1 & -2 \\ 0 & 1 & 0 & -1 \\ -1 & 0 & 3 & -1 \\ 0 & 1 & 0 & 3 \end{bmatrix} \quad , \quad M = \begin{bmatrix} 1 & -4 & 2 & -2 & 1 \\ -4 & 11 & -4 & 5 & -3 \\ -4 & 5 & -1 & 3 & -2 \\ 5 & -22 & 9 & -9 & 5 \\ -3 & 5 & -2 & 3 & -2 \end{bmatrix} .$$

<u>3.46</u> Es sei A eine komplexe (n,n)-Matrix und λ_1 ein zugehöriger
Eigenwert. Wir kürzen ab:

$$d_j := \dim \mathrm{Kern}(A - \lambda_1 E)^j \quad (= n - \mathrm{Rang}(A - \lambda_1 E)^j) \ .$$

<u>Zeige</u>, daß folgendes gilt:

$$1 \le d_1 < d_2 < \ldots < d_m = d_{m+1} = d_{m+2} = \ldots$$

mit einem $m \in \mathbb{N}$. Es folgt zusätzlich: d_m ist gleich der algebraischen
Vielfachheit κ_1 von λ_1 .

<u>Hinweis</u>. Man nehme zunächst an, daß A die Gestalt einer Jordanschen
Normalform J hat, A = J , und beweise die Aussage für diesen Fall.
Den Allgemeinfall beweise man dann, indem man A zuerst auf Jordansche
Normalform transformiert.

3.7.8   Berechnung des charakteristischen Polynoms und der Eigenwerte einer Matrix mit dem Krylov-Verfahren

Das folgende Verfahren von A.N. Krylov eignet sich gut für kleinere quadratische Matrizen, etwa mit Zeilenzahlen ≤ 8 .

Es sei A eine reelle oder komplexe (n,n)-Matrix mit n (paarweise verschiedenen) Eigenwerten.

Krylov-Verfahren. Man wähle einen beliebigen Vektor $\underline{z}_0 \neq \underline{0}$ $(\underline{z}_0 \in \mathbb{C}^n)$, z.B. $\underline{z}_0 = [1,1,..,1]^T$, und bilde nacheinander

$$
\begin{aligned}
\underline{z}_1 &= A\underline{z}_0 \\
\underline{z}_2 &= A\underline{z}_1 \\
&\ \vdots \\
\underline{z}_n &= A\underline{z}_{n-1} \ .
\end{aligned}
\tag{3.262}
$$

Anschließend berechne man die Lösung $(\alpha_0,..,\alpha_{n-1})$ des folgenden linearen Gleichungssystems (sofern es regulär ist):

$$
\sum_{k=0}^{n-1} \alpha_k \underline{z}_k = -(-1)^n \underline{z}_n \ .
\tag{3.263}
$$

Dann sind $\alpha_0,..,\alpha_{n-1}$ nebst $\alpha_n := (-1)^n$ die Koeffizienten des charakteristischen Polynoms, d.h. es gilt

$$
\chi_A(\lambda) = \sum_{k=0}^{n} \alpha_k \lambda^k \ .
\tag{3.264}
$$

Hieraus kann man nun mit einem Nullstellensuchverfahren für Polynome (z.B. dem Newton-Verfahren) die Eigenwerte von A bestimmen.[1] -

---

Ist (3.263) kein reguläres System, so probiere man das Verfahren aufs neue mit $\underline{z}_0 = [-1,1,1..,1]^T$, dann $\underline{z}_0 = [-1,-1,1,..,1]^T$ usw. Hat man diese Vektoren ohne Erfolg verwendet, so bricht man ab. A ist (wahrscheinlich) nicht diagonalisierbar.

---

[1] Es gibt heutzutage hervorragende Nullstellensuchverfahren für Polynome. Sie sind bei guten Rechenzentren i.a. als Programme verfügbar.

<u>Theoretischer Hintergrund</u>: $\lambda_1, \lambda_2, \ldots, \lambda_n$ seien die n Eigenwerte von A
und $\underline{x}_1, \ldots, \underline{x}_n$ zugehörige Eigenvektoren (d.h. $\underline{x}_i$ zu λ_i für alle
i = 1,..,n). Die $\underline{x}_1, \ldots, \underline{x}_n$ sind linear unabhängig (s. Folg. 3.18,
Abschn. 3.7.4).

Für $\underline{z}_0$ existiert daher eine Darstellung

$$\underline{z}_0 = \sum_{i=1}^{n} \gamma_i \underline{x}_i \qquad , \quad \gamma_i \in \mathbb{C} . \tag{3.265}$$

Man nimmt nun (stillschweigend) an, daß

$$\gamma_i \neq 0 \qquad \text{für alle}\quad i = 1,..,n \tag{3.266}$$

gilt. Bei einem zufällig gewählten $\underline{z}_0$ ist dies höchst wahrscheinlich
der Fall. Sollte man mit dem ersten Versuch $\underline{z}_0 = [1,1,..,1]^T$ scheitern,
so ist doch stark zu hoffen, daß (3.266) für einen der übrigen Kandidaten $\underline{z}_0 = [-1,1,..,1]^T$ usw. gilt. Wir zeigen

<u>Folgerung 3.20</u> Gilt (3.265) nebst (3.266), so ist das lineare Gleichungs-
system (3.263) im Krylov-Verfahren regulär, und mit seinen Lösungen
$\alpha_0, \ldots, \alpha_{n-1}$, nebst $\alpha_n = (-1)^n$ gilt

$$\chi_A(\lambda) = \sum_{k=0}^{n} \alpha_k \lambda^k . \tag{3.267}$$

<u>Beweis</u>: Aus (3.262) folgt $\underline{z}_k = A^k \underline{z}_0$ (k = 0,1,..,n) , wie man durch
Einsetzen "von oben nach unten" feststellt und damit

$$\underline{z}_k = A^k \underline{z}_0 = \sum_{i=1}^{n} \gamma_i A^k \underline{x}_i = \sum_{i=1}^{n} \gamma_i \lambda_i^k \underline{x}_i . \tag{3.268}$$

Zum Nachweis der Regularität von (3.263), d.h. der linearen Unabhängigkeit von $\underline{z}_0, \underline{z}_1, \ldots, \underline{z}_{n-1}$ setzen wir an:

$$\underline{0} = \sum_{k=0}^{n-1} \mu_k \underline{z}_k \quad , \text{ und folgern: } \quad 0 = \sum_{k=0}^{n-1} \mu_k \sum_{i=1}^{n} \gamma_i \lambda_i^k \underline{x}_i = \sum_{i=1}^{n} \gamma_i \Big(\sum_{k=0}^{n-1} \mu_k \lambda_i^k \Big) \underline{x}_i .$$

Wegen der linearen Unabhängigkeit der $\underline{x}_i$ und wegen $\gamma_i \neq 0$ sind die
Summen in den Klammern rechts alle Null. Das Polynom $\varphi(\lambda) := \sum_{k=0}^{n-1} \mu_k \lambda^k$
vom Grade $\leq$ n-1 hat also n Nullstellen $\lambda_1, \ldots, \lambda_n$, es kann daher
nur das Nullpolynom sein, woraus $\mu_k = 0$ für alle k = 0,..,n-1 folgt.
Die $\underline{z}_0, \ldots, \underline{z}_{n-1}$ sind also linear unabhängig. Zu zeigen bleibt (3.267).
Dazu setzen wir in (3.263) α_n statt $(-1)^n$ und erhalten nach Umstel-
lung daraus

$$\underline{0} = \sum_{k=0}^{n} \alpha_k \underline{z}_k = \sum_{k=0}^{n} \alpha_k \sum_{i=1}^{n} \gamma_i \lambda_i^k \underline{x}_i = \sum_{i=1}^{n} \gamma_i \Big(\sum_{k=1}^{n} \alpha_k \lambda_i^k \Big) \underline{x}_i .$$

Wegen $\gamma_i \neq 0$ und der linearen Unabhängigkeit der $\underline{x}_i$ sind die einge-
klammerten Summen rechts alle Null. Das Polynom $\psi(\lambda) = \sum_{k=0}^{n} \alpha_k \lambda^k$ hat also
die Nullstellen $\lambda_1, \ldots, \lambda_n$ und den höchsten Koeffizienten $\alpha_n = (-1)^n$.
Daher ist ψ mit χ_A identisch. $\qquad\qquad$ □

<u>Bemerkung</u>: Die Voraussetzung, daß A nur einfache Eigenwerte hat, also
n paarweise verschiedene Eigenwerte, ist bei Matrizen, die in der Technik eine Rolle spielen, meistens erfüllt. Wenn nichts weiter über eine
praktisch auftretende Matrix bekannt ist, kann man (stillschweigend) diese Annahme machen. Denn die Ausnahmen sind oft leicht erkennbar, wie z.B.
bei starr gekoppelten Schwingungen oder ähnlichen technischen Situationen.

<u>Achtung</u>: Obwohl man mit dem Krylov-Verfahren die Koeffizienten des cha-
rakteristischen Polynoms χ_A gut berechnen kann, so ist doch die Eigenwertberechnung daraus numerisch recht instabil: Winzige Verfälschungen
der Koeffizienten können schon zu großen Änderungen der Nullstellen führen. Aus diesem Grunde verwendet man besser iterative Verfahren zur Eigen-
wertbestimmung. Wir beschreiben in den folgenden Abschnitten einige Verfahren und geben über weitere Verfahren einen Überblick. -

<u>Übung 3.47*</u> Berechne das charakteristische Polynom der folgenden Matrix A
mit dem Krylov-Verfahren und berechne daraus die Eigenwerte von A .

$$A = \begin{bmatrix} 24 & 54 & -38 & -8 \\ -11 & -27 & 20 & -2 \\ 0 & -2 & 3 & -6 \\ 6 & 14 & -10 & -1 \end{bmatrix}$$

<u>3.7.9   Das Jacobi-Verfahren zur Berechnung von Eigenwerten und
         Eigenvektoren symmetrischer Matrizen</u>

Es sei $A = [a_{ik}]_{n,n}$ eine reelle symmetrische (n,n)-Matrix, deren Eigen-
werte und Eigenvektoren bestimmt werden sollen. Nach einer Idee von
Jacobi[1] transformiert man A mehrfach mit "Drehmatrizen" folgenden
Typs

$$U_{pq}(\varphi) = [u_{ik}]_{n,n} = \begin{bmatrix} 1 & & & & & & \\ & \ddots & & & & & \\ & & 1 & & & & \\ & & & c & & s & \\ & & & & 1 & & \\ & & & & & \ddots & \\ & -s & & & & c & \\ & & & & & & 1 \end{bmatrix} \begin{array}{l} \\ \leftarrow p \\ \\ \leftarrow q \end{array} \quad \begin{array}{l} u_{ii} = 1 \text{ für } i \neq p,q \\ u_{pp} = u_{qq} = c = \cos\varphi \\ u_{pq} = u_{qp} = s = \sin\varphi \\ u_{ik} = 0 \text{ sonst.} \end{array}$$

$U_{pq}(\varphi)$ ist eine orthogonale Matrix. Transformation von A führt auf

$$A^{(1)} := U_{pq}(\varphi)^T A U_{pq}(\varphi) .$$

---

[1] Carl Gustav Jacob Jacobi (1804-1851), deutscher Mathematiker.

$A^{(1)}$ ist wieder symmetrisch. Dabei wählt man φ so, daß in $A^{(1)}$ die Elemente $a_{pq}^{(1)} = a_{qp}^{(1)} = 0$ sind.

Nun wird $A^{(1)}$ abermals mit einer Drehmatrix $U_{p'q'}(\varphi')$ transformiert, wobei die Elemente an den Positionen (p',q') und (q',p') zum Verschwinden gebracht werden usw.

Werden dabei alle Indexpaare durchlaufen, die zum unteren Dreieck der Matrix A gehören, und dann nochmal und nochmal usw., so konvergieren die so transformierten Matrizen gegen eine Dreiecksmatrix.

Man nennt dies das <u>zyklische Jacobi-Verfahren</u>. Für die Herleitung der Formeln im einzelnen und für den Konvergenzbeweis sei auf Schwarz [105] (und Werner [117]) verwiesen.

Wir geben nun im folgenden das zyklische Jacobi-Verfahren in algorithmischer Form an. Damit kann es der Leser programmieren.

<u>Zyklisches Jacobi-Verfahren</u>. Es sei $A = [a_{ik}]_{n,n}$ eine gegebene reelle symmetrische Matrix. Wegen der Symmetrie wird nur mit den Elementen unter der Diagonalen und den Diagonalelementen gearbeitet (a_{ik} mit $i \geq k$). Nur diese Elemente werden im Computer gespeichert.

Ferner wird $C := E$ gesetzt, d.h. es wird eine Matrix $C = [c_{ik}]_{n,n}$ gespeichert mit $c_{ii} = 1$ und $c_{ik} = 0$, falls $i \neq k$ $(i,k = 1,..,n)$. (C wird im Laufe des Verfahrens in eine Matrix aus Eigenvektoren verwandelt.)

Zusätzlich geben wir eine Fehlerschranke $\varepsilon > 0$ vor, z.B. $\varepsilon = 10^{-9} \cdot \max_{i,k} |a_{ik}|$.

$\boxed{\text{Zyklusbeginn:}}$

Danach wird das untere Dreieck der Matrix A spaltenweise durchlaufen und dabei verwandelt. D.h. das Indexpaar (q,p) durchwandert das folgende Dreiecksschema, wobei zuerst die erste Spalte, dann die zweite Spalte usw. von oben nach unten durchschritten wird:

$$
\begin{array}{llll}
\downarrow & & & \\
(2,1) & \downarrow & & \\
(3,1) & (3,2) & \downarrow & \\
(4,1) & (4,2) & (4,3) & \\
\vdots & \vdots & \vdots & \downarrow \\
(n,1) & (n,2) & (n,3) & \ldots \; (n,n-1) \; .
\end{array}
$$

Für jedes (q,p) $(q > p)$ wird dabei folgender <u>Jacobi-Schritt</u> ausgeführt:

Falls $|a_{qp}| \geq \varepsilon$ (d.h. "numerisch" $\neq 0$) gilt, berechnet man die folgenden <u>Hilfsgrößen</u> (im Falle $|a_{qp}| < \varepsilon$ geht man zum nächsten Paar (q,p) über):

$$w := \frac{a_{qq}-a_{pp}}{2a_{qp}} \quad ; \quad t := \begin{cases} \dfrac{1}{w+\text{sgn}(w)\sqrt{w^2+1}} & \text{, falls } w \neq 0 \\[2mm] 1 & \text{, falls } w = 0 \end{cases}$$

$$c := \frac{1}{\sqrt{1+t^2}} \quad , \quad s := ct \ , \quad r := \frac{s}{1+c}$$

sowie $a_{pp} := a_{pp} - ta_{qp}$, $a_{qq} := a_{qq} + ta_{qp}$, $a_{qp} := 0$ [1]

- -

Damit wird folgendermaßen fortgesetzt (vgl. Fig. 3.15):

(1) Für alle $j = 1,2,..,p-1$ berechnet man nacheinander:

$$u := s \cdot (a_{qj} + ra_{pj}) \quad , \quad v := s \cdot (a_{pj} - ra_{qj})$$

und damit $a_{pj} := a_{pj} - u$, $a_{qj} := a_{qj} + v$.

$$(3.269)$$

(2) Für alle $j = p+1,p+2,..,q-1$ berechnet man nacheinander:

$$u := s \cdot (a_{qj} + ra_{jp}) \quad , \quad v := s \cdot (a_{jp} - ra_{qj})$$

und damit $a_{jp} := a_{jp} - u$, $a_{qj} := a_{qj} + v$.

$$(3.270)$$

(3) Für alle $j = q+1,q+2,...,n$ berechnet man nacheinander

$$u = s \cdot (a_{jq} + ra_{jp}) \quad , \quad v = s \cdot (a_{jp} - ra_{jq})$$

und damit $a_{jp} := a_{jp} - u$, $a_{jq} := a_{jq} + v$.

$$(3.271)$$

(4) Zur <u>Eigenvektorermittlung</u>: Für alle $j = 1,2,..,n$ berechnet man

$$u := s \cdot (c_{jq} + rc_{jp}) \quad , \quad v := s \cdot (c_{jp} - rc_{jq})$$

und damit $c_{jp} := c_{jp} - u$, $c_{jq} := c_{jq} + v$.

$$(3.272)$$

---

[1] Das Zeichen := wird hier als "<u>wird ersetzt durch</u>" interpretiert, wie bei Computeralgorithmen gebräuchlich.

Sind auf diese Weise alle (q,p) mit $q > p$ durchlaufen, so bildet man mit der neu entstandenen Matrix A die "Testgröße"

$$N(A) = 2 \sum_{\substack{i,k=1 \\ i>k}}^{n} a_{ik}^2 \ . \qquad (3.273)$$

Gilt $N(A) > \varepsilon^2$, so springt man zum $\boxed{\text{Zyklusbeginn}}$ zurück und führt alles mit der entstandenen Matrix A nochmal durch.

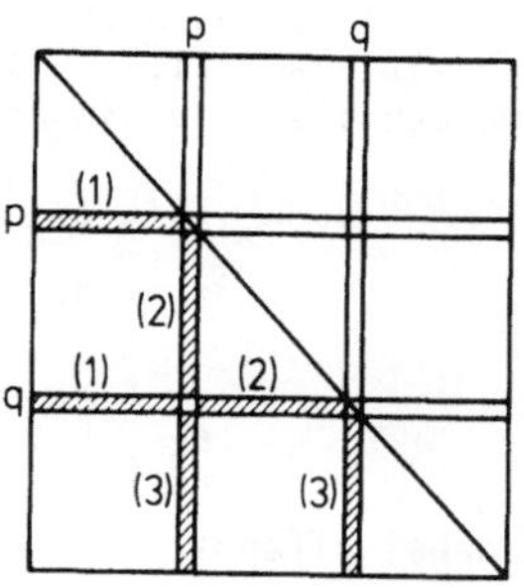

Fig. 3.15: Aufteilung der Matrix beim Jacobi-Verfahren.

Gilt $N(A) \leq \varepsilon^2$, so bricht man das Verfahren ab. Die Diagonalelemente $a_{11},\dots,a_{nn}$ stellen nun mit der relativen Genauigkeit ε die Eigenwerte $\lambda_1,\dots,\lambda_n$ der Ausgangsmatrix dar. Die Spalten von $C = [c_{ik}]_{n,n}$ sind die zugehörigen Eigenvektoren $\underline{x}_1,\dots,\underline{x}_n$. –

Bemerkung: Das zyklische Jacobi-Verfahren ist numerisch sehr stabil und wegen seiner Einfachheit gut zu programmieren. Aus diesem Grund wird es bei Problemen der Technik gern und viel verwendet.

3.7.10 Von-Mises-Iteration, Deflation und inverse Iteration zur numerischen Eigenwert- und Eigenvektorberechnung. Ausblick:

Bei schwingenden Systemen (Masten, Flugzeugen usw.) entspricht die langsamste Schwingung häufig dem Eigenwert mit maximalem Betrag beim zugehörigen Eigenwertproblem. Interessiert man sich nur für diese "Grundschwingung" (wie es in der Technik gelegentlich vorkommt), so benötigt man eine Berechnungsmethode für den betragsgrößten Eigenwert. Das Von-Mises-Verfahren hat sich hierbei in der Praxis bewährt. Es hat überdies den Vorteil, daß es sehr einfach zu handhaben ist.

Wir nehmen im folgenden A als (nichtsymmetrische) reelle oder komplexe (n,n)-Matrix an. A besitze n (paarweise verschiedene) Eigenwerte $\lambda_1,\dots,\lambda_n$, die so numeriert seien, daß

$$|\lambda_1| > |\lambda_2| \geq |\lambda_3| \geq \dots \geq |\lambda_n|$$

gilt. $\underline{x}_1,\dots,\underline{x}_n$ seien Eigenvektoren zu $\lambda_1,\dots,\lambda_n$. Schließlich sei $\underline{z}_0 \in \mathbb{C}^n$ ein beliebig herausgegriffener Vektor, in dessen Darstellung

$$\underline{z}_0 = \sum_{i=1}^{n} \gamma_i \underline{x}_i \qquad (3.274)$$

310

der erste Koeffizient nicht verschwindet: $\gamma_1 \neq 0$. Man probiert es üblicherweise mit $\underline{z}_0 = [1,1,..,1]^T$ und vertraut darauf, daß $\gamma_1 \neq 0$ ist. Darauf werden iterativ die folgenden Vektoren gebildet:

$$
\begin{aligned}
\underline{z}_1 &= A\underline{z}_0 \\
\underline{z}_2 &= A\underline{z}_1 &&= A^2\underline{z}_0 \\
&\ \vdots \\
\underline{z}_k &= A\underline{z}_{k-1} &&= A^k\underline{z}_0
\end{aligned}
\tag{3.275}
$$

Es gilt dabei offenbar

$$
\underline{z}_k = A^k \sum_{i=1}^{n} \gamma_i \underline{x}_i = \sum_{i=1}^{n} \gamma_i A^k \underline{x}_i = \sum_{i=1}^{n} \gamma_i \lambda_i^k \underline{x}_i \ , \qquad \text{ausführlicher}
$$

$$
\underline{z}_k = \gamma_1 \lambda_1^k \underline{x}_1 + \gamma_2 \lambda_2^k \underline{x}_2 + \ldots + \gamma_n \lambda_n^k \underline{x}_n \ .
\tag{3.276}
$$

Hierin überwiegt für große k das erste Glied, so daß damit

$$
\underline{z}_k \doteq \gamma_1 \lambda_1^k \underline{x}_1
$$

gilt. Dabei soll $\doteq$ bedeuten, daß rechte und linke Seite sich relativ nur um $5 \cdot 10^{-9}$ unterscheiden, also mit "8-stelliger Genauigkeit" übereinstimmen. Aus

$$
\underline{z}_{k+1} = A\underline{z}_k \doteq \gamma_1 \lambda_1^{k+1} \underline{x}_1 \doteq \lambda_1 \underline{z}_k \ , \quad \text{also} \quad \underline{z}_{k+1} \doteq \lambda_1 \underline{z}_k
$$

erhält man λ_1 (mit 8-stelliger Genauigkeit) durch Division zweier entsprechender Koordinaten $\neq 0$ von $\underline{z}_{k+1}$ und $\underline{z}_k$. -

Da die $|z_k|$ bei diesem Prozeß stark wachsen oder fallen können, fügt man bei jedem Schritt noch eine Multiplikation mit einem Skalar ein. Man gelangt damit zu folgendem Algorithmus, der sich gut programmieren läßt:

<u>Von-Mises-Verfahren</u>

(I)   Setze $\underline{z}_0 = [1,1,1,\ldots,1]^T$ und $\varepsilon = 5 \cdot 10^{-9}$
(II)   Berechne $\quad\quad\quad\quad\quad (\ \underline{v}_1 = [v_{11}, v_{21}, \ldots, v_{n1}] \ ,$ $\underline{v}_1 := A\underline{z}_0 \ , \ \underline{z}_1 := \dfrac{\underline{v}_1}{v_{k_1,1}} \quad v_{k_1,1}$ betragsgrößte Koordinate von $\underline{v}_1$)
(III) Berechne sukzessive für $j = 2,3,4,\ldots$
(IV) $\underline{v}_j := A\underline{z}_{j-1} \ , \ \underline{z}_j = \dfrac{\underline{v}_j}{v_{k_j,j}} \ , \ (\ \underline{v}_j = [v_{1j}, v_{2j}, \ldots, v_{nj}]^T \ ,$ $\quad\quad\quad\quad\quad\quad\quad\quad\quad v_{k_j,j}$ betragsgrößte Koordinate von $\underline{v}_j$) $\lambda_j' = v_{k_{j-1},j} \quad (\ k_{j-1}$ ist der Index der betragsgrößten Koordinate von $\underline{v}_{j-1}$ aus dem vorangehenden Schritt, $v_{k_{j-1},j}$ ist die entsprechende Koordinate in $\underline{v}_j$)

(V)   Brich die Rechnung ab, wenn

$$|\lambda'_j - \lambda'_{j-1}| \leq \varepsilon|\lambda'_j| \quad \text{oder} \quad j = 30 \quad \text{gilt.}$$

Nach Abbruch bei $j < 30$ ist $\lambda_1 :\overset{.}{=} \lambda'_j$ mit 8-stelliger Genauigkeit ermittelt. $\underline{z}_j =: \underline{x}_1$ ist ein zugehöriger Eigenvektor.

Ist $j = 30$ erreicht, so ist etwas schiefgegangen. Man probiert daher aufs neue mit $\underline{z}_0 = [-1,1,1,\ldots 1]^T$, nützt auch das nichts, so nimmt man hypothetisch an, daß

$$|\lambda_1| \approx |\lambda_2| > |\lambda_3| \geq \ldots \geq |\lambda_n| \tag{3.277}$$

gilt. Beginnend mit $\underline{z}_{30}$ wird so fortgefahren:

(III*)   Berechne sukzessive für $j = 30, 32, 34, \ldots$

(IV*) $\underline{v}_{j+1} = A\underline{z}_j$, $\underline{v}_{j+2} = A\underline{z}_j$, $\underline{z}_{j+2} = \dfrac{\underline{v}_{j+2}}{v_{k_{j+2},j+2}}$, $(v_{k_{j+2},j+2}$ wie in IV)

ferner $\alpha_1, \alpha_0 \in \mathbb{C}$ aus $\underline{v}_{j+2} + \alpha_1\underline{v}_{j+1} + \alpha_0\underline{z}_j = \underline{0}$, und λ'_j, λ''_j als Lösungen von $\lambda^2 + \alpha_1\lambda + \alpha_0 = 0$.

(V*)   Brich ab, wenn

$$|\lambda'_j - \lambda'_{j-2}| < \varepsilon|\lambda'_j| \quad \text{und} \quad |\lambda''_j - \lambda''_{j-2}| < \varepsilon|\lambda''_j|$$
$$\text{oder} \quad j = 60 \ .$$

Nach Abbruch bei $j < 60$ hat man die Eigenwerte $\lambda_1 \overset{.}{=} \lambda'_j$, $\lambda_2 \overset{.}{=} \lambda''_j$ mit relativer Genauigkeit ε . Eigenvektoren dazu lassen sich leicht bestimmen.

Abbruch bei $j = 60$ signalisiert das Versagen der Methode. Dies tritt im praktischen Falle äußerst selten ein.

Bemerkung: Die Begründung für die Variante III*, IV*, V* verläuft ähnlich wie beim Krylov-Verfahren. -

<u>Deflation</u>. $A \in \mathrm{Mat}(n,\mathbb{C})$ besitze die paarweise verschiedenen Eigenwerte $\lambda_1,..,\lambda_n$. Hat man einen Eigenwert λ_1 nebst Eigenvektor $\underline{x}_1$ mit dem von-Mises-Verfahren (oder einem anderen Verfahren) gewonnen, so kann man A in eine Matrix $\hat{A}$ verwandeln, die eine Zeile und Spalte weniger hat als A , und die die Eigenwerte $\lambda_2,\lambda_3,\ldots,\lambda_n$ besitzt, also von Index 2 an die gleichen wie A . Man nennt dieses <u>Deflation</u> von A . Bestimmt man anschließend einen Eigenwert λ_2 von $\hat{A}$ nebst Eigenvektor, so kann man abermalige <u>Deflation</u> durchführen usw. Auf diese Weise entsteht ein Verfahren, mit dem man alle Eigenwerte einer Matrix bestimmen kann. Eine praktisch gut funktionierende <u>Deflations-Methode</u> ist folgende. Sie stammt von Wielandt.

Zunächst nehmen wir ohne Beschränkung der Allgemeinheit an, daß für den Eigenvektor $\underline{x}_1 = [x_1^{(1)},x_2^{(1)},..,x_n^{(1)}]^T$ gilt: $|x_i^{(1)}| \leq 1$ für alle $i = 1,..,n$, sowie $x_1^{(1)} = 1$. Wäre dies nicht der Fall, so würde man den Vektor zunächst durch seine betragsgrößte Koordinate dividieren und dann durch Vertauschen von Koordinaten und Umindizieren $x_1^{(1)} = 1$ erzwingen (falls nötig). Die entsprechenden Zeilen- und Spaltenvertauschungen nimmt man auch bei A vor. Die dann vorliegende Matrix heiße wieder A .

Die gesuchte Matrix $\hat{A}$ berechnet man dann aus

$$\hat{A} = \begin{bmatrix} a_{22} - x_2^{(1)}a_{12}\,, & \cdots\cdots\, , & a_{2n} - x_2^{(1)}a_{1n} \\ \vdots & & \vdots \\ a_{n2} - x_n^{(1)}a_{12}\,, & \cdots\cdots\, , & a_{nn} - x_n^{(1)}a_{1n} \end{bmatrix} \, . \tag{3.278}$$

<u>Folgerung 3.21</u> $\hat{A}$ besitzt die Eigenwerte $\lambda_2,..,\lambda_n$, also vom Index 2 an die gleichen wie A .

<u>Beweis:</u> Mit $A = [\underline{a}_1,..,\underline{a}_n]$ und $E = [\underline{e}_1,..,\underline{e}_n]$ ist

$$\begin{aligned} \chi_A(\lambda) &= \det(A - \lambda E) \\ &= \det[\underline{a}_1 - \lambda\underline{e}_1, \underline{a}_2 - \lambda\underline{e}_2, \ldots, \underline{a}_n - \lambda\underline{e}_n] \\ &= \det[\textstyle\sum_{i=1}^{n}(\underline{a}_i - \lambda\underline{e}_i)x_i^{(1)}, \underline{a}_2 - \lambda\underline{e}_2, \ldots, \underline{a}_n - \lambda\underline{e}_n] \\ &\quad \text{(denn es wurden Vielfache der 2. bis n-ten Spalte zur} \\ &\quad \text{1. Spalte addiert)} \\ &= \det[(A - \lambda E)\underline{x}_1, \underline{a}_2 - \lambda\underline{e}_2, \ldots, \underline{a}_n - \lambda\underline{e}_n] \\ &= \det[(\lambda_1 - \lambda)\underline{x}_1, \underline{a}_2 - \lambda\underline{e}_2, \ldots, \underline{a}_n - \lambda\underline{e}_n] \\ &= (\lambda_1 - \lambda)\det[\underline{x}_1, \underline{a}_2 - \lambda\underline{e}_2, \ldots, \underline{a}_n - \lambda\underline{e}_n] \, . \end{aligned}$$

Führt man nun den Gaußschen Algorithmus-Schritt für die erste Spalte aus
(Pivot ist $x_1^{(1)} = 1$), so entsteht

$$\chi_A(\lambda) = (\lambda_1 - \lambda)\det\left[\begin{array}{c|cc} 1 & * & * \\ \hline 0 & \hat{A} & -\lambda\hat{E} \end{array}\right] = (\lambda_1 - \lambda)\det(\hat{A} - \lambda\hat{E})$$

mit der (n-1)-reihigen Einheitsmatrix $\hat{E}$. Es ist also $\chi_A(\lambda_k) = \det(\hat{A} - \lambda_k E) = 0$ für alle $k = 2,3,..,n$, d.h. A hat die Eigenwerte $\lambda_2,..,\lambda_n$. □

<u>Inverse Iteration nach Wielandt:</u> Sind schon genügend gute Näherungen der
Eigenwerte von A bekannt, so führt die "Inverse Iteration" nach
Wielandt zu sehr genauen Eigenwert- und Eigenvektorberechnungen. Die Me-
thode ist im Prinzip ein inverses von-Mises-Verfahren.

Es sei λ_k' "Näherungswert" eines einfachen Eigenwertes λ_k von A , und
zwar liege λ_k' dichter an λ_k als an jedem anderen Eigenwert λ_j von
A , also

$$0 < |\lambda_k - \lambda_k'| < |\lambda_j - \lambda_k'| \quad \text{für alle } j \neq k .$$

Wir setzen

$$\mu := \lambda_k - \lambda_k' . \tag{3.279}$$

μ ist der betragsmäßig kleinste Eigenwert von

$$B := A - \lambda_k'E , \tag{3.280}$$

denn die Eigenwerte von B sind offenbar gleich $\lambda_j - \lambda_k'$, mit
$j \in \{1,...,n\}$.

Im Prinzip wenden wir nun auf B^{-1} das von-Mises-Verfahren an. Da $1/\mu$
der betragsgrößte Eigenwert von B^{-1} ist, wird er dadurch iterativ gewonnen, woraus wir mit (3.279) λ_k erhalten.

Bei der praktischen Durchführung geht man wieder von einem Vektor $z_0 \in \mathbb{C}^n$
aus, etwa $z_0 = [1,1,...,1]^T$, von dem angenommen werden darf, daß in
seiner Darstellung als Linearkombination der Eigenvektoren von B^{-1} der
Koeffizient des Eigenvektors zu $1/\mu$ nicht verschwindet. (Durch Rundungsfehler tritt dies nach einigen Iterationsschritten in der Praxis ein,
sollte es einmal a priori nicht der Fall sein.) Die eigentliche Iterationsvorschrift lautet:

<u>Wielandt-Verfahren</u>

Setze $z_0 = [1,...,1]^T$, $\varepsilon := 5 \cdot 10^{-9}$

Berechne sukzessive für $j = 1,2,3,...$:

$$\underline{v}_j \text{ aus } (A - \lambda_k'E)\underline{v}_j = \underline{z}_{j-1} \quad \text{(mit Gauß-Algorithmus)}$$

$$\mu_j := \frac{z_{k_j,j-1}}{v_{k_j,j}} \quad (\ v_{k_j,j} = \text{betragsgrößte Koordinate von } \underline{v}_j\ )$$

$$\underline{z}_j := \underline{v}_j / v_{k_j,j}$$

Brich ab, wenn $|\mu_j - \mu_{j-1}| \le \varepsilon |\mu_j|$

Nach Abbruch ist $\mu \doteq \mu_j$, also $\lambda_k \doteq \lambda_k' + \mu$ (mit relativer Genauigkeit ε) und $\underline{z}_j$ der zugehörige Eigenvektor.

Bemerkung: Mit dem Wielandt-Verfahren lassen sich Eigenwerte beliebig genau berechnen (aus Näherungswerten). Es ist außerdem eins der besten Verfahren zur genauen Ermittlung der Eigenvektoren.

Die Kombination

von-Mises, Deflation, Wielandt

liefert ein gutes Verfahren zur Eigenwert- und Eigenvektorberechnung. Es hat sich bei Flugzeugkonstruktionen gut bewährt.

Ausblick auf weitere Verfahren: Bei neueren Verfahren wird A zunächst meistens in eine "Hessenberg-Matrix" $B = [b_{ik}]_{n,n}$ transformiert (d.h. $b_{ik} = 0$ falls $i > k+1$). B ist beinahe eine rechte Dreiecksmatrix: Unter der "Nebendiagonalen" $b_{21}, b_{32}, .., b_{n,n-1}$ sind alle Elemente 0 (s. Schwarz [105], S. 247 ff, Abschn. 6.3):

Aufbauend auf Hessenberg-Matrizen ist vor allem das QR-Verfahren zu nennen, welches heute das bevorzugte Verfahren auf Computern ist, s. Schwarz [105], Abschnitt 6.4, Werner [117].

Aber auch das Hyman-Verfahren ist zu nennen, welches es gestattet, die Werte des charakteristischen Polynoms $\chi_A(\lambda)$ (und seiner Ableitung $\chi_A(\lambda)$) leicht zu berechen, s. [105], Abschnitt 6.3.4.

Für symmetrische Matrizen gibt es eine Reihe von Spezialverfahren, von denen wir hier nur das Jacobi-Verfahren beschrieben haben, Viel neuere Literatur ist um dieses Problem entstanden, insbesondere im Zusammenhang mit finiten Elementen oder Randwertproblemen, s. z.B. Parlett [98], Ledermann/Vajda [84], Werner [117].

3.8 MATRIX-FUNKTIONEN

In Anwendungen, die durch Systeme von linearen Differentialgleichungen
beschrieben werden, sind Matrix-Funktionen ein wertvolles Hilfsmittel.[1]
Hierbei handelt es sich um Abbildungen

$$A \longmapsto f(A) \, ,$$

bei denen im allgemeinen sowohl die Argumente A als auch die Bilder
f(A) Matrizen sind. Als Einstieg in diesen Problemkreis befassen wir uns
zunächst mit Matrix-Potenzen und Matrixpolynomen.

3.8.1 Matrix-Potenzen

Wir beginnen mit sehr einfachen Matrix-Funktionen, nämlich den Matrix-
Potenzen A^m :

Für jede Matrix $A \in \mathrm{Mat}(n,\mathbb{K})$, $\mathbb{K}$ gleich $\mathbb{R}$ oder $\mathbb{C}$, und jede natürliche Zahl k gelten die Vereinbarungen

$$A^k := \underbrace{A\,A \ldots A}_{k\ \text{Faktoren}} \ , \quad A^0 := E \ , \quad A^{-k} := (A^{-1})^k \, , \text{falls } A \text{ regulär.} \quad (3.281)$$

Damit ist A^m für jede ganze Zahl erklärt, wobei wir im Falle m < 0
stets (stillschweigend) voraussetzen, daß A regulär ist. Es folgen
die Regeln

$$A^m A^j = A^{m+j} \ , \quad (A^m)^j = A^{mj} \ , \quad (A^m)^{-1} = (A^{-1})^m$$
$$(AB)^m = A^m B^m \qquad (\text{für alle ganzzahligen } j,m) \qquad (3.282)$$

__Beispiel 3.49__ Die Potenzen von Diagonalmatrizen lassen sich leicht
angeben:

$$D = \mathrm{diag}(\lambda_1,\ldots,\lambda_n) \ \Rightarrow \ D^m = \mathrm{diag}(\lambda_1^m \ldots ,\lambda_n^m) \ (\text{m ganzzahlig}). (3.283)$$

Im Falle m < 0 muß dabei $\lambda_i \neq 0$ für alle i vorausgesetzt werden.-

---

[1] s. hierzu auch Bd. III, Abschn. 3.2.5

<u>Nilpotente Matrizen</u>. Es gibt Matrizen A , die zu 0 potenziert werden können. Zum Beispiel folgt für $A = \begin{bmatrix} 0 & 1 \\ 0 & 0 \end{bmatrix}$ unmittelbar $A^2 = 0$. Allgemein vereinbart man:

<u>Definition 2.24</u> Eine Matrix $A \in \mathrm{Mat}(n,\mathbb{C})$ heißt <u>nilpotent</u>, wenn es ein $m \in \mathbb{N}$ gibt mit

$$A^m = 0 \ .$$

Der folgende Satz zeigt uns, wie nilpotente Matrizen beschaffen sind.

<u>Satz 3.59</u> Für eine Matrix $A \in \mathrm{Mat}(n,\mathbb{C})$ sind folgende Aussagen gleichbedeutend:

(a) A ist nilpotent.
(b) A hat als einzigen Eigenwert $\lambda_0 = 0$.
(c) A läßt sich auf eine Dreiecksmatrix mit verschwindender Diagonale transformieren.

<u>Beweis</u>: Wir zeigen (a) $\Rightarrow$ (b) $\Rightarrow$ (c) $\Rightarrow$ (a) .

(a) $\Rightarrow$ (b): A sei nilpotent. Hätte A einen Eigenwert $\lambda \neq 0$, so folgte mit einem zugehörigen Eigenvektor $\underline{x}$ sukzessive: $A\underline{x} = \lambda\underline{x}$, $A^2\underline{x} = \lambda^2\underline{x}$, $A^3\underline{x} = \lambda^3\underline{x}$ usw., d.h. $A^m\underline{x} = \lambda^m\underline{x} \neq \underline{0}$ für alle $m \in \mathbb{N}$, also $A^m \neq 0$ für alle $m \in \mathbb{N}$, im Widerspruch zur Nilpotenz von A . Also ist 0 einziger Eigenwert von A .

(b) $\Rightarrow$ (c): Es gilt $A = TJT^{-1}$ mit einer Jordanschen-Normalform J . Da $\lambda_0 = 0$ einziger Eigenwert ist, ist die Diagonale von J gleich Null, d.h. J ist eine Dreiecksmatrix mit verschwindender Diagonale.

(c) $\Rightarrow$ (a): Zunächst rechnet man leicht aus, daß für jede n-reihige Dreiecksmatrix N mit verschwindender Diagonale die Gleichung $N^n = 0$ folgt:

$$N = \begin{bmatrix} 0 & r_{12} & r_{13} & \cdots & r_{1n} \\ & 0 & r_{23} & \cdots & r_{2n} \\ & & 0 & \ddots & \vdots \\ & \mathbf{O} & & \ddots & r_{n-1,n} \\ & & & & 0 \end{bmatrix} \Rightarrow N^n = 0 \ . \tag{3.285}$$

(Entsprechend im transponierten Fall). Gilt nun $A = TNT^{-1}$, so folgt $A^n = TN^nT^{-1} = 0$, d.h. A ist nilpotent.   □

<u>Bemerkung</u>: In Abschnitt 3.8.3 werden wir ein Verfahren kennenlernen, das es gestattet, hohe Matrixpotenzen beliebiger Matrizen in einfacher Weise zu berechnen.

3.8.2   Matrixpolynome

Wir übertragen den Polynombegriff aus der Analysis auf Matrizen. Dazu sei kurz folgendes wiederholt:

Ein (<u>komplexes</u>) <u>Polynom</u> vom Grade m ist eine Funktion $p : \mathbb{C} \to \mathbb{C}$ der folgenden Form:

$$p(z) = c_0 + c_1 z + c_2 z^2 + \ldots + c_m z^m \ , \quad \text{mit} \quad c_m \neq 0 \ , \quad (c_i, z \in \mathbb{C}) \ .$$

Die Funktion $p_0(z) \equiv 0$ heißt <u>Nullpolynom</u>. Ihm wird kein Grad zugeschrieben. - Sind $c_0, c_1, \ldots, c_m$ und z reell, so nennt man p auch ein <u>reelles</u> <u>Polynom</u>.

<u>Definition 2.25</u> <u>Matrixpolynome</u>: Ist

$$p(z) = c_0 + c_1 z + c_2 z^2 + \ldots + c_m z^m \ , \quad c_m \neq 0 \ ,$$

ein beliebiges (komplexes) Polynom vom Grade m , so entsteht durch Ersetzen von z durch $A \in \mathrm{Mat}(n, \mathbb{C})$ der Ausdruck

$$p(A) = c_0 E + c_1 A + c_2 A^2 + \ldots + c_m A^m \ . \tag{3.286}$$

Hierdurch ist ein <u>Matrixpolynom</u> vom Grade m definiert. Es ordnet jeder Matrix $A \in \mathrm{Mat}(n, \mathbb{C})$ eine Matrix $p(A) \in \mathrm{Mat}(n, \mathbb{C})$ zu.

Man nennt p(z) das <u>erzeugende Polynom</u> von p(A) .

<u>Beispiel 3.50</u> Das Polynom $p(z) = 1 - 3z + 4z^2$ erzeugt das Matrixpolynom

$$p(A) = E - 3A + 4A^2 \ .$$

Für die folgende Matrix A wird p(A) folgendermaßen berechnet:

$$A = \begin{bmatrix} 4 & -1 \\ 3 & 5 \end{bmatrix} \Rightarrow p(A) = \underbrace{\begin{bmatrix} 1 & 0 \\ 0 & 1 \end{bmatrix}}_{E} - 3 \underbrace{\begin{bmatrix} 4 & -1 \\ 3 & 5 \end{bmatrix}}_{A} + 4 \underbrace{\begin{bmatrix} 13 & -9 \\ 27 & 22 \end{bmatrix}}_{A^2} = \begin{bmatrix} 41 & -33 \\ 99 & 74 \end{bmatrix} \quad . \ -$$

Sind $p(z)$, $q(z)$ die erzeugenden Polynome von $p(A)$, $q(A)$, so entsprechen den zusammengesetzten erzeugenden Polynomen

$$\lambda p(z) + \mu q(z) =: (\lambda p + \mu q)(z) , \qquad (\lambda, \mu \in \mathbb{C})$$

bzw.

$$p(z) \cdot q(z) =: (p \cdot q)(z) \quad , \tag{3.287}$$

die Matrix-Polynome

$$\lambda p(A) + \mu q(A) = (\lambda p + \mu q)(A)$$

bzw.

$$p(A)q(A) = (p \cdot q)(A) \quad , \tag{3.288}$$

wie man unmittelbar einsieht.

Da für zwei komplexe Polynome $p(z)$, $q(z)$ stets

$$p(z)q(z) = q(z)p(z) \tag{3.289}$$

gilt, sind die entsprechenden Matrix-Polynome stets <u>vertauschbar</u>:

$$p(A)q(A) = q(A)p(A) \quad \text{für alle} \ A \in \text{Mat}(n, \mathbb{C}) \ . \tag{3.290}$$

<u>Übungen</u>

<u>3.48</u> Für die Matrix

$$A = \begin{bmatrix} 1 & 1 & 1 \\ 1 & \omega & \omega^2 \\ 1 & \omega^2 & \omega \end{bmatrix} , \quad \omega = e^{i\frac{2}{3}\pi}$$

berechne man A^2, A^3 und A^4 .

<u>3.49*</u> Man zeige, daß die Matrix $A \in \text{Mat}(n, \mathbb{C})$ invertierbar ist, wenn sie der Gleichung

$$A^2 + 2A + E = 0$$

genügt. Wie kann man in diesem Fall A^{-1} berechnen?

3.50 Gegeben ist die Matrix

$$A = \begin{bmatrix} \alpha & \beta \\ 0 & 1 \end{bmatrix} \quad , \quad \alpha, \beta \in \mathbb{R} \quad , \quad \alpha \neq 1 \; .$$

Man zeige, daß für alle $n = 0,1,2,3,\ldots$ die folgende Beziehung besteht:

$$A^n = \begin{bmatrix} \alpha^n & \beta \, \dfrac{\alpha^n - 1}{\alpha - 1} \\ 0 & 1 \end{bmatrix} \; .$$

3.8.3   Annullierende Polynome, Satz von Cayley-Hamilton

Quadratische Matrizen besitzen die Eigenschaft, daß bestimmte höhere Potenzen dieser Matrizen sich als Linearkombinationen niedrigerer Potenzen darstellen lassen.

Das ist im Grunde nicht verwunderlich, denn $\mathrm{Mat}(n,\mathbb{C})$ ist ein linearer Raum über $\mathbb{C}$ mit der Dimension n^2 (s. Abschn. 3.1.3, Bemerkung nach Satz 3.1). Folglich sind die aus $A \in \mathrm{Mat}(n,\mathbb{C})$ gebildeten n^2+1-Matrizen $A^0 = E$, $A^1 = A$, A^2, $A^3,\ldots,A^{n^2}$ linear abhängig, d.h. es besteht eine Linearkombination

$$\alpha_0 E + \alpha_1 A + \alpha_2 A^2 + \ldots + \alpha_{n^2} A^{n^2} = 0 \; , \tag{3.291}$$

wobei nicht sämtliche Koeffizienten α_i verschwinden. Ist $\alpha_m \neq 0$ der nicht verschwindende Koeffizient mit höchstem Index m , (es muß offenbar $m \geq 1$ sein), so folgt

$$A^m = \frac{\alpha_0}{\alpha_m} E + \frac{\alpha_1}{\alpha_m} A + \ldots + \frac{\alpha_{m-1}}{\alpha_m} A^{m-1} \; . \tag{3.292}$$

In (3.291) ist auf der linken Seite ein Matrix-Polynom dargestellt. Es wird vom Polynom $p(z) = \sum\limits_{k=0}^{n^2} \alpha_k z^k$ erzeugt. (3.291) liefert $p(A) = 0$, d.h. es gilt

Folgerung 3.22 Zu jeder Matrix $A \in \mathrm{Mat}(n,\mathbb{C})$ existiert ein Polynom p mit $1 \leq \mathrm{Grad}\, p \leq n^2$, das $p(A) = 0$ erfüllt.

Dies motiviert uns zu folgender Definition:

<u>Definition 3.26</u> Ein Polynom $p(z) = \sum_{k=0}^{n} c_k z^k$ heißt <u>annullierend</u> für die
Matrix $A \in \mathrm{Mat}(n,\mathbb{C})$, wenn $p(A) = 0$ und $\mathrm{Grad}\, p \geq 1$ gilt.

Folgerung 3.22 sichert uns zwar die Existenz eines annullierenden Poly-
noms p für jede Matrix $A \in \mathrm{Mat}(n,\mathbb{C})$, doch ist die obere Schranke für
den Grad von p sehr hoch: $\mathrm{Grad}\, p \leq n^2$. Das folgende Beispiel zeigt,
daß der Grad viel kleiner sein kann.

<u>Beispiel 3.51</u> Für die folgende schiefsymmetrische Matrix A berechnen
wir die dritte Potenz A^3 :

$$
A = \begin{bmatrix} 0 & -c & b \\ c & 0 & -a \\ -b & a & 0 \end{bmatrix} \Rightarrow A^3 = \begin{bmatrix} 0 & cr & -br \\ -cr & 0 & ar \\ br & -ar & 0 \end{bmatrix} \quad \begin{array}{l} \text{mit} \\[4pt] r = a^2 + b^2 + c^2 \; . \end{array}
$$

Daraus folgt $A^3 = -rA$, d.h. $rA + A^3 = 0$. Das annullierende Polynom
$p(z) = rz + z^3$ hat also den Grad 3 (kleiner als $3^2 = 9$).-

In diesem Beispiel ist der Grad des annullierenden Polynoms von A gleich
der Zeilenzahl von A , also erheblich kleiner als das Quadrat der Zeilenzahl. Dies läßt sich allgemein erreichen: Unter Einbeziehung der Eigenwerttheorie gelingt es, zu jedem $A \in \mathrm{Mat}(n,\mathbb{C})$ ein annullierendes Polynom mit $\mathrm{Grad} \leq n$ anzugeben, wie uns der folgende Satz lehrt:

<u>Satz 3.60</u> (Cayley, Hamilton)[1] Ist $\chi_A(\lambda)$ das charakteristische Poly-
nom einer Matrix $A \in \mathrm{Mat}(n,\mathbb{C})$, so gilt

$$
\chi_A(A) = 0 \; . \tag{3.293}
$$

D.h.: *Jede komplexe quadratische Matrix genügt ihrer charakteristischen
Gleichung.* [2]

<u>Beweis</u>: Die Elemente der zu $A - \lambda E$ adjunkten Matrix $\mathrm{adj}(A - \lambda E)$
(s. Abschn. 3.4.7) sind - wenn man vom Vorzeichen absieht - (n-1)-reihi-
ge Unterdeterminanten der Matrix $A - \lambda E$ und somit Polynome vom

[1] W.R. Hamilton (1805-1865), irischer Mathematiker;
   A. Cayley (1821-1895), englischer Mathematiker.

[2] Es sei noch einmal darauf hingewiesen, daß dies auch für reelle
   Matrizen gilt, die ja Sonderfälle komplexer Matrizen sind.

Grad $\leq n - 1$. Folglich ergibt sich nach geeigneter Umformung

$$\text{adj}(A - \lambda E) = B_{n-1} + B_{n-2}\lambda + \ldots + B_0\lambda^{n-1} \; ,$$

mit gewissen (n,n)-Matrizen B_j , die von λ unabhängig sind. Beachten wir noch die Beziehung

$$(\text{adj}(A - \lambda E))(A - \lambda E) = \underbrace{(\det(A - \lambda E))E}_{\chi_A(\lambda)} \tag{3.294}$$

(s. Abschn. 3.4.8, Satz 3.20) und setzen

$$\chi_A(\lambda) =: \sum_{k=1}^{n} c_k\lambda^k$$

an, so erhalten wir

$$(B_{n-1} + B_{n-2}\lambda + \ldots + B_0\lambda^{n-1})(A - \lambda E) = (c_0 + c_1\lambda + \ldots + c_n\lambda^n)E \; .$$

Ausmultiplizieren auf der linken und rechten Seite nebst Koeffizientenvergleich ergibt

$$\left.\begin{array}{rcl} B_{n-1}A & = & c_0 E \\ B_{n-2}A - B_{n-1} & = & c_1 E \\ \vdots \quad\quad \vdots & & \vdots \\ B_0 A - B_1 & = & c_{n-1}E \\ - B_0 & = & c_n E \end{array}\right\} \tag{3.295}$$

Nun multiplizieren wir die erste dieser Gleichungen von rechts mit $E = A^0$, die zweite mit $A = A^1$, die dritte mit A^2 usw., und schließlich die letzte mit A^n . Anschließend addieren wir die so entstandenen Gleichungen. Dadurch ergibt sich eine neue Gleichung mit der linken Seite

$$B_{n-1}A + (-B_{n-1}A + B_{n-2}A^2) + (-B_{n-2}A^2 + B_{n-3}A^3) + \ldots$$

$$\ldots + (-B_1 A^{n-1} + B_0 A^n) - B_0 A^n = 0$$

und der rechten Seite

322

$$c_0 E + c_1 A + c_2 A^2 + \ldots + c_n A^n = x_A(A) \ .$$

Da die linke Seite Null ist, ist es auch die rechte, also $x_A(A) = 0$, was zu beweisen war. $\qquad\qquad\Box$

Anwendungen des Satzes von Cayley-Hamilton [1]

(a) <u>Auswertung von Matrixpolynomen</u>. Wir denken uns ein beliebiges komplexes Polynom $p(z) = \sum\limits_{k=0}^{m} c_k z^k$ gegeben, sowie eine beliebige Matrix $A \in \mathrm{Mat}(n,\mathbb{C})$. <u>Es soll</u> $p(A)$ <u>berechnet werden</u>!

Wir wollen annehmen, daß $\mathrm{Grad}\, p \geq n$ ist. In diesem Falle kann man mit dem Satz von Cayley-Hamilton erreichen, daß die hohen Potenzen A^k , mit $k \geq n$, nicht berechnet werden müssen. Dadurch wird die Berechnung von $p(A)$ erheblich ökonomischer.

Dividiert man nämlich $p(z)$ durch das charakteristische Polynom $x_A(z)$ von A , so erhält man (nach Bd. I, Abschn. 2.1.6)

$$\frac{p(z)}{x_A(z)} = q(z) + \frac{r(z)}{x_A(z)} \ , \tag{3.296}$$

also:

$$p(z) = q(z) x_A(z) + r(z) \tag{3.297}$$

mit gewissen Polynomen $q(z)$ und $r(z)$. $r(z)$ heißt <u>Rest</u>. Für ihn gilt $r = 0$ oder $\mathrm{Grad}\, r < \mathrm{Grad}\, x_A = n$. Da sich Summen und Produkte von Polynomen in den davon erzeugten Matrixpolynomen widerspiegeln (vgl. Abschn. 3.8.2, (3.288)), so folgt aus (3.297) die Gleichung

$$p(A) = q(A) x_A(A) + r(A)$$

und hieraus, wegen $x_A(A) = 0$:

$$p(A) = r(A) \ . \tag{3.298}$$

Wegen $\mathrm{Grad}\, r < n \leq \mathrm{Grad}\, p$ führt dies zu einer vereinfachten Berechnung von $p(A)$.

---

[1] S. auch Bd. III, Abschn. 3.2.5

<u>Beispiel 3.52</u> Wir wollen für die Matrix

$$A = \begin{bmatrix} 1 & 0 & 2 \\ 0 & -1 & 1 \\ 0 & 1 & 0 \end{bmatrix}$$

den Polynomwert $p(A) = 2A^8 - 3A^5 + A^4 + A^2 - 4E$ berechnen. Das charakteristische Polynom von A lautet

$$\chi_A(\lambda) = \det \begin{bmatrix} 1-\lambda & 0 & 2 \\ 0 & -1-\lambda & 1 \\ 0 & 1 & -\lambda \end{bmatrix} = \lambda^3 + 2\lambda - 1 \ .$$

Nach Ausführung der Division $p(\lambda) : \chi_A(\lambda)$ gelangt man zu dem Rest

$$r(\lambda) = 24\lambda^2 - 37\lambda + 10 \ .$$

Wegen (3.298) erhalten wir

$$p(A) = r(A) = 24A^2 - 37A + 10E \ .$$

Zur Berechnung von $p(A)$ brauchen wir also nur die Potenzen von A
bis zur Hochzahl 2 heranzuziehen:

Mit
$$A^2 = \begin{bmatrix} 1 & 2 & 2 \\ 0 & 2 & -1 \\ 0 & -1 & 1 \end{bmatrix}$$

ergibt sich dann

$$\underbrace{2A^8 - 3A^5 + A^4 + A^2 - 4E}_{p(A)} = \underbrace{24A^2 - 37A + 10E}_{r(A)} = \begin{bmatrix} -3 & 48 & -26 \\ 0 & 95 & -61 \\ 0 & -61 & 34 \end{bmatrix} \ .$$

(b) <u>Berechnung der Inversen</u>: Ist $A \in \mathrm{Mat}(n,\mathbb{C})$ eine reguläre Matrix,
so ist $\det A \neq 0$. Im charakteristischen Polynom

$$\chi_A(\lambda) = c_0 + c_1\lambda + c_2\lambda^2 + \ldots + (-1)^n \lambda^n$$

ist daher der Koeffizient $c_0 = \det A \neq 0$. Damit kann der Satz von
Cayley-Hamilton zur determinantenfreien Berechnung der inversen
Matrix A^{-1} herangezogen werden: Aus

$$0 = \chi_A(A) = c_0 E + c_1 A + c_2 A^2 + \ldots + (-1)^n A^n$$

ergibt sich zunächst

$$(-1)^n A^n + c_{n-1} A^{n-1} + \ldots + c_1 A = -c_0 E$$

und dann

$$A\left(-\frac{1}{c_0}\left((-1)^n A^{n-1} + c_{n-1} A^{n-2} + \ldots + c_1 E\right)\right) = E \ .$$

Nach Linksmultiplikation mit A^{-1} und Vertauschen der Gleichungsseiten folgt

$$\boxed{A^{-1} = -\frac{1}{c_0}\left((-1)^n A^{n-1} + c_{n-1} A^{n-2} + \ldots + c_1 E\right)} \qquad (3.299)$$

<u>Beispiel 3.53</u> Wir betrachten die Matrix

$$A = \begin{bmatrix} 1 & -2 & 4 \\ 0 & -1 & 2 \\ 2 & 0 & 3 \end{bmatrix}$$

und wollen A^{-1} berechnen. Das charakteristische Polynom von A lautet:

$$\chi_A(\lambda) = -\lambda^3 + 3\lambda^2 + 9\lambda - 3 \ .$$

Wir beachten: $c_0 = -3 \neq 0$. Damit liefert die Formel (3.299)

$$A^{-1} = \frac{1}{3}\left(-A^2 + 3A + 9E\right) =$$

$$= \frac{1}{3}\left(\begin{bmatrix} -9 & 0 & -12 \\ -4 & -1 & -4 \\ -8 & 4 & -17 \end{bmatrix} + \begin{bmatrix} 3 & -6 & 12 \\ 0 & -3 & 6 \\ 6 & 0 & 9 \end{bmatrix} + \begin{bmatrix} 9 & 0 & 0 \\ 0 & 9 & 0 \\ 0 & 0 & 9 \end{bmatrix}\right) = \frac{1}{3}\begin{bmatrix} 3 & -6 & 0 \\ -4 & 5 & 2 \\ -2 & 4 & 1 \end{bmatrix} \ .$$

<u>Übungen</u>

<u>3.51</u> Gegeben sind die Matrizen

$$A = \begin{bmatrix} 2 & 0 & 1 \\ 4 & 0 & 2 \\ 0 & 0 & -1 \end{bmatrix} \ , \quad B = \begin{bmatrix} 1 & -1 & 2 \\ 0 & 3 & 2 \\ 2 & 1 & 2 \end{bmatrix} \ .$$

Man bestätige dafür den Satz von Cayley-Hamilton und berechne A^{-1} und B^{-1} .

3.52* Ist

$$\chi_A(\lambda) = (-1)^n \lambda^n + c_{n-1} \lambda^{n-1} + \ldots + c_0$$

das charakteristische Polynom der Matrix $A \in \text{Mat}(n;\mathbb{R})$, dann zeige man mit dem Satz von Cayley-Hamilton die Gültigkeit von

$$\text{adj}\, A = (-1)^{n-1} A^{n-1} + c_{n-1} A^{n-2} + \ldots + c_1\, E \ .$$

3.8.4 Das Minimalpolynom einer Matrix [1]

Es sei $A \in \text{Mat}(n,\mathbb{C})$ eine gegebene Matrix und

$$J = \begin{bmatrix} J_1 & & & O \\ & J_2 & & \\ & & \ddots & \\ O & & & J_m \end{bmatrix} \qquad (J_1,\ldots,J_m \ \text{Jordankästen})$$

ihre Jordansche Normalform (s. Abschn. 3.7.6, Satz 5.7).

Zu jedem Eigenwert λ_i ($i = 1,\ldots,r$) von A können mehrere Jordankästen J_k gehören (deren Diagonalen durch λ_i besetzt sind). Es sei ν_i die maximale Zeilenzahl, die bei den Kästen J_k vorkommt, die zu λ_i gehören. Auf diese Weise ist jedem Eigenwert λ_i ein $\nu_i \in \mathbb{N}$ zugeordnet ($i = 1,\ldots,r$). Damit wird das Polynom

$$\mu_A(\lambda) = (\lambda - \lambda_1)^{\nu_1} (\lambda - \lambda_2)^{\nu_2} \ldots (\lambda - \lambda_r)^{\nu_r} \tag{3.300}$$

gebildet. Es heißt das Minimalpolynom von A .

Beispiel 3.54 Es sei

$$J = \begin{bmatrix} 5 & 1 & & & & & & \\ 0 & 5 & & & & O & & \\ & & 5 & & & & & \\ & & & 2 & 1 & 0 & & \\ & & & 0 & 2 & 1 & & \\ & & & 0 & 0 & 2 & & \\ & & O & & & & 2 & 1 \\ & & & & & & 0 & 2 \end{bmatrix} \tag{3.301}$$

---

[1] Kann beim ersten Lesen überschlagen werden.

Jordansche Normalform von $A \in \mathrm{Mat}(n,\mathbb{C})$. Das zugehörige Minimalpolynom
lautet damit

$$\mu_A(\lambda) = (\lambda-5)^2(\lambda-2)^3 = \lambda^5 - 16\lambda^4 + 97\lambda^3 - 278\lambda^2 + 380\lambda - 200 \; .$$

Die Hochzahl 2 in $(\lambda-5)^2$ ergibt sich aus der Zeilenzahl 2 des
größten Jordankastens zum Eigenwert $\lambda_1 = 5$, entsprechend die Hochzahl 3
in $(\lambda-2)^3$ aus der Zeilenzahl des größten Jordankastens zu $\lambda_2 = 2$.

Zum Vergleich geben wir das charakteristische Polynom von A an:

$$\chi_A(\lambda) = (\lambda-5)^3 (\lambda-2)^5 \; .$$

Man liest dies unmittelbar von (3.301) ab. Wir stellen fest, daß das
Minimalpolynom μ_A das charakteristische Polynom ohne Rest teilt:

$$\chi_A(\lambda)/\mu_A(\lambda) = (\lambda-5)(\lambda-2)^2 \; . \; -$$

Das Minimalpolynom hat seinen Namen von folgendem Sachverhalt:

Satz 3.61 Das Minimalpolynom μ_A von $A \in \mathrm{Mat}(n,\mathbb{C})$ ist ein annullierendes Polynom kleinsten Grades von A . Es ist bis auf einen Zahlenfaktor
$\neq 0$ eindeutig bestimmt.

Zum Beweis: Hat A selbst Jordansche Normalform, A = J , so sieht man
ein, daß

$$\mu_A(A) = (A-\lambda_1 E)^{\nu_1} \ldots (A-\lambda_r E)^{\nu_r} = 0$$

gilt (man hat die Faktoren $(A-\lambda_i E)^{\nu_i}$ nur ausführlich hinzuschreiben).
Ferner erkennt man daran, daß jedes annullierende Polynom p von A = J
in seiner Linearfaktorzerlegung jeden Faktor $(\lambda-\lambda_i)^{\nu_i}$ von $\mu_A(\lambda)$ aufweisen muß. Folglich teilt μ_A jedes dieser annullierenden Polynome p
ohne Rest; μ_A hat damit minimalen Grad und ist, bis auf Zahlenfaktoren,
eindeutig bestimmt.

Ist $A \in \mathrm{Mat}(n,\mathbb{C})$ beliebig, so führt man den Nachweis durch Transformation $A = T J T^{-1}$ auf den bewiesenen Fall zurück .   □

Der Beweis liefert zusätzlich die

Folgerung 3.23 Jedes annullierende Polynom p von A wird durch das
Minimalpolynom μ_A ohne Rest geteilt. Insbesondere teilt μ_A das charakteristische Polynom χ_A ohne Rest.

Die praktische Bedeutung des Minimalpolynoms μ_A von $A \in \mathrm{Mat}(n,\mathbb{C})$
liegt darin, daß es bei Matrizen mit mehrfachen Eigenwerten oft leichter
zu berechnen ist als das charakteristische Polynom χ_A . Zur Berechnung
der Eigenwerte von A kann man dann das Minimalpolynom μ_A verwenden,
denn seine Nullstellen sind ja gerade die Eigenwerte von A (wie beim
charakteristischen Polynom χ_A).

Die Ermittlung des Minimalpolynoms μ_A ist z.B. mit dem Krylov-Verfahren
möglich (s. Abschn. 3.7.8), welches geringfügig abgewandelt wird:

Und zwar hat man die Folge

$$\underline{z}_1 = A\underline{z}_0 \ , \ \underline{z}_2 = A\underline{z}_1, \ \underline{z}_3 = A\underline{z}_2 \ , \ \dots$$

usw. nur so weit zu bilden, bis ein $\underline{z}_m$ auftritt, das durch die vorangehenden $\underline{z}_0,\dots,\underline{z}_{m-1}$ linear kombiniert werden kann. (Dies ist bei jedem Schritt zu überprüfen.) Man hat also eine Darstellung

$$-\underline{z}_m = \sum_{k=0}^{m-1} \alpha_k \underline{z}_k \qquad , \quad \alpha_k \in \mathbb{C}$$

ermittelt. Die dabei auftretenden $\alpha_0, \alpha_1, \dots, \alpha_{m-1}$ und $\alpha_m = 1$ sind die Koeffizienten des Minimalpolynoms μ_A also:

$$\mu_A(\lambda) = \sum_{k=0}^{m} \alpha_k \lambda^k \ .$$

(Für den Anfangsvektor $\underline{z}_0 \neq 0$ muß dabei eine Linearkombination aus den Spaltenvektoren von T (mit $A = TJT^{-1}$) existieren, in der alle Koeffizienten $\neq 0$ sind. Das kann bei numerischen Rechnungen, etwa mit $\underline{z}_0 = [1,\dots,1]^T$, durchaus angenommen werden.) Erläuterungen dazu findet man in Zurmühl [120], S. 157, und Kowalsky [80], S. 76 ff.

<u>3.8.5   Folgen und Reihen von Matrizen</u>

Nachdem wir in den vorhergehenden Abschnitten Matrix-Polynome betrachtet haben, wenden wir uns nun allgemeineren Matrix-Funktionen zu, und zwar solchen, die sich mit Hilfe von Potenzreihen darstellen lassen. Wir stellen zunächst einige Hilfsmittel bereit und beginnen mit Folgen von Matrizen. <u>Matrixfolgen</u>

$$A_1, A_2, \dots, A_m, \dots \ , \ \text{kurz} \ (A_m)_{m \in \mathbb{N}} \ \text{oder} \ (A_m) \ ,$$

mit $A_m \in \text{Mat}(n, \mathbb{C})$, werden analog zu Zahlenfolgen gebildet.

<u>Definition 3.27</u> Die aus den Matrizen

$$A_1 = [a_{ik,1}] \ , \ A_2 = [a_{ik,2}] \ , \dots, \ A_m = [a_{ik,m}] \ , \dots$$

aus $\text{Mat}(n, \mathbb{C})$ bestehende Folge (A_m) heißt <u>konvergent</u> gegen die Matrix $A = [a_{ik}]$, wenn für die Zahlenfolgen $a_{ik,1}, \ a_{ik,2}, \ a_{ik,3}, \ \dots$ die jeweiligen Grenzwerte [1]

$$\lim_{m \to \infty} a_{ik,m} =: a_{ik}$$

---

[1] s. Bd. I, Abschn. 1.4 bzw. Abschn. 2.5.5

328

existieren, d.h. wenn die Matrizenfolge <u>elementweise konvergiert</u>.
Schreibweisen:

$$\lim_{m\to\infty} A_m = A \quad \text{oder:} \quad A_m \to A \quad \text{für} \quad m \to \infty \,.$$

Eine Matrix-Folge heißt divergent, wenn sie nicht konvergiert.

In Analogie zu den Zahlenfolgen gelten für Matrix-Folgen die

<u>Regeln</u>

$$\lim_{m\to\infty} (\alpha A_m + \beta B_m) = \alpha A + \beta B \,; \tag{3.302}$$

$$\lim_{m\to\infty} (A_m B_m) = A B \tag{3.303}$$

für alle $\alpha,\beta \in \mathbb{C}$ und alle $A_m, B_m \in \mathrm{Mat}(n,\mathbb{C})$, für die $\lim\limits_{m\to\infty} A_m = A$ und $\lim\limits_{m\to\infty} B_m = B$ gilt.

Wir überlassen den einfachen Beweis dem Leser.

<u>Beispiel 3.55</u> Sind die Elemente der Folge (A_m) durch

$$A_m = \begin{bmatrix} 1 & 0 & \dfrac{2}{m} \\[2mm] \dfrac{1}{m} & (1+\dfrac{1}{m})^m & 0 \\[2mm] \dfrac{2^m}{m!} & \dfrac{1}{m} & \dfrac{m+1}{m} \end{bmatrix}$$

erklärt, dann ergibt sich der Genzwert A dieser Folge, indem wir in A_m elementweise die Grenzwerte $m \to \infty$ bestimmen:

$$\lim_{m\to\infty} A_m = \begin{bmatrix} 1 & 0 & 0 \\ 0 & e & 0 \\ 0 & 0 & 1 \end{bmatrix} =: A \,.$$

Für Matrizen A, B_m $(m = 1,2,\ldots)$, $C \in \mathrm{Mat}(n,\mathbb{R})$ mit $\lim\limits_{m\to\infty} B_m = B$ ergibt sich aus (3.303)

$$\lim_{m\to\infty} A B_m C = A B C \tag{3.304}$$

Bei der Betrachtung von __Matrix-Reihen__ gehen wir analog zu den Reihen von reellen (bzw. komplexen) Zahlen[1] vor:

__Definition 3.28__ Die Matrix-Reihe $\sum\limits_{j=0}^{\infty} A_j$ heißt __konvergent__ gegen die Matrix A , wenn die Folge (S_m) der durch

$$S_m = \sum_{j=0}^{m} A_j$$

erklärten Partialsummen gegen die Matrix A konvergiert:

$$\lim_{m\to\infty} S_m = A =: \sum_{j=0}^{\infty} A_j \ .$$

A heißt __Grenzwert__, __Grenzmatrix__ oder __Summe__ der Reihe. [2]

Eine nicht-konvergente Matrix-Reihe heißt divergent.

Für Matrix-Reihen gelten den Matrix-Folgen entsprechende Rechenregeln, etwa die Beziehung

$$\boxed{\ \sum_{j=0}^{\infty} (AB_jC) = A\left(\sum_{j=0}^{\infty} B_j\right)C = A\,B\,C\ }$$

(3.305)

falls A, B_j $(j=0,1,\ldots), C$ aus $\mathrm{Mat}(n,\mathbb{R})$ sind und $\lim\limits_{m\to\infty}\left(\sum\limits_{j=1}^{m} B_j\right) = B$ ist.

__Beispiel 3.56__ Wir bilden aus den Matrizen

$$A_j = \begin{bmatrix} \dfrac{(-1)^j}{(2j)!} & \dfrac{1}{j!} \\[2ex] \dfrac{(-1)^{j+1}}{j^2} & \dfrac{(-1)^j}{(2j+1)!} \end{bmatrix} \ , \quad j = 1,2,\ldots$$

die Partialsummen

---

[1] s. Bd. I, Abschn. 1.5

[2] $\sum\limits_{j=0}^{\infty} A_j$ __ist ein doppeldeutiges Symbol__. Es bedeutet einerseits die __Reihe__ an sich, (d.h. die Folge ihrer Partialsummen), andererseits im Falle der Konvergenz die __Summe__ der Reihe. Welche Bedeutung gemeint ist, wird aus dem jeweiligen Kontext klar.

$$S_m = \sum_{j=1}^{m} A_j = \begin{bmatrix} \sum_{j=1}^{m} \dfrac{(-1)^j}{(2j)!} & \sum_{j=1}^{m} \dfrac{1}{j!} \\[2ex] \sum_{j=1}^{m} \dfrac{(-1)^{j+1}}{j^2} & \sum_{j=1}^{m} \dfrac{(-1)^j}{(2j+1)!} \end{bmatrix} \cdot$$

Wegen

$$\sum_{j=1}^{\infty} \frac{(-1)^j}{(2j)!} = (\cos 1) - 1 \ , \quad \sum_{j=1}^{\infty} \frac{1}{j!} = e - 1 \ ,$$

$$\sum_{j=1}^{\infty} \frac{(-1)^{j+1}}{j!} = \frac{\pi^2}{12} \ , \quad \sum_{j=1}^{\infty} \frac{(-1)^j}{(2j+1)!} = (\sin 1) - 1$$

konvergiert die Folge $(S_m)_{m \in \mathbb{N}}$ und es gilt

$$\lim_{m \to \infty} S_m = \begin{bmatrix} (\cos 1) - 1 & e - 1 \\[1ex] \dfrac{\pi^2}{12} & (\sin 1) - 1 \end{bmatrix} \cdot$$

3.8.6 Potenzreihen von Matrizen

Komplexe Potenzreihen sind Reihen der Form

$$\sum_{k=0}^{\infty} a_k (z - z_0)^k \ , \quad z, z_0 \in \mathbb{C} \ , \ a_k \in \mathbb{C} \ . \tag{3.306}$$

Ihre Partialsummen

$$S_m = \sum_{k=0}^{m} a_k (z - z_0)^k \ , \quad m = 1, 2, \ldots$$

sind Polynome. Wir beschränken uns im folgenden auf die Betrachtung von Potenzreihen, für die $z_0 = 0$ ist, also auf solche von der Form

$$\sum_{k=0}^{\infty} a_k z^k \ . \tag{3.307}$$

Zu jeder Potenzreihe (3.307) gibt es ein r , $0 \le r \le \infty$, den sogenannten Konvergenzradius, der durch

$$r = \frac{1}{\overline{\lim\limits_{k \to \infty}} \sqrt[k]{|a_k|}} \tag{3.308}$$

gegeben ist. Ist $0 < r < \infty$, so konvergiert die Potenzreihe auf dem
Konvergenzkreis $\{z \mid |z| < r\}$; ist $r = 0$, so konvergiert sie nur im Punkt
$z = 0$ und falls $r = \infty$ ist, in der ganzen komplexen Zahlenebene $\mathbb{C}$.[1]

Wir betrachten nun den Fall, bei dem die komplexe Variable z in (3.307)
durch die Matrix $A \in \text{Mat}(n,\mathbb{C})$ ersetzt ist, also die Matrix-Potenzreihe

$$\sum_{k=0}^{\infty} a_k A^k \quad , \qquad a_k \in \mathbb{C} \ . \tag{3.309}$$

Definition 3.29 Die komplexwertige Funktion $f : G \to \mathbb{C}$ (G offene
Menge in $\mathbb{C}$ mit $0 \in \mathbb{C}$) sei in der Form

$$f(z) = \sum_{k=0}^{\infty} c_k z^k \tag{3.310}$$

darstellbar. Wir erklären die Matrix-Funktion $f(A)$ für die Matrix
$A \in \text{Mat}(n,\mathbb{C})$ durch

$$f(A) := \sum_{k=0}^{\infty} c_k A^k \quad , \tag{3.311}$$

falls die Matrix-Potenzreihe konvergiert.

Wir interessieren uns nun für Bedingungen, unter denen Matrix-Potenzrei-
hen konvergieren. Ein für die Anwendungen günstiges Kriterium ist durch
den folgenden Satz gegeben:

Satz 3.62 Die Potenzreihe

$$\sum_{k=0}^{\infty} c_k z^k \quad , \qquad c_k, z \in \mathbb{C}$$

besitze den Konvergenzradius r , $0 < r \leq \infty$, konvergiere also im
Konvergenzkreis $\{z \mid |z| < r\}$. Liegen sämtliche Eigenwerte $\lambda_1, \ldots, \lambda_n$
der Matrix $A \in \text{Mat}(n,\mathbb{C})$ in diesem Konvergenzkreis, so konvergiert
die Matrix-Potenzreihe

$$\sum_{k=0}^{\infty} c_k A^k \quad .$$

---

[1] Der Nachweis hierfür ist im reellen Fall durch Satz 5.10,
Abschn. 5.2.1, Bd. I. gegeben und im komplexen Fall in Bd. IV.

332

<u>Beweis</u>: (I) Wir weisen die Behauptung unter der zusätzlichen Voraussetzung nach, daß die Matrix A diagonalisierbar ist, d.h. für A existiert eine Darstellung

$$A = T \, \text{diag}[\lambda_1, \ldots, \lambda_n] T^{-1} \; . \tag{3.312}$$

Hieraus folgt für $k \in \mathbb{N}_0$

$$A^k = T \, \text{diag}[\lambda_1^k, \ldots, \lambda_n^k] T^{-1} \; , \tag{3.313}$$

(s. Üb. 3.53). Setzen wir (3.313) in die Partialsummen

$$S_m := \sum_{k=0}^{m} c_k A^k$$

ein, so erhalten wir nach einfacher Umformung

$$S_m = T \left(\sum_{k=0}^{m} \text{diag}[c_k \lambda_1^k, \ldots, c_k \lambda_n^k] \right) T^{-1} \; .$$

Da T und T^{-1} unabhängig von m sind, können wir hieraus schließen:

$$\lim_{m \to \infty} S_m = T \left(\lim_{m \to \infty} \text{diag}[\sum_{k=0}^{m} c_k \lambda_1^k, \ldots, \sum_{k=0}^{m} c_k \lambda_n^k] \right) T^{-1} \; .$$

Hier dürfen wir nun alle Grenzwerte elementweise bilden, weil die Reihen

$$\sum_{k=0}^{\infty} c_k \lambda_j^k \; , \quad j = 1, \ldots, n$$

nach Voraussetzung konvergieren. Damit gilt

$$\boxed{\sum_{k=0}^{\infty} c_k A^k = T \, \text{diag}[\sum_{k=0}^{\infty} c_k \lambda_1^k, \ldots, \sum_{k=0}^{\infty} c_k \lambda_n^k] T^{-1}} \tag{3.314}$$

(II) Für den Fall beliebiger Matrizen $A \in \text{Mat}(n, \mathbb{C})$ läßt sich der Beweis mit Hilfe der Jordanschen Normalform führen und eine zu (3.314) analoge Formel herleiten. (Auch die nachfolgenden Überlegungen gelten entsprechend auch für nicht-diagonalisierbare Matrizen). □

Für Matrizen mit paarweise verschiedenen Eigenwerten eröffnet Formel (3.314) eine interessante Möglichkeit, die Potenzreihe $\sum\limits_{k=0}^{\infty} c_k A^k$ zu summieren, d.h. ihren Grenzwert $f(A)$ zu errechnen. Nach dieser Formel benötigen wir zur Berechnung von $f(A)$ offensichtlich nur die Werte der erzeugenden Funktion $f(z) = \sum\limits_{k=0}^{\infty} c_k z^k$ auf dem Spektrum[1] der Matrix A. Wir können daher anstelle von f auch ein Polynom n-ten Grades: p, verwenden, das auf dem Spektrum von A mit f übereinstimmt:

$$f(\lambda_1) = p(\lambda_1),\ldots,f(\lambda_n) = p(\lambda_n) \tag{3.315}$$

und schließlich festlegen

$$f(A) := p(A) . \tag{3.316}$$

<u>Beispiel 3.57</u> Das Spektrum der Matrix

$$A = \begin{bmatrix} 6 & -1 \\ 3 & 2 \end{bmatrix}$$

ist die Menge $\{3,5\}$. Das Polynom

$$p(\lambda) = \frac{1}{2}(5e^3 - 3e^5) + \lambda\frac{1}{2}(e^5 - e^3)$$

stimmt auf dieser Menge mit der Funktion

$$f(x) := e^x$$

überein: $p(3) = e^3$, $p(5) = e^5$. Folglich gilt

$$e^A = \frac{1}{2}(5e^3 - 3e^5) + \frac{1}{2}(e^5 - e^3)A .$$

<u>Bemerkung</u>: Die Bestimmung von p in (3.315) ist eine einfache Interpolationsaufgabe. Nach der Lagrangeschen Methode[2] ergibt sich

$$p(\lambda) = \sum_{k=1}^{n} \frac{(\lambda-\lambda_1)\ldots(\lambda-\lambda_{k-1})(\lambda-\lambda_{k+1})\ldots(\lambda-\lambda_n)}{(\lambda_k-\lambda_1)\ldots(\lambda_k-\lambda_{k-1})(\lambda_k-\lambda_{k+1})\ldots(\lambda_k-\lambda_n)} f(\lambda_k) \tag{3.317}$$

und hieraus

$$f(A) = \sum_{k=1}^{n} \frac{(A-\lambda_1 E)\ldots(A-\lambda_{k-1}E)(A-\lambda_{k+1}E)\ldots(A-\lambda_n E)}{(\lambda_k-\lambda_1)\ldots(\lambda_k-\lambda_{k-1})(\lambda_k-\lambda_{k+1})\ldots(\lambda_k-\lambda_n)} f(\lambda_k) . \tag{3.318}$$

---

[1] Spektrum einer Matrix = Menge der Eigenwerte der Matrix, s. Abschn. 3.7.1

[2] s. z.B. [105], S. 88 ff.

3.8.7 Matrix-Exponentialfunktion, Matrix-Sinus- und Matrix-Cosinus-Funktion

(a) **Matrix-Exponentialfunktion**

Wir gehen aus von der Potenzreihen-Darstellung

$$\exp z = \sum_{k=0}^{\infty} \frac{z^k}{k!} \quad , \quad z \in \mathbb{C} \tag{3.319}$$

der (komplexen) Exponential-Funktion. Mit Hilfe der in Band I, Abschnitt 5.2.1 für den reellen Fall verwendeten Argumentationen macht man sich klar, daß die Potenzreihe auf der rechten Seite von (3.319) in der gesamten komplexen Ebene konvergiert.[1]

Weil sämtliche Eigenwerte einer beliebigen Matrix $A \in \mathrm{Mat}(n,\mathbb{C})$ in $\mathbb{C}$ liegen, können wir die Exponentialfunktion $\exp A$ dieser Matrix wie folgt erklären:

$$\exp A \; := \; \sum_{k=0}^{\infty} \frac{1}{k!} \, A^k \tag{3.320}$$

Diese Beziehung kann man vereinfachen, wenn die Matrix A diagonalisierbar ist. Denn in diesem Fall kann man die Darstellung (3.313)

$$A^k = T \operatorname{diag}[\lambda_1^k,\ldots,\lambda_n^k]T^{-1}$$

verwenden und in (3.320) einsetzen. Mit

$$\sum_{k=0}^{\infty} \frac{\lambda_p^k}{k!} = \exp \lambda_p \tag{3.321}$$

entsteht dann die wichtige Beziehung

$$\exp A = T \operatorname{diag}[e^{\lambda_1},\ldots,e^{\lambda_n}]T^{-1} \tag{3.322}$$

---

[1] Ausführlichere Untersuchungen werden in Bd. IV durchgeführt.

Beispiel 3.58 Die schiefsymmetrische Matrix

$$A = \begin{bmatrix} 0 & -c & b \\ c & 0 & -a \\ -b & a & 0 \end{bmatrix}$$

hat das charakteristische Polynom

$$\chi_A(\lambda) = -\lambda(d^2 + \lambda^2) \quad , \quad \text{mit} \quad d^2 = a^2 + b^2 + c^2 \ .$$

Wir haben also die paarweise verschiedenen Eigenwerte

$$\lambda_1 = 0 \ , \ \lambda_2 = id \ , \ \lambda_3 = -id$$

und können nun exp A berechnen. Das Lagrangesche Interpolations-Polynom
(3.317) hat hier die Form

$$p(\lambda) = \frac{(\lambda-id)(\lambda+id)}{(0-id)(0+id)} \cdot e^0 + \frac{(\lambda-0)(\lambda+id)}{(id-0)(id+id)} e^{id} + \frac{(\lambda-0)(\lambda-id)}{(-id-0)(-id-id)} e^{-id} \ .$$

Ausmultiplizieren, Ordnen nach Potenzen von λ und Benutzung der
Eulerschen Formel $e^{i\varphi} = \cos\varphi + i\sin\varphi$ liefert

$$p(\lambda) = 1 + \frac{\sin d}{d} \lambda + \frac{1-\cos d}{d^2} \lambda^2 \ ,$$

woraus sich sofort

$$\exp A = E + \frac{\sin d}{d} A + \frac{1-\cos d}{d^2} A^2$$

ergibt.[1]

Differentiation: In den Anwendungen tritt die Matrix-Exponentialfunktion
hauptsächlich in der Form exp(At) auf, wobei die reelle Variable t die
Zeit bezeichnet. Wichtig ist dann die Berechnung der Ableitung.[2] Dazu
dient der folgende

---

[1] vgl. hierzu Bd. III, Abschn. 3.2.5

[2] Für Matrizen A, deren Elemente a_{ik} von t abhängige differenzierbare Funktionen sind, ist die Ableitung $\frac{dA}{dt}$ durch $\frac{dA}{dt} = \left[\frac{da_{ik}}{dt} \right]$ erklärt.
(Elementweise Differentiation!)

__Satz 3.63__ Für jede Matrix $A \in \mathrm{Mat}(n,\mathbb{C})$ besteht die Beziehung

$$\boxed{\;\frac{d}{dt}\exp(tA) = A\exp(tA)\;} \qquad (t \in \mathbb{R}) \qquad (3.323)$$

__Beweis:__ Aus

$$\exp(tA) = \sum_{k=0}^{\infty} \frac{(tA)^k}{k!} = \sum_{k=0}^{\infty} t^k \frac{A^k}{k!} \qquad (3.324)$$

folgt durch gliedweises Differenzieren

$$\frac{d}{dt}\exp(tA) = \sum_{k=1}^{\infty} k\, t^{k-1} \frac{A^k}{k!} = A \sum_{k=1}^{\infty} t^{k-1} \frac{A^{k-1}}{(k-1)!} \quad \left\{ \begin{array}{l} \text{, mit } k-1=j \\ \text{also:} \end{array} \right.$$

$$= A \sum_{j=0}^{\infty} \frac{(tA)^j}{j!} = A\exp(tA) \; . \qquad (3.325)$$

Das gliedweise Differenzieren ist erlaubt. Denn für die Exponentialreihe (3.324) gilt die Abschätzung

$$\left| \frac{tA^k}{k!} \right| \leq \frac{|t|^k |A|^k}{k!} \; ,\; {}^{1)}\text{also} \quad |\exp(tA)| \leq \sum_{k=0}^{\infty} \frac{|t|^k |A|^k}{k!} = e^{|t||A|} \; .$$

Die Exponentialreihe (3.324) ist daher für $|t| \leq t_0$ ($t_0 > 0$ beliebig) gleichmäßig und absolut konvergent. Dasselbe gilt für die gliedweise abgeleitete Reihe, die sich ja nur um den Faktor A in jedem Glied von der ursprünglichen Exponentialreihe unterscheidet. Nach Bd. I, Abschnitt 5.1.3, Satz 5.8, ist damit die Rechnung (3.325) gestattet, woraus die Behauptung des Satzes folgt. $\qquad\Box$

__Beispiel 3.59__ Gegeben ist die Matrix

$$A = \begin{bmatrix} 1 & 2 \\ 4 & 3 \end{bmatrix} \; .$$

Zu berechnen ist die Ableitung $\dfrac{d}{dt}\exp(tA)$!

Zunächst wird $\exp(tA)$ bestimmt. Mit den Eigenwerten $\lambda_1 = 5t$, $\lambda_2 = -t$ von tA findet man wegen (3.317)

---

[1] Für die __Matrixnorm__ $|A| = \sqrt{\sum_{i,k} |a_{ik}|^2}$ gilt $|a_{ik}| \leq |A|$, $|A+B| \leq |A| + |B|$, $|AB| \leq |A||B|$, $|A^k| \leq |A|^k$, s. Bd. I, Abschn. 6.1.5, Folg. 6.4. Ferner gilt das Majorantenkriterium (Bd. I, Abschn. 5.1.3, Satz 5.6) für Matrix-Reihen entsprechend. Dabei lassen sich auch die Begriffe "gleichmäßige" und "absolute Konvergenz" übertragen.

$$p(\lambda) = \frac{\lambda+t}{5t+t}\, e^{5t} + \frac{\lambda-5t}{-t-5t}\, e^{-t} = \frac{e^{5t}-e^{-t}}{6t}\, \lambda + \frac{e^{5t}+e^{-t}}{6} \ .$$

Damit ergibt sich

$$\exp(At) = \frac{1}{6} \begin{bmatrix} 2e^{5t}+4e^{-t} & 2e^{5t}-2e^{-t} \\ 4e^{5t}-4e^{-t} & 4e^{5t}+2e^{-t} \end{bmatrix} .$$

Durch Differentiation entsteht daraus

$$\frac{d}{dt}\exp \begin{bmatrix} t & 2t \\ 4t & 3t \end{bmatrix} = \frac{1}{6} \begin{bmatrix} 10e^{5t}-4e^{-t} & 10e^{5t}+2e^{-t} \\ 20e^{5t}+4e^{-t} & 20e^{5t}-2e^{-t} \end{bmatrix} .$$

(b) <u>Matrix-Sinus- und Matrix-Cosinus-Funktion</u>

Analog zur Matrix-Exponential-Funktion erklärt man die <u>Matrix-Sinusfunktion</u> $\sin A$ durch

$$\boxed{\ \sin A := \sum_{k=0}^{\infty} \frac{(-1)^k}{(2k+1)!}\, A^{2k+1}\ } \qquad (3.326)$$

und die <u>Matrix-Cosinusfunktion</u> $\cos A$ durch

$$\boxed{\ \cos A := \sum_{k=0}^{\infty} \frac{(-1)^k}{(2k)!}\, A^{2k}\ } \qquad (3.327)$$

für alle $A \in \mathrm{Mat}(n,\mathbb{C})$.

Dies ist nach Satz 3.62 sinnvoll, weil

$$\sum_{k=0}^{\infty} \frac{(-1)^k}{(2k+1)!}\, z^{2k+1} \quad \text{und} \quad \sum_{k=0}^{\infty} \frac{(-1)^k}{(2k)!}\, z^{2k}$$

in der gesamten komplexen Ebene konvergieren und dort $\sin z$ bzw. $\cos z$ darstellen.

<u>Differentiation</u>. In Analogie zur Matrix-Exponentialfunktion gewinnt man für die trigonometrischen Matrix-Funktionen die folgenden Differentiationsformeln:

$$\frac{d}{dt}\sin(tA) = (\cos(tA))A \qquad\qquad (3.328)$$

$$\frac{d}{dt}\cos(tA) = -(\sin(tA))A \qquad\qquad (3.329)$$

$$t \in \mathbb{R}$$

Wie bei der Exponentialfunktion beweist man diese Formeln leicht durch gliedweises Differenzieren der Reihendarstellungen von sin(tA) und cos(tA) .

Übungen

__3.53__ Man zeige, daß für k = 1,2,... folgende Beziehung besteht:

$$(T \, \text{diag}[\lambda_1,\ldots,\lambda_n]T^{-1})^k = T \, \text{diag}[\lambda_1^k,\ldots,\lambda_n^k]T \; , \qquad (3.330)$$

wenn $\lambda_1,\ldots,\lambda_n$ beliebige komplexe Zahlen sind.

__3.54__ Man überzeuge sich davon, daß folgende Gleichungen richtig sind:

$$1) \; \exp(\pm iA) = \cos A \pm i\sin A \; ; \qquad\qquad (3.331)$$
$$2) \; (\cos A)^2 + (\sin A)^2 = E \; . \qquad\qquad (3.332)$$

__3.55__ Man beweise:

$$1) \; (\exp A)^{-1} = \exp(-A) \; ; \qquad\qquad (3.333)$$

$$2) \; (\exp A)^T = \exp(A^T) \; ; \qquad\qquad (3.334)$$

$$3) \; \exp A \exp B = \exp(A+B) \; , \text{ wenn } A \text{ und } B \text{ vertauschbar sind.} \qquad (3.335)$$

__3.56__ Man verifiziere die Eigenschaft 2) aus Übung 3.54 für die Matrix

$$A = \begin{bmatrix} 2 & 1 & 0 \\ 0 & 2 & 0 \\ 1 & -1 & 1 \end{bmatrix} \; .$$

3.9   DREHUNGEN, SPIEGELUNGEN, KOORDINATENTRANSFORMATIONEN

Bewegungen von Punkten im Raum $\mathbb{R}^n$ bei festgehaltenem Koordinatensystem oder Bewegungen des Koordinatensystems bei festgehaltenen Raumpunkten sind zwei Seiten ein und derselben Medaille.[1] Dies, und einiges Grüne drumherum, soll im folgenden erläutert werden.

Wir beginnen mit <u>abstandserhaltenden Abbildungen</u> (<u>Isometrien</u>) in der Ebene und im dreidimensionalen Raum. Es sei daran erinnert, daß dies gerade die Abbildungen der Form

$$F(\underline{x}) = A\underline{x} + \underline{c} \quad , \qquad (\underline{x},\underline{c} \in \mathbb{R}^n)$$

sind, wobei A eine orthogonale (n,n)-Matrix ist (s. Abschn. 3.5.3, Satz 3.37). Wenn wir von der <u>Verschiebung</u> (= <u>Translation</u>) absehen, die durch das additive Glied $\underline{c}$ bewirkt wird, so kommt es wesentlich auf den Teil $A\underline{x}$ an. Wir werden sehen, daß man ihn im $\mathbb{R}^2$ und $\mathbb{R}^3$ durch <u>Drehungen</u> oder <u>Spiegelungen</u> deuten kann. Daraus ergibt sich ein enger Zusammenhang mit technischen Problemen.

3.9.1   <u>Drehungen und Spiegelungen in der Ebene</u>

<u>Satz 3.64</u> (a)   Jede orthogonale (reelle) $(2,2)$-Matrix $\neq E$ hat entweder die Form

$$D = \begin{bmatrix} c & -s \\ s & c \end{bmatrix} \quad \text{oder} \quad S = \begin{bmatrix} c & s \\ s & -c \end{bmatrix} , \text{ mit } c^2 + s^2 = 1 . \quad (3.336)$$

(b) D läßt sich in der Form

$$D = D(\varphi) := \begin{bmatrix} \cos\varphi & -\sin\varphi \\ \sin\varphi & \cos\varphi \end{bmatrix} \text{ mit } \varphi = \begin{cases} \arccos\varphi, & \text{falls } s \geq 0, \\ -\arccos\varphi, & \text{falls } s < 0 \end{cases} \quad (3.337)$$

schreiben. Die Abbildung $\underline{x} \to D\underline{x}$ beschreibt damit eine <u>Drehung</u> um den Winkel φ um $\underline{0}$, und zwar gegen den Uhrzeigersinn (d.h. $D\underline{x}$ geht aus $\underline{x}$ durch diese Drehung hervor). $D = D(\varphi)$ heißt eine <u>Drehmatrix</u>.

---

[1] Einstein zum Zugschaffner: "Wann hält der nächste Bahnhof hier am Zug?" (Alles ist relativ!)

(c) Die Abbildung $\underline{x} \longmapsto S\underline{x}$ beschreibt eine <u>Spiegelung</u> an derjenigen

Geraden durch $\underline{0}$, die in Richtung des Vektors $\underline{v}_1 = \begin{bmatrix} c+1 \\ s \end{bmatrix}$ verläuft [1]

(d.h. der Punkt $S\underline{x}$ geht aus $\underline{x}$ durch Spiegelung an der genannten

Geraden hervor). S heißt eine <u>Spiegelungsmatrix</u>.

<u>Beweis</u>: (a) Es sei A eine orthogonale (2,2)-Matrix. Ist $\begin{bmatrix} c \\ s \end{bmatrix}$ ihr

erster Spaltenvektor (mit Länge $\sqrt{c^2+s^2} = 1$), so gibt es dazu genau

zwei rechtwinklige Vektoren mit Länge 1 , nämlich $\begin{bmatrix} -s \\ c \end{bmatrix}$ und $\begin{bmatrix} s \\ -c \end{bmatrix}$.

In der zweiten Spalte von A muß also einer dieser Vektoren stehen.

(b) Wegen $c^2 + s^2 = 1$ existiert das beschriebene φ mit $c = \cos\varphi$,

$s = \sin\varphi$. Die Deutung als Drehung wurde schon in Beispiel 2.29, Ab-

schnitt 2.4.5 behandelt.

(c) Um eine Spiegelungsgerade zu finden (falls es eine gibt), hat man

zunächst nach Fixgeraden bez. $\underline{x} \longmapsto S\underline{x}$ zu suchen, also nach Lösungen

der Gleichung $S\underline{x} = \lambda\underline{x}$. Dies ist ein Eigenwertproblem. Man errechnet

daher aus der charakteristischen Gleichung $\chi_S(\lambda) \equiv \det(S-\lambda E) \equiv \lambda^2 - 1 = 0$

die Eigenwerte $\lambda_1 = 1$ und $\lambda_2 = -1$. Zugehörige Eigenvektoren $\underline{v}_1, \underline{v}_2$

errechnet man aus $(S-\lambda_i E)\underline{v}_i = \underline{0}$ (i = 1,2):

$$\underline{v}_1 = \begin{bmatrix} c+1 \\ s \end{bmatrix} , \quad \underline{v}_2 = \begin{bmatrix} -s \\ c+1 \end{bmatrix} \quad (\underline{v}_1 \perp \underline{v}_2 , \ \underline{v}_1 \neq 0 , \ \underline{v}_2 \neq 0 , \text{ da } S \neq E) .$$

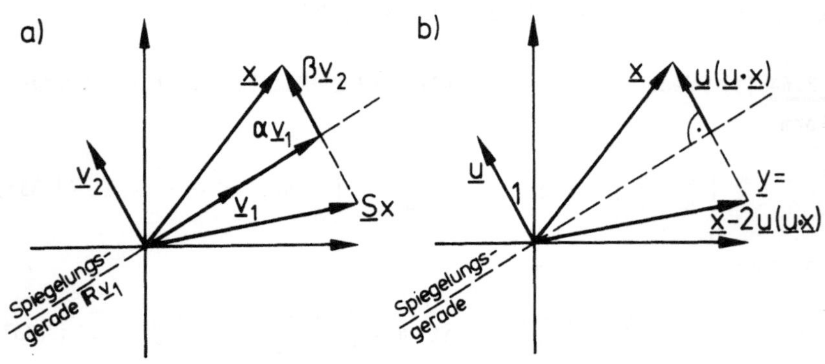

<u>Fig. 3.16</u>: Spiegelungen: (a) mit Eigenvektoren $\underline{v}_1, \underline{v}_2$ von S ;
(b) zur Konstruktion $S\underline{x} = \underline{x} - 2\underline{u}(\underline{u}\cdot\underline{x})$

---

[1]Eine Gerade durch $\underline{0}$, die in Richtung eines Vektors $\underline{v} \neq \underline{0}$ verläuft,
 wird kurz mit $\mathbb{R}\underline{v}$ bezeichnet.

Für ein beliebiges $\underline{x} \in \mathbb{R}^2$ mit der Darstellung $\underline{x} = \alpha\underline{v}_1 + \beta\underline{v}_2$ $(\alpha,\beta \in \mathbb{R})$ folgt damit

$$S\underline{x} = \alpha S\underline{v}_1 + \beta S\underline{v}_2 = \alpha\underline{v}_1 - \beta\underline{v}_2 \ ,$$

d.h. $S\underline{x}$ geht aus $\underline{x}$ durch Spiegelung an der Geraden $\mathbb{R}\underline{v}_1$ hervor, wie es die Figur 3.16(a) zeigt. –

<u>Folgerung 3.24</u> Eine orthogonale (2,2)-Matrix A mit $\det A = 1$ ist eine <u>Drehmatrix</u>, mit $\det A = -1$ eine <u>Spiegelungsmatrix</u>.

Zum Beweis ist nur $\det D = 1$ und $\det S = -1$ auszurechnen.

Wir haben im Satz 3.64(c) und im zugehörigen Beweis aus einer orthogonalen (2,2)-Matrix A mit $\det A = -1$ die Spiegelungsgerade dazu gewonnen. Oft tritt aber die umgekehrte Frage auf:

<u>Wie sieht bei vorgegebener Spiegelungsgeraden</u> (durch $\underline{0}$) <u>die zugehörige Spiegelungsmatrix</u> S <u>aus?</u>

Anhand von Figur 3.16(b) ist dies leicht zu beantworten: Ist die Spiegelungsgerade durch die Hessesche Normalform $\underline{u}\cdot\underline{x} = 0$ mit $|\underline{u}| = 1$ gegeben, d.h. steht der Einheitsvektor $\underline{u}$ rechtwinklig auf der Spiegelungsgeraden, so hat man von einem Punkt $\underline{x} \in \mathbb{R}^2$ zweimal den Vektor $\underline{u}(\underline{u}\cdot\underline{x})$ zu subtrahieren, um zum gespiegelten Punkt $\underline{y}$ zu kommen, also:

$$\begin{aligned}
\underline{y} &= \underline{x} - 2\underline{u}(\underline{u}\cdot\underline{x}) = \underline{x} - 2\underline{u}(\underline{u}^T\underline{x}) = \underline{x} - 2(\underline{u}\,\underline{u}^T)\underline{x} \\
&= (E - 2\underline{u}\,\underline{u}^T)\underline{x} \quad \Rightarrow \quad S = E - 2\underline{u}\,\underline{u}^T \ .
\end{aligned}$$

<u>Folgerung 3.25</u> Eine Spiegelung des $\mathbb{R}^2$ an der durch $\underline{u}\cdot\underline{x} = 0$ $(|\underline{u}| = 1)$ gegebenen Geraden geschieht durch die <u>Spiegelungsmatrix</u>

$$\boxed{\,S = E - 2\underline{u}\,\underline{u}^T\,} \tag{3.338}$$

<u>Übung 3.57</u> Zeige: Eine reelle (2,2)-Matrix ist genau dann eine Spiegelungsmatrix, wenn sie symmetrisch <u>und</u> orthogonal ist!

342

<u>3.9.2   Spiegelungen im $\mathbb{R}^n$, QR-Zerlegung</u>

Eine (n,n)-Matrix der Form

$$\boxed{S_{\underline{u}} = E - 2\underline{u}\underline{u}^T} \quad \text{mit} \quad |\underline{u}| = 1 \ , \ \underline{u} \in \mathbb{R}^n \ , \qquad (3.339)$$

nennt man eine <u>Spiegelungsmatrix</u> oder kurz <u>Spiegelung</u> (analog zum $\mathbb{R}^2$, s. voriger Abschnitt). Für n = 3 beschreibt $\underline{y} = S_{\underline{u}}\underline{x} = \underline{x} - 2\underline{u}\underline{u}^T\underline{x}$ eine Spiegelung im $\mathbb{R}^3$, und zwar an der Ebene, die durch $\underline{u}\cdot\underline{x} = 0$ beschrieben wird. Analog kann man $\underline{y} = S_{\underline{u}}\underline{x}$ $(\underline{x} \in \mathbb{R}^n)$ für n > 3 als "Spiegelung" an der Hyperebene $\underline{u}\cdot\underline{x} = 0$ im $\mathbb{R}^n$ auffassen.

<u>Satz 3.65</u> Für jede Spiegelungsmatrix $S_{\underline{u}}$ gilt

$$S_{\underline{u}}^2 = E \ , \quad S_{\underline{u}}^T = S_{\underline{u}} = S_{\underline{u}}^{-1} \ , \quad \det S_{\underline{u}} = -1 \ , \qquad (3.340)$$

kurz: *Eine Spiegelung* $S_{\underline{u}}$ *ist symmetrisch, orthogonal und hat die Determinante -1 .*

<u>Beweis</u>: Die ersten drei Gleichungen sieht der Leser unmittelbar ein. Zu zeigen bleibt $\det S_{\underline{u}} = -1$. Dazu wählen wir eine orthogonale Matrix C , deren erste Spalte gleich $\underline{u}$ ist, d.h. $C\underline{e}_1 = \underline{u}$. Es folgt $\underline{e}_1 = C^{-1}\underline{u} = C^T\underline{u}$ und damit

$$C^T S_{\underline{u}} C = E - 2C^T\underline{u}(C^T\underline{u})^T = E - 2\underline{e}_1\underline{e}_1^T = \begin{bmatrix} -1 & & & & \\ & 1 & & \mathbf{O} & \\ & & 1 & & \\ & & & \ddots & \\ & \mathbf{O} & & & 1 \end{bmatrix} \ ,$$

also $\det C^T S_{\underline{u}} C = -1$. Man erhält also wegen $(\det C)^2 = 1$:

$$\det S_{\underline{u}} = \det C^T \det S_{\underline{u}} \det C = \det(C^T S_{\underline{u}} C) = -1 \ . \qquad \qquad \square$$

Für die Numerik wie auch für theoretische Untersuchungen spielt folgende Verwendung der Spiegelungsmatrizen oft eine Schlüsselrolle:

<u>Satz 3.66</u> QR-<u>Zerlegung</u>: (a) Jede reguläre Matrix A kann in ein <u>Produkt</u>

$$A = QR$$

zerlegt werden, wobei Q eine orthogonale Matrix ist und R eine reguläre rechte Dreiecksmatrix.

(b) Dabei ist Q ein Produkt aus höchstens (n-1) Spiegelungen.

<u>Beweis</u>: Es sei $A = [\underline{a}_1,..,\underline{a}_n]$ und $E = [\underline{e}_1,...,\underline{e}_n]$. Gilt $\underline{a}_1 = |\underline{a}_1|\underline{e}_1$, so setze man $S^{(1)}:= E$. Gilt $\underline{a}_1 \neq |\underline{a}_1|\underline{e}_1$, so bilde man mit

$$\underline{u} = \frac{\underline{a}_1 - |\underline{a}_1|\underline{e}_1}{|\underline{a}_1 - |\underline{a}_1|\,\underline{e}_1\,|}$$

die Spiegelung $S^{(1)} := S_{\underline{u}}$. Für sie berechnet man $S^{(1)}\underline{a}_1 = \underline{e}_1$ und damit

$$A^{(2)}:= S^{(1)}A = \left[\begin{array}{c|c} r_{11} & * \\ \hline 0 & A_2 \end{array}\right] \quad \text{mit} \quad r_{11} = |\underline{a}_1| \ .$$

Den gleichen Schritt führt man nun für A_2 aus, d.h. man bildet eine Spiegelung S_2 im $\mathbb{R}^n$ (oder $S_2 =$ Einheitsmatrix), so daß in $S_2 A_2$ die erste Spalte nur oben links mit einem $r_{22} > 0$ besetzt ist. Alle anderen Elemente dieser Spalte seien Null. Mit

$$S^{(2)} := \left[\begin{array}{c|c} 1 & 0 \\ \hline 0 & S_2 \end{array}\right] \quad \text{folgt} \quad A^{(3)} := S^{(2)}A^{(2)} = \left[\begin{array}{ccc} r_{11} & * \ldots * \\ & r_{22} \ *..* \\ O & \boxed{A_3} \end{array}\right] \ .$$

So fortfahrend gewinnt man schließlich

$$S^{(n-1)}S^{(n-2)} \ldots S^{(2)}S^{(1)} A = R \ , \tag{3.341}$$

wobei R eine rechte Dreiecksmatrix ist. Sie ist regulär, da die linke Seite regulär ist. Mit

$$Q = S^{(1)}S^{(2)} \ldots S^{(n-1)} \tag{3.342}$$

folgt $A = QR$ und damit die Behauptung des Satzes. $\qquad\qquad$ □

<u>Bemerkung</u>: Das im Beweis angegebene Verfahren zur Berechnung der $S^{(i)}$ ist konstruktiv. Es heißt <u>Housholder-Verfahren der</u> QR-<u>Zerlegung</u> und wird beim QR-Verfahren der Eigenwertberechnung verwendet (s. Schwarz [105]).-

Ist A selbst eine orthogonale (n,n)-Matrix, so folgt aus der QR-Zerlegung $A = QR$ durch Umstellung $Q^TA = R$, d.h. R ist selbst eine orthogonale Matrix, folglich gilt $R^TR = E$. Dabei ist R^T eine linke Dreiecksmatrix. Da $R^{-1} = R^T$ aber eine rechte Dreiecksmatrix sein muß, ist R^T rechte und linke Dreiecksmatrix zugleich, also eine Diagonalmatrix, und damit auch R . $R^TR = E$ ergibt somit $r_{ii}^2 = 1$, also gilt $R = \text{diag}(r_{11},r_{22},...,r_{nn})$ mit $|r_{ii}| = 1$. Nach Konstruktion im obigen Beweis ist $r_{ii} > 0$ und folglich $r_{ii} = 1$ für alle $i = 1,2,..,n-1$. Lediglich r_{nn} kann +1 oder -1 sein. Im Falle $r_{nn} = 1$ ist $R = E$ und im Falle $r_{nn} = -1$ ist R eine Spiegelung: $R = E - 2\underline{e}_n\underline{e}_n^T$. Aus $A = QR$ und (3.342) erhält man

$$A = S^{(n-1)}S^{(n-2)} \ldots S^{(1)} R$$

und somit nach dem eben Gesagten:

Folgerung 3.26 Jede orthogonale (n,n)-Matrix kann als Produkt von höchstens n Spiegelungen geschrieben werden.

Übung 3.58 Es sei A = QR eine QR-Zerlegung wie in Satz 3.66 beschrieben. Ferner seien die Diagonalelemente von R alle positiv. Zeige, daß Q und R durch A eindeutig bestimmt sind. Hinweis: Mache den Ansatz A = QR = Q'R' mit einer zweiten QR-Zerlegung.

3.9.3 Drehungen im dreidimensionalen Raum

Bewegungen, speziell Drehungen, werden in der Technik so oft konstruktiv verwendet, daß eine ökonomische mathematische Beschreibung dafür wünschenswert ist. Dies leistet die Matrizenrechnung, wie wir im folgenden sehen werden.

Definition 3.30 Eine orthogonale (3,3)-Matrix $A \neq E$ mit $\det A = 1$ heißt eine Drehmatrix oder Drehung.

Diese Bezeichnung wird dadurch gerechtfertigt, daß wir eine Gerade durch $\underline{0}$ finden können, die bez. der Abbildung $\underline{x} \longmapsto \underline{y} = A\underline{x}$ ($\underline{x} \in \mathbb{R}^3$) als Drehachse auftritt. Um diese Achse beschreibt $\underline{x} \longmapsto A\underline{x}$ eine Drehung um einen bestimmten Winkel.

Zum Beweis dieser Tatsache führen wir zunächst einen Hilfssatz an:

Hilfssatz 3.1 Jede Drehmatrix A hat den Eigenwert $\lambda_1 = 1$. Ist $\underline{v}_1$ ein zugehöriger Eigenvektor, so besteht die dadurch bestimmte Gerade $G_1 = \mathbb{R}\underline{v}_1$ durch $\underline{0}$ aus lauter Fixpunkten:

$$\underline{x} \in \underline{G}_1 \;\Rightarrow\; A\underline{x} = \underline{x} \; .$$

Beweis: $\lambda_1, \lambda_2, \lambda_3$ und $\underline{v}_1, \underline{v}_2, \underline{v}_3$ seien die Eigenwerte nebst Eigenvektoren von A (Eigenwerte evtl. mehrfach hingeschrieben, entsprechend ihrer algebraischen Vielfachheit.) Es gilt $A\underline{v}_i = \lambda_i \underline{v}_i$ und $|A\underline{v}_i| = |\underline{v}_i|$ (s. Satz 3.36(g), Abschn. 3.5.3), also

$$|\lambda_1| = |\lambda_2| = |\lambda_3| = 1 \; . \tag{3.343}$$

Höchstens zwei Eigenwerte können komplex sein (konjugiert komplex zueinander), also ist ein λ_i reell. Es sei λ_1 reell, somit $\lambda_1 = 1$ oder -1.

Im Falle $\lambda_1 = 1$ ist der Beweis fertig. Im Falle $\lambda_1 = -1$ folgt aus

$$\det A = \lambda_1 \lambda_2 \lambda_3 \quad ^{1)} \text{ sofort } \quad 1 = -\lambda_2 \lambda_3 \ . \tag{3.344}$$

Wären λ_2, λ_3 komplex, also $\lambda_3 = \bar{\lambda}_2$, so folgte $\lambda_2 \lambda_3 = \lambda_2 \bar{\lambda}_2 = |\lambda_2|^2 = 1$ im Widerspruch zu (3.344). Sind λ_2, λ_3 dagegen reell, so können wegen (3.344) nicht beide λ_2, λ_3 gleich -1 sein, also gilt $\lambda_2 = 1$ oder $\lambda_3 = 1$, womit der Hilfssatz bewiesen ist. □

Damit folgt die Rechtfertigung des Wortes "Drehmatrix" aus folgendem Satz:

<u>Satz 3.67</u> <u>Normalform einer Drehung</u>: Jede Drehmatrix A läßt sich mit einer orthogonalen Matrix $C = [\underline{c}_1, \underline{c}_2, \underline{c}_3]$ auf folgende <u>Normalform</u> $T(\varphi)$ transformieren:

$$T(\varphi) := \begin{bmatrix} \cos\varphi & -\sin\varphi & 0 \\ \sin\varphi & \cos\varphi & 0 \\ 0 & 0 & 1 \end{bmatrix} = C^T A C \ , \tag{3.345}$$

$$\text{mit } \cos\varphi = \frac{1}{2}(\operatorname{Spur} A - 1) \neq 1 \ . \tag{3.346}$$

Dabei ist $\underline{c}_3$ $(|\underline{c}_3| = 1)$ ein Eigenvektor zum Eigenwert $\lambda_1 = 1$. $\underline{c}_3$ ist bis auf den Faktor -1 eindeutig bestimmt. $\underline{c}_1, \underline{c}_2$ werden so gewählt, daß $(\underline{c}_1, \underline{c}_2, \underline{c}_3)$ ein Orthonormalsystem darstellt.

<u>Bemerkung</u>: Die Gerade $G = \mathbb{R}\underline{v}_3$ bezeichnen wir als <u>Drehachse</u> zu A . Denn Satz 3.67 macht klar, daß die Abbildung $\underline{x} \longmapsto A\underline{x}$ anschaulich eine Raumdrehung um den Winkel φ um diese Drehachse bewirkt. -

<u>Beweis</u> des Satzes 3.67: $\underline{c}_1, \underline{c}_2, \underline{c}_3$ werden, wie im Satz angegeben, gewählt. Jedes $\underline{x} \in \mathbb{R}^3$ läßt sich damit in der Form $\underline{x} = \sum_{k=1}^{3} \xi_k \underline{c}_k$ darstellen. Damit folgt

$$A\underline{x} = A(\xi_1 \underline{c}_1 + \xi_2 \underline{c}_2) + \xi_3 \underline{c}_3 \tag{3.347}$$

(wegen $A\underline{c}_3 = \underline{c}_3$). Die durch A gegebene Abbildung führt den Unterraum, der durch $\underline{c}_1, \underline{c}_2$ aufgespannt wird, in sich über (da A orthogonale Matrix ist). A bewirkt auf diesem Unterraum daher eine lineare abstandserhaltende Abbildung. Diese kann keine Spiegelung sein, weil dann A überhaupt eine Spiegelung wäre, was wegen $\det A = 1$ nicht möglich ist.

---

[1] nach Abschnitt 3.7.3, (3.202).

346

Also bewirkt A auf dem Unterraum eine Drehung (nach Abschn. 3.9.1),
d.h. es gilt mit einem Winkel φ :

$$A(\xi_1\underline{c}_1+\xi_2\underline{c}_2) = (\xi_1\cos\varphi-\xi_2\sin\varphi)\underline{c}_1 + (\xi_1\sin\varphi+\xi_2\cos\varphi)\underline{c}_2$$

und folglich mit (3.347)

$$A\underline{x} = \underline{c}_1(\xi_1\cos\varphi-\xi_2\sin\varphi) + \underline{c}_2(\xi_1\sin\varphi+\xi_2\cos\varphi) + \xi_3\underline{c}_3 \ . \tag{3.348}$$

Mit $C = [\underline{c}_1,\underline{c}_2,\underline{c}_3]$ und $\underline{\xi} = [\xi_1,\xi_2,\xi_3]^T$ und $T(\varphi)$ wie in (3.345) erhält die Gleichung (3.348) die Gestalt

$$A\underline{x} = CT(\varphi)\underline{\xi}$$

und wegen $\underline{x} = C\underline{\xi}$, also $\underline{\xi} = C^T\underline{x}$, schließlich

$$A\underline{x} = CT(\varphi)C^T\underline{x} \ . \tag{3.349}$$

Da dies für alle $\underline{x} \in \mathbb{R}^3$ erfüllt ist, folgt $A = CT(\varphi)C^T$, womit die
behauptete Transformation bewiesen ist.

Schließlich gilt $\operatorname{Spur} A \overset{1)}{=} \operatorname{Spur} T(\varphi) = 2\cos\varphi + 1$. □

Folgerung 3.27 Für jede Drehmatrix A ist die Drehachse gleich

$$\operatorname{Bild}(A + A^T - (\operatorname{Spur} A - 1)E) \ . \tag{3.350}$$

Beweis: Mit Satz 3.67 ist $A = CT(\varphi)C^T$, also

$$A + A^T - (\operatorname{Spur} A - 1)E = C\left(T(\varphi) + T(\varphi)^T - (\operatorname{Spur} T(\varphi) - 1)E\right)C^T$$
$$= C\left(2(1-\cos\varphi)\begin{bmatrix}0 & 0 & 0\\0 & 0 & 0\\0 & 0 & 1\end{bmatrix}\right)C^T = 2(1-\cos\varphi)[\underline{0},\underline{0},\underline{c}_3]C^T$$
$$= [\alpha\underline{c}_3,\beta\underline{c}_3,\gamma\underline{c}_3]$$

mit gewissen $\alpha,\beta,\gamma \in \mathbb{R}$, die nicht alle 0 sind. Das Bild der Matrix
ist also $\mathbb{R}\underline{c}_3$. □

[1)] nach Abschnitt 3.7.3, Folg. 3.17(c).

<u>Beispiel 3.60</u> Gegeben ist

$$A = \begin{bmatrix} 0{,}352 & 0{,}360 & -0{,}864 \\ -0{,}864 & 0{,}480 & -0{,}152 \\ 0{,}360 & 0{,}800 & 0{,}480 \end{bmatrix}.$$

Man überprüfe, daß A eine Drehmatrix ist. Es folgt

$\cos\varphi = \frac{1}{2}(\text{Spur}\,A - 1) = 0{,}156 \Rightarrow \varphi \doteq 81{,}025°$, sowie

$$A + A^{T} - (\text{Spur}\,A - 1)E = \begin{bmatrix} 0{,}392 & -0{,}504 & -0{,}504 \\ -0{,}504 & 0{,}648 & 0{,}648 \\ -0{,}504 & 0{,}648 & 0{,}648 \end{bmatrix}.$$

Die Drehachse wird also durch $\underline{a} = [0{,}392,\ -0{,}504,\ -0{,}504]^{T}$ bestimmt. -

<u>Bemerkung</u>: Am Beispiel erkennt man, daß Drehachse und Drehwinkel φ
leicht aus (3.350) und (3.346) zu ermitteln sind. (Der Drehsinn zu φ
wird allerdings erst aus der Matrix C in (3.345) klar.) -

<u>Konstruktion axialer Drehungen</u>. Bisher haben wir aus einer vorgegebenen
Drehmatrix A die Drehachse und den Drehwinkel ermittelt. Jetzt gehen wir
den umgekehrten Weg:

Es sei eine <u>Drehachse</u> in Form eines
Richtungsvektors $\underline{q}$ mit $|\underline{q}| = 1$
gegeben und ein <u>Drehwinkel</u> $\varphi \in \mathbb{R}$.
Gesucht ist eine zugehörige Dreh-
matrix, die die Drehung um die Achse
um den Winkel φ beschreibt. Sieht
man dabei in Richtung von $\underline{q}$, so
drehen sich die Raumpunkte im Uhrzeigersinn um φ .

Figur 3.17 zeigt, daß folgendes gilt:

$$\underline{x}' = \overrightarrow{OP'} = \overrightarrow{OR} + \overrightarrow{RS} + \overrightarrow{SP'} ,$$
wobei $\quad \overrightarrow{OR} = (\underline{q}\cdot\underline{x})\underline{q} ,$
$$\overrightarrow{SP'} = (\underline{q}\times\underline{x})\sin\varphi ,$$
und
$$\overrightarrow{RS} = (\underline{x} - (\underline{q}\cdot\underline{x})\underline{q})\cos\varphi .$$

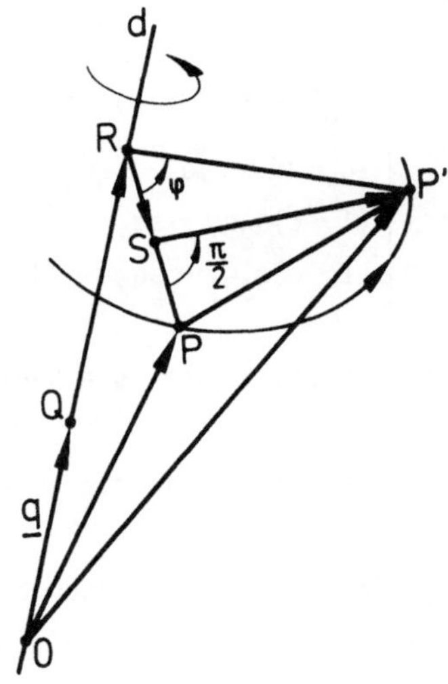

<u>Fig. 3.17</u>: Axiale Drehung

Daraus folgt

$$\underline{x}' = (\underline{q}\cdot\underline{x})\underline{q} + (\underline{x} - (\underline{q}\cdot\underline{x})\underline{q})\cos\varphi + (\underline{q}\times\underline{x})\sin\varphi$$
$$= \underline{x}\cos\varphi + (1 - \cos\varphi)(\underline{q}\cdot\underline{x})\underline{q} + (\underline{q}\times\underline{x})\sin\varphi \quad .$$

Die rechte Seite ist linear in $\underline{x}$, folglich kann man sie mit einer Matrix $D_{\underline{q}}(\varphi)$ so beschreiben:

$$\boxed{D_{\underline{q}}(\varphi)\underline{x} := \underline{x}\cos\varphi + (1 - \cos\varphi)(\underline{q}\cdot\underline{x})\underline{q} + (\underline{q}\times\underline{x})\sin\varphi} \qquad (3.351)$$

Zur Abkürzung definieren wir Matrizen A,B durch

$$A\underline{x} = \underline{q}(\underline{q}\cdot\underline{x}) = \underline{q}(\underline{q}^T\underline{x}) = (\underline{q}\,\underline{q}^T)\underline{x} \;\Rightarrow\; A = \underline{q}\,\underline{q}^T$$

und

$$B\underline{x} = \underline{q}\times\underline{x} \;\Rightarrow\; B = \begin{bmatrix} 0 & -q_3 & q_2 \\ q_3 & 0 & -q_1 \\ -q_2 & q_1 & 0 \end{bmatrix} , \; \underline{q} = \begin{bmatrix} q_1 \\ q_2 \\ q_3 \end{bmatrix} .$$

Damit ergibt sich:

<u>Satz 3.68</u> Die Matrix $D_{\underline{q}}(\varphi)$ der axialen Drehung (3.351) hat die Form

$$D_{\underline{q}}(\varphi) = (\cos\varphi)E + (1 - \cos\varphi)A + (\sin\varphi)B = \qquad (3.352)$$
$$= \begin{bmatrix} c + (1-c)q_1^2 & (1-c)q_1q_2 - sq_3 & (1-c)q_1q_3 - sq_2 \\ (1-c)q_2q_1 + sq_3 & c + (1-c)q_2^2 & (1-c)q_2q_3 - sq_1 \\ (1-c)q_3q_1 - sq_2 & (1-c)q_3q_2 + sq_1 & c + (1-c)q_3^2 \end{bmatrix} ,$$

wobei $c = \cos\varphi$ und $s = \sin\varphi$ ist.

$D_{\underline{q}}(\varphi)$ ist eine Drehmatrix.

<u>Beweis</u> der letzten Behauptung: Mit $A = A^T$, $B = -B^T$, $A^2 = A$, $B^2 = A - E$ und $AB^T = 0$ folgt aus (3.352) die Gleichung $D_{\underline{q}}(\varphi)D_{\underline{q}}(\varphi)^T = E$ und damit die Orthogonalität der Matrix.

Ferner folgt aus der Definition von $D_{\underline{q}}(\varphi)$:

$$D_{\underline{q}}(\varphi + \psi) = D_{\underline{q}}(\varphi)D_{\underline{q}}(\psi) \ , \qquad (3.352)$$

damit $D_{\underline{q}}(\varphi) = \left(D_{\underline{q}}(\varphi/2)\right)^2$, also $\det D_{\underline{q}}(\varphi) = 1$. $\qquad\qquad$ □

Die Sätze 3.67 und 3.68 ergeben zusammen die

Folgerung 3.28 Jede Drehmatrix A kann in der Form $A = D_{\underline{q}}(\varphi)$ darge-stellt werden.

Eulersche Drehmatrizen. Nach einer Feststellung, die auf $\underline{Euler}$ zurückgeht, kann man jede Drehmatrix A als Produkt dreier einfacher Drehmatrizen der folgenden Gestalten schreiben:

$$E_1(\alpha) = \begin{bmatrix} 1 & 0 & 0 \\ 0 & \cos\alpha & -\sin\alpha \\ 0 & \sin\alpha & \cos\alpha \end{bmatrix} \ , \quad E_2(\beta) = \begin{bmatrix} \cos\beta & 0 & -\sin\beta \\ 0 & 1 & 0 \\ \sin\beta & 0 & \cos\beta \end{bmatrix}$$

$$E_3(\gamma) = \begin{bmatrix} \cos\gamma & -\sin\gamma & 0 \\ \sin\gamma & \cos\gamma & 0 \\ 0 & 0 & 1 \end{bmatrix} \qquad\qquad (3.353)$$

$E_1(\alpha)$ beschreibt offenbar eine Drehung um die erste Koordinatenachse, $E_2(\beta)$ um die zweite und $E_3(\gamma)$ um die dritte. Es gilt:

Satz 3.69 ($\underline{Euler}$) Die Drehmatrizen sind genau die Matrizen der Form $E_1(\alpha)E_2(\beta)E_3(\gamma)$.

Beweis: (I) $E_1(\alpha)E_2(\beta)E_3(\gamma)$ ist zweifellos eine Drehmatrix.

(II) Es sei A eine gegebene Drehmatrix. Man wähle $\hat{\alpha}$ so, daß in $E_1(\hat{\alpha})A$ an der Stelle $(2,3)$ eine Null steht. Das ist möglich. Dann suche man ein $\hat{\gamma}$, so daß in $E_1(\hat{\alpha})AE_3(\hat{\gamma})$ an der Stelle $(2,1)$ eine Null steht und an der Stelle $(2,2)$ eine positive Zahl. Durch explizites Hinschrei-ben der genannten Elemente von $E_1(\hat{\alpha})AE_3(\hat{\gamma})$ sieht man, daß man ein der-artiges $E_3(\hat{\gamma})$ finden kann. (Setze dabei $E_1(\hat{\alpha})A = B = [b_{ik}]$.) Damit ist

350

$$E_1(\hat{\alpha})AE_3(\hat{\gamma}) = \begin{bmatrix} * & q & * \\ 0 & b & 0 \\ * & c & * \end{bmatrix} , \qquad b > 0 \ . \qquad\qquad (3.354)$$

Die linke Seite ist eine Drehmatrix, also auch die rechte. Da der zweite Zeilenvektor rechts den Betrag 1 hat, muß $b = 1$ sein, und weil der zweite Spaltenvektor den Betrag 1 hat, folgt $a = c = 0$. Damit hat die Matrix rechts die Form $E_2(\beta)$ mit geeignetem β . Setzt man nun $\alpha = -\hat{\alpha}$ und $\gamma = -\hat{\gamma}$, so folgt

$$A = E_1(\alpha)E_2(\beta)E_3(\gamma) \ . \qquad\qquad \square$$

Explizit ausgerechnet ergibt das Produkt die folgende Matrix:

$$E_1(\alpha)E_2(\beta)E_3(\gamma) = \qquad\qquad (3.355)$$

$$\begin{bmatrix} \cos\beta\,\cos\gamma & -\cos\beta\,\sin\gamma & -\sin\beta \\ -\sin\alpha\,\sin\beta\,\cos\gamma + \cos\alpha\,\sin\gamma & \sin\alpha\,\sin\beta\,\sin\gamma + \cos\alpha\,\cos\gamma & -\sin\alpha\,\cos\beta \\ \cos\alpha\,\sin\beta\,\cos\gamma + \sin\alpha\,\sin\gamma & -\cos\alpha\,\sin\beta\,\sin\gamma + \sin\alpha\,\cos\gamma & \cos\alpha\,\cos\beta \end{bmatrix}$$

<u>Beispiel 3.61</u>

$$A = \begin{bmatrix} \frac{2}{3} & -\frac{1}{3} & \frac{2}{3} \\ \frac{2}{3} & \frac{2}{3} & -\frac{1}{3} \\ -\frac{1}{3} & \frac{2}{3} & \frac{2}{3} \end{bmatrix} = E_1(\alpha)E_2(\beta)E_3(\gamma) =$$

$$= \begin{bmatrix} 1 & 0 & 0 \\ 0 & \frac{2}{\sqrt{5}} & -\frac{1}{\sqrt{5}} \\ 0 & \frac{1}{\sqrt{5}} & \frac{2}{\sqrt{5}} \end{bmatrix} \begin{bmatrix} \frac{\sqrt{5}}{3} & 0 & \frac{2}{3} \\ 0 & 1 & 0 \\ -\frac{2}{3} & 0 & \frac{\sqrt{5}}{3} \end{bmatrix} \begin{bmatrix} \frac{2}{\sqrt{5}} & -\frac{1}{\sqrt{5}} & 0 \\ \frac{1}{\sqrt{5}} & \frac{2}{\sqrt{5}} & 0 \\ 0 & 0 & 1 \end{bmatrix}$$

<u>Bemerkung</u>: In der Schiffs- und Flugmechanik macht man Gebrauch von den Möglichkeiten, die der Satz 3.69 eröffnet. In der Figur 3.18 ist skizzenhaft dargestellt, wie der momentane Bewegungszustand eines großen Objektes in drei axiale Drehungen zerlegt werden kann, die dem Objekt angepaßt sind. -

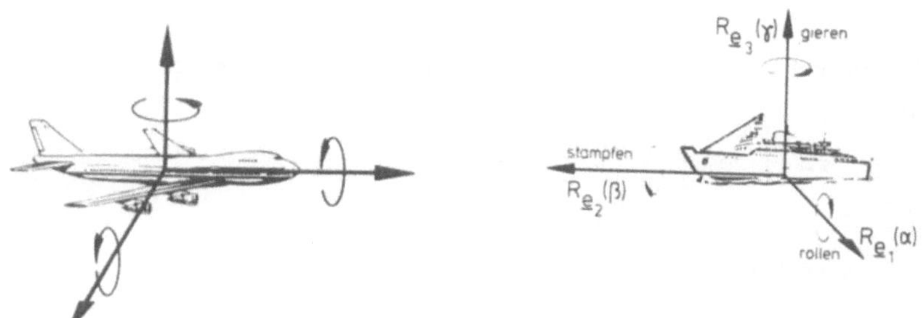

Fig. 3.18: Zerlegung des momentanen Bewegungszustandes

Es ist überraschend, daß man jede Drehmatrix auch als Drehungen um nur
zwei Achsen darstellen kann. Es gilt nämlich der folgende Satz, der analog
zum vorangehenden Satz 3.69 bewiesen wird:

Satz 3.70 Die Drehmatrizen sind genau die Matrizen der Form

$$E_3(\psi)\cdot E_1(\delta)\cdot E_3(\varphi) = \qquad\qquad (3.356)$$

$$\begin{bmatrix} \cos\varphi\cos\psi - \sin\varphi\sin\psi\cos\delta & -\sin\varphi\cos\psi - \cos\varphi\sin\psi\cos\delta & \sin\psi\sin\delta \\ \cos\varphi\sin\psi + \sin\varphi\cos\psi\cos\delta & -\sin\varphi\sin\psi + \cos\varphi\cos\psi\cos\delta & -\cos\psi\sin\delta \\ \sin\varphi\sin\delta & \cos\varphi\sin\delta & \cos\delta \end{bmatrix}$$

Übungen

3.59* Zerlege

$$A = \frac{1}{3}\begin{bmatrix} 2 & 2 & 1 \\ 1 & -2 & 2 \\ 2 & -1 & -2 \end{bmatrix} \quad \text{in} \quad E_1(\alpha)E_2(\beta)E_3(\gamma).$$

3.60 Zerlege die Matrix A aus Beispiel 3.61 in $E_3(\psi)E_1(\delta)E_3(\varphi)$.

3.9.4   Spiegelungen und Drehspiegelungen im dreidimensionalen Raum

Wir betrachten die orthogonalen (3,3)-Matrizen A mit $\det A = -1$.
Sie lassen sich durch folgenden Satz charakterisieren:

<u>Satz 3.71</u> Für orthogonale (3,3)-Matrizen sind folgende Aussagen
äquivalent:

(a) $\det A = -1$.

(b) $-A$ ist eine Drehmatrix.

(c) A ist entweder eine Spiegelung oder ein Produkt aus drei
Spiegelungen.

(d) A ist entweder eine Spiegelung oder eine <u>Drehspiegelung</u>, d.h. das
Produkt aus einer Spiegelung S und einer Drehung D :

$$A = SD \ . \tag{3.357}$$

<u>Bemerkung</u>: In (3.357) kann die <u>Spiegelung</u>

$$S = E - \underline{u}\,\underline{u}^T \qquad (|\underline{u}| = 1 \ , \ \underline{u} \in \mathbb{R}^3)$$

völlig beliebig gewählt werden. Denn für jedes A mit $\det A = -1$ ist
$SA =: D$ eine Drehung (wegen $\det D = \det S \det A = (-1)(-1) = 1$, vgl.
Abschn. 3.9.2). Also ist $SA = D$ eine Drehung, und wegen $S^{-1} = S$
folgt $A = SD$.

Analog kann A mit einer beliebigen Spiegelung $S' \in \mathrm{Mat}(3,\mathbb{R})$ in folgender Form dargestellt werden:

$$A = D'S' \qquad (D' \ \text{Drehung}).$$

<u>Beweis</u> des Satzes 3.71: (d) $\leftrightarrow$ (a) ist durch die Bemerkung erledigt,
(b) $\leftrightarrow$ (a) ist wegen $\det(-A) = 1$ sofort klar, und (a) $\leftrightarrow$ (c) folgt
aus dem Spiegelungssatz (Folg. 3.25) in Abschnitt 3.9.2. -

<u>Satz 3.72</u> Jede Drehung im dreidimensionalen Raum $\mathbb{R}^3$ kann als Hinter-
einanderausführung zweier Spiegelungen dargestellt werden.

<u>Beweis</u>: Jede Drehung A kann als Produkt von höchstens drei Spiegelun-
gen S_i dargestellt werden. Wegen $\det(S_i) = -1$ und $\det A = 1$ kann A
nicht Produkt dreier Spiegelungen sein, also gilt $A = S_1 S_2$ mit zwei
Spiegelungen S_1, S_2 .   □

Aus Satz 3.71 gewinnen wir schließlich die

<u>Folgerung 3.29</u> Die Menge der orthogonalen (3,3)-Matrizen zerfällt in die folgenden vier Teilmengen, die zueinander fremd sind:

   (1) Menge der <u>Drehungen</u> D ($\det D = 1$),
   (2) Menge der <u>Spiegelungen</u> $S = E - \underline{u}\underline{u}^T$ ($|\underline{u}| = 1$) ,
   (3) Menge der <u>Drehspiegelungen</u> SD ,
   (4) $\{E\}$.

<u>Übung 3.61</u> Zerlege die Matrix A aus Beispiel 3.60, Abschnitt 3.9.3, in zwei Spiegelungen S_1, S_2 .

3.9.5   Basiswechsel und Koordinatentransformation

Der in Abschnitt 2.4.3 beschriebene Basiswechsel wird hier noch einmal ausführlicher in Matrizenschreibweise dargestellt.

<u>Koordinaten bezüglich einer Basis.</u> Es sei $(\underline{b}_1,..,\underline{b}_n)$ eine Basis des $\mathbb{R}^n$; aus ihr bilden wir die <u>Basismatrix</u> $B = [\underline{b}_1,...,\underline{b}_n]$. Jedes $\underline{x} \in \mathbb{R}^n$ [1] läßt sich durch

$$\underline{x} = \sum_{i=1}^{n} \xi_i\, \underline{b}_i \tag{3.358}$$

darstellen, wobei die $\xi_i \in \mathbb{R}$ eindeutig bestimmt sind (s.Abschn. 2.1.3, Satz 2.3). Mit

$$\underline{x}_B := \begin{bmatrix} \xi_1 \\ \vdots \\ \xi_n \end{bmatrix} \quad \text{wird (3.358) zu} \quad \boxed{\underline{x} = B\,\underline{x}_B} \ . \tag{3.359}$$

$\underline{x}_B$ heißt der <u>Koordinatenvektor</u> von $\underline{x}$ <u>bezüglich der Basis</u> $(\underline{b}_1,...,\underline{b}_n)$, oder kurz <u>bez</u>. B . Die Zahlen $\xi_1,..,\xi_n$ heißen die <u>Koordinaten von</u> $\underline{x}$ <u>bez</u>. B .

---

[1] Alles in diesem Abschnitt gilt analog in $\mathbb{K}^n$ mit beliebigem Körper $\mathbb{K}$, ja überhaupt in jedem endlichdimensionalen Vektorraum V über $\mathbb{K}$. Wir entwickeln alles für den $\mathbb{R}^n$ aus Gründen der Übersichtlichkeit und der Praxisnähe.

<u>Basiswechsel</u>: Sind $(\underline{b}_1,\dots,\underline{b}_n)$ und $(\underline{b}_1',\dots,\underline{b}_n')$ zwei Basen des $\mathbb{R}^n$ mit den zugehörigen Basismatrizen $B = [\underline{b}_1,\dots,\underline{b}_n]$, $B' = [\underline{b}_1',\dots,\underline{b}_n']$, so kann man jedes $\underline{b}_k'$ so darstellen

$$\boxed{\ \underline{b}_k' = \sum_{k=1}^{n} \underline{b}_i \, \alpha_{ik} \ } \quad , \quad k = 1,\dots,n \qquad (\underline{Basiswechsel}) . \qquad (3.360)$$

Dabei sind die $\alpha_{ik} \in \mathbb{R}$ durch die Basen eindeutig bestimmt (Abschn. 2.1.3, Satz 2.3). Mit der daraus gebildeten Matrix $A = [\alpha_{ik}]_{n,n}$ wird der <u>Basiswechsel</u> (3.360) kurz so beschrieben:

$$\boxed{\ B' = BA\ } \qquad \text{oder} \qquad \boxed{\ B = B'A^{-1}\ } \quad . \qquad (3.361)$$

A und A^{-1} heißen dabei <u>Übergangsmatrizen</u>.

<u>Koordinatentransformation</u>. Es sei $\underline{x} \in \mathbb{R}^n$ beliebig. Bezüglich der beiden genannten Basen läßt sich $\underline{x}$ durch

$$\underline{x} = B\,\underline{x}_B \qquad\text{bzw.}\qquad \underline{x} = B'\,\underline{x}_{B'} \qquad\qquad (3.362)$$

beschreiben (s. 3.359).

Wie kann man $\underline{x}_{B'}$ aus $\underline{x}_B$ berechnen oder umgekehrt? - Das ist einfach! Gleichsetzen in (3.362) ergibt nämlich

$$B\,\underline{x}_B = B\,\underline{x}_{B'} \ \Rightarrow\ \underline{x}_B = B^{-1}B'\,\underline{x}_{B'} \xrightarrow{\;(B^{-1}B'=A)\;} \underline{x}_B = A\,\underline{x}_{B'} \ , \quad \text{also}$$

<u>Satz 3.73</u> Beschreibt $B' = BA$ einen Basiswechsel im $\mathbb{R}^n$, so werden die Koordinatenvektoren $\underline{x}_B'$ und $\underline{x}_B$ eines Vektors $\underline{x} \in \mathbb{R}^n$ folgendermaßen ineinander umgerechnet:

$$\boxed{\ \underline{x}_B = A\,\underline{x}_{B'}\ } \qquad \text{oder} \qquad \boxed{\ \underline{x}_{B'} = A^{-1}\underline{x}_B\ } \quad . \qquad (3.363)$$

Man nennt (3.363) eine <u>Koordinatentransformation</u>. Wegen ihrer Wichtigkeit wollen wir dies noch einmal explizit ohne Matrizen beschreiben.

<u>Folgerung 3.30</u> Werden zwei Basen $(\underline{b}_1,..,\underline{b}_n)$ und $(\underline{b}_1',..,\underline{b}_n')$ des $\mathbb{R}^n$ durch

$$\boxed{\underline{b}_k' = \sum_{i=1}^{n} \underline{b}_i\, \alpha_{ik}} \quad , \quad k = 1,\ldots,n \quad (\alpha_{ik} \in \mathbb{R}) \tag{3.364}$$

ineinander übergeführt, so ergibt sich für einen beliebigen Vektor

$$\underline{x} = \sum_{i=1}^{n} \xi_i \underline{b}_i = \sum_{k=1}^{n} \xi_k' \underline{b}_k' \in \mathbb{R}^n \qquad (\xi_i, \xi_k' \in \mathbb{R}) \tag{3.365}$$

die folgende Koordinatentransformation:

$$\boxed{\xi_i = \sum_{k=1}^{n} \alpha_{ik}\, \xi_k'} \quad , \quad i = 1,\ldots,n . \tag{3.366}$$

<u>Bemerkung</u>: (a) Man beachte, daß in (3.364) und (3.365) die gestrichenen Größen auf <u>verschiedenen Seiten</u> der Gleichungen stehen! –

(b) Um die α_{ik} aus (3.364) und/oder die ξ_k' aus den ξ_k numerisch zu berechnen, kann man den Gaußschen Algorithmus auf (3.365) anwenden und braucht nicht die numerisch ungünstigere Invertierung von $A = [\alpha_{ik}]$ vorzunehmen.

<u>Beispiel 3.62</u> Es seien

$$B = [\underline{b}_1,\underline{b}_2,\underline{b}_3] = \begin{bmatrix} 1 & 1 & 0 \\ 1 & 0 & 1 \\ 0 & 1 & 1 \end{bmatrix} , \quad B' = [\underline{b}_1',\underline{b}_2',\underline{b}_3'] = \begin{bmatrix} 1 & -1 & -1 \\ 1 & 1 & 0 \\ 1 & 0 & 1 \end{bmatrix},$$

zwei Basismatrizen des $\mathbb{R}^3$. Aus $B' = BA$ errechnet man die folgende Übergangsmatrix A , und für $\underline{x} = [12, 6, 30]^T$ gewinnt man aus $\underline{x} = B\underline{x}_B$ und $\underline{x} = B'\underline{x}_B$ die folgenden Koordinatenvektoren $\underline{x}_B, \underline{x}_B'$:

$$A = \frac{1}{2}\begin{bmatrix} 1 & 0 & -2 \\ 1 & -2 & 0 \\ 1 & 2 & 2 \end{bmatrix} , \quad \underline{x}_B = \begin{bmatrix} -6 \\ 18 \\ 12 \end{bmatrix} , \quad \underline{x}_{B'} = \begin{bmatrix} 16 \\ -10 \\ 14 \end{bmatrix} \Biggr\} \Rightarrow \begin{cases} B' = BA \\ \text{und} \\ \underline{x}_B = A\underline{x}_{B'} . \end{cases}$$

Bezüglich der Basen hat $\underline{x}$ die Darstellungen

$$\underline{x} = -6\underline{b}_1 + 18\underline{b}_2 + 12\underline{b}_3 = 16\underline{b}_1' - 10\underline{b}_2' + 14\underline{b}_3' .$$

<u>Sonderfall</u>: Ein wichtiger Sonderfall entsteht, wenn man einen Wechsel
von der <u>kanonischen Basis</u> $(\underline{e}_1,\underline{e}_2,..,\underline{e}_n)$ zu einer anderen Basis
$(\underline{b}'_1,...,\underline{b}'_n)$ vornimmt. In diesem Falle ist $A = B'$. Eine Anwendung
dieser Transformationen finden wir z.B. in der

<u>Kristallographie</u>: Anstelle der kanonischen
Basis $\underline{e}_1,\underline{e}_2,\underline{e}_3$ verwendet man hier
<u>Kristallbasen</u>, deren Vektoren $\underline{a}_1,\underline{a}_2,\underline{a}_3$
in natürlicher Weise mit den charakteristi-
schen Kanten einer Elementarzelle zusammen-
fallen, wie es die Figur 3.19 zeigt.

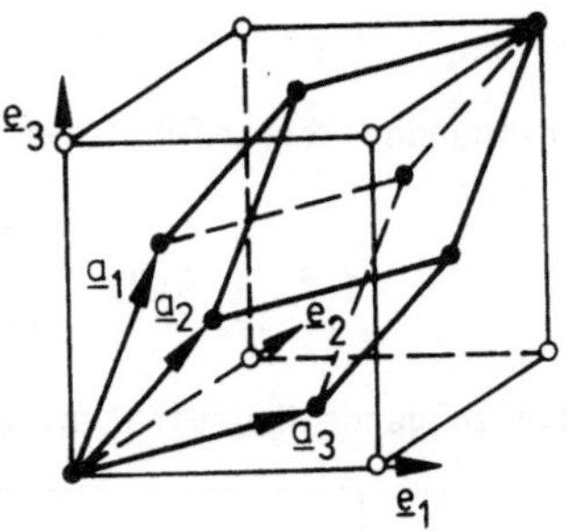

<u>Veränderung der Matrix einer linearen</u>
<u>Abbildung bei Basiswechsel</u>. Es beschrei-
be $\underline{y} = L\underline{x}$, mit $L \in \text{Mat}(m,n;\mathbb{R})$ eine
lineare Abbildung von $\mathbb{R}^n$ in $\mathbb{R}^m$. Ist

Fig. 3.19: Kristallbasis

durch $B = [\underline{b}_1,..,\underline{b}_m]$ bzw. $C = [\underline{c}_1,..,\underline{c}_n]$ eine neue Basis in $\mathbb{R}^m$ bzw.
$\mathbb{R}^n$ gegeben, so ergibt sich aus den zugehörigen Koordinatendarstellungen
$\underline{y} = B\underline{y}_B$ und $\underline{x} = C\underline{x}_C$ folgendes:

$$\underline{y} = L\underline{x} \;\Rightarrow\; B\underline{y}_B = LC\underline{x}_C \;\Rightarrow\; \underline{y}_B = (B^{-1}LC)\underline{x}_C \;.$$

Durch den Übergang von der kanonischen Basis auf die Basis B in $\mathbb{R}^m$
bzw. C in $\mathbb{R}^n$ geht die Matrix L der linearen Abbildung also in die
Matrix $B^{-1}LC$ über.

<u>Übung 3.61</u> Es seien zwei Basen $B = [\underline{b}_1,\underline{b}_2,\underline{b}_3]$, $B' = [\underline{b}_1,\underline{b}_2,\underline{b}_3]$ und
ein Vektor $\underline{x} \in \mathbb{R}^3$ wie folgt gegeben:

$$B = \begin{bmatrix} 1 & 0 & 2 \\ 0 & 2 & 1 \\ -2 & 1 & 0 \end{bmatrix} , \quad B' = \begin{bmatrix} 1 & 0 & 0 \\ 0 & 2 & 1 \\ 0 & 1 & 3 \end{bmatrix} , \quad \underline{x} = \begin{bmatrix} 6 \\ 6 \\ 6 \end{bmatrix} .$$

Gib die Koordinaten $\underline{x}_B,\underline{x}_{B'}$ von $\underline{x}$ an, berechne A aus $B' = BA$ und
verifiziere $\underline{x}_B = A\underline{x}_{B'}$.

3.9.6 Transformation bei kartesischen Koordinaten

Ist $(\underline{b}_1,\ldots,\underline{b}_n)$ eine $\underline{\text{Orthonormalbasis}}$ des $\mathbb{R}^n$
$\left(\text{d.h. } \underline{b}_i\cdot\underline{b}_k = \delta_{ik} = \begin{cases} 1 & \text{falls } i = k \\ 0 & \text{falls } i \neq k \end{cases}\right)$, und ist

$$\underline{x} = \sum_{i=1}^{n} \xi_i\underline{b}_i \qquad (\xi_i = \underline{x}\cdot\underline{b} \ , \ i = 1,..,n) \quad {}^{1)}$$

eine Darstellung von $\underline{x} \in \mathbb{R}$ bez. dieser Basis, so spricht man von $\underline{\text{kartesischen Koordinaten}}$ bez. dieser Basis. Die Basismatrix

$$B = [\underline{b}_1,\ldots,\underline{b}_n]$$

ist in diesem Falle eine orthogonale Matrix.

Der Basiswechsel zu einer $\underline{\text{zweiten Orthonormalbasis}}$ $B' = [\underline{b}_1',\ldots,\underline{b}_n']$ ist sehr einfach: Für die $\underline{\text{Übergangsmatrix}}$ $A = [\alpha_{ik}]_{n,n}$ gilt nämlich

$$B' = BA \ \Rightarrow \ A = B^T B' \ \Rightarrow \ A \text{ orthogonal} \ ,$$

denn das Produkt zweier orthogonaler Matrizen ist wieder orthogonal.

Aus den Koordinatendarstellungen

$$\boxed{\underline{x} = B\underline{x}_B = B'\underline{x}_{B'}} \quad , \qquad \text{sowie} \quad \boxed{A = B^T B'}$$

(s. voriger Abschnitt) erhält man dann leicht die Koordinatentransformation bei kartesischen Koordinaten:

$$\boxed{\underline{x}_B = A\,\underline{x}_{B'}} \quad \text{und} \quad \boxed{\underline{x}_B' = A^T\underline{x}_B} \quad . \tag{3.367}$$

$\underline{\text{Dreidimensionaler Fall}}$. Für den wichtigen dreidimensionalen Fall, der ja in der Technik eine Hauptrolle spielt, wird die $\underline{\text{Transformation kartesischer Koordinaten}}$ ausführlich und matrixfrei angegeben:

${}^{1)}$vgl. Abschnitt 1.2.7, (1.102)

Es seien $(\underline{b}_1,\underline{b}_2,\underline{b}_3)$ und $(\underline{b}_1',\underline{b}_2',\underline{b}_3')$ zwei Orthonormalbasen des $\mathbb{R}^3$.
Ein beliebiger Vektor $\underline{x} \in \mathbb{R}^3$ hat bezüglich dieser Basen die Darstellungen

$$\underline{x} = \xi_1\underline{b}_1 + \xi_2\underline{b}_2 + \xi_3\underline{b}_3 \ , \quad \text{mit} \ \ \xi_i = \underline{b}_i\cdot\underline{x} \ ,$$
$$\underline{x} = \xi_1'\underline{b}_1' + \xi_2'\underline{b}_2' + \xi_3'\underline{b}_3' \ , \quad \text{mit} \ \ \xi_k' = \underline{b}_k'\cdot\underline{x} \ . \tag{3.368}$$

Die Basen hängen durch folgende Gleichungen zusammen:

$$
\begin{array}{l|l}
\underline{b}_1' = \underline{b}_1\alpha_{11} + \underline{b}_2\alpha_{21} + \underline{b}_3\alpha_{31} & \underline{b}_1 = \underline{b}_1'\alpha_{11} + \underline{b}_2'\alpha_{12} + \underline{b}_3'\alpha_{13} \\[4pt]
\underline{b}_2' = \underline{b}_1\alpha_{12} + \underline{b}_2\alpha_{22} + \underline{b}_3\alpha_{32} & \underline{b}_2 = \underline{b}_1'\alpha_{21} + \underline{b}_2'\alpha_{22} + \underline{b}_3'\alpha_{23} \\[4pt]
\underline{b}_3' = \underline{b}_1\alpha_{13} + \underline{b}_2\alpha_{23} + \underline{b}_3\alpha_{33} & \underline{b}_3 = \underline{b}_1'\alpha_{31} + \underline{b}_2'\alpha_{32} + \underline{b}_3'\alpha_{33}
\end{array}
\tag{3.369}
$$

$$\text{mit} \ \ \alpha_{ik} = \underline{b}_i\cdot\underline{b}_k' \ .$$

Damit ergeben sich die kartesischen Koordinatentransformationen wie folgt:

$$
\begin{array}{l|l}
\xi_1' = \alpha_{11}\xi_1 + \alpha_{21}\xi_2 + \alpha_{31}\xi_3 & \xi_1 = \alpha_{11}\xi_1' + \alpha_{11}\xi_2' + \alpha_{11}\xi_3' \\[4pt]
\xi_2' = \alpha_{12}\xi_1 + \alpha_{22}\xi_2 + \alpha_{32}\xi_3 & \xi_2 = \alpha_{21}\xi_1' + \alpha_{21}\xi_2' + \alpha_{21}\xi_3' \\[4pt]
\xi_3' = \alpha_{13}\xi_1 + \alpha_{23}\xi_2 + \alpha_{33}\xi_3 & \xi_3 = \alpha_{31}\xi_1' + \alpha_{31}\xi_2' + \alpha_{31}\xi_3'
\end{array}
\quad . \tag{3.370}
$$

<u>Übung 3.63</u> Führe die beschriebene Koordinatentransformation für die
folgenden Basen B, B' und den angegebenen Vektor $\underline{x}$ durch:

$$
B = \frac{1}{125}\begin{bmatrix} -108 & 45 & 44 \\ -19 & 60 & -108 \\ 60 & 100 & 45 \end{bmatrix} \ , \quad
B' = \begin{bmatrix} 0{,}6 & 0 & -0{,}8 \\ 0 & 1 & 0 \\ 0{,}8 & 0 & 0{,}6 \end{bmatrix} \ , \quad
\underline{x} = \begin{bmatrix} 25 \\ 50 \\ 100 \end{bmatrix} \ .
$$

3.9.7   Affine Abbildungen und affine Koordinatentransformationen

Affine Abbildungen. Eine Abbildung $F : \mathbb{R}^n \to \mathbb{R}^{m}$ [1] der Form

$$\boxed{F(\underline{x}) := A\underline{x} + \underline{c}} \quad \text{mit} \ \ \underline{x} \in \mathbb{R}^n \ , \ \underline{c} \in \mathbb{R}^m \ , \ A \in \text{Mat}(m,n;\mathbb{R}) \tag{3.371}$$

heißt eine <u>affine Abbildung von</u> $\mathbb{R}^n$ in $\mathbb{R}^m$. $A\underline{x}$ ist dabei der <u>lineare</u>
<u>Anteil</u> und $\underline{c}$ der <u>Translationsanteil</u>. Für F gilt: Aus

$$\underline{x} - \underline{y} = \alpha(\underline{u} - \underline{v}) \quad , \quad \underline{x},\underline{y},\underline{u},\underline{v} \in \mathbb{R}^n \ , \ \alpha \in \mathbb{R},$$

---

[1] Wegen der Praxisnähe wird wieder im $\mathbb{R}^n$ gearbeitet. Doch gilt alles
hier Gesagte analog in beliebigen endlichdimensionalen Vektorräumen
über einem Körper $\mathbb{K}$.

folgt stets

$$\boxed{F(\underline{x}) - F(\underline{y}) = \alpha\Big(F(\underline{u}) - F(\underline{v})\Big)} \qquad , \qquad\qquad (3.372)$$

wie man leicht nachrechnet. (Umgekehrt kann man zeigen, daß eine Abbildung $F : \mathbb{R}^n \to \mathbb{R}^m$ mit der Eigenschaft (3.372) stets die Gestalt (3.371) hat, also affin ist.)

Bemerkung: Affine Abbildungen führen lineare Mannigfaltigkeiten $\underline{a} + U$ (U Unterraum von $\mathbb{R}^n$) wieder in lineare Mannigfaltigkeiten über. Aus diesem Grunde nennt man lineare Mannigfaltigkeiten in $\mathbb{R}^n$ auch affine Unterräume von $\mathbb{R}^n$.

Affine Koordinatensysteme.

Es ist gelegentlich zweckmäßig, nicht nur die Koordinatenrichtungen zu wechseln, sondern auch den Ursprung des Koordinatensystems.

In Figur 3.20 z.B. ist neben dem üblichen kartesischen Koordinatensystem ein weiteres (schiefwinkliges) Koordinatensystem skizziert, mit einer ξ_1- und einer ξ_2-Achse.

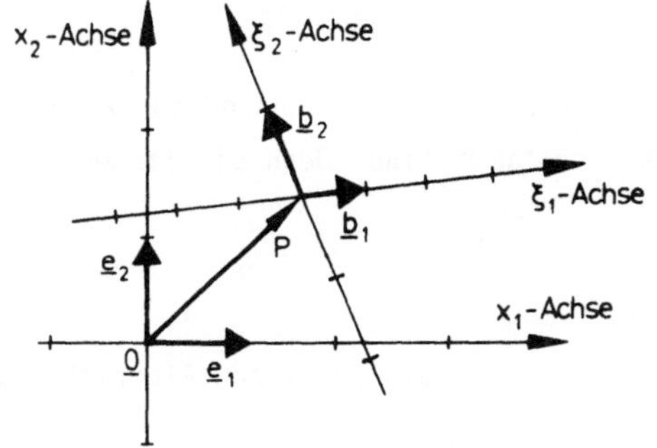

Fig. 3.20: Affine Koordinaten

Der Schnittpunkt dieser Achsen - also der Ursprung des ξ_1-ξ_2-Systems - wird durch den Ortsvektor $\underline{p}$ gekennzeichnet und die Achsenrichtungen durch $\underline{b}_1$ und $\underline{b}_2$. Es liegt daher nahe, das ξ_1-ξ_2-System durch das Tripel

$$\langle \underline{p} \; ; \; \underline{b}_1 \, , \, \underline{b}_2 \rangle$$

zu symbolisieren.

Es entsteht nun die Frage, welche neuen Koordinaten ξ_1, ξ_2 ein Punkt $\underline{x} \in \mathbb{R}^2$ mit den kartesischen Koordinaten x_1, x_2 besitzt, ja, wie sich

die Koordinaten allgemein bei Übergängen dieser Art umrechnen. Dazu
definieren wir folgendes:

__Definition 3.31__ Unter einem (__affinen__) __Koordinatensystem__ im $\mathbb{R}^n$ verstehen wir ein $(n+1)$-Tupel

$$\langle \underline{p} \; ; \; \underline{b}_1, \underline{b}_2, \ldots, \underline{b}_n \rangle \tag{3.373}$$

von Vektoren $\underline{p}, \underline{b}_1, \ldots, \underline{b}_n$ aus $\mathbb{R}^n$, wobei die $\underline{b}_1, \ldots, \underline{b}_n$ linear unabhängig sind. $B = [\underline{b}_1, \ldots, \underline{b}_n]$ ist die zugehörige __Basismatrix__.

Jedes $\underline{x} \in \mathbb{R}^n$ läßt sich bezüglich eines solchen Koordinatensystems in
der Form

$$\underline{x} = \underline{p} + \sum_{i=1}^{n} \xi_i \underline{b}_i \tag{3.374}$$

schreiben, wobei die $\xi_i \in \mathbb{R}$ durch $\underline{x}$ und das Koordinatensystem (3.373)
eindeutig bestimmt sind. Denn sie lassen sich ja aus dem Gleichungssystem

$$\sum_{i=1}^{n} \xi_i \underline{b}_i = \underline{x} - \underline{p}$$

gewinnen (z.B. mit dem Gaußschen Algorithmus).

Wir nennen (3.374) die (__affine__) __Koordinatendarstellung__ von $\underline{x}$ bezüglich
des Systems (3.373) und fassen die $\xi_1, \ldots, \xi_n$ überdies zum Koordinaten-
vektor $\underline{\xi}$ zusammen

$$\underline{\xi} = [\xi_1, \ldots, \xi_n]^T \; . \tag{3.375}$$

Gelegentlich, wenn es um scharfe Unterscheidungen geht, wird $\underline{\xi}$ auch
durch $\underline{x}_{B,\underline{p}}$ bezeichnet (dabei ist speziell $\underline{x}_{B,\underline{0}} = \underline{x}_B$).

__Affine Koordinatentransformation__. Für den Übergang von einem affinen
Koordinatensystem zu einem anderen gilt folgender Satz:

<u>Satz 3.74</u> Geht man von einem affinen Koordinatensystem $\langle \underline{p} ; \underline{b}_1,..,\underline{b}_n\rangle$
zu einem anderen $\langle \underline{p}' ; \underline{b}_1',..,\underline{b}_n'\rangle$ über, wobei die Basisvektoren durch

$$\underline{b}_k' = \sum_{i=1}^{n} \underline{b}_i \alpha_{ik} \quad (k = 1,...,n) \; , \quad A := [\alpha_{ik}]_{n,n} \; , \tag{3.376}$$

zusammenhängen, so gilt für die Koordinatendarstellungen

$$\underline{x} = \underline{p} + \sum_{i=1}^{n} \xi_i \underline{b}_i = \underline{p}' + \sum_{k=1}^{n} \xi_k' \underline{b}_k' \tag{3.377}$$

eines Punktes $\underline{x} \in \mathbb{R}^n$ die <u>Umrechnungsformel</u>

$$\boxed{\underline{\xi}' = A^{-1}\underline{\xi} + \underline{c}} \quad \text{mit} \quad \underline{c} = B'^{-1}(\underline{p}-\underline{p}') \; , \; B' = [\underline{b}_1',..,\underline{b}_n'] \; . \tag{3.378}$$

<u>Beweis:</u> Mit den Matrizen $B = [\underline{b}_1,..,\underline{b}_n]$, B' und A wird (3.376) zu
$B' = BA$ und (3.377) zu

$$\underline{x} = \underline{p} + B\underline{\xi} = \underline{p}' + B'\underline{\xi}' \; .$$

Die rechte Gleichung liefert nach Umstellung

$$B'\underline{\xi}' = B\underline{\xi} + (\underline{p}-\underline{p}') \; \Rightarrow \; \underline{\xi}' = B'^{-1}B\underline{\xi} + B'^{-1}(\underline{p}-\underline{p}') \; .$$

Mit $A = B^{-1}B'$, also $A^{-1} = B'^{-1}B$, folgt (3.378).　　　　　□

Damit sind wir für Koordinatentransformationen gerüstet.

<u>3.9.8   Hauptachsentransformation von Quadriken</u>

In der Ebene mit einem kartesischen x-y-Koordinatensystem werden Kegelschnitte - wie Ellipsen, Hyperbeln, Parabeln - durch quadratische
Gleichungen der Form

$$ax^2 + by^2 + cxy + sx + ty + u = 0 \tag{3.379}$$

beschrieben. Z.B. stellt $x^2 + 2y^2 - 1 = 0$ eine Ellipse dar,

$x^2 - 3y^2 - 4 = 0$ eine Hyperbel und $4x^2 - y = 0$ eine Parabel. Einfache Beispiele dieser Art sind dem Leser sicher bekannt.

Es entsteht allgemein die Frage: Welche Figur wird durch die Gleichung (3.379) beschrieben, wenn die Koeffizienten a,b,c,s,t,u willkürlich vorgegeben sind? Soviel sei vorweggenommen: Hat (3.379) überhaupt Lösungen $\begin{bmatrix} x \\ y \end{bmatrix}$, so beschreibt die Gleichung auch einen Kegelschnitt. Aber welchen? - Die Antwort hierauf findet der Leser in Abschnitt 3.9.9. Doch zunächst gehen wir das Problem der quadratischen Gleichungen in mehreren Variablen systematisch und allgemein an.

<u>Definition 3.32</u> Ein <u>Polynom</u> <u>zweiten</u> <u>Grades</u> in den n Variablen $x_1, \ldots, x_n \in \mathbb{R}$ ist eine Funktion der Form

$$h(\underline{x}) := \sum_{i,k=1}^{n} a_{ik} x_i x_k + 2 \sum_{k=1}^{n} b_k x_k + c^{\,1)} \quad (a_{ik}, b_k, c \in \mathbb{R}) \quad (3.380)$$

mit $\underline{x} = [x_1, \ldots, x_n]^T$ und der symmetrischen Matrix $A = [a_{ik}]_{n,n} \neq 0$. Eine <u>quadratische Gleichung</u> in n reellen Variablen ist dann durch $h(\underline{x}) = 0$ gegeben. Die Menge aller Punkte $\underline{x} \in \mathbb{R}^n$ mit $h(\underline{x}) = 0$ heißt eine <u>Hyperfläche</u> <u>zweiten</u> <u>Grades</u> oder kurz eine <u>Quadrik</u>.

Es ist unser Ziel, Polynome zweiten Grades in einfache Normalformen zu überführen, denen man (geometrische) Eigenschaften leicht ansieht. Zunächst schreiben wir das Polynom $h(x)$ aus (3.380) in matrizieller Gestalt:

$$h(x) = \underline{x}^T A \underline{x} + 2b^T \underline{x} + c \quad \text{mit} \quad \begin{cases} A = [a_{ik}]_{n,n} \neq 0 \ , \\ A \ \text{symmetrisch,} \end{cases} \underline{b} = \begin{bmatrix} b_1 \\ \vdots \\ b_n \end{bmatrix}. \quad (3.381)$$

Eine Isometrie $\underline{x} = V\underline{y} + \underline{p}$ mit $\det V = 1$ (V orthogonale Matrix) heißt eine <u>Bewegung</u>. Führt man eine beliebige Bewegung $\underline{x} = V\underline{y} + p$ aus, so errechnet man leicht, daß $h(\underline{x})$ in folgende Form übergeht

$$\underline{y}^T(V^T A V)\underline{y} + 2\left(V^T(A\underline{p}+\underline{b})\right)^T \underline{y} + \underbrace{(\underline{p}^T A \underline{p} + 2\underline{b}^T \underline{p} + c)}_{h(\underline{p})} \quad (3.382)$$

---

[1] Der Faktor 2 vor der zweiten Summe ist ein reiner "Schönheitsfaktor". Er erspart uns später gelegentlich den Faktor $1/2$.

Damit beweisen wir folgenden Satz, der uns einfache Normalformen für Polynome zweiten Grades beschert.

<u>Satz 3.75 Normalformen von Polynomen zweiten Grades</u>: Jedes Polynom zweiten Grades der Form (3.381) läßt sich durch eine geeignete Bewegung $\underline{x} = V\underline{\xi} + \underline{p}$ (mit einer orthogonalen (n,n)-Matrix V , $\det V = 1$, und $\underline{\xi} = [\xi_1,\dots,\xi_n]^T \in \mathbb{R}^n$) in eine der folgenden Formen transformieren

(a)
$$\boxed{\lambda_1 \xi_1^2 + \lambda_2 \xi_2^2 + \dots + \lambda_r \xi_r^2 + \beta} \quad , \text{ mit } r = \text{Rang } A$$

(b)
$$\boxed{\lambda_1 \xi_1^2 + \lambda_2 \xi_2^2 + \dots + \lambda_r \xi_r^2 + 2\gamma \xi_n} \quad , \quad \begin{array}{l} \text{mit } \gamma > 0 , r = \text{Rang } A < n \\ (\lambda_i, \beta, \gamma \in \mathbb{R}) \end{array}$$

Der folgende Beweis ist konstruktiv, d.h. er gibt dem Leser eine (einfache) Methode an die Hand, wie die Transformation auf Normalform durchzuführen ist.

<u>Beweis</u> des Satzes 3.75: Man berechnet zunächst die Eigenwerte $\lambda_1,\dots,\lambda_n$ von A (jeden so oft hingeschrieben, wie seine algebraische Vielfachheit angibt) und dazu ein Orthonormalsystem zugehöriger Eigenvektoren $\underline{x}_1,\dots,\underline{x}_n$. Mit der Matrix $X = [\underline{x}_1,\dots,\underline{x}_n]$ gilt dann (nach Abschn. 3.7.5, Satz 3.55):

$$X^T A X = D := \text{diag}(\lambda_1,\dots,\lambda_n) \ . \tag{3.383}$$

Folglich verwandelt sich $h(\underline{x})$ in (3.381) durch die Transformation $\underline{x} = X\underline{y}$ in

$$\left. \begin{array}{l} \underline{y}^T D \underline{y} + 2\underline{d}^T \underline{y} + c = \\[4pt] = \sum_{k=1}^{n} \lambda_k y_k^2 + 2 \sum_{k=1}^{n} d_k y_k + c \end{array} \right\} \quad \text{mit} \quad \underline{y} = \begin{bmatrix} y_1 \\ \vdots \\ y_n \end{bmatrix}, \ \underline{d} = \begin{bmatrix} d_1 \\ \vdots \\ d_n \end{bmatrix} = X^T \underline{b} \ . \tag{3.384}$$

<u>1. Fall</u>: Rang $A = n$, d.h. A ist regulär und alle Eigenwerte λ_k sind ungleich Null. Addiert und subtrahiert man zu dem Polynom in $\underline{y}$ (in (3.384) links) die "quadratischen Ergänzungen" d_k^2/λ_k , so geht das Polynom in folgende Gestalt über:

$$\sum_{k=1}^{n} \lambda_k \left(y_k + \frac{d_k}{\lambda_k} \right)^2 + c_0 \;=\; (\underline{y} + \underline{q})^T D (\underline{y} + \underline{q}) + c_0 \qquad\qquad (3.385)$$

mit $\; c_0 = c - \sum\limits_{k=1}^{n} \dfrac{d_k^2}{\lambda_k} \;$ und $\; \underline{q} = [d_1/\lambda_1, \ldots, d_n/\lambda_n]^T \;$.

Die Translation $\underline{\xi} = \underline{y} + \underline{q}$ mit $\underline{\xi} = [\xi_1, \ldots, \xi_n]^T$, (also $\xi_k = y_k + d_k/\lambda_k$) führt (3.385) in $\underline{\xi}^T D \underline{\xi} + c_0$ über und damit in die Normalform (a) des Satzes. - Aus $\underline{x} = X\underline{y}$ und $\underline{y} = \underline{\xi} - \underline{q}$ erhält man durch Einsetzen

$$\underline{x} = X\underline{\xi} + \underline{p} \quad (\text{mit } \underline{p} = -X\underline{q}) \;.$$

Dabei sei $\det X = 1$, was sich durch richtige Wahl der $\underline{x}_i$ stets erreichen läßt. Diese Bewegung verwandelt also $h(\underline{x})$ in die Normalform (a).

2._Fall: $\operatorname{Rang} A = r < n$. D.h.: Es sind genau r der λ_k ungleich Null. Wir können uns die λ_k so numeriert denken, daß

$$\lambda_1 \neq 0 \;,\; \lambda_2 \neq 0 \;,\ldots,\; \lambda_r \neq 0 \quad \text{und} \quad \lambda_k = 0 \;,\; \text{falls } r < k \leq n \;,$$

ist. Das Polynom in $\underline{y}$ (in (3.384)) erhält damit folgende Gestalt (wobei wir wieder quadratische Ergänzungen verwenden):

$$\sum_{k=1}^{r} \lambda_k \left(y_k + \frac{d_k}{\lambda_k} \right)^2 + 2 \sum_{k=r+1}^{n} d_k y_k + c_0 =$$

$$(\underline{y} + \underline{q}_0)^T D (\underline{y} + \underline{q}_0) + 2\underline{d}_0^T \underline{y} + c_0 \;, \qquad\qquad (3.386)$$

mit

$$D = \begin{bmatrix} \lambda_1 & & & & O \\ & \ddots & & & \\ & & \lambda_r & & \\ & & & 0 & \\ & & & & \ddots \\ O & & & & 0 \end{bmatrix}, \quad \underline{q}_0 = \begin{bmatrix} d_1/\lambda_1 \\ \vdots \\ d_r/\lambda_r \\ 0 \\ \vdots \\ 0 \end{bmatrix}, \quad \underline{d}_0 = \begin{bmatrix} 0 \\ \vdots \\ 0 \\ d_{r+1} \\ \vdots \\ d_n \end{bmatrix}, \quad c_0 = c - \sum_{k=1}^{r} \frac{d_k^2}{\lambda_k} \;.$$

Fall_2a: $\underline{d}_0 = \underline{0}$. In diesem Fall führt $\underline{\xi} = \underline{y} + \underline{q}_0^T$ das Polynom in (3.386) in $\underline{\xi}^T D \underline{\xi} + c_0$ über, also in die Normalform (a). Das Ausgangspolynom (3.380) wird also insgesamt durch $\underline{x} = X\underline{\xi} + \underline{p}$ mit $\underline{p} = -X\underline{q}_0$ in die Normalform (a) gebracht, wobei wir wieder $\det X = 1$ annehmen können.

<u>Fall 2b</u>: $\underline{d}_0 \ne 0$. Man konstruiert eine orthogonale Matrix

$$U = \begin{bmatrix} E & 0 \\ 0 & W \end{bmatrix} \begin{matrix} \} \ r \ \text{Zeilen} \\ \} \ n\text{-r Zeilen} \end{matrix} \quad , \text{ die } \ U\underline{d}_0 = \gamma\underline{e}_n \ \ (\gamma > 0) \ \text{ erfüllt.}$$

Hierzu hat man nur $\underline{e}_1,..,\underline{e}_r$, $(\underline{d}_0/|\underline{d}_0|)$ zu einem Orthonormalsystem in $\mathbb{R}^n$ zu ergänzen und diese Vektoren zeilenweise zur Matrix U zusammenzufassen, wobei $(\underline{d}_0/|\underline{d}_0|)^T$ die letzte Zeile besetzt. Man erhält $U\underline{d}_0 = \gamma\underline{e}_n$ mit $\gamma = |\underline{d}_0| > 0$. Durch $\underline{y} = U^T\underline{v} - \underline{q}_0$ (also $\underline{y} + \underline{q}_0 = U\underline{v}$) verwandelt sich (3.386) damit in

$$\underline{v}^T UDU^T \underline{v} + 2(U\underline{d}_0)^T\underline{v} - 2\underline{d}_0^T\underline{q}_0 + c_0 \ = \ \underline{v}^T D\underline{v} + 2\gamma\underline{e}_n^T\underline{v} + c_0 \ , \tag{3.387}$$

denn es ist $UDU^T = D$ und $\underline{d}_0^T\underline{q}_0 = 0$. Schließlich führen wir eine letzte Translation aus, um c_0 wegzubekommen, d.h. wir setzen $\underline{v} = \underline{\xi} + \underline{s}$ mit $\underline{s} = [0,...,0,-c_0/\gamma]^T$ und erhalten aus (3.387) wegen $\underline{s}^T D\underline{s} = 0$:

$$\underline{\xi}^T D\underline{\xi} + 2\gamma\underline{e}_n^T\underline{\xi} \ . \tag{3.388}$$

Dies ist mit $\underline{\xi} = [\xi_1,..,\xi_n]^T$ die Normalform (b) des Satzes. - Die bei dieser Transformation ausgeführte Bewegung ergibt sich aus $\underline{x} = X\underline{y}$, $\underline{y} = U^T\underline{v} - \underline{q}_0$ und $\underline{v} = \underline{\xi} + \underline{s}$. Schrittweises Einsetzen liefert die Bewegung $\underline{x} = V\underline{\xi} + \underline{p}$ mit $V = XU^T$ und $\underline{p} = X(U^T\underline{s} - \underline{q}_0)$. Dabei sei $\det V = 1$, was sich durch einen Vorzeichenwechsel in der ersten Spalte von U gegebenenfalls erzwingen läßt. - Damit ist der Normalformsatz für Quadriken bewiesen. $\qquad\qquad\qquad\qquad\qquad\qquad\qquad\qquad\qquad\quad \square$

<u>Hauptachsentransformation</u>: Die Bewegung $\underline{x} = V\underline{\xi} + \underline{p}$, die nach Satz 3.75 das Polynom $h(\underline{x}) = \underline{x}^T A\underline{x} + 2\underline{b}^T\underline{x} + c$ in eine der Normalformen (a) oder (b) überführt, kann als <u>affine Koordinatentransformation</u> gedeutet werden (s. Abschn. 3.9.7). Mit $V = [\underline{v}_1,\underline{v}_2,..,\underline{v}_n]$ wird durch $\underline{x} = V\underline{\xi} + \underline{p}$ der Übergang vom kanonischen Koordinatensystem $\langle\underline{0} \ ; \ \underline{e}_1...,\underline{e}_n\rangle$ auf das Koordinatensystem $\langle\underline{p} \ ; \ \underline{v}_1,..,\underline{v}_n\rangle$ beschrieben, d.h. $\underline{x}$ hat in diesem System die Koordinatendarstellung

$$\underline{x} = \sum_{k=1}^{n} \xi_k\underline{v}_k + \underline{p} \quad , \quad \text{mit } \ \underline{\xi} = [\xi_1,..,\xi_n]^T \ . \tag{3.389}$$

Man kann sich also die durch $h(\underline{x}) = 0$ beschriebene Quadrik (Punktmenge) als unverrückbar fest vorstellen. Jedoch wird ein neues Koordinatensystem mit ξ_1-, ξ_2-,..., ξ_n-Achsen und dem Koordinatenursprung $\underline{p}$ eingeführt. Man nennt die ξ_i-Achsen (also die Geraden $\underline{p} + \mathbb{R}\underline{v}_i$) die <u>Hauptachsen</u> der Quadrik.

Ist die Koeffizientenmatrix A von $h(\underline{x})$ regulär, so bezeichnet man $\underline{p}$ als den <u>Mittelpunkt</u> der <u>Quadrik</u>. (In diesem Falle ist $\sum_{i=1}^{n} \lambda_i \xi_i^2 + \beta = 0$ die transformierte Gleichung. Man sieht, daß der Übergang von ξ_i zu $-\xi_i$ nichts ändert: Die Gleichung bleibt erfüllt. Dies rechtfertigt den Ausdruck <u>Mittelpunkt</u> $\underline{p}$, da $\underline{p}$ ja der "Ursprung" des ξ_i-Systems ist.)

<u>Folgerung 3.30</u> Ist A regulär und symmetrisch, so kann der Mittelpunkt $\underline{p}$ der Quadrik $\underline{x}^TA\underline{x} + 2\underline{b}^T\underline{x} + c = 0$ aus

$$A\underline{p} + \underline{b} = \underline{0} \qquad (\leftrightarrow \quad \underline{p} = -A^{-1}\underline{b}) \qquad\qquad (3.390)$$

berechnet werden. Ist X eine orthogonale Transformationsmatrix mit $X^TAX = \mathrm{diag}(\lambda_1,..,\lambda_n)$, so erhält man $\underline{p}$ (einfacher) aus

$$\boxed{\;\underline{p} = -X\ \mathrm{diag}\left(\frac{1}{\lambda_1},..,\frac{1}{\lambda_n}\right) X^T\underline{b}\;} \qquad\qquad (3.391)$$

<u>Beweis</u>: (3.390) folgt aus (3.382) durch Nullsetzen des mittleren Gliedes. (3.391) ergibt sich aus dem Beweis des Satzes 3.75, 1. Fall. □

<u>Folgerung 3.31</u> Hat die symmetrische (n,n)-Matrix $\dot{A}$ n (paarweise ver- schiedene) Eigenwerte, so sind die Hauptachsen der Quadrik $\underline{x}^TA\underline{x} + 2\underline{b}^T\underline{x} + c = 0$ eindeutig bestimmt.

Dies folgt aus der Konstruktion der Hauptachsentransformation im Beweis von Satz 3.75.

<u>Beispiel 3.63</u> Welche Figur stellt die Gleichung

$$7,2x^2 + 4,8xy + 5,8y^2 - 52,8x - 67,6y + 185,8 = 0$$

im $\mathbb{R}^2$ dar? - Die Gleichung verwandeln wir in die Matrizenschreibweise:

Mit

$$A = \begin{bmatrix} 7,2 & 2,4 \\ 2,4 & 5,8 \end{bmatrix}, \quad \underline{b} = \begin{bmatrix} -26,4 \\ -33,8 \end{bmatrix}, \quad \underline{x} = \begin{bmatrix} x \\ y \end{bmatrix} \quad \text{folgt} \quad \underline{x}^T A \underline{x} + 2b^T \underline{x} + 185,8 = 0 \ . \quad (3.392)$$

Man errechnet die Eigenwerte $\lambda_1 = 4$ und $\lambda_2 = 9$ von A , sowie zugehörige Eigenvektoren $\underline{x}_1 = \begin{bmatrix} 0,6 \\ -0,8 \end{bmatrix}$, $\underline{x}_2 = \begin{bmatrix} 0,8 \\ 0,6 \end{bmatrix}$. Mit

$$X = [\underline{x}_1, \underline{x}_2] = \begin{bmatrix} 0,6 & 0,8 \\ -0,8 & 0,6 \end{bmatrix} \quad \text{und} \quad \underline{p} = -X \begin{bmatrix} 1/4 & 0 \\ 0 & 1/9 \end{bmatrix} X^T \underline{b} = \begin{bmatrix} 2 \\ 5 \end{bmatrix}$$

führt die Transformation $\underline{x} = X\underline{\xi} + \underline{p}$ die Gleichung (3.392) über in

$$4\xi_1^2 + 9\xi_2^2 - 36 = 0$$

$$\Leftrightarrow \frac{\xi_1^2}{3^2} + \frac{\xi_2^2}{2^2} = 1 \ . \quad (3.393)$$

Das konstruierte ξ_1-ξ_2-System ist in Figur 3.21 eingezeichnet. In diesem System stellt (3.393) eine Ellipse mit den Achsenlängen a = 3 und

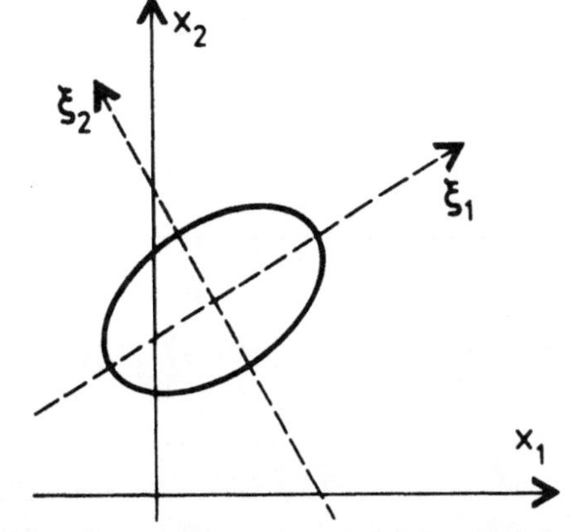

Fig. 3.21: Hauptachsentransformation einer Ellipse

b = 2 dar (wie aus der elementaren Geometrie bekannt). -

Übung 3.64 Führe für die folgende Gleichung eine Hauptachsentransformation durch:

$$4,06x^2 + 3,36xy + 5,04y^2 + 47,32x + 36,96y + 130,06 = 0 \ .$$

3.9.9 Kegelschnitte

Im $\mathbb{R}^2$, dessen Koordinaten wir mit ξ, η bezeichnen wollen, beschreiben die folgenden quadratischen Gleichungen alle Typen von Kegelschnitten, d.h. alle Figuren, die beim Schneiden eines Kreiskegels oder Zylinders[1] mit einer Ebene entstehen können, s. Figur 3.22. Dabei seien

$$a > 0 \ , \ b > 0 \ , \ c \neq 0 \ .$$

---

[1] Der Zylinder kann als Grenzfall eines Kegels mit "Spitze im Unendlichen" angesehen werden.

368

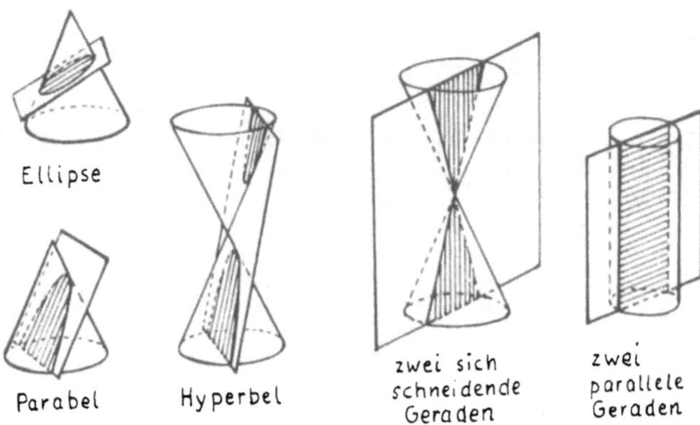

Fig. 3.22: Kegelschnitte

$$\xi^2/a^2 + \eta^2/b^2 = 1 \quad \ldots\ldots\ldots\ldots\ldots\ldots \quad \underline{\text{Ellipse}} \ \text{mit Halbachsen} \ \ a,b$$

$$\xi^2/a^2 - \eta^2/b^2 = 1 \quad \ldots\ldots\ldots\ldots\ldots \quad \underline{\text{Hyperbel}} \ \text{mit Halbachsen} \ \ a,b$$

$$\xi^2/a^2 + \eta^2/b^2 = 0 \quad \ldots\ldots\ldots\ldots\ldots \quad \underline{\text{Punkt}}$$

$$\xi^2/a^2 - \eta^2/b^2 = 0 \quad \ldots\ldots\ldots\ldots\ldots \quad \underline{\text{zwei sich schneidende Geraden}}$$

$$\xi^2 = a^2 \quad \ldots\ldots\ldots\ldots\ldots\ldots\ldots\ldots \quad \underline{\text{zwei parallele Geraden}}$$

$$\xi^2 = 0 \quad \ldots\ldots\ldots\ldots\ldots\ldots\ldots\ldots \quad \underline{\text{eine Gerade}} \ (\text{sog. } \underline{\text{"Doppelgerade"}})$$

$$\xi^2 + c\eta = 0 \quad \ldots\ldots\ldots\ldots\ldots\ldots \quad \underline{\text{Parabel}}$$

$$\xi^2/a^2 + \eta^2/b^2 = -1 \quad \text{oder} \quad \xi^2 = -a^2 \ .. \quad \underline{\text{leere Menge}}$$

Tabelle 3.2: Kegelschnitte

Daß die Mengen der Punkte $\begin{bmatrix} \xi \\ \eta \end{bmatrix}$, die die angegebenen Gleichungen erfüllen, gerade die rechts angegebenen Gestalten haben, entnehmen wir der
Elementargeometrie (Schulmathematik). Auch die leere Menge $\emptyset$ wollen wir
zu den Kegelschnitten rechnen, da sie z.B. als "Schnittmenge" eines
Zylinders mit einer zur Zylinderachse parallelen Ebene auftreten kann.

Wir erkennen an Hand der obigen Kegelschnittgleichungen, daß sie alle
Möglichkeiten ausschöpfen, die bei den Normalformen

$$\text{(a)} \quad \lambda_1\xi^2 + \lambda_2\mu^2 + \beta = 0 \quad \text{und} \quad \text{(b)} \quad \lambda_1\xi^2 + 2\gamma\eta = 0$$

vorkommen können. Damit folgt aus Satz 3.75:

Satz 3.76 Die Menge der Punkte $\begin{bmatrix} x \\ y \end{bmatrix} \in \mathbb{R}^2$, die einer quadratischen
Gleichung

$$a_{11}x^2 + 2a_{12}xy + a_{22}y^2 + 2b_1x + 2b_2y + c = 0 \tag{3.394}$$

genügt, ist stets ein Kegelschnitt.

Sehr schön! - Doch welchen Kegelschnitt stellt (3.394) dar?

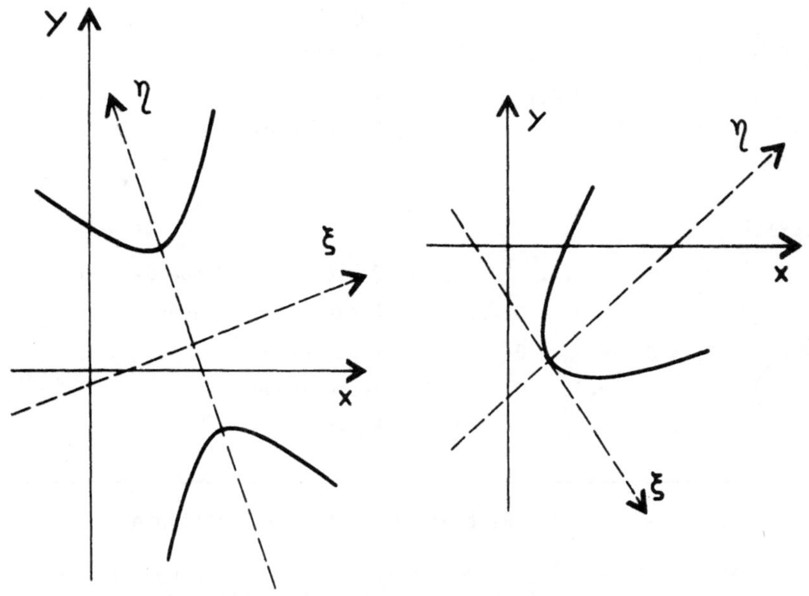

Fig. 3.23: Hyperbel und Parabel in allgemeiner Lage, mit Hauptachsen.

Um das herauszukriegen, kann man beispielsweise die Hauptachsentransformation à la Satz 3.75 durchführen. Man gewinnt gleichzeitig die Hauptachsen, d.h. das ξ-η-System, in dem die Kegelschnittgleichungen Normalform haben (vgl. Fig. 3.23).

Ellipse, Hyperbel, Punkt und sich schneidende Geraden sind Kegelschnitte mit Mittelpunkt $\underline{p}$. Ihn gewinnt man leicht aus $A\underline{p} = -\underline{b}$ mit $A = [a_{ik}]_{2,2}$, $\underline{b} = [b_1,b_2]^T$.

Will man jedoch nur wissen, um welchen Typ von Kegelschnitt es sich handelt, ohne seine Lage explizit auszurechnen, so kann man viel einfacher vorgehen: Man ordnet die Koeffizienten aus (3.394) in der folgenden Determinante D und ihrer Unterdeterminante $D_1 = \det A$ an und berechnet zusätzlich eine Größe D_2 :

$$D := \begin{vmatrix} a_{11} & a_{12} & b_1 \\ a_{12} & a_{22} & b_2 \\ b_1 & b_2 & c \end{vmatrix} \quad , \quad D_1 := \begin{vmatrix} a_{11} & a_{12} \\ a_{12} & a_{22} \end{vmatrix} ,$$

$$D_2 := (a_{11} + a_{22})c - b_1^2 - b_2^2 . \tag{3.395}$$

Bildet man diese Größen speziell für die Normalformen in Tabelle 3.2, so ergibt sich folgende Fallunterscheidung:

<u>1. Fall:</u>

$$D \neq 0 \begin{cases} D_1 < 0 & \dots\dots\dots \text{Hyperbel} \\ D_1 = 0 & \dots\dots\dots \text{Parabel} \\ D_1 > 0 \begin{cases} D \cdot a_{11} < 0 & \dots \text{Ellipse} \\ D \cdot a_{11} > 0 & \dots \text{leere Menge} \end{cases} \end{cases}$$

<u>2. Fall:</u>

$$D = 0 \begin{cases} D_1 < 0 & \dots\dots\dots \text{2 sich schneidende Geraden} \\ D_1 = 0 \begin{cases} D_2 < 0 & \dots\dots \text{2 parallele Geraden} \\ D_2 = 0 & \dots\dots \text{eine Gerade} \\ D_2 > 0 & \dots\dots \text{leere Menge} \end{cases} \\ D_1 > 0 & \dots\dots\dots \text{Punkt} \end{cases}$$

<u>Tabelle 3.3</u>: Zur Bestimmung von Kegelschnitttypen

Dies gilt aber auch bei allgemeinen quadratischen Gleichungen (3.393), denn sie gehen ja durch Bewegungen aus den Normalformen hervor (wie auch umgekehrt). Dabei ändern sich die Vorzeichen von D und D_1 nicht (wie man aus (3.382) im vorigen Abschnitt erkennen kann). Gilt aber $D = D_1 = 0$, so ändert sich bei Bewegung das Vorzeichen von D_2 nicht (wieder aus (3.382) zu schließen). Somit folgt der

<u>Satz 3.77</u> <u>Bestimmung von Kegelschnitt-Typen</u>: Ist eine quadratische Gleichung (3.394) gegeben, so kann man mit D, D_1, D_2 aus (3.395) und dem Schema in Tabelle 3.3 den Typ des Kegelschnittes bestimmen.

<u>Übung 3.65</u> * Welche Kegelschnitte werden durch die folgenden Gleichungen beschrieben:

(a) $6x^2 + 8xy + 10y^2 + 4x + 16y + 4 = 0$;

(b) $15x^2 + 48xy + 6y^2 + 6x + 6y + 6 = 0$;

(c) $9x^2 - 12xy + 4y^2 + 2x + 6y + 1 = 0$;

(d) $x^2 - 4xy + 4y^2 + x - 2y - \frac{1}{4} = 0$?

3.9.10 Flächen zweiten Grades: Ellipsoide, Hyperboloide, Paraboloide

Eine $\underline{\text{Fläche zweiten Grades}}$ im $\mathbb{R}^3$ ist durch eine quadratische Gleichung der Form

$$\boxed{\underline{x}^T A \underline{x} + 2\underline{b}^T \underline{x} + c = 0}$$ mit $A = [a_{ik}]_{3,3} \neq 0$ symmetrisch, $\underline{b}, \underline{x} \in \mathbb{R}^3$

$$(3.396)$$

gegeben; genauer: Die Menge der $\underline{x} \in \mathbb{R}^3$, die diese Gleichung erfüllt, ist eine Fläche zweiten Grades (oder $\underline{\text{Quadrik}}$ im $\mathbb{R}^3$).

Nach Satz 3.75 in Abschnitt 3.9.8 läßt sich die Gleichung durch eine geeignete Bewegung $\underline{x} = V\underline{\xi} + \underline{p}$ (V orthogonal, $\det V = 1$) auf eine der folgenden Normalformen transformieren:

(a) $\quad \lambda_1 \xi_1^2 + \lambda_2 \xi_2^2 + \lambda_3 \xi_3^2 + \beta = 0$ $\qquad\qquad$ (3.397)

(b) $\quad \lambda_1 \xi_1^2 + \lambda_2 \xi_2^2 + 2\gamma \xi_3 = 0 \qquad (\gamma > 0)$ $\qquad$ (3.398)

Hierbei ist in jeder Gleichung wenigstens ein $\lambda_i \neq 0$.

Je nachdem, welche der Zahlen λ_i und β positiv, negativ oder 0 sind, ergibt sich ein anderer Typ von Fläche. Wir geben im folgenden eine vollständige Klassifizierung der Normalformen - und damit der Flächen zweiter Ordnung - an. Dabei wird überdies der zugehörige Rang von A und der Rang von

$$B := \begin{bmatrix} A & \underline{b} \\ \underline{b}^T & c \end{bmatrix} ,$$

notiert. Da eine Bewegung $\underline{x} = V\underline{\xi} + \underline{p}$ für das Polynom $\underline{x}^T A \underline{x} + 2\underline{b}^T \underline{x} + c$ in der Form

$$\boxed{W^T B W} \quad , \quad \text{mit } W = \begin{bmatrix} V & \underline{p} \\ 0 & 1 \end{bmatrix} ,$$

beschrieben werden kann, ändern sich $\text{Rang} A$ und $\text{Rang} B$ bei einer solchen Transformation nicht. Wir können sie daher aus den Normalformen ablesen und den einzelnen Flächentypen zuordnen (s. Tab. 3.4). Durch $\text{Rang} A$ und $\text{Rang} B$ läßt sich schon eine Vorentscheidung über den Flächentyp fällen. (Dabei wird in Tabelle 3.4 x_i statt ξ_i geschrieben.)

$\underline{\text{Bemerkung}}$: Eine erwähnenswerte technische Anwendung der Flächen zweiten Grades finden wir bei der Berechnung von $\underline{\text{Trägheitsmomenten}}$ von starren $\underline{\text{Punktmassen-Konfigurationen}}$ (etwa Punktmassen an den Ecken eines Quaders). Hier treten z.B. "Trägheitsellipsoide" auf u.a.m. Es sei hierzu auf die Literatur über technische Mechanik verwiesen.

$\underline{\text{Übung 3.66}}$ Welche Fläche zweiter Ordnung beschreibt die Gleichung

$$2x_1^2 - 2x_1 x_2 + 2x_2^2 + 4x_1 x_3 + 5x_3^2 - 4x_2 x_3 - 2x_1 + 2x_3 - 4 = 0 \ ?$$

Flächentyp	Formel (dabei $a > 0$, $b > 0$)	Rang B	Rang A
Ellipsoid	$\dfrac{x_1^2}{a^2} + \dfrac{x_2^2}{b^2} + \dfrac{x_3^2}{c^2} = 1$	4	3
Einschaliges Hyperboloid	$\dfrac{x_1^2}{a^2} + \dfrac{x_2^2}{b^2} - \dfrac{x_3^2}{c^2} = 1$	4	3
zweischaliges Hyperboloid	$\dfrac{x_1^2}{a^2} - \dfrac{x_2^2}{b^2} + \dfrac{x_3^2}{c^2} = 1$	4	3
elliptisches Paraboloid	$\dfrac{x_1^2}{a^2} + \dfrac{x_2^2}{b^2} = x_3$	4	2
hyperbolisches Paraboloid (Sattel)	$\dfrac{x_1^2}{a^2} - \dfrac{x_2^2}{b^2} = x_3$	4	2
elliptischer Kegel	$\dfrac{x_1^2}{a^2} + \dfrac{x_2^2}{b^2} - \dfrac{x_3^2}{c^2} = 0$	3	3
ein Punkt	$\dfrac{x_1^2}{a^2} + \dfrac{x_2^2}{b^2} + \dfrac{x_3^2}{c^2} = 0$	3	3
elliptischer Zylinder	$\dfrac{x_1^2}{a^2} + \dfrac{x_2^2}{b^2} = 1$	3	2
hyperbolischer Zylinder	$\dfrac{x_1^2}{a^2} - \dfrac{x_2^2}{b^2} = 1$	3	2
parabolischer Zylinder	$x_1^2 = \alpha x_3 \ (\alpha \neq 0)$	3	1
2 sich schneidende Ebenen	$\dfrac{x_1^2}{a^2} - \dfrac{x_2^2}{b^2} = 0$	2	2
eine Gerade	$\dfrac{x_1^2}{a^2} + \dfrac{x_2^2}{b^2} = 0$	2	2
2 parallele Ebenen	$x_1^2 = a^2$	2	1
eine Ebene	$x_1^2 = 0$	1	1
leere Menge $\emptyset$	sonst		

Tabelle 3.4: Klassifizierung der Flächen zweiten Grades.

Die Figuren 3.24(a) bis (h) vermitteln eine Anschauung für die meisten
dieser Flächen.

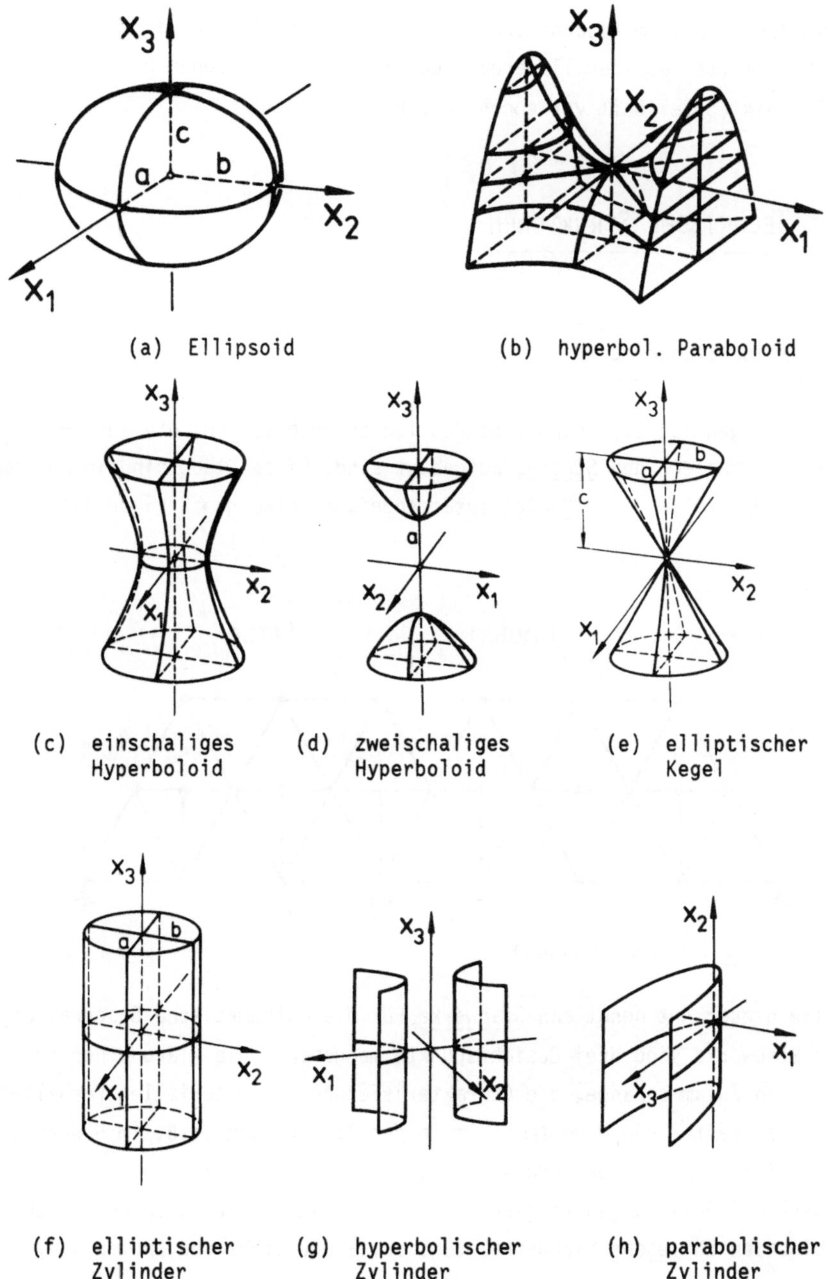

(a) Ellipsoid

(b) hyperbol. Paraboloid

(c) einschaliges
     Hyperboloid

(d) zweischaliges
     Hyperboloid

(e) elliptischer
     Kegel

(f) elliptischer
     Zylinder

(g) hyperbolischer
     Zylinder

(h) parabolischer
     Zylinder

Fig. 3.24:   Flächen zweiten Grades

4 ANWENDUNGEN

Wir wollen in diesem Abschnitt an einfachen Beispielen aufzeigen, wie
sich Hilfsmittel aus der linearen Algebra bei verschiedenen Problemen
der Technik vorteilhaft verwenden lassen.

4.1 TECHNISCHE STRUKTUREN

4.1.1 Ebene Stabwerke

Unser Anliegen ist es, technische Gebilde zu untersuchen, die aus ideali-
sierten Bauteilen, den Stäben, aufgebaut sind. Diese Stäbe sind in bestimmten Verbundstellen, den Knoten zusammengefügt, etwa gemäß Figur 4.1

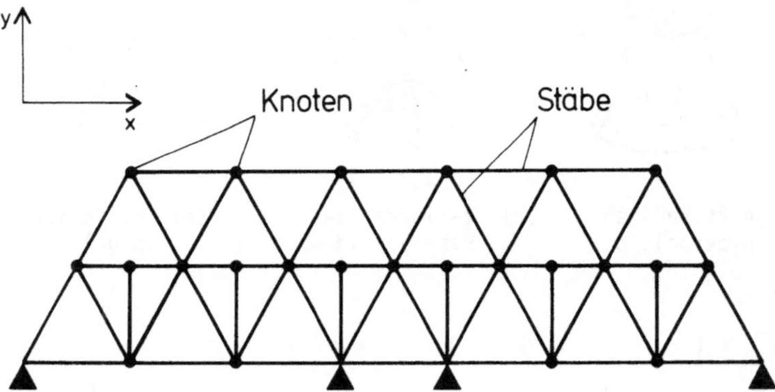

Fig. 4.1: Ebenes Stabwerk

Gebilde dieser Art nennt man Stabwerke. Für die mathematische Beschreibung
eines Stabwerks sind drei Gesichtspunkte maßgebend: die Klärung der geometrischen Zusammenhänge, die Charakterisierung des materiellen Verhaltens
sowie die Kräfte- und Momentebilanz. In den Anwendungen (z.B. im Brückenbau)
interessiert man sich besonders dafür, wie ein solches i.a. 3-dimensionales
Stabwerk bei Belastungen reagiert. Zur Vereinfachung beschränken wir uns
im folgenden auf ebene Stabwerke; d.h. sämtliche Stäbe und Knoten liegen

in derselben Ebene. Ferner sollen die Stäbe gerade sein und alle Belastungen nur in den Knoten auftreten. Um das Stabwerk als Gesamtgebilde zu erfassen, führen wir in der Ebene, in der das Stabwerk liegt, ein globales Koordinaten-System (s. etwa Fig. 4.1) ein: (x,y)-System. Zur Untersuchung einzelner Stäbe ist es vorteilhaft, zusätzlich lokale Koordinaten-Systeme zu verwenden, bei denen wir jeweils eine Achse in Stabrichtung, den "linken Knoten"[1] als Ursprung und die zweite Achse senkrecht zur ersten Achse wählen (s. Fig. 4.2): (ξ,η)-System.

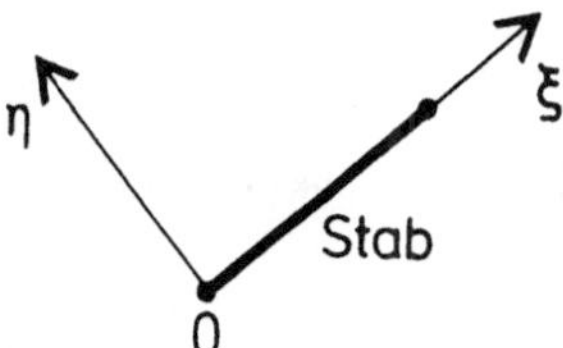

Fig. 4.2: Lokales Koordinatensystem

Zur weiteren Untersuchung des Stabwerks numerieren wir die einzelnen Stäbe mit den natürlichen Zahlen 1,2,...,q durch.

<u>1</u>. Berechnung der Formänderungsarbeit

Wir greifen zunächst den Stab mit der Nummer k heraus und berechnen für diesen die zugehörige Formänderungsarbeit. Der Stab besitze die Länge ℓ_k. Ferner bezeichne

$N_k(\xi)$ die Normalkraft
$Q_k(\xi)$ das Biegemoment
$M_k(\xi)$ die Querkraft

an der "Schnittstelle ξ", $0 \le \xi \le \ell_k$. Die Materialdaten

E Elastizitätsmodul
J Trägheitsmoment
G Schubmodul

---

[1] Numeriert man die Knoten der Reihe nach durch, so kann man z.B. in einem Stab den Knoten, dem eine kleinere Zahl entspricht als dem anderen Knoten, als links ansehen.

376

und der Querschnitt F seien für alle Stäbe gleich. Nach bekannten Prinzipien der Elastizitätstheorie[1] besteht für die Formänderungsarbeit W_k für den Stab k die Beziehung

$$W_k = \frac{1}{EF} \int_0^{\ell_k} N_k^2(\xi)d\xi + \frac{1}{EJ} \int_0^{\ell_k} M_k^2(\xi)d\xi + \frac{1}{EG} \int_0^{\ell_k} Q_k^2(\xi)d\xi. \qquad (4.1)$$

Da nach Voraussetzung die Belastungen nur in den Knoten, also an den beiden Enden des Stabes, angreifen, sind Normal- und Querkraft konstant:

$$N_k(\xi) = N_k(0) = N_k(\ell_k) = \text{const.} =: N_k$$

$$Q_k(\xi) = -\frac{1}{\ell_k}(M_k(0) + M_k(\ell_k)) = \text{const.} =: Q_k , \qquad (4.2)$$

$0 \leq \xi \leq \ell_k$. Ferner ist das Biegemoment eine lineare Funktion von ξ:

$$M_k(\xi) = \left(1 - \frac{\xi}{\ell_k}\right) M_k(0) - \frac{\xi}{\ell_k} M_k(\ell_k). \qquad (4.3)$$

Setzen wir (4.2) und (4.3) in (4.1) ein, so ergibt sich nach Berechnung der entsprechenden Integrale

$$W_k = c_{11}^{(k)}N_k^2 + c_{22}^{(k)}M_k^2(0) + c_{33}^{(k)}M_k^2(\ell_k) - (c_{23}^{(k)} + c_{32}^{(k)})M_k(0)M_k(\ell_k). \qquad (4.4)$$

Dabei sind die Koeffizienten in (4.4) durch

$$c_{11}^{(k)} := \frac{\ell_k}{EF} , \quad c_{22}^{(k)} := \frac{\ell_k}{3EJ} + \frac{1}{EG\ell_k} , \quad c_{33}^{(k)} := \frac{\ell_k}{3EJ} + \frac{1}{EG\ell_k}$$

und

$$c_{23}^{(k)} := \frac{\ell_k}{6EJ} - \frac{1}{EG\ell_k} , \quad c_{32}^{(k)} := \frac{\ell_k}{6EJ} - \frac{1}{EG\ell_k}$$

gegeben. Wir bilden nun den Vektor

$$\underline{w}_k := \begin{bmatrix} N_k \\ M_k(0) \\ M_k(\ell_k) \end{bmatrix} \qquad (4.5)$$

---

[1] s. z.B. [122], S. 193

und die $\underline{\text{Flexibilitäts-Matrix}}$

$$C_k := \begin{bmatrix} c_{11}^{(k)} & 0 & 0 \\ 0 & c_{22}^{(k)} & -c_{23}^{(k)} \\ 0 & -c_{32}^{(k)} & c_{33}^{(k)} \end{bmatrix} \cdot \qquad (4.6)$$

Dann läßt sich (4.4) in der Form

$$\boxed{W_k = \underline{w}_k^T \, C_k \, \underline{w}_k} \qquad (4.7)$$

schreiben. Damit haben wir die Formänderungsarbeit für den Stab k durch eine quadratische Form[1] beschrieben.

$\underline{\text{Bemerkung}}$: Häufig kann der Einfluß der Querkraft vernachlässigt werden. In diesem Fall lautet die Flexibilitäts-Matrix

$$C_k = \begin{bmatrix} \dfrac{\ell_k}{EF} & 0 & 0 \\ 0 & \dfrac{\ell_k}{3EJ} & -\dfrac{\ell_k}{6EJ} \\ 0 & -\dfrac{\ell_k}{6EJ} & \dfrac{\ell_k}{3EJ} \end{bmatrix} \cdot \qquad (4.8)$$

Nun lösen wir uns von der Betrachtung des einzelnen Stabes und gehen zum gesamten Stabwerk über. Hierzu bilden wir die freien Summen (s. Abschn. 2.4.4) bzw. die direkten Summen (s. Abschn. 3.5.8, Def. 3.14)

$$\underline{w} := \underline{w}_1 \dotplus \underline{w}_2 \dotplus \ldots \dotplus \underline{w}_n = \begin{bmatrix} \underline{w}_1 \\ \underline{w}_2 \\ \vdots \\ \underline{w}_n \end{bmatrix} \qquad (4.9)$$

---

[1] s. Abschn. 3.5.4

378

bzw.

$$C := C_1 \oplus C_2 \oplus \dots \oplus C_n = \begin{bmatrix} [C_1] & & & \\ & [C_2] & & 0 \\ & & \ddots & \\ 0 & & & [C_n] \end{bmatrix} \tag{4.10}$$

und mit diesen den Ausdruck

$$\boxed{W := \underline{w}^T\, C\, \underline{w}} \quad . \tag{4.11}$$

Durch (4.11) ist die Formänderungsarbeit des Gesamtsystems gegeben. Die
Formänderungsarbeit eines ebenen Stabwerks läßt sich also durch eine
quadratische Form besonders übersichtlich und prägnant ausdrücken. Bei
weiterführenden Untersuchungen von Stabwerken ist diese Darstellungsart
besonders vorteilhaft.

<u>2</u>. Globales Gleichgewicht

Wir betrachten zunächst wieder ein einzelnes Stabwerk-Element: Wir greifen
den Stab mit der Nummer k heraus. Die sechs <u>Stabendkräfte</u>, d.h. die Werte
von Normalkraft, Querkraft und Biegemoment jeweils an den Enden des Stabes,
fassen wir zu einem Vektor zusammen

$$\underline{s}_k = \begin{bmatrix} s_1^{(k)} \\ s_2^{(k)} \\ s_3^{(k)} \\ s_4^{(k)} \\ s_5^{(k)} \\ s_6^{(k)} \end{bmatrix} := \begin{bmatrix} N_k(0) \\ Q_k(0) \\ M_k(0) \\ N_k(\ell_k) \\ Q_k(\ell_k) \\ M_k(\ell_k) \end{bmatrix} \tag{4.12}$$

Zwischen den Stabendkräften bestehen i.a. lineare Beziehungen, d.h. Beziehungen der Form $\alpha_1 s_1 + \alpha_2 s_2 + \ldots + \alpha_6 s_6 = 0$, wobei nicht sämtliche α_i verschwinden.

Wie sich herausstellen wird, kann man die Anzahl der Stabendkräfte, zwischen denen keine lineare Beziehung besteht, von sechs auf drei reduzieren. Wir bilden daher den Vektor

$$\underline{f}_k := \begin{bmatrix} f_1^{(k)} \\ f_2^{(k)} \\ f_3^{(k)} \end{bmatrix}. \tag{4.13}$$

Die Verbindung zwischen den Vektoren $\underline{s}_k$ und $\underline{f}_k$ wird durch die sogenannte <u>Kräfte-Transformations-Matrix</u> K_k hergestellt:

$$\boxed{\underline{s}_k = K_k \underline{f}_k} \tag{4.14}$$

Die Matrix K_k läßt sich aus einfachen Gleichgewichtsüberlegungen bestimmen: Aufgrund unserer Voraussetzung, daß die Belastungen in den Knoten des jeweiligen Stabes angreifen, gelten für Normalkraft N, Querkraft Q und Biegemoment M eines Stabes an der Schnittstelle ξ, $0 \le \xi \le \ell$, die Beziehungen

$$N = a_1 \; , \; Q = a_2 \; , \; M = a_2 \, \xi + a_3 \tag{4.15}$$

mit geeigneten Konstanten a_1, a_2, a_3. Jede statisch bestimmte Lagerung eines Stabes ermöglicht es nun, diese Konstanten - und damit den Zusammenhang zwischen $\underline{s}$ und $\underline{f}$ - festzulegen. Um dies zu verdeutlichen, betrachten wir als Beispiel die in Figur 4.3 angegebene Lagerart. Es bestehen die folgenden Zusammenhänge (s. auch Fig. 4.3):

$$s_1 = f_1$$
$$s_2 = -\frac{1}{\ell}\,(f_2 + f_3)$$
$$s_3 = f_2$$
$$s_4 = f_1$$
$$s_5 = \frac{1}{\ell}\,(f_2 + f_3)$$
$$s_6 = f_3 .$$

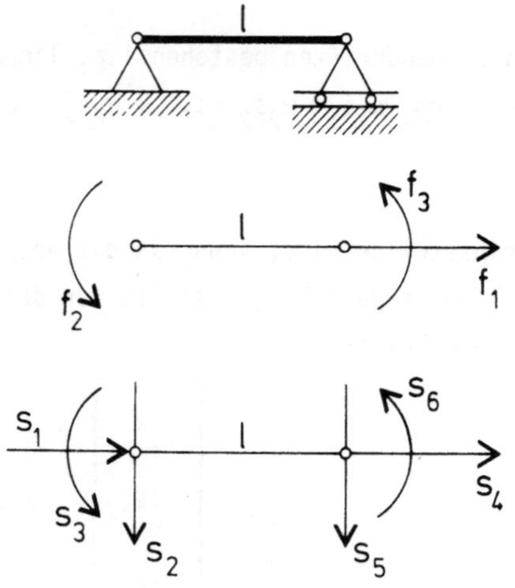

Fig. 4.3: Eine statisch bestimmte Lagerung

Für die von uns gewählte Lagerart erhalten wir damit die Kräfte-Transformations-Matrix

$$K = \begin{bmatrix} 1 & 0 & 0 \\ 0 & -\dfrac{1}{\ell} & -\dfrac{1}{\ell} \\ 0 & 1 & 0 \\ 1 & 0 & 0 \\ 0 & \dfrac{1}{\ell} & \dfrac{1}{\ell} \\ 0 & 0 & 1 \end{bmatrix} . \qquad (4.16)$$

<u>Bemerkung</u>: Bei anderen statisch bestimmten Lagerungen geht man analog vor.

Wir wenden uns nun dem Gesamtsystem zu und nehmen dabei an, daß uns die einzelnen Kräfte-Transformations-Matrizen K_k $(k=1,2,\ldots,q)$, die sich jeweils auf ein lokales Koordinatensystem $((\xi_k,\eta_k)$-System, s. auch Fig. 4.4) beziehen, bekannt sind. Wir wollen sie nun auf unser globales Koordinatensystem $((x,y)$-System) umrechnen. Hierzu drehen wir das (ξ_k,η_k)-System

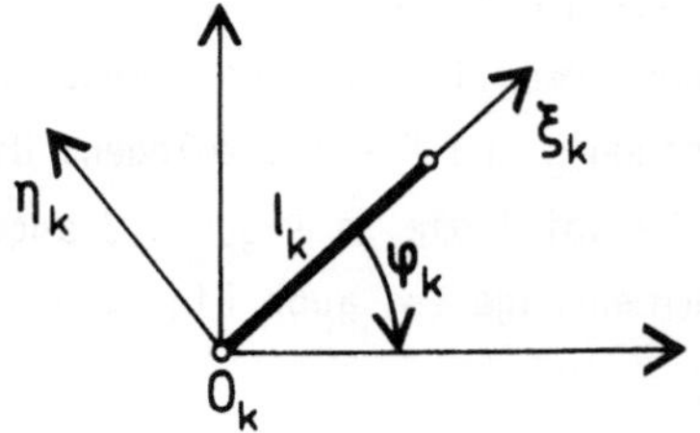

Fig. 4.4: Drehung des lokalen Koordinatensystems

im Uhrzeigersinn um seinen Koordinatenursprung, so daß die positive ξ_k-Achse in eine Parallele zur positiven x-Achse des globalen Koordinatensystems übergeht. Der Drehwinkel sei φ_k. Diese Drehung läßt sich mit Hilfe der Eulerschen Matrix (s. Abschn. 3.9.3, (3.353))

$$R(\varphi_k) = \begin{bmatrix} \cos \varphi_k & -\sin \varphi_k & 0 \\ \sin \varphi_k & \cos \varphi_k & 0 \\ 0 & 0 & 1 \end{bmatrix} \qquad (4.17)$$

beschreiben. Die letzte Zeile und Spalte bringen zum Ausdruck, daß sich die Momente bei der Drehung des Koordinatensystems nicht ändern. Nun bilden wir die Matrix

$$D(\varphi_k) := R(\varphi_k) \oplus R(\varphi_k) \qquad (4.18)$$

$$\text{(direkte Summe im Sinne von} \\ \text{Abschn. 3.5.8)}$$

und ersetzen K_k durch das Matrix-Produkt $D(\varphi_k)K_k$

$$K_k \longrightarrow D(\varphi_k)K_k \qquad (4.19)$$

Damit erhalten wir im globalen Koordinatensystem zwischen den aus den Stabendkräften des Stabes mit der Nummer k gebildeten Vektoren $\underline{s}_k$ und $\underline{f}_k$ den Zusammenhang

$$\boxed{\underline{s}_k = D(\varphi_k)K_k\,\underline{f}_k} \qquad (4.20)$$

bzw. mit

$$A_k := D(\varphi_k)K_k{}^{1)} \qquad (4.21)$$

die Beziehung

$$\boxed{\underline{s}_k = A_k\,\underline{f}_k} \qquad (4.22)$$

---

[1] Man nennt die zu A_k transponierte Matrix A_k^T <u>lokale Gleichgewichtsmatrix</u>.

Zur Beschreibung des globalen Gleichgewichts gehen wir aus von den p
<u>Lastvektoren</u> in den inneren Knoten

$$\underline{r}_1 := \begin{bmatrix} r_1^{(1)} \\ r_2^{(1)} \\ r_3^{(1)} \end{bmatrix} , \quad \underline{r}_2 := \begin{bmatrix} r_1^{(2)} \\ r_2^{(2)} \\ r_3^{(2)} \end{bmatrix} , \quad \ldots , \quad \underline{r}_p := \begin{bmatrix} r_1^{(p)} \\ r_2^{(p)} \\ r_3^{(p)} \end{bmatrix}$$

und den (n-p) <u>Lastvektoren</u> in den Lagern

$$\underline{r}_{p+1} := \begin{bmatrix} r_1^{(p+1)} \\ r_2^{(p+1)} \\ r_3^{(p+1)} \end{bmatrix} , \quad \underline{r}_{p+2} := \begin{bmatrix} r_1^{(p+2)} \\ r_2^{(p+2)} \\ r_3^{(p+2)} \end{bmatrix} , \quad \ldots , \quad \underline{r}_n := \begin{bmatrix} r_1^{(n)} \\ r_2^{(n)} \\ r_3^{(n)} \end{bmatrix} ,$$

die wir zu einem <u>Knotenlast-Vektor</u> $\underline{r}$ zusammenfassen:

$$\underline{r} := \underline{r}_1 \dotplus \underline{r}_2 \dotplus \ldots \dotplus \underline{r}_n = \begin{bmatrix} r_1^{(1)} \\ \vdots \\ r_3^{(n)} \end{bmatrix} . \tag{4.23}$$

Ebenso fassen wir die q Vektoren

$$\underline{s}_1 := \begin{bmatrix} s_1^{(1)} \\ \vdots \\ s_6^{(1)} \end{bmatrix} , \quad \underline{s}_2 := \begin{bmatrix} s_1^{(2)} \\ \vdots \\ s_6^{(2)} \end{bmatrix} , \quad \ldots , \quad \underline{s}_q := \begin{bmatrix} s_1^{(q)} \\ \vdots \\ s_6^{(q)} \end{bmatrix}$$

der Stabendkräfte zum <u>Stabkraft-Vektor</u> $\underline{s}$ zusammen:

$$\underline{s} := \underline{s}_1 \dotplus \underline{s}_2 \dotplus \ldots \dotplus \underline{s}_q = \begin{bmatrix} \underline{s}_1 \\ \underline{s}_2 \\ \vdots \\ \underline{s}_q \end{bmatrix} \tag{4.24}$$

bzw. die Vektoren $\underline{f}_1, \ldots, \underline{f}_q$ zum Vektor

$$\underline{f} := \underline{f}_1 \dotplus \underline{f}_2 \dotplus \ldots \dotplus \underline{f}_q = \begin{bmatrix} \underline{f}_1 \\ \underline{f}_2 \\ \vdots \\ \underline{f}_q \end{bmatrix} . \tag{4.25}$$

Die Wechselwirkung der einzelnen Stäbe berücksichtigen wir durch die Einführung einer $\underline{\text{Inzidenz-Matrix}}$ $G = [g_{km}]$, deren Elemente durch

$$g_{km} := \begin{cases} 1, \text{ wenn } s_m \text{ einen Beitrag zum Gleichgewicht in Richtung} \\ \qquad \text{von } \underline{r}_k \text{ leistet} \\ 0, \text{ sonst} \end{cases}$$

erklärt sind. Die globale Gleichgewichtsbedingung lautet dann

$$\boxed{G\underline{s} = \underline{r}} \tag{4.26}$$

Zwischen den Vektoren $\underline{s}$ und $\underline{f}$ besteht wegen (4.22) der Zusammenhang

$$\underline{s} = (A_1 \oplus A_2 \oplus \ldots \oplus A_q)\underline{f} \tag{4.27}$$

kurz

$$\underline{s} = (\oplus A_k)\underline{f} \tag{4.28}$$

geschrieben, so daß aus (4.26) folgt:

$$\boxed{G(\oplus A_k)\underline{f} = \underline{r}} \tag{4.29}$$

(Gleichgewichtsbedingung für ein ebenes Stabwerk).

384

<u>Bemerkung</u>: Beziehung (4.29) kann auch als lineares Gleichungssystem zur Bestimmung des Stabkraft-Vektors $\underline{f}$ bei vorgegebenem Knotenlast-Vektor $\underline{r}$ interpretiert werden.

4.1.2 Elektrische Netzwerke

Im folgenden untersuchen wir die Strom- bzw. Spannungsverteilung in Netzwerken aus linearen Zweipol-Elementen (jeweils <u>ein</u> Eingang und <u>ein</u> Ausgang!). Ein Beispiel für ein solches Netzwerk zeigt Figur 4.5. Das Hilfsmittel der Vektor- bzw. Matrizenrechnung läßt sich dadurch heranziehen, daß man jedem Netzwerk einen <u>gerichteten und bewerteten Graphen</u> zuordnet[1] (s. auch Fig. 4.6):

Jedem Knotenpunkt des Netzwerkes entspricht eine <u>Ecke</u> des Graphen und jedem Leitungsstück (mit elektrischem Element) eine <u>Kante</u>, auch <u>Zweig</u> genannt. Aus dem Graphen wird ein <u>gerichteter</u> (<u>orientierter</u>) <u>Graph</u>, in dem auf jeder Kante (willkürlich) ein Anfangs- und ein Endpunkt ausgezeichnet wird (veranschaulicht durch einen Pfeil, der vom Anfangs- zum Endpunkt weist; s. auch Fig. 4.6). Die <u>Bewertung</u> erfolgt dadurch, daß jede Kante mit der dort auftretenden Stromstärke belegt wird und jede Ecke mit der dort auftretenden Spannung. Außerdem kennzeichnen wir die einzelnen geschlossenen Kantenzüge: die <u>Kreise</u> (oder <u>Maschen</u>).[2] Diese werden ebenfalls (beliebig) orientiert, etwa wie in Figur 4.6 gestrichelt dargestellt.

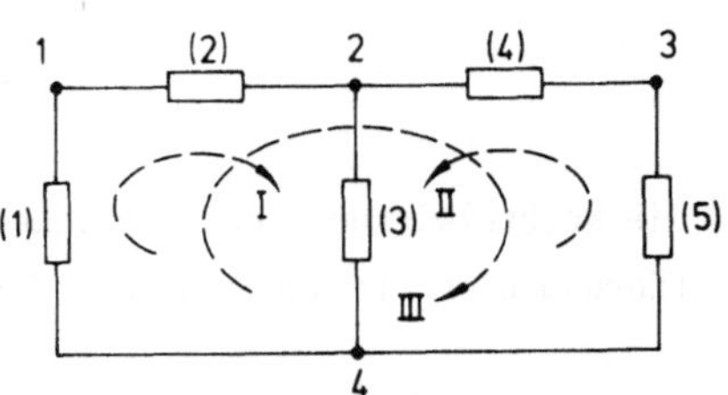

Fig. 4.5: Passives Netzwerk

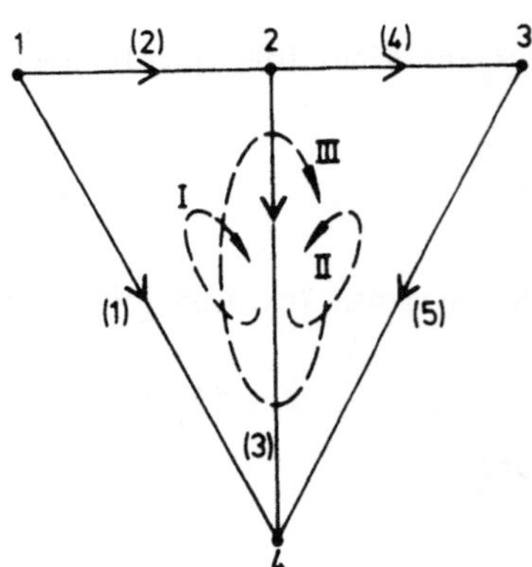

Fig. 4.6: Zugeordneter Graph

---

[1] Für weitergehende Untersuchungen auf der Grundlage der Graphentheorie s. z.B. [124] oder [126].

[2] keine Ecke darf mehrmals durchlaufen werden.

<u>Beispiel 4.1</u> Dem in Figur 4.5 skizzierten <u>passiven</u> Netzwerk[1] wird
der in Figur 4.6 dargestellte Graph zugeordnet. Dabei sind folgende
Numerierungen gewählt:

1,2,3,4	für die Ecken
(1),(2),(3),(4),(5)	für die Kanten
I,II,III	für die Kreise (Maschen).

Die in der Kante (m) auftretende Stromstärke, die i.a. von der Zeit t abhängt, bezeichnen wir mit $j_m(t)$. Für die der Ecke e zugeordnete Spannung schreiben wir $u_e(t)$. Eine Strom-Bilanz ergibt

$$
\begin{aligned}
\text{in 1:} \quad & j_1(t) + j_2(t) && = 0 \\
\text{in 2:} \quad & -j_2(t) + j_3(t) + j_4(t) && = 0 \\
\text{in 3:} \quad & -j_4(t) + j_5(t) = 0 \\
\text{in 4:} \quad & -j_1(t) \quad -j_3(t) \quad -j_5(t) = 0 .
\end{aligned}
\tag{4.30}
$$

Dabei haben wir ein positives Vorzeichen genommen, wenn die Richtung der
Kante von der jeweiligen Ecke wegweist. Im anderen Fall haben wir ein
negatives Vorzeichen gewählt.

Eine Spannungsbilanz ergibt

$$
\begin{aligned}
\text{in I:} \quad & -u_1(t) + u_2(t) + u_3(t) && = 0 \\
\text{in II:} \quad & u_3(t) - u_4(t) - u_5(t) = 0 \\
\text{in III:} \quad & -u_1(t) + u_2(t) \quad + u_4(t) + u_5(t) = 0
\end{aligned}
\tag{4.31}
$$

(positives Vorzeichen, wenn Kanten- und Maschenrichtung übereinstimmen,
sonst negatives Vorzeichen).

---

[1] Ein passives Netzwerk enthält keine Strom- bzw. Spannungsquellen.

Nun bilden wir die Koeffizienten-Matrizen von (4.30) bzw. (4.31):

$$
A := \begin{bmatrix} 1 & 1 & 0 & 0 & 0 \\ 0 & -1 & 1 & 1 & 0 \\ 0 & 0 & 0 & -1 & 1 \\ -1 & 0 & -1 & 0 & -1 \end{bmatrix} \quad \text{bzw.} \quad B := \begin{bmatrix} -1 & 1 & 1 & 0 & 0 \\ 0 & 0 & 1 & -1 & -1 \\ -1 & 1 & 0 & 1 & 1 \end{bmatrix}
$$

und führen folgende Vektoren (Bewertungen) ein:

$$
\underline{j}(t) := \begin{bmatrix} j_1(t) \\ j_2(t) \\ \vdots \\ j_5(t) \end{bmatrix} \quad , \quad \underline{u}(t) := \begin{bmatrix} u_1(t) \\ u_2(t) \\ \vdots \\ u_5(t) \end{bmatrix} \quad .
$$

Damit lassen sich die Gleichungen (4.30) bzw. (4.31), also die
Kirchhoff'schen[1] Strom- und Spannungsgesetze für unser elektrisches Netzwerk in Matrizenform schreiben:

$$
A\underline{j}(t) = \underline{0} \quad \text{bzw.} \quad B\underline{u}(t) = \underline{0} \tag{4.32}
$$

Übung 4.1 Für festes (zulässiges) t löse man die Gleichungssysteme (4.32)
(bzw. (4.30) und (4.31)). Man ermittle insbesondere alle linear unabhängigen
Strom- und Spannungsvektoren. Welchen Rang besitzen die Matrizen A und B?

Wir behandeln nun den allgemeinen Fall. Dabei gehen wir davon aus, daß
der gerichtete und bewertete Graph eines elektrischen Netzwerkes vorliegt.
Die folgenden Überlegungen verdeutlichen interessante Analogien zu den
ebenen Stabwerken, die wir im vorhergehenden Abschnitt betrachtet haben.
Zur Erfassung der Wechselwirkung der jeweiligen Ecken und Kanten auf die
gesamte Stromverteilung führen wir auch in diesem Fall eine Inzidenz-
Matrix ein:

---

[1] G.R. Kirchhoff (1824-1887), deutscher Physiker und Mathematiker.

<u>Definition 4.1</u> Ist $\mathcal{G}$ ein gerichteter Graph mit den Ecken $e_1, e_2, \ldots, e_m$ und den Kanten $k_1, k_2, \ldots, k_n$ $(e_i, k_\ell \in \mathbb{N})$, dann verstehen wir unter der <u>(Ecken-Kanten-)Inzidenz-Matrix</u> von $\mathcal{G}$ eine Matrix

$$A = [a_{i\ell}]$$

mit dem Format (m,n), wobei

$$a_{i\ell} := \begin{cases} +1, & \text{wenn } k_\ell \text{ den Anfangspunkt } e_i \text{ hat} \\ -1, & \text{wenn } k_\ell \text{ den Endpunkt } e_i \text{ hat} \\ 0, & \text{wenn } k_\ell \text{ die Ecken } e_i \text{ nicht trifft.} \end{cases}$$

Es sollen keine Kanten vorkommen, bei denen Anfangs- und Endpunkte übereinstimmen.

<u>Übung 4.2</u> Man bestätige, daß die Matrix A in Beispiel 4.1 auf diese Weise zustande kommt.

Die Bedeutung der Inzidenz-Matrix für das mit dem Graphen korrespondierende Netzwerk beruht darin, daß ein Vektor

$$\underline{j}(t) := \begin{bmatrix} j_1(t) \\ \vdots \\ j_n(t) \end{bmatrix}$$

genau dann die Zweigströme repräsentieren kann, wenn gilt

$$\boxed{A\underline{j}(t) = \underline{0}} \qquad \text{(Kirchhoff'sches Stromgesetz)} \quad (4.33)$$

für alle zulässigen t.

Einführung von Schnittmengenmatrizen.

Die in Definition 4.1 erklärte Inzidenz-Matrix A enthält i.a. auch überflüssige Reihen, d.h. die Zeilenvektoren von A sind linear abhängig. An Beispiel 4.1 sehen wir, daß <u>eine</u> Stromgleichung entbehrlich ist (s. Üb. 4.1). Unser Anliegen ist es, A durch eine Matrix C zu ersetzen, bei der

388

die überzähligen Reihen aus A entfernt sind, d.h. C soll nur linear unabhängige Zeilen enthalten. Zur Bestimmung von C ziehen wir einige
Begriffsbildungen aus der Graphentheorie heran. Wir verzichten dabei
auf die allgemeinen und präzisen Definitionen[1] und begnügen uns hier
damit, diese Begriffe auf anschaulicher Ebene und anhand von einfachen Beispielen zu verdeutlichen. Ist ein zusammenhängender Graph
vorgegeben (z.B. der in Fig. 4.6 dargestellte), so wird er zu einem
Baum, wenn wir gerade so viele Zweige aus dem Graphen entfernen, daß
die verbleibenden Zweige keine Kreise (Maschen) mehr bilden und der
Graph zusammenhängend bleibt. Der Graph aus Beispiel 4.1 enthält die
in Figur 4.7 durchgezogen gezeichneten Bäume.

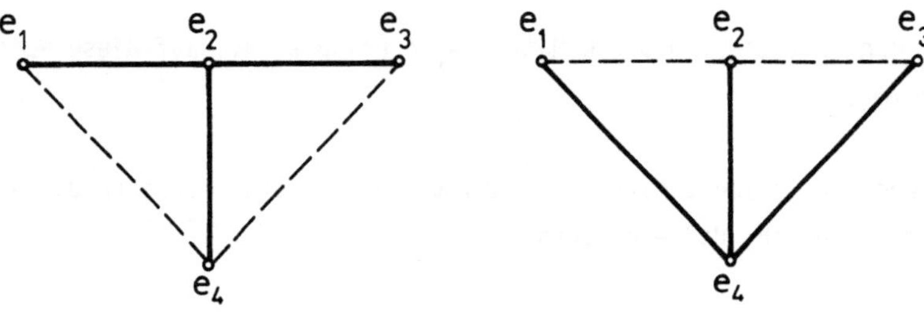

<u>Fig. 4.7</u>: Bäume eines Graphen

Im folgenden setzen wir stets voraus, daß der von uns betrachtete Graph
ein _ebener Graph_ ist (d.h. der Graph liegt in einer Ebene und zwei verschiedene Kanten können sich nicht schneiden, abgesehen von einer Ecke,
die beide gemeinsam haben).

Nun führen wir in einem Graphen "Schnitte" ein: Unter einem <u>Schnitt</u> verstehen wir eine Kurve C[2], die den Graphen und die Ebene, in der der Graph
liegt, in zwei Teile zerlegt. Dabei darf jeder Zweig (Kante) nur einmal

---

[1] diese finden sich z.B. in [127] oder [128].

[2] genauer: eine nicht geschlossene oder eine geschlossene Jordankurve
(s. hierzu Bd. IV).

geschnitten werden. Nun wählen wir aus dem Graphen einen Baum aus, der alle
Ecken des Graphen enthält. Ein Schnitt des Graphen heißt Fundamentalschnitt,
wenn er den gewählten Baum genau in einem Zweig des Baumes trifft. Der
durchschnittene Zweig des Baumes ist so orientiert, daß er in eine der
beiden Teilebenen weist. In jedem Punkt von C denken wir uns einen Pfeil
angebracht, der in diesen Teil der Ebene weist. In Figur 4.8 a) bis c) sind
Beispiele zur Erläuterung dieser Begriffsbildung gegeben:

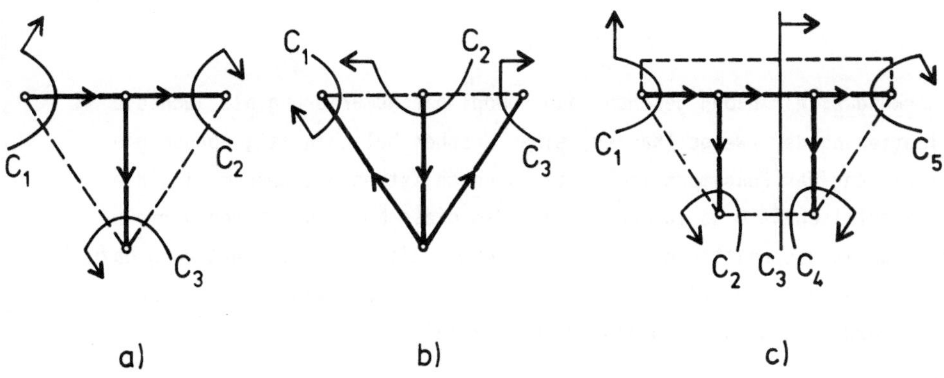

<u>Fig. 4.8</u>: Orientierte Fundamentalschnitte

<u>Definition 4.2</u> Sei $\mathcal{G}$ ein gerichteter Graph mit den Ecken $e_1,\ldots,e_m$ und
den Kanten $k_1,\ldots,k_n$. $\mathcal{B}$ sei ein Baum aus $\mathcal{G}$, der alle Ecken enthält. Ferner
seien $C_1,\ldots,C_s$ orientierte Fundamentalschnitte von $\mathcal{G}$, bezogen auf den
Baum $\mathcal{B}$. Dabei werde jede Kante des Baumes von genau einem Schnitt C_j durch-
schnitten. Die Kanten des Baumes $\mathcal{B}$ sind den Schnitten C_j auf diese Weise
umkehrbar eindeutig zugeordnet. Unter der <u>Schnittmengen-Matrix</u> von $\mathcal{G}$ verstehen wir die Matrix

$$C := [c_{pq}]$$

vom Format (s,n) mit

$$c_{pq} := \begin{cases} +1, & \text{wenn die Orientierungen von } k_q \text{ und } C_p \text{ übereinstimmen} \\ -1, & \text{wenn die Orientierungen von } k_q \text{ und } C_p \text{ entgegengesetzt sind} \\ 0, & \text{wenn sich } k_q \text{ und } C_p \text{ nicht schneiden.} \end{cases} \quad (4.34)$$

Bemerkung 1: Man kann zeigen, daß die mit dem Stromvektor $\underline{j} = [j_1,\ldots,j_n]^T$ gebildeten Gleichungen

$$A\underline{j}(t) = \underline{0} \quad \text{und} \quad C\underline{j}(t) = \underline{0}$$

"gleichwertig" sind, d.h. daß jedes $\underline{j}(t)$, welches die linke Gleichung erfüllt, auch die rechte Gleichung erfüllt und umgekehrt. (Der Beweis wird hier aus Platzgründen übergangen, da er weitere Überlegungen bez. des Ranges von Matrizen erfordert. An Hand der skizzierten Netzwerke leuchtet die Gleichwertigkeit der beiden Gleichungen aber ein.)

Bemerkung 2: Wir haben gesehen, daß sowohl die Numerierung als auch die Orientierung der Zweige (Kanten) eines Graphen beliebig ist; ebenso die Numerierung der Fundamentalschnitte. Dennoch ist es oft zweckmäßig, die Fundamentalschnitte so zu numerieren, daß diese Nummern mit den Nummern der jeweils geschnittenen Baumzweige übereinstimmen. Dies führt dann dazu, daß in C eine Einsmatrix auftritt und daher der Rang von C sofort abgelesen werden kann (s. nachfolgende Beispiele).

Beispiel 4.2 Wir betrachten wieder das Netzwerk aus Beispiel 4.1, wählen den Baum aus Figur 4.8 a) und gehen zur Numerierung und Orientierung der Fundamentalschnitte im Sinne von Bemerkung 2 vor:

Die Matrix A lautet in diesem Fall

$$A = \begin{bmatrix} 1 & 0 & 0 & 0 & 1 \\ -1 & 1 & 1 & 0 & 0 \\ 0 & 0 & -1 & -1 & 0 \\ 0 & -1 & 0 & 1 & -1 \end{bmatrix}.$$

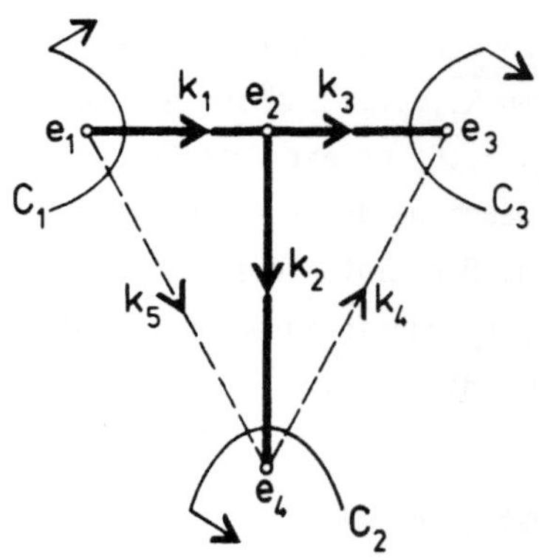

Fig. 4.9: Zur Bestimmung der Schnittmengen-Matrix C

Das Format von A ist $(m,n) = (4,5)$, ihr Rang ist 3 (vgl. Üb. 4.1). Nun bestimmen wir die Schnittmengen-Matrix C: Wegen (4.34) ergibt sich

$$C = [c_{pq}] = \begin{array}{c} \\ C_1 \\ C_2 \\ C_3 \end{array} \begin{array}{ccccc} k_1 & k_2 & k_3 & k_4 & k_5 \\ \left[\begin{array}{ccc|cc} 1 & 0 & 0 & 0 & 1 \\ 0 & 1 & 0 & -1 & 1 \\ 0 & 0 & 1 & 1 & 0 \end{array}\right] \end{array} = [E|F] \ . \qquad (4.35)$$

$$\underbrace{\qquad} = E \qquad \underbrace{\qquad} =: F$$

Wir erkennen: C besitzt im Gegensatz zu A das Format $(\widetilde{m},n) = (3,5)$ (eine überzählige Zeile in A ist entfernt!). Ihr Rang läßt sich aus (4.35) unmittelbar ablesen: $r = $ Rang $C = 3$. Nach Satz 3.36 d) ff., Abschnitt 3.6.1 besitzt daher die Kirchhoff'sche Stromgleichung

$$C\underline{j} = \underline{0} \ , \qquad \underline{j} = [j_1,\ldots,j_5]^T$$

genau $n-r = 5-3 = \underline{\underline{2}}$ linear unabhängige Lösungen. (Vgl. auch Übung 4.1).

<u>Beispiel 4.3</u> Wir legen den orientierten Graphen gemäß Figur 4.10 mit $m = 6$ Ecken und $n = 9$ Zweigen (Kanten) zugrunde und bestimmen eine geeignete Schnittmengen-Matrix. Hierzu wählen wir den in Figur 4.11 dargestellten Baum und die dort angegebenen orientierten Fundamentalschnitte.

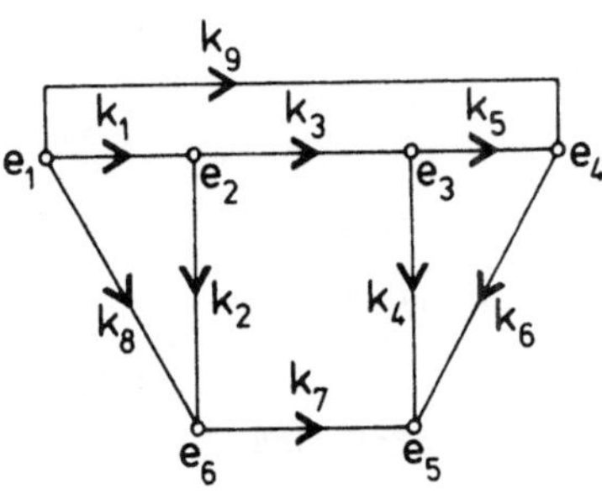

Fig. 4.10: Graph eines elektrischen Netzwerkes

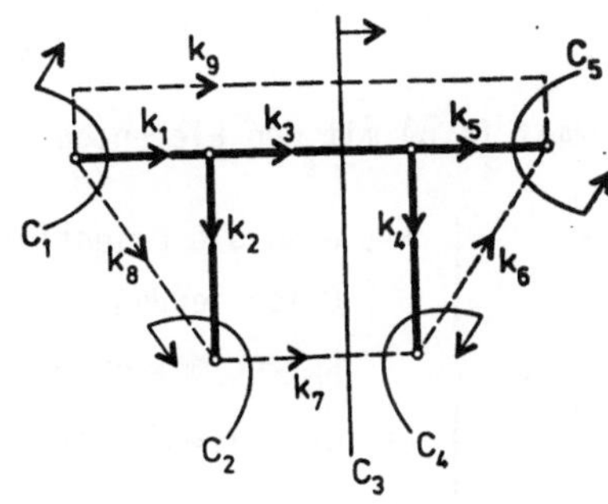

Fig. 4.11: Zugehöriger Baum mit orientierten Fundamentalschnitten

Aus Figur 4.11 ergibt sich wegen (4.34) die Schnittmengen-Matrix

$$
C = [c_{pq}] = \begin{array}{c} C_1 \\ C_2 \\ C_3 \\ C_4 \\ C_5 \end{array}
\left[
\begin{array}{ccccc|cccc}
1 & 0 & 0 & 0 & 0 & 0 & 0 & 1 & 1 \\
0 & 1 & 0 & 0 & 0 & 0 & -1 & 1 & 0 \\
0 & 0 & 1 & 0 & 0 & 0 & 1 & 0 & 1 \\
0 & 0 & 0 & 1 & 0 & -1 & 1 & 0 & 0 \\
0 & 0 & 0 & 0 & 1 & 1 & 0 & 0 & 1
\end{array}
\right]
$$

$$
\qquad k_1 \; k_2 \; k_3 \; k_4 \; k_5 \quad k_6 \; k_7 \; k_8 \; k_9
$$

vom Format $(\tilde{m},n) = (5,9)$ und dem Rang $r = 5$. Nach Abschnitt 3.6.1 besitzt daher
die Kirchhoff'sche Stromgleichung $C\underline{j} = \underline{0}$ genau $n-r = 9-5 = \underline{4}$ linear unabhängige Lösungsvektoren.

Bei der Kirchhoff'schen Maschengleichung (4.32)

$$
B\underline{u}(t) = \underline{0}
$$

ist eine analoge Vorgehensweise möglich: Die Maschen-Matrix B läßt sich
ebenfalls durch Elimination überzähliger Reihen "entrümpeln". Wir gehen
hierzu von einem gerichteten Graphen $\mathcal{G}$ mit den Ecken $e_1,\ldots,e_m$ und den
Kanten $k_1,\ldots,k_n$ aus. Außerdem wählen wir aus $\mathcal{G}$ einen Baum aus (durch
Entfernen entsprechender Kanten), der alle Ecken des Graphen enthält. Der
Graph bestehe aus den s Maschen (Kreisen) $\ell_1,\ldots,\ell_s$, denen wir die Orientierung der entfernten Kanten geben (s. Fig. 4.12). Nun bilden wir die
<u>Mascheninzidenz-Matrix</u>

$$
M := [\mu_{pq}] \tag{4.36}
$$

vom Format (s,n) mit den Elementen

$$
\mu_{pq} := \begin{cases}
+1, & \text{wenn die Orientierung der Masche } \ell_p \text{ mit der} \\
& \text{Orientierung der Kante } k_q \text{ übereinstimmt und} \\
& k_q \text{ zur Masche } \ell_p \text{ gehört} \\
-1, & \text{wenn diese Orientierungen entgegengesetzt sind} \\
0, & \text{wenn die Kante } k_q \text{ nicht zur Masche } \ell_p \text{ gehört.}
\end{cases} \tag{4.37}
$$

Die Kirchhoff'sche Maschengleichung lautet dann

$$M\underline{u}(t) = \underline{0} \; . \tag{4.38}$$

Diese Gleichung und die Maschengleichung $B\underline{u}(t) = \underline{0}$ sind gleichwertig; (4.38) enthält jedoch keine überzähligen Anteile mehr. Wir verdeutlichen die Konstruktion der Mascheninzidenz-Matrix anhand des in Beispiel 4.3 betrachteten Graphen. Unsere obigen Überlegungen führen zu der folgenden Figur 4.12:

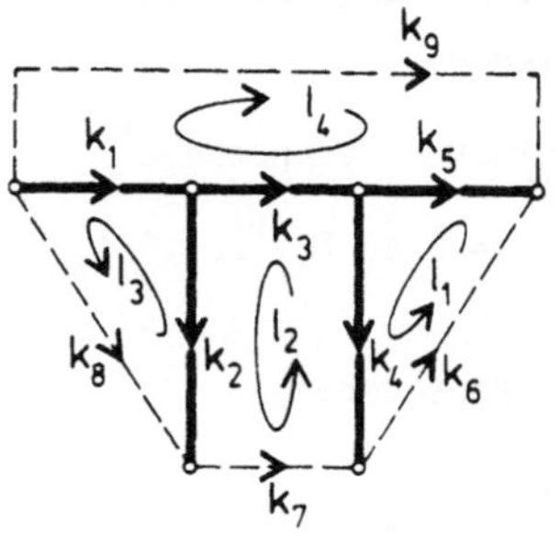

Fig. 4.12: Zur Bestimmung der
            Mascheninzidenz-Matrix M

Mit (4.37) erhalten wir daher

$$M = [\mu_{pq}] = \begin{array}{c} \\ \ell_1 \\ \ell_2 \\ \ell_3 \\ \ell_4 \end{array} \begin{array}{c} \begin{array}{ccccccccc} k_1 & k_2 & k_3 & k_4 & k_5 & k_6 & k_7 & k_8 & k_9 \end{array} \\ \left[\begin{array}{ccccc|cccc} 0 & 0 & 0 & 1 & -1 & 1 & 0 & 0 & 0 \\ 0 & 1 & -1 & -1 & 0 & 0 & 1 & 0 & 0 \\ -1 & -1 & 0 & 0 & 0 & 0 & 0 & 1 & 0 \\ -1 & 0 & -1 & 0 & -1 & 0 & 0 & 0 & 1 \end{array} \right] \end{array} = [-F^T | E].$$

$$\underbrace{}_{=: \; -F^{T \; 1)}} \qquad \underbrace{}_{= \; E}$$

Offensichtlich gilt: $r = \mathrm{Rang}\, M = 4$. Nach Abschnitt 3.6.1 besitzt daher die Gleichung $M\underline{u} = \underline{0}$ genau $n-r = 9-4 = \underline{5}$ linear unabhängige Spannungsvektoren als Lösung.

<u>Bemerkung</u>: Für ein (zusammenhängendes) Netzwerk mit m Knoten und n Zweigen läßt sich einfach nachweisen, daß die besprochenen Reduktionen auf

         m - 1   Stromgleichungen

und

         n - m + 1   Spannungs-(Maschen-)gleichungen

[1)] Wir verwenden hier die in der Technik übliche Bezeichnung.

394

führen. Die von uns betrachteten Beispiele bestätigen dies (prüfen!).

<u>Zweigströme und Zweigspannungen bei vorgegebener Belastung.</u>

Wir wenden uns nun dem eigentlichen Anliegen der Netzwerkanalyse zu: der
Bestimmung von Zweigströmen und -spannungen bei bekannter Belastung. Zur
Vereinfachung nehmen wir an, daß diese zu $e^{i\omega t}$ proportional ist (i: Imagi-
näre Einheit). Für die passiven elektrischen Elemente führen wir die folgenden Matrizen ein

1. Für die <u>Ohm</u>schen Widerstände[1]

$$R := \text{Diag } [R_1,\ldots,R_\alpha].$$
(4.39)

2. Für die Kondensatoren

$$C^{-1} := \text{Diag } \left[\frac{1}{C_{\alpha+1}}, \ldots, \frac{1}{C_{\alpha+\beta}}\right].$$
(4.40)

3. Für die Spulen

$$L := \begin{bmatrix} L_{\alpha+\beta+1,\alpha+\beta+1} & \cdots & L_{\alpha+\beta+1,\gamma} \\ \vdots & & \vdots \\ L_{\gamma,\alpha+\beta+1} & \cdots & L_{\gamma\gamma} \end{bmatrix}.$$
(4.41)

Hierbei bezeichnen R_i die Ohmschen Widerstände, C_i die Kapazitäten und L_{ik}
die Induktivitäten der im Netzwerk vorhandenen elektrischen Elemente.
Matrix (4.41) ist symmetrisch: $L_{ik} = L_{ki}$ und bringt zum Ausdruck, daß
Wechselwirkungen zwischen den Spulen angenommen werden.

Wir fassen diese Matrizen durch direkte Summenbildung zur <u>Impedanz-Matrix</u>

$$\boxed{Z := R \oplus \left(\frac{1}{i\omega}\, C^{-1}\right) \oplus (i\omega L)}$$
(4.42)

zusammen.

---
[1] Georg Simon Ohm (1789-1854), deutscher Experimentalphysiker.

<u>Beispiel 4.4</u> Für das in Figur 4.13 skizzierte Netzwerk

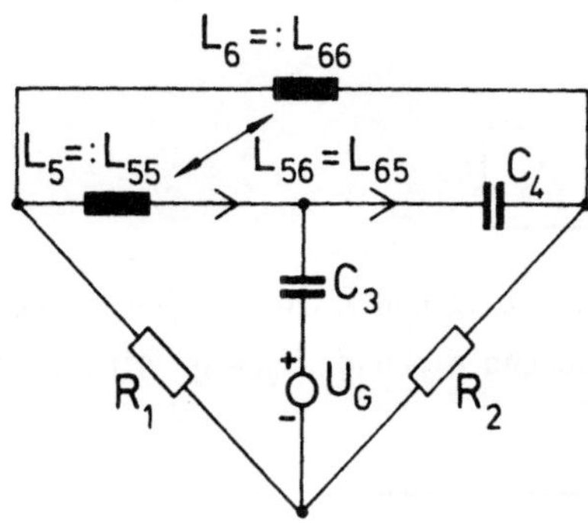

Fig. 4.13: Elektrisches Netzwerk bei Belastung

ergibt sich mit (4.42) die Impedanz-Matrix

$$
Z = \begin{bmatrix}
R_1 & 0 & 0 & 0 & 0 & 0 \\
0 & R_2 & 0 & 0 & 0 & 0 \\
0 & 0 & \dfrac{1}{i\omega C_3} & 0 & 0 & 0 \\
0 & 0 & 0 & \dfrac{1}{i\omega C_4} & 0 & 0 \\
0 & 0 & 0 & 0 & i\omega L_5 & i\omega L_{56} \\
0 & 0 & 0 & 0 & i\omega L_{65} & i\omega L_6
\end{bmatrix} .
$$

Mit Hilfe der durch (4.42) erklärten Impedanz-Matrix Z läßt sich das Ohmsche Gesetz in verallgemeinerter Form angeben:

$$
\underline{u} - \underline{u}_G = Z(\underline{j} - \underline{j}_G) \tag{4.43}
$$

396

Hierbei weist der Index G auf Quellgrößen (Strom- bzw. Spannungsquellen)
hin. Die zu Z inverse Matrix (man nennt sie Admittanz-Matrix) bezeichnet
man mit Y. Multipliziert man (4.43) von links mit Y, so ergibt sich die
Beziehung

$$\underline{j} - \underline{j}_G = Y(\underline{u} - \underline{u}_G) \tag{4.44}$$

Bezeichne C wieder die Schnittmengen-Matrix und M die Mascheninzidenz-
Matrix. Setzen wir (4.43) in die Maschengleichung $M\underline{u} = \underline{0}$ ein, so stehen
uns mit

$$C\underline{j} = \underline{0} \quad \text{und} \quad MZ\underline{j} = M(Z\underline{j}_G - \underline{u}_G) \tag{4.45}$$

genau so viele Gleichungen zur Verfügung, wie wir zur Berechnung des
Stromvektors $\underline{j}$ benötigen.

Übung 4.3 Bestimme die Stromverteilung für das in Figur 4.13 dargestellte
Netzwerk.

4.2 ROBOTER-BEWEGUNG

4.2.1 Einführende Betrachtungen

Wir gehen von einer endlichen Menge von Segmenten (Gliedern) im $\mathbb{R}^3$ aus, die durch gewisse Gelenke paarweise miteinander verbunden sind und eine offene Kette (einen Verbund), etwa gemäß Figur 4.14, bilden. Dabei setzen wir voraus, daß es sich bei diesen Segmenten um starre Körper handelt, d.h. daß sich der Abstand von beliebigen Segmentpunkten bei einer Bewegung des Segmentes nicht ändert. Das eine Ende dieses Verbundes ist durch die raumfeste Basis gegeben, während sich am anderen Ende der Greifer be-befindet.
Die Bewegungsmöglichkeiten des Roboters hängen von der Art der Verbindungen der einzelnen Segmente ab und setzen sich im allgemeinen aus Translations- und aus Drehbewegungen zusammen.

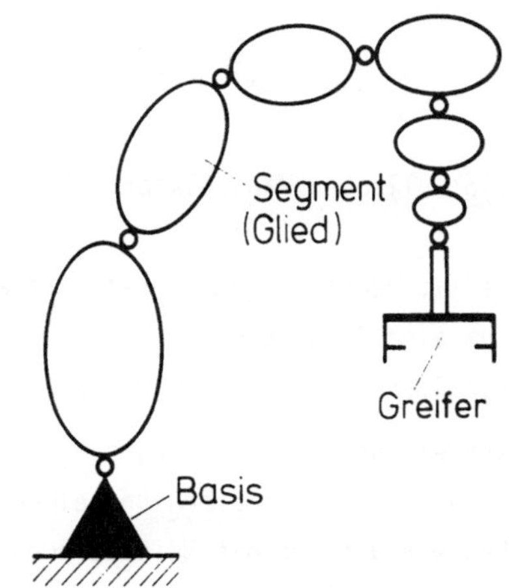

Fig. 4.14: Modell-Roboter

Beispiele für mögliche technische Realisierungen zeigen die Figuren 4.15 und 4.16 in schematischer Darstellung. Eine weitere Realisierung ist durch den E-2-manipulator gegeben (s. Fig. 4.21 am Ende von Abschn. 4.2.2).[1]

---

[1] Zahlreiche weitere Beispiele finden sich z.B. in [121] und in [123].

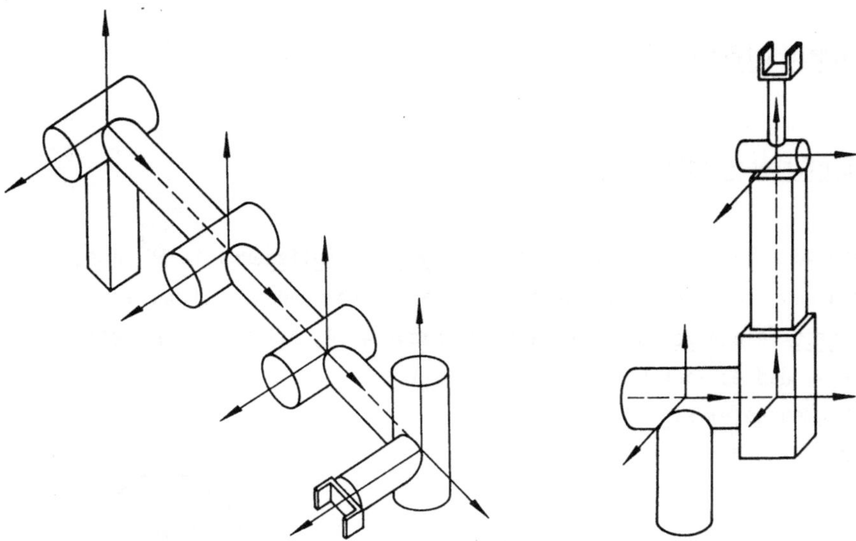

Fig. 4.15: Ellbogen-Manipulator   Fig. 4.16: Stanford-Manipulator

Bauteile mit rechteckigem Querschnitt weisen darauf hin, daß keine Drehungen um eine Achse senkrecht zum Querschnitt durchführbar sind; anders
bei denjenigen mit kreisförmigem Querschnitt, die solche Drehungen gestatten.

Die Beschreibung möglicher Bewegungsformen des Roboters beinhaltet zwei
Aspekte: einen kinematischen und einen dynamischen. Im folgenden be-
schränken wir uns auf die Untersuchung einiger einfacher kinematischer
Fragestellungen, also auf solche, die die Geometrie der Bewegungen des
Roboters zum Gegenstand haben.
Die Voraussetzung, daß die einzelnen Roboter-Segmente als starre Körper aufgefaßt werden, hat zur Folge, daß sich der Übergang von einer Segmentlage
in eine andere (s. Fig. 4.17) mit Hilfe von abstandserhaltenden Abbildungen
(s. Abschn. 3.5.3) beschreiben läßt. Nach Satz 3.37 setzt sich eine solche
Abbildung aus einer Drehung[1] (ihr entspricht eine orthogonale Matrix) und
einer Parallelverschiebung (durch einen Vektor berücksichtigt) zusammen
(s. Fig. 4.18).

---

[1] vgl. hierzu: "Axiale Drehungen" in Abschn. 3.9.3.

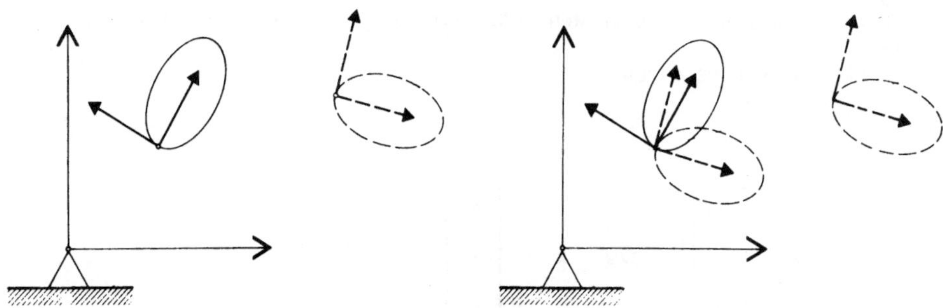

Fig. 4.17: Bewegung eines
            Starrkörper-Segmentes

Fig. 4.18: Zusammensetzung einer Starr-
            körperbewegung aus Drehung
            und Parallelverschiebung

4.2.2 Kinematik eines (n+1)-gliedrigen Roboters

<u>1</u>. Zusammenhang zweier benachbarter Segmente.

Wir betrachten die in Figur 4.19
dargestellte Situation. Mit zwei
benachbarten Segmenten verbunden
sei jeweils ein körperfestes
Bezugssystem[1]

$\langle 0, \underline{e}_1, \underline{e}_2, \underline{e}_3 \rangle$
bzw.
$\langle 0', \underline{e}_1', \underline{e}_2', \underline{e}_3' \rangle$.

Dabei sind $\langle \underline{e}_1, \underline{e}_2, \underline{e}_3 \rangle$ und
$\langle \underline{e}_1', \underline{e}_2', \underline{e}_3' \rangle$ Orthonormalbasen
im $\mathbb{R}^3$ und überdies Rechts-
systeme (s. Abschn. 1.2.4).
Ferner sind 0 und 0' die
Ursprünge

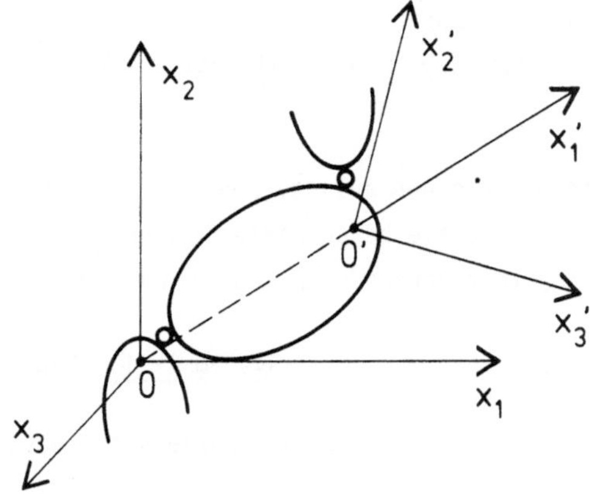

Fig. 4.19: Zwei benachbarte Segmente

---

[1] Da wir von starren Körpern ausgehen, ist die Gestalt der Segmente für
deren Bewegung ohne Bedeutung. Es genügt, die Zuordnungen der beiden
Koordinatensysteme zu betrachten.

400

(Nullpunkte) des jeweiligen Koordinatensystems. Ein Punkt P des dreidimensionalen Raumes wird im ersten Koordinatensystem durch den Ortsvektor
$\underline{x} = \sum\limits_{i=1}^{3} x_i \underline{e}_i$, im zweiten durch den Ortsvektor $\underline{x}' = \sum\limits_{i=1}^{3} x_i' \underline{e}_i'$, beschrieben.
Wir drücken dies kurz durch

$$\underline{x} = \begin{bmatrix} x_1 \\ x_2 \\ x_3 \end{bmatrix} \quad \text{bzw.} \quad \underline{x}' = \begin{bmatrix} x_1' \\ x_2' \\ x_3' \end{bmatrix}$$

aus.

Mit Hilfe von Abschnitt 3.9.7, Beziehung (3.378):

$$\underline{x} = A^T \underline{x}' + \underline{b} \tag{4.46}$$

lassen sich die Koordinaten von $\underline{x}'$ in die Koordinaten von $\underline{x}$ umrechnen. Dabei beschreibt der Vektor $\underline{b}$ die Position des Ursprungs $0'$ von System $<0';x_1',x_2',x_3'>$ in den Koordinaten von Sytem $<0\ ;x_1,x_2,x_3>$. Matrix A^T (die zur Übergangsmatrix A transponierte Matrix) beschreibt die Drehung des in den Ursprung 0 von System $<0\ ;x_1,x_2,x_3>$ parallel verschobenen Systems $<0';x_1',x_2',x_3'>$ in die mit System $<0\ ;x_1,x_2,x_3>$ zur Deckung gebrachte Lage.

Wir greifen nun aus dem Segment-Verbund S_0 (Basis), $S_1,S_2,\ldots,S_n$ (Greifer) zwei beliebige benachbarte Segmente heraus: S_{k-1},S_k. Die mit ihnen (wie oben) körperfest verbundenen Koordinatensysteme bezeichnen wir jetzt kurz mit

$$\underline{\text{System (k-1)}} \quad \text{bzw.} \quad \underline{\text{System k}} \ . \tag{4.47}$$

Die (4.46) entsprechende Beziehung lautet jetzt

$$\underline{x}_{k-1} = A_k \underline{x}_k + \underline{b}_k. \tag{4.48}$$

Dabei haben wir für die zugehörige Matrix einfach die Schreibweise A_k (also ohne Transpositionszeichen!) benutzt und uns damit einer in der <u>Robotik</u> (= Robotertheorie) üblichen Bezeichnung angepaßt.

Durch (4.48) läßt sich die Lage von Segment S_k (genauer: das mit S_k verbundene System k) in den Koordinaten von System (k-1) ausdrücken, also durch die "Bestimmungsstücke" A_k und $\underline{b}_k$, die wir zu einem P̲a̲a̲r̲

$$(A_k, \underline{b}_k) \tag{4.49}$$

zusammenfassen.

Für die Verkettung aller Segmente, bei der n Abbildungen der Form (4.48) hintereinandergeschaltet werden müssen, erweist sich der "Verschiebungsanteil" $\underline{b}_k$ als ungünstig. Daher hat sich in der Robotik eine Vorgehensweise eingebürgert, bei der anstelle der Paare $(A_k, \underline{b}_k)$, bestehend aus den Matrizen $A_k \in \mathrm{Mat}(3;\mathbb{R})$ und den Vektoren $\underline{b}_k \in \mathbb{R}^3$, aus A_k und $\underline{b}_k$ gebildete g̲r̲ö̲ß̲e̲r̲f̲o̲r̲m̲a̲t̲i̲g̲e̲ ̲M̲a̲t̲r̲i̲z̲e̲n̲ konstruiert werden. Um den Aufbau dieser Matrizen zu erläutern, gehen wir von einem Paar $(A, \underline{b})$ aus. Mit

$$A = \begin{bmatrix} a_{11} & a_{12} & a_{13} \\ a_{21} & a_{22} & a_{23} \\ a_{31} & a_{32} & a_{33} \end{bmatrix}, \quad \underline{b} = \begin{bmatrix} b_1 \\ b_2 \\ b_3 \end{bmatrix}, \quad \underline{0} = \begin{bmatrix} 0 \\ 0 \\ 0 \end{bmatrix}$$

bilden wir eine neue Matrix T nach folgendem Muster:

$$T := \begin{bmatrix} A & \underline{b} \\ \underline{0}^T & 1 \end{bmatrix} = \begin{bmatrix} a_{11} & a_{12} & a_{13} & | & b_1 \\ a_{21} & a_{22} & a_{23} & | & b_2 \\ a_{31} & a_{32} & a_{33} & | & b_3 \\ \hline 0 & 0 & 0 & | & 1 \end{bmatrix}. \tag{4.50}$$

Wir beachten: T ist aus $\mathrm{Mat}(4;\mathbb{R})$!

Liegt nun die inhomogene Gleichung

$$\underline{x} = A\underline{x}' + \underline{b} \tag{4.51}$$

vor, so läßt sich diese in eine ("erweiterte") h̲o̲m̲o̲g̲e̲n̲e̲ Gleichung umformen: Hierzu erweitern wir die Vektoren

$$\underline{x} = \begin{bmatrix} x_1 \\ x_2 \\ x_3 \end{bmatrix} \qquad \text{bzw.} \qquad \underline{x}' = \begin{bmatrix} x_1' \\ x_2' \\ x_3' \end{bmatrix} \qquad (4.52)$$

zu Vektoren $\overset{*}{\underline{x}}$ bzw. $\overset{*}{\underline{x}}'$ aus $\mathbb{R}^4$, indem wir ihre vierte Koordinate 1 setzen:

$$\overset{*}{\underline{x}} = \begin{bmatrix} \underline{x} \\ \\ 1 \end{bmatrix} = \begin{bmatrix} x_1 \\ x_2 \\ x_3 \\ 1 \end{bmatrix} \quad \text{bzw.} \quad \overset{*}{\underline{x}}' = \begin{bmatrix} \underline{x}' \\ \\ 1 \end{bmatrix} = \begin{bmatrix} x_1' \\ x_2' \\ x_3' \\ 1 \end{bmatrix} . \qquad (4.53)$$

Legen wir jetzt unseren Betrachtungen die <u>homogene</u> Gleichung

$$\overset{*}{\underline{x}} = T\overset{*}{\underline{x}}' \qquad (4.54)$$

zugrunde, so sehen wir, daß sie die ursprüngliche inhomogene Gleichung (4.51) "enthält": Wir bestimmen zunächst $T\overset{*}{\underline{x}}'$ als Produkt einer Block-Matrix mit einem Vektor (Formel (3.31), Abschnitt 3.2.4 gilt hier entsprechend!):

$$T\overset{*}{\underline{x}}' = \begin{bmatrix} A & \underline{b} \\ \underline{0}^T & 1 \end{bmatrix} \begin{bmatrix} \underline{x}' \\ 1 \end{bmatrix} = \begin{bmatrix} A\underline{x}' + \underline{b} \\ 1 \end{bmatrix} .$$

Damit lautet (4.54)

$$\begin{bmatrix} \underline{x} \\ 1 \end{bmatrix} = \begin{bmatrix} A\underline{x}' + \underline{b} \\ 1 \end{bmatrix} ,$$

d.h. die ersten drei "Koordinaten-Gleichungen" in (4.54) liefern gerade (4.51).

<u>2</u>. Verkettung aller Verbund-Segmente

Unser Modell-Roboter bestehe aus einem Verbund von (n+1) Segmenten ($n \in \mathbb{N}$): $S_0, S_1, \ldots, S_n$. Segment S_1 sei mit der Basis S_0 verbunden und an S_n befinde sich der Greifer. Mit jedem Segment S_k (k = 1,...,n) sei wieder ein körperfestes Koordinatensystem: System k (s. Teil 1) verbunden. Der Roboter-Basis S_0 weisen wir den Koordinatenursprung 0 und die Standardbasis $\langle \underline{e}_1, \underline{e}_2, \underline{e}_3 \rangle$ zu.

Wir wollen nun das Zusammenwirken aller Verbund-Segmente, beginnend bei der Basis S_0 des Roboters, beschreiben. Der Zusammenhang zwischen der Basis S_0 und dem Segment S_1 ist nach unseren vorhergehenden Überlegungen mit den dort verwendeten Bezeichnungen

$$\text{durch das Paar} \quad (A_1, \underline{b}_1)$$

bzw.

$$\text{durch die erweiterte Matrix} \quad T_1 = \begin{bmatrix} A_1 & \underline{b}_1 \\ \underline{0}^T & 1 \end{bmatrix}$$

hergestellt, genauer: die Lage des mit S_1 verbundenen Systems 1 bezogen auf das mit der Basis S_0 verbundenen Systems 0.

Nun nehmen wir ein weiteres Segment hinzu: S_2. Die Lage von S_2 bezogen auf System 1 wird durch

$$\underline{x}_1 = A_2 \underline{x}_2 + \underline{b}_2 , \tag{4.55}$$

also durch das Paar $(A_2, \underline{b}_2)$ ausgedrückt; die Lage von S_1 bezogen auf System 0 durch

$$\underline{x} = A_1 \underline{x}_1 + \underline{b}_1 , \tag{4.56}$$

also durch das Paar $(A_1, \underline{b}_1)$. Setzen wir (4.55) in (4.56) ein, schalten wir also die durch (4.55) und (4.56) erklärten Abbildungen hintereinander, so ergibt sich für die Lage von S_2 bezogen auf System 0

$$\underline{x} = A_1 (A_2 \underline{x}_2 + \underline{b}_2) + \underline{b}_1 = A_1 A_2 \underline{x}_2 + A_1 \underline{b}_2 + \underline{b}_1 . \tag{4.57}$$

Dem Verbund der Segmente S_0, S_1, S_2 entspricht also das Paar

$$(A_1 A_2, \; A_1 \underline{b}_2 + \underline{b}_1) \tag{4.58}$$

bzw. die erweiterte Matrix

$$\begin{bmatrix} A_1 A_2 & A_1 \underline{b}_2 + \underline{b}_1 \\ \underline{0}^T & 1 \end{bmatrix} . \tag{4.59}$$

Bilden wir das Produkt der Block-Matrizen

$$T_1 = \begin{bmatrix} A_1 & \underline{b}_1 \\ \underline{0}^T & 1 \end{bmatrix}, \quad T_2 = \begin{bmatrix} A_2 & \underline{b}_2 \\ \underline{0}^T & 1 \end{bmatrix}$$

mit Hilfe von Formel (3.31), Abschnitt 3.4.2:

$$T_1 T_2 = \begin{bmatrix} A_1 & \underline{b}_1 \\ \underline{0}^T & 1 \end{bmatrix} \begin{bmatrix} A_2 & \underline{b}_2 \\ \underline{0}^T & 1 \end{bmatrix} = \begin{bmatrix} A_1 A_2 & A_1 \underline{b}_2 + \underline{b}_1 \\ \underline{0}^T & 1 \end{bmatrix} ,$$

so zeigt ein Vergleich dieser Beziehung mit (4.59), daß die Matrix (4.59) gerade durch $T_1 T_2$ gegeben ist. Hier zeigt sich deutlich der Vorteil des Arbeitens mit erweiterten Matrizen:

> Der Hinzufügung eines weiteren Segmentes S_k entspricht die Block-multiplikation von rechts mit T_k.

Mittels vollständiger Induktion ergibt sich (wir überlassen diesen einfachen Nachweis dem Leser):

> Das Zusammenwirken der $(n+1)$ Verbund-Segmente S_0 (Basis), $S_1,\ldots,S_n$ (Greifer) eines $(n+1)$-gliedrigen Modell-Roboters wird durch die erweiterte Matrix
>
> $$T := T_1 T_2 \cdots T_n$$
>
> $$= \begin{bmatrix} A_1 A_2 \cdots A_n & A_1 A_2 \cdots A_{n-1} \underline{b}_n + \cdots + A_1 \underline{b}_2 + \underline{b}_1 \\ \underline{0}^T & 1 \end{bmatrix} \tag{4.60}$$
>
> beschrieben.

<u>Bemerkung 1</u>: Mit Hilfe von Matrix (4.60) lassen sich Lage und Orientierung des mit dem Greifer S_n verbundenen Koordinatensystems n unter Berücksichtigung der Verkettung aller Roboter-Segmente in den Koordinaten des mit der Basis S_0 verbundenen Koordinatensystems 0 ausdrücken: Durch

$$A_1 A_2 \ldots A_n$$

wird die Drehung und durch

$$A_1 A_2 \ldots A_{n-1}\underline{b}_n + \ldots + A_1 A_2 \underline{b}_3 + A_1 \underline{b}_2 + \underline{b}_1$$

die Verschiebung von System n in Bezug auf das System 0 berücksichtigt.

<u>Bemerkung 2</u>: Die in (4.60) auftretenden Matrizen A_k und Vektoren $\underline{b}_k$ (k = 1,...,n) hängen von der <u>Bauart</u> des Roboters ab. Sind sie bekannt, so ist T und damit die Kinematik des Roboters festgelegt.

Wir verdeutlichen unsere Überlegungen an einem in den Anwendungen häufig auftretenden

Spezialfall

Gegeben sei wieder ein (n+1)-gliedriger Roboter. Die Gelenkverbindung zwischen Segment S_{k-1} und S_k (k = 2,...,n) besitze jeweils nur <u>einen</u> <u>Freiheitsgrad</u> der Bewegung, die Basis S_0 <u>keinen</u>. Dies hat zur Folge, daß der Roboter insgesamt n Freiheitsgrade der Bewegung hat. Die Bewegungen der einzelnen Segmente können aus Drehbewegungen um eine feste Achse oder aus Translationen bestehen. Wie oben sei mit jedem Segment S_k ein Koordinatensystem k fest verbunden, dessen Lage und Orientierung das Segment fixieren. Für unser Beispiel verwenden wir Koordinatensysteme nach der Denavit-Hartenberg-Konvention[1] gemäß Figur 4.20. Diese benutzt zur Beschreibung der Lage von S_k vier Parameter: die Abstände a_k, d_k und die Winkel α_k, θ_k. Führt S_k eine <u>Rotation</u> aus, so sind a_k, d_k und α_k konstant, während θ_k variabel ist. Bei <u>Trans</u>-

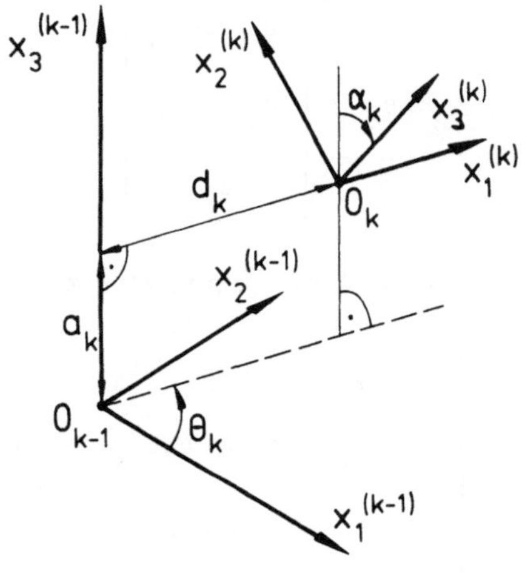

Fig. 4.20: Festlegung der Koordinatensysteme

---

[1] s. z.B. [121], p. 110

<u>lation</u> sind a_k, α_k und θ_k fest, aber d_k variabel. Lage und Orientierung der Koordinatenachsen von System k bezüglich System (k-1) (ohne Berücksichtigung der Parallelverschiebung $\overrightarrow{O_{k-1}O_k}$) sind durch die Winkel α_k und θ_k festgelegt, genauer: durch die "Richtungscosinus-Matrix"

$$A_k = \begin{bmatrix} \cos\theta_k & -\cos\alpha_k \sin\theta_k & \sin\alpha_k \sin\theta_k \\ \sin\theta_k & \cos\alpha_k \cos\theta_k & -\sin\alpha_k \cos\theta_k \\ 0 & \sin\alpha_k & \cos\alpha_k \end{bmatrix} \qquad (4.61)$$

$$(k = 1,\ldots,n).$$

Sie beschreibt die Drehung von Segment S_k in Bezug auf System (k-1). Nach unseren vorhergehenden Überlegungen erhalten wir bei Zusammenwirken von $S_0, S_1, \ldots, S_{k-1}, S_k, \ldots, S_n$ für das Segment S_n (Greifer), bezogen auf das mit der Basis S_0 verbundene Koordinatensystem die Richtungscosinus-Matrix

$$A_1 A_2 \ldots A_n. \qquad (4.62)$$

Wir haben noch die Translationen zu berücksichtigen: Sei wieder

$$\underline{b}_k = \overrightarrow{O_{k-1}\,O_k} \qquad (k = 1,\ldots,n). \qquad (4.63)$$

Die Koordinaten dieser Vektoren lauten im System (k-1) (vgl. Fig. 4.20):

$$\underline{b}_k = \begin{bmatrix} d_k \cos\theta_k \\ d_k \sin\theta_k \\ a_k \end{bmatrix}. \qquad (4.64)$$

Damit ergeben sich die erweiterten Matrizen T_k zu

$$T_k = \begin{bmatrix} \cos\theta_k & -\cos\alpha_k \sin\theta_k & \sin\alpha_k \sin\theta_k & d_k \cos\theta_k \\ \sin\theta_k & \cos\alpha_k \cos\theta_k & -\sin\alpha_k \cos\theta_k & d_k \sin\theta_k \\ 0 & \sin\alpha_k & \cos\alpha_k & a_k \\ 0 & 0 & 0 & 1 \end{bmatrix} \cdot \qquad (4.65)$$

$$(k = 1,\ldots,n).$$

Die Bewegung von Segment S_n (Greifer) bezüglich des mit der Basis S_0 verbundenen Koordinatensystems kann dann wegen (4.60) mit Hilfe der Matrix

$$T = T_1 T_2 \cdots T_n \tag{4.66}$$

beschrieben werden. Die Beziehungen (4.65) und (4.66) definieren somit die Kinematik des betrachteten Roboters.

<u>Beispiel 4.5</u> Gegeben sei ein dreigliedriger Roboter: S_0, S_1, S_2. Die Lage von S_1 bezüglich S_0 sei durch die vier Parameter

$$a_1 = 0, \; d_1 = 1, \; \alpha_1 = 90°, \; \theta_1 = 0°$$

festgelegt, die Lage von S_2 bezüglich S_1 durch

$$a_2 = 1, \; d_2 = 1, \; \alpha_2 = 0°, \; \theta_2 = 45°.$$

Mit (4.65) ergeben sich dann die Matrizen

$$T_1 = \begin{bmatrix} 1 & 0 & 0 & 1 \\ 0 & 0 & -1 & 0 \\ 0 & 1 & 0 & 0 \\ 0 & 0 & 0 & 1 \end{bmatrix}, \; T_2 = \begin{bmatrix} \frac{1}{2}\sqrt{2} & -\frac{1}{2}\sqrt{2} & 0 & \frac{1}{2}\sqrt{2} \\ \frac{1}{2}\sqrt{2} & \frac{1}{2}\sqrt{2} & 0 & \frac{1}{2}\sqrt{2} \\ 0 & 0 & 1 & 1 \\ 0 & 0 & 0 & 1 \end{bmatrix}.$$

Die Lage von S_2 bezogen auf das mit S_0 verbundene Koordinatensystem wird nach (4.66) durch

$$T = T_1 T_2 = \left[\begin{array}{ccc|c} \frac{1}{2}\sqrt{2} & -\frac{1}{2}\sqrt{2} & 0 & \frac{1}{2}\sqrt{2} + 1 \\ 0 & 0 & -1 & -1 \\ \frac{1}{2}\sqrt{2} & \frac{1}{2}\sqrt{2} & 0 & \frac{1}{2}\sqrt{2} \\ \hline 0 & 0 & 0 & 1 \end{array} \right] \tag{4.67}$$

beschrieben: Wie bisher kennzeichnen wir die mit S_0, S_1, S_2 körperfest verbundenen Koordinatensysteme durch

$$< 0; \underline{e}_1, \underline{e}_2, \underline{e}_3 >, \; < 0_1; \underline{e}_1^{(1)}, \underline{e}_2^{(1)}, \underline{e}_3^{(1)} >, \; < 0_2; \underline{e}_1^{(2)}, \underline{e}_2^{(2)}, \underline{e}_3^{(2)} >.$$

408

Der Koordinatenursprung O_2, bezogen auf System $< 0;\underline{e}_1,\underline{e}_2,\underline{e}_3>$ ist dann wegen (4.67) durch

$$O_2 = \left(\tfrac{1}{2}\sqrt{2} + 1,\ -1,\ \tfrac{1}{2}\sqrt{2}\right) \qquad (4.68)$$

gegeben. Die Basisvektoren $\underline{e}_1^{(2)},\underline{e}_2^{(2)},\underline{e}_3^{(2)}$ beschreiben im System $< O_2;\underline{e}_1^{(2)},\underline{e}_2^{(2)},\underline{e}_3^{(2)}>$ drei Punkte: P_1,P_2,P_3. Die Koordinaten dieser Punkte im System $< 0;\underline{e}_1,\underline{e}_2,\underline{e}_3>$ ergeben sich wie folgt: Gehen wir von den erweiterten Basisvektoren

$$\overset{*}{\underline{e}}{}_1^{(2)} = \begin{bmatrix} \underline{e}_1^{(2)} \\ \\ 1 \end{bmatrix} = \begin{bmatrix} 1 \\ 0 \\ 0 \\ 1 \end{bmatrix},\
\overset{*}{\underline{e}}{}_2^{(2)} = \begin{bmatrix} \underline{e}_2^{(2)} \\ \\ 1 \end{bmatrix} = \begin{bmatrix} 0 \\ 1 \\ 0 \\ 1 \end{bmatrix},\
\overset{*}{\underline{e}}{}_3^{(2)} = \begin{bmatrix} \underline{e}_3^{(2)} \\ \\ 1 \end{bmatrix} = \begin{bmatrix} 0 \\ 0 \\ 1 \\ 1 \end{bmatrix}$$

aus und bestimmen wir mit (4.67)

$$T\overset{*}{\underline{e}}{}_1^{(2)} = \begin{bmatrix} \sqrt{2}+1 \\ -1 \\ \sqrt{2} \\ \hline 1 \end{bmatrix},\
T\overset{*}{\underline{e}}{}_2^{(2)} = \begin{bmatrix} 1 \\ -1 \\ \sqrt{2} \\ \hline 1 \end{bmatrix},\
T\overset{*}{\underline{e}}{}_3^{(2)} = \begin{bmatrix} \tfrac{1}{2}\sqrt{2}+1 \\ -2 \\ \tfrac{1}{2}\sqrt{2} \\ \hline 1 \end{bmatrix}, \qquad (4.69)$$

so drücken die ersten drei Koordinaten dieser Vektoren die Lage von P_1, P_2,P_3 in den Koordinaten des mit der Basis S_0 verbundenen Koordinatensystems aus. Zusammen mit (4.68) sind damit Lage und Orientierung des Greifer-Koordinatensystems in dem mit der Basis S_0 verbundenen Koordinatensystem ausgedrückt.

Wir wollen nun untersuchen, welche neue Lage der Greifer S_2 einnimmt (d.h. welche neue Lage O_2 und die Punkte P_1,P_2,P_3 einnehmen), wenn

    S_1 eine Translationsbewegung durchführt:

       $d_1 = 1$ gehe in $d_1' = 2$ über

und

    S_2 eine Rotationsbewegung:

       $\theta_2 = 45°$ gehe in $\theta_2' = 90°$ über.

Den Matrizen T_1, T_2 entsprechen nun die Matrizen

$$T_1' = \begin{bmatrix} 1 & 0 & 0 & 2 \\ 0 & 0 & -1 & 0 \\ 0 & 1 & 0 & 0 \\ 0 & 0 & 0 & 1 \end{bmatrix}, \quad T_2' = \begin{bmatrix} 0 & -1 & 0 & 0 \\ 1 & 0 & 0 & 1 \\ 0 & 0 & 1 & 1 \\ 0 & 0 & 0 & 1 \end{bmatrix}.$$

Die gesuchte neue Lage des Greifers ist dann wegen (4.66) durch

$$T' = T_1' \, T_2' = \left[\begin{array}{ccc|c} 0 & -1 & 0 & 2 \\ 0 & 0 & -1 & -1 \\ 1 & 0 & 0 & 1 \\ \hline 0 & 0 & 0 & 1 \end{array}\right] \tag{4.70}$$

gegeben: Der Koordinatenursprung durch $0_2' = (2,-1,1)$,
während sich die Lage der Punkte P_1', P_2', P_3' aus den ersten drei Koordinaten
der folgenden Vektoren ergibt:

$$T' \underset{=1}{e}^{*(2)} = \left[\begin{array}{c} 2 \\ -1 \\ 2 \\ \hline 1 \end{array}\right], \quad T' \underset{=2}{e}^{*(2)} = \left[\begin{array}{c} 1 \\ -1 \\ 1 \\ \hline 1 \end{array}\right], \quad T' \underset{=3}{e}^{*(2)} = \left[\begin{array}{c} 2 \\ -2 \\ 1 \\ \hline 1 \end{array}\right]. \tag{4.71}$$

Eine mögliche technische
Realisierung des oben als
Spezialfall behandelten
Roboters ist durch den in
Figur 4.21 skizzierten
"Argonne National Laboratory
E-2-manipulator" gegeben
(s. hierzu auch [121], p. 292).

Bemerkung: Weitere vertiefende
Untersuchungen der Roboter-Be-
wegung finden sich z.B. in
[121]. Hier werden auch die
dynamischen Aspekte berücksichtigt; ebenso in [123].

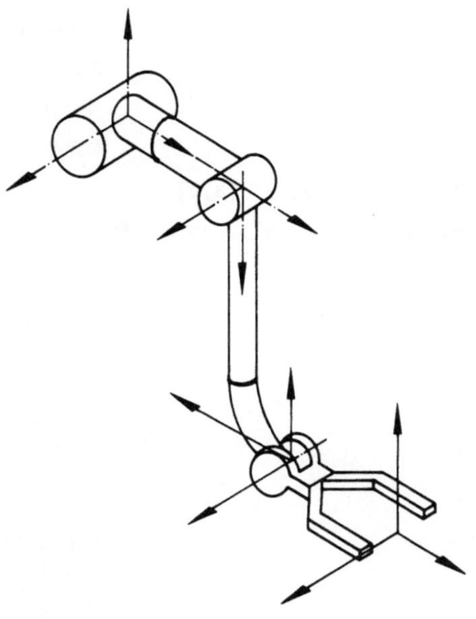

Fig. 4.21: E-2-manipulator

SYMBOLE

Einige Zeichen, die öfters verwendet werden, sind hier zusammengestellt.

$A \Rightarrow B$	aus A folgt B
$A \Leftrightarrow B$	A gilt genau dann, wenn B gilt
$x :=$	x ist definitionsgemäß gleich

Zur Mengenschreibweise

$x \in M$	x ist Element der Menge M, kurz: "x aus M"
$x \notin M$	x ist nicht Element der Menge M
$\{x_1, x_2, \ldots, x_n\}$	Menge der Elemente $x_1, x_2, \ldots, x_n$
$\{x \mid x$ hat die Eigenschaft $E\}$	Menge aller Elemente x mit Eigenschaft E
$\{x \in N \mid x$ hat die Eigenschaft $E\}$	Menge aller Elemente $x \in N$ mit Eigenschaft E
$M \subset N,\ N \supset M$	M ist Teilmenge von N (d.h. $x \in M \Rightarrow x \in N$)
$M \cup N$	Vereinigungsmenge von M und N
$M \cap N$	Schnittmenge von M und N
$M \setminus A$	Restmenge von A in M
$\emptyset$	leere Menge
$A \times B$	cartesisches Produkt aus A und B
$A_1 \times A_2 \times \ldots \times A_n$	cartesisches Produkt aus $A_1, A_2, \ldots, A_n$
$\mathbb{N}$	Menge der natürlichen Zahlen 1,2,3,...
$\mathbb{N}_0$	Menge der Zahlen 0,1,2,3,...
$\mathbb{Z}$	Menge der ganzen Zahlen
$\mathbb{Q}$	Menge der rationalen Zahlen
$\mathbb{R}$	Menge der reellen Zahlen
$[a,b],\ (a,b),\ [a,b),\ (a,b]$	beschränkte Intervalle
$[a,\infty),\ (a,\infty),\ (-\infty,a],\ (-\infty,a),\ \mathbb{R}$	unbeschränkte Intervalle
$(x_1, \ldots, x_n)$	n-Tupel

<u>ferner:</u>

$\mathbb{C}$	Menge der komplexen Zahlen (s. Bd. I, 2.5)
$\begin{bmatrix} x_1 \\ \vdots \\ x_2 \end{bmatrix}$	Spaltenvektor der Dimension n (Abschn. 2.1.1)
$\mathbb{R}^n$	Menge aller Spaltenvektoren der Dimension n, wobei $x_1, x_2, \ldots, x_n \in \mathbb{R}$ (Abschn. 2.1.1)
$\mathbb{C}^n$	Menge aller Spaltenvektoren der Dimension n, wobei $x_1, \ldots, x_n \in \mathbb{C}$ (Abschn. 2.1.5)

Symbol	Abschn.		Symbol	Abschn.
$\lvert\vec{v}\rvert$	1.1.3		$[a_{ik}]_{\substack{1\le i\le m \\ 1\le k\le n}}$	
$\lambda\vec{u}$	1.1.3		$[a_{ik}]_{m,n}$	3.1.2
$\vec{u}+\vec{v}$	1.1.3		$[\delta_{ik}]_{n,n}$	3.1.2
$\perp$	1.1.5		$\mathrm{Mat}(m,n;\mathbb{R})$	3.1.2
$\vec{u}\cdot\vec{v}$	1.1.5		$[\underline{a}_1,\underline{a}_2,\ldots,\underline{a}_n]$	3.1.3
$\vec{v}^R$	1.1.6		A^T	3.1.3
$\det(\vec{a},\vec{b})$	1.1.7		$\hat{\underline{a}}_i$	3.1.3
$[\vec{a},\vec{b},\vec{c}]$	1.2.6		$A\underline{x}$	3.2.2
δ_{ik}	1.2.7		Kern A Bild A Rang A	3.2.2
$\dim U$	2.1.3		A^{-1}	3.3.2
$\mathrm{Span}\{a_1,\ldots,a_m\}$	2.1.3		$\det A$	3.4.1
$U^{\perp}$	2.1.3		$GL(n;\mathbb{K})$	3.4.5
$U^{\perp}_v$	2.1.3		$\mathrm{adj}\,A$	3.4.7
$[x_1,x_2,\ldots,x_n]^T$	2.2.1		$A^*,\bar{A}$	3.5.1
$\mathrm{Rang}\{\underline{c}_1,\ldots,\underline{c}_k\}$	2.2.5		$O(n)$ $U(n)$ $\mathrm{Sym}(n)$ $\mathrm{Her}(n)$	3.5.1
$f\circ g$	2.3.2		$\mathrm{diag}(a_{11},\ldots,a_{nn})$	3.5.1
$\mathrm{Perm}\,M$	2.3.2		$A\oplus B$	3.5.8
$\mathbb{Z}_p$	2.3.2		$\mathrm{Def}\,A$	3.6.1
$\mathrm{sgn}(p)$	2.3.2		$\chi_A(\lambda)$	3.7.1
S_n	2.3.3		$\mathrm{Spur}\,A$	3.7.3
$\mathbb{K}^n$	2.4.2		κ_i	3.7.3
$C(I)$	2.4.2		γ_i	3.7.4
$C^k(I)$	2.4.2		A^m	3.8.1
$U_1\oplus U_2\oplus\ldots\oplus U_m$	2.4.4		$P(A)$	3.8.2
$U_1\dotplus U_2\dotplus\ldots\dotplus U_m$	2.4.4			
Kern f Bild f Rang f	2.4.7			

	Abschn.			Abschn.
$\mu_A(\lambda)$	3.8.4		$D(\varphi)$	3.9.1
$(A_m)_{m\in\mathbb{N}}$			$\mathbb{R}\underline{v}$	3.9.1
$\sum\limits_{j=0}^{\infty} A_j$	3.8.5		$S_{\underline{u}}$	3.9.2
$\lim\limits_{m\to\infty} A_m$	3.8.5		$D_{\underline{q}}(\varphi)$	3.9.3
$\exp A$	3.8.7		$E_1(\alpha), E_2(\alpha), E_3(\alpha)$	3.9.3
$\sin A$ $\cos A$	3.8.7		$\underline{x}_B$	3.9.5
			$\langle \underline{p}\,;\,\underline{b}_1,\ldots,\underline{b}_n\rangle$	3.9.7

LÖSUNGEN ZU DEN ÜBUNGEN

Zu den mit * versehenen Übungen werden Lösungswege skizziert oder
Lösungen angegeben.

Zu Abschnitt 1

__1.2__ $F_\Delta = 23$

__1.5__ $r(\varphi) = \dfrac{4}{2\sin\varphi + \cos\varphi}$, $\arctan\left(-\dfrac{1}{2}\right) < \varphi < \pi + \arctan\left(-\dfrac{1}{2}\right)$.

__1.8__ $|\overrightarrow{OM}| \doteq 5,148$

__1.9__ $\vec{F}_1 \doteq \begin{bmatrix} -11446 \\ -19825 \end{bmatrix}$ N , $\vec{F}_2 \doteq \begin{bmatrix} 11446 \\ -9605 \end{bmatrix}$ N , $\vec{Q}_1 \doteq \begin{bmatrix} -11446 \\ 0 \end{bmatrix}$ N , $\vec{Q}_2 \doteq \begin{bmatrix} 11446 \\ 0 \end{bmatrix}$ N .

__1.11__ $d \geq 0,91$ m   __1.12__ $\beta = \dfrac{\pi}{2}$ __1.13__ $t \doteq 152,8$s   __1.14__ $T \doteq 6$s

__1.15__ $\vec{F} = -0,084 \begin{bmatrix} 0,11\,\cos\omega t + 0,25\,\sin\omega t \\ 0,11\,\sin\omega t - 0,25\,\cos\omega t \end{bmatrix}$ N

$\qquad\qquad -8,82\cdot10^{-4} \begin{bmatrix} (1+0,25t)\cos\omega t - 0,11 + \sin\omega t \\ (1+0,25t)\sin\omega t + 0,11 + \cos\omega t \end{bmatrix}$ N (Corioliskraft) .

__1.16__ $\vec{F} = 14\cdot10^{-4} \begin{bmatrix} -3 \\ 2 \end{bmatrix}$ N .   __1.18__ $E_{kin} = 20233$ Nm .

__1.21__ a) $\varphi \doteq 49,4°$; b) $\varphi \doteq 60,26°$; c) $\varphi \doteq 23,84°$; d) $\varphi \doteq 20,8°$

__1.23__ Inneres Produkt der beiden Vektoren ist Null.

__1.24__ a) $F = 15$, $\vec{s} = \dfrac{1}{3} \begin{bmatrix} 11 \\ -4 \end{bmatrix}$, b) $h_A = 3\sqrt{5}$, $h_B = 3,72$, $h_C = 2\sqrt{5}$.

__1.25__ $\dfrac{d_1}{2}$ = 5 cm, $\dfrac{d_2}{2}$ = 9,57 cm .

__1.26__ α = 56,3°, β = 29,9°, γ = 93,8° (Cosinus-Satz)

s_a = 4,03, s_b = 5,32, s_c = $\sqrt{8}$ (Parallelogramm-Gleichung) .

__1.27__ Man zerlege das Fünfeck in Dreiecke.

__1.28__ Lege die Ecken des Dreiecks als Ortsvektoren $\vec{r_0}$, $\vec{r_1}$, $\vec{r_2}$ ins Koordinatensystem, berechne den Schwerpunkt $\vec{s}$ und dann

$r = \max\{|\vec{s}-\vec{r_i}|, i = 0,1,2\}$.

__1.29__ a) $\begin{matrix}\xi = -2\\ \eta = 7\end{matrix}$, b) $I = \dfrac{1}{13}$A , $U = \dfrac{410}{13}$V .   __1.30__ $\vec{F} = 3\vec{a} + 5\vec{b} + 4\vec{c}$.

__1.32__ $\vec{v} = \left(1 + \dfrac{15}{\sqrt{6}}\right)\vec{u}$.   __1.33__ α = 57,59°, β = 36,49°, γ = 104,94°

$\alpha_{x,y}$ = 14,94°, $\beta_{y,z}$ = 32,41°, $\gamma_{z,x}$ = 53,50°.

__1.34__ $\vec{F} \doteq 2,5\,[0,5;\ \cos 75°;\ \cos 34,26°]^T$N , __1.35__ -241; 0; -30 .

__1.38__ α = 80,26° .   __1.40__ Schreibe die rechte Seite als $-\vec{c}\times(\vec{a}\times\vec{b})$ und wende den Graßmannschen Entwicklungssatz auf beide Gleichungsseiten an.

__1.42__ $\vec{M} = [34,3,-29]^T$Nm , $\vec{D} = \dfrac{28}{31}[6,-1,5]^T$Nm .

__1.43__ $v_F = \dfrac{1}{2}\sqrt{234+16\cos^2 t}$.   __1.46__ $F \doteq 22,34$.

__1.47__ a) $\vec{F_{AB}} = 10^{-2}[2,4;\ -2,4;\ 0]^T$N , $\vec{F_{CD}} = -\vec{F_{AB}}$,

$\vec{F_{BC}} = 10^{-2}[2,34;-1,35;1,32]^T$N , $\vec{F_{DA}} = -\vec{F_{BC}}$,

b) $\vec{0_z}$ = $[0;0;1,967\cdot10^{-3}]^T$Nm .

__1.48__ Sinnvoll: (b),(d),(f); sinnlos: (a),(c),(e) .

__1.49__ (a) = 0 , (b) = $-2\vec{a}(\vec{b}\times\vec{c})$, (c) = 0 .

__1.50__ V = 1130,5 cm^3 .

414

1.52 $\vec{e}_1 = [-\sin 70°, \cos 70°, 0]^T$, $\vec{e}_2 = [-\cos 70°\sin 60°, -\sin 70°\sin 60°, 0,5]^T$,

$\vec{e}_3 = [0,5\cos 70°, 0,5\sin 70°, \sin 60°]$, $\xi = -8533\,\text{km}$, $\eta = 4663\,\text{km}$, $\rho = 71770\,\text{km}$.

1.53 $d = \dfrac{37}{\sqrt{1470}}$,   1.55 $\vec{r} = [5,9,4]^T + \lambda[7,-16,9]^T$.

1.56 a) $\vec{x}_0 = \dfrac{4}{9}[11, -2, 10]^T$, b) $\varphi \doteq 53,13°$, c) $\vec{r} = \vec{x}_0 + \lambda\cdot[-\frac{1}{3},\frac{14}{15},\frac{2}{15}]^T$.

Zu Abschnitt 2

2.2 $(1/\sqrt{394969})\cdot[-260, 2, 122, 559]^T\cdot\vec{r} = 0$

2.3 $x_1 = \dfrac{4001}{2389}$, $x_2 = \dfrac{393}{2389}$, $x_3 = \dfrac{2137}{2389}$, $x_4 = -\dfrac{1853}{2389}$.

2.4 $x_1 = 0,208\,560\,818$, $x_2 = -0,029\,878\,822$, $x_3 = -0,662\,097\,39$.

2.6 a) $\vec{x} = [\frac{1}{17},0,0,-\frac{3}{17}]^T + \lambda[-13, 17, 0, -46]^T + \mu[20, 0, 17, 59]^T$
    b) $x_1 = x_2 = 1$.

2.8 Die Kleinsche Vierergruppe hat genau 3 echte Untergruppen.

2.10 Elemente von G/N : $e = \{-I,D,\overline{D}\}$, $a = \{W_1,W_2,W_3\}$
    $\Rightarrow ee = aa = e$, $ae = ea = a$.

2.12 Zu zeigen ist hauptsächlich: Jedes $0 \neq a \in \mathbb{Z}_3$ hat ein Inverses a^{-1}.

2.13 Die Gesetze gemäß Def. 2.26 sind erfüllt, außer (S4) : $1\underline{x} = \underline{x}$
    $\Rightarrow$ V ist <u>kein</u> Vektorraum über $\mathbb{K}$.

2.14 Vektorräume: (b), (c) ; keine Vektorräume: (a), (d) .

2.15 Zu zeigen ist: aus $a_0 + \sum\limits_{k=1}^{n} (a_k \cos kx + b_k \sin kx) = 0$ folgt
    $a_0 = 0$, $a_k = b_k = 0$ für $k = 1,\ldots,n$, siehe dazu Bd. I, (4.63).

2.16 a) $\dim V = 10$, b) $\dim V = 9$.

__2.17__ Sei $\dim U = s$, $\dim V = t \Rightarrow$ Es gibt Basen $B_U := (\underline{a}_1,\ldots,\underline{a}_s)$ für U
und $B_V := (\underline{a}_{s+1},\ldots,\underline{a}_{s+t})$ für V. Sei weiterhin $\dim(U \cap V) = k$
$\Rightarrow B_{U \cap V} = (\underline{b}_1,\ldots,\underline{b}_k)$. Mit Satz 2.20 (Austauschsatz von Basiselementen) und Umbenennung folgt so

$\qquad B_U = (\underline{b}_1,\ldots,\underline{b}_k,\underline{c}_{k+1},\ldots,\underline{c}_s)$ und $B_V = (\underline{b}_1,\ldots,\underline{b}_k,\underline{d}_{k+1},\ldots,\underline{d}_t)$

$\qquad \Rightarrow B_{U+V} = (\underline{b}_1,\ldots,\underline{b}_k,\underline{c}_{k+1},\ldots,\underline{c}_s,\underline{d}_{k+1},\ldots,\underline{d}_t)$

$\qquad \Rightarrow \dim(U+V) = s + t - k = \dim U + \dim V - \dim(U \cap V)$.

__2.18__ $\begin{bmatrix} \cos 25{,}3° & -\sin 25{,}3° \\ \sin 25{,}3° & \cos 25{,}3° \end{bmatrix} = \begin{bmatrix} 0{,}904\,082\,55 & -0{,}427\,357\,863 \\ 0{,}427\,357\,863 & 0{,}904\,082\,55 \end{bmatrix}$

__2.19__ $\dim \operatorname{Kern} f = 2$, $\operatorname{Rang} f = 1$.   __2.20__ $\operatorname{Kern} f = \{y(x) = ce^{2x} \mid c \in \mathbb{R}\}$.

__2.22__ a) Winkel $= 0$, b) Winkel $\doteq 14{,}5°$.

__2.23__ $g_0 = \dfrac{1}{\sqrt{2}}$, $g_1 = \sqrt{\dfrac{3}{2}}\,x$, $g_2 = \sqrt{\dfrac{5}{8}}\,(3x^2-1)$.

__2.24__ $f(\underline{x}) = f(x_1\underline{e}_1 +\ldots+ x_n\underline{e}_n) = x_1 f(\underline{e}_1) +\ldots+ x_n f(\underline{e}_n)$.
Die Behauptung folgt mit: $\underline{v} = [f(\underline{e}_1),\ldots,f(\underline{e}_n)]^T$.

__2.25__ Zu b): Sei o.B.d.A $[a,b] = [0,1]$. Wähle $f_n(x) = 0$ auf $\left[\dfrac{1}{n}, 1\right]$
und als spitzes Dreieck mit Höhe 1 auf $\left[0,\dfrac{1}{n}\right]$.

__2.26__ Hinweis: Bier, Musik, Tanz.

<u>Zu Abschnitt 3</u>

__3.2__ $Z = \begin{bmatrix} 940 & 111 \\ 1030 & 560 \end{bmatrix} \Omega$, $U_1 = 276$ V, $U_2 = 250{,}8$ V

__3.7__ $\operatorname{Rang} A = 2$, $\operatorname{Rang} B = 1$, $\operatorname{Rang} \underline{x} = 1$.

__3.8__   Mit (3.2.3) folgt: $n + n - n \leq \operatorname{Rang} AB \leq \min\{n,n\} = n$.

__3.9__ $CX_2 = B_2$, $AX_1 = B_1 - DX_2$.

__3.10__ $A^{-1} = \begin{bmatrix} 0 & 1 \\ 1 & 0 \end{bmatrix}$, $B^{-1} = \dfrac{1}{488} \begin{bmatrix} -11 & 52 & -1 \\ -52 & 24 & 84 \\ 81 & -28 & -37 \end{bmatrix}$, C singulär .

3.15 $\det(\underline{a},\underline{b},\underline{c},\ \underline{a} - 3\underline{b} + \pi\underline{c}) = 0$. **3.16** $\det A = \det(-A^T) = -\det A^T = -\det A$
$$\Rightarrow \det A = 0 \ .$$

3.17 a) $D_1 = 6465$, b) $\det A = \det\begin{bmatrix} B & D \\ 0 & C \end{bmatrix} \det\begin{bmatrix} 0 & E \\ E & 0 \end{bmatrix}$. **3.18** $\operatorname{Rang} A = 4$.
$D_2 = -182611$.

3.21 $x_1 = -\dfrac{56}{1029}$, $x_2 = \dfrac{70}{1029}$, $x_3 = -\dfrac{98}{1029}$, $x_4 = -\dfrac{329}{1029}$.

3.22 $A^{-1} = \dfrac{1}{23}\begin{bmatrix} 3 & -8 \\ 1 & 5 \end{bmatrix}$, $B^{-1} = \dfrac{1}{200}\begin{bmatrix} -1 & 4 & 19 \\ 27 & -8 & -13 \\ 17 & 32 & -23 \end{bmatrix}$, $C^{-1} = \begin{bmatrix} 0 & 0 & 1 & 0 \\ 1 & 0 & 0 & 0 \\ 0 & 0 & 0 & 1 \\ 0 & 1 & 0 & 0 \end{bmatrix}$.

3.23 $D_1 = 839$, $D_2 = 2111$, $D_3 = a_{41} \cdot a_{32} \cdot a_{23} \cdot a_{14}$.

3.24 a) Mit (3.20) folgt: $(\operatorname{adj} A) \cdot A = (\det A) \cdot E \Rightarrow \det(\operatorname{adj} A) \cdot \det A =$
$$= [(\det A) \cdot E] = (\det A)^n \cdot \det E = (\det A)^n \ .$$

b) $\operatorname{adj} A = (\det A) A^{-1} \Rightarrow \operatorname{adj}(\operatorname{adj} A) = \det(\operatorname{adj} A)(\operatorname{adj} A)^{-1} =$
$$= (\det A)^{n-1} \cdot \frac{A}{(\det A)} = (\det A)^{n-2} \cdot A \ .$$

c) Mit (3.67) folgt: $\operatorname{adj} A = (\det A) \cdot A^{-1} \Rightarrow \operatorname{adj}(AB) = \big(\det(AB)\big)(AB)^{-1} =$
$$= (\det A) \cdot (\det B) B^{-1} \cdot A^{-1} = (\det B) B^{-1} \cdot (\det A) A^{-1} = \operatorname{adj} B \cdot \operatorname{adj} A \ .$$

3.25 $X = A^{-1}B$, Inversenformel anwenden!

3.26 $(AB)^{-1} = B^{-1}A^{-1} = B^T A^T = (AB)^T$. **3.28** s. Abschn. 3.9.1, Satz 3.64.

3.30 S_1, S_3, S_4 : positiv definit (Krit. 3.45), S_2 weder noch.

3.31 a) $\operatorname{Rang} A = 2$, $\operatorname{Rang}[A,\underline{b}] = 3$: keine Lösung
b) $\underline{x}_0 = [17,3,9]^T$, c) $\underline{x} = [-\tfrac{1}{9}, \tfrac{1}{3}, 0]^T + t[17,3,9]^T$.

3.32 $x_1 = -\dfrac{19}{22}$, $x_2 = \dfrac{67}{22}$, $x_3 = \dfrac{33}{22}$.

3.35 A, mit $r = \sqrt{257}$: $\lambda_1 = \dfrac{q+r}{2}$, $\lambda_2 = \dfrac{q-r}{2}$, $\underline{x}_1 = \begin{bmatrix} 16 \\ 1-r \end{bmatrix}$, $\underline{x}_2 = \begin{bmatrix} 16 \\ 1+r \end{bmatrix}$

B, mit $r = \sqrt{15}$: $\lambda_1 = \dfrac{7+ir}{2}$, $\lambda_2 = \dfrac{7-ir}{2}$, $\underline{x}_1 = \begin{bmatrix} 12 \\ 3-ir \end{bmatrix}$, $\underline{x}_2 = \begin{bmatrix} 12 \\ 3+ir \end{bmatrix}$

C, mit $r = \sqrt{15}$: $\begin{matrix} \lambda_2 = 2+r \\ \lambda_1 = 6 \quad \lambda_3 = 2-r \end{matrix}$, $\underline{x}_1 = \begin{bmatrix} 1 \\ 0 \\ 0 \end{bmatrix}$, $\underline{x}_2 = \begin{bmatrix} -8-r \\ 1 \\ 5-r \end{bmatrix}$, $\underline{x}_3 = \begin{bmatrix} -8+r \\ 1 \\ 5+r \end{bmatrix}$.

3.36 $\omega_1 = 249{,}9\,\mathrm{s}^{-1}$ **3.37**
$\omega_2 = 526{,}8\,\mathrm{s}^{-1}$. $A = \dfrac{k}{m}\begin{bmatrix} -2 & 1 & & & \mathbf{0} \\ 1 & -2 & 1 & & \\ & 1 & -2 & 1 & \\ & & \ddots & \ddots & \ddots \\ \mathbf{0} & & & 1 & -2 & 1 \end{bmatrix}$

3.38 Hinweis: Verwende (3.201).

__3.39__ $\lambda_1 = \alpha + \beta + \gamma,\quad \lambda_{2/3} = \pm\sqrt{\alpha^2+\beta^2+\gamma^2-\alpha\beta-\alpha\gamma-\beta\gamma}$

$\underline{x}_1 = [1,1,1]^T,\quad \underline{x}_{2/3} = [(\gamma-\beta)-\lambda_{2,3},(\alpha-\gamma)+\lambda_{2,3},\beta-\alpha]^T$.

__3.40__ Nein! Aber: Die Eigenvektoren von B und C gehen durch zyklisches Vertauschen der α,β,γ aus den $\underline{x}_1,\underline{x}_2,\underline{x}_3$ in 3.39 hervor.

__3.42__ Diagonalmatrizen: $D_A = \mathrm{diag}(16,-10)$, $D_B = \mathrm{diag}(5,-5)$,

$D_C = \mathrm{diag}(-6,6,3)$, $D_F = \mathrm{diag}(6,3,6)$, $D_S = \mathrm{diag}(3,3,9,9,15)$

Transformationsmatrizen dazu: $C_A^T A C_A = D_A$ usw:

$$C_A = \frac{1}{\sqrt{13}}\begin{bmatrix} 2 & 3 \\ 3 & -2 \end{bmatrix},\quad C_B = \frac{1}{\sqrt{5}}\begin{bmatrix} 2 & 1 \\ 1 & -2 \end{bmatrix},\quad C_D = \frac{1}{\sqrt{6}}\begin{bmatrix} 3 & 1 & -\sqrt{2} \\ 0 & 2 & \sqrt{2} \\ -3 & 1 & -\sqrt{2} \end{bmatrix},$$

$$C_F = \frac{1}{3\cdot\sqrt{5}}\begin{bmatrix} 6 & -\sqrt{5} & 2 \\ 3 & 2\sqrt{5} & -4 \\ 0 & 2\sqrt{5} & 5 \end{bmatrix},\quad C_S = \frac{1}{\sqrt{3}}\begin{bmatrix} 1 & 0 & 0 & 1 & -1 \\ 0 & 0 & 1 & 1 & 1 \\ 1 & 0 & 1 & -1 & 0 \\ 1 & 0 & -1 & 0 & 1 \\ 0 & \sqrt{3} & 0 & 0 & 0 \end{bmatrix}.$$

__3.45__ Jordansche Normalformen zu A,B,C usw. werden mit J_A,J_B,J_C usw. bezeichnet und zugehörige Transformationsmatrizen mit T_A,T_B,T_C usw., d.h. $T_A^{-1} A T_A = J_A$ usw. (Die $T_A,T_B,\ldots$ sind nicht eindeutig bestimmt)

$$J_A = \begin{bmatrix} -6 & 1 \\ 0 & -6 \end{bmatrix},\quad T_A = \begin{bmatrix} 2 & 1 \\ 1 & 1 \end{bmatrix},\quad J_B = \begin{bmatrix} 8 & 0 \\ 0 & -7 \end{bmatrix},\quad T_B = \begin{bmatrix} 3 & 1 \\ 2 & 1 \end{bmatrix},$$

$$J_C = \begin{bmatrix} 6 & 1 \\ 0 & 6 \end{bmatrix},\quad T_C = \begin{bmatrix} 6 & 0 \\ 0 & 1 \end{bmatrix},\quad J_D = \begin{bmatrix} 5 & 1 & 0 \\ 0 & 5 & 0 \\ 0 & 0 & 5 \end{bmatrix},\quad T_D = \begin{bmatrix} 1 & -1 & 3 \\ 2 & 1 & -1 \\ 0 & 1 & -2 \end{bmatrix},$$

$$J_F = \begin{bmatrix} 3 & 0 & 0 \\ 0 & 3 & 0 \\ 0 & 0 & -2 \end{bmatrix},\quad T_F = \begin{bmatrix} 1 & -1 & 3 \\ 2 & 1 & -1 \\ 0 & 1 & -2 \end{bmatrix} = T_G,\quad J_G = \begin{bmatrix} 2 & 0 & 0 \\ 0 & 3 & 0 \\ 0 & 0 & 0 \end{bmatrix},\quad J_H = \left[\begin{array}{cc|cc} 2 & 1 & & \mathbf{0} \\ 0 & 2 & & \\ \hline & & 2 & 1 \\ \mathbf{0} & & 0 & 2 \end{array}\right],$$

$$T_H = \begin{bmatrix} 1 & 0 & 0 & 0 \\ -1 & 1 & -1 & 3 \\ 2 & 2 & 1 & -1 \\ 1 & 0 & 1 & -2 \end{bmatrix},\quad J_M = \begin{bmatrix} 0 & 1 & & & \mathbf{0} \\ & 0 & 1 & & \\ & & 0 & 1 & \\ & & & 0 & 1 \\ \mathbf{0} & & & & 0 \end{bmatrix},\quad T_M = \begin{bmatrix} 1 & 1 & 0 & 1 & -1 \\ 0 & 1 & 1 & 0 & 0 \\ 1 & 3 & 3 & 3 & 1 \\ 1 & 1 & 1 & 4 & 0 \\ -1 & 0 & 1 & 1 & 0 \end{bmatrix}.$$

__3.47__ $\lambda_1=-3,\lambda_2=2,\lambda_3=1,\lambda_4=-1$.   __3.49__ $A^2+2A+E=0 \Rightarrow A(-A-2E) = E \Rightarrow A^{-1}=-A-2E.$

__3.52__ Ist A regulär, so verwende (3.299) und $A^{-1} = \mathrm{adj}\,A/\det A$ $(c_0 = \det A)$. Für singuläres A bilde $A_\varepsilon := A+\varepsilon E$. Die Matrix A_ε ist regulär für $0 < \varepsilon < \varepsilon_0$. $(\varepsilon_0$ klein genug gewählt). Mit $\varepsilon\to 0$ folgt die Behauptung.

__3.59__ Durch Vergleich von A mit Formel (3.355) findet man aus $a_{13} = -\sin\beta$ sofort $\sin\beta = -1/3$, und aus $a_{12} = -\cos\beta\sin\gamma$, $a_{23} = -\sin\alpha\cos\beta$ die Werte $\sin\alpha = 1/\sqrt{2}$, $\sin\gamma = -1/\sqrt{2}$, woraus sich $E_1(\alpha),E_2(\beta),E_3(\gamma)$ ergeben.

__3.65__ Hinweis: Als Volkssport erfreut sich das Kegeln nach wie vor steigender Beliebtheit!

LITERATUR

1. ALLGEMEINE LITERATUR

[1] Aumann, G.: Höhere Mathematik I-III. Mannheim:
      Bibl. Inst. 1970 - 71.

[2] Brauch, W.; Dreyer, H.J.; Haake, W.: Mathematik
      für Ingenieure des Maschinenbaus und der Elektro-
      technik. Stuttgart: Teubner 1977.

[3] Brenner, J.; Lesky, P.: Mathematik für Ingenieure
      und Naturwissenschaftler I-IV (2.Aufl.). Wiesbaden:
      Akad. Verlagsges. 1978.

[4] Courant, R.: Vorlesungen über Differential- und In-
      tegralrechnung 1-2. Berlin-Göttingen-Heidelberg:
      Springer 1955.

[5] Dallmann, H.; Elster, K.H.: Einführung in die hö-
      here Mathematik 1-3. Braunschweig: Vieweg 1980 - 83.

[6] Duschek, A.: Vorlesungen über höhere Mathematik 1-2,4.
      Wien: Springer 1961 - 1965.

[7] Engeln-Müllges, G.; Reutter, F.: Formelsammlung zur
      Numerischen Mathematik mit Standard-FORTRAN-Program-
      men (4.Aufl.). Mannheim-Wien-Zürich: Bibl. Inst. 1984.

[8] Endl, K.; Luh, W.: Analysis I-III. Wiesbaden:
      Akad. Verlagsges. 1976 - 77.

[9] Fetzer, A.; Fränkel, H.: Mathematik 1-2. Hannover:
      Schroedel 1977.

[10] Haake, W.; Hirle, M.; Maas, O.: Mathematik für
Bauingenieure. Stuttgart: Teubner 1980.

[11] Hainzl, J.: Mathematik für Naturwissenschaftler.
Stuttgart: Teubner 1973.

[12] Heinhold, J.; Behringer, F.; Gaede, K.W.; Riedmüller,
B.: Einführung in die höhere Mathematik 1-4.
München-Wien: Hanser 1976 - 79.

[13] Henrici, P.; Jeltsch, R.: Komplexe Analysis 1-2.
Basel: Birkhäuser 1979 - 80.

[14] Heuser, H.: Lehrbuch der Analysis 1-2. Stuttgart:
Teubner 1980 - 81.

[15] Jänich, K.: Analysis für Physiker und Ingenieure.
Berlin-Göttingen-Heidelberg: Springer 1983.

[16] Jeffrey, A.: Mathematik für Naturwissenschaftler
und Ingenieure 1-2. Weinheim: Verlag Chemie 1978-80.

[17] Jordan-Engeln, G.; Reutter, F.: Numerische Mathematik
für Ingenieure. Mannheim-Wien-Zürich: Bibl.Inst. 1984.

[18] Laugwitz, D.: Ingenieur-Mathematik I-V. Mannheim:
Bibl. Inst. 1964 - 67.

[19] Martensen, E.: Analysis I-IV (2.Aufl.). Mannheim-
Wien-Zürich. Bibl. Inst. 1976.

[20] Meinardus, G.; Merz, G.: Praktische Mathematik I-II.
Mannheim-Wien-Zürich: Bibl. Inst. 1979 - 82.

[21] Neunzert, H. (Hrsg.): Mathematik für Physiker und
Ingenieure. Analysis 1-2.Berlin-Heidelberg-New-York:
Springer 1980 - 82.

[22] Rothe, R.: Höhere Mathematik für Mathematiker,
      Physiker und Ingenieure. Stuttgart: Teubner 1960-65.

[23] Sauer, R.: Ingenieurmathematik 1-2. Berlin:
      Springer 1968 - 69.

[24] Smirnow, W.I.: Lehrgang der höheren Mathematik I-V.
      Berlin: VEB Verlag d. Wiss. 1971 - 77.

[25] Strubecker, K.: Einführung in die höhere Mathematik
      I-IV. München: Oldenbourg 1966 - 84.

[26] Wille, F.: Analysis. Stuttgart: Teubner 1976.

[27] Wörle, H.; Rumpf, J.H.: Ingenieurmathematik in
      Beispielen I-III. München-Wien: Oldenbourg 1980.

2. FORMELSAMMLUNGEN UND HANDBÜCHER

[28] Bartsch, H.J.: Mathematische Formeln (12.Aufl.).
      Köln: Buch u. Zeit-Verlagsges. 1982.

[29] Bronstein, I.N.; Semendjajew, K.A.: Taschenbuch
      der Mathematik (21.Aufl.). Thun-Frankfurt:
      Harri Deutsch 1984.

      Ergänzende Kapitel zu I.N. Bronstein - K.A. Semend-
      jajew. Taschenbuch der Mathematik (3.Aufl.). Thun-
      Frankfurt: Harri Deutsch 1984.

[30] Doerfling, R.: Mathematik für Ingenieure und Tech-
      niker. München: Oldenbourg 1965.

[31] Dreszer, J. (Hrsg.): Mathematik-Handbuch für Technik
      und Naturwissenschaften. Zürich-Frankfurt-Thun:
      Harri Deutsch 1975.

[32]   Jahnke, E.; Emde, F.; Lösch, F.: Tafeln höherer
       Funktionen (7.Aufl.). Stuttgart: Teubner 1966.

[33]   Ryshik, I.M.; Gradstein, I.S.: Summen-, Produkt-
       und Integraltafeln. Berlin: VEB Verl.d.Wiss. 1963.

3. Zusätzliche Literatur zum zweiten Band

[34]   Amann, H.: Gewöhnliche Differentialgleichungen.
       Berlin - New-York: de Gruyter 1983.

[35]   Ayres, F.jr.: Matrizen: Düsseldorf: Mc Graw-Hill 1978.

[36]   Banchoff, Th.; Wermer, J.: Linear Algebra through
       Geometry. Berlin: Springer Verlag 1983.

[37]   Becker, R.; Sauter, F.: Theorie der Elektrizität
       (16.Aufl). Stuttgart: Teubner 1957.

[38]   Beiglböck, W.D.: Lineare Algebra. Eine anwendungs-
       orientierte Einführung. Berlin-Heidelberg-New-York:
       Springer 1983.

[39]   Bishop, R.E.D.etal: The Matrix Analysis of Vibration.
       Cambridge: At the University Press 1965.

[40]   Bloom, D.O.: Linear Algebra and Geometry.
       Cambridge: At the University Press 1979.

[41]   Boerner, H.: Darstellungen von Gruppen mit Berück-
       sichtigung der Bedürfnisse der modernen Physik
       (2.Aufl.). Berlin-Heidelberg-New-York:Springer 1967.

[42]   Boseck, H.: Einführung in die Theorie der linearen
       Vektorräume. Berlin: Deutscher Verlag der Wissen-
       schaften 1965.

[43] Boseck, H.: Grundlagen der Darstellungstheorie.
Berlin: Deutscher Verlag der Wissenschaften 1973.

[44] Brehmer, S.; Belkner, H.: Einführung in die analytische Geometrie und lineare Algebra. Thun-Frankfurt:
Harri Deutsch 1972

[45] Brickel, F.: Matrizen und Vektorräume. Weinheim:
Verlag Chemie 1976.

[46] Bronson, R.: Matrix Methods. New-York: Academic
Press 1969.

[47] Budden, F.J.: The Fascination of Groups.
Cambridge: At the University Press 1978.

[48] Bunse, W.; Bunse-Gerstner, A.: Numerische
lineare Algebra. Stuttgart: Teubner 1987.

[49] Cole, R.J.: Vector Methods. New-York:
Van Nostrand 1974.

[50] Collatz, L.: Funktionalanalysis und numerische
Mathematik. Berlin-Heidelberg-New-York:
Springer 1968.

[51] Cracknell, A.P.: Angewandte Gruppentheorie.
Berlin-Braunschweig: Akademie Verlag/Vieweg 1971.

[52] Cunningham, J.: Vektoren. Reinbeck: Rowohlt 1974.

[53] Curtis, C.W.: Linear Algebra. Berlin: Springer 1984.

[54] Dietrich, G.; Stahl, H.: Matrizen und Determinanten.
Thun-Frankfurt: Harri Deutsch 1978

[55] Dörrie, H.: Vektoren. München und Berlin:
      Oldenbourg 1941.

[56] Dornhoff, L.L.; Hohn, F.E.: Applied Modern Algebra.
      London: Collier MacMillan Publishers 1978.

[57] Eisenreich, G.: Lineare Algebra und Analytische
      Geometrie. Berlin: Akademie - Verlag 1980.

[58] Faddejew, D.K.; Faddejewa, W.N.: Numerische Methoden
      der linearen Algebra. München - Wien:
      Oldenbourg 1979.

[59] Fletcher, T.J.: Linear Algebra through its Applications.
      New-York-Toronto-Melbourne: Van Nostrand 1972.

[60] Fischer, G.: Lineare Algebra.
      Braunschweig - Hamburg: Vieweg, rororo 1975.

[61] Frazer, R.A.; Duncan, W.J.; Collar, A.R.:
      Elementary Matrices. Cambridge:
      At the University Press 1963.

[62] Gantmacher, F.R.: Matrizentheorie. Berlin -
      Heidelberg-New-York: Springer 1986.

[63] Gerthsen, Chr.; Kneser; Vogel, H.: Physik (14.Aufl.).
      Berlin-Heidelberg-New-York: Springer 1962.

[64] Gilbert, W.J.: Modern Algebra with Applications.
      New-York: John Wiley 1976.

[65] Golub, G.H.; van Loan, Ch.F.: Matrix Computations.
      Oxford: North Oxford Academic 1983.

[66] Gröbner, W.: Matrizenrechnung.
      Mannheim: Bibliographisches Institut 1966.

[67] Herrmann, D.: Angewandte Matrizenrechnung.
Braunschweig: Vieweg 1985.

[68] Heuser, H.: Funktionalanalysis. Stuttgart:
Teubner 1975.

[69] Hoffmann, B.: About Vectors. New-York:
Dover Publications 1975.

[70] Hohn, F.E.: Elementary Matrix Algebra.
London: Collier MacMillan Publishers 1973.

[71] Holland, D.; Treeby, T.: Vectors. London:
Edward Arnold 1977.

[72] Jeger, M.; Eckermann, B.: Einführung in die vektorielle Geometrie und lineare Algebra. Basel:
Birkhäuser 1967.

[73] Joos, G.: Lehrbuch der theoretischen Physik
(11.Aufl.). Frankfurt/Main: Akad.Verlagsges. 1965.

[74] Kamke, E.: Das Lebesgue-Stieltjes-Integral. Leipzig:
Teubner 1956.

[75] Kantorowitsch, L.W.; Akilow, G.P.:
Funktionalanalysis in normierten Räumen.
Thun-Frankfurt: Harri Deutsch 1978.

[76] Keller, O.H.: Analytische Geometrie und lineare
Algebra (2.Aufl.). Berlin:
Deutscher Verlag der Wissenschaften 1963.

[77] Kochendörffer, R.: Determinanten und Matrizen.
Stuttgart: Teubner 1957.

[78] Koecher, M.: Lineare Algebra und analytische Geometrie.
      Berlin-Heidelberg-New-York: Springer 1983.

[79] Kostrikin, A.J.: Introduction to Algebra.
      New-York-Heidelberg-Berlin: Springer 1982.

[80] Kowalsky, H.J.: Lineare Algebra (9.Aufl.).
      Berlin - New-York: de Gruyter 1979.

[81] Kreyszing, E.: Introductory Functional Analysis
      with Applications. New-York: J. Wiley 1978.

[82] Lambertz, H.: Vektorrechnung für Physiker.
      Stuttgart: Klett 1976.

[83] Lang, S.: Algebraische Strukturen. Göttingen:
      Vandenhoek und Ruprecht 1979.

[84] Ledermann, W.; Vajda, S.(ed.): Handbook of
      Applicable Mathematics, Vol. I Algebra. New-York:
      John Wiley 1980.

[85] Lehmann, E.: Lineare Algebra auf dem Computer.
      Stuttgart: Teubner 1983.

[86] Leis, R.: Vorlesungen über partielle Differential-
      gleichungen zweiter Ordnung. Mannheim:
      Bibliographisches Institut 1967.

[87] Lewis, P.G.T.(ed.). Vectors and Mechanics (Draft
      edition). Cambridge: At the University Press 1971-

[88] Lingenberg, R.: Einführung in die lineare Algebra.
      Mannheim-Wien-Zürich: Bibliographisches Institut 1976.

[89] Ljubarski, G.J.: Anwendungen der Gruppentheorie in
      der Praxis. Berlin: Deutscher Verlag der
      Wissenschaften 1962.

[90] Milne, E.A.: Vectorial Mechanics. London:
      Methuen 1948.

[91] Mirsky, L.: An Introduction to linear Algebra.
      Oxford: At the Clarendou Press 1972.

[92] Müller, W.: Darstellungstheorie von endlichen
      Gruppen. Stuttgart: Teubner 1980.

[93] Muir, Th.: A Treatise on the Theory of Determinants.
      New-York: Dover Publications 1960.

[94] Murdoch, C.D.: Analytic Geometry with an Introduction
      to Vectors and Matrices. New-York: John Wiley 1966.

[95] Noble, B.; Daniel, J.W.: Applied linear Algebra.
      2.ed. Englewood Cliffs N.J.: Prentice Hall 1977.

[96] Oden, J.T.: Applied Functional Analysis.
      Englewood Cliffs N.J.: Prentice Hall 1979.

[97] Parlett, B.N.: The Symmetric Eigenvalue Problem.
      Englewood Cliffs, N.J.: Prentice Hall 1980.

[98] Pullmann, N.J.: Matrix theory and its applications.
      New-York-Basel: M. Dekker 1976.

[99] Pupke, H.: Einführung in die Matrizenrechnung.
      Berlin: Deutscher Verlag der Wissenschaften 1953.

[100] Rang, O.: Einführung in die Vektorrechnung.
       Darmstadt: Steinkopff 1974.

[101] Shubnikow, A.V.; Koptsik, V.A.: Symmetry in
       Science and Art. New-York: Plenum Press 1974.

[102] Schmidt, F.K.: Vektorrechnung I und II.
       Münster: Aschendorff 1948.

[103] Schmidt, G.C.: Basic linear Algebra with Applica-
       tions. New-York: R.E. Krieger Publ.Comp. 1980.

[104] Schmidt, W.: Lehrprogramm Vektorrechnung.
       Weinheim: Physik - Verlag 1978.

[105] Schwarz, H.R.: Numerische Mathematik.
       Stuttgart: Teubner 1985.

[106] Sperner, E.: Einführung in die analytische Geometrie
       und Algebra. Göttingen: Vandenhoek und Ruprecht 1969.

[107] Stanek, J.: Einführung in die Vektorrechnung für
       Elektrotechniker. Berlin: Verlag Technik 1958.

[108] Steinberg, D.J.: Computational Matrix Algebra.
       London: Mc-Graw-Hill 1974.

[109] Stewart, G.W.: Introduction to Matrix Computation.
       New-York-San Francisco-London: Academic Press 1973.

[110] Stiefel, E.; Fässler, A.: Gruppentheoretische
       Methoden und ihre Anwendung. Stuttgart: Teubner 1979.

[111] Strang, G.: Linear Algebra and its Applications.
       New-York: Academic Press 1976.

[112] Tietz, H.: Lineare Geometrie (2.Aufl.).
       Göttingen: Vandenhoek und Ruprecht 1973.

[113] Tropper, M.A.: Matrizenrechnung in der Elektro-
       technik. Mannheim: Bibliographisches Institut 1964.

[114] Varga, R.: Matrix Iterative Analysis.
       Englewood Cliffs N.J.: Prentice Hall 1965.

[115] Vogel, H.: Probleme aus der Physik. Aufgaben mit
       Lösungen aus Gerthsen/Kueser/Vogel, Physik
       (14.Aufl.). Berlin-Heidelberg-New-York:
       Springer 1962.

[116] Weidmann, J.: Lineare Operatoren in Hilbert-Räumen.
       Stuttgart: Teubner 1976.

[117] Werner, H.: Praktische Mathematik I, Methoden der
       linearen Algebra. Berlin-Heidelberg-New-York:
       Springer 1970.

[118] Wittig, A.: Vektoren in der analytischen Geometrie.
       Braunschweig: Vieweg 1968.

[119] Wittig, A.: Einführung in die Vektorrechnung
       (2.Aufl.). Braunschweig: Vieweg 1971.

[120] Zurmühl, R.: Matrizen (5.Aufl.). Berlin:
       Springer 1964.

4. LITERATUR ZU ABSCHNITT 4 (TECHNISCHE ANWENDUNGEN)

[121] Brady, M.; Hollerbach, J.M. u.a. (Hrsg.): Robot
       Motion: Planning and Control. Cambridge-Massachusetts:
       The MIT Press 1982.

[122]   Lehmann, Th.: Elemente der Mechanik II.
        Braunschweig: Vieweg 1984.

[123]   Pfeiffer, F.; Reithmeier, E.: Roboterdynamik.
        Stuttgart: Teubner 1987.

[124]   Schüßler, H.W.: Netzwerke, Signale und Systeme I.
        Berlin-Heidelberg-New-York: Springer 1981.

[125]   Szabo, J.: Höhere Technische Mechanik. Berlin-
        Göttingen-Heidelberg: Springer 1956.

[126]   Unbehauen, R.: Elektrische Netzwerke. Berlin-
        Heidelberg-New-York: Springer 1981.

[127]   Wagner, K.: Graphentheorie. Mannheim-Wien-Zürich:
        Bibl. Inst. 1970.

[128]   Wilson, R.J.: Einführung in die Graphentheorie.
        Göttingen: Vandenhoek und Ruprecht 1976.

SACHVERZEICHNIS

Abbildung
-, affine 358
-, isometrische 232
-, lineare 183
-, strukturverträgliche 151
Ableitung einer Matrix 332
Abstand einer Geraden
- von O 34
Abstand eines Punktes von
- einer Ebene 81
- einer Geraden 78
Abstand zweier Geraden 78
Abszisse 2
Addition 84, 133, 137
- von Blockmatrizen 198
- von Matrizen 171
- von Vektoren 11, 49
Additionstheoreme
- für Sinus und Cosinus 6
- für Tangens und Cotangens 6
Additivität 151, 199
Adjunkte 214
Adjunktensatz 216
Admittanz-Matrix 396
Äquilibrierung 102
Äquivalenzrelation 156
Äußeres Produkt 56
Algebraische Form des
- äußeren Produktes 59
- inneren Produktes 53
Alternative
- Fredholmsche 247
Alternierende Eigenschaft 200
Anteil, linearer 358
Antikommutativgesetz 57
Arbeit 27
Arcus-Funktion 7
- cosinus 7
- cotangens 7
- sinus 7
- tangens 7
Assoziativgesetz 13,28,52,57
    85,123,143,138,162,172,178
- für + 172
- für s-Multiplikation 172
Austausch von Basis-
    elementen 91, 145
Automormphismus 131, 155

Bahn eines Massenpunktes 64
Banachraum 165
Bandmatrix 253
Basis 76, 88, 143
-, kanonische 356
-, raumfeste 356
Basismatrix 360
Basiswechsel 145, 354
Bauart (eines Roboters) 398, 405, 409
Baum 388
Beschleunigung 19, 50
Betrag, eines Vektors 14, 49, 85,
    97, 162
Bewegung 120, 362
Bewegungsform (eines Roboters) 397
-, dynamische 398
-, kinematische 398
Bezugspunkt 62
bijektiv 125
Bild 184
- eines Homomorphismus 131
- einer linearen Abbildung 159
Bilinearform 238
-, positiv definite 238
-, positiv semidefinite 238
-, schiefsymmetrische 238
-, symmetrische 238
Binomische Formeln 30
Blockmatrix 187
Blockzerlegung 187
Bogenmaß 5

Cauchy-Folge 165
Cayley-Hamilton, Satz von 320
Coriolis-Beschleunigung 22
- kraft 19, 21, 22
-- im drehenden Koordinatensystem 21
-- rechtwinklig zur Relativgeschwin-
        digkeit 22
Cosinus 5
- satz 43, 93
Cotangens 6
Cramersche Regel 45, 76, 211, 212, 221

Defekt 237, 246
Definitheit 85
-, positive 85, 162
Deflation 312
Deflationsmethode 312
Determinante 197

Determinantenfunktion 200
Diagonale 224
Diagonalisierbarkeitskriterium 281
Diagonalkoeffizienten 100
Diagonalmatrix 195, 224
Differentialgleichungssystem
-, lineares 146
Differentialoperator
-, linearer 154
Differentiation der Matrix-
  Exponentialfunktion 335
Differentiation der trigonome-
  trischen Matrix-Funktion 337
Dimension 83, 143
- eines Teilraumes 88
Dimensionsformel 159, 184
Distributivgesetz 13. 28, 52, 57,
  70, 85, 134, 138, 162, 172, 178
- Matrix-Addition 172
- Matrix-Multiplikation 178
Division 134
Doppelgerade 368
Drehachse 345, 347
Drehbewegung 65
-, gleichförmige 20
Drehimpuls 64
- bei einer Zentralkraft 63
Drehimpulssatz 64
Drehmatrix 208, 339, 341, 344
-, Eulersche 349
Drehmoment 62
Drehspiegelung 352, 353
Drehungen 339, 344, 353
-, axiale 347, 398
- der Ebene 152
- im dreidimensionalen Raum 153
Drehwinkel 347
Dreiecksmatrix 203
-, linke 224
-, rechte 216, 224
Dreiecksblockmatrix 205
Dreiecksungleichung 14,50,85,239
-, zweite 14, 85
Dreieckssystem 100
Dreieckszerlegung 252

Ebene, schiefe 16
Ecken-Inzidenz-Matrix 387
Eigengleichung 262
Eigenraum 237, 275
Eigenvektor 237, 262
Eigenwert 236, 262
-, k-facher 271
Eigenwertproblem 262
eineindeutig 125

Einheitsmatrix 171
Einheitsvektor 53
Einzelschrittverfahren 258
Element
-, neutrales 123
- einer Matrix 169
Ellipse 368
Ellipsoid 371, 372
endlichdimensional 143
Endomorphismus 155
Entwicklungssatz 217, 222
Epimorphismus 155
Erzeugendensystem 89, 143

Faktorgruppe 133
Fehlstand einer Permutation 129
Fixgerade 262
Fläche
- zweiten Grades 371
Flächengeschwindigkeit 64
Flächeninhalt
- eines Parallelogramms 42
- eines Dreiecks 43, 66
Flächennormale 66
Flexibilitäts-Matrix 377
Form, quadratische 233, 377
Format 169
Formänderungsarbeit 376, 378
Formeln, binomische 86
Fredholm-Typ 154
- Alternative 248
Freiheitsgrad 405
Fundamentallemma 87, 142
Fundamentalschnitt 389
- system 146, 247
Funktionenraum 139, 147
Fußpunkt 39

Gaußscher Algorithmus 98
Gerade 91
Gesamt-Drehimpuls 64
Gesamtschrittverfahren 254
Geschwindigkeit 18, 50, 66
Gleichgewichts-Matrix, lokale 381
Gleichung
-, charakteristische 263
-, quadratische 362
Gleichungssystem
-, homogenes lineares 247
Gradmaß 5
Graph 384
-, bewerteter 384
-, gerichteter 384
-, orientierter 384
-, ebener 388

Graßmannscher Entwicklungs-
    satz 61
Greifer 397
- Koordinaten-System 400,405,408
Grenzwert (-Matrix-Folgen bzw.
    -Reihen) 327, 329
Gruppe 123
-, endliche 124
-, unendliche 124
-, additive 124
-, abelsche 124
-, multiplikative 124

Hadamard, Kriterium von 240
Hauptachsentransformation 365
Hauptdiagonale 224
Hauptminor 235, 268
Hauptunterdeterminante 268
Hauptuntermatrix 268
Hauptvektor 293
Hessesche Normalform
- der Ebene 80
- einer Geraden 32, 33
- einer Hyperebene 92
Hilbertraum 165
Hilbertscher Folgenraum 140
Hintereinanderausführung 125
Homogenität 85, 151, 199
Homomorphiebedingung 131
Homomorphiesatz für Gruppen 133
Homomorphismus 131
Housholder-Verfahren 343
Hyperbel 368
Hyperebene 91, 92
Hyperboloid 371
-, einschalig 372
-, zweischalig 372
Hyperfläche
- zweiten Grades 362

Identität 126, 183
Impedanz-Matrix 173, 394
injektiv 125
Integraloperator 154
Integritätsbereich 136
Intervall
-, abgeschlossenes beschränk-
    tes, 3
-, offenes beschränktes 3
-, halboffenes beschränktes 3
-, unbeschränktes 3
Inversenformel 215, 222
Inverses 123
invertierbar 192
Inzidenz-Matrix 383

Isometrie 232, 339
isomorph 155
Isomorphismus 131, 155

Jacobi-Verfahren 306
Jordan-Matrix 277, 290
Jordansche Normalform 291

Kegel
-, elliptischer 372
- schnitt 368
Kern 184
- eines Gruppen-Homomorphismus 131
- einer linearen Abbildung 159
Kette
- (aus Segmenten) 397
- von Hauptvektoren 293, 297-302
Kirchhoffsche Gesetze 386
$\mathbb{K}$-Vektorraum 138
Kleinsche Vierergruppe 122
Knoten 374
Knotenlast-Vektor 382
Körper 62, 133
-, starrer 397
- axiome 134
Kofaktor 213
Kollinear 75
Kommutativgesetz 13, 28, 52, 85, 124,
    134, 138, 162
- für + 172
Komplement
-, algebraisches 213
-, orthogonales 95, 163
Komplementäre Matrix 214
Komponenten, kartesische 2
Komposition 125, 183
Kongruenzabbildung 120
konjugiert komplexe Matrix 223
Konvergenzkreis 331
Konvergenzradius 330
Koordinaten
-, kartesische 2, 357
- eines Vektors 9
Koordinateneinheitsvektoren 29, 52, 88
Koordinatendarstellung
-, affine 360
- einer Geraden 31, 33
Koordinatensystem
-, affines 359, 360
- kartesisches 2
Koordinatenwechsel 77
Koordinatentransformation 354
-, affine 360, 365
Korkenzieherregel 23, 56
Kraft auf elektrischen Leiter 67

Krafteck 16
Kraftvektor 1, 15
Kraftwirkung auf
- eine bewegte Ladung 67
Kräfteparallelogramm 15
Kräfte-Transformationsmatrix 379
Kreis (elektrischer) 384
Kristallographie 356
Kriterium von Hadamard 73
Kronecker-Symbol 76, 93, 171
Krylov-Verfahren 304

Lagrange
- identität 72
-, Satz von 132
Länge eines Vektors 14, 85, 162
Lastvektor 382
linear
- abhängig 74, 87, 142
- unabhängig 74, 87, 142
Lineares Gleichungssystem
- mit zwei Unbekannten 45
- mit drei Unbekannten 76
- von m Gleichungen mit
  n Unbekannten 97
-, homogenes 97, 177
-, inhomogenes 97, 177
-, numerisch reguläres 106
-, rechteckiges 116
-, reguläres 100
-, quadratisches 91, 112
-, singuläres 106
Linearer Raum
-, normierter 164
- über $\mathbb{K}$ 138
Linearität 151
Linearkombination 52,74,87,141
Linksnebenklasse 132
Lösung
- eines linearen Gleichungssystems 97
- einer Matrixgleichung 191
Lot
- auf eine Gerade 78
- auf eine Ebene 81
- von einem Punkt auf eine
  Gerade 38
Manipulator
-, Ellbogen 398
-, Stanford 398
-, E2 Argonne 409
Mannigfaltigkeit
-, lineare 145
-, m-dimensionale 91
Mascheninzidenz-Matrix 392

Matrix 169
-, adjungierte 223
-, diagonalisierbare 279
-, erweiterte 246, 401
- Exponentialfunktion 334
-, hermitesche 225
-, inverse 192
-, komplexe 170
-, konjugiert komplexe 223
-, linke unipotente 224
- (m,n) 169
-, negativ definite 225
-, negativ semidefinite 225
-, orthogonale 224
-, positiv definite 225
-, positiv semidefinite 225
-, quadratische 170
-, rechteckige 170
-, rechte unipotente 224
-, reelle 170
-, reguläre 190
-, schiefhermitesche 225
-, schiefsymmetrische 225
-, symmetrische 225
-, unitäre 224
-, unzerlegbare 255
-, zweireihige quadratische 41
-, 3×3 54
Matrixfolge 327
-, Konvergenz einer 327
Matrix-Funktion 331
Matrix-Cosinusfunktion 337
Matrixpolynom 317
Matrix-Potenzreihe 331
Matrix-Produkt 177, 188
Matrix-Reihe 329
-, Grenzwerte einer 329
-, Konvergenz einer 329
Matrix-Sinusfunktion 337
Matrizen-Algebra 229
Matrizen-Gruppe 228
Minimalpolynom 325
Moment einer Kraft 62
Monomorphismus 155
multilinear 200
Multiplikation mit einem Skalar 11,
    49, 84, 137
Multiplikationssatz 210, 221
Multiplikationstabelle 121

Nebenklasse 132
Netzwerk 384, 393-395,
-, passives 385
Newtonsches Bewegungsgesetz 63
- Grundgesetz der Mechanik 20

Norm, euklidische 85, 162
Normalform einer Drehung 345
Normalformsatz 236, 285
Normalteiler 127
Normierung 200, 220
Nullmatrix 170
Nullpunkt 2
Nullraum 184
Nullvektor 11
n-Tupel 83

Operator, linearer 151
Ordinate 2
orthogonal 27, 93
Orthogonalisierungsverfahren 94
Orthonormalbasis 76, 93, 163, 357
-, zweite 357
Orthonormalsystem 93, 163
Ortspfeil 12, 30, 48
Ortsvektor 30, 48

Parabel 368
Paraboloid 371
-, elliptisches 372
-, hyperbolisches 372
Parameter 31
Parameterdarstellung einer
   linearen Mannigfaltigkeit 91
Parameterform der Ebene 79
- einer Geraden 31, 78
Parallelflach 70
Parallelogrammgleichung 44, 94
Permutation 121
-, gerade 130
-, ungerade 130
Permutationsgruppe 126
-, endliche 128
Permutationsmatrix 224
Pfeildarstellung eines räumlichen
   Vektors 48
Phasenraum 84
Polarkoordinaten 8
Polynom
-, annullierendes 320
-, charakteristisches 236, 264
- zweiten Grades 362
Potenz 135
Potenzreihe 330
Poyntingscher Strahlenvektor 67
Prä-Hilbertraum 162
Produkt 133
-, direktes 243
-, inneres 26,51,85,96,162,182
Projektion von $\vec{v}$ auf $\vec{u}$ 26, 51
- eines Vektors in bestimmter
   Richtung 54

Punkt 368
Punktmassen-Konfiguration 371
Pythagoras im $\mathbb{R}^n$ 93
p-zeiliges Trapezsystem 107

Quadrat eines Vektors 30, 52
Quadrik 362
-, Hauptachse einer 366
-, Mittelpunkt einer 366
QR-Zerlegung 342

Rang 184
Rangbestimmung 208, 221
Rang einer linearen Abbildung 159
Rangkriterium 117, 246
Raum, linearer 228
Rechte-Hand-Regel 56
Rechtsnebenklasse 132
Rechtssystem 23, 56
rechtwinklig 27, 52, 93
rechtwinkliges Komplement eines
   Vektors 34
Reduktion durch unipotente
   Matrizen 234
Regularitätskriterium 207, 221
Relativ-Beschleunigung 22
Restklassenkörpermodulo p 135
Resultierende 15
Richtung 53
Richtungscosinus 53
Richtungwinkel 54
Ring 135
- der ganzen Zahlen 136
- der Plynome 136
- der quadratischen n-reihigen
   Matrizen 136
-, kommutativer 136
- mit Eins(Element) 136
Roboter 397
Robotersegment 397
Robotik 400
Rotation (eines Segmentes) 405

Sarrussche Regel 55
s-Multiplikation 84, 137, 171, 188
schiefsymmetrisch 202
Schnitt 388
-, fundamentaler 389
Schnittgerade zweier Ebenen 81
Schnittmengen-Matrix 389
Schnittwinkel zweier Geraden 37
schwaches Spaltensummenkri-
   terium 256
Schwarzsche Ungleichung 85, 239
Schwerpunkt eines Dreiecks 43

Säkulargleichung 263
Seitenhalbierende eines
    Dreiecks 44
senkrecht 27, 93
shiften 273
Signatur 237, 288
Sinus 5
Skalarmatrix 224
Skalarprodukt 26, 51, 85
Spaltenindex 170
Spaltenmatrix 175
Spaltenpivotierung 103
Spaltenraum 184
Spaltenvektor 175
-, komplexer 96
-, reeller 83
Spaltenzahl 170
Sparse-Matrix 253
Spatprodukt 69
Spektrum 262
Spur 269
Stab 374
-, gerader 375
Stabendkraft 378
Stabkraft-Vektor 382
Stabwerk 374
Starkes Spaltensummen-
    kriterium 255
Subtraktion 84, 124, 134, 138,
    171, 188
- von Vektoren 11, 49
Summe 133
-, direkte 148, 242
-, freie 149
-, freie, von Vektorräumen 149
- von Unterräumen 147
Summendarstellung der
    Determinante 220
surjektiv 125
Symmetriegruppe 128

Tangens 6
Teilraum 88
Totalpivotierung 107
Trägheitsindex 237, 288
Trägheitskraft, relative 22
Trägheitsmoment 371
Trägheitssatz 288
Transformation 357
-, lineare 151
Translation (e.Segmentes)339,(405)
Translationsanteil 358
transponierte Matrix 175
Transposition 129
- von Matrix-Produkten 178

Transpositionsregel 198, 220
Trapez-Matrix 186
Trapez-System 186

Übergangsmatrix 354, 357
Umkehrabbildung 193
umkehrbar eindeutig 125
unendlich dimensional 142
Unterdeterminante 208
Untergruppe 127
-, volle 127
-, triviale 127
-, echte 127
Untermatrix 187
Unterraum 88, 142
-, affiner 359
Ursprung 2

Vektor 1
-, dreidimensionaler 47
-, negativer 12
-, räumlicher 47
-, verschieblicher 49
-, zweidimensionaler 9
Vektorprodukt 56
Vektorraum 13
- über einem Körper $\mathbb{K}$ 137
-, euklidischer 162
- homomorphismus 151
-, n-dimensionaler reeller 84
Verbund (von Gliedern) 399, 402
Verknüpfung 123, 133, 135
Verschiebung 339
Vielfachheit
-, algebraische 271
-, geometrische 275
vollständig 165
Volterra-Typ 154
Volumen des
- Prisma 73
- Tetraeder 73
Von-Mises-Verfahren 310

Wielandt-Verfahren 313
Winkel 92
Winkelanordnung 178
Winkelfunktion 4
Winkelgeschwindigkeitsvektor 65
Wirkungslinie 16

x-Achse 2

y-Achse 2

Zeilenindex 170

Zeilenmatrix 175
Zeilenraum 184
Zeilensummenkriterium
-, starkes 254
-, schwaches 256
Zeilenvektor 83, 175
Zeilenzahl 170
Zentralkraft 63
Zentrifugalkraft 21
Zentripetalbeschleunigung 20, 22
Zentripetalkraft 20
Zwei-Massen-Schwinger 266
Zwischenwinkel 26, 29, 38, 51
zyklisch modulo p 135
Zylinder
-, elliptischer 372
-, hyperbolischer 372
-, parabolischer 372

Mathematische Methoden in der Technik

Band 1: **Törnig/Gipser/Kaspar, Numerische Lösung von partiellen Differentialgleichungen der Technik**
183 Seiten. DM 38,—

Band 2: **Dutter, Geostatistik**
159 Seiten. DM 36,—

Band 3: **Spellucci/Törnig, Eigenwertberechnung in den Ingenieurwissenschaften**
196 Seiten. DM 38,—

Band 4: **Buchberger/Kutzler/Feilmeier/Kratz/Kulisch/Rump, Rechnerorientierte Verfahren**
281 Seiten. DM 48,—

Band 5: **Babovsky/Beth/Neunzert/Schulz-Reese, Mathematische Methoden in der Systemtheorie: Fourieranalysis**
173 Seiten. DM 38,—

Band 8: **Weiß, Stochastische Modelle für Anwender**
192 Seiten. DM 38,—

Band 9: **Antes, Anwendungen der Methode der Randelemente in der Elastodynamik und der Fluiddynamik**
196 Seiten. DM 38,—

Band 10: Vogt, **Methoden der Statistischen Qualitätskontrolle**
295 Seiten. DM 48,—

In Vorbereitung

Band 6: **Krüger/Scheiba, Mathematische Methoden in der Systemtheorie: Stochastische Prozesse**

Preisänderungen vorbehalten

 **B. G. Teubner Stuttgart**